电力系统
继电保护技能培训题库

侯　磊　卢纯镇　任江波　主编

图书在版编目（CIP）数据

电力系统继电保护技能培训题库/侯磊，卢纯镇，任江波主编．—北京：中国电力出版社，2022.7
ISBN 978-7-5198-6287-9

Ⅰ．①电…　Ⅱ．①侯…　②卢…　③任…　Ⅲ．①电力系统－继电保护－技术培训－习题集
Ⅳ．①TM77-44

中国版本图书馆 CIP 数据核字（2021）第 262877 号

出版发行：中国电力出版社
地　　址：北京市东城区北京站西街 19 号（邮政编码 100005）
网　　址：http://www.cepp.sgcc.com.cn
责任编辑：赵　鹏（010-63412555）
责任校对：黄　蓓　李　楠　于　维
装帧设计：郝晓燕
责任印制：钱兴根

印　　刷：廊坊市文峰档案印务有限公司
版　　次：2022 年 7 月第一版
印　　次：2022 年 7 月北京第一次印刷
开　　本：787 毫米×1092 毫米　16 开本
印　　张：30.25
字　　数：752 千字
定　　价：120.00 元

前　　言

建设具有中国特色国际领先的能源互联网企业对继电保护技术和管理水平提出了更高的要求。国网河北省电力有限公司在取得国家电网有限公司 2019 年继电保护专业技能竞赛第二名的基础上，组织有关专家和继电保护专业人员编写了本书。

本书将继电保护基础理论与河北南网继电保护专业多年培训实践相结合，分为基础知识、线路保护、元件及辅助保护、二次回路、规程规范、智能变电站六个部分，涵盖了保护原理、装置调试、案例分析等内容，设置了单选题、多选题、判断题、填空题、简答题、综合题六种题型，可基本满足继电保护人员的实际需求。本书适用于从事继电保护运行管理、调试施工等部门的专业人员及相关人员阅读。

本书编写过程中得到了国网河北省电力有限公司领导的关心支持，河北电力调度控制中心、国网河北省电力有限公司人力资源部等有关部室、保护装置生产厂家等单位的专家以及国网河北电力有关继电保护专家、各地市供电公司部分继电保护一线人员参与了编写和审定工作。在本书即将出版之际，谨对所有参与和支持本书编写、出版的专家同志们致以崇高的敬意。

限于编者水平，错误和不妥之处在所难免，恳请广大读者批评指正。

目　　录

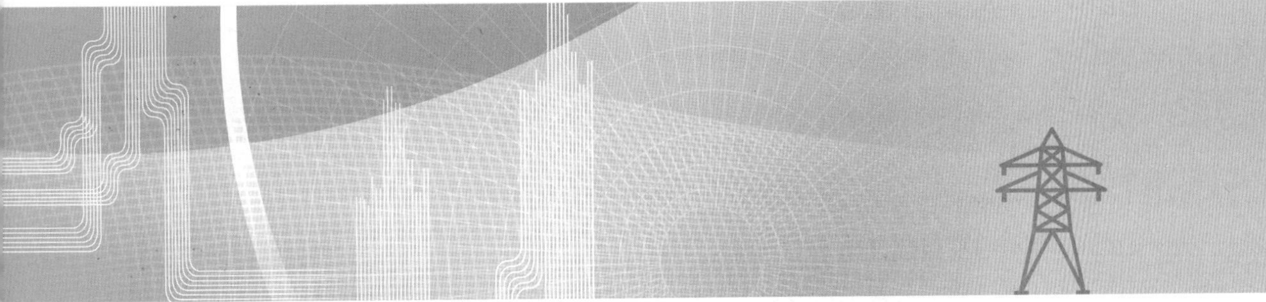

第一部分　基　础　知　识

一、单选题

1．若故障点零序综合阻抗小于正序综合阻抗，与两相接地短路故障时的零序电流相比，单相接地故障的零序电流（ B ）。

A．较大　　B．较小　　C．不定　　D．一样大

2．当变比不同的两台升压变压器并列运行时，将在两台变压器内产生环流，使得两台变压器空载的输出电压（ C ）。

A．上升　　B．降低

C．变比大的升，小的降　　D．变比小的升，大的降

3．两台阻抗电压不等的变压器并列运行时，在负荷分配上（ A ）。

A．阻抗电压大的变压器负荷小　　B．阻抗电压小的变压器负荷小

C．不受阻抗电压影响　　D．一样大

4．有一两侧电源系统，已知 M 侧母线电压和 N 侧母线电压相位相同，M 侧母线电压大于 N 侧母线电压，则有（ C ）。

A．线路中有功功率从 M 侧输向 N 侧

B．线路中有功功率从 N 侧输向 M 侧

C．线路中无功功率（感性）从 M 侧输向 N 侧

D．线路中无功功率（感性）从 N 侧输向 M 侧

5．在线路上同一点发生故障，（ D ）情况下母线正序电压下降最少。

A．三相短路　　B．两相接地短路

C．两相短路　　D．单相短路

6．有一感性负载接在 220V 的工频交流电源上，吸收的有功功率 P=10kW，功率因数为 0.7，现要求把功率因数提高到 0.9，所需要并联电容器的电容量为（ B ）μF。

A．176　　B．352　　C．407　　D．704

7．大接地电流系统线路发生正方向接地短路时，保护安装处的 $3U_0$ 和 $3I_0$ 之间的相位角取决于（ C ）。

A．该点到故障点的线路零序阻抗角

B．该点正方向到零序网络中性点之间的零序阻抗角

C．该点背后到零序网络中性点之间的零序阻抗角

D．不确定

8．平行双回线之一发生故障，一侧断路器跳闸后，另一回线要发生功率倒向，正确的说法是（ D ）。

A．零序功率不会倒方向

B．负序功率不会倒方向

C．只有正序功率会发生倒方向

D．零序、负序、正序以及总功率均有发生倒方向的可能

9．10kV 不接地系统母线线电压：U_{AB}=10kV∠0°，U_{BC}=10kV∠−120°，U_{CA}=10kV∠120°，则相电压U_A为（ D ）。

A．5.77kV∠−30°　　B．5.77kV∠−150°

C．5.77kV∠90°　　D．不能确定

10．根据采样定理，采样频率 f_s 必须大于输入信号中的最高频率 f_{max} 的（ B ），否则将产生频率混叠现象。

A．一倍　　B．两倍　　C．三倍　　D．四倍

11．图 1-1 为 220kV 线路三相电压、电流录波，分析线路发生了（ C ）。

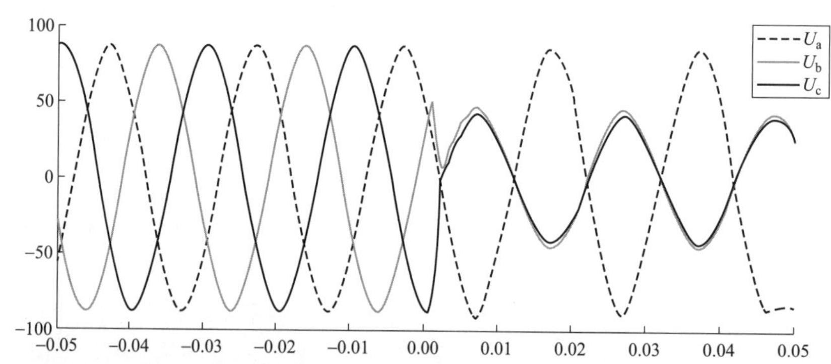

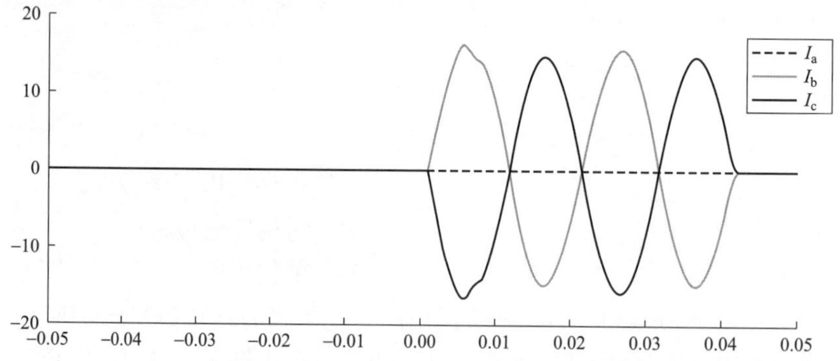

图 1-1　220kV 线路三相电压、电流录波

A．A 相接地　　B．B、C 相接地

C．B、C 相短路　　D．A、B、C 相短路

12．图 1-2 为 220kV 线路保护的电压、电流录波，分析发生了（ D ）。

A．没有故障，仅仅是 A 相负荷波动　　B．线路出口 A 相金属性接地

C．线路末端 A 相金属性接地　　　　D．线路 A 相经高阻接地

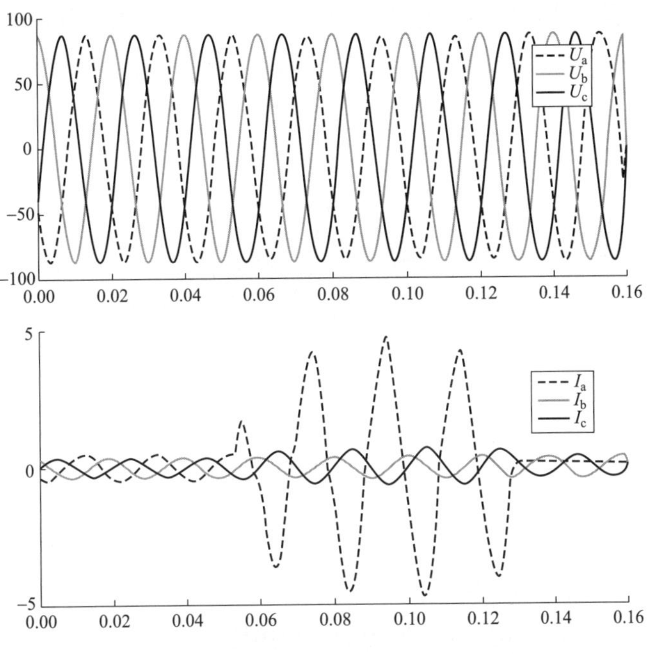

图 1-2　220kV 线路保护的电压电流录波

13．如图 1-3 所示，10kV 不接地系统，母线仅带一条 5km 电缆线路，线路末端发生 A 相接地，线路首端零序电流特征是（ A ）。

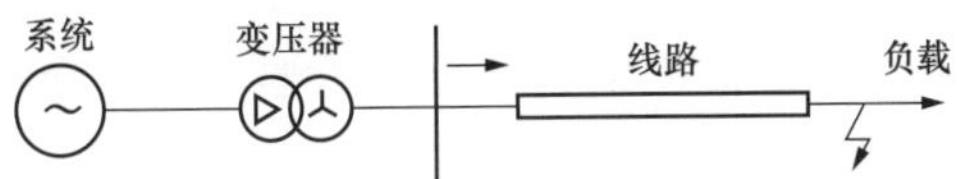

图 1-3　不接地系统示意图

A．没有零序电流　　　　B．有零序电流，正比于线路对地电容

C．有零序电流，反比于线路对地电容　　　　D．有零序电流，与线路对地电容无关

14．双端电源系统发生振荡，录波如图 1-4 所示，波形 a、b、c 分别为 A 相电气量，则波形 a、b、c 分别对应（ A ）。

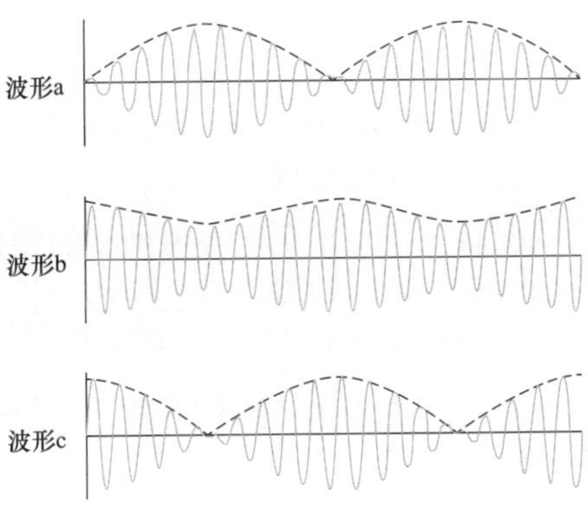

图 1-4　系统振荡录波图

A. 线路电流、母线电压、振荡中心电压　　B. 线路电流、振荡中心电压、母线电压
C. 振荡中心电压、线路电流、母线电压　　D. 振荡中心电压、母线电压、线路电流

15. 图 1-5 为母线三相电压录波，分析发生了（ B ）。

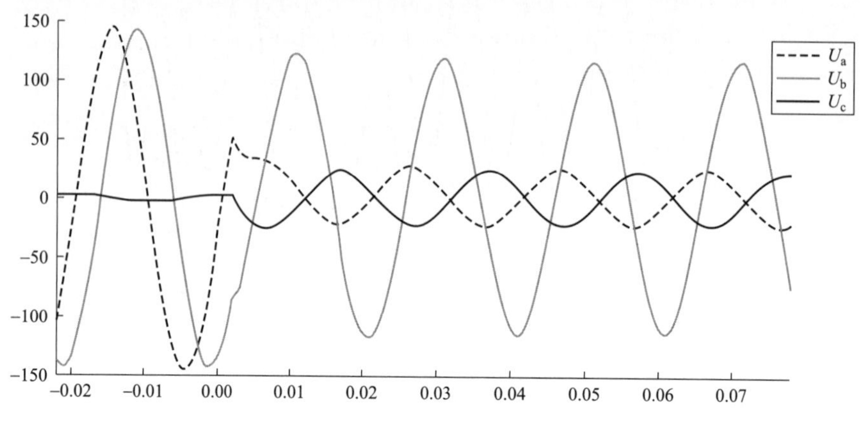

图 1-5　母线三相电压录波图

A. 大接地电流系统，C 相接地
B. 小接地电流系统，C 相接地发展为 CA 相接地
C. 大接地电流系统，C 相接地发展为 CA 相接地
D. 小接地电流系统，C 相接地发展为 CA 相短路

16. 如果三相输电线路的自感阻抗为 Z_L，互感阻抗为 Z_M，则正确的是（ A ）。

A. $Z_0=Z_L+2Z_M$　　B. $Z_1=Z_L+2Z_M$　　C. $Z_0=Z_L-Z_M$　　D. $Z_1=Z_L-Z_M$

17. 变电站增加一台中性点直接接地的负荷变压器，在该变电站母线出线上发生两相故障时，该出线的负序电流（ C ）。

A. 变大　　B. 变小
C. 不变　　D. 视具体情况而定

18. 当线路末端发生接地故障时，对于有零序互感的平行双回线路中的每回线路，其零序阻抗在下列四种方式下最大的是（ C ）。

A. 一回线运行，一回线处于热备用状态
B. 一回线运行，另一回线处于接地检修状态
C. 二回线并列运行状态
D. 一回线运行，一回线处于冷备用状态

19. 大接地电流系统发生单相接地故障时，零序电流的大小（ A ）。

A. 与零序等值网络的状况和正负序等值网络的变化有关
B. 只与零序等值网络的状况有关，与正负序等值网络的变化无关
C. 只与正负序等值网络的变化有关，与零序等值网络的状况无关
D. 不确定

20. 线路单相断线运行时，两健全相电流之间的夹角与系统纵向阻抗 $Z_{1\Sigma}/Z_{0\Sigma}$ 之比有关。若 $Z_{1\Sigma}/Z_{0\Sigma}>1$，此时两电流间夹角（ C ）。

A. 大于 120°　　B. 为 120°　　C. 小于 120°　　D. 变化范围较大

21．线路两相断线运行时，两相断口处两点电压之间的夹角与系统纵向阻抗 $Z_{1\Sigma}/Z_{0\Sigma}$ 之比有关。若 $Z_{1\Sigma}/Z_{0\Sigma}>1$，此时两相断口处两点电压之间的夹角（ A ）。

A．大于 120° B．为 120° C．小于 120° D．变化范围较大

22．开关非全相运行时，负序电流的大小与负荷电流的大小关系为（ A ）。

A．成正比 B．成反比 C．不确定 D．相等

23．下列描述正确的是（ A ）。

A．微机继电保护装置的所有输出端子不应与其弱电系统（指 CPU 的电源系统）有电的联系

B．微机继电保护装置不应设有自恢复电路，在因干扰而造成程序走死时，不应通过自恢复电路恢复正常工作

C．微机继电保护装置中零序电压应采用外接零序电压，如果无外接零序电压，应采用自产零序电压

D．开关量输入回路应直接使用微机继电保护装置的直流电源，光耦导通动作电压应在额定直流电源的 50%～70%范围内

24．在小接地电流系统中，某处发生单相接地，若不考虑电容电流，则母线电压互感器开口三角的电压为（ C ）。

A．故障点距母线越近，电压越低 B．故障点距母线越近，电压越高

C．不管距离远近，基本上电压一样高 D．大小不定

25．电容器在充电和放电过程中，充、放电电流（ C ）。

A．与电容器两端电压成正比 B．与电压无关

C．与电容器两端电压变化率成正比 D．与电容器两端电压变化量成正比

26．在 6～10kV 中性点不接地系统中，发生单相接地时，非故障相的相电压将（ C ）。

A．升高不明显 B．升高 1 倍 C．升高 $\sqrt{3}$ 倍 D．升高 2 倍

27．在大接地电流系统中，单相接地短路电流是故障支路负序电流的（ D ）。

A．1 倍 B．$\sqrt{3}$ 倍 C．$\sqrt{3}/2$ 倍 D．3 倍

28．电力系统发生两相短路时，两相短路电流是故障支路正序电流的（ B ）。

A．1 倍 B．$\sqrt{3}$ 倍 C．$\sqrt{3}/2$ 倍 D．3 倍

29．当系统各元件正、负序阻抗相等时，两相短路故障，故障相电压是非故障相电压的（ D ）。

A．1 倍 B．$\sqrt{3}/2$ 倍 C．$\sqrt{3}/3$ 倍 D．1/2 倍

30．当系统各元件正、负序阻抗相等时，两相短路故障负序电压是正序电压的（ A ）。

A．1 倍 B．$\sqrt{3}/2$ 倍 C．$\sqrt{3}$ 倍 D．2 倍

31．纯电感、电容串联回路发生谐振时，其串联回路的视在阻抗等于（ B ）。

A．无穷大 B．零

C．电源阻抗 D．谐振回路中的电抗

32．在大接地电流系统中，当某线路上 A 相发生接地故障时（不计负荷电流），故障处的边界条件是（ B ）。

A．$I_a=0\quad U_b=U_c=0$ B．$U_a=0\quad I_b=I_c=0$

C．$I_a=0$　$I_b=-I_c$　$U_b=U_c$　　D．$U_a=0$　$I_b=-I_c$

33．分析简单电力系统的暂态稳定主要应用（ B ）。

A．等耗量微增率原则　　B．等面积定则

C．小干扰法　　D．对称分量法

34．衡量电能质量的重要标志是（ C ）。

A．有功功率　　B．无功功率

C．电压、频率和波形　　D．有功电度和无功电度

35．在系统发生非对称故障时，故障点的（ B ）低，向电源侧逐步增大为电源电动势。

A．负序电压　　B．正序电压　　C．零序电压　　D．电压差

36．电力系统在很小的干扰下，能独立地恢复到它初始运行状态的能力，称为（ B ）。

A．初态稳定　　B．静态稳定

C．系统的抗干扰能力　　D．动态稳定

37．已知某一电流的复数式 $I=(5-\mathrm{j}5)\,\mathrm{A}$，则其瞬时表达式为（ C ）。

A．$i=5\sin(\omega t-\pi/4)\,\mathrm{A}$　　B．$i=5\sqrt{2}\sin(\omega t+\pi/4)\,\mathrm{A}$

C．$i=10\sin(\omega t-\pi/4)\,\mathrm{A}$　　D．$i=5\sqrt{2}\sin(\omega t-\pi/4)\,\mathrm{A}$

38．在大接地电流系统中，故障电流中含有零序分量的故障类型是（ C ）。

A．两相短路　　B．三相短路

C．两相短路接地　　D．与故障类型无关

39．下列保护中，属于后备保护的是（ D ）。

A．变压器差动保护　　B．气体保护

C．线路纵联差动保护　　D．断路器失灵保护

40．同杆并架线路，在一条线路两侧三相断路器跳闸后，存在（ A ）电流。

A．潜供　　B．助增　　C．汲出　　D．零序

41．一条线路 M 侧为中性点接地系统，N 侧无电源但主变压器（YN，d11 接线）中性点接地，当该线路 A 相接地故障时，如果不考虑负荷电流，则（ C ）。

A．N 侧 A 相有电流，B、C 相无电流

B．N 侧 A 相有电流，B、C 相有电流，但大小不同

C．N 侧 A 相有电流，且与 B、C 相电流大小相等、相位相同

D．N 侧 A 相有电流，且与 B、C 相电流大小相等，但相位相差 120°

42．大接地电流系统，在系统运行方式不变的前提下，假设某线路同一点分别发生两相短路及单相接地短路，且正序阻抗等于负序阻抗，关于故障点的负序电压的大小，下列说法正确的是（ B ）。

A．单相接地短路时的负序电压比两相短路时的大

B．单相接地短路时的负序电压比两相短路时的小

C．单相接地短路时的负序电压与两相短路时的相等

D．孰大孰小不确定

43．线路正向经过渡电阻 R_g 单相接地时，关于保护安装处的零序电压与零序电流间的相位关系，下列说法正确的是（ C ）。

A．R_g 越大时，零序电压与零序电流间的夹角越小

B．接地点越靠近保护安装处，零序电压与零序电流间的夹角越小

C．零序电压与零序电流间的夹角与 R_g 无关

D．R_g 越大时，零序电压与零序电流间的夹角越大

44．某 220kV 线路上发生金属性单相接地时，正确的说法是（ A ）。

A．故障点正序电压的幅值等于故障点负序电压与零序电压相量和的幅值，且相位与之相反

B．故障点正序电压的幅值等于故障点负序电压与零序电压相量和的幅值，且相位与之相同

C．故障点的正序电压等于故障点负序电压与零序电压相量和

D．故障点正序电压的大小等于故障点负序电压幅值与零序电压幅值的代数和

45．某线路发生短路故障，通常情况下故障线路中的电流含有非周期分量，该线路所在母线电压也含有非周期分量，关于非周期分量相对含量的大小，下列说法正确的是（ C ）。

A．电压中的非周期分量的含量相对较大

B．电流、电压中的非周期分量相对含量相当

C．电流中的非周期分量的含量相对较大

D．无法断定哪个较大

46．双侧电源的输电线路发生不对称故障时，短路电流中各序分量受两侧电动势差影响大的是（ C ）。

A．零序分量　　B．负序分量

C．正序分量　　D．正序、负序及零序分量

47．在没有实际测量值情况下，除大区间的弱联系联络线外，系统最长振荡周期一般可按（ C ）s 考虑。

A．1.0　　B．1.3　　C．1.5　　D．2.0

48．在 220kV 大接地电流系统中，当同塔双回线中的一回线检修并在其两侧接地时，若双回线中运行的那一回线路发生接地故障，则停电检修线路中（ A ）零序电流。

A．一定流过　　B．一定不流过

C．很可能流过　　D．无法确定是否流过

49．输电线路两端电压的相量差，称为（ A ）。

A．电压降落　　B．电压损耗　　C．电压偏移　　D．线损

50．（ C ）故障属于复故障。

A．两相接地短路

B．两相断线

C．采用单相重合闸方式的线路发生单相接地故障且一侧开关先跳开

D．双侧电源线路发生的单相断线

51．在超高压电网中，特别在轻负荷情况下经常出现较高的零序电压。正常运行情况下显现的零序电压的主要成分是（ B ）。

A．基波　　B．三次谐波　　C．五次谐波　　D．七次谐波

52．在一侧有电源另一侧断开的超高压远距离输电线路上，各点电压和电流的状况是（ B ）。

A．离电源越远，电流越大，电压越低　　B．离电源越远，电流越小，电压越高

C．离电源越远，电流越大，电压越高　　D．离电源越远，电流越小，电压越低

53．若取相电压基准值为额定相电压，则功率标幺值等于（ C ）。

A．线电压标幺值　　B．线电压标幺值的$\sqrt{3}$倍

C．电流标幺值　　D．电流标幺值的$\sqrt{3}$倍

54．在超、特高压长距离的线路上，安装三相并联电抗器、在三相并联电抗器的中性点装设一个小电抗器、在线路上装设串补电容器的作用分别是（ D ）。

A．降低潜供电流的影响；限制线路过电压；提高线路输送功率

B．限制线路过电压；提高线路输送功率；降低潜供电流的影响

C．降低潜供电流的影响；提高线路输送功率；限制线路过电压

D．限制线路过电压；降低潜供电流的影响；提高线路输送功率

55．一组对称相量A、B、C彼此按顺时针方向排列并相差120°，称为（ A ）分量。

A．正序　　B．负序　　C．零序　　D．以上都是

56．把 A、B、C 三相不对称相量分解为正序、负序及零序三组对称分量时，正序分量B1为（ A ）。（$\alpha = e^{j120°}$）

A．$\frac{1}{3}(\alpha^2 A + B + \alpha C)$　　B．$\frac{1}{3}(A + \alpha B + \alpha^2 C)$

C．$\frac{1}{3}(\alpha A + B + \alpha^2 C)$　　D．以上都不是

57．电力设备的参数常用以（ C ）为基准的标幺值表示。

A．100MVA，平均额定电压　　B．1000MVA，平均额定电压

B．三相额定容量，额定线电压　　D．三相额定容量，平均线电压

58．当标幺值基准容量选取为100MVA时，220kV基准阻抗为（ B ）。

A．484Ω　　B．529Ω　　C．不定　　D．251Ω

59．如果短路点的正、负、零序综合阻抗为$Z_{1\Sigma}$、$Z_{2\Sigma}$、$Z_{0\Sigma}$，而且$Z_{1\Sigma} = Z_{2\Sigma}$，故障点的单相接地故障相的电流比三相短路电流小的条件是（ A ）。

A．$Z_{1\Sigma} > Z_{0\Sigma}$　　B．$Z_{1\Sigma} = Z_{0\Sigma}$　　C．$Z_{1\Sigma} < Z_{0\Sigma}$　　D．不确定

60．下列关于振荡的说法，正确的是（ A ）。

A．振荡时系统各点电压和电流的有效值随δ的变化一直在做往复性的摆动，但变化速度相对较慢；而短路时，在短路瞬间电压、电流是突变的，变化量较大，但短路稳态时电压、电流的有效值基本不变

B．振荡时阻抗继电器的测量阻抗随δ的变化，幅值在变化，但相位基本不变，而短路稳态时阻抗继电器测量阻抗在幅值和相位上基本不变

C．振荡时只会出现正序分量电流、电压，不会出现负序分量电流、电压，而发生接地短路时只会出现零序分量电压、电流，不会出现正序和负序分量电压、电流

D．振荡时只会出现正序分量电流、电压，不会出现负序分量电流、电压，而发生接地短路时不会出现正序分量电压、电流

61．电力系统发生振荡时，振荡中心电压的波动情况是（ A ）。

A．幅度最大　B．幅度最小　C．幅度不变　D．不一定

62．中性点经消弧线圈接地，普遍采用（ B ）。

A．全补偿　B．过补偿　C．欠补偿　D．0 补偿

63．用实测法测定线路的零序参数，假设试验时无零序干扰电压，电流表读数为 20A，电压表读数为 20V，瓦特表读数为 137W，零序阻抗的计算值为（ B ）。

A．0.34+j0.94Ω　B．1.03+j2.82Ω

C．2.06+j5.64Ω　D．0.51+j1.41Ω

64．在大接地电流系统中的两个变电站之间，架有同杆并架双回线，电网中发生了接地故障（非本双回线），则在（ C ）情况下运行线路上的零序电流将最大。

A．两回线正常运行　B．一回路处于热备用状态

C．一回线检修两端接地　D．一回线检修一端接地

65．线路发生两相短路时短路点处正序电压与负序电压的大小关系为（ B ）。

A．$U_{K1}>U_{K2}$　B．$U_{K1}=U_{K2}$　C．$U_{K1}<U_{K2}$　D．以上都可能

66．单相接地短路时负序电流分量为短路电流的（ C ）。

A．3 倍　B．2 倍　C．1/3 倍　D．$\sqrt{3}$ 倍

67．我国电力系统中性点接地方式主要有（ B ）三种。

A．直接接地方式、经消弧线圈接地方式和经大电抗器接地方式

B．直接接地方式、经消弧线圈接地方式和不接地方式

C．直接接地方式、经消弧线圈接地方式和经大电抗器接地方式

D．以上都是

68．当架空输电线路发生三相短路故障时，该线路保护安装处的电流和电压的相位关系是（ B ）。

A．功率因数角　B．线路阻抗角

C．保护安装处的功角　D．0°

69．所谓继电器动合触点是指（ C ）。

A．正常时触点断开　B．继电器线圈带电时触点断开

C．继电器线圈不带电时触点断开　D．短路时触点断开

70．输电线路 B、C 两相金属性短路时，短路电流 I_{BC}（ C ）。

A．滞后于 C 相电压一线路阻抗角　B．滞后于 B 相电压一线路阻抗角

C．滞后于 B、C 相间电压一线路阻抗角　D．滞后于 A 相电压一线路阻抗角

71．超高压输电线单相跳闸熄弧较慢是由于（ A ）。

A．潜供电流影响　B．单相跳闸慢　C．短路电流小　D．短路电流大

72．当小接地电流系统中发生单相金属性接地时，中性点对地电压为（ B ）。

A．U_φ　B．$-U_\varphi$　C．0　D．$\sqrt{3}U_\varphi$

73．在大接地电流系统，各种类型短路的电压分布规律是（ C ）。

A．正序电压、负序电压、零序电压越靠近电源数值越高

B．正序电压、负序电压越靠近电源数值越高，零序电压越靠近短路点越高

C．正序电压越靠近电源数值越高，负序电压、零序电压越靠近短路点越高

D．正序电压、零序电压越靠近电源数值越高，负序电压越靠近短路点越高

74．输电线路中某一侧的潮流是送有功，受无功，它的电压超前电流为（ D ）。

A．0°～90°　B．90°～180°　C．180°～270°　D．270°～360°

75．在大接地电流系统中，线路始端发生两相金属性接地短路，零序方向电流保护中的方向元件将（ B ）。

A．因短路相电压为零而拒动　B．因感受零序电压最大而灵敏动作

C．因零序电压为零而拒动　D．因零序电压较大而灵敏动作

76．纯电感、电容并联回路发生谐振时，其并联回路的视在阻抗等于（ A ）。

A．无穷大　B．零

C．电源阻抗　D．谐振回路中的电抗

77．大接地电流系统，发生单相接地故障，故障点距母线远近与母线上零序电压值的关系是（ C ）。

A．与故障点位置无关　B．故障点越远零序电压越高

C．故障点越远零序电压越低　D．以上均不正确

78．大接地电流系统反方向发生接地故障（K 点）时，在 M 处流过该线路的 $3I_0$ 与 M 母线 $3U_0$ 的相位关系是（ B ）

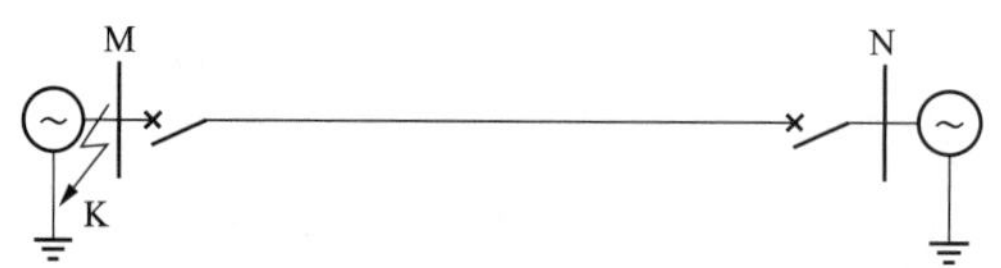

图 1-6　系统示意图

A．$3I_0$ 超前 M 母线 $3U_0$ 约 80°　B．$3I_0$ 滞后 M 母线 $3U_0$ 约 80°

C．$3I_0$ 滞后 M 母线 $3U_0$ 约 100°　D．$3I_0$ 超前 M 母线 $3U_0$ 约 100°

79．大接地电流系统的 TV 变比为（ C ）。

A．$U_N/\sqrt{3}/100/\sqrt{3}/100/3$　B．$U_N/\sqrt{3}/100/\sqrt{3}/100/\sqrt{3}$

C．$U_N/\sqrt{3}/100/\sqrt{3}/100$　D．$U_N/100/\sqrt{3}/100$

80．小接地电流系统中的电压互感器开口三角绕组的单相额定电压为（ B ）。

A．$100/\sqrt{3}$ V　B．100/3V　C．100V　D．以上均可以

81．双侧电源线路上发生经过渡电阻接地，流过保护装置电流与流过过渡电阻电流的相位（ C ）。

A．同相　B．不同相　C．不定　D．大小一样

82．继电保护（ B ）要求在设计要求它动作的异常或故障状态下，能够准确地完成动作。

A．安全性　B．可信赖性　C．选择性　D．快速性

83．有名值、标幺值和基准值之间的关系是（ A ）。

A．有名值=标幺值×基准值　B．标幺值=有名值×基准值

C．基准值=标幺值×有名值　D．都不正确

84．直馈输电线路，其零序网络与变压器的等值零序阻抗见图 1-7（阻抗均换算至 220kV 电压），变压器 220kV 侧中性点接地，110kV 侧不接地，K 点的综合零序阻抗为（ B ）Ω。

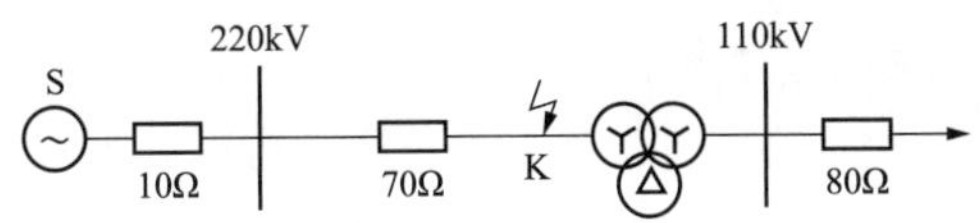

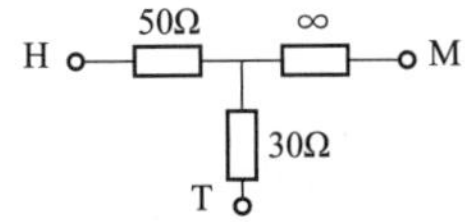

图 1-7 系统示意及变压器等效阻抗图

A．80　　B．40　　C．30.7　　D．120

85．交流电压二次回路断线时不会误动的保护为（ B ）。

A．距离保护　　B．电流差动保护

C．零序电流方向保护　　D．低电压保护

86．如果线路送出有功与受进无功相等，则线路电流、电压相位关系为（ B ）。

A．电压超前电流 45°　　B．电流超前电压 45°

C．电流超前电压 135°　　D．电压超前电流 135°

87．线路上发生 B 相单相接地时，故障点正、负、零序电流分别通过线路 M 侧的正、负、零序分流系数 C_{1M}、C_{2M}、C_{0M} 被分到了线路 M 侧，形成了 M 侧各相全电流中的故障分量 ΔI_{φ}（φ =A、B、C）。若（ B ）成立，则 $\Delta I_A = \Delta I_C \neq 0$；若（ C ）成立，则 $\Delta I_A \neq \Delta I_C \neq 0$；若（ A ）成立则 $\Delta I_A = \Delta I_C = 0$。

A．$C_{1M} = C_{2M} = C_{0M}$　　B．$C_{1M} = C_{2M} \neq C_{0M}$　　C．$C_{1M} \neq C_{2M} \neq C_{0M}$

88．微机保护要保证各通道同步采样，如果不能做到同步采样，除对（ B ）以外，对其他元件都将产生影响。

A．负序电流元件　　B．相电流元件　　C．零序方向元件　　D．差动保护元件

89．如果短路点的正、负、零序综合阻抗为 $Z_{1\Sigma}$、$Z_{2\Sigma}$、$Z_{0\Sigma}$，且 $Z_{1\Sigma} = Z_{2\Sigma}$，则两相接地短路时的复合序网图是在正序序网图中的短路点 K1 和中性点 H1 间串入如（ C ）表达的附加阻抗。

A．$Z_{2\Sigma} + Z_{0\Sigma}$　　B．$Z_{2\Sigma}$　　C．$Z_{2\Sigma} // Z_{0\Sigma}$　　D．以上都不正确

90．当线路上发生 B、C 两相接地短路时，从复合序网图中求出的各序分量的电流是（ C ）中的各序分量电流。

A．C 相　　B．B 相　　C．A 相　　D．B、C 相

91．中性点不接地系统，发生金属性两相接地故障时，健全相的电压（ C ）。

A．略微增大　　B．不变

C．增大为正常相电压的 1.5 倍　　D．增大为正常相电压的 $\sqrt{3}$ 倍

92．我国 220kV 及以上系统的中性点均采用（ A ）。

A．直接接地方式　　B．经消弧圈接地方式

C．经大电抗器接地方式　　D．不接地方式

93．主保护或断路器拒动时，用来切除故障的保护是（ C ）。

A．辅助保护　　B．异常运行保护　　C．后备保护　　D．安自装置

94．分析和计算复杂电路的基本依据是（ C ）。

A．欧姆定律　　B．基尔霍夫定律

C．基尔霍夫定律和欧姆定律　　D．节点电压法

95．输送相同的负荷，提高输送系统的电压等级会（ B ）。

A．提高负荷功率因数　　B．减少线损

C．改善电能波形　　D．以上都是

96．通过调整有载调压变压器分接头调整电压时，对系统来说（ C ）。

A．起不了多大作用　　B．改变系统的频率

C．改变了无功分布　　D．改变系统的谐波

97．只有发生（ C ），零序电流才会出现。

A．相间故障　　B．振荡时

C．不对称接地故障或非全相运行时　　D．以上都会

98．对电力系统的稳定性干扰最严重的一般是（ B ）。

A．投切大型空载变压器　　B．发生三相短路故障

C．发生两相接地短路　　D．发生单相接地

99．当线路输送自然功率时，线路产生的无功（ B ）线路吸收的无功。

A．大于　　B．等于

C．小于　　D．视具体情况都可能

100．电力系统继电保护的选择性，除了决定于继电保护装置本身的性能外，还要求满足：由电源算起，越靠近故障点的继电保护的故障启动值（ C ）。

A．相对越小，动作时间越长　　B．相对越大，动作时间越短

C．相对越灵敏，动作时间越短　　D．相对越灵敏，动作时间越长

101．突变量可以反映（ A ）状况。

A．短路　　B．过负荷　　C．振荡　　D．以上都可反映

102．系统发生短路故障时，系统网络的总阻抗会出现（ B ）。

A．突然增大　　B．突然减小　　C．忽大忽小变化　　D．不变

103．如果电网提供的无功功率小于负荷需要的无功功率，则电压（ A ）。

A．降低　　B．不变　　C．升高　　D．以上均有可能

104．下列哪一项是提高继电保护装置的可靠性所采用的措施（ A ）。

A．双重化　　B．自动重合　　C．重合闸后加速　　D．备自投

105．额定电压为 35kV 的断路器用在 10kV 系统中，其遮断容量会（ C ）。

A．不变　　B．增大　　C．减少　　D．不能用

106．在电流保护中加装低电压闭锁组件的目的是（ D ）。

A．提高保护的可靠性　　B．提高保护的选择性

C．提高保护的快速性　　D．提高保护的灵敏性

107．某 35kV 变电站发“35kV 母线接地”信号，测得三相电压为 A 相 22.5kV，B 相 23.5kV，C 相 0.6kV，则应判断为（ B ）。

A．单相接地　　B．TV 断线　　C．铁磁谐振　　D．线路断线

108．A 相短路接地时，（ C ）保持不变。

A. U_B、U_C不变　　B. I_B、I_C不变

C. U_{BC}、I_{BC}不变　　D. U_B、U_C、I_B、I_C不变

109. 当系统的频率高于额定频率时，方向阻抗继电器最大灵敏角（ A ）。

A. 变大　　B. 变小　　C. 不变　　D. 不确定

110. 三段式电流保护中，灵敏度最高的是（ A ）。

A. Ⅲ段　　B. Ⅱ段　　C. Ⅰ段　　D. 都一样

111. 一般 220kV 系统的时间常数不大于（ B ）ms。

A. 10　　B. 60　　C. 80～200　　D. 200～300

112. 220kV 系统中，假设整个系统中各元件的零序阻抗角相等，在发生单相接地故障时，下列说法正确的是（ A ）。

A. 全线路零序电压相位相同　　B. 全线路零序电压幅值相同

C. 全线路零序电压相位幅值都相同　　D. 以上均不正确

113. 快速切除线路和母线的短路故障，是提高电力系统（ C ）的最重要手段。

A. 动态稳定　　B. 静态稳定　　C. 暂态稳定　　D. 以上均不正确

114. 大接地电流系统的输电线路发生接地故障时，对相邻线路零序互感影响的大小与（ A ）无关。

A. 电压等级　　B. 零序电流的大小

C. 相邻线路的地理位置　　D. 以上均正确

115. 同一短路点，两相短路电流 $I_K^{(2)}$ 与三相短路电流 $I_K^{(3)}$ 之比为（ B ）。

A. $I_K^{(2)}=\sqrt{3}I_K^{(3)}$　　B. $I_K^{(2)}=\dfrac{\sqrt{3}}{2}I_K^{(3)}$　　C. $I_K^{(2)}=\dfrac{1}{2}I_K^{(3)}$　　D. $I_K^{(2)}=I_K^{(3)}$

116. 在大接地电流系统中，零序电流分布主要取决于（ A ）。

A. 变压器中性点是否接地　　B. 电源的数目

C. 电源的数目与变压器中性点　　D. 以上均正确

117. 在我国，大接地电流系统与小接地电流系统划分标准是依据 X_0/X_1 的值，（ C ）的系统属于大接地电流系统。

A. 大于 4～5　　B. 小于 3～4　　C. 小于或等于 4～5　　D. 大于 6

118. 在大接地电流系统中发生单相接地短路时，保护安装点的零序电压与零序电流之间的相位角（ C ）。

A. 决定于该点到故障点的线路零序阻抗角

B. 决定于该点正方向到零序网络中性点之间的零序阻抗角

C. 决定于该点反方向至零序网络中性点之间的零序阻抗角

D. 以上均正确

119. 大接地电流系统中发生接地故障时，（ B ）零序电压为零。

A. 故障点　　B. 变压器中性点接地处

C. 系统电源处　　D. 保护安装处

120. 突变量包括（ A ）。

A. 工频分量和暂态分量

B. 正序、负序和零序分量

C．工频正序分量和暂态正序分量

D．工频正序分量、工频负序分量和工频零序分量

121．突变量保护宜在故障发生（ D ）ms 后退出。

A．200　　B．30　　C．40　　D．50

122．电力系统发生非全相运行时，系统中（ B ）负序电流。

A．不存在　　B．存在　　C．有时有　　D．以上均不正确

123．系统中的五次谐波属于（ B ）。

A．正序性质　　B．负序性质　　C．零序性质　　D．复合性质

124．中性点直接接地电网中，设同一点分别发生了如下不对称短路，当故障支路负序电流最小时，则该点发生的是（ C ）。

A．两相接地　　B．两相短路　　C．单相接地　　D．以上均不正确

125．零序不平衡电流主要是（ B ）谐波分量。

A．二次　　B．三次　　C．五次　　D．七次

126．某 220kV 线路上发生单相接地，若故障点 $Z_{0\Sigma}<Z_{2\Sigma}$，则正确的说法是（ C ）。

A．故障点的零序电压大于故障点的负序电压

B．电源侧母线上零序电压大于该母线上负序电压

C．电源侧母线上零序电压小于该母线上负序电压

D．电源侧母线上正序电压等于该母线上负序电压与零序电压之和

127．在大接地电流系统中，单相接地短路电流是故障支路零序电流的（ D ）。

A．1 倍　　B．$\sqrt{3}$ 倍　　C．$\sqrt{3}/2$ 倍　　D．3 倍

128．电力系统发生两相短路时，两相短路电流是故障支路负序电流的（ B ）。

A．1 倍　　B．$\sqrt{3}$ 倍　　C．$\sqrt{3}/2$ 倍　　D．3 倍

129．在正弦交流纯电容电路中，下列各式正确的是（ A ）。

A．$I=U\omega C$　　B．$I=\dfrac{U}{\omega C}$　　C．$I=\dfrac{U}{\omega}C$　　D．$I=\dfrac{U}{C}$

130．欠电压保护是反应电压（ B ）。

A．上升而动作　　B．低于整定值而动作

C．为额定值而动作　　D．视情况而异的上升或降低而动作

131．当系统发生故障时，正确地跳开离故障点最近的断路器，是继电保护（ B ）的体现。

A．快速性　　B．选择性　　C．可靠性　　D．灵敏性

132．电力系统发生 A 相金属性接地短路时，故障点的零序电压（ B ）。

A．与 A 相电压同相位　　B．与 A 相电压相位相差 180°

C．超前于 A 相电压 90°　　D．滞后于 A 相电压 90°

133．RLC 串联电路的谐振条件是（ C ）。

A．复阻抗 $Z=0$　　B．复导纳 $y=0$　　C．$\omega L=1/\omega C$　　D．复阻抗 $Z=1$

134．负荷功率因数低造成的影响是（ C ）。

A．线路电压损失增大

B．线路电压损失增大，有功损耗增大

C. 线路电压损失增大，有功损耗增大，发电设备未能充分发挥作用

D. 有功损耗增大

135. 交流测量仪表所指示的读数是正弦量的（ A ）。

A. 有效值　　B. 最大值　　C. 平均值　　D. 瞬时值

二、多选题

1. 提高静态稳定的措施有（ ABD ）。

A. 减小发电机到系统的联系总阻抗　　B. 提高送电侧和受电侧的运行电压

C. 提高发电机的有功功率　　D. 发电机自动调节励磁

2. 对称分量法所用的运算因子α正确的表达式是（ AC ）。

A. $e^{j120°}$　　B. $e^{-j120°}$　　C. $-\frac{1}{2}+j\frac{\sqrt{3}}{2}$　　D. $-\frac{1}{2}-j\frac{\sqrt{3}}{2}$

3. 关于负序、零序分量和工频变化量这三类分量，下列说法正确的是（ AD ）。

A. 正常运行时三者均为零，仅在故障时出现

B. 三者均可以实现延时的后备保护

C. 负序、零序分量只要不对称故障存在，它们就存在

D. 负序、零序分量构成的保护可以实现快速保护

4. 大接地电流系统发生故障，下列说法正确的是（ ABC ）。

A. 任何故障，都将出现正序电压

B. 同一点发生不同类型故障，单相接地故障正序电压最高

C. 出口单相故障时，零序功率方向元件不会出现死区，采用正序电压为极化电压的方向阻抗继电器也不会出现死区

D. 发生单相接地故障，保护安装处正序电压与正序电流的关系及零序电压和零序电流的关系都与故障点的位置及过渡电阻的大小无关

5. 大接地电流系统中，A、C 相金属性短路直接接地时，故障点序分量电压间的关系是（ ABC ）。

A. B 相负序电压超前 C 相正序电压的角度是 120°

B. A 相正序电压与 C 相负序电压同相位

C. B 相零序电压超前 A 相负序电压的角度是 120°

D. B 相正序电压滞后 C 相零序电压的角度是 120°

6. 大接地电流系统中终端变电站的变压器中性点直接接地，在对该变电站供电的线路上发生单相接地故障，不计负荷电流时，下列正确的是（ BC ）。

A. 线路终端侧有正序、负序、零序电流

B. 线路终端侧只有零序电流，没有正序、负序电流

C. 线路供电侧有正序、负序、零序电流

D. 线路两侧均有正序、负序、零序电流

7. 对于同一系统，若零序阻抗大于正序阻抗，则同一点上发生的单相短路接地、两相短路、两相接地短路、三相短路，其正序电流分量满足（ ABD ）。

A. 三相短路等于两相短路的 2 倍　　B. 三相短路大于单相短路的 3 倍

C. 两相接地短路大于三相短路　　D. 单相短路小于两相接地短路

8. 超高压输电线单相接地两侧开关单相跳开后，故障点有潜供电流存在，潜供电流由互感耦合、电容耦合两部分组成，下列说法正确的是（ ABC ）。

A. 互感耦合形成的潜供电流与故障点位置有关，电容耦合形成的潜供电流与故障点位置无关

B. 电容耦合的潜供电流比互感耦合的潜供电流要大得多

C. 电容耦合的潜供电流，熄弧时恢复电压与该潜供电流有 90°的相角差

9. 电力系统振荡时，两侧等值电动势夹角δ作 0°～360°变化，其电气量变化特点为（ AC ）。

A. 离振荡中心越近，电压变化越大

B. 测量阻抗中的电抗变化率大于电阻变化率

C. 测量阻抗中的电阻变化率大于电抗变化率

D. δ偏离 180°越大，测量阻抗变化率越小

10. 大接地电流系统中，当系统中各元件的正、负序阻抗相等时，则线路发生单相接地时，下列正确的是（ BC ）。

A. 非故障相中没有故障分量电流，保持原有负荷电流

B. 非故障相中除负荷电流外，还有故障分量电流

C. 非故障相电压升高或降低，随故障点综合正序、零序阻抗相对大小而定

D. 非故障相电压保持不变

11. 下列关于标幺值的说法，正确的是（ ABCD ）。

A. 有功功率P、无功功率Q的标幺值是S_B，而不是P_B和Q_B

B. 三相功率标幺值等于单相功率的标幺值

C. 线电压标幺值和相电压标幺值相等

D. 标幺值电气量经过变压器后不变化

12. 电流继电器的主要技术参数有（ BCD ）。

A. 可靠系数　　B. 动作电流　　C. 返回系数　　D. 返回电流

13. 微机保护中采用的差分算法，正确的是（ AC ）。

A. 可有效抑制非周期分量电流的影响　　B. 有一定抑制高次谐波电流的作用

C. 有放大高次谐波电流的作用

14. 小接地电流系统发生单相接地时，有（ ABCD ）。

A. 接地电流很小　　B. 线电压对称

C. 非故障相电压升高至$\sqrt{3}$倍　　D. 没有负序电压分量

15. 电网保护对功率方向继电器有（ ABC ）要求。

A. 能正确地判断短路功率方向　　B. 有很高的灵敏度

C. 继电器的固有动作时限小　　D. 要求所有功率方向继电器均采用 0°接线

16. 下列情况中出现二次谐波的是（ BD ）。

A. TA 稳态饱和时二次电流中有二次谐波

B. TA 暂态饱和时二次电流中有二次谐波

C. 变压器过励磁时差动电流中有二次谐波

D．变压器发生励磁涌流时，涌流中有二次谐波

17．电力系统短路故障时，电流互感器饱和是需要时间的，饱和时间与下列因素有关（ ABCD ）。

A．电流互感器剩磁越小，饱和时间越长　　B．二次负载阻抗减小，可增长饱和时间

C．饱和时间受短路故障时电压初相角影响　D．饱和时间受一次回路时间常数影响

18．电力系统短路故障时，电流互感器发生饱和，其二次电流波形特征是（ ABC ）。

A．波形失真，伴随谐波出现

B．过零点提前，波形缺损

C．一次电流越大时，过零点提前越多

D．二次电流的饱和点可在该半周期内任何时刻出现，随一次电流大小而变

19．500kV 系统采用 TPY 型电流互感器，TPY 型带有较小的气隙，显著影响其暂态性能和稳态性能，与铁芯没有气隙的电流互感器的性能相比较，下面描述正确的有（ ABD ）。

A．励磁电流大，TA 误差大

B．剩磁大大减少，改善 TA 暂态性能

C．二次开路电压大

D．为避免饱和，在同一电流下，比闭路铁芯 TA 尺寸大

20．在超高压电网中的电压互感器，可视为一个变压器，就零序电压来说，下列正确的是（ AD ）。

A．超高压电网中发生单相接地时，一次电网中有零序电压，所以电压互感器二次星形侧出现零序电压

B．电压互感器二次星形侧发生单相接地时，该侧出现零序电压，因电压互感器相当于一个变压器，所以一次电网中也有零序电压

C．电压互感器二次星形侧发生单相接地时，该侧无零序电压，所以一次电网中也无零序电压

D．电压互感器二次星形侧发生单相接地时，该侧有零序电压，而一次电网中没有零序电压

21．大接地电流系统接地短路时，线路零序阻抗较正序阻抗大，以下说法正确的是（ AB ）。

A．随着线路接地故障点位置变化，通过线路的零序电流变化陡度较相间故障时相电流变化陡度大

B．接地故障时零序电流的分布比例关系只与零序等值网络状况有关

C．接地故障时，零序电压与零序电流的相位关系与过渡电阻有关

D．接地故障时，零序电压与零序电流的相位关系主要决定于线路零序阻抗角

22．在平行双回线路上发生短路故障时，非故障线发生功率倒向，功率倒向发生在（ BC ）。

A．故障线发生短路故障时

B．故障线一侧断路器三相跳闸后

C．故障线一侧断路器单相跳闸后

D．故障线两侧断路器三相跳闸后，负荷电流流向发生变化

23．非全相运行时，关于负序电流与负序电压、零序电流与零序电压之间的相位关系正确的说法有（ CD ）。

A．电压互感器装于线路上时，送端的负序、零序电流滞后于负序、零序电压的相位角为序阻抗角

B．电压互感器装于线路上时，受端的负序、零序电流滞后于负序、零序电压的相位角为序阻抗角

C．电压互感器装于母线上时，送端的负序、零序电流超前于负序、零序电压的相位角为序阻抗角

D．电压互感器装于母线上时，受端的负序、零序电流超前于负序、零序电压的相位角为序阻抗角

24．在超高压系统中，提高系统稳定水平的措施为（ BCD ）。

A．电网结构已定，提高线路有功传输　　B．尽可能快速切除故障

C．采用快速重合闸或采用单重　　D．串补电容

25．继电保护短路电流计算可以忽略（ ABCD ）等阻抗参数中的电阻部分。

A．发电机　　B．变压器　　C．架空线路　　D．电缆

三、判断题

1．静止元件（输电线路和变压器）的负序阻抗和正序阻抗是相等的，零序阻抗则不同于正序和负序阻抗；旋转元件（发电机和电动机）的正序、负序和零序阻抗三者互不相同。（√）

2．继电保护短路电流计算可以忽略发电机、变压器、架空线路、电缆等阻抗参数的电阻部分。（√）

3．同一电压等级电网，有功功率是从电压幅值高的一端流向低的一端，无功功率是从相角超前的一端流向相角滞后的一端。（√）

4．断路器在一次系统交流电流过零点处切断电流时，如果二次回路的负荷是纯电感性，则此时对应的二次感应电压为最大值，磁通为0，互感器不发生剩磁。（√）

5．220kV终端变电站主变压器（简称主变）的中性点接地与否都不影响其进线故障时送电侧的接地短路电流值。（×）

6．只要电源是正弦波，则电路中各部分的电流和电压势必是正弦波。（×）

7．直流系统在一点接地的情况下长期运行是允许的。（×）

8．继电保护装置是保证电力元件安全运行的基本装备，任何电力元件不得在无保护的状态下运行。（√）

9．微机保护在软件上有滤波器，因此可以不要模拟滤波器。（×）

10．二次谐波的电气量一定是负序分量，三次谐波的电气量一定是零序分量。（×）

11．弧光接地过电压存在于任何形式的系统中。（×）

12．如图1-8所示的数字复接接口装置接收光功率测试接线是正确的。（√）

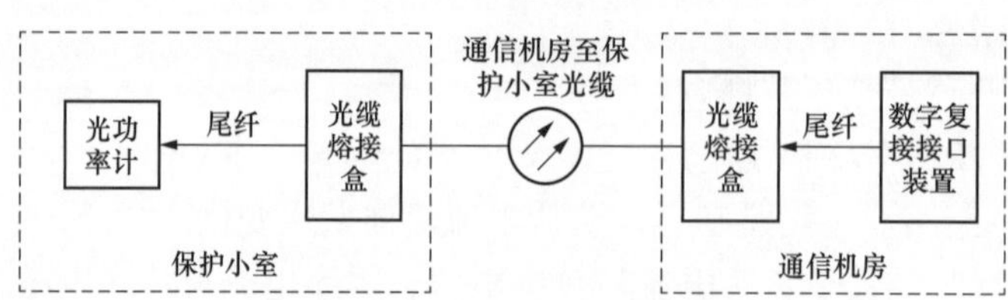

图1-8　复接接口装置功率测试接线图

13．电力系统中实时采集的开关量信息主要包括状态信号、刀闸信号、保护信号及事故总信号。（√）

14．监控系统运行正常的情况下，无论设备处在站控层还是间隔层操作控制，设备的运行状态和选择切换开关的状态都应处于计算机监控系统的监视中。（√）

15．所谓选择性是指由故障设备的保护动作切除故障。（×）

16．全周傅里叶算法可以滤去多次谐波，且不受输入模拟量中非周期分量的影响。（√）

17．微机保护的数字算法当中，全周傅氏算法可以滤除奇数次的谐波分量，不能滤除偶次谐波分量，而积分算法具备此能力。（×）

18．可以采用增加并联运行输电线的回路数等方法，改善系统稳定性及电压水平。（√）

19．当流过某负载的电流 $i=1.4\sin(314t+\pi/12)$A 时，其端电压为 $u=311\sin(314t-\pi/12)$V，那么这个负载一定是容性负载。（√）

20．在线性电路中，如果电源电压是方波，则电路中各个部分的电流及电压也是方波。（×）

21．共模电压是指在某一给定地点所测得在同一网络中两导线间的电压。（×）

22．电力变压器中性点直接接地或经消弧线圈接地的电力系统，称为大接地电流系统。（×）

23．我国 35kV 及以下电压等级的电网中，中性点采用中性点不接地方式或经消弧线圈接地方式，这种系统被称为小接地电流系统。（√）

24．中性点经消弧线圈接地系统普遍采用全补偿运行方式，即补偿后电感电流等于电容电流。（×）

25．中性点经消弧线圈接地系统采用过补偿方式时，由于接地点的电流是感性的，熄弧后故障相电压恢复速度加快。（×）

26．中性点经消弧线圈接地系统，不采用欠补偿和全补偿的方式，主要是为了避免并联谐振和铁磁共振引起过电压。（×）

27．大接地电流系统系指所有的变压器中性点均直接接地的系统。（×）

28．新投运带有方向性的保护只需要用负荷电流来校验电流互感器接线的正确性。（×）

29．电力系统的不对称故障有三种单相接地，三种两相短路接地，三种两相短路和断线，系统振荡。（×）

30．电力系统有功出力不足时，不只影响系统的频率，对系统电压的影响更大。（×）

31．由母线向线路送出有功 100MW，无功 100Mvar。电压超前电流的角度是 45°。（√）

32．数字滤波器无任何硬件附加于计算机中，而是通过计算机去执行一种计算程序或算法，从而去掉采样信号中无用的成分，以达到滤波的目的。（√）

33．由三个单相构成的变压器（YN，d）正序电抗与零序电抗相等。（√）

34．在大接地电流系统中，故障线路上的零序功率是由母线流向线路。（×）

35．无论线路末端开关是否合入，始端电压必定高于末端电压。（×）

36．空载长线路充电时，末端电压会升高。这是由于对地电容电流在线路自感电抗上产生了电压降。（√）

37．继电保护装置的电磁兼容性是指它具有一定的耐受电磁干扰的能力，对周围电子设备产生较小的干扰。（√）

38．微机保护每周波采样 12 点，则采样频率为 600Hz。（√）

39．当电力系统发生严重的低频事故时，为迅速使电网恢复正常，低频减负荷装置在达到动作值后，可以不经时限立即动作，快速切除负荷。（×）

40．在电路中某测试点的电压 U_x 和标准比较电压 U_0=0.775V 之比取常用对数的 20 倍，称为该点的电压绝对电平。（√）

41．采用逐次逼近式原理的模数转换器（A/D）的数据采样系统中有专门的低通滤波器，滤除输入信号中的高次分量，以满足采样定律。采用电压—频率控制器（VFC）的数据采样系统中，由于用某一段时间内的脉冲个数来进行采样，这种做法本身含有滤波功能，所以不必再加另外的滤波器。（√）

42．逐次逼近式模数变换器的转换过程是由最低位向最高位逐次逼近。（×）

43．一般微机保护的“信号复归”按钮和“复位”按钮的作用是相同的。（×）

44．微机保护对 A/D 变换器的转换速度要求不小于 35μs。（×）

45．微机保护采用的低通滤波器一般滤除频率高于采样频率 1/3 的信号。（×）

46．A/D 变换器的位数越多，分辨率越高。（√）

47．微机保护数据采集单元中通常采用变换器，变换器的一次与二次绕组间有屏蔽层，对高频干扰有一定的抑制作用。（√）

48．微机线路保护应具有独立性、完整性、成套性，在一套装置内应含有高压输电线路必需的能反应各种故障的保护功能。（√）

49．微机保护装置应设有自复位电路，在因干扰而造成程序走死时应能通过自复位电路自动恢复正常工作。但在进行抗高频干扰试验时，不允许自复位电路工作。（√）

50．微机保护装置储存要求：长期不用的装置应保留原包装，在相对湿度不大于 85%的库房内储存。（√）

51．纯电阻电路中，各部分电流与电压的波形是相同的。（√）

52．电流速断保护接线简单、动作迅速，可保护线路全长，因此被广泛采用。（×）

53．反时限电流保护，当故障电流大时，保护的动作时限短，故障电流小时，保护的动作时限长。（√）

54．阶段式电流保护是将电流速断、限时电流速断和过电流保护组合在一起。（√）

55．根据叠加原理，电力系统短路时的电气量可分为负荷分量和故障分量，工频变化量指的就是故障分量。（√）

56．由电源算起，越靠近故障点的继电保护装置动作越灵敏，动作时间越长，并在上下级之间留有适当的裕度。（×）

57．CPU 在运算过程中可能因干扰的影响而导致运算出错，对此可以将整个运算进行两次，以核对运算是否有误。（√）

58．超高压线路电容电流对线路两侧电流大小和相位的影响可以忽略不计。（×）

59．三次谐波的电气量一定是零序分量。（√）

60．反射衰耗是根据负载阻抗不等于电源内阻抗时所引起的能量损耗确定的衰耗。（√）

61．电磁型继电器，如电磁力矩大于弹簧力矩，则继电器动作，如电磁力矩小于弹簧力矩，则继电器返回。（×）

62．连锁切机即指在一回线路发生故障而切除这回线路的同时，连锁切除送电端发电厂的部分发电机。（×）

63．继电器按在继电保护中的作用，可分为测量继电器和辅助继电器两大类，而时间继电器是测量继电器中的一种。（×）

64．我国电力系统中性点有三种接地方式：①中性点直接接地；②中性点经间隙接地；③中性点不接地。（×）

65．微机保护中硬件或软件“看门狗”（Watch dog）的作用是防止病毒进入到微机保护程序中。（×）

66．我国规定 $X_0/X_1 \leqslant 4 \sim 5$ 的系统为大接地电流系统，$X_0/X_1 > 3$ 的系统为小接地电流系统。（×）

67．对于传送大功率的输电线路保护，一般宜于强调可信赖性；而对于其他线路保护，则往往宜于强调安全性。（×）

68．线路微机保护在软件上有滤波功能，可以滤掉直流成分，因此零漂稍大不影响保护的计算。（√）

69．采用“近后备”原则，只有一套纵联保护和一套后备保护的线路，纵联保护和后备保护的直流回路应分别由专用的直流熔断器供电。（√）

70．从保护原理上就依赖相继动作的保护，允许其对不利故障类型和不利故障点的灵敏系数在对侧开关跳开后才满足规定的要求。（√）

71．“合闸于故障保护”是基于以下认识而配备的附加简单保护：即合闸时发生的故障都是内部故障，不考虑合闸时刚好发生外部故障。（√）

72．电力设备由一种运行方式转为另一种运行方式的操作过程中，被操作的有关设备应在保护范围内，且所有保护装置不允许失去选择性。（×）

73．当系统频率偏离额定值时，对微机保护的性能无影响。（×）

74．低电压保护在系统运行方式变小时，保护范围会缩短。（×）

75．为了防止在电源中断时因负荷反馈而引起按频率自动减负荷装置误动作，可采用低电压或过电流闭锁措施。（×）

76．为满足保护装置灵敏性要求，必须同时满足灵敏度和动作时限相互配合的要求，即要满足双配合。（×）

77．检查微机型保护回路及整定值的正确性时，只能用从电流电压端子通入与故障情况相符的模拟量，使保护装置处于与投入运行完全相同状态的整组试验方法。（√）

78．在检验继电保护及二次回路时，凡与其他运行设备二次回路相连的压板和接线应有明显标记，并全部断开，且做好记录。（√）

79．为提高开关量采集的可靠性，对重要的开关、刀闸位置的采集可以采用双位置采样。（√）

80．电力系统进行解列操作，需先将解列断路器处的有功功率和无功功率尽量调整为零，使解列后不至于因为系统功率不平衡而引起频率和电压的变化。（√）

81．TV 中性点加装放电间隙，其目的是为了当短路电流流过接地网的时候，放电间隙能

够动作。（×）

82．220kV 线路保护宜采用远后备方式，110kV 线路保护宜采用近后备方式。（×）

83．整组试验时，如果由电流或电压端子通入模拟故障量确实有困难时，可采用卡继电器触点、短路触点等方法来代替。（×）

84．接地装置的接地电阻值越小越好。（√）

85．无功功率有正有负。（√）

86．正弦交流电的幅值就是正弦交流电的有效值。（×）

87．监控系统是以一个变电站的一次设备作为其监控对象的。（×）

88．直流中的交流分量=［（最大瞬时电压–最小瞬时电压）/直流分量电压］×100%。（√）

89．对重要和复杂的保护装置，如母线保护、失灵保护、主变压器保护、远方跳闸、有联跳回路的保护装置、电网安全自动装置和备用电源自动投入装置等的现场检验工作，应编制经工作票许可人审批的检验方案和继电保护安全措施票。（×）

90．整组试验时，对于有两组跳闸线圈的断路器，应检查两组跳闸线圈接线的极性是否一致。（√）

91．并联谐振应具备以下特征：电路中的总电流 I 达到最小值，电路中的总阻抗达到最大值。（√）

92．继保室或各继保小室的光纤配线柜至通信机房光纤配线柜采用多模光缆。光缆敷设 2 条，为双重化配置。每条光缆纤芯数量应按照变电站远景规模配置，并留有备用芯。（×）

93．无功功率总是从电压较高的母线向相邻电压较低的母线方向送出。（√）

94．对设有可靠稳压装置的厂站直流系统，经确认稳压性能可靠后，进行整组试验时，应按额定电压进行。（√）

95．电力系统稳定分静态稳定和暂态稳定。静态稳定是指电力系统受到微小的扰动（如负载和电压较小的变化）后，能自动地恢复到原来运行状态的能力。暂态稳定对应的是电网受到大扰动的情况。（√）

96．在接有消弧线圈的电网中，当整个电网的 $3\omega L<1/\omega C$。时，流过接地点的电流为感性电流，称为欠补偿。（√）

97．故障分量的特点是仅在故障时出现，正常时为零；仅由施加于故障点的 1 个电动势产生。（√）

98．故障初始时刻 TA 饱和最严重。（×）

99． 220kV 系统时间常数较小，500kV 系统时间常数较大，后者短路电流非周期分量的衰减较慢。（√）

100．突变量包含工频突变量和暂态突变量，为使突变量保护快速动作，常用其中的暂态突变分量，使其动作速度可以达到特高速（小于 10ms）。（×）

101．当故障点零序综合阻抗（Z_{k0}）小于正序综合阻抗（Z_{k1}）时，即 $Z_{k0}<Z_{k1}$ 时，单相接地故障电流大于三相短路电流。（√）

102．在大接地电流系统中，变压器中性点接地的数量和变压器在系统中的位置，是经综合考虑变压器的绝缘水平、降低接地短路电流、保证继电保护可靠动作等要求而决定的。（√）

103．在零序序网图中没有出现发电机的电抗是因为发电机的零序电抗为零。（×）

104．在中性点直接接地系统中，如果各元件的阻抗角都是 80°，当正方向发生接地故障时，$3U_0$ 落后 $3I_0$ 100°；当反方向发生接地故障时，$3U_0$ 超前 $3I_0$ 80°。（√）

105．只要系统零序阻抗和零序网络不变，无论系统运行方式如何变化，零序电流的分配和零序电流的大小都不会发生变化。（×）

106．大小和方向随时间作周期性变化，并在一周内平均值为零的电流、电压，称为交流电流和交流电压。随时间按正弦规律变化的交流电称为正弦交流电。正弦交流电流、电压都称为正弦量。（√）

107．电力系统中有接地故障时将出现零序电流。（×）

108．保护安装点的零序电压，等于故障点的零序电压减去由故障点至保护安装点的零序电压降，因此，保护安装点距离故障点越近，零序电压越高。（√）

109．在大接地电流系统中，三相短路对系统的危害不如两相接地短路大，在某些情况下，不如单相接地短路大，因为这时单相接地短路电流比三相短路电流还要大。（×）

110．大接地电流系统中接地短路时，系统零序电流的分布与中性点接地点的多少有关，而与其位置无关。（×）

111．在大接地电流系统中，线路的零序功率方向继电器接于母线电压互感器的开口三角电压，当线路非全相运行时，该继电器可能会动作。（√）

112．接地故障时零序电流的分布与发电机的开停机有关。（×）

113．快速切除线路和母线的短路故障是提高电力系统静态稳定的重要手段。（×）

114．在大接地电流系统中发生接地短路时，保护安装点的零序电压与零序电流之间的相位角决定于该点正方向到零序网络中性点之间的零序阻抗角。（×）

115．线路上发生单相接地故障时，短路电流中存在着正、负、零序分量，其中只有正序分量才受线路两端电动势角差的影响。（√）

116．在电力系统中，负荷吸取的有功功率与系统频率的变化有关，系统频率升高时，负荷吸取的有功功率随着增高，频率下降时，负荷吸取的有功功率随着下降。（√）

117．当电网（$Z_{\Sigma1}=Z_{\Sigma2}$）发生两相金属性短路时，若某变电站母线的负序电压标幺值为 0.55，那么其正序电压标幺值为 0.45。（×）

118．在电力系统运行方式变化时，如果中性点接地的变压器数目不变，则系统零序阻抗和零序等效网络就是不变的。（×）

119．220kV 终端变电站主变压器的中性点，不论其接地与否都不会对其电源进线的接地短路电流值有影响。（×）

120．变电站发生接地故障时，故障零序电流与母线零序电压之间的相位差主要取决于变电站内中性点接地的变压器的零序阻抗角，与接地点弧光电阻的大小也有关。（×）

121．如果变压器中性点直接接地，且在中性点接地线流有电流，该电流一定是三倍零序电流。（√）

122．在系统发生接地故障时，相间电压中会出现零序电压分量。（×）

123．流过保护的零序电流的大小仅决定于零序序网图中参数，而与电源的正负序阻抗无关。（×）

124．在双侧电源系统中，如忽略分布电容，当线路非全相运行时一定会出现零序电流和负序电流。（×）

125．在大接地电流系统中，增加中性点接地变压器台数，在发生接地故障时，零序电流将变小。（×）

126．发生不对称故障时，保护安装点距故障点越近，保护感受的负序电压越高。（√）

127．负序网络、零序网络是无源网络，仅在故障点作用相应的负序、零序电动势，因而负序电压、零序电压故障点最高。（√）

128．在双侧电源线路上短路点的零序电压始终是最低的，短路点的正序电压始终是最高的。（×）

129．线路发生接地故障，正方向时零序电压滞后零序电流，反方向时，零序电压超前零序电流。（√）

130．系统运行方式越大，保护装置的动作灵敏度越高。（×）

131．通常采用施加单相电压来模拟两相短路的方法整定负序电压继电器的动作电压。例如，将继电器的 B、C 两端短接后对 A 端子施加单相电压 U。若负序继电器动作电压整定为 3V（相），则应将 U 升至 9V 时，才能使继电器刚好动作。（√）

132．发生金属性接地故障时，保护安装点距故障点越近，零序电压越高。（√）

133．在 220kV 线路发生接地故障时，故障点的零序电压最高，而 220kV 变压器中性点的零序电压最低。（√）

134．只要系统中出现非周期分量，一定会出现负序电流和零序电流。（×）

135．过电流保护在系统运行方式变小时，保护范围也将变小。（√）

136．故障点正序综合阻抗小于零序综合阻抗时，三相短路电流小于单相接地短路电流，单相短路零序电流大于两相接地短路零序电流。（×）

137．计及故障点正序、负序综合阻抗不相等的关系后，则单相金属性接地时，与正序、负序综合阻抗相等时相比较，接地电流与故障点正序电流间的系数两者不同。（×）

138．如果忽略电容电流，在 35kV 系统中发生接地短路时零序电流是零，复合序网图中没有零序序网，所以两相短路接地可以用两相短路的复合序网图求解电压和电流。（×）

149．考虑线路故障，可将系统等值为两机一线系统。故障电流由 M、N 两侧供给，其故障正序电流分流系数定义 K_m、K_n。该系数仅与系统运行接线方式及故障点有关，而与短路故障的类型无关。（√）

140．微机保护中，构成零序方向的零序电压，可以取 TV 二次三相电压自产，它与零序电压取自 TV 开口三角相比，其优点是 TV 二次断线后，方向元件不需要退出运行。（×）

141．计算表明：大接地电流系统中，当发生经电阻的单相接地短路时，一般超前相电压升高不超过 1.3～1.4 倍。（√）

142．故障点的正序网络、负序网络、零序网络各自独立，即序分量仅存在于各自的序网络中。（√）

143．当 110kV 系统发生单相接地故障时，负荷侧也可能流过故障电流。（√）

144．当线路发生 BC 相间短路时，输电线路上的压降 $U_{BC}=(I_{BC}+K\times 3I_0)Z_1$。其中，$K=(Z_0-Z_1)/3Z_1$。（×）

145．两相接地短路故障点的非故障相电压保持原有的幅值和相位，两故障相电压方向与非故障相电压相反，幅值等于非故障相电压一半。（×）

146．在某些情况下，大接地电流系统中同一点发生三相金属性短路故障时的短路电流可

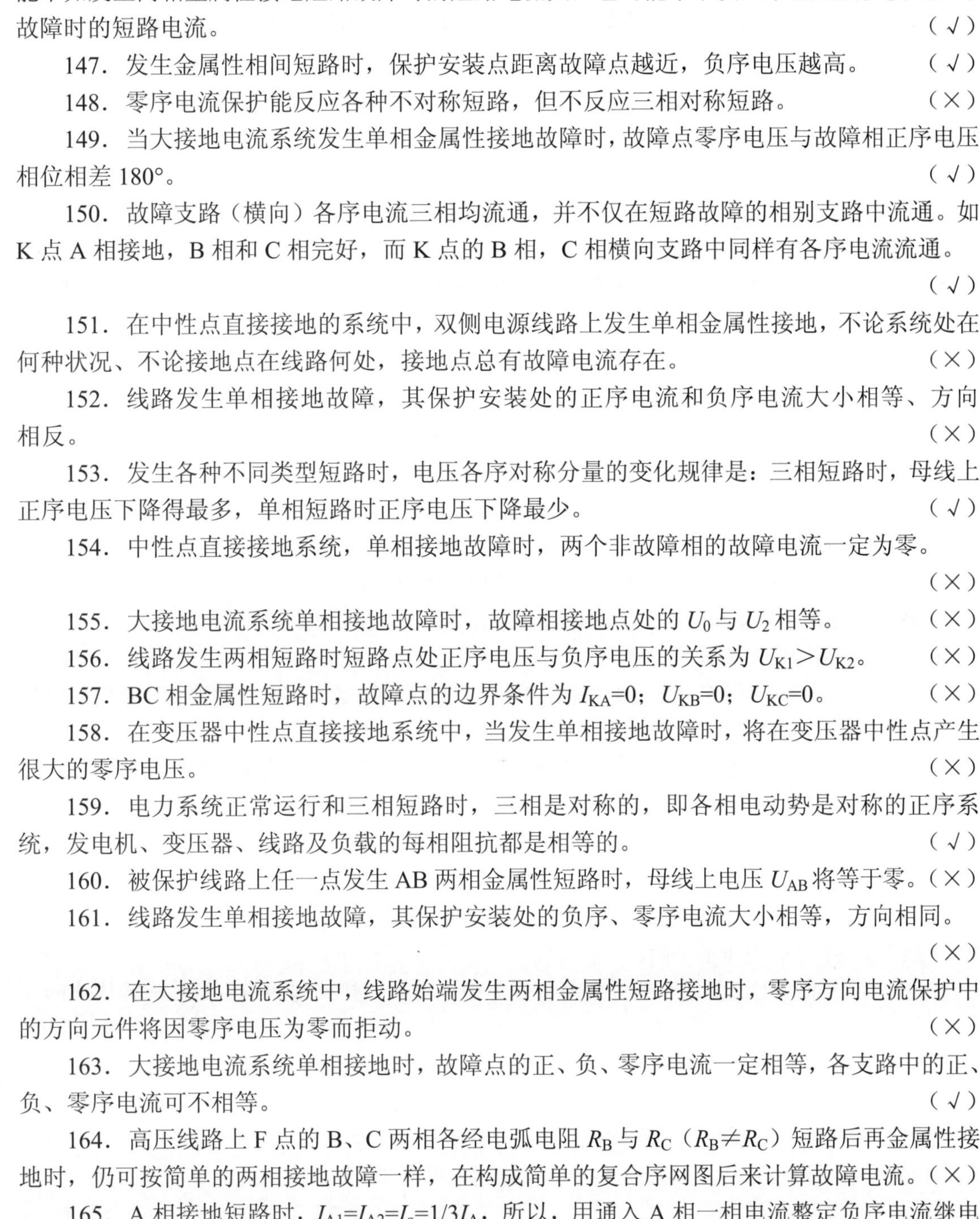

能不如发生两相金属性接地短路故障时的短路电流大，也可能小于发生单相金属性接地短路故障时的短路电流。（√）

147．发生金属性相间短路时，保护安装点距离故障点越近，负序电压越高。（√）

148．零序电流保护能反应各种不对称短路，但不反应三相对称短路。（×）

149．当大接地电流系统发生单相金属性接地故障时，故障点零序电压与故障相正序电压相位相差 180°。（√）

150．故障支路（横向）各序电流三相均流通，并不仅在短路故障的相别支路中流通。如 K 点 A 相接地，B 相和 C 相完好，而 K 点的 B 相，C 相横向支路中同样有各序电流流通。（√）

151．在中性点直接接地的系统中，双侧电源线路上发生单相金属性接地，不论系统处在何种状况、不论接地点在线路何处，接地点总有故障电流存在。（×）

152．线路发生单相接地故障，其保护安装处的正序电流和负序电流大小相等、方向相反。（×）

153．发生各种不同类型短路时，电压各序对称分量的变化规律是：三相短路时，母线上正序电压下降得最多，单相短路时正序电压下降最少。（√）

154．中性点直接接地系统，单相接地故障时，两个非故障相的故障电流一定为零。（×）

155．大接地电流系统单相接地故障时，故障相接地点处的 U_0 与 U_2 相等。（×）

156．线路发生两相短路时短路点处正序电压与负序电压的关系为 $U_{K1}>U_{K2}$。（×）

157．BC 相金属性短路时，故障点的边界条件为 $I_{KA}=0$；$U_{KB}=0$；$U_{KC}=0$。（×）

158．在变压器中性点直接接地系统中，当发生单相接地故障时，将在变压器中性点产生很大的零序电压。（×）

159．电力系统正常运行和三相短路时，三相是对称的，即各相电动势是对称的正序系统，发电机、变压器、线路及负载的每相阻抗都是相等的。（√）

160．被保护线路上任一点发生 AB 两相金属性短路时，母线上电压 U_{AB} 将等于零。（×）

161．线路发生单相接地故障，其保护安装处的负序、零序电流大小相等，方向相同。（×）

162．在大接地电流系统中，线路始端发生两相金属性短路接地时，零序方向电流保护中的方向元件将因零序电压为零而拒动。（×）

163．大接地电流系统单相接地时，故障点的正、负、零序电流一定相等，各支路中的正、负、零序电流可不相等。（√）

164．高压线路上 F 点的 B、C 两相各经电弧电阻 R_B 与 R_C（$R_B \neq R_C$）短路后再金属性接地时，仍可按简单的两相接地故障一样，在构成简单的复合序网图后来计算故障电流。（×）

165．A 相接地短路时，$I_{A1}=I_{A2}=I_o=1/3I_A$，所以，用通入 A 相一相电流整定负序电流继电器时，应使 $1/3I_{OP.A}=I_{OP.2}$。（√）

166．Y0/△-11 两侧电源变压器的 Y0 绕组发生单相接地短路，两侧电流相位相同。（×）

167．序网络与短路点的相别、类型无关，与短路故障点的位置、系统运行方式有关。（√）

168．线路出现断相，当断相点纵向零序阻抗大于纵向正序阻抗时，单相断相零序电流小

于负序电流。（√）

169．当输送功率为10MW的线路出现不对称断相时，因为线路没有发生接地故障，所以线路没有零序电流。（×）

170．线路发生单相断线时，只要负荷电流足够大，两侧零序功率方向元件都会动作。（√）

171．过渡电阻不影响序电压和序电流之间的相位关系，也不影响突变量电压和突变量电流之间的相位关系。（√）

172．零序电流保护为保证线路经较大过渡电阻故障时能可靠动作切除故障，不经 $3U_0$ 突变量闭锁。在发生TA断线时，零序电流保护一定不会误动。（×）

173．过渡电阻对距离继电器工作的影响，只会使保护区缩短。（×）

174．电力网中出现短路故障时，过渡电阻的存在，对距离保护装置有一定的影响，而且当整定值越小时它的影响越大，故障点离保护安装处越远时影响也越大。（×）

175．过渡电阻对距离继电器工作的影响，视条件可能失去方向性，也可能使保护区缩短，还可能发生超越及拒动。（√）

176．接地故障时，零序电流和零序电压的相位关系与变电站和有关支路的零序阻抗角、故障点有无过渡电阻有关。（×）

177．过渡电阻产生的附加阻抗一般比过渡电阻本身大。（√）

178．不论是单侧电源线路，还是双侧电源的网络上，发生短路故障时故障短路点的过渡电阻总是使距离保护的测量阻抗增大。（×）

179．当双电源侧线路发生经过渡电阻单相接地故障时，送电侧感受的测量阻抗附加分量呈阻容性，受电侧感受的测量阻抗附加分量呈阻感性。（√）

180．计及过渡电阻时的相间短路，送电侧和受电侧的短路相间电压幅值与短路点的位置有关，而相位与短路点的位置无关。（×）

181．距离保护中，故障点过渡电阻的存在，有时会使阻抗继电器的测量阻抗增大，也就是保护范围会伸长。（×）

182．在中性点不接地系统中，发生单相接地时，电压互感器开口三角电压有零序电压产生，是因为一次系统电压不平衡。（×）

183．五次谐波电流的大小或方向可以作为中性点非直接接地系统中查找故障线路的一个判据。（√）

184．在中性点经消弧线圈接地的电网中，采用过补偿的优点之一是：可防止单相接地时的串联谐振过电压。（×）

185．小接地电流系统，当频率降低时，过补偿和欠补偿都会引起中性点过电压。（×）

186．在不接地系统中，某处发生单相接地时，母线TV开口三角的电压不管故障点距离远近，基本上电压一样高。（√）

187．中性点非直接接地系统（如35kV电网，各种发电机）当中性点经消弧线圈接地时应采用过补偿方式。（×）

188．采用中性点不接地或经消弧线圈接地的系统，当某一相发生接地故障时，由于不能构成短路回路，接地故障电流往往比负荷电流小得多，所以这种系统称为小接地电流系统。（√）

189．在中性点不接地系统中，如果忽略电容电流，发生单相接地时，系统一定不会有零序电流。（√）

190．小接地电流系统中，当A相经过渡电阻发生接地故障后，各相间电压发生变化。（×）

191．在小接地电流系统中，线路上发生金属性单相接地时故障相电压为零，两个非故障相电压升高$\sqrt{3}$倍，中性点电压变为相电压。三个线电压的大小和相位与接地前相比都发生了变化。（×）

192．在小接地电流系统线路发生单相接地时，非故障线路的零序电流超前零序电压90°，故障线路的零序电流滞后零序电压90°。（√）

193．小接地电流系统发生单相接地时，故障线路的零序电流为非故障线路电容电流之和，其电容性无功功率的方向为由线路流向母线。非故障线路的零序电流为本线路电容电流，电容性无功功率方向为由母线流向线路，故障点的零序电流为系统总接地电容电流。（√）

194．为消除失步振荡，应装设失步解列控制装置，在预先安排的输电断面，将系统解列为各自保持同步的区域。（√）

195．系统振荡时，两侧电势角摆开最大180°，此时振荡中心的电压最小，而振荡中心的电压变化率最大。（√）

196．当系统处于纯振荡期间，由于没有负序电流和零序电流，振荡电流为正序电流，是制动电流，故不开放距离保护。（√）

197．系统发生振荡时，振荡中心的电压总是低于系统其他部分的电压。（×）

198．在振荡过程中，利用所见阻抗轨迹的变化方向，可以判定本侧是处于加速侧还是减速侧。（√）

199．系统振荡时，线路发生断相，零序电流与两侧电动势角差的变化无关，与线路负荷电流的大小有关。（×）

200．振荡时，系统任何一点电流与电压之间的相位角都随功角的变化而变化，而短路时，电流与电压的角度基本不变。（√）

201．全相振荡是没有零序电流的。非全相振荡是有零序电流的，但这一零序电流不可能大于此时再发生接地故障，故障分量中的零序电流。（×）

202．零序、负序功率元件不反应系统振荡和过负荷。（√）

203．在系统发生振荡的情况下，同样的整定值，全阻抗继电器受振荡的影响最大，而椭圆继电器所受的影响最小。（√）

204．振荡时母线电压变化与母线离振荡中心远近有关，离振荡中心越远变化越小，到了大电源母线则基本不变。（√）

205．系统发生振荡时，阻抗继电器可能会误动作，但不一定会误动作。（√）

206．某电厂的一条出线负荷功率因数角发生了摆动，由此可以断定电厂与系统之间发生了振荡。（×）

207．故障点越靠近振荡中心，零序电流变化幅度越大，在振荡中心，两侧电动势角差180°时，最小零序电流可以为零。（√）

208．系统发生振荡时，两侧电源频率相差越大，振荡周期越短，振荡越严重。（√）

209．当电力系统发生振荡时，第一个振荡周期总是最短的。（×）

210．动作时间大于振荡周期的距离保护也应经振荡闭锁控制。（×）

211．阻抗保护受系统振荡的影响与保护的安装地点有关，当振荡中心在保护范围之外或反方向时，方向阻抗保护就不会因系统振荡而误动。（√）

212．所有保护装置在系统振荡时均不允许动作跳闸。（×）

213．距离保护中的振荡闭锁装置，是在系统发生振荡时，才启动去闭锁保护。（×）

214．双电源系统发生振荡时，对于安装在送电侧的距离继电器，阻抗轨迹将由右向左运动，这种变化方式说明保护安装侧运行频率高于受端频率，本侧为加速侧，反之，本侧为减速侧。（√）

215．在振荡中发生单相金属性短路时，接在故障相上的阻抗继电器的测量阻抗会随着两侧电动势夹角δ的变化而变化。（×）

216．电力系统振荡时，线路两侧电源频率不相等，两端保护测量的电流、电压的频率也不相等。（×）

217．当电力系统发生振荡时，第一个和最后一个振荡周期比较长。（√）

218．系统振荡时，变电站现场观察到表计每秒摆动两次，系统的振荡周期应是0.5s。（√）

219．电力系统振荡时，电流速断、零序电流速断保护有可能发生误动作。（×）

220．距离保护的振荡闭锁，是在系统发生故障后，不管有无系统振荡，都去闭锁距离保护。（√）

221．电力系统发生振荡时，可能会导致阻抗元件误动作，因此突变量阻抗元件动作出口时，同样需经振荡闭锁元件控制。（×）

222．在微机保护装置中，距离保护Ⅱ段必须经振荡闭锁控制。（×）

223．在系统发生故障而振荡时，只要距离保护的整定值大于保护安装点至振荡中心之间的阻抗值就不会误动作。（×）

224．一般距离保护振荡闭锁工作情况是正常与振荡时不动作、闭锁保护，系统故障时开放保护。（√）

225．距离保护受系统振荡的影响且与保护安装位置有关，当振荡中心在保护范围外或位于保护的反方向时，距离保护会因系统振荡而误动作。（×）

226．系统振荡且发生接地故障，接地点的零序电流随振荡角度的变化而变化，两侧电动势摆角到180°，电流最小，故障点越靠近振荡中心，零序电流变化幅度越大。（×）

227．系统在全相振荡过程中发生三相故障，故障线路的保护装置应可靠动作跳闸，并允许带短延时。（√）

228．在系统振荡过程中发生短路故障，可适当降低对继电保护装置灵敏性的要求，但应保证可靠切除故障。（×）

229．工频变化量阻抗继电器不反应系统振荡，但却可能在其他解列点在系统振荡解列时误动。（×）

四、填空题

1．继电保护是应对电力系统元件故障的第一道防线。

2．失步解列是电力系统稳定破坏后防止事故扩大的基本措施；低频低压减载是防止电力系统有功功率突然缺额引起的频率崩溃或电压崩溃事故的有效措施。

3．变电站 220kV 电压互感器开口三角按 a 头接地时的接线如图 1-9 所示，进行极性校验时，所测电压 U_{Bb+}为 87V；U_{Cc+}为 42V。

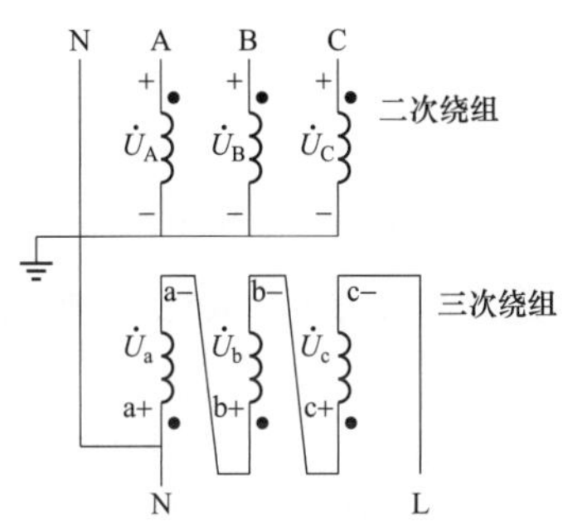

图 1-9　电压互感器接线示意图

4．三相星形接线的电流回路，其二次负载测量值 AB 相为 2Ω，BC 相为 1.8Ω，CA 相为 1.6Ω，则 A、B 相的阻抗分别为：A 相 0.9Ω、B 相 1.1Ω。

5．应严防电压互感器的反充电，这是因为反充电将使电压互感器严重过载，如变比为 220/0.1kV 的电压互感器，它所接母线的对地绝缘电阻虽有 1MΩ，但换算至二次侧的电阻只有 0.21Ω，相当于短路。

6．有一感性负载接在 220V 的工频交流电源上，吸收的有功功率 P=10kW，功率因数为 0.7，现要求把功率因数提高到 0.9，所需并联电容器的电容量为 352μF。

7．电力系统正常运行最基本的条件是安全和稳定。所谓稳定，是指电力系统可以连续向负荷正常供电的状态。

8．电力系统在运行中，三种稳定必须同时满足，即同步运行稳定、频率稳定和电压稳定。

9．某电流互感器参数为：5P40，2500/1A，额定电阻性负荷 15VA，二次绕组电阻 5Ω，给定暂态系数取 2，短路电流为 20kA，则电流互感器额定二次极限电动势为 800V。

10．断路器在跳合闸时，跳合闸线圈要有足够的电压才能够保证可靠跳合闸，因此，跳合闸线圈的电压降均不小于电源电压的 90%才为合格。

11．线路并联电抗器的主要作用是限制线路过电压和补偿线路容性无功。

12．在每相电容器组中串接一只电抗器，其作用是限制高次谐波电流。

13．保护装置功能配置由设备制造厂出厂前完成。功能配置完成后定值清单及软压板、装置虚端子等应与所选功能一一对应。

14．负序网络、零序网络是无源网络，仅在故障点作用相应的负序、零序电动势。

15．序网络与短路点的相别、类型无关，与短路故障点的位置、系统运行方式有关。

16．保护装置的测量范围为 $0.05I_N$ ～20～40 I_N，在此范围内保护装置的测量精度均需满足：测量误差不大于相对误差 5%或绝对误差 $0.02I_N$。

17．在保证可靠动作的前提下，对于联系不强的 220kV 电网，重点应防止保护无选择性动作，对于联系紧密的 220kV 电网，重点应保证保护可靠快速动作。

18．保护装置电压采样值与电压互感器端子箱处的测量电压，其电压差不应超过 3%，计量用 TV 回路，其电压差不应超过 0.2%。

19．直流空气开关的额定工作电流应按最大动态负荷电流（即保护三相同时动作、跳闸和收发信机在满功率发信的状态下）的 2.0 倍选用。

20．一次设备投入运行时，相关继电保护、安全自动装置、稳定措施、自动化系统、故障信息系统和电力专用通信配套设施等应同时投入运行。

21．加强继电保护运行维护，正常运行时，严禁 220kV 及以上电压等级线路、变压器等设备无快速保护运行。

22．用于高质量地传输 GPS 装置中 TTL 电平信号的同轴电缆，传输距离最大为 10m。

23．在 50Hz 系统中，如果采样频率 f_s=4000Hz，则相邻两采样点对应的工频电角度为 4.5°。

24．已知某一电流的复数式 $I=(5-j5)$A，则其电流的瞬时表达式为 $i=10\sin(\omega t-\pi/4)$A。

25．在不对称三相四线制正弦交流电路中，中性线是线电流零序分量的通路。在三相三线制电路中，如果线电压不对称，是由于有了负序分量的缘故。

26．用于非电量跳闸的直跳继电器，启动功率应大于 5W，动作电压在额定直流电源电压的范围内，额定直流电源电压下动作时间为 0～35ms，应具有抗 220V 工频干扰电压的能力。

27．330kV 及以上电压等级变电站和重要的 220kV 变电站，应采用三套充电装置、两组蓄电池组的供电方式。

28．直馈输电线路，其零序网络与变压器的等值零序阻抗如图 1-10 所示（阻抗均换算至 220kV 电压等级），变压器 220kV 侧中性点接地，110kV 侧不接地，k 点的综合零序阻抗为 40Ω。

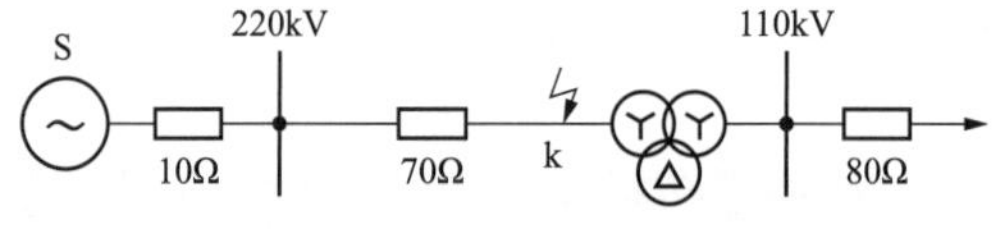

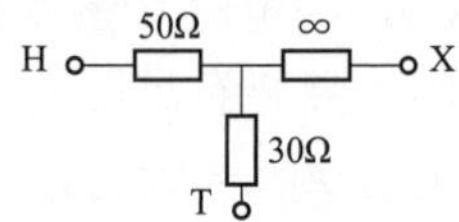

图 1-10　系统示意及变压器等效阻抗图

29．为保证接地后备最后一段保护可靠地有选择性地切除故障，500kV 线路接地电阻最大按 300Ω，220kV 线路接地电阻最大按 100Ω考虑。

30．超高压输电线单相跳闸熄弧较慢是由于潜供电流影响。

31．继电保护后备保护逐级配合是指时间和灵敏度均配合。

32．分相操作的断路器拒动考虑的原则是单相拒动。

33．继电保护所使用的电流互感器，规程规定：稳态变比误差不大于 10%，角误差不大于 7°。

34．二进制 1011101011110010 的十六进制为 BAF2。某微机保护定值中的控制字 KG=847BH，将其转化为二进制为 1000010001111011B。

35．某 220kV 线路三相对称运行，带负荷为 P=100MW、Q=57.7Mvar，TV 变比为 220/0.1kV，TA 变比为 2500/1，线路保护装置参数显示以 U_A 为基准，则 I_B 的角度为–150°。

36．某 220kV 线路一侧 TA 变比为 1200/5A，距离Ⅰ段二次侧定值为 0.36Ω，则该侧距离Ⅰ段一次侧定值为 3.30Ω。

37．某变电站变压器某侧复压过电流保护的负序电压门槛为负序相电压 5.0V，定值校验时，试验仪设置为三相正序电压，保持三相电压相角及 A、B 相电压额定值不变，则 1.05 倍负序电压需要 C 相电压设置为 41.95V。

38．继电保护装置一般由测量部分、逻辑部分、执行部分组成。

39．相间故障保护最末一段例如距离Ⅲ段的动作灵敏度，应躲过最大负荷电流。

40．短路计算中，发电机电抗使用的是次暂态电抗饱和值。

41．对于同塔架设的具有互感的双回线路，在双回线不同运行方式下，线路外部故障时若想满足阻抗的正确测量，则零序补偿系数实际分别应为：双回线并列运行时为 1.27；单回线运行另一回线两端接地运行时为 0.13。设 $X_{01}=3X_1$，$X_{0M}=0.6X_{01}$（X_1、X_{01} 分别为单回线路正序、零序电抗，X_{0M} 为双回线路互感电抗）。

42．设电力系统 K 点三相短路电流为 6kA，两相短路电流为 4.3kA，单相接地短路电流为 9 kA，则该点两相接地短路时的短路电流为 7.2kA。

43．在系统发生非对称故障时，故障点的正序电压最低，向电源侧逐步增大为电源电动势。

44．如图 1-11 所示系统，发电厂经同杆并架双回线向系统送电，机组、线路和系统阻抗标幺值如下：X_{1F}=0.7、X_{1T}=0.5、X_{1L}=0.6、X_{1S}=0.3、X_{0T}=0.4、X_{0L}=1.8、X_{0M}=0.6、X_{0S}=0.2，电厂侧Ⅰ线发生 A 相断线，则断口处端口两端等值零序阻抗为 1.8，等效正序阻抗为 0.96。

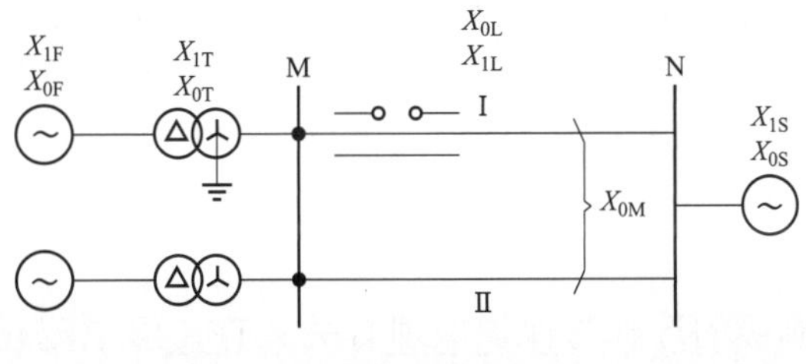

图 1-11 系统示意图

45．线路上装设了检线路无压、检同期的重合闸装置，检线路无压仅线路一侧投入，检同期线路两侧都投入，检线路无压侧的检同期投入，所起的作用是断路器偷跳重合。

46．有一三相对称大接地电流系统，故障前 A 相电压为 $U_A=63.5e^{j0}$V，当发生 A 相金属性接地故障后，其接地电流 $I_k=1000e^{-j80}$A。则故障点的零序电压 U_{k0} 与接地电流 I_k 之间的相位差为 100°。

47．某系统发生振荡，两侧电源夹角在 120°～240°期间阻抗继电器误动作，当振荡周期为 1.5s 时，阻抗继电器动作时间定值小于 0.5s 时会误动作。

48．故障点综合零序阻抗大于正序阻抗时，三相短路电流值居于各类短路电流之首；反之为单相或两相短路接地短路电流值居首。

49．在某些条件下必须加速切除短路时，可使保护无选择性动作，但必须采取补救措施，如重合闸和备自投来补救。

50．按照采样定律，采样频率 f_s 必须大于2倍的输入信号中的最高次频率 f_{max}，否则会出现频率混叠现象。

51．已知在某线圈上施加直流电压100V时，消耗的功率为500W；若施加交流电压150V时，消耗的有功功率为720W，则该线圈的电阻为20Ω，此时通过该线圈的交流电流为6A。

52．接线为YN，d11的变压器，变比为110kV/11kV，当d侧两相短路通过d侧的短路电流为15kA时，则YN侧最大相电流为1.732kA。

53．一组向量 $\dot{I}_a = 6\angle 0°A$，$\dot{I}_b = 2\sqrt{3}\angle -90°A$，$\dot{I}_c = 2\sqrt{3}\angle 90°A$，则负序电流为0A。

54．波形分析中三次谐波电流相当于零序电流，五次谐波电流相当于负序电流，负序电流对铁芯危害甚大。

55．某线路距离保护Ⅰ段二次定值整定1Ω，由于电流互感器变比由原来的600/5改为1200/5，其距离保护Ⅰ段二次定值应整定为2Ω。

56．大接地电流系统某处发生单相接地短路的故障电流与发生两相相间短路的故障电流相等的条件是：零序综合阻抗 X_0 与正序综合阻抗 X_1 之比约为1.46或 $2\sqrt{3}-2$。

57．某变电站电压互感器的开口三角形侧A相接反，则正常运行时，如一次侧运行电压为115.5kV，开口三角形的输出为210V。电压互感器的变比为 $\frac{110kV}{\sqrt{3}} / \frac{100V}{\sqrt{3}} / 100V$。

58．电流互感器本身造成的测量误差是由于有励磁电流存在，其角度误差是由于励磁支路呈现为电感性，使电流有不同相位，造成角度误差。

59．电网中的工频过电压一般是由线路空载、接地故障和甩负荷等引起。

60．高压长距离输电线常常装设串联电容补偿和并联电抗补偿装置，其短路过程中低频分量是由于线路电感不允许电流突变而产生，高频分量是由于电容上的电压不能突变而产生。

61．在选择电流互感器时，110kV系统给定暂态系数不低于1.5，220kV系统给定暂态系数不低于2，在外部短路电流下，3～35kV系统电流互感器应能满足准确限值系数要求，给定暂态系数不应小于2。

62．电流互感器准确级的选择与保护原理有关。TPX级电流互感器不宜用于线路重合闸，TPZ级电流互感器不宜用于主设备保护和断路器失灵保护。

63．如图1-12所示，有一台自耦调压器接入一负载，当二次电压调到11V时，负载电流为20A，则 I_1=1A，I_2=19A。

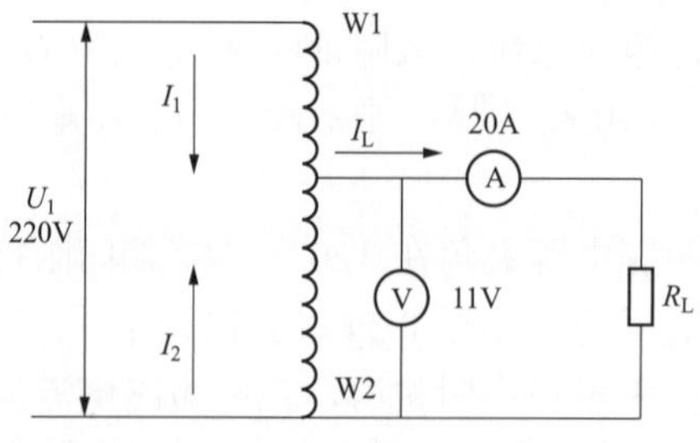

图1-12　自耦调压器接线示意图

64．系统频率降低时，可以通过增加发电机有功出力或减少用电负荷的办法使频率上升。

65．当线圈中磁通减小时，感应电流产生的磁通方向与原磁通方向相同。

66．若故障点正序综合阻抗等于零序综合阻抗，则流入故障点的两相接地短路零序电流与单相短路零序电流的关系是两者相等。

67．两相故障时，故障点的正序电压U_{K1}与负序电压U_{K2}关系为$U_{K1}=U_{K2}$。

68．AB 相金属性短路故障时，故障点 C 相正序电压超前 B 相负序电压的角度为 120°。

69．如果不考虑线路电阻，在大接地电流系统中发生正方向接地短路时，零序电流超前零序电压 90°。

70．某线路送有功 10MW，送无功 9Mvar，零序方向继电器接线正确，模拟 A 相接地短路，继电器的动作情况是通入 A 相负荷电流时动作。

71．在电力系统中发生不对称故障时，短路电流中的各序分量，其中受两侧电动势相角差影响的是正序分量。

72．在研究任何一种故障的正序电流（电压）时，只需在正序网络中的故障点附加一个阻抗，设负序阻抗为Z_2，零序阻抗为Z_0，则两相短路故障附加阻抗为Z_2。

73．电力系统发生 A 相金属性接地短路时，故障点的零序电压与 A 相电压相位相差 180°。

74．若微机保护每周波采样 20 个点，则采样周期为 1ms，采样频率为 1000Hz。

75．如果采样频率f_s=1200Hz，则相邻两采样点对应的工频电角度为 15°。

76．区外故障时，设正序、负序及零序阻抗相等，则母差保护 TA 负载最大的故障类型为单相短路。

77．两根平行载流导体，在通过同方向电流时，两导体将呈现出互相吸引。

78．电容器在充电过程中，其两端电压不能发生突变。

79．为准确反映基波的负序分量，必须滤除五次谐波分量。

80．YN，d11 接线组别的升压变压器（Y 侧中性点接地），当 YN 侧 A 相单相接地故障时，△侧的 B 相电流等于 0。

81．在大接地电流系统中，线路发生接地故障时，保护安装处的零序电压距故障点越近就越高。

82．当变压器差动保护电流互感器接成星形时，带负载能力是电流互感器接成三角形时的 3 倍。

83．同一电压等级下的同一有名值阻抗，分别折算到基准容量为 100、1000MVA 时的标幺值，基准容量为 100MVA 时的标幺值小。

84．电路中基尔霍夫第一定律指出：流入任意一节点的电流必定等于流出该节点的电流。

85．在小接地电流系统中，某处发生单相接地时，母线电压互感器开口三角的电压为不管距离远近，基本上电压一样高。

五、简答题

1．如果分别失去三种稳定中的一种，系统各会出现什么后果？

答：电力系统在运行中，三种稳定必须同时满足，即同步运行稳定、频率稳定和电压稳定。失去同步运行稳定，后果是系统发生失步，引起系统中枢点电压、输电设备中的电流和电压大幅度周期性波动，电力系统因不能继续向负荷正常供电而不能继续运行，当处理不好时，其后果是电力系统大面积停电；失去频率稳定，后果是系统发生频率崩溃，引起系统全停电；失去电压稳定，后果是系统的电压崩溃，使受影响的地区停电。

2. 试说明提高电力系统暂态稳定水平的主要措施。（至少写出 6 点）

答：①串联电容补偿；②中间并联补偿；③增设线路；④快速切除短路故障；⑤自动重合闸；⑥发电机的快速励磁；⑦电气制动；⑧联锁切机与火电机组压力出力；⑨切集中负荷；⑩终端系统解列重合闸；⑪合理调整系统运行接线。

3. 试对零序方向继电器和工频变化量方向继电器的性能进行评述。

答：零序方向继电器：①正方向短路和反方向短路时零序电压和零序电流的夹角截然相反，动作边界十分清晰，有良好的方向性；②继电器的动作行为与负荷电流无关，与过渡电阻大小无关；③系统振荡时不会误动；④继电器在非全相运行期间可能会误动；⑤在有串补电容的线路上，对零序电压进行补偿，继电器依然能正确动作；⑥零序方向继电器只能保护接地故障；⑦在同杆并架有零序互感的线路之间（强磁弱电联系），非故障线路的纵联零序方向保护会误动。

工频变化量方向继电器：①正方向短路和反方向短路时继电器判别十分准确、清晰，有良好的方向性；②继电器测量的角度与负荷电流无关，与过渡电阻大小无关；③能够适应各种故障类型；④系统振荡时不会误动；⑤在有串补电容的线路上，工频变化量方向继电器的动作行为也是正确的；⑥在单侧电源线路上，只要正常运行有负荷电流，而且负荷侧有电动机负荷，送电侧的工频变化量方向继电器的动作行为也是正确的；⑦非全相运行期间和非全相期间运行相再发生短路，工作在运行相的工频变化量继电器动作行为也是正确的；⑧工频变化量方向继电器不受零序互感的影响；⑨使用母线 TV，在断路器合闸和跳闸时如果有电流突变量，工频变化量方向继电器会误认为“正方向短路”而动作。

4. 为什么说在高压系统中 TV 反充电的后果特别严重？电压切换回路采取什么措施防止反充电？

答：①因为从 TV 低压侧看过去，阻抗很低，反充电时，运行 TV 近似二次短路，使 TV 二次熔断器（或空气开关）动作而失压，影响所有保护的正常运行，甚至误动作；如果此时有人在 TV 高压侧作业，极可能造成人身事故。②电压切换装置的启动受 TV 隔刀辅助触点的控制及 TV 低压侧出线受 TV 隔刀辅助触点的控制。

5. 试说明电压互感器一次侧单相断线及二次回路单相断线时保护装置二次电压的特点。

答：电压互感器一次侧单相断线的特点：断线相二次电压降低，非断线相二次电压保持不变；二次出现负序相电压，二次负序相电压不会低于 8V，开口三角形侧出现零序电压，该电压值不会低于 40V。

电压互感器二次回路单相断线分为两种情况：①引入到保护装置的电压回路断线。特点：断线相二次电压为零，非断线相二次电压保持不变；二次电压会出现负序电压和零序电压，其值不会低于 15V。②电压互感器引出回路断线。特点：断线相二次电压降低，相位变化接近 180°，二次电压会出现负序电压和零序电压，且负序电压和零序电压均在 19.25～28.87V 之间变化。

6．试述三相三柱式变压器与三相五柱式变压器的零序阻抗的主要区别。

答：三相三柱式变压器零序磁通无法在铁芯内流通，将流经变压器外壳，因此零序励磁阻抗不能视为∞，可等效为第四绕组（△接线），因此零序阻抗小于正序阻抗；三相五柱式变压器零序磁通始终在铁芯内流通，因此零序励磁阻抗可视为∞，零序阻抗等于正序阻抗。

7．过渡电阻对哪些电气量的相位关系不产生影响，对哪些电气量的相位关系产生影响？

答：①过渡电阻不影响序电压和序电流间的相位关系；②过渡电阻不影响正序突变量电压和正序突变量电流间的相位关系；③过渡电阻不影响突变量电压和突变量电流间的相位关系；④对故障点电压和电流间的相位关系产生影响。

8．试述小接地电流系统单相接地的特点。当发生单相接地时，为什么可以继续运行1～2h？

答：小接地电流系统单相接地的特点如下：①非故障线路零序电流的大小等于本线路的接地电容电流；故障线路零序电流的大小等于所有非故障线路零序电流之和，也就是所有非故障线路的接地电容电流之和。②非故障线路的零序电流超前零序电压 90°；故障线路的零序电流滞后零序电压约 90°。故障线路的零序电流与非故障线路的零序电流相位相差 180°。③接地故障处的电流大小等于所有线路（包括故障线路和非故障线路）的接地电容电流的总和，并超前零序电压 90°。根据小接地电流系统单相接地时的特点，由于故障点电流很小，而且三相之间的线电压仍然对称，对负荷的供电没有影响，因此在一般情况下都允许再继续运行 1～2h，不必立即跳闸，这也是采用中性点非直接接地运行的主要优点。但在单相接地以后，其他两相对地电压升高 $\sqrt{3}$ 倍，为了防止故障进一步扩大成两点、多点接地短路，应及时发出信号，以便运行人员采取措施予以消除。

9．试述计及负荷电流时，单相接地过渡电阻引起的附加测量阻抗的性质，试述两相经过渡电阻接地时在空载和负荷情况下，过渡电阻引起的附加测量阻抗的性质。

答：当计及负荷电流时，单相接地引起的附加测量阻抗的性质为：送电侧的附加测量阻抗呈阻容性，受电侧的附加测量阻抗呈阻感性。两相经过渡电阻接地时，相间测量阻抗无附加测量阻抗，两故障相测量阻抗存在附加测量阻抗。在空载情况下，其中的超前相附加阻抗呈现阻容性，滞后相附加测量阻抗呈阻感性；当处于送电侧时，超前相的附加测量阻抗容性程度增加；当处于受电侧时，滞后相的附加测量阻抗感性程度增加。这种增加的程度随负荷电流的增大而增大。

10．电流互感器饱和时其二次电流有什么特征？

答：①在故障发生瞬间，由于铁芯中的磁通不能跃变，TA 不能立即进入饱和区，而是存在一个时域为 3～5ms 的线性传递区。在线性传递区内，TA 二次电流与一次成正比；②TA 饱和之后，在每个周期内一次电流过零点附近存在不饱和时段，在此时段内，TA 二次电流又与一次电流成正比；③TA 饱和后其励磁阻抗大大减小，使其内阻大大降低，严重情况内阻等于零；④TA 饱和后，其二次电流偏于时间轴一侧，致使电流的正、负半波不对称，电流中含有很大的二次和三次谐波电流分量。

11．TA 10%误差不满足要求时可采取哪些措施？

答：①增大二次电缆截面；②串接备用电流互感器使允许负载增大一倍；③改用伏安特性较高的二次绕组；④提高电流互感器变比。

12．分析一次回路中的电抗器串在电容器首端的弊端？

答：电抗器串在电容器首端和尾端都能抑制合闸涌流和限制高次谐波。当电抗器串在电容器首端时，有两个弊端：①电容器短路时降低了短路电流，降低了过电流保护的灵敏度。②由于真空断路器的使用，真空断路器切断较大的电感电流，产生过电压。

13．大接地电流系统中三相相间电流保护能否反应单相接地故障？为什么要单独采用零序电流保护？

答：①三相式星形接线的相间电流保护，能反应接地短路。②用来保护接地短路时，在定值上要躲过最大负荷电流，在动作时间上要由用户到电源方向按阶梯原则逐级递增一个时间级差来配合。③专门反应接地短路的零序电流保护，则不需要按此原则来整定，故其灵敏度高，动作时限短。④因线路的零序阻抗比正序阻抗大得多，零序电流保护的保护范围长，上下级保护之间容易配合。故一般不用相间电流保护兼作零序电流保护。

14．写出工频变化量阻抗继电器的动作方程，画出正向短路故障时工频变化量阻抗继电器的动作特性。并说明该保护具有自适应过渡电阻的能力的原因。（设保护反向阻抗为 Z_s，整定阻抗为 Z_{zd}，见图 1-13）

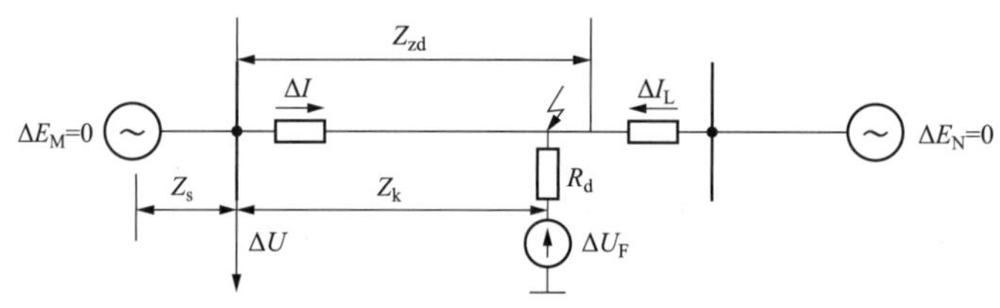

图 1-13　系统示意图

答：（1）工频变化量阻抗继电器的动作方程：区内短路：$Z_k < Z_{zd}$ 或 $|\Delta U_{OP}| > |\Delta U_F|$　（1）

区外短路：$Z_k > Z_{zd}$ 或 $|\Delta U_{OP}| < |\Delta U_F|$　（2）

（2）阻抗继电器在正向短路故障时：

$$\Delta U_{OP} = \Delta U - \Delta I \cdot Z_{zd} = -\Delta I \cdot (Z_s + Z_{zd}) \quad (3)$$

$$\Delta U_F = \Delta I \cdot (Z_s + Z_J) \quad (4)$$

将式（3）、式（4）代入式（1）得

$$|Z_s + Z_{zd}| > |Z_S + Z_J| \quad (5)$$

经变换后得：

$$90° < \arg\frac{Z_J + Z_{zd}}{Z_J + 2Z_s + Z_{zd}} < 270° \quad (6)$$

由式（6）可画出此时的动作相量图。

（3）考虑过渡电阻时：

$$Z_J = Z_k + \frac{\Delta I_\Sigma}{\Delta I} \cdot R = Z_k + Z_a \quad (7)$$

从以上的分析可知，当保护背后电源运行方式最小（即 $Z_s = Z_{smax}$）时，$\Delta I_\Sigma / \Delta I$ 会增大，过渡电阻的附加阻抗 Z_a 也随之增大，所以在背后运行方式最小时过渡电阻的影响最大，内部短路时更易拒动。但其动作特性圆由于 Z_s 的增大，特性圆的直径增大，特性圆在 R 轴方向上的分量随之增大，保护过渡电阻的能力也随之提高，因此说保护过渡电阻的能力有自适应功能。

15．方向阻抗继电器采用电压记忆量作极化，除了消除死区外，对继电保护特性还带来什么改善？如果采用正序电压极化又有什么优点？

答：①反向故障时，继电器暂态特性抛向第一象限，使动作区远离原点，避免因背后母线上经小过渡电阻短路时，受到受电侧电源的助增而失去方向性导致的误动。②正方向故障时，继电器暂态特性为包括电源阻抗的偏移特性，避免相邻线始端经电阻短路使继电器越级跳闸。③在不对称故障时，$U_1 \neq 0$，不存在死区问题。

16．大接地电流系统中的变压器中性点有的接地，有的不接地，取决于什么因素？

答：变压器中性点是否接地一般考虑如下因素：①保证零序保护有足够的灵敏度和较好的选择性，保证接地短路电流的稳定性。②为防止过电压损坏设备，应保证在各种操作和自动掉闸使系统解列时不致造成部分系统变为中性点不接地系统。③变压器绝缘水平及结构决定的接地点（如自耦变压器一般为直接接地）。

17．小接地电流系统中，在中性点装设消弧线圈的目的是什么？

答：小接地电流系统发生单相接地故障时，接地点通过的电流是对应电压等级电网的全部对地电容电流。如果此电容电流相当大，就会在接地点产生间歇性电弧，引起过电压，从而使非故障相对地电压极大增加，可能导致绝缘损坏，造成多点接地。在中性点装设消弧线圈的目的是利用消弧线圈的感性电流补偿接地故障的电容电流，使接地故障电流减少，以致自动熄弧，保证继续供电。

18．试分析比较负序、零序分量和工频变化量这两类故障分量的异同及在构成保护时应特别注意的地方？

答：①零序和负序分量及工频变化量都是故障分量，正常时为零，仅在故障时出现，它们仅由施加于故障点的一个电动势产生。②但它们是两种类型的故障分量。零序、负序分量是稳定的故障分量，只要不对称故障存在，它们就存在，它们只能保护不对称故障。③工频变化量是短暂的故障分量，只能短时存在，但在不对称、对称故障开始时都存在，可以保护各类故障，尤其是它不反应负荷和振荡，是其他反应对称故障保护无法比拟的。④由于它们各自特点决定：由零序、负序分量构成的保护既可以实现快速保护，也可以实现延时的后备保护；工频变化量保护一般只能作为瞬时动作的主保护，不能作为延时的保护。

19．零序方向继电器、负序方向继电器、工频变化量方向继电器哪一种能适应两相运行？为什么？

答：工频变化量方向继电器。两相运行在负荷状态下就有负序和零序电流出现，计算负序和零序电压都需要三相电压，在两相运行时，一相已断开，电压互感器接在母线上还是线路上断开相电压差别很大，所以不能采用零序方向继电器、负序方向继电器。工频变化量方向继电器在两相运行的负荷状态下电流和电压变化量为零，不会误动作，且能正确反应运行中两相的各种故障。

20．某双母线接线形式的变电站，每一母线上配有一组电压互感器，母联开关在合入状态，该站某出线出口发生接地故障后，查阅录波图发现：无故障时两组TV对应相的二次电压相等，故障时两组TV对应相的二次电压不同，请问：①造成此现象的原因可能是什么？②如果不解决此问题，会对保护装置的动作行为产生什么影响？

答：造成此现象的原因可能有两个：①TV二次存在两个接地点；②TV三次回路被短接；如不解决此问题，采用自产$3U_0$的保护或多相补偿的阻抗继电器有可能误动或拒动。

21．微机保护振荡闭锁原理中在正常运行第一次故障的短时开放保护的判据中为什么要引入正序电流元件条件？

答：引入正序电流元件后，当系统静稳破坏引起振荡时，两侧电动势的夹角稍一张开，正序电流元件 I_1 就可以动作。由于系统振荡时两相电流差突变量元件 $\Delta I_{\varphi\varphi}$ 是不动作的，零序电流启动元件也是不动作的，所以正序电流元件 I_1 先于启动元件动作至少 10ms。正序电流元件动作后记忆（展宽）3s（大于最长的振荡周期），这样只要系统处于振荡状态，本短时开放保护的判据就不再满足。所以在振荡的第一个振荡周期在两侧电动势夹角到达 180°之前，实际上短时开放保护的判据就已被闭锁了。这样在振荡期间再进行操作时，虽然可能造成 $\Delta I_{\varphi\varphi}$、$I_0$ 启动元件启动，本判据也不会再去开放保护，防止了“先振荡后操作”时距离保护的误动。

六、综合题

1．如需构成如图 1-14 所示特性的阻抗继电器，图形内部是动作区（X_{zd}、R_{zd} 是整定值）。请写出动作方程并说明其实现方法（要求写出各直线特性阻抗形式的动作方程，写出用加于继电器的电压 U_j、电流 I_j 和 X_{zd}、R_{zd} 表达的电压形式动作方程以及逻辑关系）。并说明为什么要这么设置倾斜角？

答：（1）电抗线动作方程 $170° < \arg(Z_J - X_{zd})/R < 350°$

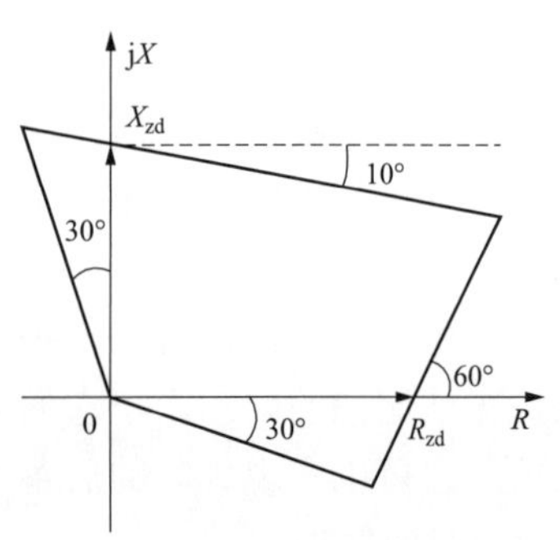

图 1-14　阻抗继电器动作特性图

右电阻线动作方程 $60° < \arg（Z_J - R_{zd}）/R < 240°$

左电阻线动作方程 $-60° < \arg Z_J/R < 120°$

方向线动作方程 $-30° < \arg Z_J/R < 150°$

（2）实现方法：

$170° < \arg（U_J - I_J X_{zd}）/I_J R < 350°$ ［或 $170° < \arg（U_J - I_J X_{zd}）/I_J < 350°$］

$60° < \arg（U_J - I_J R_{zd}）/I_J R < 240°$ ［或 $60° < \arg（U_J - I_J R_{zd}）/I_J < 240°$］

$-60° < \arg U_J/I_J R < 120°$（或 $-60° < \arg U_J/I_J < 120°$）

$-30° < \arg U_J/I_J R < 150°$（或 $-30° < \arg U_J/I_J < 150°$）

上述四个方程构成“与”门。

电抗线下斜 α 角的作用是防止超越，当线路故障时，由于过渡电阻的影响，测量的 X 值下降，保护范围可能伸长。电阻线斜 60°角的作用是为了提高躲负荷阻抗的能力。X 边界：测量距离；D 边界：判断方向。

2．某变压器为 YN，d11 接线形式，其 Y 侧出口 C 相金属性接地短路故障如图 1-15 所示。试分别画出变压器两侧电流、电压的相量关系图，变压器阻抗忽略不计。

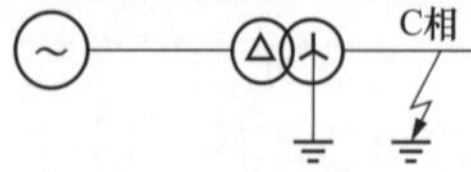

图 1-15　系统及故障示意图

答：边界条件：$\dot{U}_C = 0$

$$\dot{I}_A = \dot{I}_B = 0$$

以高压侧 C 相电流为参考相量，则变压器 Y 侧及△侧的电流相量图如图 1-16 所示：

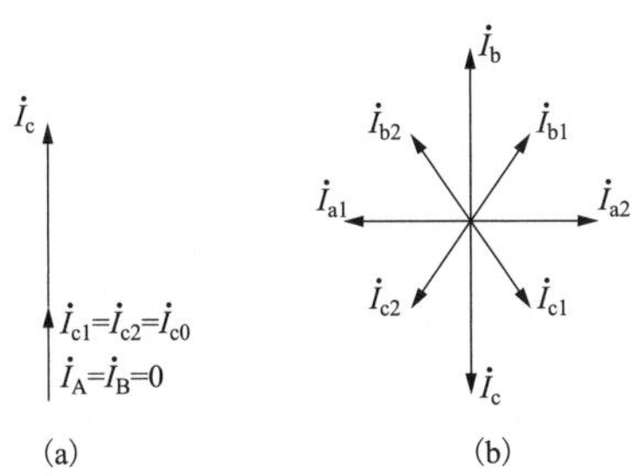

图 1-16　主变两侧电流相量图

（a）高压侧电流相量图；（b）低压侧电流相量图

以高压侧 C 相电压为参考相量，则变压器 Y 侧及△侧的电压相量图如图 1-15 所示：

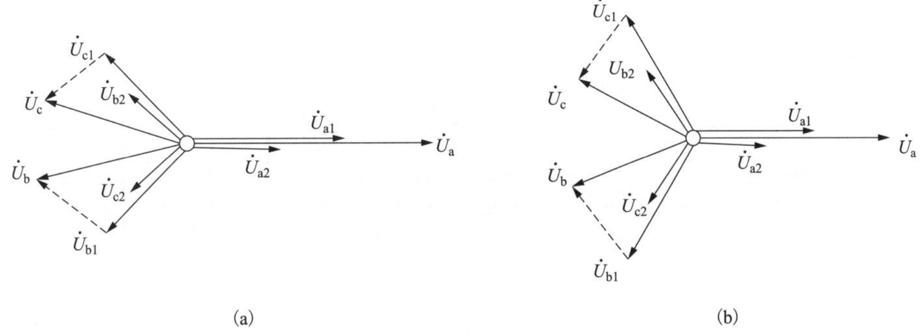

图 1-17　主变两侧电压相量关系图

（a）高压侧电压相量关系图；（b）低压侧电压相量关系图

3．在单侧电源线路上发生 A 相接地短路，假设系统如图 1-18 所示。T 变压器 YN，d12 接线，YN 侧中性点接地。T′变压器 YN，d11 接线，YN 侧中性点接地。T′变压器空载。

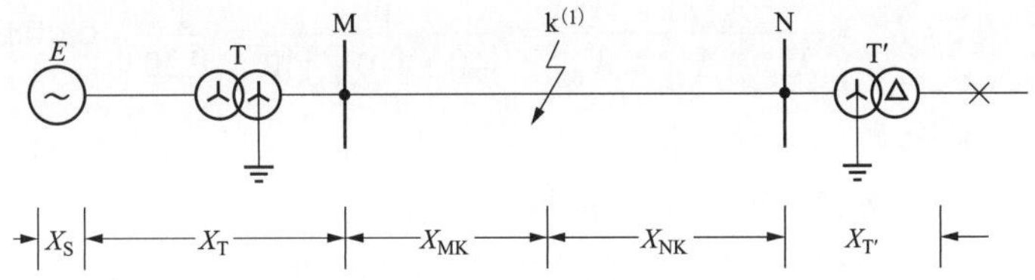

图 1-18　单侧电源系统接线图

问题：

（1）请画出复合序网图。

（2）求出短路点的零序电流。

（3）求出 M 母线处的零序电压。

（4）分别求出流过 M、N 侧线路上的各相电流值。

设电源电动势 E=j1，各元件电抗为 X_{S1}=j10，X_{T1}=j10，X_{MK1}=j20，X_{NK1}=j10，$X_{T'1}$=$X_{T'0}$= j10，

输电线路 $X_0=3X_1$。

答：（1）根据题目给定的条件在绘制复合序网络图时应注意：由于是单侧电源系统且变压器 T′空载运行，因此可以认为故障的正、负序网络图中 k 点右侧开路。进而故障点正序综合阻抗和负序综合阻抗只计及 k 点左侧的阻抗。而由于变压器 T 绕组接线为 YN，d12 接线，尽管中性点直接接地运行，但无法构成零序通路。变压器 T′绕组接线为 YN，d11，且中性点接地运行，可以构成零序通路。因此零序综合阻抗只计及 k 点右侧的部分。

以 A 相为特殊相，依据单相接地故障边界条件，绘出复合序网图如图 1-19 所示。

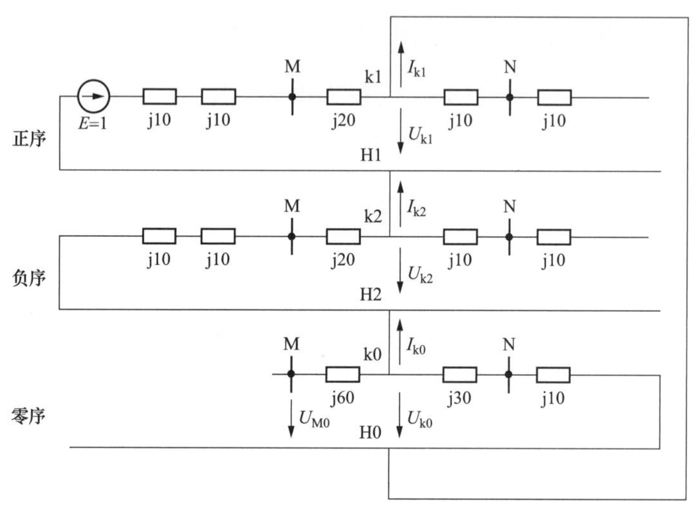

图 1-19　复合序网图

（2）正序综合阻抗 ΣX_1=j10+j10+j20=j40

负序综合阻抗 ΣX_2=j10+j10+j20=j40

零序综合阻抗 ΣX_0=j30+j10 =j407

短路点零序电流为

$$I_{k1}=I_{k2}=I_{k0}=\frac{E}{X_{1\Sigma}+X_{2\Sigma}+X_{0\Sigma}}=\frac{\text{j}1}{\text{j}40+\text{j}40+\text{j}40}=\frac{\text{j}1}{\text{j}120}=0.00833$$

（3）由于流过 MK 线路的零序电流为零，所以在 X_{MK0} 上的零序电压降为零。因而 M 母线处的零序电压 U_{M0} 与短路点的零序电压相等，其值为

$$U_{M0}=U_{K0}=I_{k0}Z_{K0}=0.00833\times \text{j}40=\text{j}0.333$$

（4）流过 M 侧线路电流只有正序、负序电流，所以

$$I_{MA}=I_{k1}+I_{k2}=2\times 0.0083=0.0166$$

$$I_{MB}=2I_{k1}+I_{k2}=0.0083$$

$$I_{MC}=I_{k1}+2I_{k2}=0.0083$$

流过 N 侧线路中的电流只有零序电流，没有正序、负序电流，所以

$$I_{NA}=I_{NB}=I_{NC}=I_{k0}=0.00833$$

4. 一组电压互感器，变比为（110kV/$\sqrt{3}$）/（100V/$\sqrt{3}$）/100V，其接线如图 1-20（a）所示，试计算 S 端对 a、b、c、N 的电压值。

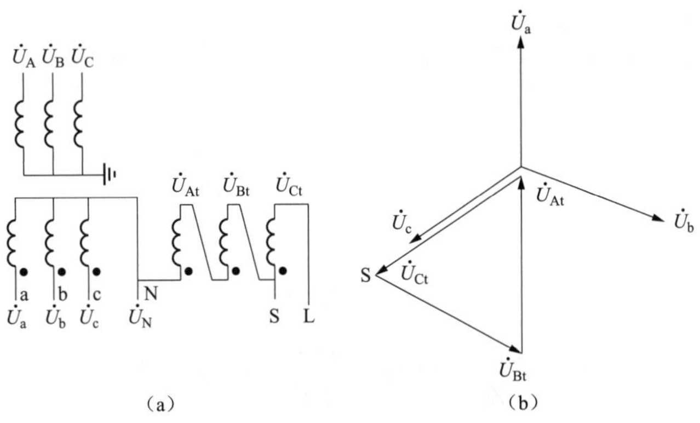

图 1-20 电压互感器接线及相量图

（a）电压互感器接线图；（b）电压互感器相量图

答：电压互感器的相量图如图 1-20（b）所示。

图中

$$U_a=U_b=U_c=58V$$

$$U_{At}=U_{Bt}=U_{Ct}=100V$$

故

$$U_{Sa}=U_{Sb}=\sqrt{100^2+58^2-2\times100\times58\cos120^\circ}=138（V）$$

$$U_{Sc}=100-58=42（V）$$

$$U_{Sn}=100（V）$$

则：U_{Sa} 等于 U_{Sb} 且等于 138V，U_{Sc} 为 42V，U_{Sn} 为 100V。

5．一台变压器：180/180/90MVA，220±8×1.25%/121/10.5kV，U_{k1-2}=13.5%，U_{k1-3}=23.6%，U_{k2-3}=7.7%，YNyn0d11 接线，高压加压中压开路阻抗值为 64.8Ω，高压开路中压加压阻抗值为 6.5Ω，高压加压中压短路阻抗值为 36.7Ω，高压短路中压加压阻抗值为 3.5Ω。计算短路计算用主变压器正序、零序阻抗参数（标幺值）。（基准容量 S_j=1000MVA，基准电压为 230、121、10.5kV）

答：（1）主变压器正序阻抗参数

高压侧：

$$U_{K1}\%=\frac{1}{2}(U_{K1-2}\%+U_{K1-3}\%-U_{K2-3}\%)$$

$$=\frac{1}{2}(0.135+0.236-0.077)=14.7\%$$

中压侧：

$$U_{K2}\%=\frac{1}{2}(U_{K1-2}\%+U_{K2-3}\%-U_{K1-3}\%)$$

$$=\frac{1}{2}(0.135+0.077-0.236)=-1.2\%$$

低压侧：

$$U_{K3}\%=\frac{1}{2}(U_{K1-3}\%+U_{K2-3}\%-U_{K1-2}\%)$$

$$=\frac{1}{2}(0.236+0.077-0.135)=8.9\%$$

高压侧正序阻抗：

$$X_{I*}=\frac{U_{K1}\%}{100}\times\frac{S_j}{S_e}\times\frac{U_e^2}{U_j^2}=0.147\times\frac{1000}{180}=0.817$$

中压侧正序阻抗：$X_{\text{II}*}=\dfrac{U_{\text{K2}}\%}{100}\times\dfrac{S_{\text{j}}}{S_{\text{e}}}\times\dfrac{U_{\text{e}}^2}{U_{\text{j}}^2}=-0.012\times\dfrac{1000}{180}=-0.067$

低压侧正序阻抗：$X_{\text{III}*}=\dfrac{U_{\text{K3}}\%}{100}\times\dfrac{S_{\text{j}}}{S_{\text{e}}}\times\dfrac{U_{\text{e}}^2}{U_{\text{j}}^2}=0.089\times\dfrac{1000}{180}=0.494$

（2）主变压器零序阻抗参数

高压加压中压开路阻抗　　$Z_{\text{a}}=64.8\Omega$

$$Z_{\text{a}}\%=\frac{Z_{\text{a}}}{Z_{\text{j}}}\times100\%=\frac{64.8}{\dfrac{230^2}{180}}\times100\%=22\%$$

高压加压中压短路阻抗　　$Z_{\text{d}}=36.7\Omega$

$$Z_{\text{d}}\%=\frac{Z_{\text{d}}}{Z_{\text{j}}}\times100\%=\frac{36.7}{\dfrac{230^2}{180}}\times100\%=12.5\%$$

中压加压高压开路阻抗　　$Z_{\text{b}}=6.5\Omega$

$$Z_{\text{b}}\%=\frac{Z_{\text{b}}}{Z_{\text{j}}}\times100\%=\frac{6.5}{\dfrac{121^2}{180}}\times100\%=8\%$$

中压加压高压短路阻抗　　$Z_{\text{c}}=3.5\Omega$

$$Z_{\text{c}}\%=\frac{Z_{\text{c}}}{Z_{\text{j}}}\times100\%=\frac{3.5}{\dfrac{121^2}{180}}\times100\%=4.3\%$$

低压侧零序阻抗：

$$Z_{\text{D}}=\sqrt{Z_{\text{b}}\times(Z_{\text{a}}-Z_{\text{d}})}=8.71\%$$

高压侧零序阻抗：

$$Z_{\text{G}}=Z_{\text{a}}-Z_{\text{D}}=13.3\%$$

中压侧零序阻抗：

$$Z_{\text{Z}}=Z_{\text{b}}-Z_{\text{D}}=-0.71\%$$

高压侧零序阻抗：$X_{\text{I0}*}=\dfrac{Z_{\text{G}}}{100}\times\dfrac{S_{\text{j}}}{S_{\text{e}}}\times\dfrac{U_{\text{e}}^2}{U_{\text{j}}^2}=0.133\times\dfrac{1000}{180}=0.739$

中压侧零序阻抗：$X_{\text{II0}*}=\dfrac{Z_{\text{Z}}}{100}\times\dfrac{S_{\text{j}}}{S_{\text{e}}}\times\dfrac{U_{\text{e}}^2}{U_{\text{j}}^2}=-0.0071\times\dfrac{1000}{180}=-0.039$

低压侧零序阻抗：$X_{\text{III0}*}=\dfrac{Z_{\text{D}}}{100}\times\dfrac{S_{\text{j}}}{S_{\text{e}}}\times\dfrac{U_{\text{e}}^2}{U_{\text{j}}^2}=0.0871\times\dfrac{1000}{180}=0.484$

6．变比为 1000/5、5P20、25VA 的电流互感器，二次绕组电阻测得 $R_{\text{in}}=1.4\Omega$，在不计二次绕组漏抗、不计铁芯未饱和时的励磁电流情况下，当二次负载阻抗 $R_{\text{loa}}=2\Omega$ 时，稳态下综合误差不超过该电流互感器允许值（5%）的最大一次电流为多少？

答：（1）额定二次阻抗 $R_{2N}=\frac{25}{5^2}=1\Omega$

（2）二次侧的饱和电动势（综合误差 5%时）

$$E_{2.sat}=MI_{1N}(R_{in}+R_{2N})\frac{I_{2N}}{I_{1N}}=20\times5\times(1.4+1)=240(V)$$

（3）$R_{loa}=2\Omega$ 时，二次电动势

$$E_2=I_1(R_{in}+R_{loa})\frac{I_{2N}}{I_{1N}}=I_1\times(1.4+2)\times\frac{5}{1000}=\frac{17}{1000}I_1(V)$$

（4）为保证误差不超过允许值，$E_2\leqslant E_{2.sat}$，即

$$\frac{17}{1000}I_1\leqslant240$$

$$I_{1.max}=\frac{240\times1000}{17}=14117.6\,(A)$$

7．试计算如图 1-21 所示系统方式下断路器 A 处的相间距离保护Ⅱ段定值，并校验本线末灵敏度。

已知：线路参数（一次有名值）为：Z_{AB}=20Ω（实测值），Z_{CD}=30Ω（计算值）

变压器参数为：Z_T=100Ω（归算到 110kV 有名值）

D 母线相间故障时：I_1=1000A，I_2=500A

可靠系数：对于线路取 K_k=0.85；对于变压器取 K_k=0.7，配合系数：取 K_{ph}=0.8

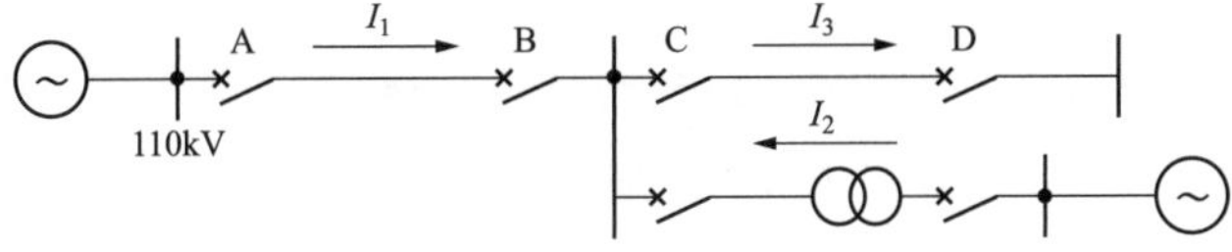

图 1-21 系统示意图

答：（1）与相邻线距离Ⅰ段配合。

$$Z_{CI}=K_K\times Z_{CD}=0.8\times30=24(\Omega)$$

$$Z_{A\text{II}}=K_K\times Z_{AB}+K_{ph}\times K_{FZ}\times Z_{CI}=0.85\times20+0.8\times\frac{1000+500}{1000}\times24=45.8(\Omega)$$

（2）按躲变压器低压侧故障整定。

$$Z_{A\text{II}}=K_K\times Z_{AB}+K_K\times Z_T=0.85\times20+0.7\times100=87(\Omega)$$

综合（1）、（2），取

$$Z_{A\text{II}}=45.8\Omega\text{（一次值）}$$

（3）灵敏度校验。

$K_{lm}=\frac{Z_{A\text{II}}}{Z_{AB}}=\frac{45.8}{20}=2.29>1.5$，符合规程要求。

8．CVT 电压互感器结构如图 1-22 所示，C_1=C_2=C_3=C，若 C_1 被短路击穿，试分析此时的二次过电压值为多少？

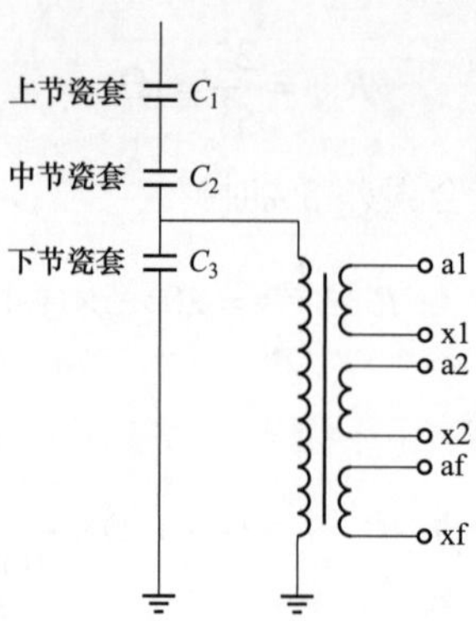

图 1-22　电压互感器结构图

答：

故障前：设二次电压有效值 U，一次侧额定电压 U_N，CVT 变比为 N

根据 $$C_1U_1=C_2U_2=C_3U_3=C_{总}U_N$$

$C_{总}=\dfrac{C_1C_2C_3}{C_1C_2+C_1C_3+C_2C_3}$；已知 $C_1=C_2=C_3=C$；

那么 $$C_{总}=C/3；U_3=U_N/3$$

则 $$U=U_3/N=U_N \cdot N/3$$

故障后：设二次电压有效值 U'

根据 $$C_2U'_2=C_3U'_3=C'_{总}U_N$$

$C'_{总}=\dfrac{C_2C_3}{C_2+C_3}$；已知 $C_2=C_3=C$；

那么 $$C_{总}=C/2；U'_3=U_N/2$$

则 $$U'=U_3/N=U_N \cdot N/2$$

可得 $$U'=1.5U\approx1.5\times57.5=86.6\text{V}$$

故障电压升高为 1.5 倍。

9．请画出在 f 点（见图 1-23）发生不对称接地短路时的零序网。

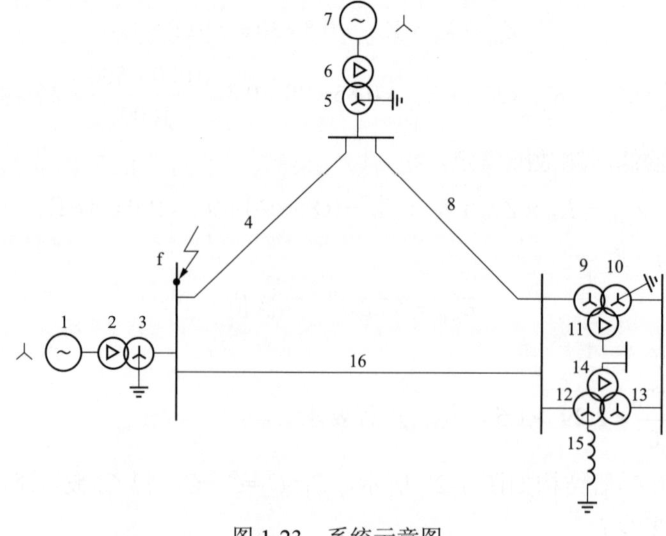

图 1-23　系统示意图

答：零序网见图 1-24。

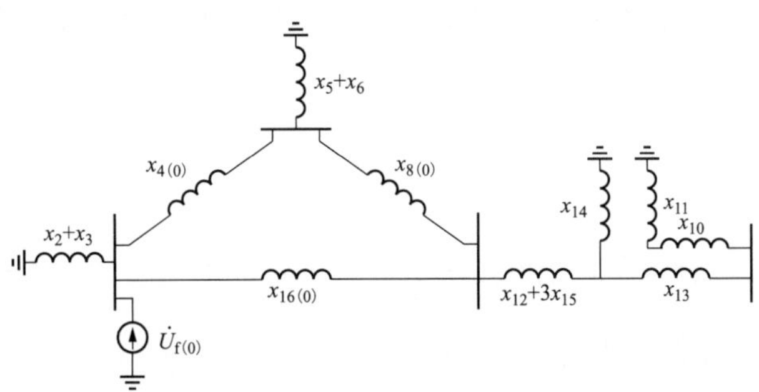

图 1-24 零序序网图

10．如某 220kV 线路保护用 TA 参数为：该 TA 为低漏磁特性，1250/1A，K_{alf}=30，R_{bn}=20VA，R_{CT} = 6Ω，实测二次负荷 R_b=10Ω，最大短路电流按 35kA 计算，按规程规定，考虑暂态影响，系数 K_S 取 2，请用二次极限电动势法验算该 TA 是否满足保护要求？该如何解决？

答：

因 TA 为低漏磁，可直接用极限电动势法验算。

保护感受的电流倍数 K_{pcf}：35/1.25=28

TA 额定极限电动势：$E_{sl}=K_{alf}(R_{CT}+R_{bn}/I_n^2)\times I_n=30(6+20)\times 1=780(V)$

保护要求的二次电动势：$E_s=K_S\times K_{pcf}(R_{CT}+R_{bn})\times I_n=2\times 28(6+10)\times 1=896(V)$

因 $E_{sl}<E_s$

所用 TA 不满足保护误差要求。

解决：（至少两种不同类方法）

降低 TA 二次负担；如降为 8Ω。

增大准确限值系数 K_{alf}，如提高为 40。

增大额定二次负荷，如改为 30、40VA。

11．电力系统接线如图 1-25 所示，K 点 A 相接地电流为 1.8kA，T1 中性线电流为 1.2kA，分别求线路 M 侧、N 侧的三相电流值。

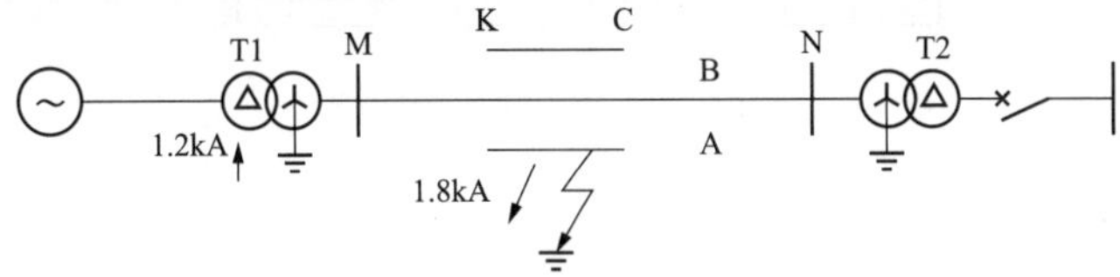

图 1-25 系统接线图

答：

线路 N 侧无正序电流和负序电流，仅有零序电流，而每相零序电流为

$$\frac{1}{3}(1.8-1.2)=0.2\,(\text{kA})$$

因此 M 侧 B 相、C 相电流为 0.2kA；线路 M 侧 A 相电流为 1.8–0.2=1.6（kA）。

12．采用单相电压做试验电源对负序电压元件进行试验。如果短接 BC 相电压的输入端子，在 A 相与 BC 相电压端子间通入 12V 电压，相当于对该元件通入每相多少伏的负序电压值？

答：

据题意此时 $\dot{U}_{AB}=12V$，$\dot{U}_{CA}=-\dot{U}_{AC}=-12V$，$\dot{U}_{BC}=0V$。

$$\dot{U}_{AB2}=(U_{AB}+a^2U_{BC}+aU_{CA})/3=(12-12a)/3=12\frac{\sqrt{3}}{3}e^{j30^\circ}=4\sqrt{3}e^{j30^\circ}$$

因此通入负序电压元件每相的负序电压值为 $|U_{A2}|=|U_{AB2}|/\sqrt{3}=4V$

13．如图 1-26 所示，在 FF′点 A 相断开，求 A 相断开后，B、C 相流过的电流，并和断相前进行比较。

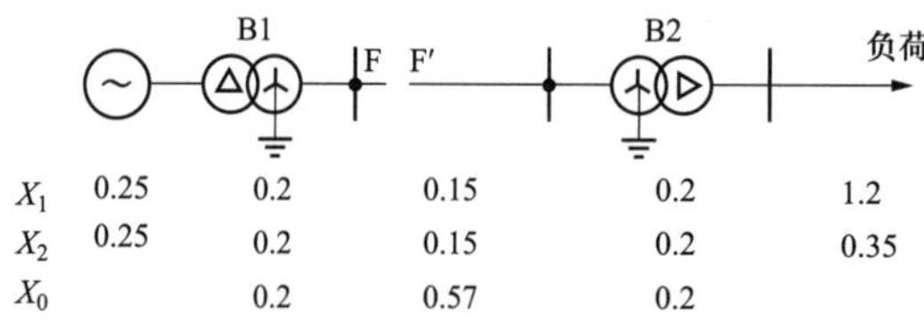

图 1-26　系统接线级元件阻抗图

假设各元件参数已归算到以 S_b=100MVA，U_b 为以各级电网的平均额定电压为基准的标幺值表示。E_{a1}=j1.43。

答：

（1）A 相断线序网图见图 1-27：

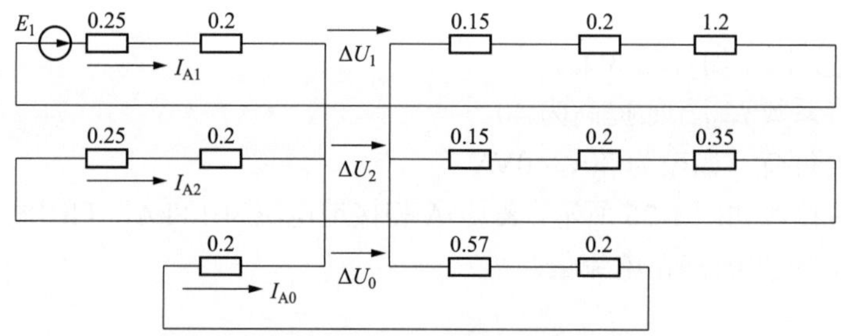

图 1-27　A 相断线序网图

（2）系统各序阻抗：

$$X_{1\Sigma}=0.25+0.2+0.15+0.2+1.2=2$$

$$X_{2\Sigma}=0.25+0.2+0.15+0.2+0.35=1.15$$

$$X_{0\Sigma}=0.2+0.57+0.2=0.97$$

（3）断线相 A 相各序电流：

$$I_{A1}=\frac{E_{a1}}{j(X_{1\Sigma}+X_{2\Sigma}//X_{0\Sigma})}=\frac{j1.43}{j(2+1.15//0.97)}=0.565$$

$$I_{A2}=-I_{A1}\frac{X_{0\Sigma}}{X_{2\Sigma}+X_{0\Sigma}}=-0.565\times\frac{0.97}{1.15+0.97}=-0.258$$

$$I_{A0}=-I_{A1}\frac{X_{2\Sigma}}{X_{2\Sigma}+X_{0\Sigma}}=-0.565\times\frac{1.15}{1.15+0.97}=-0.307$$

（4）非故障相电流：

$$I_B=a^2I_{A1}+aI_{A2}+I_{A0}=0.85\angle 237°$$

$$I_C=aI_{A1}+a^2I_{A2}+I_{A0}=0.85\angle 123°$$

（5）故障前各相电流：

$$I_A=I_B=I_C=\frac{E_{a1}}{X_{1\Sigma}}=\frac{j1.43}{j2}=0.715$$

14．某三相变压器二次侧的电压是 6kV，电流是 20A，已知功率因数 $\cos\phi$ =0.866，问这台变压器的有功功率、无功功率和视在功率各是多少？

答：

$$P=\sqrt{3}\,UI\cos\phi=\sqrt{3}\times6000\times20\times0.866=180(\text{kW})$$

$$S=\sqrt{3}\,UI=\sqrt{3}\times6000\times20=207.8(\text{kVA})$$

$$Q=\sqrt{3}\,UI\sin\phi=\sqrt{S^2-P^2}=103.9(\text{kvar})$$

15．变比为 1000/5、5P20、25VA 的电流互感器，二次绕组电阻测得 $R_{in}=1.4\Omega$，在不计二次绕组漏抗、不计铁芯未饱和时的励磁电流情况下，要求 TA 暂态系数满足两倍要求，当二次负载阻抗 $R_{loa}=2\Omega$ 时，稳态下综合误差不超过该电流互感器允许值（5%）的最大一次电流为多少？

答：

（1）额定二次阻抗 $R_{2N}=\dfrac{25}{5^2}=1(\Omega)$

（2）二次侧的饱和电动势（综合误差 5%时）

$$E_{2.sat}=MI_{1N}(R_{in}+R_{2N})\frac{I_{2N}}{I_{1N}}=20\times5\times(1.4+1)=240(\text{V})$$

（3）$R_{loa}=2\Omega$ 时，二次电动势

$$E_2=I_1(R_{in}+R_{loa})\frac{I_{2N}}{I_{1N}}=I_1(1.4+2)\times\frac{5}{1000}=\frac{17}{1000}I_1(\text{V})$$

（4）为保证误差不超过允许值，$2E_2\leqslant E_{2.sat}$，即

$$2\times\frac{17}{1000}I_1\leqslant 240$$

$$I_{1.max}=\frac{240\times1000}{17\times2}=7059\,(\text{A})$$

16．某厂用供电如图 1-28 所示，计算低厂变低压侧出口两相短路和单相短路时故障点电流，计算时不计元件电阻，不计 20kV 系统阻抗，且各元件正、负、零序阻抗相同。

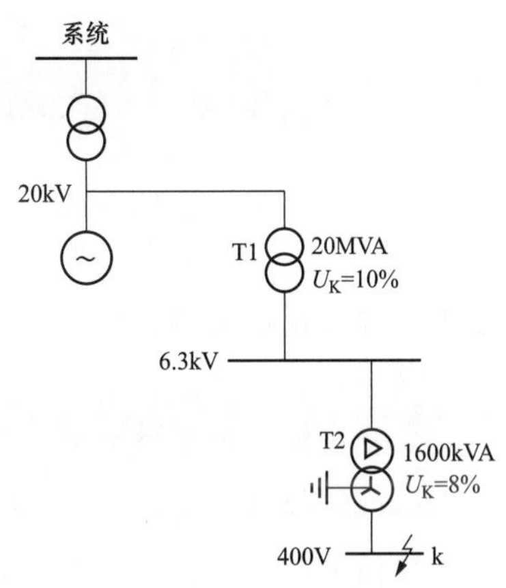

图 1-28　系统示意图

答:

取基准容量 S_B=100MVA

T1 阻抗：$X_{T1}=X_{T2}=10\%\times\dfrac{100}{20}=0.5$

T2 阻抗：$X'_{T1}=X'_{T2}=X'_{T0}=8\%\times\dfrac{100}{1.6}=5$

两相短路电流 $I_K^{(2)}$ 为：

$$I_K^{(2)}=\frac{\sqrt{3}}{2}\times\frac{1}{X_{T1}+X'_{T1}}\times\frac{100}{\sqrt{3}\times 400}\times 10^6=22727.3(\text{A})$$

单相短路电流 $I_K^{(1)}$ 为：

$$I_K^{(1)}=\frac{3}{(X_{T1}+X'_{T})+(X_{T2}+X'_{T2})+X'_{T0}}\times\frac{100\times 10^6}{\sqrt{3}\times 400}$$
$$=27063.3(\text{A})$$

17．10kV 线路的等值电路如图 1-29 所示，已知末端电压为 10.2kV，试求始端电压并画出电压相量图。

答:

$$\Delta U_2=\frac{P_1R+Q_1X}{U_1}=0.39(\text{kV})$$

$$\delta U_2=\frac{P_1X-Q_1R}{U_1}=2.16(\text{kV})$$

$$U_1=U_2+\Delta U_2+\text{j}\delta U_2=9.81+\text{j}2.16(\text{kV})$$

相量图见图 1-30：

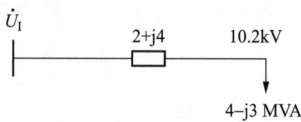

图 1-29　等值电路图　　　　图 1-30　相量图

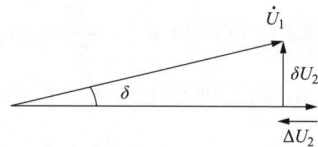

18．设电流互感器变比为 600/1，微机故障录波预先整定好正弦电流波形基准（峰值）为 1.0A/mm，在一次线路接地故障中录得电流正半波为 17mm，负半波为 3mm，试计算其一次值的直流分量，交流分量及全波的有效值。

答:

已知电流波形基准峰值为 1.0A/mm，则有效值为 $1/\sqrt{2}$ A/mm

直流分量为　　$I_{直}$= 600×1×(17−3)/2=4200（A）

交流分量为　　$I_{交}$= 600×($1/\sqrt{2}$)×1×(17−3)/2=4243（A）

全波有效值为　　$I=\sqrt{(I_{直2}+I_{交2})}$=5970（A）

19．某电力系统如图 1-31 所示，δ_0 时始端发生短路故障，δ_C 时故障线路切除。

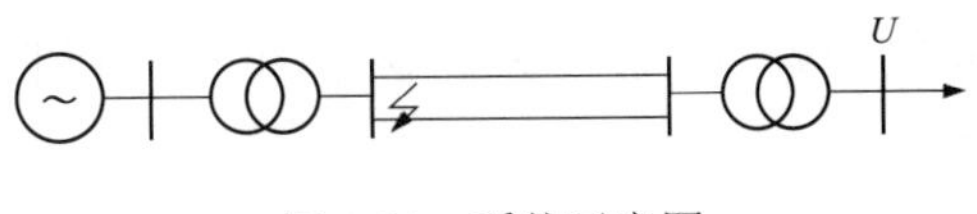

图 1-31　系统示意图

图 1-32（a）为不采用重合闸时的 P–δ 曲线，其中 $P_{\rm I}$ 曲线为系统正常运行时的曲线；$P_{\rm II}$ 为故障存在时的曲线；$P_{\rm III}$ 为故障切除后的曲线。

图 1-32（b）为采用重合闸且重合成功时的情况，$\delta_{\rm R}$ 为重合时的角度。

图 1-32（c）为重合于永久性故障时的情况，$\delta_{\rm RC}$ 为开关再次切除故障线路时的角度。

请在三张图上画出各自情况下的加速面积和最大可能减速面积，并分析三种情况下的暂态稳定。

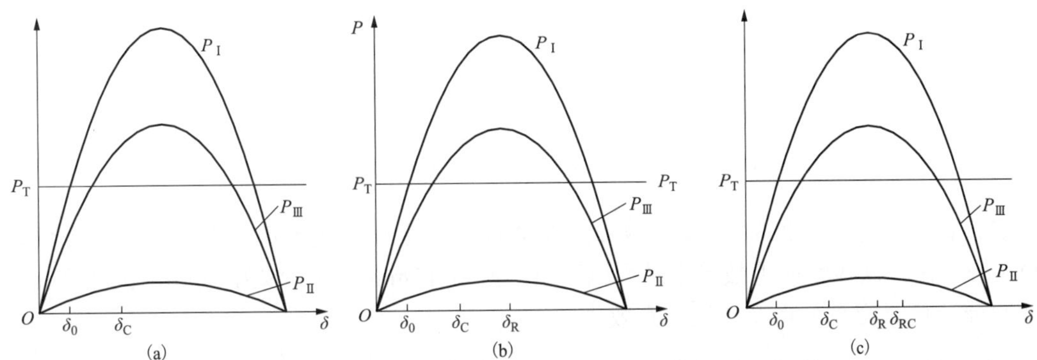

图 1-32　不同情况下的功角曲线

（a）不采用重合闸时；（b）重合闸成功时；（c）重合闸失败时

答：如图 1-33 所示：

图（a）：不采用重合闸时，加速面积为 ABCD，最大减速面积为 DEF。

图（b）：采用重合闸且重合成功时，加速面积为 ABCD，最大减速面积为 DEHIJ。加速面积与不采用重合闸时相同，最大减速面积比不采用重合闸时增大了，所以提高了系统的暂态稳定性。

图（c）：采用重合闸且重合成功时，加速面积为 ABCD+KLMN，最大减速面积为 DEHK+ONP。加速面积比不采用重合闸时增大了，最大减速面积比不采用重合闸时减小了，所以对系统的暂态稳定性不利。

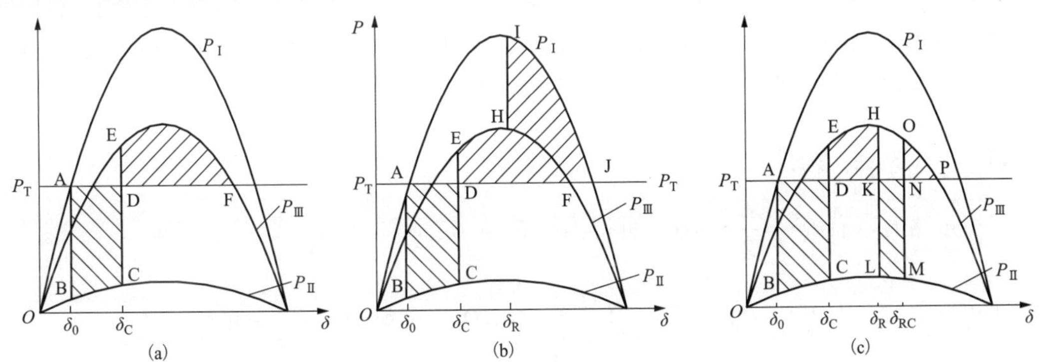

图 1-33　不同情况下的加速面积与减速面积

（a）不采用重合闸时；（b）重合闸成功时；（c）重合闸失败时

20．试画出中性点直接接地电网（假设 $Z_{0\Sigma}=Z_{1\Sigma}$）和中性点非直接接地电网，发生 A 相接地故障时，三相电压的相量。

答：相量图：如图 1-34 所示。

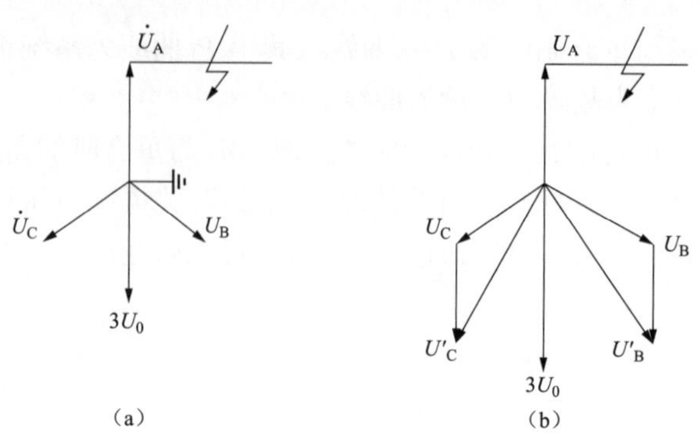

图 1-34　A 相接地电压相量图

（a）中性点直接接地电网；（b）中性点非直接接地电网

21．设 TA 变比为 200/1，微机故障录波器预先整定好正弦电流波形基准值（峰值）为 1.0A/mm。在一次线路接地故障中录得电流正半波为 17mm，负半波为 3mm，试计算其一次值的直流分量、交流分量及全波的有效值。

答：已知电流波形基准峰值为 1.0A/mm，则有效值基准值为 $\dfrac{1}{\sqrt{2}}$ A/mm。

直流分量为：

$$I_{-}=\frac{17-3}{2}\times1.0\times\frac{200}{1}=7\times200=1400(\text{A})$$

交流分量为：

$$I_{\sim}=\frac{17+3}{2}\times1.0\times\frac{1}{\sqrt{2}}\times\frac{200}{1}=\frac{10}{\sqrt{2}}\times200=1414(\text{A})$$

全波有效值为：

$$I=\sqrt{I_{-}^{2}+I_{\sim}^{2}}=\sqrt{1400^{2}+1414^{2}}=1990(\text{A})$$

22．设电力系统 K 点三相短路电流为 6kA，两相短路电流为 $4\sqrt{3}$ kA，单相接地短路电流为 9kA，试求该点两相接地短路时的短路电流。

答：

根据已知条件，得：

三相短路时，有 $I_{k}^{(3)}=\dfrac{E_{1\Sigma}}{Z_{1\Sigma}}=6$，可得到：$E_{1\Sigma}=6Z_{1\Sigma}$

两相短路时，有 $I_{k}^{(2)}=\sqrt{3}\times I_{k1}^{(2)}=\dfrac{\sqrt{3}E_{1\Sigma}}{Z_{1\Sigma}+Z_{2\Sigma}}=4\sqrt{3}$，可得到：$E_{1\Sigma}=4(Z_{1\Sigma}+Z_{2\Sigma})$

单相接地短路时，有 $I_{k}^{(1)}=3\times I_{k1}^{(1)}=\dfrac{3E_{1\Sigma}}{Z_{1\Sigma}+Z_{2\Sigma}+Z_{0\Sigma}}=9$；可得到：$E_{1\Sigma}=3\times(Z_{1\Sigma}+Z_{2\Sigma}+Z_{0\Sigma})$

由上述式可得：

$$Z_{1\Sigma}=\frac{1}{6}E_{1\Sigma}；\ Z_{2\Sigma}=\frac{1}{12}E_{1\Sigma}；\ Z_{0\Sigma}=\frac{1}{12}E_{1\Sigma}$$

则两相接地短路时，有：

$$I_{\mathrm{k}}^{(1.1)}=\sqrt{3}\times\sqrt{1-\frac{Z_{2\Sigma}Z_{0\Sigma}}{(Z_{2\Sigma}+Z_{0\Sigma})^2}}\times\frac{E_{1\Sigma}}{Z_{1\Sigma}+Z_{2\Sigma}//Z_{0\Sigma}}=\sqrt{3}\times\sqrt{\frac{3}{4}}\times\frac{24}{5}$$
$$=7.2(\mathrm{kA})$$

23．画出如下系统，在 K 点发生单相接地故障时的零序网络图（图中 G 为发电机、B 为变压器、XQ 为消弧线圈、L 为线路，各处零序阻抗如图 1-35 所示）。

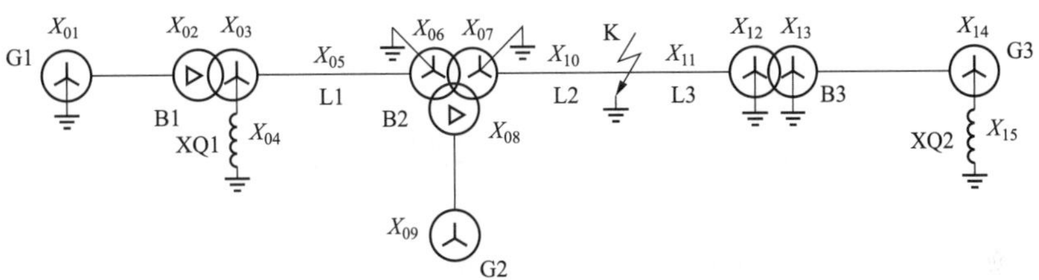

图 1-35 系统示意图

答：

如图 1-36 所示：

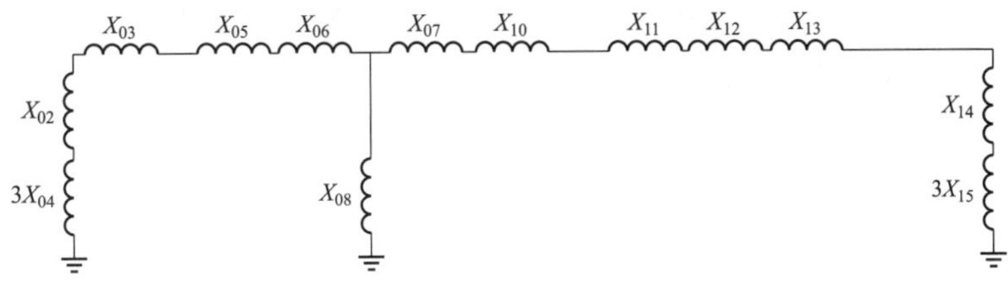

图 1-36 零序网络图

24．在图 1-37 所示的电力系统中，以 S_{B}=100MVA，U_{B}=115kV 时，各元件参数标幺值如下。

发电机：$E''=1.0，x''_{\mathrm{d}}=x_{(2)}=0.13$

变压器：$x_{\mathrm{T1}}=x_{\mathrm{T2}}=0.12$

线路：$x_{(1)}=0.3，x_{(0)}=1.2$

线路末端空载，在输电线路上某处发生单相接地短路。试问短路发生在何处短路电流数值最小，其值为多少千安？

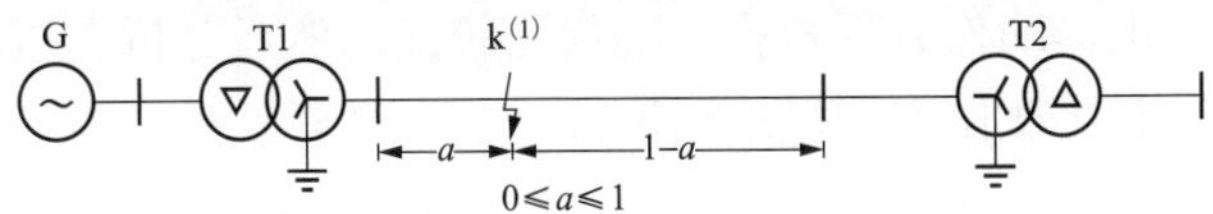

图 1-37 系统示意图

答：

系统的正、负、零序等效电路如图 1-38 所示。短路点各序输入电抗为

$$X_{ff(1)} = x''_d + x_{T1} + ax_{L(1)} = 0.13 + 0.12 + 0.3a = 0.25 + 0.3a$$

$$X_{ff(2)} = x_{G(2)} + x_{T1} + ax_{L(1)} = 0.13 + 0.12 + 0.3a = 0.25 + 0.3a$$

$$X_{ff(0)} = (x_{T1} + ax_{L(0)}) \| [(1-a)x_{L(0)} + x_{T2}]$$

$$= \frac{(0.12+1.2a)(1.2-1.2a+0.12)}{0.12+1.2a+1.2-1.2a+0.12} = 0.11 + a - a^2$$

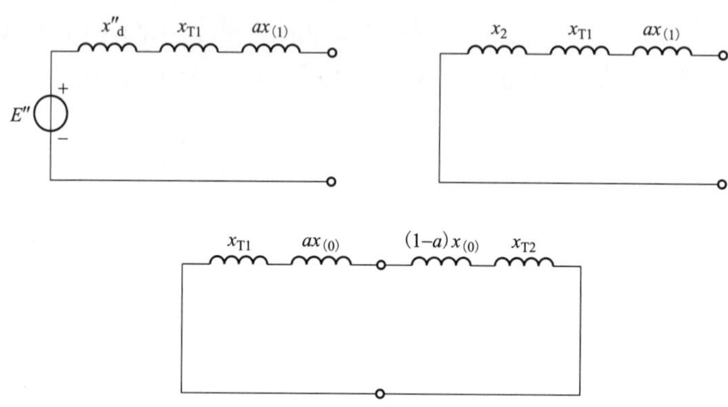

图 1-38　正、负、零序等效电路图

单相短路时，限制短路电流的总电抗为：

$$X_\Sigma = X_{ff(1)} + X_{ff(2)} + X_{ff(0)} = 0.25 + 0.3a + 0.25 + 0.3a + 0.11 + a - a^2$$

$$= 0.61 + 1.6a - a^2$$

令：

$$\frac{dX_\Sigma}{da} = 1.6 - 2a = 0$$

得 $a = 0.8$，因此，X_Σ 的最大值为：

$$X_{\Sigma,max} = 0.61 + 1.6 \times 0.8 - 0.8^2 = 1.25$$

相应的短路电流为：

$$I_{f,min}^{(1)} = \frac{3E''}{X_{\Sigma,max}} \times \frac{S_B}{\sqrt{3}V_{av}} = \frac{3\times 1}{1.25} \times \frac{100}{\sqrt{3}\times 115}(kA) = 1.205(kA)$$

25．某继电器动作方程为$-90° \leqslant \arg[(\dot{U}_{A2'} - \dot{U}_{A1'})/(\dot{U}_{A2'} + \dot{U}_{A1'})] \leqslant 90°$，其中，$\dot{U}_{A2'} = \dot{U}_{A2} - Z_Z\dot{I}_{A2}$，$\dot{U}_{A1'} = \dot{U}_{A1} - Z_Z\dot{I}_{A1}$。继电器装设在 Y/△-11 变压器的高压侧（Y 侧），试简要分析该继电器在低压侧（△侧）短路时的动作行为。题中$\dot{U}_{A2}$、$\dot{I}_{A2}$、$\dot{U}_{A1}$、$\dot{I}_{A1}$分别为继电器感受到的负序、正序分量，假定系统的正序电抗和负序电抗相等。

答：提示，可将继电器动作方程转换为幅值比较式。然后分析变压器低压侧短路时的序分量并折算到高压侧，对比动作方程得出结论。

相位比较式方程转换为幅值比较式方程有以下规律：$|\dot{A}| > |\dot{B}|$可转换为 $90° \leqslant \arg \dot{C}/\dot{D} \leqslant 270°$，其中 $\dot{C} = \dot{B} - \dot{A}$，$\dot{D} = \dot{B} + \dot{A}$。

继电器动作方程可变换为：$|\dot{U}_{A2}-Z_Z\dot{I}_{A2}|\geqslant|\dot{U}_{A1}-Z_Z\dot{I}_{A1}|$；

变压器△侧三相短路时，无负序分量，继电器不动作；

变压器△侧两相短路时：

△侧：$\dot{I}_{a1}=-\dot{I}_{a2}$；$\dot{U}_{a1}=\dot{U}_{a2}=-\dot{I}_{a2}Z_{2\Sigma}$

Y 侧：$\dot{U}_{A1}=\dot{U}_{a1}e^{-j30^\circ}+\dot{I}_{a1}e^{-j30^\circ}Z_B$；$\dot{I}_{A1}=\dot{I}_{a1}e^{-j30^\circ}$

$$\dot{U}_{A2}=\dot{U}_{a1}e^{j30^\circ}-\dot{I}_{a1}e^{j30^\circ}Z_B\text{；}\quad \dot{I}_{A2}=-\dot{I}_{a1}e^{j30^\circ}$$

化简后得：

$$|\dot{U}_{A2}-Z_Z\dot{I}_{A2}|=|\dot{U}_{a1}-\dot{I}_{a1}(Z_B-Z_Z)|$$

$$|\dot{U}_{A1}-Z_Z\dot{I}_{A1}|=|\dot{U}_{a1}+\dot{I}_{a1}(Z_B-Z_Z)|$$

式中 Z_Z 为整定阻抗，Z_B 为变压器等值阻抗。

比较 Z_B、Z_Z，得结论：$Z_B=Z_Z$ 时，在动作边界；

$Z_B<Z_Z$ 时，继电器动作；

$Z_B>Z_Z$ 时，继电器不动作。

26．用保护安装处的正序电压作极化量的相间方向阻抗继电器，与直接用保护安装处的电压作极化量的方向阻抗继电器相比较。①请按动作方程推导出在空载情况下正方向 BC 两相短路时的动作特性；②请比较上述两种阻抗继电器在正方向出口两相短路时的动作性能。

答：

用正序电压作极化量的方向阻抗继电器，其在空载线路上正方向两相短路时的测量阻抗动作特性为以 Z_{set} 和 $-0.5Z_S$ 为直径的一个圆。证明如下：

该继电器动作判据为：

$$270^\circ\geqslant\arg\frac{\dot{U}-IZ_{set}}{\dot{U}_{1BC}}\geqslant 90^\circ$$

假设，短路前线路空载，负荷电流为零，BC 相短路时 $\dot{I}_B=-\dot{I}_C$。系统正、负序阻抗相等时，正序电压：

$$\dot{U}_{1BC}=\dot{E}_{BC}-(\dot{I}_{1B}-\dot{I}_{1C})Z_S$$

当 BC 短路时，由故障分析知识可知

$$\dot{I}_{1B}-\dot{I}_{1C}=\frac{\dot{I}_B-\dot{I}_C}{2}$$

得：

$$\dot{U}_{1BC}=\dot{E}_{BC}-\frac{\dot{I}_B-\dot{I}_C}{2}\times Z_S$$

又：

$$\dot{E}_{BC}=\dot{U}_{BC}+(\dot{I}_B-\dot{I}_C)Z_S$$

代入得：

$$270^\circ\geqslant\arg\frac{\dot{U}_{BC}-(\dot{I}_B-\dot{I}_C)Z_{set}}{\dot{U}_{BC}+\dfrac{\dot{I}_B-\dot{I}_C}{2}\times Z_S}\geqslant 90^\circ$$

或：

$$270^\circ\geqslant\arg\frac{Z_m-Z_{set}}{Z_m-\left(-\dfrac{1}{2}Z_S\right)}\geqslant 90^\circ$$

此判据即为以 Z_{set} 和 $-0.5Z_S$ 为直径的圆，见图 1-39。

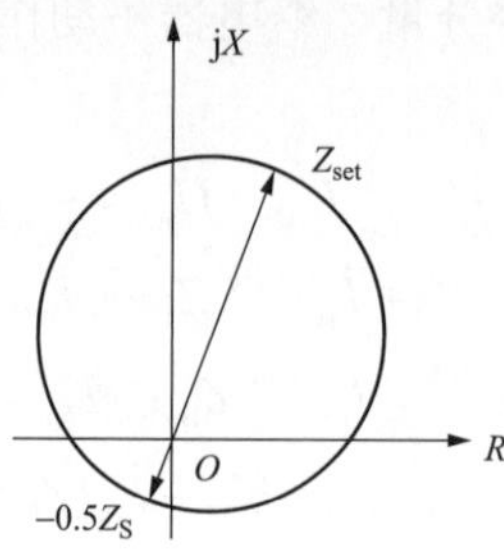

图 1-39　以正序电压为极化量的方向阻抗继电器动作特性

由动作特性可知，用保护安装处的电压作极化量的方向阻抗继电器在正方向出口短路时有死区，正序电压作极化量的相间方向阻抗继电器在正方向出口短路时没有死区。

27. 某重载线路某次发生 A 相接地故障，但从录波图上分析看到：故障后非故障相 B 相的电流比 A 相的故障电流还要大，C 相的电流减小，试简单分析造成这种现象的原因是什么？

答： 当发生 A 相对地故障，故障点 A 相有 $i_{a1}=i_{a2}=i_{a0}$；B、C 两相故障电流分量中正、负序电流的和与零序电流大小相等，方向相反，所以对于故障点，B、C 两相的故障电流分量等于 0；但是如果故障点两侧的零序与正、负序故障电流分配系数不同，就会造成两侧的 B 或 C 相故障电流各序分量之和不为 0，当其各序分量之和电流与负荷电流相位较小时就会造成某一非故障相电流增大，比如 B 相电流增大，反之就会造成电流减小，比如 C 相，随着分配系数差别越大、负荷电流越大，这种现象就会越严重，直到 B 相的电流大于故障相电流。

28. 在双侧电源供电的单回线路上发生一相断接地，如图 1-40 所示，故障前是空载。忽略线路分布电容，并架设系统中正序和负序阻抗相等，求线路中各相电流大小和方向。

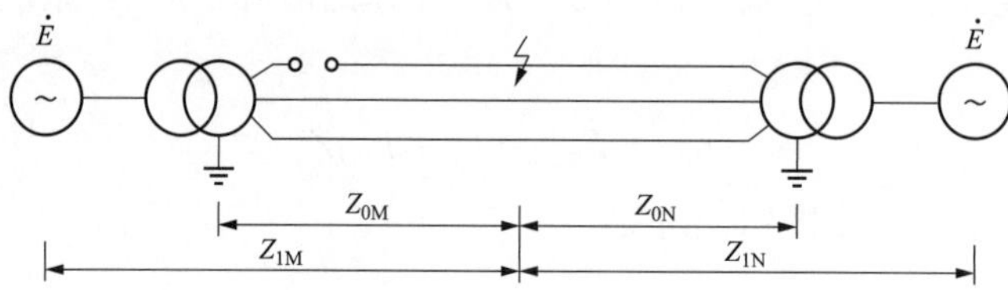

图 1-40　双侧电源线路示意图

答： 短路状态分为短路前的状态和短路附加状态。空载运行，短路前各处电流为 0，短路附加状态仅在故障支路有电动势 $\dot{E}$。

令故障相接地电流为 $\dot{I}_A$，两健全相电流相等，令 $\dot{I}=\dot{I}_B=\dot{I}_C$，其方向如图 1-41 箭头所示。

因为每相自阻抗为：　$\frac{1}{3}(Z_{0N}+2Z_{1N})$

相间互阻抗为：　$\frac{1}{3}(Z_{0N}-2Z_{1N})$

对故障相-地回路列电压平衡方程：

$$(Z_{0N}+2Z_{1N})\dot{I}_A-(Z_{0N}+Z_{1N})\dot{I}=3\dot{E}$$

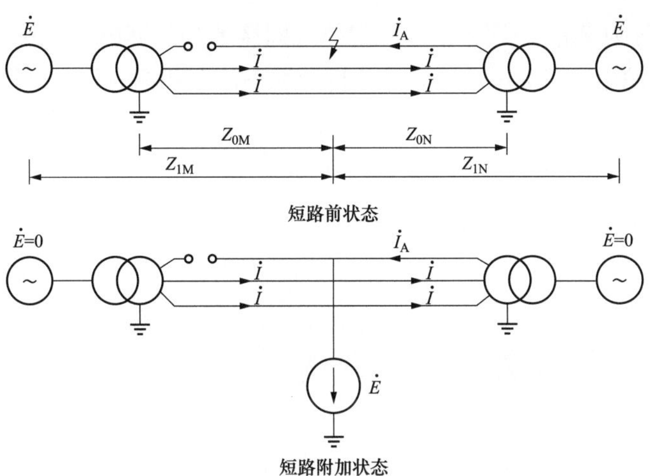

图 1-41　短路前状态与短路附加状态示意图

对健全相-地回路列电压平衡方程：

$$-(Z_{0N}-Z_{1N})\dot{I}_A+[Z_{1N}+Z_{1M}+2(Z_{0N}+Z_{0M})]\dot{I}=\dot{E}$$

若：

$$Z_{1\Sigma}=Z_{1M}+Z_{1N}，\ Z_{0\Sigma}=Z_{0M}+Z_{0N}$$

联立得：

$$\dot{I}_A=\frac{2Z_{0\Sigma}+Z_{1\Sigma}}{|D|}\times 3\dot{E}$$

$$\dot{I}=\frac{Z_{0N}-Z_{1N}}{|D|}\times 3\dot{E}$$

其中，

$$|D|=(Z_{0N}+2Z_{1N})(2Z_{0\Sigma}+Z_{1\Sigma})-2(Z_{0N}-Z_{1N})^2$$

当 $Z_{0N}>Z_{1N}$ 时，电流 $\dot{I}$ 的方向与 $\dot{I}_A$ 相反（与假设相同），当 $Z_{0N}<Z_{1N}$，$\dot{I}$ 的方向与 $\dot{I}_A$ 相同。

29．同一母线引出的两条线路上异地不同名相两点接地，如图 1-42 所示，线路 1 在距母线 L_1 处发生 B 相接地，线路 2 在距母线 L_2 处发生 C 相接地，线路单位长度阻抗为 Z_1，系统

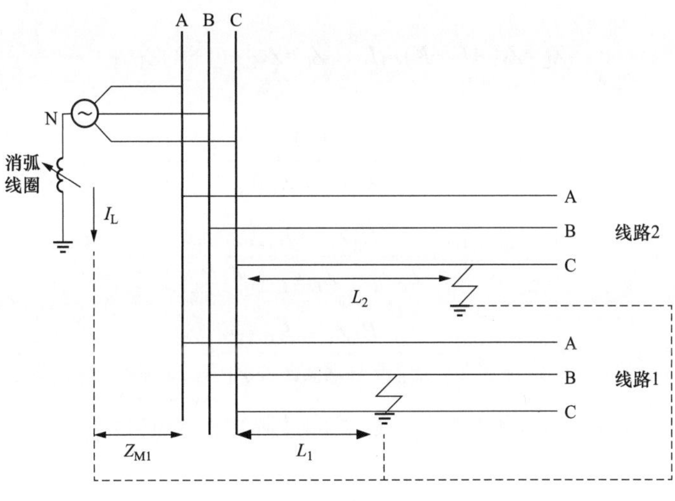

图 1-42　系统示意图

侧的正负序阻抗相等为 Z_{M1}，主变中性点经消弧线圈接地，设消弧线圈电抗值 X_L，$\dot{E}_A$、$\dot{E}_B$、$\dot{E}_C$ 为 A、B、C 相的电源电动势。试通过计算分析异地不同名相两点接地时消弧线圈对短路电流大小的影响。

答：异地不同名相发生两点接地，对线路来说，相当于单相接地短路，线路 1 的零序电流为 $\dfrac{\dot{I}_{KB}^{(1,1)}}{3}$，线路 2 的零序电流为 $\dfrac{\dot{I}_{KC}^{(1,1)}}{3}$，于是故障线路压降为 $\left(\dot{I}_{KB}^{(1,1)}+3K\dfrac{\dot{I}_{KB}^{(1,1)}}{3}\right)Z_1L_1$，$\left(\dot{I}_{KC}^{(1,1)}+3K\dfrac{\dot{I}_{KC}^{(1,1)}}{3}\right)Z_1L_2$。

当中性点电压为 $\dot{U}_N$、中性点电流为 $\dot{I}_L$ 时，则：

$$\dot{I}_{KB}^{(1,1)}+\dot{I}_{KC}^{(1,1)}+\dot{I}_L=0$$

$$\dot{U}_N+\dot{E}_B=\dot{I}_{KB}^{(1,1)}Z_{M1}+\dot{I}_{KB}^{(1,1)}(1+K)Z_1L_1$$

$$\dot{U}_N+\dot{E}_C=\dot{I}_{KC}^{(1,1)}Z_{M1}+\dot{I}_{KC}^{(1,1)}(1+K)Z_1L_2$$

$$\dot{U}_N=\dot{I}_LX_L$$

分别以 B 相电源电动势和 C 相电源电动势单独作用，最后叠加求解。故障等效电路如图 1-43 所示。

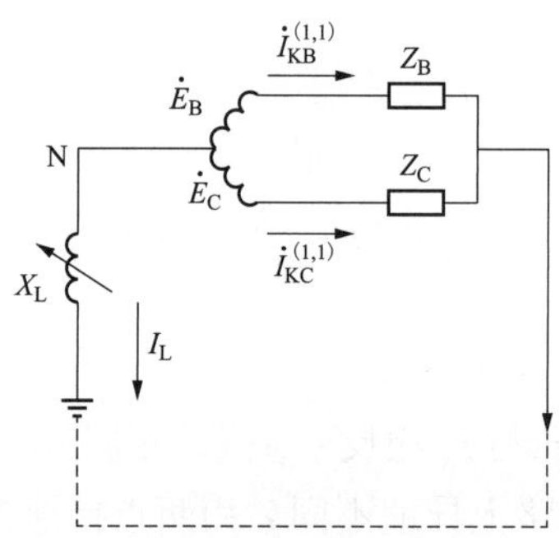

图 1-43 故障等效电路图

设 $Z_B=Z_{M1}+(1+K)Z_1L_1$，$Z_C=Z_{M1}+(1+K)Z_1L_2$

解得：

$$\dot{I}_{KB}^{(1,1)}-\dot{I}_{KC}^{(1,1)}=\frac{\dot{E}_BZ_C-\dot{E}_CZ_B}{Z_BZ_C+Z_BX_L+Z_CX_L}$$

$$\dot{I}_{KB}^{(1,1)}=\frac{\dot{E}_BZ_C-\dot{E}_AX_L}{Z_BZ_C+Z_BX_L+Z_CX_L}$$

$$\dot{I}_{KC}^{(1,1)}=\frac{\dot{E}_CZ_B-\dot{E}_AX_L}{Z_BZ_C+Z_BX_L+Z_CX_L}$$

进而，由于 $E_C=E_B\mathrm{e}^{\mathrm{j}240^\circ}$，因此 B 相、C 相的故障电流差值为：

$$\dot{I}_{KB}^{(1,1)}-\dot{I}_{KC}^{(1,1)}=\frac{\dot{E}_B(Z_C-Z_B\mathrm{e}^{\mathrm{j}240^\circ})}{Z_BZ_C+Z_BX_L+Z_CX_L}$$

Z_C、Z_B均为线路阻抗角70°左右，由于Z_B旋转了240°，Z_C与Z_B之差的模值恒不等于0。可见由于中性点电抗补偿电流的分流注入作用，一个故障相的故障电流得到增强，另一故障相的故障电流则减小了相当于汲出作用。

30．如图1-44所示系统，$Z_s^*=1$，$Z_L^*=2$（转换到同一基准），阻抗角为80°。保护安装处有以 $90°<\arg\dfrac{\dot{U}_\phi-(\dot{I}_\phi+K3I_0)Z_{set}}{\dot{U}_\phi}<270°$为方程的接地距离Ⅰ段，试证明：当 Z_{set}=(70%～80%)Z_L时，线路发生不接地两相金属性短路时，接地距离Ⅰ段不会动作。

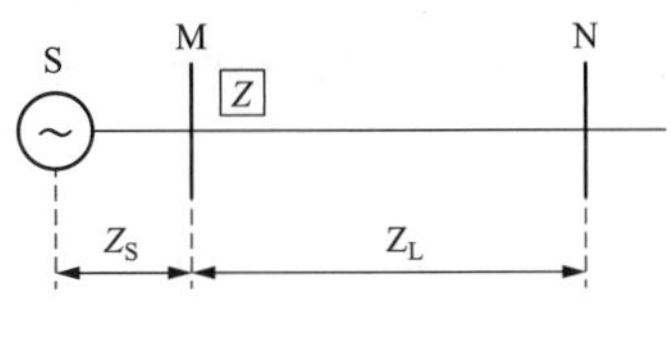

图1-44 系统示意图

证明，当 Z_{set}=(70%～80%)Z_L时，线路发生不接地两相金属性短路时，接地距离Ⅰ段不会动作。

答：假设发生BC相短路，故障点发生在距M侧αZ_L处。由于A相无故障电流，故A相接地距离Ⅰ段不会动作，如图1-45所示。

B相测量阻抗（超前相）：

$$Z_B=\frac{\dot{U}_{MB}}{\dot{I}_B}=\frac{(\dot{U}_{MB}-\dot{U}_{MC})\times\frac{1}{2}-\frac{1}{2}\dot{E}_A}{\dot{I}_B}=2\alpha-\frac{\frac{1}{2}\dot{E}_A}{\frac{\dot{E}_B-\dot{E}_C}{2(1+2\alpha)}}=2\alpha-\frac{\frac{1}{2}\dot{E}_A}{\frac{j\sqrt{3}\dot{E}_A}{2(1+2\alpha)}}=2\alpha-j\frac{1+2\alpha}{\sqrt{3}}$$

C相测量阻抗（滞后相）：

$$Z_C=\frac{\dot{U}_{MC}}{\dot{I}_C}=\frac{(\dot{U}_{MC}-\dot{U}_{MB})\times\frac{1}{2}-\frac{1}{2}\dot{E}_A}{\dot{I}_C}=2\alpha-\frac{\frac{1}{2}\dot{E}_A}{\frac{\dot{E}_B-\dot{E}_C}{2(1+2\alpha)}}=2\alpha+j\frac{1+2\alpha}{\sqrt{3}}$$

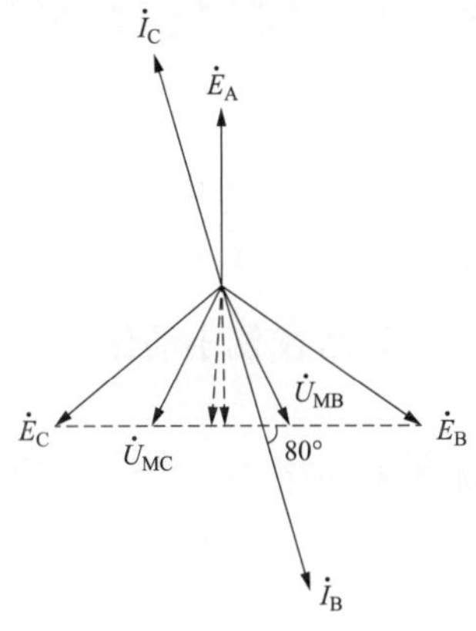

图1-45 故障时电流电压相量图

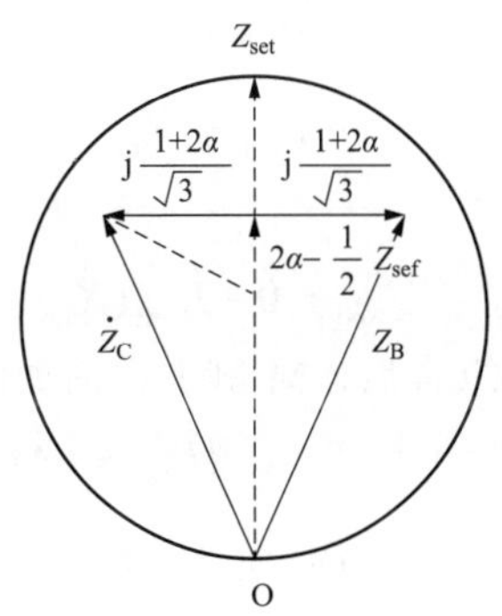

图1-46 B、C相测量阻抗

若要证明接地距离Ⅰ段不动作，则需证明：

$$\left(2\alpha-\frac{1}{2}Z_{set}\right)^2+\left(\frac{1+2\alpha}{\sqrt{3}}\right)^2>\left(\frac{1}{2}Z_{set}\right)^2$$

化简上式：
$$16\alpha^2+4\alpha+1>6\alpha Z_{set}$$

当 Z_{set} 最大为 1.6 时：

$$16\alpha^2+4\alpha+1>9.6\alpha\Rightarrow(\alpha-0.175)^2+0.4275>0$$

上不等式恒成立，则 BC 相短路时，B 相和 C 相的接地距离Ⅰ段均不会动作，如图 1-46 所示。

31．如图 1-47 所示系统，MN 之间有同杆双回线路，某日Ⅰ线发生 A 相瞬时性接地故障，两侧单跳单重，N 侧先重合，M 侧后重合，Ⅰ、Ⅱ线均使用线路 PT，假设负荷电流满足零序方向动作门槛，分析 N 侧重合前以及 N 侧重合后、M 侧重合前Ⅰ、Ⅱ线零序方向动作情况，分别画出零序网络图。

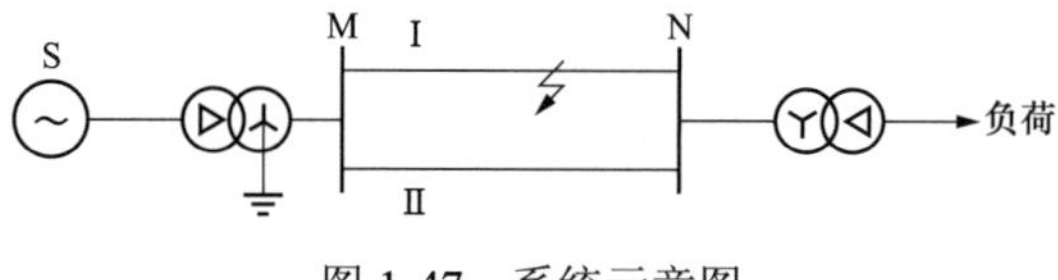

图 1-47　系统示意图

答：

①N 站侧重合前，两断口网络如图 1-48 所示。

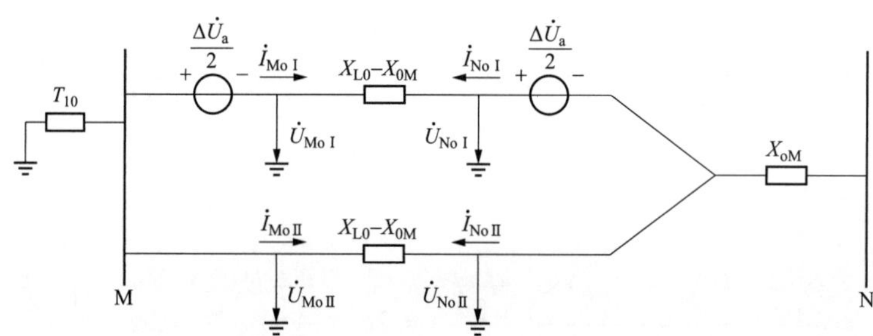

图 1-48　N 侧重合前系统示意图

$$\Delta\dot{U}_o=-\dot{I}_{Mo}\times2(X_{L0}-X_{0M})$$

则：
$$\Delta\dot{U}_{MoI}=-\frac{\Delta\dot{U}_o}{2}=\dot{I}_{Mo}\times(X_{Lo}-X_{oM})\quad\text{Ⅰ线 M 侧不动作}$$

$$\dot{U}_{NoI}=\dot{U}_{MVI}-\dot{I}_{MoI}\times(X_{Lo}-X_{oM})=0\quad\text{Ⅰ线 N 侧零序电压为 0，零序方向不动作}$$

$$\dot{U}_{MoII}=0\quad\text{Ⅱ线 M 侧不动作}$$

$$\dot{U}_{NoII}=0-\dot{I}_{MoII}(X_{Lo}-X_{oM})=\dot{I}_{NoII}(X_{Lo}-X_{oM})\quad\text{Ⅱ侧 N 侧不动作}$$

②N 侧重合后，M 侧重合前如图 1-49 所示。

$$\dot{U}_{MoI}=-\Delta\dot{U}_o=\dot{I}_{MoI}\times Z_{\Sigma o}\quad\text{Ⅰ线 M 侧不动作}$$

$$\dot{U}_{NoI}=\dot{I}_{MoI}Z_{\Sigma o}-\dot{I}_{MoI}\times\frac{1}{2}Z_{io}=-\dot{I}_{NoI}\times\frac{1}{2}Z_{io}\quad\text{Ⅰ线 N 侧动作}$$

$$\dot{U}_{MoII}=0\quad\text{Ⅱ线 M 侧不动作}$$

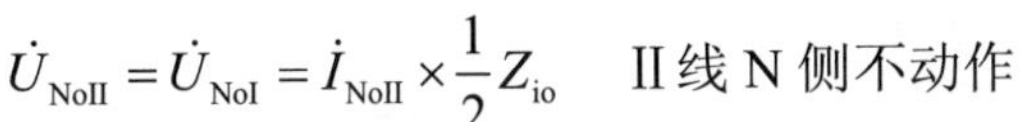

$$\dot{U}_{\text{NoII}}=\dot{U}_{\text{NoI}}=\dot{I}_{\text{NoII}}\times\frac{1}{2}Z_{\text{io}}\quad \text{II线N侧不动作}$$

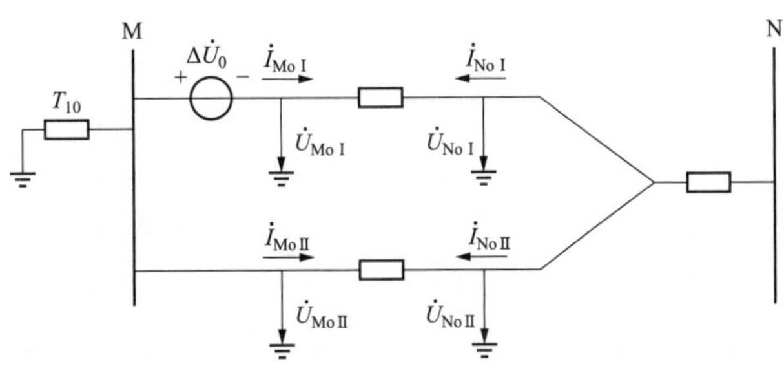

图 1-49 N 侧重合后、M 侧重合前示意图

32．220kV 双侧电源系统如图 1-50 所示，系统阻抗标幺值已注明，$X_{1M}=X_{1N}=0.3$，$X_{0M}=X_{0N}=0.4$，线路参数 $X_{1L}=0.5$，$X_{0L}=1.35$，$E_M=E_N=1$，基准电压为 230kV，基准容量为 1000MVA，某日，线路 MN 的 N 站侧出口 K 处发生 A 相永久性接地短路，分析时不计负荷电流，试分析以下问题：

（1）K 点短路时线路 MN 两侧各相电流？

（2）N 侧工频变化量保护动作，N 侧 A 相开关先跳开后，MN 两侧各相电流？

（3）MN 两侧 A 相开关跳开后，N 侧先重合于故障时，MN 两侧各相电流？

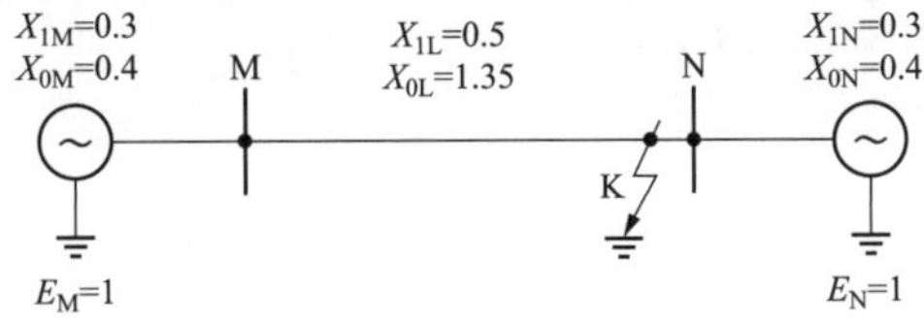

图 1-50 系统接线图

答：基准电流 $I_B=\dfrac{S_B}{\sqrt{3}U_B}=\dfrac{1000\text{MVA}}{\sqrt{3}\times 230\text{kV}}=2.51\text{kA}$

（1）K 点短路时：

$$X_{1\Sigma}=(0.3+0.5)//0.3=0.218$$

$$X_{0\Sigma}=(0.4+1.35)//0.4=0.326$$

$$I_{K1}=I_{K2}=I_{K0}=\frac{1}{0.218+0.218+0.326}=1.312$$

M 侧：

$$I_{M1}=I_{M2}=1.312\times\frac{0.3}{0.3+0.8}=0.358$$

$$I_{M0}=1.312\times\frac{0.4}{1.75+0.4}=0.244$$

$$I_{MA}=(0.358+0.358+0.244)\times 2.51\text{kA}=2.41\text{kA}$$

$$I_{MB}=I_{MC}=I_{M0}-I_{M1}=(0.244-0.358)\times 2.51\text{kA}=-286\text{A}$$

N 侧：

$$I_{N1}=I_{N2}=1.312\times\frac{0.8}{0.3+0.8}=0.954$$

$$I_{N0}=1.312\times\frac{1.75}{1.75+0.4}=1.068$$

$$I_{NA}=(0.954\times2+1.068)\times2.51\text{kA}=7.47\text{kA}$$

$$I_{NB}=I_{NC}=I_{N0}-I_{N1}=(1.068-0.954)\times2.51\text{kA}=286\text{A}$$

（2）N 侧 A 相开关跳开后，属于单相断线、断线相再接地的复故障，可利用回路方程进行分析计算。此时短路情况可看成图 1-51 所示 A 相断线状态与图 1-52 所示断线后接地短路附加状态的叠加。

由于不计算负荷电流，断路器 K 点电压$\dot{U}_{KA[0]}=\dot{E}_M=\dot{E}_N=1$。

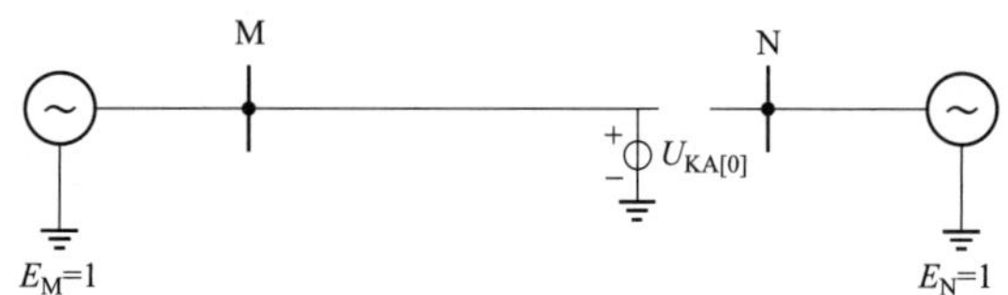

图 1-51　A 相断线状态

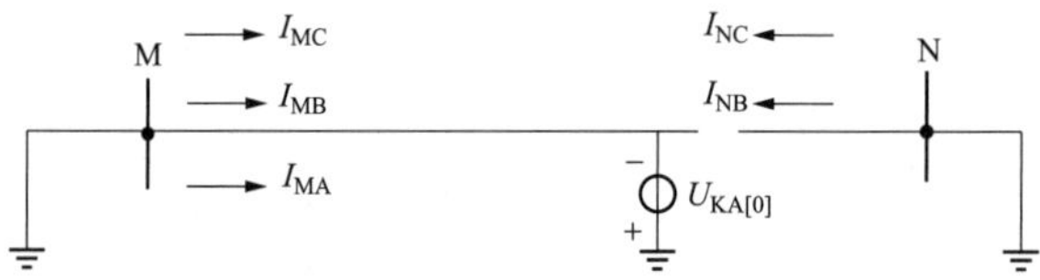

图 1-52　断线后短路附加状态

K 点左侧和右侧均可等效成各相自感为 Z_L、相间互感为 Z_M 的三相等效电路。

M 侧：

$$Z_{1\Sigma}=0.3+0.5=0.8$$

$$Z_{0\Sigma}=0.4+1.35=1.75$$

$$Z_{LM}=\frac{1}{3}\times(2Z_{1\Sigma}+Z_{0\Sigma})=\frac{1}{3}\times(2\times0.8+1.75)=1.117$$

$$Z_{MM}=\frac{1}{3}\times(Z_{0\Sigma}-Z_{1\Sigma})=\frac{1}{3}\times(1.75-0.8)=0.317$$

N 侧：

$$Z_{1\Sigma}=0.3$$

$$Z_{0\Sigma}=0.4$$

$$Z_{LN}=\frac{1}{3}\times(2Z_{1\Sigma}+Z_{0\Sigma})=\frac{1}{3}\times(2\times0.3+0.4)=0.333$$

$$Z_{MN}=\frac{1}{3}\times(Z_{0\Sigma}-Z_{1\Sigma})=\frac{1}{3}\times(0.4-0.3)=0.033$$

列出 K 点 M 侧的 A 相回路方程和 B、C 相任一相回路方程。以 B 相为例，其中 B 相受 K 点 M 侧 A 相互感和 K 点两侧 C 相互感的影响，方程如下：

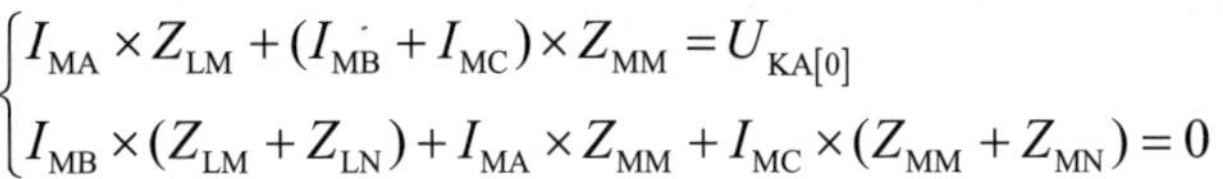

$$\begin{cases} I_{MA}\times Z_{LM}+(I_{MB}+I_{MC})\times Z_{MM}=U_{KA[0]} \\ I_{MB}\times(Z_{LM}+Z_{LN})+I_{MA}\times Z_{MM}+I_{MC}\times(Z_{MM}+Z_{MN})=0 \end{cases}$$

解得：

$$\begin{cases} I_{MA}=0.995\times 2.51\text{kA}=2.5\text{kA} \\ I_{MB}=I_{MC}=-0.175\times 2.51\text{kA}=-439\text{A} \end{cases}$$

同理可得：

$$\begin{cases} I_{NA}=0 \\ I_{NB}=I_{NC}=-I_{MB}\times 2.51\text{kA}=439\text{A} \end{cases}$$

（3）M、N 侧 A 相跳开，N 侧先重合时，系统如图 1-53 所示。

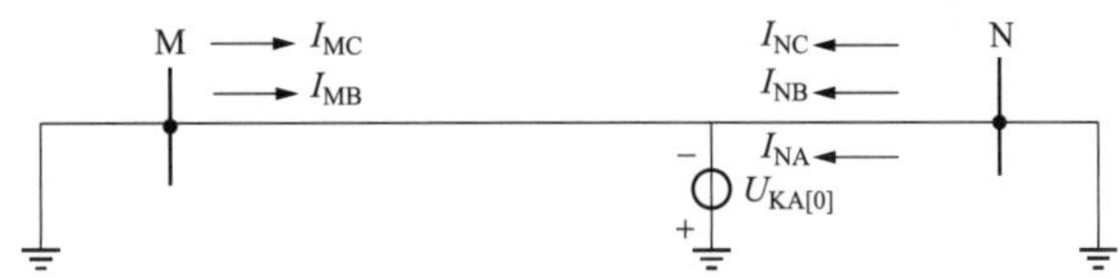

图 1-53 N 侧先重合等效图

与上一问分析相似，可列出 K 点 N 侧的 A 相回路方程和 B 相回路方程如下：

$$\begin{cases} I_{NA}\times Z_{LN}+(I_{NB}+I_{NC})\times Z_{MN}=U_{KA[0]} \\ I_{NB}\times(Z_{LM}+Z_{LN})+I_{NA}\times Z_{MN}+I_{NC}\times(Z_{MM}+Z_{MN})=0 \end{cases}$$

解得：

$$\begin{cases} I_{NA}=3.014\times 2.51\text{kA}=7.565\text{kA} \\ I_{NB}=I_{NC}=-0.055\times 2.51\text{kA}=-138\text{A} \end{cases}$$

同理可得：

$$\begin{cases} I_{MA}=0 \\ I_{MB}=I_{MC}=-I_{NB}\times 2.51\text{kA}=138\text{A} \end{cases}$$

33．如图 1-54 所示系统，在 K 点发生 BC 相间短路故障，K 点位置不确定，$\dot{E}_M$ 为送电侧电势。

（1）推导 K 点的电压值，并在电压平面图中作出 K 点的电压轨迹；

（2）比较 $|\dot{I}_{MB}|$ 与 $\dot{I}_{MC}$ 的大小关系，比较 $|\dot{I}_{NB}|$ 与 $|\dot{I}_{NC}|$ 的大小关系。

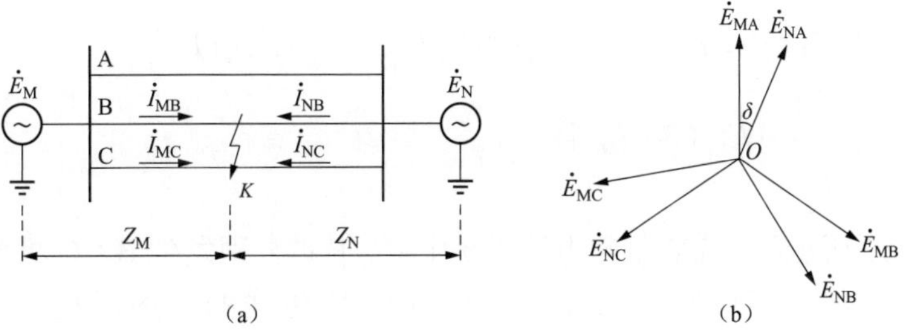

图 1-54 双电源系统示意及电压平面图

（a）双电源系统图；（b）电压平面图

答：(1) 根据叠加原理，将其等效为正常负荷状态［图 1-55 (a)］和故障分量状态［图 1-55 (b)］。

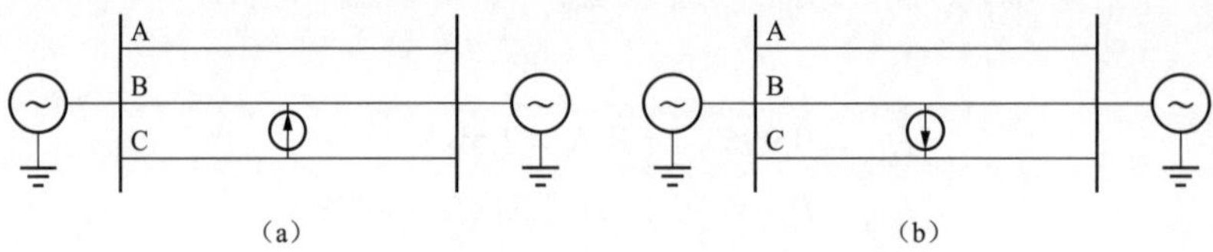

图 1-55　B、C 相间短路示意图

(a) 正常负荷状态；(b) 故障分量状态

负荷状态 K 点两侧没有零序电流分量。

故障分量状态 K 点两侧也没有零序电流分量。

设故障点的电压为 $\dot{U}_K$，则：

$$\dot{I}_{MB}=\frac{\dot{E}_{MB}-\dot{U}_K}{Z_M}$$

$$\dot{I}_{MC}=\frac{\dot{E}_{MC}-\dot{U}_K}{Z_M}$$

$$\dot{I}_{NB}=\frac{\dot{E}_{NB}-\dot{U}_K}{Z_N}$$

$$\dot{I}_{NC}=\frac{\dot{E}_{NC}-\dot{U}_K}{Z_N}$$

根据 KCL 原理，$\dot{I}_{MB}+\dot{I}_{MC}+\dot{I}_{NB}+\dot{I}_{NC}=0$，则

$$\dot{U}_K=\frac{1}{2}(\dot{E}_{MB}+\dot{E}_{MC})\frac{Z_N}{Z_M+Z_N}+\frac{1}{2}(\dot{E}_{NB}+\dot{E}_{NC})\frac{Z_M}{Z_M+Z_N}$$

图 1-56 中 $\overrightarrow{OQ}$ 即为 $\frac{1}{2}(\dot{E}_{MB}+\dot{E}_{MC})$，$\overrightarrow{OP}$ 即为 $\frac{1}{2}(\dot{E}_{NB}+\dot{E}_{NC})$，

又因为 $\frac{Z_N}{Z_M+Z_N}+\frac{Z_M}{Z_M+Z_N}=1$，所以 $\dot{U}_K$ 的变化轨迹始终在 PQ 连线的直线上。

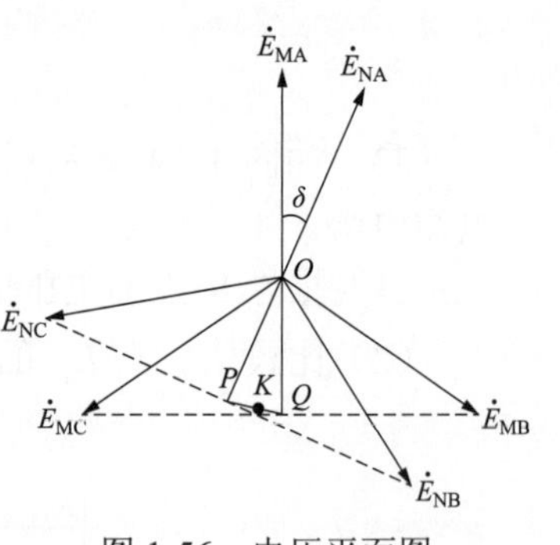

图 1-56　电压平面图

(2) 在 PQ 上任一点 K，$\dot{U}_K$ 即为 $\overrightarrow{OK}$，满足 $\dot{I}_{MB}=\frac{\dot{E}_{MB}-\dot{U}_K}{Z_M}$，$\dot{I}_{MC}=\frac{\dot{E}_{MC}-\dot{U}_K}{Z_M}$，由图 $|\dot{E}_{MB}-\dot{U}_K|$ 始终大于等于 $|\dot{E}_{MC}-\dot{U}_K|$，所以

$$|\dot{I}_{MB}|\geqslant|\dot{I}_{MC}|$$

同理得 $|\dot{I}_{NC}|\geqslant|\dot{I}_{NB}|$。

34．在图 1-57 所示的 35kV 单侧电源系统中 K、F 点分别发生 B、C 相金属性接地故障。已知 K 点到 N 母线的正序阻抗为 Z_{NK}，F 点到 N 母线的正序阻抗为 Z_{NF}，电源电压 $\dot{E}_A$、$\dot{E}_B$、$\dot{E}_C$，电源等效正序阻抗 Z_S 和 MN 线路的正序阻抗 Z_{MN}。忽略电容电流和负荷电流并设各线路零序电流补偿系数为 k。系统中各序阻抗角相等。并且 $|Z_{NK}|>|Z_{NF}|$，试问：

（1）求电源中性点的电压 $\dot{E}_0$；

（2）定性画出 N 母线处三相电压向量图；

（3）当 Z_{NK} 和 Z_{NF} 的变化时，估计非故障相对地电压 $\dot{U}_A$ 的幅值变化范围。

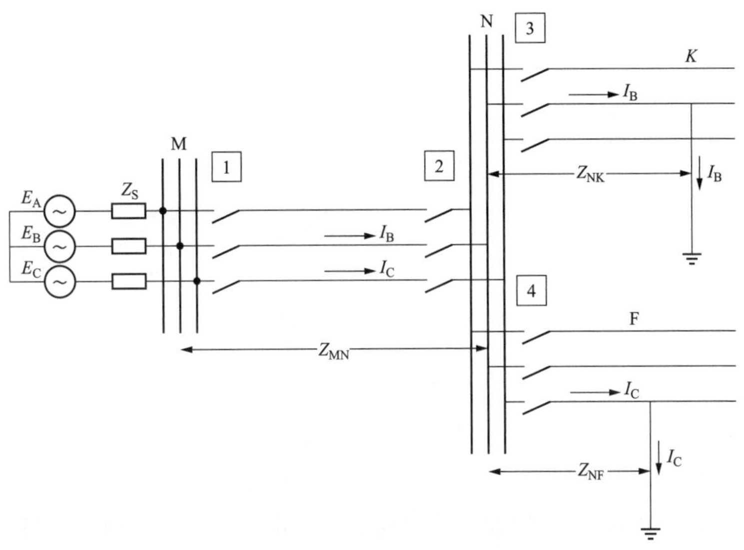

图 1-57　35kV 单侧电源系统图

答：（1）N 母线的 B、C 相电压分别为：

$$\dot{U}_{N.B}=(\dot{I}_B+k3\dot{I}_{0.NK})Z_{NK}=\dot{I}_B(1+k)Z_{NK}$$

$$\dot{U}_{N.C}=(\dot{I}_C+k3\dot{I}_{0.NF})Z_{NF}=\dot{I}_C(1+k)Z_{NF}$$

根据节点电流定理

$$\dot{I}_B=-\dot{I}_C$$

$$\dot{E}_B+\dot{E}_0=\dot{I}_B(Z_S+Z_{MN})+\dot{I}_B(1+k)Z_{NK} \tag{1}$$

$$\dot{E}_C+\dot{E}_0=\dot{I}_C(Z_S+Z_{MN})+\dot{I}_C(1+k)Z_{NF} \tag{2}$$

设

$$Z_{\Sigma B}=(Z_S+Z_{MN})+(1+k)Z_{NK}$$

$$Z_{\Sigma C}=(Z_S+Z_{MN})+(1+k)Z_{NF}$$

则：

$$\dot{E}_B+\dot{E}_0=\dot{I}_B Z_{\Sigma B} \tag{3}$$

$$\dot{E}_C+\dot{E}_0=\dot{I}_C Z_{\Sigma C} \tag{4}$$

式（3）减去式（4）求得：

$$\dot{I}_B=\frac{\dot{E}_B-\dot{E}_C}{Z_{\Sigma B}+Z_{\Sigma C}} \tag{5}$$

将式（5）代入式（3）解得：$\dot{E}_0=-\left(\dfrac{Z_{\Sigma C}}{Z_{\Sigma B}+Z_{\Sigma C}}\dot{E}_B+\dfrac{Z_{\Sigma B}}{Z_{\Sigma B}+Z_{\Sigma C}}\dot{E}_C\right)$

上式中

$$Z_{\Sigma B}=(Z_S+Z_{MN})+(1+k)Z_{NK}$$

$$Z_{\Sigma C}=(Z_S+Z_{MN})+(1+k)Z_{NF}$$

（2）要点：

1）B、C 相电源端至 N 母线的电压降大小相等、方向相反，所以图 1-58 中 $\theta_1=\theta_2$；

2）N 母线电压至接地点（即地电位 0 处）电压降，B 相大于 C 相，所以 0 点在偏左侧；

3）连线 OO′ 即（1）问中所求的 E_0。

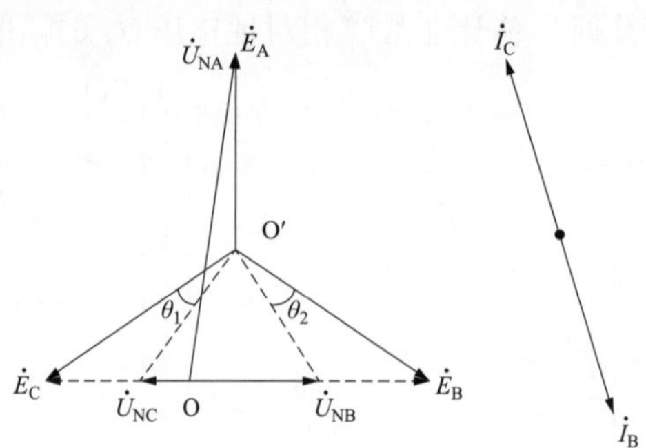

图 1-58　电压电流相量图

（3）非故障相电压 $\dot{U}_A$ 的幅值满足，$1.5 \leqslant |\dot{U}_A| < \sqrt{3}$。

35．图 1-59 中所示输电系统，在线路的 70%（距 M 端）处发生单相（B 相）经过渡电阻接地故障，R_g =10Ω，计算 M 端 1 处距离保护的测量阻抗，并校验 M 端 1 处正序极化阻抗继电器 I 段（注：K_{rel}=0.8；未考虑相邻线补偿）是否能够动作。系统各元件的参数如下：

发电机：S_N=120MVA，E_1=1.67，X_1=0.9，X_2=0.45；

变压器 T1：S_N=60MVA，V_s%=10.5，k_{T1}=10.5/115；T2：S_N=60MVA，V_s%=10.5，k_{T2}=115/6.3；

线路 L 每回路 1=100km，x_1=0.4Ω/km，每回输电线路本身的零序电抗为 x_0=0.8Ω/km，两回平行线路间的零序互感抗为 0.4Ω/km。

负荷 LD-1：S_N =40MVA，X_1=1.2，X_2=0.35。

基准：S_B=100MVA，V_B=V_{AV}。

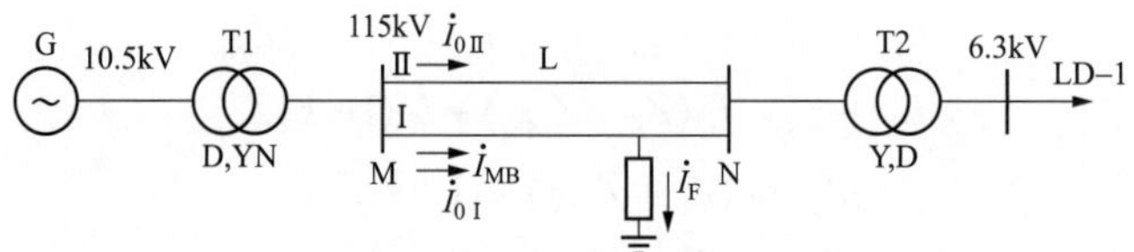

图 1-59　系统示意图

部分测量数据（在上述基准下的标幺值，方向如图 1-59 所示）。

M 母线故障后的正序电压：$\dot{U}_{B1}$=1.33∠88°；

Ⅰ回线路 B 相故障后电流：$\dot{I}_B$=1.8∠9°；

M 端Ⅰ、Ⅱ回线路的零序电流分别为：$\dot{I}_{0\text{I}} = 0.613\angle 10°$；$\dot{I}_{0\text{II}} = 0.322\angle 10°$。

答：

（1）参数标幺值计算：

$$R=10\times S_B/V_{av}^2=0.091$$

$$x_1=0.003629$$

$$x_0=0.003629\times 2$$

$$x_{0m}=0.003629$$

（2）计算故障点电流：

根据零序网络图，此处略。（注意，仅画出零序网络图即可，不必画出正负序网络图）

故障点电流：$\dot{I}_F=3\times(\dot{I}_{0I}+\dot{I}_{0II})=2.805\angle10°$。

（3）保护安装处电压计算：

$$\dot{U}_B=x_1\times70\times(\dot{I}_B+k\times3\times\dot{I}_{0I})+x_{0m}\times70\times\dot{I}_{0II}+R\times\dot{I}_F=0.74\angle79°$$

则测量阻抗为：$Z_m=\dfrac{\dot{U}_B}{(\dot{I}_B+k\times3\times\dot{I}_{0I})}=\dfrac{0.74\angle79°}{1.8\angle9°+0.613\angle10°}=0.31\angle73.44°$

（4）正序极化阻抗继电器的动作情况：

整定定值： $Z_{set}=0.3629\times80\%=0.29$

动作方程： $90°<\arg\dfrac{\dot{U}_B-(\dot{I}_B+k\times3\times\dot{I}_{0I})\times Z_{set}}{\dot{U}_{1B}}<270°$

得： $\dot{U}_{op}=\dot{U}_B-(\dot{I}_B+k\times3\times\dot{I}_{0I})\times Z_{set}=0.2116\angle10°$

则知： $\arg\dfrac{\dot{U}_B-(\dot{I}_B+k\times3\times\dot{I}_{0I})\times Z_{set}}{\dot{U}_{1B}}=10°-88°=-78°$

阻抗继电器不动作。

36．220kV 双侧电源系统如图 1-60 所示，系统阻抗标幺值已注明，$X_{1M}=X_{1N}=0.3$，$X_{0M}=X_{0N}=0.4$，线路参数 $X_{1L}=0.5$，$X_{0L}=1.35$，$E_M=E_N=1$，基准电压为 230kV，基准容量为 1000MVA，某日，线路 MN 的 N 站侧出口 K 处发生 A 相断线接地故障，接地点位于 N 侧，分析时不计负荷电流，试计算故障发生后，MN 两侧各相电流？

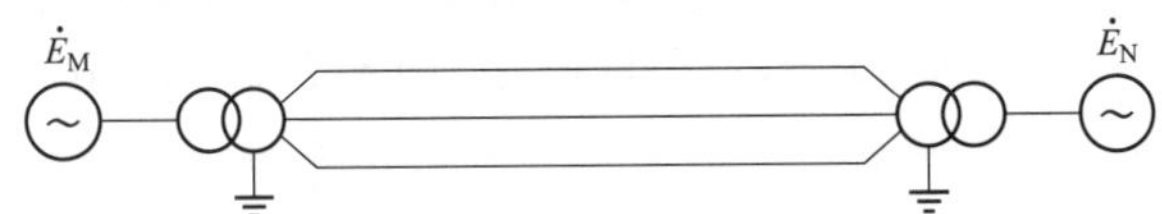

图 1-60 220kV 双侧电源系统图

答：属于断线相再接地的复故障，不能应用简单序网图来计算，此处利用回路方程来计算分析，此时短路情况可看成 A 相断线状态和断线接地附加状态的叠加，见图 1-61。

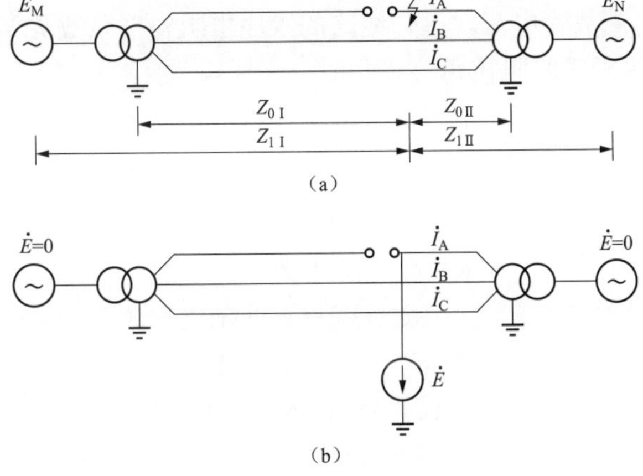

图 1-61 A 相断线示意图

（a）A 相断线状态；（b）断线接地附加状态

接地的支路中引入两个方向相反、大小相同等于 $\dot{E}$ 的电动势。然后，就可以将短路状态分解为短路前负荷状态和短路附加状态。短路前的负荷状态中线路无电流，因此无需计算。

短路附加状态仅在故障支路有电动势 $\dot{E}$。令故障相电流为 $\dot{I}_A$。两健全相电流相等（因为故障相对它们的互感是相同的），令 $\dot{I}=\dot{I}_B=\dot{I}_C$，根据短路附加状态电路模型，联列方程求解：

线路自感阻抗=$(Z_0+2Z_1)/3$；线路互感阻抗=$(Z_0-Z_1)/3$。

$$\begin{cases}(Z_{0\text{II}}+2Z_{1\text{II}})\dot{I}_A+2(Z_{0\text{II}}-2Z_{1\text{II}})\dot{I}=3\dot{E}\\(Z_{0\text{II}}-2Z_{1\text{II}})\dot{I}_A+(Z_{0\text{II}}+2Z_{1\text{II}})\dot{I}=0\end{cases}$$

K 点左侧和 K 点右侧均等效成各相自感为 Z_L，相间互感为 Z_M 的三相等效电路。

K 点 M 侧：$\begin{cases}Z_{1\Sigma}=0.3+0.5=0.8\\Z_{0\Sigma}=0.4+1.35=1.75\end{cases}\Longrightarrow\begin{cases}Z_{L1}=(2Z_{1\Sigma}+Z_{0\Sigma})/3=1.117\\Z_{M1}=(Z_{0\Sigma}-Z_{1\Sigma})/3=0.317\end{cases}$

K 点 N 侧：$\begin{cases}Z_{1\Sigma}=0.3\\Z_{0\Sigma}=0.4\end{cases}\Longrightarrow\begin{cases}Z_{L2}=(2Z_{1\Sigma}+Z_{0\Sigma})/3=0.333\\Z_{M2}=(Z_{0\Sigma}-Z_{1\Sigma})/3=0.033\end{cases}$

列出 K 点 N 侧的 A 相回路方程和 BC 相任一相回路方程，以 B 相为例，其中 B 相受 K 点 N 侧 A 相互感的影响，和 K 点两侧 C 相互感的影响。

方程如下：$\begin{cases}I_{NA}Z_{L2}+(I_{NB}+I_{NC})Z_{M2}=U_{kA0}\\I_{NB}(Z_{L1}+Z_{L2})+I_{NA}Z_{M2}+I_{NC}(Z_{M1}+Z_{M2})=0\end{cases}$

$$\begin{cases}I_{NA}\times0.333+2\times I\times0.033=1\\I_{NB}\times(1.117+0.333)+I_{NA}\times0.033+I_{NC}\times(0.317+0.033)=0\end{cases}$$

解得：$\begin{cases}I_{NA}=3.014\\I_{NB}=I_{NC}=-0.055\end{cases}$

因此，N 侧 $I_{NA}=3.014\times2.51\text{kA}=7.565\text{kA}$ $I_{NB}=I_{NC}=-0.055\times2.51\text{kA}=-138\text{A}$

M 侧 $I_{MA}=0$，$I_{MB}=I_{MC}=-I_{NB}=0.055\times2.51\text{kA}=-138\text{A}$。

37．某线路保护中距离元件采用多边形特性，现采用微机测试仪手动试验菜单对其接地距离 I 段保护进行阻抗定值校验，模拟整定点（定值 $Z_{zd\,\text{I}}=4\angle80°\Omega$）0.95 倍处单相接地故障，给故障相通入 $I=I_n=1\text{A}$ 的故障电流。已知线路的零序电阻补偿系数 $K_r=1$，零序电抗补偿系数 $K_x=0.67$，零序阻抗角等于正序阻抗角。

（1）试推导出在试验仪上模拟故障时，故障相母线电压的计算公式。

（2）设故障相为 B 相，以 U_A 为基准，计算模拟故障前后试验仪所加的各相电流电压量。

答：（1）

$$U_{M\phi}=(I_\phi+K\times3\times I_0)\times Z_1 \tag{1}$$

$$\begin{aligned}K&=(Z_0-Z_1)/(3\times Z_1)\\&=[(R_0+jX_0)-(R_1+jX_1)]/(3Z_1)\\&=[(R_0-R_1)+j(X_0-X_1)]/(3Z_1)\\&=(K_r\times3\times R_1+jK_x\times3\times X_1)/(3Z_1)\\&=(K_r\times R_1+jK_x\times X_1)/Z_1\end{aligned} \tag{2}$$

式中，R_1、R_0：正序、零序电阻；X_1、X_0：正序、零序电抗；K_r：零序电阻补偿系数，$K_r=(R_0-R_1)/(3\times R_1)$；$K_x$：零序电抗补偿系数，$K_x=(X_0-X_1)/(3X_1)$。

将式（2）代入式（1）化简整理后得：

$$U_{M\phi}=(I_\phi+K_r\times3I_0)\times R_1+j(I_\phi+K_x\times3I_0)\times X_1 \quad (3)$$

（2）方法 1：给定 K_r=1、K_x=0.67，$Z_1=4\angle80°\Omega$；折算 Z_1=4×cos80°+j4×sin80°=0.6946+j3.939。按 0.95 倍整定阻抗计算，这时故障后 U_B=0.95×［(1+1)×4×cos80°+j(1+0.67)×4×sin80°］×1=6.387∠78°，因此第二个状态参量中，如以 U_A 为基准设置，U_B=6.387∠−120°，I_B=1∠−198°。

方法 2：一种近似的方法，当零序阻抗角等于正序阻抗角时，利用 K、K_r、K_x 之间关系式［$K=(K_r\times R_1^2+K_x\times X_1^2)/(R_1^2+X_1^2)$］可以求出 K。

$$K=(1\times0.6946^2+0.67\times3.939^2)/(0.6946^2+3.939^2)=0.68$$

按 0.95 倍整定阻抗计算，求出故障后 U_B=0.95×(1+0.68)×1×4=6.384，所以第二个状态为 U_B=6.384∠−120°（以 U_A 为基准），I_B=1∠−200°。

第 1 状态：故障前正常态

第 2 状态：故障后

38．如图 1-62 所示，在线路正方向发生 AB 两相短路时，接地距离继电器［U_A/（$I_A+K_3I_0$）］的保护范围会增加还是缩短？这种变化程序与 Z_s/Z_{set} 的比值大小有什么关系？（请以 A 相为例，写明原因）（Z_s：系统阻抗，Z_{set}：整定阻抗）

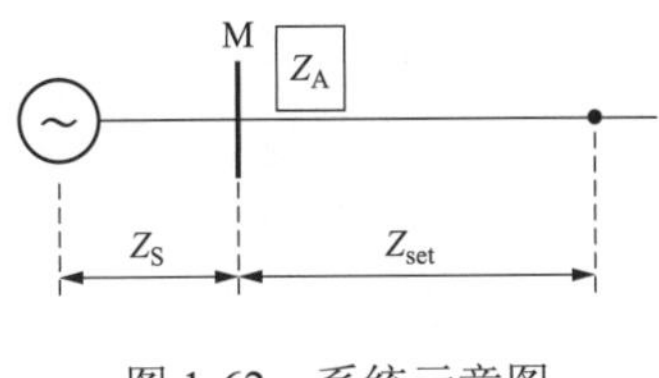

图 1-62 系统示意图

答：依题意 AB 两相短路，I_0=0

$$Z_A=\frac{U_A}{I_A+K3I_0}=\frac{U_A}{I_A}=\frac{E_A-I_AZ_s}{I_A}=\frac{E_A}{I_A}-Z_s=\frac{E_A}{(E_A-E_B)/2(Z_s+Z_{set})}-Z_s$$

$$=2(Z_s+Z_{set})\bullet\frac{E_A}{E_A-E_B}-Z_s=2(Z_s+Z_{set})\bullet\frac{1}{\sqrt{3}e^{j30°}}-Z_s=2(Z_s+Z_{set})\bullet\frac{1}{\sqrt{3}}\left(\frac{\sqrt{3}}{2}-j\frac{1}{2}\right)-Z_s$$

$$=Z_{set}-j\frac{1}{\sqrt{3}}(Z_s-Z_{set})$$

$$\therefore |Z_A|=\sqrt{Z_{set}^2+\frac{1}{3}(Z_s+Z_{set})^2}$$

$$\therefore |Z_A|>Z_{set}$$

可见，此时 Z_A 是变大的，所以保护范围是缩短的，且随着 Z_s 与 Z_{set} 比值的变大，保护缩短得更严重。

39．某 Y/△-1 接线变压器采用微机差动保护，高、低压二次侧电流回路均为星形接线，两侧电流参考方向均以各自母线侧为极性端，电流相位调整由保护软件完成。Y 侧调整后电流为 Y 侧各相电流减去零序电流，△侧调整后电流为△侧两相电流之差除以 $\sqrt{3}$。装置采用如下的稳态比率差动动作方程：

$$\begin{cases} I_d > 0.2I_r + I_{cdqd} & I_r \leqslant 0.5I_e \\ I_d > K_{b1}(I_r - 0.5I_e) + 0.1I_e + I_{cdqd} & 0.5I_e \leqslant I_r \leqslant 6I_e \\ I_d > 0.75(I_r - 6I_e) + K_{b1} \times 5.5I_e + 0.1I_e + I_{cdqd} & I_r > 6I_e \end{cases}$$

$$I_r = \frac{1}{2}\sum_{i=1}^{m}|I_i|$$

$$I_d = \left|\sum_{i=1}^{m} I_i\right|$$

其中 I_e 为变压器额定电流，$I_{1\cdots m}$ 分别为变压器各侧电流，I_{cdqd} 为稳态比率差动启动定值，该值为 0.5 I_e，I_d 为差动电流，I_r 为制动电流，k_{b1} 为比率制动系数整定值，k_{b1}=0.5。

已知 S_e=180MVA，额定电压为 220/10kV，高、低压侧电流互感器变比分别为 800/1、4000/1。

（1）写出差动保护用 Y 侧、△侧各相相位调整后的电流表达式，并画出正常运行时调整前后各侧各相电流相量图（以调整前高压侧 A 相电流为基准）。

（2）某微机保护试验仪只能输出三路电流，用此试验仪对变压器稳态比率差动保护进行试验。要求测试当 I_r=2 I_e 时 C 相差动保护刚好动作，画出试验时电流回路的接线图，并解释为什么？再计算出高、低压侧各相应该通入的电流幅值及相位。

答：

（1）Y 侧、△侧各相调整后电流表达式：

Y 侧：

$$\dot{I}'_A = \dot{I}_A - \dot{I}_0$$

$$\dot{I}'_B = \dot{I}_B - \dot{I}_0$$

$$\dot{I}'_C = \dot{I}_C - \dot{I}_0$$

△侧：

$$\dot{I}'_a = (\dot{I}_a - \dot{I}_0) / \sqrt{3}$$

$$\dot{I}'_b = (\dot{I}_b - \dot{I}_0) / \sqrt{3}$$

$$\dot{I}'_c = (\dot{I}_c - \dot{I}_0) / \sqrt{3}$$

相量图如图 1-63 所示。

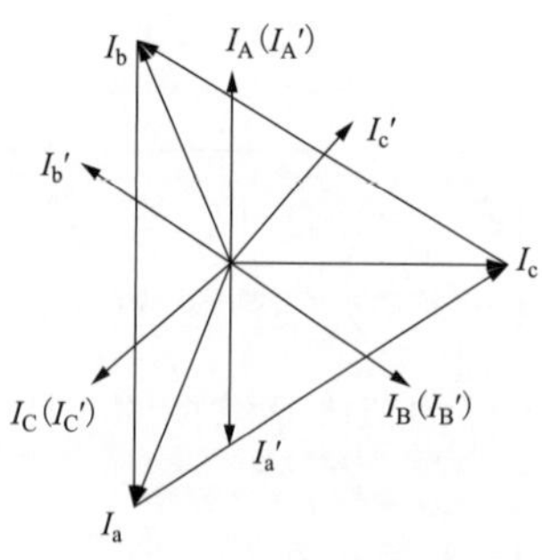

图 1-63　Y/△-1 接线变压器两侧电流相量图

（2）高压侧 C、B 相反串，接测试仪某相；测试仪另一相接低压侧 C 相。

解释：由于测试仪仅可以提供 3 个电流，每侧只可以加入单相或两相电流进行试验。高压侧电流从 C 相极性端进入，流出后进入 B 相非极性端，由 B 相极性端流回试验仪器；低压侧电流从 C 相极性端进入，由 C 相非极性端流回试验仪器。如果仅在高压侧 C 相加入电流 I，A、C 两相都会受到影响，为了避免此影响，以使检验更容易进行，采用两相反串接线，以使得零序电流为 0。

根据变压器额定容量及变比，求得额定电流分别为 0.59、2.598A。

按要求当 $I_r=2I_e$ 时

$$I_d > K_{b1}(I_r-0.5I_e)+0.1I_e+I_{cdqd} \qquad 0.5I_e \leqslant I_r \leqslant 6I_e$$

求得，$I_d=1.35I_e$。

求解联立方程：

$$I_r=\frac{1}{2}\sum_{i=1}^{m}|I_i|$$

$$I_d=\left|\sum_{i=1}^{m}I_i\right|$$

求得调整后高压侧电流为 $2.675I_e$，低压侧电流为 $1.325I_e$。

通入的电流：高压侧 2.675×0.59=1.58(A)。

低压侧 1.325×2.598×$\sqrt{3}$=5.96(A)。

I_{AY}为 0。

I_{BY}为 1.58/180°。

I_{CY}为 1.58/0°。

$I_{a\triangle}$为 0。

$I_{b\triangle}$为 0。

$I_{c\triangle}$为 5.96/180°。

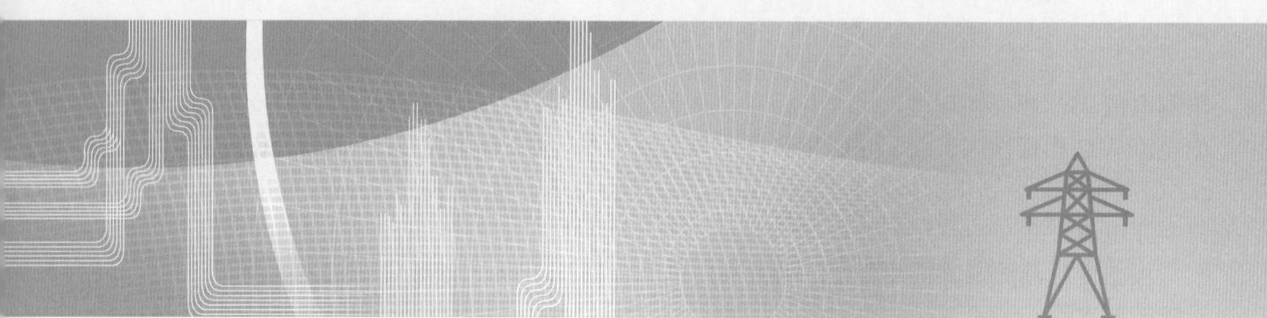

第二部分　线　路　保　护

一、单选题

1．下面的说法中对的是（ C ）。

A．系统发生振荡时电流和电压值都往复摆动，并且三相严重不对称

B．零序电流保护在电网发生振荡时容易误动作

C．有一电流保护其动作时限为 4.5s，在系统发生振荡时它不会误动作

D．距离保护在系统发生振荡时容易误动作，所以系统发生振荡时应断开距离保护投退压板

2．对接地距离保护，如发生 A 相接地故障，为消除电压死区，应采用（ C ）作极化电压效果最好。

A．AC 相间电压　　B．AB 相间电压

C．BC 相间电压　　D．都可以

3．接地距离保护（ D ）。

A．能够正确反应单相接地短路故障，不能正确反应三相短路、两相短路、两相接地短路等故障

B．能够正确反应两相接地短路、单相接地短路等故障，不能正确反应三相短路、两相短路等故障

C．能够正确反应三相短路、两相短路、两相接地短路、单相接地短路等故障

D．能够正确反应三相短路、两相接地短路、单相接地短路等故障，不能正确反应两相短路故障

4．接地方向阻抗继电器中，目前大多使用了零序电抗继电器进行组合，其作用是（ B ）。

A．保证正-反向出口接地故障时，不致因较大的过渡电阻而使继电器失去方向性

B．保证保护范围的稳定，使保护范围不受过渡电阻的影响

C．可提高保护区内接地故障时继电器反应过渡电阻的能力

D．躲过系统振荡的影响

5．突变量作为选相元件的最大优点是（ C ）。

A．可使装置简化　　B．灵敏度高

C．可不反应负荷分量　　D．原理简单

6．110～220kV 中性点直接接地电力网中，下列哪一项不是线路应装设一套全线速动保

护的必要条件之一？（ A ）。

A．对重要用户供电的线路

B．根据系统的稳定要求

C．线路发生三相短路，如使发电厂厂用母线电压低于允许值，且其他保护不能无时限和有选择地切除短路时

D．该线路采用全线速动保护后，不仅改善本线路保护性能，而且能够改善整个电网保护的性能时

7．由于突变量作为选相元件的优越性，所以它是（ A ）保护理想的选相元件。

A．主保护　　B．后备保护　　C．远后备保护　　D．微机

8．系统发生振荡时，（ C ）最可能发生误动作。

A．电流差动保护　　B．零序电流保护

C．相电流保护　　D．暂态方向纵联保护

9．线路差动保护正常负荷运行时，两侧同名相电流相位相差约（ A ）。

A．180°　　B．0°

C．90°　　D．等于线路功率因数角

10．采用$U_{\varphi}/(I_{\varphi}+K3I_0)$接线的接地距离保护$[K=(Z_0-Z_1)/3Z_1]$，在线路单相金属性短路时，故障相的测量阻抗为（ B ）。

A．该相自阻抗　　B．该相正序阻抗　　C．该相零序阻抗　　D．该相互阻抗

11．在输电线路发生B相单相接地故障时，线路始端B相电流的故障分量最大，A相电流的故障分量与C相电流的故障分量的幅值关系是（ C ）。

A．$\Delta I_A > \Delta I_C$　　B．$\Delta I_A < \Delta I_C$　　C．$\Delta I_A = \Delta I_C$　　D．$\Delta I_A \neq \Delta I_C$

12．双侧电源线路的M侧，若系统发生接地故障，M母线上有相电压突变量ΔU_{φ}；另外工作电压$U_{op\varphi}=U_{\varphi}-(I_{\varphi}+K3I_0)Z_{set}$，其中$U_{\varphi}$为M母线相电压，$I_{\varphi}+K3I_0$为M母线流向被保护线路的电流$[K=(Z_0-Z_1)/3Z_1]$，$Z_{set}$为保护区范围确定的线路阻抗。如果有$|\Delta U_{\varphi}|>|\Delta U_{op\varphi}|$，则接地点位置在（ D ）。

A．保护方向上　　B．保护方向保护范围内

C．保护方向保护范围外　　D．保护反方向上

13．220kV平行双回线路Ⅰ、Ⅱ，两侧母线M、N分别接有YN，d11接线的变压器（变压器中性点接地），在负荷状态下，Ⅰ线M侧开关A相跳开，Ⅱ线M、N侧的零序方向元件的行为正确的是（ C ）。

A．M侧零序方向元件动作，N侧零序方向元件不动作

B．M侧零序方向元件不动作，N侧零序方向元件不动作

C．M、N两侧的零序方向元件均不动作

D．都有可能

14．某110kV平行双回线路Ⅰ、Ⅱ，两侧母线M、N分别接有YN，d11接线的变压器（110kV侧中性点接地），当M侧Ⅰ线出口处A相接地时，Ⅱ线M、N侧的零序方向元件的行为正确的是（ B ）。

A．M侧零序方向元件动作，N侧零序方向元件不动作

B．M 侧零序方向元件不动作，N 侧零序方向元件动作

C．M、N 两侧的零序方向元件均不动作

D．都有可能

15．传输允许命令信号的继电保护复用接口设备（ D ）。

A．动作或返回都应带有展宽时间

B．动作应带展宽时间，返回不应带展宽时间

C．动作不应带展宽时间，返回应带展宽时间

D．动作或返回都不应带有展宽时间

16．超高压线路采取串补电容后，在线路发生短路故障后，短路电流中含有暂态分量的性质是（ B ）。

A．高频分量　　B．低频分量　　C．工频分量　　D．无法确定

17．距离保护装置的动作阻抗是指能使阻抗继电器动作的（ B ）。

A．最小测量阻抗

B．最大测量阻抗

C．介于最小与最大测量阻抗之间的一个定值

D．大于最大测量阻抗的一个定值

18．反应相间故障的阻抗继电器，采用线电压和相电流的接线方式，其继电器的测量阻抗（ B ）。

A．在三相短路和两相短路时均为 Z_{1L}

B．在三相短路时为 $\sqrt{3}Z_{1L}$，在两相短路时为 $2Z_{1L}$

C．在三相短路和两相短路时均为 $\sqrt{3}Z_{1L}$

D．在三相短路和两相短路时均为 $2Z_{1L}$

19．采用−30°接线的方向阻抗继电器，在三相短路故障时，继电器端子上所感受的阻抗等于（ B ）。

A．短路点至保护安装处的正序阻抗抗为 Z_1　　B．（$\sqrt{3}/2$）$Z_1e^{-j30°}$

C．（1/2）$Z_1e^{j30°}$　　D　$\sqrt{3}Z_1$

20．当双侧电源线路两侧重合闸均投入检同期方式时，将造成（ C ）。

A．两侧重合闸均启动　　B．非同期合闸

C．两侧重合闸均不启动　　D．一侧重合闸启动，另一侧不启动

21．具有相同保护范围的全阻抗继电器、方向阻抗继电器、偏移圆阻抗继电器、四边形方向阻抗继电器，受系统振荡影响大的是（ A ）。

A．全阻抗继电器　　B．方向阻抗继电器

C．偏移圆阻抗继电器　　D．四边形方向阻抗继电器

22．汲出电流的存在，对距离继电器的影响是（ A ）。

A．使距离继电器的测量阻抗减小，保护范围增大

B．使距离继电器的测量阻抗增大，保护范围减小

C．使距离继电器的测量阻抗增大，保护范围增大

D．使距离继电器的测量阻抗减小，保护范围减小

23．助增电流的存在，对距离继电器的影响是（ B ）。

A．使距离继电器的测量阻抗减小，保护范围增大

B．使距离继电器的测量阻抗增大，保护范围减小

C．使距离继电器的测量阻抗增大，保护范围增大

D．使距离继电器的测量阻抗减小，保护范围减小

24．为了使方向阻抗继电器工作在（ B ）状态下，要求将该阻抗继电器的最大灵敏角设定为等于线路阻抗角。

A．最佳选择性　　B．最灵敏　　C．最快速　　D．最可靠

25．在振荡中，线路发生BC两相金属性接地短路。如果从短路点F到保护安装处M的正序阻抗为Z_K，零序电流补偿系数为K，M到F之间的A、B、C相电流及零序电流分别是I_A、I_B、I_C和I_0，则保护安装处B相电压的表达式为（ B ）。

A．$(I_B+I_C+K3I_0)Z_K$　　B．$(I_B+K3I_0)Z_K$

C．I_BZ_K　　D．$(I_A+K3I_0)Z_K$

26．国产距离保护振荡闭锁采用（ B ）的方法。

A．“大圆套小圆”，当动作时差大于设定值就闭锁

B．由故障启动元件对距离Ⅰ、Ⅱ段短时开放

C．“大圆套小圆”，当动作时差小于设定值就闭锁

D．由故障启动元件对距离Ⅰ、Ⅱ段闭锁

27．国产距离保护采用的防止电压回路断线导致误动的方法是（ C ）。

A．断线闭锁装置动作后切断操作正电源

B．TV二次回路装设快速开关切断操作电源

C．保护经电流启动，发生电压回路断线时闭锁出口回路

D．以上所有方法

28．需要振荡闭锁的继电器有（ A ）。

A．极化量带记忆的阻抗继电器　　B．工频变化量距离继电器

C．多相补偿距离继电器　　D．零序电流继电器

29．对220kV单电源馈供线路，当重合闸采用“三重方式”时，若线路上发生永久性单相短路接地故障，保护及重合闸的动作顺序为（ C ）。

A．选跳故障相，延时重合故障相，后加速跳三相

B．三相跳闸不重合

C．三相跳闸，延时重合三相，后加速跳三相

D．选跳故障相，延时重合故障相，后加速再跳故障相，同时三相不一致保护跳三相

30．220kV采用单相重合闸的线路使用母线电压互感器。事故前负荷电流700A，单相故障双侧选跳故障相后，按保证100Ω过渡电阻整定的零序方向Ⅳ段在此非全相过程中（ C ）。

A．虽零序方向继电器动作，但零序电流继电器不动作，故Ⅳ段不出口

B．零序方向继电器会动作，零序电流继电器也动作，故Ⅳ段可出口

C．零序方向继电器动作，零序电流继电器也动作，但Ⅳ段不会出口

D．虽零序电流继电器动作，但零序方向继电器不动作，但Ⅳ段出口

31．当双电源侧线路发生经过渡电阻单相接地故障时，送电侧感受的测量阻抗附加分量

是（ A ）。

A．容性　B．纯电阻　C．感性　D．不确定

32．从原理上讲，受系统振荡影响的有（ C ）。

A．零序电流保护　B．负序电流保护

C．相间距离保护　D．工频变化量阻抗保护

33．采用I_0和I_{2A}比相的选相元件，当（ B ）相间接地故障时，I_0和I_{2A}同相。

A．AB　B．BC　C．CA　D．ABC

34．当微机型光纤纵差保护采用专用光纤通道或 2M 速率的复用光纤通道时，两侧保护装置的时钟方式应采用（ A ）方式。

A．主-主　B．主-从　C．从-从　D．任意

35．选相元件是保证单相重合闸得以正常运用的重要环节，在无电源或小电源侧，适合选择（ C ）作为选相元件。

A．零序与负序电流方向比较选相元件　B．相电流差突变量选相元件

C．低电压选相元件　D．无流检测元件

36．距离保护区内故障时，补偿电压$U'_{\varphi}=U_{\varphi}-(I_{\varphi}+K3I_0)Z_{ZD}$与同名相母线电压$U_{\varphi}$之间的关系（ B ）。

A．基本同相位　B．基本反相位　C．相差 90°　D．不确定

37．距离保护正向区外故障时，补偿电压$U'_{\varphi}=U_{\varphi}-(I_{\varphi}+K3I_0)Z_{ZD}$与同名相母线电压$U_{\varphi}$之间的关系（ A ）。

A．基本同相位　B．基本反相位　C．相差 90°　D．不确定

38．距离保护反向故障时，补偿电压$U'_{\varphi}=U_{\varphi}-(I_{\varphi}+K3I_0)Z_{ZD}$与同名相母线电压$U_{\varphi}$之间的关系（ A ）。

A．基本同相位　B．基本反相位　C．相差 90°　D．不确定

39．如果系统振荡时阻抗继电器会动作，则该阻抗继电器的动作行为是在每一个振荡周期内（ B ）。

A．多次动作返回

B．动作返回一次

C．动作返回两次

D．动作返回的次数视系统振荡周期的长短而定

40．突变量方向元件的原理是利用（ C ）。

A．正向故障时$\Delta U/\Delta I=Z_L+Z_{SN}$，反向故障时$\Delta U/\Delta I=-Z_{SM}$

B．正向故障时$\Delta U/\Delta I=Z_L+Z_{SN}$，反向故障时$\Delta U/\Delta I=-Z_{SN}$

C．正向故障时$\Delta U/\Delta I=-Z_{SN}$，反向故障时$\Delta U/\Delta I=Z_L+Z_{SM}$

D．正向故障时$\Delta U/\Delta I=-Z_{SM}$，反向故障时$\Delta U/\Delta I=Z_L+Z_{SM}$

41．相电流差突变量选相元件中，如ΔI_{AB}，ΔI_{BC}，ΔI_{CA}都大于门槛值，且ΔI_{AB}大，则选相结果为（ A ）。

A．AB　B．A　C．B　D．C

42．对相间阻抗继电器，当正方向发生两相短路经电阻接地时，超前相阻抗继电器（ B ）。

A．保护范围缩短　B．保护范围增加

C．拒绝动作　　　　D．动作状态不确定

43．复用光纤分相电流差动保护中，若保护采样率为每周 12 点，PCM 码的波特率为 64kb/s，则一帧信号包含（ A ）位。

A．107　　B．117　　C．110　　D．120

44．主接线为 3/2 断路器接线，重合闸采用单相方式，当线路发生瞬时性单相故障时，（ A ）。

A．线路保护动作，单跳与该线路相连的边断路器及中断路器，并启动其重合闸，边断路器首先重合，然后中断路器再重合

B．线路保护动作，单跳与该线路相连的边断路器及中断路器，并启动其重合闸，中断路器首先重合，然后边断路器再重合

C．线路保护动作，单跳与该线路相连的边断路器及中断路器，并启动其重合闸，边断路器及中断路器同时重合

D．线路保护动作，三相与该线路相连的边断路器及中断路器，并启动其重合闸，边断路器首先重合，然后中断路器再重合

45．对相间阻抗继电器，当正方向发生两相短路经电阻接地时，滞后相阻抗继电器感受的测量阻抗附加分量是（ C ）。

A．容性　　B．纯电阻　　C．感性　　D．不确定

46．以下各点中，不属于工频变化量阻抗继电器优点的是（ C ）。

A．反应过渡电阻能力强　　B．出口故障时快速动作

C．适用于作为距离Ⅰ、Ⅱ、Ⅲ段使用　　D．不需要考虑躲系统振荡

47．关于线路纵联保护的“弱馈保护”，以下说法对的是（ C ）。

A．所谓“弱馈”，系指该线路的负荷电流很轻

B．所谓“弱馈”，仅指该线路为单端馈供线路，线路受电端无任何电源接入（除本线对侧）

C．所谓“弱馈”，系指该线路有一侧无电源或虽有电源但其在线路内部故障时提供的短路电流不足以可靠启动该侧线路纵联保护启动元件

D．所谓“弱馈”，系指当该线路内部故障时，其两侧纵联保护启动元件均不能保证可靠启动

48．关于阻抗继电器的补偿电压，以下说法对的是（ B ）。

A．补偿电压反映的是故障点的电压

B．补偿电压反映的是该阻抗继电器保护范围末端的电压

C．补偿电压反映的是保护安装处的电压

D．补偿电压反映的是线路末端的电压

49．下面（ B ）项不能作为线路纵联保护通道。

A．电力线载波　　B．架空地线　　C．光纤　　D．导引线

50．输电线路 BC 相短路经过渡电阻 R_g 接地，A 相正序电流 $\dot{I}_{A1}$、负序电流 $\dot{I}_{A2}$、零序电流 $\dot{I}_0$ 的相位关系，正确的是（ B ）。

A．$\arg\left(\dfrac{\dot{I}_{A1}}{\dot{I}_{A2}}\right)=180°$、$\arg\left(\dfrac{\dot{I}_{A1}}{\dot{I}_0}\right)=180°$

B．$0°<\arg\left(\dfrac{\dot{I}_{A1}}{\dot{I}_0}\right)<180°$、$0°<\arg\left(\dfrac{\dot{I}_0}{\dot{I}_{A2}}\right)<180°$、$0°<\arg\left(\dfrac{\dot{I}_{A2}}{\dot{I}_{A1}}\right)<180°$

C．$0^\circ < \arg\left(\dfrac{\dot{I}_{A1}}{\dot{I}_{A2}}\right) < 180^\circ$、$0^\circ < \arg\left(\dfrac{\dot{I}_{A2}}{\dot{I}_{0}}\right) < 180^\circ$、$0^\circ < \arg\left(\dfrac{\dot{I}_{0}}{\dot{I}_{A1}}\right) < 180^\circ$

D．以上均不正确

51．与多模光纤相比，单模光纤（ D ）。

A．带宽大、衰耗大、传输距离近、传输特性好

B．带宽小、衰耗小、传输距离远、传输特性差

C．带宽小、衰耗小、传输距离远、传输特性好

D．带宽大、衰耗小、传输距离远、传输特性好

52．发生 BC 两相接地短路时，下述（ C ）说法最正确、全面。

A．B、C 相的接地阻抗继电器可以保护这种故障

B．BC 相间阻抗继电器可以保护这种故障

C．B 相、C 相的接地阻抗继电器和 BC 相的相间阻抗继电器都可以保护这种故障

D．以上均不正确

53．如果以两侧电流的相量和作为动作电流，下述（ A ）是输电线路电流纵差保护的动作（差动）电流。

A．本线路的电容电流　　B．本线路的负荷电流

C．全系统的电容电流　　D．以上均不正确

54．输电线路电流差动保护由于两侧电流采样不同步而产生不平衡电流。为防止在最大外部短路电流情况下保护的误动，可采用下述一些办法。但（ A ）方法一般不被采用。

A．提高启动电流定值和提高制动系数　　B．调整到两侧同步采样

C．进行相位补偿　　D．以上均不正确

55．光纤保护接口装置用的通信电源为 48V，下列说法正确的是（ B ）。

A．48V 直流电源与保护用直流电源一样，要求正负极对地绝缘

B．48V 直流系统正极接地，负极对地绝缘

C．48V 直流系统负极接地，正极对地绝缘

D．以上均不正确

56．某单回超高压输电线路 A 相瞬时故障，两侧保护动作跳 A 相开关，线路转入非全相运行，当两侧保护取用线路侧 TV 时，就两侧的零序方向元件来说，正确的是（ C ）。

A．两侧零序方向元件肯定不动作

B．两侧零序方向元件的动作情况，视传输功率方向、传输功率大小而定，可能一侧处动作状态，另一侧处不动作状态

C．两侧零序方向元件可能一侧处动作状态，另一侧处不动作状态、或两侧均处不动作状态，这与非全相运行时的系统综合零序阻抗、综合正序阻抗相对大小有关

D．以上均不正确

57．如果躲不开在一侧断路器合闸时三相不同步产生的零序电流，则两侧的零序后加速保护在整个重合闸周期中均应带（ A ）s 延时。

A．0.1　　B．0.2　　C．0.5　　D．0.8

58．对于线路高电阻性接地故障，由（ B ）带较长时限切除。

A．距离保护　　B．零序方向电流保护

C．高频保护　　D．过电流保护

59．若纵联差动保护采用（ A ）完成测距计算，可以大大提高测距结果的精度。

A．双端电气量　　B．单端电气量　　C．阻抗　　D．波形比较法

60．距离保护（或零序方向电流保护）的第Ⅰ段按躲本线路末端短路整定是为了（ B ）。

A．本线路出口短路保证本保护瞬时动作跳闸

B．相邻线路出口短路防止本保护瞬时动作而误动

C．本线路末端短路只让本侧的纵联保护瞬时动作跳闸

D．以上都正确

61．请问以下哪项不是接地距离保护的优点（ C ）。

A．接地距离保护的Ⅰ段范围固定

B．接地距离保护比较容易获得有较短延时和足够灵敏度的Ⅱ段

C．接地距离保护Ⅲ段受过渡电阻影响小，可作为经高阻接地故障的可靠的后备保护

D．以上都不是

62．请问以下哪项不是零序电流保护的优点（ B ）。

A．结构及工作原理简单、中间环节少，尤其是近处故障动作速度快

B．不受运行方式影响，能够具备稳定的速动段保护范围

C．保护反应零序电流的绝对值，受过渡电阻影响小，可作为经高阻接地故障的可靠的后备保护

D．以上都不是

63．下列哪一项对线路距离保护振荡闭锁控制原则的描述是错误的（ B ）。

A．单侧电源线路的距离保护不应经振荡闭锁

B．双侧电源线路的距离保护必须经振荡闭锁

C．35kV 及以下的线路距离保护不考虑系统振荡误动问题

D．以上都是错误的

64．配有重合闸后加速的线路，当重合到永久性故障时（ A ）。

A．能瞬时切除故障

B．不能瞬时切除故障

C．具体情况具体分析，故障点在Ⅰ段保护范围内时，可以瞬时切除故障；故障点在Ⅱ段保护范围内时，则需带延时切除

D．以上均不正确

65．不论用何种方法构成的方向阻抗继电器，均要正确测量故障点到保护安装点的距离（阻抗）和故障点的方向，为此方向阻抗继电器中对极化的正序电压（或故障前电压）采取了“记忆”措施，其作用是（ C ）。

A．正确测量三相短路故障时故障点到保护安装处的阻抗

B．可保证正向出口两相短路故障可靠动作、反向出口两相短路可靠不动作

C．可保证正向出口三相短路故障可靠动作、反向出口三相短路可靠不动作

D．可保证正向出口相间短路故障可靠动作、反向出口相间短路可靠不动作

66．当零序功率方向继电器的最灵敏角为电流超前电压 100°时（ B ）。

A．其电流和电压回路应按反极性与相应的 TA、TV 回路连接

B．该相位角与线路正向故障时零序电流与零序电压的相位关系一致

C．该元件适用于中性点不接地系统零序方向保护

D．以上均不正确

67．基于零序方向原理的小电流接地选线继电器的方向特性，对于无消弧线圈和有消弧线圈过补偿的系统，如方向继电器按正极性接入电压，电流（流向线路为正），对于故障线路零序电压超前零序电流的角度是（ B ）。

A．均为+90°

B．无消弧线圈为+90°，有消弧线圈为−90°

C．无消弧线圈为−90°，有消弧线圈为+90°

D．均为−90°

68．线路光纤差动保护，在某一侧 TA 二次中性点虚接时，当发生区外单相接地故障时，故障相与非故障相的差动保护元件（ B ）。

A．故障相不动作，非故障相动作　　B．故障相动作，非故障相动作

C．故障相动作，非故障相不动作　　D．故障相不动作，非故障相不动作

69．保护线路发生两相接地故障时，相间距离保护感受的阻抗（ B ）接地距离保护感受的阻抗。

A．大于　　B．等于　　C．小于　　D．以上均不正确

70．单侧电源线路的自动重合闸必须在故障切除后，经一定时间间隔才允许发出合闸脉冲，这是因为（ C ）。

A．需与保护配合　　B．防止多次重合

C．故障点去游离需一定时间　　D．以上均正确

71．在所有圆特性的阻抗继电器中，当整定阻抗相同时，（ C ）躲过渡电阻能力最强。

A．全阻抗继电器　　B．方向阻抗继电器

C．工频变化量阻抗继电器　　D．三者相同

72．加到阻抗继电器的电压电流的比值是该继电器的（ A ）。

A．测量阻抗　　B．整定阻抗　　C．动作阻抗　　D．最小动作阻抗

73．在线路保护的定值单中，若零序补偿系数整定不合理，则将对（ C ）的正确动作产生影响。

A．零序电流保护　　B．相间距离保护

C．接地距离保护　　D．零序功率方向继电器

74．某距离保护的动作方程为 $90° < \arg[(Z_J - Z_{ZD})/Z_J] < 270°$，它在阻抗复数平面上的动作特性是以 $+Z_{ZD}$ 与坐标原点两点的连线为直径的圆。特性为以 $+Z_{ZD}$ 与坐标原点连线为长轴的透镜的动作方程（$\delta > 0°$）是（ B ）。

A．$90°+\delta < \arg[(Z_J - Z_{ZD})/Z_J] < 270°+\delta$　　B．$90°+\delta < \arg[(Z_J - Z_{ZD})/Z_J] < 270°-\delta$

C．$90°-\delta < \arg[(Z_J - Z_{ZD})/Z_J] < 270°+\delta$　　D．$90°-\delta < \arg[(Z_J - Z_{ZD})/Z_J] < 270°-\delta$

75．一条双侧电源的 220kV 输电线，输出功率为 150+j70MVA，运行中送电侧 A 相断路器突然跳开，出现一个断口的非全相运行，就断口点两侧负序电压间的相位关系（系统无串补电容），正确的是（ B ）。

A．同相

B．反相

C．可能同相，也可能反相，视断口点两侧负序阻抗相对大小而定

D．以上均不正确

二、多选题

1．在方向距离保护中，采用带记忆作用的极化电压，（ ABC ）。

A．可以消除出口正方向短路故障的电压死区

B．可以防止反方向短路故障的因杂散电压而误动

C．保护过渡电阻的能力具有一定自适应性

D．正方向短路的动作特性圆包含了坐标原点，因此反方向近处短路时，可能会误动

2．电力系统发生全相振荡时，（ BD ）不会发生误动。

A．阻抗元件

B．分相电流差动元件

C．电流速断元件

D．零序电流速断元件

3．单纯采用序分量比相原理进行选相所得的结果不是唯一的，如果故障时满足 $60°<\arg\frac{I_0}{I_{2A}}<180°$，则可能发生以下哪些接地故障？（ BCD ）

A．AB 相

B．BC 相

C．CA 相

D．B 相

4．对于采用单相重合闸的 220kV 线路，下列关于距离保护动作时间的说法正确的是（ BC ）。

A．相间距离Ⅱ段动作时间需要考虑与开关失灵保护配合

B．相间距离Ⅱ段动作时间不需要考虑与开关失灵保护配合

C．接地距离Ⅱ段动作时间需要考虑与开关失灵保护配合

D．接地距离Ⅱ段动作时间不需要考虑与开关失灵保护配合

5．由于过渡电阻的存在，对距离继电器的影响有（ BD ）。

A．使送电端距离继电器的测量阻抗增大，保护范围减小

B．使送电端距离继电器的测量阻抗减小，保护范围增大

C．使受电端距离继电器的测量阻抗减小，保护范围减小

D．可能造成受电端距离继电器反方向误动作

6．在不计负荷电流情况下，带有浮动门槛的相电流差突变量启动元件，下列情况正确的是（ ABD ）。

A．双侧电源线路上发生各种短路故障，线路两侧的元件均能启动

B．单侧电源线路上发生相间短路故障，当负荷侧没有接地中性点时，负荷侧元件不能启动

C．单侧电源线路上发生接地故障，当负荷侧有接地中性点时，负荷侧元件能启动

D．系统振荡时，元件不动作

7．线路电流差动保护防止电容电流造成保护误动的措施有（ ABC ）。

A．提高差动定值

B．加短延时

C．进行电容电流补偿

D．采用比率差动

8．系统各元件的参数如图 2-1 所示，阻抗角都为 80°，$|\dot{E}_S|=|\dot{E}_R|$。两条线路各侧距离保护Ⅰ段均按本线路阻抗的 0.8 倍整定，继电器都用方向阻抗继电器。系统振荡时距离保护 1、

2、3、4 的Ⅰ段阻抗继电器动作情况说法正确的是（ ACD ）。

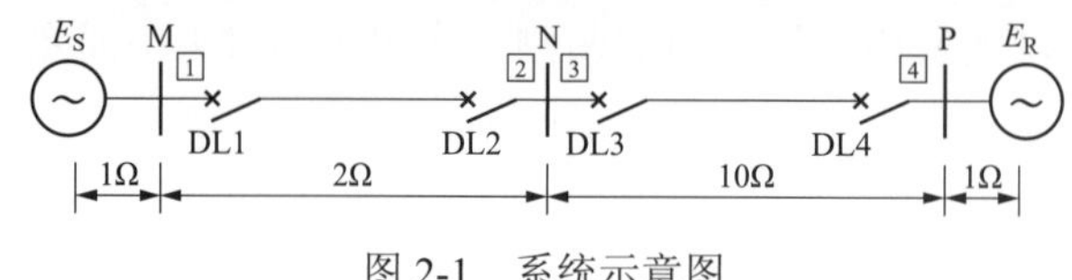

图 2-1 系统示意图

A．距离保护 1 不动作　　B．距离保护 2 动作

C．距离保护 3 动作　　D．距离保护 4 动作

9．距离保护克服线路出口故障保护“死区”的方法有（ BC ）。

A．TV 断线闭锁　　B．极化电压采用记忆电压

C．引入非故障相电压　　D．采用电流量启动

10．某 220kV 馈线，负荷侧接有 YN，d11 变压器（变压器中性点接地），当该线 A 相接地时，负荷侧选相元件可正确选出故障相的是（ BC ）。

A．相电流差突变量选相元件

B．采用$\dot{U}_{OP.A0}$、$\dot{U}_{OP.A2}$构成的电压电流序分量选相元件

其中：$\dot{U}_{OP.A0}=\dot{U}_{A0}-(1+3K)\dot{I}_{A0}Z_{set}$，$\dot{U}_{OP.A2}=\dot{U}_{A2}-\dot{I}_{A2}Z_{set}$

C．采用$\Delta\dot{U}_{OP.AB}$、$\Delta\dot{U}_{OP.BC}$、$\Delta\dot{U}_{OP.CA}$构成的复合突变量选相元件

其中：$\Delta\dot{U}_{OP.\varphi\varphi}=\Delta\dot{U}_{\varphi\varphi}-\Delta\dot{I}_{\varphi\varphi}Z_{set}$　($\varphi\varphi$ = AB，BC，CA)

D．以上均不正确

11．MN 线路为双侧电源线路，振荡中心落在本线路上，当两侧电源失去同步发生振荡时，对圆或四边形阻抗特性的方向阻抗元件来说，下列说法正确的是（ ABC ）。

A．Ⅱ、Ⅲ段阻抗元件均要动作

B．Ⅱ段阻抗元件返回时两侧电势的夹角一定大于 180°

C．Ⅱ段阻抗元件动作期间，有$\left|\frac{dR_m}{dt}\right|>\left|\frac{dX_m}{dt}\right|$，其中$R_m$、$X_m$为继电器的测量电阻、电抗

D．以上均不正确

12．高压远距离输电线路的分布电容对短路电流的暂态过程产生很大的影响。在线路发生短路故障后，短路电流中的暂态分量的性质是（ AD ）。

A．高频分量　　B．低频分量　　C．工频分量　　D．直流分量

13．超高压输电线单相接地两侧保护动作单相跳闸后，故障点有潜供电流，潜供电流大小与多种因素有关，以下说法正确的是（ ABCD ）。

A．与线路电压等级有关　　B．与线路长度有关

C．与负荷电流大小有关　　D．与故障点位置有关

E．与故障点的过渡电阻大小有关

14．对振荡闭锁的基本要求是（ AC ）。

A．系统发生振荡而没有故障时，应可靠地将保护闭锁

B．在保护范围内发生短路故障的同时，系统发生振荡，闭锁装置将保护闭锁，不允许保护动作

C．继电保护在动作过程中系统出现振荡，闭锁装置不应干预保护动作

D．以上均不正确

15．距离继电器的极化电压带记忆的作用是（ CD ）。

A．提高灵敏度　　B．使选择性加强

C．消除动作死区　　D．改善保护动作方向特性

16．高压线路自动重合闸应（ AC ）。

A．手动跳闸应闭锁重合闸　　B．手动合闸故障只允许一次重合闸

C．重合永久故障开放保护加速逻辑　　D．远方跳闸启动重合闸

17．带时限速断保护的保护范围是（ AB ）。

A．本线全长　　B．下线始端一部分　　C．下线全长

18．35kV 中性点不接地电网中，线路相间短路保护配置的原则是（ ABC ）。

A．当采用两相式电流保护时，电流互感器应装在各出线同名相上

B．保护装置采用远后备方式

C．如线路短路会使发电厂厂用电母线、主要电源的联络点母线或重要用户母线的电压低于额定电压的 50%～60%时，应快速切除故障

D．线路相间短路保护必须按三段式配置

19．电流速断保护的特点是（ ABC ）。

A．接线简单，动作可靠

B．切除故障快，但不能保护线路全长

C．保护范围受系统运行方式变化的影响较大

D．保护范围受系统中变压器中性点接地数目变化影响较大

20．小接地电流系统的零序电流保护，可利用（ ABCD ）作为故障信息量。

A．网络的自然电容电流

B．消弧线圈补偿后的残余电流

C．人工接地电流（此电流不宜大于 10～30A，且应尽可能小）

D．单相接地故障的暂态电流

21．长线路的分布电容影响线路两侧电流的（ AB ）。

A．大小　　B．相位　　C．频率　　D．方向

22．当采用单相重合闸时，应考虑到（ ABC ）情况下出现的非全相运行。

A．重合闸过程中　　B．单相重合闸拒动

C．开关偷跳　　D．开关低气压

23．对 220kV 及以上选用单相重合闸的线路，无论配置一套或两套全线速动保护，（ AB ）动作后三相跳闸不重合。

A．后备保护延时段　　B．相间保护

C．分相电流差动保护　　D．距离保护速断段

24．高压线路自动重合闸的动作时限应考虑（ ABD ）。

A．故障点灭弧时间　　B．断路器操作机构的性能

C．保护整组复归时间　　D．电力系统稳定的要求

25．220kV 线路保护中闭锁重合闸的有（ ABCD ）。

A．零序III段动作

B．手合或重合于故障线路跳闸

C．单跳不返回三相跳闸–单相运行三相跳闸

D．TV 断线时跳闸

26．220kV 大接地电流系统中某带有负荷的线路断开一相，其余线路全相运行，下列说法正确的是（ BCD ）。

A．非全相线路中有负序电流，全相运行线路中无负序电流

B．非全相线路、全相运行线路中均有负序电流

C．非全相线路中的负序电流不小于全相运行线路中的负序电流

D．非全相线路中有零序电流

27．在 AB 相故障时，当用电流选相元件，（ AB ）选相会动。

A．A 相　　B．B 相　　C．C 相　　D．AB 相

28．保护装置同时满足下列（ ACD ）条件重合闸才允许充电。

A．重合闸压板投入　　B．压力低闭锁重合闸

C．TWJA、B、C=0　　D．无外部闭锁重合闸开入

29．正常运行的电力系统，出现非全相运行，非全相运行线路上可能会误动的继电器是（ CD ）。

A．差动继电器　　B．阻抗继电器

C．负序功率方向继电器（TV 在母线侧）　　D．零序功率方向继电器（TV 在母线侧）

30．距离保护振荡闭锁采用短时开放保护，其目的是（ BC ）。

A．为有效防止系统振荡时距离保护误动

B．为防止振荡过程中系统中有操作，导致开放保护引起距离保护误动作

C．防止外部故障切除紧接系统发生振荡引起保护误动

31．单相重合闸的优点有（ ABCD ）。

A．提高供电的可靠性　　B．提高系统并联运行的稳定性

C．减少转换性故障发生　　D．没有操作过电压问题

三、判断题

1．在线路主保护双重化配置功能完整的前提下，后备保护允许不完全配合。（√）

2．线路发生单相接地故障时，其保护安装处的零序、负序电流相等，方向相同。（×）

3．在大接地电流系统中，线路的相间电流速断保护比零序电流速断保护的保护范围大得多，这是因为线路正序阻抗比零序阻抗小得多。（×）

4．220kV 线路保护单跳失败经 150ms 延时跳本侧三相开关，并远跳对侧三相开关。（×）

5．线路发生单相接地故障，本侧断路器拒动，失灵保护动作切除故障，并远跳对侧开关，但因对侧故障相开关跳开后，故障电流消失，保护不能启动而远跳失败。（×）

6．突变量包含工频突变量和暂态突变量，为使突变量保护快速动作，常用其中的暂态突变分量，使其动作速度可以达到特高速（小于 10ms）。（×）

7．在大接地电流系统中，当线路上故障点逐渐靠近保护安装处时，零序电流的变化陡度较相间故障相电流变化陡度大。（√）

8．500kV 远跳装置中的就地判别功能是根据低有功功率、低阻抗、有零序电流分量等原

理实现的。（√）

9．突变量构成的保护，不仅可构成快速主保护，也可构成阶段式后备保护。（×）

10．对较长线路空载充电时，由于断路器三相触头不同时合闸而出现短时非全相，产生的零序、负序电流不至于会启动保护装置。（×）

11．超高压线路单相跳闸，熄弧较慢是由于潜供电流的影响。（√）

12．220kV 线路保护应按加强主保护、完善后备保护的基本原则配置和整定。（×）

13．对 220～500kV 线路的全线速动保护，规程要求其整组动作时间为 20ms（近端故障），30ms（远端故障，包括通道传输时间）。（×）

14．500kV 系统主保护双重化是指两套主保护的交流电流、电压和直流电源均彼此独立；断路器有两个跳闸线圈，断路器控制电源可分别接自两套主保护的直流电源。（√）

15．短引线保护是没有方向元件的过流保护，没有时间延时，在线路闸刀断开后，开关合环前投入，保护范围为所接 TA 至线路闸刀内侧。（×）

16．220kV 设备的保护均采用近后备方式。（√）

17．500kV 线路均配置两套全线速动保护，原则上要求任何时候至少有一套全线速动保护投运，以便快速切除故障。（√）

18．同一基准功率，电压等级越高，基准阻抗越小。（×）

19．应注意校核继电保护通信设备传输信号的可靠性和冗余度，防止因通信设备的问题而引起保护不正确动作。（√）

20．220kV 系统故障录波器应单独对录波器进行统计动作次数。（√）

21．线路过电压保护的作用在于线路电压高于定值时，跳开本侧线路断路器。（×）

22．无时限电流速断保护是一种全线速动的保护。（×）

23．突变量保护中专门设有最简单的合闸于故障保护，这样做是基于认为手（重）合时只会发生内部故障。（√）

24．220kV 终端变电站主变压器的中性点接地与否都不再影响其进线故障时送电侧的接地短路电流值。（×）

25．突变量的距离保护元件既没有由于过渡电阻引起的超越问题也不会因为过渡电阻而使得保护范围减小。（×）

26．工频变化量保护只在乎电流（或电压）值的变化量的绝对值，它不在乎电流（或电压）值是由小变大，还是由大变小。（×）

27．在超高压长距离输电线路上，较大的谐波电流会使潜供电弧熄灭延缓，导致单相重合闸失败，扩大事故。（√）

28．光纤纵差保护的时钟、主从方式与选用的通道方式无关。（×）

29．本线路的电容电流一定会成为输电线路纵联电流差动保护的动作电流。（√）

30．光纤分相电流差动保护在系统发生故障时，不受系统振荡的影响。（√）

31．分相电流差动保护应采用不同路由收发、往返延时一致的通道。（×）

32．输电线路光纤分相电流差动保护，线路中的负荷电流再大，一侧 TA 二次断线时保护不会误动。（√）

33．光纤电流差动保护中弱馈启动元件的解释为当被保护线路的一侧为弱电源或无电源时，其他启动元件不动，为此，装置设有弱馈启动，即低电压+差流作为启动元件。（√）

34．同一条线路的两套线路主保护均采用2M复用通道时，可使用同一光端机，但光电接口装置应由两组通信电源分别供电。（×）

35．若光纤线路保护是采用2048bit/s速率的装置，采用复用通道进行传输时，其“专用光纤”和“发送时钟”控制值均整定为0。（×）

36．在光纤通道中断时，光纤纵联差动保护将闭锁差动保护并发出告警信号，光纤纵联保护装置本身没有任何反应。（√）

37．输电线路的纵联电流差动保护本身有选相功能，因此不必再用选相元件选相。（√）

38．输电线路的纵联电流差动保护对同杆并架双回线上的跨线故障也能正确选相。（√）

39．光纤纵联保护的信号数字复用接口、保护PCM设备均应发告警信号。（×）

40．通常在分相电流差动保护中，远方跳闸信号传输方式是一种直跳式即对侧收到远跳信号即刻跳闸。（√）

41．在500kV系统中，断路器失灵保护、高抗保护、短引线保护均应启动远方跳闸。（×）

42．500kV线路分相电流差动保护的定期巡视应检查其差流在规定的允许值以内。（√）

43．分相电流差动保护可以用通信复用光纤通道。（√）

44．对于纵联保护，在被保护范围末端发生金属性故障时，应有足够的灵敏度。（√）

45．国产光纤差动保护采用复用通道传输时，对通道要求单向传输时延小于18ms，必须保证保护装置的收发路由时延一致。（×）

46．纵联保护不仅作为本线路的全线速动保护，还可作为相邻线路的后备保护。（×）

47．虽然使用光纤通道传送保护信息，微机故障录波器仍可录取“继电保护信号数字复接接口”输出的收信信号。（√）

48．传输远方跳闸信号的通道，在新安装或更换设备后应测试其通道传输时间。采用允许式信号的纵联保护，除了测试该时间外，还应测试“允许跳闸”信号的返回时间。（√）

49．当微机型光纤纵差保护采用专用光纤时，两侧保护装置的通信方式应该是主—主方式，而采用复用光纤方式时两侧应采用从—从方式。（×）

50．线路分相电流差动保护不受线路非全相、系统振荡等因素的影响，因此该保护在500kV线路中得到了广泛的应用。（√）

51．纵联电流差动保护两侧启动元件和本侧差动元件同时动作才允许差动保护出口。线路两侧的纵联电流差动保护装置均应设置本侧独立的电流启动元件，必要时可用交流电压量和跳闸位置触点等作为辅助启动元件，而且应考虑PT断线时对辅助启动元件的影响，差动电流不能作为装置的启动元件。（√）

52．纵联电流差动保护在两侧差动保护压板状态不一致时，应发告警信号。（√）

53．纵联电流差动保护在“TA断线闭锁差动”控制字投入后，若发生TA断线后，则闭锁差动保护三相。（×）

54．远方直接跳闸必须有相应的就地判据控制。（√）

55．光纤电流差动保护不得采用光纤通道自愈环，原因是光纤通道的自愈时间过长，导致两侧电流差动保护数据异常，严重时可能引起保护误动。（×）

56．闭锁式纵联保护跳闸的必要条件是正方向元件动作，反方向元件不动作，收到过闭锁信号而后信号又消失。（√）

57．接地距离保护的零序电流补偿系数K应按线路实测的正序、零序阻抗Z_1、Z_0，用式

$K=(Z_0-Z_1)/3Z_1$ 计算获得。装置整定值应大于或接近计算值。（×）

58．接地距离保护在受端母线经电阻三相短路时，不会失去方向性。（×）

59．某 35kV 线路发生两相接地短路，则其零序电流保护和距离保护都应动作。（×）

60．对于微机距离保护，若 TV 断线失压不及时处理，遇区外故障或系统操作使其启动，则只要有一定的负荷电流保护就有可能误动。（√）

61．距离保护助增系数应选择常见运行方式下的最大值。（×）

62．距离Ⅰ段的保护范围不受系统运行方式变化的影响，因此保护范围比较稳定。（√）

63．助增电流和汲出电流将会对距离保护的Ⅰ、Ⅱ、Ⅲ段产生影响。（×）

64．某线路零序阻抗是正序阻抗的 3.1 倍，则该线路接地距离保护的零序补偿系数为 0.7。（√）

65．由于助增电流（排除外汲情况）的存在，使接地距离保护的测量阻抗增大，保护范围缩小，但相间距离保护不变。（√）

66．接地方向阻抗继电器中，目前大多使用了零序电抗继电器进行组合，其作用是提高保护区内接地故障时继电器反应过渡电阻的能力。（×）

67．短路初始时，一次短路电流中存在的直流分量与高频分量是造成距离保护暂态超越的因素之一。（√）

68．对线路变压器组，距离Ⅰ段的保护范围不允许伸到变压器内部。（×）

69．与电流电压保护相比，距离保护主要优点在于完全不受运行方式影响。（×）

70．接地距离保护，零序电流补偿系数为 0.617，现错误设置为 0.8，则该接地距离保护区将缩短。（×）

71．接地距离保护不仅能反应单相接地故障，而且也能反应两相接地故障。（√）

72．相间距离保护的Ⅲ段定值，按可靠躲过本线路的最大事故过负荷电流对应的最大阻抗整定。（×）

73．接地距离保护只在线路发生单相接地路障时动作，相间距离保护只在线路发生相间短路故障时动作。（×）

74．距离保护是保护本线路和相邻线正方向故障的保护，它具有明显的方向性，因此，距离保护第Ⅲ段的测量元件，也不能用具有偏移特性的阻抗继电器。（×）

75．接地距离保护的测量元件接线采用 60°接线。（×）

76．为使接地距离保护的测量阻抗能正确反映故障点到保护安装处的距离应引入补偿系数 $K=(Z_0-Z_1)/3Z_0$。（×）

77．在双侧电源线路上发生接地短路故障，考虑负荷电流情况下，线路接地距离保护由于故障短路点的接地过渡电阻的影响使其测量阻抗增大。（×）

78．外部故障转换时的过渡过程是造成距离保护暂态超越的因素之一。（√）

79．对于三相短路和两相接地短路故障，采用相对地或相间测量电压都可以实现距离测量。（×）

80．三相重合闸后加速和单相重合闸的后加速，应加速对线路末端故障有足够灵敏度的保护段。如果躲不开后合侧断路器合闸时三相不同期产生的零序电流，则两侧的后加速保护在整个重合闸周期中均应带 0.1s 延时。（√）

81．为了防止断路器在正常运行情况下由于某种原因（如误碰、保护误动等）而跳闸时，由于对侧并未动作，线路上有电压而不能重合，通常是在检无压的一侧同时投入检同期重合闸，两者的逻辑是与门关系（两者的触点串联工作），这样就可将误动跳闸的断路器重新投入。（×）

82．单相重合闸、三相重合闸、禁止重合闸和停用重合闸有且只能有一项置“1”，如不满足此要求，保护装置应报警并按禁止重合闸处理。（×）

83．330、500、750kV 及并联回路数不大于 3 回的 220kV 线路，采用单相重合闸方式。单相重合闸的时间由运行方式部门选定，并且随运行方式变化而变化。（×）

84．终端线路的零序电流 I 段保护范围允许伸入线路末端供电变压器（或 T 接供电变压器），变压器故障时线路保护的无选择性动作由重合闸来补救。（√）

85．当线路发生单相接地故障而进行三相重合闸时，产生的操作过电压比采用单相重合闸时小。（×）

86．零序电流保护Ⅳ段定值一般整定较小，线路重合过程非全相运行时，可能误动，因此在重合闸周期内应闭锁，暂时退出运行。（×）

87．单侧电源线路所采用的三相重合闸时间，除应大于故障点熄弧时间及周围介质去游离时间外，还应大于断路器及操动机构复归原状准备好再次动作的时间。（√）

88．330kV、500kV、700kV 及并联回路数不大于 3 回的 220kV 线路，采用单相重合闸方式。单相重合闸的时间由运行方式部门选定，并且不宜随运行方式的变化而变化。（√）

89．500kV 线路重合闸只采用保护启动方式。（√）

90．采用单相重合闸时会出现非全相运行，除纵联保护需要考虑一些特殊问题外，对零序电流保护的整定和配合产生了很大影响，也使中、短线路的零序电流保护不能充分发挥作用。（√）

91．采用单相重合闸的线路，宜增设由断路器位置继电器触点两两串联解除重合闸的附加回路。（√）

92．断路器合闸后加速与重合闸后加速共用一个加速继电器。（√）

93．当重合闸合于永久性故障时，主要有以下两个方面的不利影响：①使电力系统又一次受到故障的冲击；②使断路器的工作条件变得更严劣，因为断路器要在短时间内，连续两次切断电弧。（√）

94．对采用单相重合闸的线路，当发生永久性单相接地故障时，保护及重合闸的动作顺序是：先跳故障相，重合单相，后加速跳单相。（×）

95．位置不对应启动重合闸是指开关位置和开关控制把手位置不对应启动重合闸。（√）

96．三相重合闸启动回路中的同期继电器动断触点回路，没有必要串接检定线路有电压的常开动合触点。（×）

97．配有两套重合闸的 220kV 线路，如正常时只投入一套重合闸，另一套重合闸切换把手可以放在任意位置。（×）

98．自动重合闸时限的选择与电弧熄灭时间无关。（×）

99．实现单相重合闸的线路采用零序方向纵联保护时，应有健全相再故障时的快速动作保护。（√）

100．在有些 220kV 线路保护中，只能采用单相重合闸而不能采用三相重合闸，这是因为单相故障时，故障点去游离时间比较长。（×）

101．由于 220kV 线路两侧单相重合闸时间可能不一致，先合闸侧保护感受的零序电流不一定是重合于永久故障的故障电流，而是线路非全相由负荷电流产生的零序电流。所以，重合闸加速零序电流保护靠延时躲过该零序电流即可，而不需其他专门措施。（×）

102．开关重合闸的整定时间考虑的是发生永久性故障，备自投装置的整定时间是考虑发生瞬时性故障的情况。（×）

103．单相重合闸能重合成功的前提条件是潜供电流能自动熄弧，故障相有足够的恢复电压。（√）

104．对于终端站具有小水电或自备发电机的线路，当主供电源线路故障时，为保证主供电源能重合成功，应将其解列。（√）

105．采用三相一次重合闸线路，当发生永久性故障时，保护、重合闸动作顺序为三相跳闸不重合。（×）

106．为保护高阻接地故障，220kV 线路零序Ⅳ段或反时限零序启动电流任何情况下均不应大于 300A。（×）

107．零序方向电流保护没有死区。（√）

108．零序电流保护的优点：结构及原理简单、中间环节少，对于近处故障可以实现快速动作；在电网零序网络基本稳定的条件下，保护范围比较稳定；受故障过渡电阻的影响小；保护定值不受负荷电流的影响，也基本不受其他中性点不接地电网短路故障的影响，保护延时段灵敏度允许整定较高。（√）

109．零序电流保护灵敏Ⅰ段在重合在永久故障时将瞬时跳闸。（×）

110．零序电流保护能反应各种不对称故障，但不反应三相对称故障。（×）

111．零序电流保护不能作为所有类型故障的后备保护，却能保证在本线路经较大弧光电阻接地时仍有足够的灵敏度。（√）

112．110kV 线路保护零序Ⅰ、Ⅱ、Ⅲ段可以选择是否带方向，其方向元件判别死区门槛为 1V，当零序电压不大于 1V 时判为反方向。（√）

113．零序电流保护只在线路发生接地路障时动作，距离保护只反应系统的相间短路故障。（×）

114．消弧线圈用于小接地电流系统，采用过补偿方式时，故障线的零序电流与非故障线一样，也超前于零序电压。（√）

115．单相经高电阻接地故障一般是导线对树枝放电。高阻接地故障一般不会破坏系统的稳定运行。因此，当主保护灵敏度不足时可以用简单的反时限零序电流保护来保护。（√）

116．一般来说母线的出线越多，零序电流的分支系数越小，零序电流保护配合越困难。（√）

117．零序电流保护的灵敏度必须保证在对侧断路器三相跳闸前后，均能满足规定的灵敏系数要求。（√）

118．零序电流Ⅰ段的保护范围随系统运行方式变化，距离保护Ⅰ段的保护范围不随系统运行方式变化。（√）

119．零序电流保护逐级配合是指零序电流定值的灵敏度和时间都要相互配合。（√）

120．在大接地电流系统中，为了保证各零序电流保护有选择性动作和降低定值，有时要加装方向继电器组成零序电流方向保护。（√）

121．零序电流保护不反应电网正常负荷、振荡和相间短路。（√）

122．某线路保护在其相邻元件检修的方式下，通过计算得知，检修方式下线路保护零序Ⅰ段定值比原来减小，该保护定值应在方式变化后调整。（√）

123．零序电流Ⅰ段定值计算的故障点一般在本侧母线上。（×）

124．零序电流保护可以作为所有类型故障的后备保护。（×）

125．在小接地电流系统中，零序电流保护动作时，除有特殊要求（如单相接地对人身和设备的安全有危险的地方）者外，一般动作于信号。（√）

126．输电线路零序电流速断保护范围应不超过线路的末端，故其动作电流应小于保护线路末端故障时的最大零序电流。（×）

127．大接地电流系统中线路空载发生A相接地短路时，B相和C相的零序电流为零。（×）

128．在中性点直接接地系统中，某线路的零序功率方向元件的零序电压接于母线电压互感器的开口三角电压时，在线路非全相运行时，该元件会动作。（√）

129．平行线路之间存在零序互感，当相邻平行线流过零序电流时，将在线路上产生感应零序电势，有可能改变零序电流与零序电压的相量关系。（√）

130．由于互感的作用，平行双回线外部发生接地故障时，该双回线中流过的零序电流要比无互感时小。（√）

131．反应输电线路一侧电气量的选相元件对同杆并架双回线上的跨线故障也能正确选相。（×）

132．当相邻平行线停运检修并在两侧接地时，电网接地故障线路通过的零序电流将在该停运线路中产生零序感应电流，此电流反过来也将在运行线路中产生感应电势，使线路零序电流减小。（×）

133．双回线中如果第Ⅱ回线两侧断路器断开，线路两侧接地和不接地两种情况比较，外部接地短路时流过第Ⅰ回线的零序电流前者比后者大。（√）

134．同杆并架双回线与非同杆并架双回线相比较，外部发生接地故障时，前者双回线中流过的零序电流要比后者的大。（×）

135．串联补偿电容通常加装在线路一端，主要是考虑运行维护方便和对保护的影响较小。（×）

136．输电线路采用串联电容补偿，可以增加输送功率、改善系统稳定及电压水平。（√）

137．特高压输电线路串补电容的引入缩短了距离保护范围。（×）

138．为了解决串补电容在距离保护的背后，造成的距离保护失去方向性，解决的办法是增加电抗继电器与距离继电器按或门条件工作。（×）

139．长距离输电线路为了补偿线路分布电容的影响，以防止过电压和发电机的自励磁，需装设并联电抗补偿装置。（√）

140．设500kV系统各元件的序阻抗角为90°，线路一侧的并联电抗器一相发生了匝间短路，则该侧线路零序电压超前流入电抗器零序电流的相角是270°。（√）

141．某超高压线路一侧（甲侧）设置了串补电容、且补偿度较大，当在该串联补偿电容背后线路侧发生单相金属性接地时，该线路甲侧的正向零序方向元件不会有拒动现象（零序电压取自母线TV二次）。（√）

142．电力系统中，并联电抗器主要用来限制故障时的短路电流。（×）

143．三相并联电抗器可以装设纵差保护，且能保护电抗器内部的所有故障。（×）

144．对于 63kV 及以下并联电抗器不装设纵差保护，一般只装设电流速断保护。（√）

145．并联电抗器内部单相接地（无补偿）时 U_0 超前 I_0。（×）

146．三相并联电抗器发生一相一匝短路时，故障阻抗变化不大于 10%，因此要求匝间短路保护要有较高的灵敏度。（√）

147．并联电抗器在 1.05 倍的额定电压即应退出运行。（×）

148．500kV 线路并联电抗器无专用断路器时，其动作于跳闸的保护应采取使对侧断路器跳闸的措施。（√）

149．电容器装置应装设母线失压保护，当母线失压时带时限动作于跳闸。（√）

150．电容器过电压保护的动作电压可取为 U_{op}=120V（二次值），延时可较长。（√）

151．电网频率变化对方向阻抗继电器动作特性有影响，可能导致保护区变化以及在某些情况下正、反向出口短路故障时失去方向性。（√）

152．在受电侧电源的助增作用下，线路正向发生经接地电阻单相短路，假如接地电阻为纯电阻性的，将会在送电侧相阻抗继电器的阻抗测量元件中引起容性的附加分量 Z_R。（√）

153．阻抗继电器的工作电压在系统振荡和区外故障时，总是对应于一次系统保护整定点的电压。（√）

154．方向阻抗继电器切换成方向继电器后，其最大灵敏角不变。（√）

155．方向阻抗继电器引入第三相电压是为了防止正方向出口相间短路拒动及反方向两相短路时误动。（√）

156．正方向不对称故障时，对正序电压为极化量的相间阻抗继电器，稳态阻抗特性圆不包括原点，对称性故障恰好通过原点。（×）

157．对方向阻抗继电器来讲，如果在反方向出口（或母线）经小过渡电阻短路，且过渡阻抗呈阻感性时，容易发生误动。（×）

158．汲出电流的存在，使距离保护的测量阻抗增大，保护范围缩短。（×）

159．相间距离继电器能够正确测量三相短路故障、两相短路接地、两相短路、单相接地故障的距离。（×）

160．相间阻抗继电器不反应接地故障。（×）

161．双侧电源系统中，接地方向距离继电器在线路正方向发生两相短路接地时超前相的继电器保护范围将发生超越，滞后相的继电器保护范围将缩短。而单侧电源系统则不存在此问题。（×）

162．在超高压大负荷送电线路末端发生经过渡电阻故障，送电侧超前相距离继电器有超越情况，而且以母线电压为极化量的距离继电器比以正序电压为极化的继电器严重。（√）

163．记忆母线电压为极化电压的阻抗继电器中，整定阻抗角、最大灵敏角、线路阻抗角三者是相同的。（×）

164．接地距离偏移角将方向阻抗特性向第Ⅰ象限偏移，宜增加允许故障过渡电阻的能力。偏移角取值范围由定值设置，线路长度越长，偏移角取值越大。（×）

165．大接地电流系统中发生 CA 两相经电阻接地短路时，C 相接地阻抗继电器的保护范围伸长，在区外短路时容易误动；A 相接地阻抗继电器的保护范围缩短，在区内短路时容易

拒动。（√）

166．方向阻抗继电器中，电压回路采用记忆回路的作用是消除出口三相故障的方向死区。（√）

167．在被保护线路上发生金属性短路时，距离继电器的测量阻抗应反比于母线与短路点间的距离。（×）

168．距离继电器能判别线路的区内、区外故障，是因为加入了带记忆的故障相电压极化量。（×）

169．过渡电阻对距离继电器工作的影响，视条件可能失去方向性，也可能使保护区缩短，还可能发生超越及拒动。（√）

170．方向距离继电器在母线发生三相对称短路时，如果保护安装在送电端总是不会误动。如果保护安装在受电端在记忆作用消失后将误动。（√）

171．阻抗继电器的工作电压在系统振荡和区内故障时，继电器的工作电压总是对应于一次系统保护整定点的电压。（×）

172．动作特性经过坐标原点的阻抗继电器并不是一个理想的继电器。（√）

173．比相式阻抗继电器，不论是全阻抗、方向阻抗、偏移阻抗，抛球特性还是电抗特性，它们的工作电压都是 $U'=U-IZ_{set}$，只是采用了不同的极化电压。（√）

174．相电流差突变量选相元件，当选相为 B 相时，说明 ΔI_{AB} 或 ΔI_{BC} 动作。（×）

175．I_0、I_{2a} 比相的选相元件，当落入 C 区时，可能 AB 相故障。（√）

176．某线路发生故障，选相元件 ΔI_{AB}=0A、ΔI_{BC}=20A、ΔI_{CA}=20A，可判断该线路发生 C 相故障。（√）

177．设 A_2 与 A_0 比相元件的动作方程式为 $-60° < \arg(A_2/A_0) < 60°$。某 500kV 线路在一定负荷电流下 A 相发生瞬时性接地，两侧保护正确动作将 A 相跳闸线路处非全相运行状态，此时比相元件处于不动作状态。（×）

178．方向元件改用正序电压作为极化电压后，比起 90°接线的方向元件来说，主要优点是电压死区消失。（×）

179．90°接法（接 I_A 的接 U_{BC}，余此类推）方向元件的缺点是健全相元件往往与故障相元件一起动作。（√）

四、填空题

1．通信通道异常时，线路纵联保护应瞬时退出，并报警。在收信信号消失后，保护装置触点输出返回时间不应大于 5ms。

2．光纤保护通信接口装置用的通信电源为 48V，其正极接地，负极对地绝缘。

3．如图 2-2 所示电力系统，各线路均配置阶段式零序电流保护，当保护 A 和保护 B 进行配合时，为求得最大分支系数，应考虑的方式为线路 3 停运。

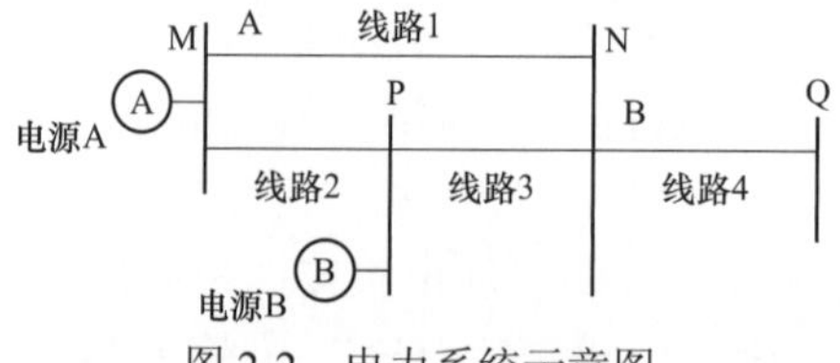

图 2-2　电力系统示意图

4. 小接地电流系统发生单相接地时，故障线路的零序电流为非故障线路电容电流之和。

5. 电力系统接线如图 2-3，K 点 A 相接地电流为 1.8kA，T1 中性线电流为 0.9kA，则线路 M 侧的三相电流值为：A 相 1.5kA；B 相 0.3kA；C 相 0.3kA。

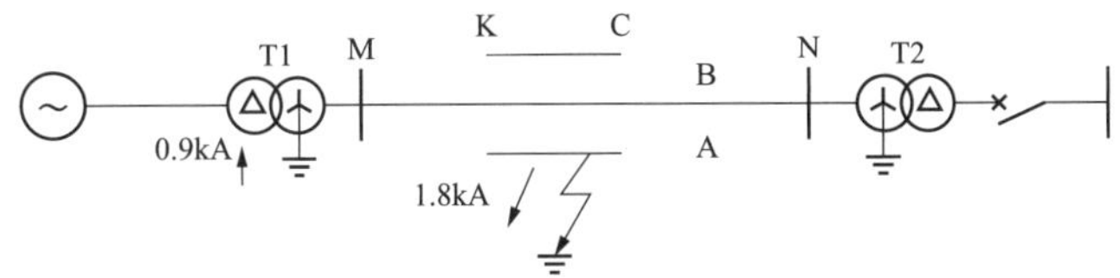

图 2-3 系统接线图

6. 为防止保护装置先上电而操作箱后上电时断路器位置不对应误启动重合闸，宜由操作箱（插件）对保护装置提供闭锁重合闸触点方式，不采用断路器合后触点的开入方式。

7. 线路保护中三相不一致保护功能宜由断路器本体机构实现。断路器防跳功能应由断路器本体机构实现。

8. 保护室光配线柜至通信机房光配线柜采用单模光缆，光缆敷设 3 条。

9. 超高压远距离输电线路上，任一点的电压是电压的正向行波与反向行波之和，电流是电流的正向行波和反向行波之差。

10. 已知架空输电线路 MN 存在对地电容 C_0 和相间电容 C_M，则正序电容 $C_1=3C_M+C_0$，有架空地线时，正序容抗略有减小（填增大或减小）。

11. 用于串补线路及其相邻线路的距离保护应有防止距离保护 I 段拒动和误动的措施。

12. 配置双重化的短引线保护，每套保护应包含差动保护和过电流保护。

13. 系统 M 和 N，假设振荡时满足 $\dot{E}_M - \dot{E}_N = E_\varphi(e^{j\delta}-1)$ 且系统中各元件阻抗角相同，已知某次振荡时周期为 3s，则振荡中心电压为 $0.25U_n$ 时对应的功角为 151°。

14. 应根据电网结构、系统稳定要求、电力设备承受能力和继电保护可靠性，合理地选定自动重合闸方式。

15. 所有保护用电流回路在投入运行前，除应在负荷电流满足电流互感器精度和测量表计精度的条件下测定变比、极性以及电流和电压回路相位关系正确外，还必须测量各中性线的不平衡电流（或电压），以保证保护装置和二次回路接线的正确性。

16. 继电保护专业和通信专业应密切配合。注意校核继电保护通信设备（光纤、微波、载波）传输信号的可靠性和冗余度及通道传输时间，检查是否设定了不必要的收、发信环节的延时或展宽时间，防止因通信问题引起保护不正确动作。

17. 传输线路纵联保护信息的数字式通道传输时间应不大于 12ms，点对点的数字式通道传输时间应不大于 5ms。

18. 两种同步机制包括（时标同步）和插值再采样同步。

19. 接地距离保护中的零序补偿系数 K 为 $(Z_0 - Z_1)/3Z_1$，假定零序阻抗角等于正序阻抗角，零序补偿系数 K 与电抗补偿系数 K_X、电阻补偿系数 K_R 间的关系为 $K=\dfrac{K_R \times R_1^2 + K_X \times X_1^2}{R_1^2 + X_1^2}$。

20. 对继电保护、安全自动装置等二次设备操作，应制订正确操作方法和防误操作措施。智能变电站保护装置投退应严格遵循规定的投退顺序。

21. 对于远距离、重负荷线路及事故过负荷等情况，继电保护装置应采取有效措施，防止相间、接地距离保护在系统发生较大的潮流转移时误动作。

22．阻抗保护应用电流启动和电压断线闭锁共同来防止失压误动。

23．500kV 线路采用单相重合闸要考虑潜供电流的影响，采用线路高压电抗器加中性点小电抗器可消除潜供电流影响，也可采用单相快速接地开关来消除潜供电流的影响。

24．线路纵联保护应优先采用光纤通道。分相电流差动保护收发通道应采用同一路由，确保往返一致。在回路设计和调试过程中应采取有效措施防止双重化配置的线路保护或双回线的线路保护通道交叉使用。

25．应采取措施，防止由于零序功率方向元件的电压死区导致零序功率方向纵联保护拒动，但不宜采用过分降低零序动作电压的方法。

26．线路光纤电流差动保护使用复用光纤通道，两侧保护装置采用基于通道收发延时相等的“等腰梯形”算法进行数据同步。但实际中因某线路光纤通道路由采用自愈环网，导致收发路由不一致，发送路由延时为 2ms，接收路由延时为 6ms，则两侧保护装置测得的电流相位偏差是 2ms 对应 36°。若区外故障时流过该线路的穿越性故障电流为 1000A，则两侧保护装置傅氏差动算法算得的差流为 $2\times1000\times\sin18°=618A$。

27．B 相单相接地故障中，故障点零序电流超前 A 相负序电流 120°。

28．如图 2-4 所示系统，求在 K 点 A 相金属性短路时，A 母线处 A 相阻抗继电器测量阻抗的大小是 $Z_m=Z_1+Z_2K(2-K)/2$。

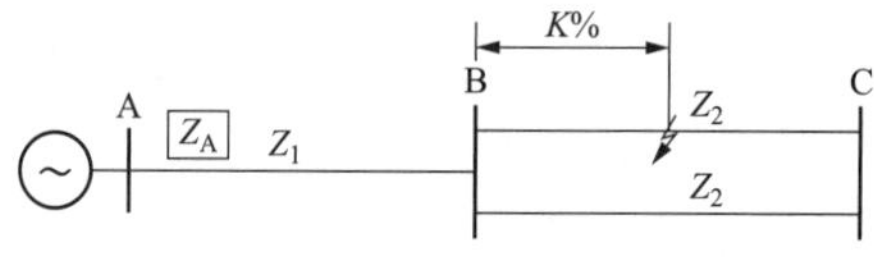

图 2-4　系统示意图

29．如需构成如图 2-5 所示特性的相间阻抗继电器，直线 PQ 下方与圆所围的部分是动作区。Z_{zd} 是整定值，OM 是直径。请写出阻抗形式的动作方程，其中圆特性的动作方程是 $105°<\arg(Z_J-Z_{zd})/Z_J<285°$，直线特性的动作方程是 $170°<\arg(Z_J-Z_{zd})/R<350°$。

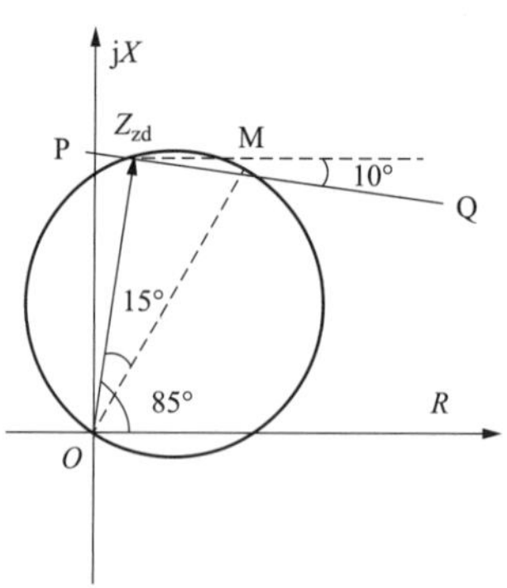

图 2-5　相间阻抗继电器动作特性

30．在大接地电流系统中，双侧电源线路发生接地故障，对侧断路器单相先跳闸时，本侧零序电流可能增大或减小，对侧断路器三相跳开后，线路零序电流有较大增长。

31．九统一的线路保护，每一套线路保护均应含重合闸功能，采用单相重合闸方式时，

不采用两套重合闸相互启动和相互闭锁方式。

32．在穿越性短路、穿越性励磁涌流及自同步或非同步合闸过程中，纵联差动保护应采取措施，减轻电流互感器饱和及剩磁的影响，提高保护动作可靠性。

33．国网新六统一规范中单相重合闸、三相重合闸、禁止重合闸和停用重合闸有且只能有一项置“1”，如不满足此要求，保护装置应报警并按停用重合闸处理。

34．用于传输继电保护和安全自动装置业务的通信通道在投运前应进行测试验收，其传输时延、误码率、倒换时间等技术指标应满足《继电保护和安全自动装置技术规程》（GB/T 14285—2006）和《光纤通道传输保护信息通用技术条件》（DL/T 364—2019）的要求。传输线路电流差动保护的通信通道应满足收、发路径和时延相同的要求。

35．工作电压要与极化电压比较相位，因此要求极化电压在各种短路情况下作到相位始终不变，幅值不要降到零，期望构成最好的性能特性。

36．继电保护常用的选相元件有：阻抗选相元件、突变量差电流选相元件、电流相位比较选相元件、相电流辅助选相元件和低电压辅助选相元件等。

37．相电流差突变量选相元件中，如$\Delta(i_a-i_b)$，$\Delta(i_b-i_c)$、$\Delta(i_c-i_a)$都大于门槛值，且$\Delta(i_a-i_b)$最大，则选相结果为AB。

38．当线路上发生BC两相接地故障时，从复合序网图中求出的各序分量的电流是A相中的各序分量电流。

39．在振荡中，线路发生B、C两相金属性接地短路。如果从短路点F到保护安装处M的正序阻抗为Z_K，零序电流补偿系数为K，M到F之间的A、B、C相电流及零序电流分别是I_A、I_B、I_C和I_0，则保护安装处B相电压的表达式为 $(I_B+K3I_0)Z_K$。

40．在大接地电流系统中，线路始端发生两相金属性短路接地时，零序方向过流保护中的方向元件将因感受零序电压最大而灵敏动作。

41．同杆并架线路，在一条线路两侧三相断路器跳闸后，存在潜供电流。

42．线路两侧的保护装置在发生短路时，其中的一侧保护装置先动作，等它动作跳闸后，另一侧保护装置才动作，这种情况称之为保护相继动作。

43．220kV采用单相重合闸的线路使用母线电压互感器。事故前负荷电流700A，单相故障双侧选跳故障相后，按保证100Ω过渡电阻整定的方向零序Ⅳ段在此非全相过程中零序方向继电器动作，零序电流继电器也动作，但Ⅳ段不会出口。

44．距离保护中的阻抗继电器，需采用记忆回路和引入第三相电压的是方向阻抗继电器。

45．距离保护（或零序方向电流保护）的第Ⅰ段按躲本线路末端短路整定是为了防止本保护在相邻线路出口短路时误动。

46．反应接地短路的阻抗继电器，引入零序电流补偿的目的是正确测量故障点到保护安装处的距离。

47．距离保护区内故障时，补偿电压$U'_\phi=U_\phi-(I_\phi+K3I_0)Z_{ZD}$与同名相母线电压$U_\phi$之间的关系基本反相位。

48．3/2接线方式中，短引线保护是一种近后备保护。

49．选相元件是保证单相重合闸得以正常运用的重要环节，在无电源或小电源侧，最适合选择低电压选相元件作为选相元件。

50．在两相运行时，方向纵联保护的突变量方向元件仍在运行。

51．非全相运行期间，纵联零序方向保护（两侧采用母线 TV）可能误动。

52．比率制动差动继电器，整定动作电流 2A，比率制动系数为 0.5，无制动区拐点电流 5A。本差动继电器的制动量为$\{I_1, I_2\}$取较大者。模拟穿越性故障，当 I_1=7A 时测得差电流 I_C=2.8A，此时，该继电器不动作。

53．如果短路点的正、负、零序综合电抗为 $X_{1\Sigma}$、$X_{2\Sigma}$、$X_{0\Sigma}$，则两相接地短路时的复合序网图是在正序序网图中的短路点 K_1 和中性点 H_1 间串入如 $X_{2\Sigma}//X_{0\Sigma}$ 式表达的附加阻抗。

54．设线路的零序补偿系数 K 为 0.5，则该线路正序阻抗与零序阻抗的比值为 2/5。

55．不带记忆的相补偿电压方向元件的主要缺点是在全相运行时不反应三相短路故障。

56．若取电压基准值为额定电压，则短路容量的标幺值等于短路电流的标幺值。

57．在中性点直接接地电网中，各元件正、负序阻抗相等，在同一点若分别发生了金属性单相短路、两相短路和两相接地短路，则故障点的正序电压为单相短路时最高。

58．方向阻抗继电器中，记忆回路的作用是消除正向出口三相短路的死区。

59．距离Ⅱ段保护，防止过渡电阻影响的方法是利用瞬时测定电路。

60．某相间距离继电器整定二次阻抗为 2Ω，从 A 相－B 相通入 5A 电流测试其动作值，最高的动作电压为 20V。

61．阻抗继电器的动作阻抗是指能使其动作的最大测量阻抗。

62．如果线路送出有功与受进无功相等，则线路电流、电压相位关系为电流超前电压 45°。

五、简答题

1．如图 2-6 所示的四边形特性的复合阻抗继电器，请问电抗线，最小负荷阻抗线，方向线分别对应下图的哪三条线段（用字母表示），并指出 CD 这条线段起到的作用是什么？

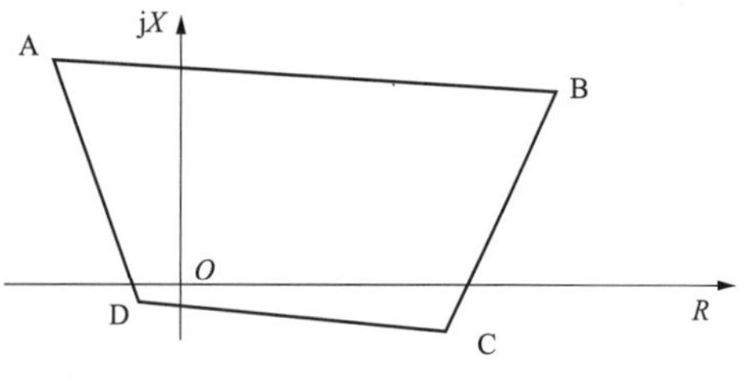

图 2-6　四边形特性的复合阻抗继电器

答：AB 电抗线；BC 最小负荷阻抗线；CD 方向线。CD 线作用：防止反方向短路误动；该直线略为在坐标原点下移并且沿 X 方向向下倾斜，是为了在正方向出口短路即使过渡电阻的附加阻抗是阻容性时也没有死区。

2．目前主流厂家的不对称故障振荡闭锁开放元件，主要是利用序分量来区分故障还是振荡，请写出一种用序分量区分不对称故障的判据，并简要解释为何能起到区分振荡和故障。

答：$|I_2|+|I_0|>m|I_1|$ 或者回答：$|I_2|>m|I_1|$ 或 $|I_0|>m|I_1|$。

系统振荡时 $|I_2|$、$|I_0|$ 接近 0，上式不能满足；振荡又发生区内故障时，$|I_2|$、$|I_0|$ 将有较大数值，上式能满足。

3．继电保护需考虑长距离输电线的结构、短路过渡过程的哪些因素？

答：①高压输电线电感对电阻的比值大，时间常数大，短路时产生的电流和电压自由分量衰减较慢。为了保持系统稳定，长距离输电线的故障应尽快切除，其继电保护的动作时间一般要求在 20～40ms。因此，必须考虑这些自由分量对继电保护测量值（测量阻抗、电流相位、电流波形、功率方向等）的影响。②由于并联电抗中所储藏的磁能在短路时释放，在无串联补偿电容的线路上可产生非周期分量电流，在一定条件下此电流可能同时流向线路两端或从线路两端流向电抗器。因而在外部短路时，流入线路两端继电保护装置的非周期分量电流可能数值不等，方向相同（例如都从母线指向线路）。③串联电容和线路及系统电感及并联电抗等谐振将产生幅值较大的、频率低于工频的低次谐波。由于这种谐波幅值大，频率和工频接近，故使电流的波形和相位都将发生严重的畸变。④由于分布电容大，因而分布电容和系统以及线路的电感谐振产生的高次谐波很多，幅值也很大，对电流的相位和波形也将产生影响。

4．六统一的线路保护，操作箱中的 KKJ、TWJ 与重合闸的配合关系是怎样的？

答：保护装置先上电，TWJ 跳位未开入，满足充电条件，保护装置的重合闸充电，操作箱后上电时，TWJ 跳位闭合，断路器位置不对应误启动重合闸，为防止误启动重合闸，采用操作箱对保护装置同时提供一个“闭锁重合闸”接点，该接点与停用重合闸压板共用一个开入。在操作箱后上电，TWJ 跳位闭合时，“闭锁重合闸”接点也同时开入保护装置，保证了保护装置不误重合。操作箱在手动跳闸以后，启动双位置继电器 KKJ，KKJ 则置于跳后位置，用 KKJ 接点启动中间继电器，输出并保持“闭锁重合闸”接点，在手动合闸以后，双位置继电器 KKJ 置于合后位置，“闭锁重合闸”接点断开。断路器在合闸位置，如保护单相或三相跳闸，“闭锁重合闸”接点处于断开位置，可以重合一次，如重合成功，保护装置可以再充电，如重合不成功再跳闸，断路器处于跳闸位置，TWJ 跳位开入，保护装置的重合闸则不具备充电条件。重合闸充电在保护装置正常运行未启动时进行，重合闸控制字和把手投入、无 TWJ、无压力低闭重、无闭锁重合闸输入，经 15s 后充电完成。

5．光纤差动保护弱馈功能如何试验？

答：将保护使用的光纤通道连接可靠，无异常信号。①投入两侧（M、N）装置“主保护投入”软压板和控制字。投入“主保护投入”硬压板。②两侧（M、N）开关在合闸位置。③N 侧加三相对称电压在 30%～65%U_n，装置没有“TV 断线”告警信号。④在 M 侧模拟各种故障，故障电流大于差动保护定值，M、N 侧差动保护均动作跳闸。

6．六统一要求 220kV 及以上光纤纵联保护采用双通道方式，试分析南瑞继保和北京四方的分相电流差动保护功能与通道通信的配合方式有什么不同。

答：南瑞继保：保护功能和通道模块均双重化配置。保护功能及通道通信完全独立，任一通道对应的保护功能动作即可出口，一路通道异常仅闭锁该通道对应的保护功能，对另一路通道对应的保护功能没有影响。北京四方：两路通道双发双收，保护模块择优选用数据。发送端装置通过两路通道发送相同的数据，接收端装置在接收数据同时比较两路通道的优劣。双通道正常运行时，保护装置仅使用已判断出的优通道数据进行计算，而当该通道出现异常时，则使用另一路正常通道传输的数据。

7．图 2-7 逻辑图为某远方跳闸逻辑图的一部分，解释该部分逻辑图代表的含义。

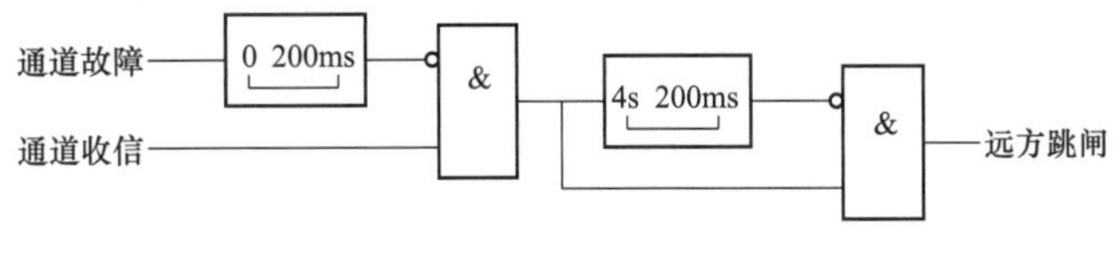

图 2-7 远方跳闸逻辑图

答：①通道无故障时，通道收信可以正常工作，通道收信后启动远方跳闸。②通道故障时，瞬时闭锁通道收信。通道故障消失后延时 200ms 开放该通道收信。③通道收信超过 4s，则闭锁通道收信，禁止远方跳闸。④通道收信消失后延时 200ms 开放该通道收信功能。

8．列出线路电流差动保护允许对侧跳闸的几种情况（至少 3 种）。

答：①本侧启动，同时差动方程满足；②本侧未启动，收对侧差动允许信号，判本侧相电压或线电压小于 60%（不同厂家门槛可能不一致）额定电压；③本侧开关在分位，收对侧差动允许信号；④本侧任意保护动作，如零序或距离保护动作。

9．线路光纤差动保护投运后差流过大如何分析？

答：①两侧实时浏览电压、电流的幅值和相位关系是否与实际潮流相符。②两侧的二次额定电流和实际 TA 变比是否一致，平衡系数是否整定正确。③检查是否因电容电流引起。④通道时延是否一致。

10．简述工频变化量阻抗继电器的动作性能。

答：①继电器有很强的保护过渡电阻的能力，而且该能力有很强的自适应功能。②区外短路不会超越。③正方向出口短路没有死区，近处故障不会拒动。④正向出口短路时动作速度很快。⑤系统振荡时或者系统运行中电流、电压有波动时工频变化量阻抗继电器不会误动。⑥在单侧电源线路上发生短路时，受电侧的工频变化量阻抗继电器的动作行为也是正确的。⑦工频变化量阻抗继电器在本线路以及正、反方向相邻线路有串联补偿电容的情况下也是很适用的。⑧用工频变化量阻抗继电器计算出的工作电压的数值可用以构成选相元件。

11．输电线采用光纤分相电流差动保护，回答下列问题：①短路故障时，如另一侧启动元件不启动，有何现象发生？②在各种运行方式下线路发生故障（含手合故障线），采用何措施使两侧保护启动？

答：①设 A 侧启动元件动作，B 侧启动元件不动作：内部故障时：B 侧不发差动元件动作信号，当然 A 侧收不到 B 侧的差动信号，虽 A 侧启动元件动作，但 A、B、C 三相差动不出口，于是内部故障时保护拒动；外部故障时：A 侧差动元件动作，启动元件动作，向 B 侧发差动作允许信号，只是 A 侧收不到对侧差动动作信号，A 侧保护不出口，故不发生误动作。但 A 侧差动元件处动作状态，是一种危险的状态。②从原理看：要保证保护正确动作，不论是线路内部、外部故障，也不论故障类型，两侧启动元件必须启动。措施如下：采用灵敏的带浮动门槛的相电流突变量启动元件（线路一侧无电源，该侧变压器中性点接地时，将不能启动）；零序电流启动元件，保证高阻接地时也能启动；低电压启动，启动方式为：收到对侧启动信号，同时本侧低电压（相电压或线电压），两条件满足就启动。这可保证线路一侧无电源本线故障时该侧启动；手合故障线，只要对侧三相开关断开、同时收到合闸侧发来的启动信号，则断开侧保护启动。这可保证合闸保护快速切除故障。

12．对于距离保护，当采用线路电压互感器时应注意哪些问题？

答：在线路合闸于故障线路时，在合闸前后电压互感器（TV）都没有电压。方向型阻抗继电器将不能动作。为此，应有合于故障线路的保护措施；在线路两相运行时，断开相电压很小，但有零序电流存在，导致断开相的接地距离继电器可能持续动作。因此，每相接地距离继电器都应配置该相的电流元件；在故障相单相跳闸进入两相运行时，故障相上储存的能量，在短路消失后不会立即释放掉，而会在线路电感、并联电抗器的电感和线路分布电容间振荡而逐渐衰减，其振荡率接近50Hz衰减时间常数相当长，所以，两相运行的保护最好不反应断开相的电压。

13．当220kV的母联开关为机械三相联动机构，母联保护的操作箱为分相操作箱，如何对接？

答：①三相TWJ并联与单合闸线圈相连；三相HWJ1并联与跳闸线圈1相连；三相HWJ2并联与跳闸线圈2相连；考虑只用一相TWJ和一相HWJ会报控制回路断线。②跳闸和合闸只接A相（或B相或C相），考虑三相并接，TBJ和HBJ的灵敏度可能不能满足要求。

14．输电线路微机纵联电流差动保护应解决的主要问题有哪些？

答：①消除输电线路电容电流的影响。②外部短路或外部短路切除时，由于两侧电流互感器的变比误差不一致、短路暂态过程中由于两侧电流互感器的暂态特性不一致、二次回路的时间常数不一致产生不平衡电流，应考虑消除该不平衡电流的影响。③解决重负荷线路区内经高电阻接地时灵敏度不足的问题。④防止正常运行时电流互感器（TA）断线造成的纵联电流差动保护误动。⑤由于输电线路两侧保护采样时间不一致所产生的不平衡电流，应考虑消除该不平衡电流的影响。

15．装有重合闸的线路跳闸后，在哪些情况下本线路不允许或不能进行重合闸？

答：以下几种情况下不允许或不能重合闸：①手动跳闸。②断路器失灵保护动作跳闸。③远方跳闸。④母线保护动作跳闸。⑤本线路重合闸停用时跳闸。⑥在投单相重合闸方式时发生三相跳闸。⑦断路器操作压力降低到允许值以下时跳闸。⑧零序电流保护第Ⅲ段和距离保护第Ⅲ段动作跳闸。⑨由软压板控制的某些闭锁重合闸条件出现时。例如相间距离第Ⅱ段、接地距离第Ⅱ段、零序电流第Ⅱ段三跳、选相无效、非全相运行期间的故障、多相故障、三相故障这些情况都由软压板选择是否闭锁重合闸。如果这些软压板置“1”时，出现上述情况都三跳同时闭锁重合闸。⑩手动合闸或重合闸于故障线路上跳闸。⑪某些保护装置在检查出TV断线时闭锁重合闸。⑫单相跳闸失败持续200ms有电流引起的三相跳闸。⑬单相运行持续200ms 引起的三相跳闸。⑭重合闸尚未充满电时跳闸。⑮闭重沟三压板合上时或闭重三跳软压板置“1”时三相跳闸。

16．220kV及以上电压等级线路不允许无全线速动的纵联保护运行，一旦出现上述情况，应如何处理？采取哪些必要的措施？

答：应立即向调度部门汇报，并采取必要的应急措施。应急措施有：①在相邻线路潮流和供电可靠性允许时，原则上应拉停该联络线路；②当线路无法拉停时，在满足系统暂态稳定要求的前提下缩短后备保护对全线有灵敏度的后备段（简称灵敏段）的动作时间，相邻线路的快速保护投入，线路两侧母线的母差保护投入。此时，由调整后的本线后备保护、本线两侧母差保护和相邻线路的快速保护配合构成完整的保护配置措施应对本线、母线及相邻线路故障。

17．光纤差动保护通道连接情况如图2-8，M侧母线接有大电源，N侧母线无电源。当线路Ⅰ侧区内出口短路故障时，分析线路Ⅰ和线路Ⅱ两侧差动保护的动作情况。

答：QF1与QF4侧差动保护的差动电流近似等于Ⅱ线短路电流的2倍，将首先动作，

QF 2与QF 3侧保护差动电流接近于零，不会动作，在断路器QF1或QF4跳开后，保护开始出现差流，且保护已经启动，满足动作条件出口跳闸。

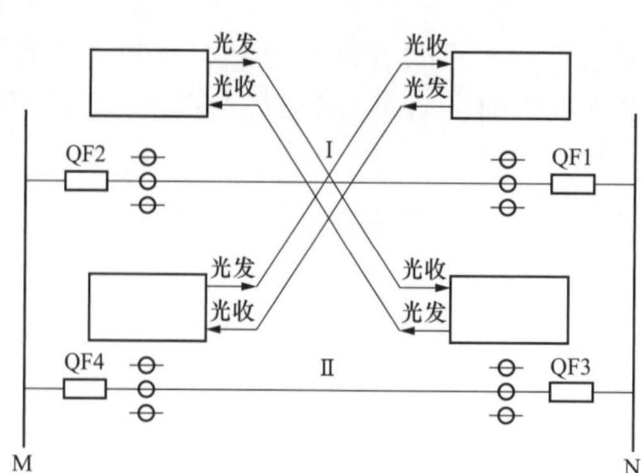

图 2-8　光纤差动保护通道连接图

18．如图 2-9 所示，该 220kV 线路 B 相发生单相永久性故障，此时，由于 211 断路器 A 相机构故障，不能正常分闸，保护如何动作？失灵保护是否会动作？为什么？（线路重合闸方式为单重，211 断路器失灵保护投入）

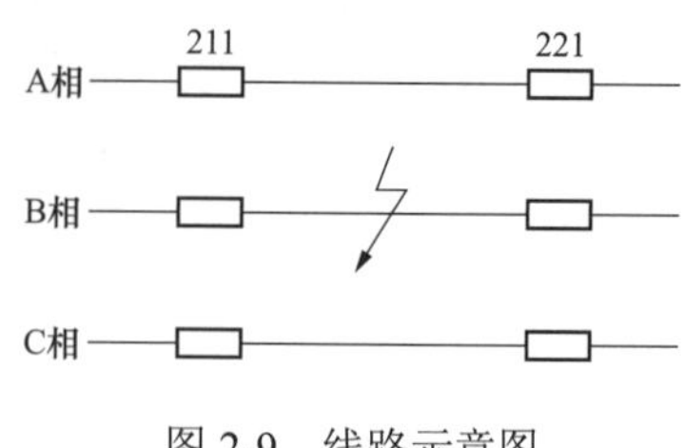

图 2-9　线路示意图

答：①当 220kV 线路 B 相发生区内单相永久性故障时，两侧线路（211、221）保护动作，B 相跳闸，随后 211、221 断路器启动 B 相重合闸，重合不成功跳开两侧三相断路器。此时 211 断路器 A 相机构故障，不能跳闸。②失灵保护不会动作。因为虽然 A 相断路器拒分，但当 211 断路器的 B、C 相和 221 断路器的 A、B、C 相跳开后，两侧不存在故障电流，所以两侧保护返回，不启动失灵保护。

19．超高压远距离输电线两侧单相跳闸后为什么会出现潜供电流？对重合闸有什么影响？

答：假设 C 相接地故障，两侧单相跳闸后，非故障相 A、B 仍处在工作状态。由于各相之间存在耦合电容 C_1，所以 A、B 相通过 C_1 向故障点供给电容性电流，同时由于各相之间存在互感，所以带负荷的 A、B 两相将在故障相产生感应电动势，该感应电动势通过故障点及相对地电容形成回路，向故障点供给一电感性电流，这两部分电流总称为潜供电流。由于潜供电流的影响，使短路处的电弧不能很快熄灭，如果采用单相快速重合闸，将会又一次造成持续性的弧光接地而使单相重合闸失败。所以单相重合闸的时间，必须考虑到潜供电流的影响。

20．串补电容对工频变化量方向元件的影响如图 2-10 所示系统，如果线路上装有串联补偿电容器，在线路上发生短路时：①试问用 TV1 处、TV2 处的电压互感器时工频变化量方向继电器的动作行为？不考虑串联补偿电容器的保护不对称击穿。②线路保护采用线路电压互感器时应注意的问题及解决方法是什么？

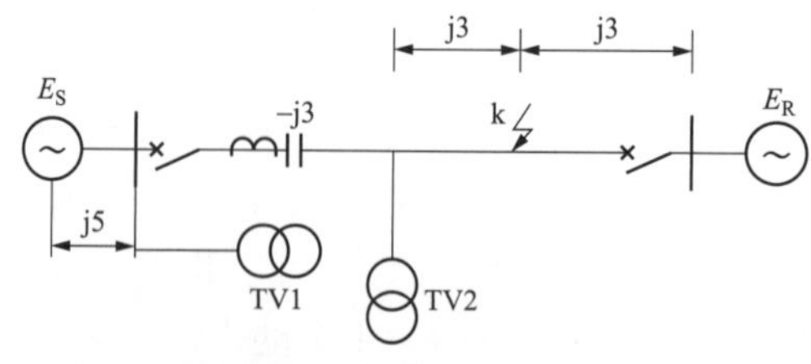

图 2-10　系统示意图

答：①使用 TV1 时，方向继电器能正确判方向。使用 TV2 时，串补容抗小于系统电抗，保护也能正确判别方向。②在线路合闸于故障时，在合闸前后电压互感器都无电压输出，阻抗继电器的极化电压的记忆回路将失去作用。为此在合闸时应使阻抗继电器的特性改变为无方向性（在阻抗平面上特性圆包围原点）。在线路两相运行时断开相电压很小（由健全相通过静电和电磁耦合产生的），但有零序电流存在，导致断开相接地距离继电器可能持续动作。所以每相距离继电器都应配有该相的电流元件，必须有电流（定值很小，不会影响距离元件的灵敏度）存在，该相距离元件的动作才是有效的。在故障相单相跳闸进入两相运行时，故障相上储存的能量包括该相并联电抗器中的电磁能，在短路消失后不会立即释放完毕，而会在线路电感、分布电容和电抗器的电感间振荡以至逐渐衰减，其振荡频率接近 50Hz，衰减时间常数相当长，所以两相运行的保护最好不反应断开相的电压。

21．试简述串补装置接入后对线路差动保护、距离保护、重合闸、零序方向等继电保护功能的影响。

答：①重合闸——串联补偿电容器会影响潜供电流，进而影响重合闸的成功率。时间和方式上有配合，串联补偿击穿，旁路断路器闭合，击穿与重合闸相配合。②距离保护——仅对快速动作的距离保护Ⅰ段有影响，对后备Ⅱ、Ⅲ段没有影响。③差动保护——影响分相电流差动灵敏度，特殊情况下造成电流反向，产生外汲电流。零序方向——$U_0=-I_0\times Z_s$，Z_s 是保护背向的阻抗，当 X_c 非常大，使 Z_s 不呈现阻感性，而是呈现阻容性时，将导致零序方向继电器方向判别错误。

22．极化量为什么要带记忆？

答：对单纯采用电压作极化量的方向阻抗继电器，当出口或母线短路时，作为参考量的极化电压将降为零或极小的数值。正方向短路故障时，继电器可能因为参考电压过小而拒绝动作；反方向故障时，则又可能因参考电压中存在杂散电压而误动作。解决这个问题的传统方法是使极化量带记忆，也就是把极化回路制作成工频谐振回路。故障发生后，依靠谐振回路的自由衰减供给极化回路电流，使继电器得以在短时间内可靠工作。极化量带记忆，将显著地改善方向阻抗继电器的运行性能，而不仅仅是消除近区故障时的电压死区。

23．某平行双回线路存在较大零序互感 Z_m，线路投运前因工程部门未进行参数实测，定值整定时暂不考虑零序互感影响，整定值要求距离保护可保架空线长度约 L km。线路投运后一天，平行双回线外部发生单相接地故障，由于互感存在，接地距离实际保护范围是缩小还是增大？请写出接地距离保护的实际保护范围，用公式表示，其中线路正（负）序阻抗 Z_1，零序阻抗 Z_0（不考虑互感）。

答：不考虑互感：零序补偿系数 $K=(Z_0-Z_1)/3Z_1$；考虑互感：线路零序阻抗 $Z'_0=Z_0+Z_m$；零序补偿系数 $K'=(Z'_0-Z_1)/3Z_1=(Z_0+Z_m-Z_1)/3Z_1$，$K<K'$，整定若不考虑互感影响，$K$ 值取值偏小，造成故障时测量阻抗偏大，保护范围缩短。不考虑互感时，单相接地故障时接地距离保护的测量阻抗 $Z_\phi=U_\phi/(I_\phi+K3I_0)=U_\phi/[(1+K)3I_0]$。考虑互感：单相接地故障时的实际阻抗 $Z'_\phi=U_\phi/(I_\phi+K'3I_0)=U_\phi/[(1+K')3I_0]$，保护计算定值与实际阻抗之比：$Z_\phi/Z'_\phi=(1+K')/(1+K)$，实际保护范围：$L\times Z'_\phi/Z_\phi=L\times(1+K)/(1+K')$ 即 $L\times\left(\dfrac{2Z_1+Z_0}{2Z_1+Z_0+Z_m}\right)$ km。

24．距离保护应用于短线路时应特别注意哪些问题，为什么？

答：短线路主要特点是线路阻抗小，在最小运行方式下，尤其是当经过长线路向短线路供电时，在线路末端故障时，保护安装处的残压非常低，当此电压低于距离保护的最小精确工作电压时，可能会造成距离保护的非选择性动作，因此，距离保护应用于短线路时应特别注意校核在最不利的情况下，在线路末端短路时距离保护能够精确测量阻抗，同时，还应注意其在小定值下的整定精度，保证距离保护运行时不会出现非选择性动作。

25．某新建 220kV 线路保护及相关设备配置及连接情况如图 2-11 所示，试分析是否存在错误，如有错误，错在何处？

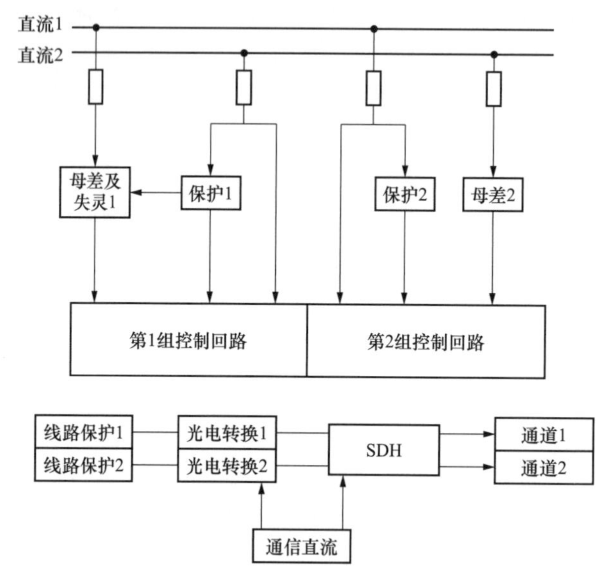

图 2-11　220kV 线路保护及相关设备连接图

答：存在问题：①线路保护直流与控制直流共用一个直流空气开关。②单套配置的失灵保护应作用于断路器的两组跳闸回路。③线路双套保护、断路器两组控制回路与两套母差保护直流电源交叉使用，任一组直流电源失电时，将造成母差保护无法跳开该线路。④线路第二套保护没有启动失灵保护。⑤通信直流单套配置，不满足双重化配置要求。⑥双套线路保护共用一个 SDH，不满足双重化配置要求。

26．对微机型线路保护来说，为什么特别强调电压互感器的二次回路和三次回路的 N 必须分开引入？

答：微机线路保护采用自产 $3U_0$ 实现接地方向保护，受二次绕组直接影响；接地故障时，若零序电压高，N 线上的压降附加在二次绕组各相上，可能引起方向判断错误；L、N 短路，正常时不易发现，故障时压降很大，N 线上的压降附加在二次绕组各相上，可能引起方向判断错误，使保护误动或拒动。

27．在 220kV 纵联电流差保护中有远传和远跳两个功能，简述两者的异同，并分析保护系统中的用途。

答：相同之处是：本侧某些保护动作后，经过纵联电流差动保护通道向对侧发信号；不同之处是：保护收到远跳信号后，可经过纵联保护差动保护中启动量的判断，通过纵联保护装置的出口跳闸；保护收到远传信号后，不经过任何判断将远传信号输出，可动作跳闸、发信号、切机等。保护远跳是防止在TA与开关之间发生故障，对于纵联保护为区外故障，母差保护判为区内故障启动TJR跳断路器，TJR启动纵联保护的远跳功能，向对侧保护发远跳命令，可经过对侧保护启动，快速跳开对侧断路器。远传一般用于远方切机、3/2断路器接线失灵保护动作、过电压保护动作等通过纵联保护通道向对侧发远传信号，对侧接收到远传信号后，一般要经过就地判别装置进行跳闸。

28．设MN线路上装有串联补偿电容器，各元件的零序电抗已标在图2-12上。线路发生接地短路，问用线路TV的零序方向继电器能否动作？若能正确动作，请说明理由，若不能，请给出解决办法。

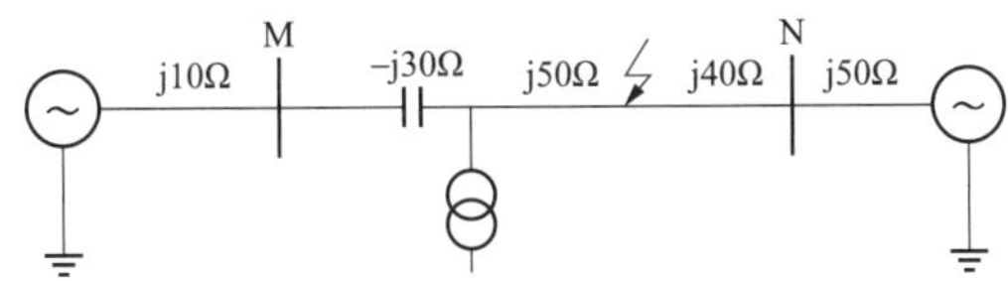

图2-12 系统示意图

答：因本线路保护使用线路电压互感器，零序序网图如图2-13所示：

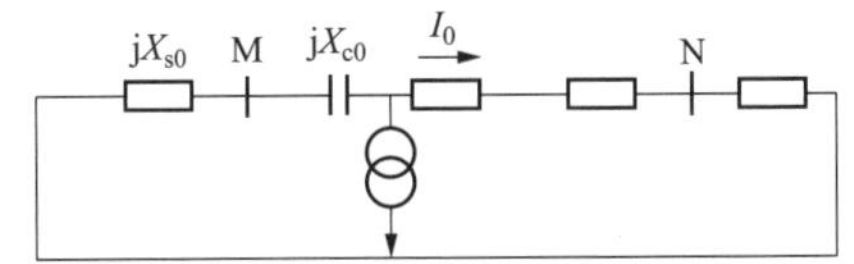

图2-13 零序序网图

零序电压 U_0 和零序电流 I_0 的关系如下：

$$\dot{U}_0=-\dot{I}_0(X_{s0}-X_{c0})=-\dot{I}_0(20-30)j=10\dot{I}_0 j$$

零序方向继电器判为反方向短路，零序方向继电器不能动作。

为解决上述情况下继电器的不正确动作，在有串补电容线路上使用的零序方向继电器对零序电压进行补偿，设从TV取得的零序电压 U_0 补偿后的零序电压 U_0，取

$\dot{U}_0'=\dot{U}_0-\mathrm{j}\dot{I}_0X_{com}$，其中 X_{com} 为补偿阻抗，可得

$$\begin{aligned}\dot{U}_0'&=\dot{U}_0-\mathrm{j}I_0X_{com}=-\mathrm{j}I_0(X_{s0}-X_{co})-\mathrm{j}I_0X_{com}\\&=-j(X_{s0}-X_{co}+X_{com})I_0\end{aligned}$$

只要 $X_{s0}-X_{co}+X_{com}>0$，补偿后的零序电压 U_0 超前零序电流 I_0 角度为 $\varphi=\arg\dfrac{\dot{U}_0'}{I_0}=-90°$ 即可保证继电器动作行为是正确的，只要取补偿阻抗 $X_{co}=X_{com}$ 即可，取 $X_{com}=30\Omega$。

29．某220kV线路的纵联电流差动保护发通道告警信号，保护装置完全正常，不需要检查，现场人员在退出了跳闸压板后进行检查处理。措施是否合理，会产生什么后果，为什么？

答：不合理，此线路对端的纵差保护也需要退出运行。保护退出运行，必须将失灵启动回路及其他与运行设备有关的连线断开。纵差保护进行通道检查，一般需要做自环试验，以确定故障点。如仅采取退出跳闸压板的措施就进行自环试验，纵差保护可能动作，由于此时

线路在运行状态，失灵电流判别条件可能满足，可能造成失灵保护误动跳闸。

30．双通道线路纵联保护装置的实现方式有哪两种？220kV 及以上线路光纤保护通道的配置原则是什么？

答：（1）双通道线路纵联保护装置的实现方式分为内置式和外置式两种。①内置式：配置两套主保护逻辑，与双通道一一对应，分别设置通道一主保护、通道二主保护投入退出压板；或配置一套主保护逻辑，同时对应两个通道，分别设置主保护的控制字和各通道的投入退出压板。②外置式：即在保护装置与通道设备之间配置独立的双通道切换装置，将保护信号通过不同路由的通道发送到对侧。切换装置正常运行时，保持对通道运行状态的实时监控，根据监控数据决定设备运行及通道切换的策略，必要时进行通道切换。

（2）220kV 及以上线路光纤保护通道的配置原则。①220kV 及以上线路保护应采用双重化配置，每套线路保护装置应具备双通道接入能力，原则上应采用光纤通道。②500kV 及以上双通道线路保护所对应的四条通信通道应配置三条独立的通信路由（简称“双保护、三路由”），应采用“一二、一三” 通信通道配置方式，即：保护一双通道分别采用一、二通道路由，保护二双通道分别采用一、三通道路由，其中一通道应为光纤直达通道。③220（330）kV 双通道线路保护所对应的四条通信通道应至少配置两条独立的通信路由，通道条件具备时，宜配置三条独立的通信路由。

31．一般情况下，对于 220～500kV 线路，试写出至少四种保护，其动作时应传输远方跳闸命令。

答：①3/2 断路器接线的断路器失灵保护动作。②高压侧无断路器的线路并联电抗器保护动作。③线路过电压保护动作。④线路变压器组的变压器保护动作。⑤线路串补保护动作且电容器旁路断路器拒动或电容器平台故障。

32．复用光纤纵差保护通道故障如何判定，如何检测？

答：当保护装置通道出现故障时，可以采用以下分步检查来确定故障的部件：①保护装置电自环：即保护内部通信板自环，用于检测通信板好坏。②光端机光自环：即本侧保护装置上的光端机自环，用于检测光端机好坏。③复用接口盒自环：即在复用接口盒出口处自环，用于检测复用接口盒的好坏。④复用通道自环：用于检测复用通道的好坏。⑤对端自环检测：用于检测对端各个部分的好坏。

33．在如图 2-14 系统中，如果 E_S 超前 E_R，$Z_S=Z_R$，是 M 侧方向阻抗继电器在反方向短路容易误动，还是 N 侧方向阻抗继电器反方向短路容易误动。请说明理由。

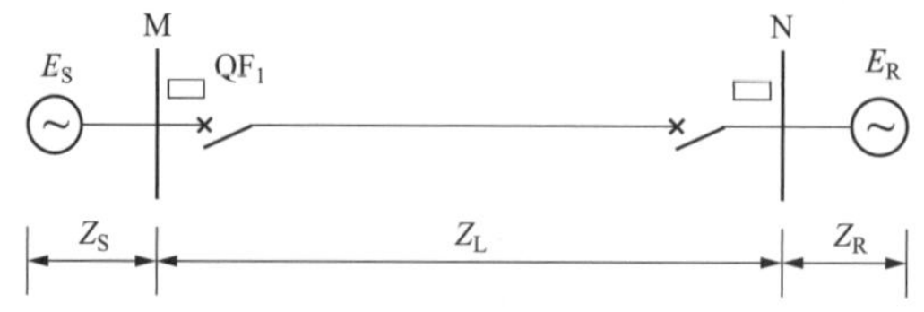

图 2-14　系统示意图

答：反方向出口（母线）发生经小电阻短路，过渡电阻附加阻抗是电阻电容性最易误动。N 侧反方向短路时，N 侧方向阻抗继电器测量阻抗中的过渡电阻附加阻抗是阻容性质的，所以 N 侧方向阻抗继电器反方向短路最易误动。M 侧方向阻抗继电器测量阻抗中的过渡电阻附加阻抗是阻感性质的，所以 M 侧方向阻抗继电器反方向短路不会误动。

34．某 220kV 线路，采用单相重合闸方式，在线路单相瞬时故障时，一侧单跳单重，另一侧直接三相跳闸。若排除断路器本身的问题，试分析可能造成直接三跳的原因（要求答出五个原因）。

答：①保护感知沟通三跳开入；②重合闸充电未满，单相故障发三跳令；③保护选相失败；④分相跳闸保护未投入，由后备保护三相跳闸；⑤定值中跳闸方式整定为三相跳闸，或重合闸置于三重位置。

35．电气化铁路对常规距离保护有何影响？

答：电铁是单相不对称负荷，使系统中的基波负序分量及电流突变量大大增加；电铁换流的影响，使系统中各次谐波分量骤增。电流的基波负序分量、突变量以及高次谐波均导致距离保护振荡闭锁频繁开放。对距离保护的影响是：频繁开放增加了误动概率；电源开放继电器频繁动作可能使触点烧坏。

36．光纤差动保护联调项目有哪些？

答：将保护使用的光纤通道可靠连接，无异常信号。①对侧电流及差流检查。②模拟线路空充时故障或空载时发生故障。③模拟弱馈功能。④远方跳闸功能。⑤两侧开关均在合位时相关试验。

37．线路并联电抗器保护装置的零序电流保护和过电流保护应采用首端电流还是尾端电流？为什么？

答：应采用首端 TA 的电流。零序电流保护和过电流保护的定值一般取（1.3～2）倍额定电流，在电抗器首端发生引线的相间或接地故障时，首端 TA 的电流反映系统短路的故障电流，其值一般远大于保护定值，所以零序电流保护和过电流保护能够动作，而在引线短路故障时，电抗器的每一相电压都不大于额定电压，尾端 TA 的每一相电流都不大于负荷电流，由尾端 TA 构成的零序电流不大于非全相的零序电流，零序电流保护和过电流保护达不到动作定值而不能动作。

38．纵联保护的弱馈功能是什么？为什么强电源侧不能投入弱馈功能？

答：弱馈功能是允许式纵联保护的一种附加功能，当线路内部故障时，弱电源侧的正方向故障元件不能动作，不能发出允许跳闸命令，强电源侧的纵联保护因而也不能动作，而投入弱馈功能后，在线路内部发生故障时，强电源侧正方向故障元件动作，同时向弱电源侧发出允许跳闸命令，弱电源侧收到允许跳闸命令后，如果可靠地判定没有发生反向故障，母线电压降低或线路相电流小于一定值或出现零序电流，表明线路有故障迹象时，即转发允许跳闸信号到对侧，完成跳闸。但是由于保护装置内部逻辑配合及和收发信机发信速度之间的配合协调问题，往往会出现误动情况，而上述逻辑对于强电源侧保护没有丝毫意义，因此不能在强电源侧保护投入弱馈功能。

39．某电厂具有一台 600MW 的机组，经一条短线路接入系统中的枢纽变电站，线路配置 RCS931A 和 CSC103A 光差保护。机组励磁系统故障导致失磁，因母线电压较高，机组失磁保护并未动作；但两套线路保护中有一套保护的距离Ⅲ段动作跳闸。请问：（1）线路保护中哪套装置动作？（2）简述两套线路保护动作行为差异原因。

答：（1）RCS931A 保护装置动作。

（2）RCS931A 距离保护采用圆特性，而 CSC103A 距离保护采用四边形特性，两者在第二象限的动作范围有差异，圆特性在第二象限动作范围较大。机组失磁后，从系统中吸取大量无功，保护装置的测量阻抗在第二象限，更容易落在圆特性范围内而导致 RCS931A 保护装置动作。

40．在 110kV 出线保护回路中，TA 的中性线不通，试分析正常时和故障时对保护装置有什么影响？

答：正常时，因为没有零序电流，故对保护装置没有影响，当发生相间故障时，零序电流也为零，保护装置能够正确动作，当发生接地故障时，特别是单相接地故障，由于中性线不通，相当于 TA 开路，这时保护装置不能动作，造成拒动。

41．3/2 接线方式下，为什么重合闸及断路器失灵保护须单独设置？

答：在重合线路时，由于两个断路器都要进行重合，且两个断路器的重合还有一个顺序问题，因此重合闸不应设置在线路保护装置内，而应按断路器单独设置。此外每个断路器的失灵保护跳闸对象也不一样，所以失灵保护也应按断路器单独设置。因此一般在 3/2 接线方式中，把重合闸和断路器失灵保护做在单独的一个装置内，每一个断路器配置一套该装置。

42．为什么在距离保护的振荡闭锁中采用对称开放或不对称开放？

答：距离保护在振荡时可能会误动作，对于那些在故障发生后短时开放其Ⅰ、Ⅱ段的距离保护，当振荡中又发生故障时，就无法快速切除故障。振荡中发生不对称故障和对称故障时的情况是不同的，所以采用对称开放和不对称原理开放距离保护应是较好的选择。

六、综合题

1．某 500kV 线路 1 启动过程中，对线路 1 电压与线路 2 电压进行同电源核相，试根据核相表（表 2-1）画出电压相量图，并推断可能存在的接线错误。

表 2-1　　核 相 结 果 表

电压核相表	U_{a2}（V）	U_{b2}（V）	U_{c2}（V）	U_{n2}（V）
U_{a1}（V）	115.4	100	100	57.7
U_{b1}（V）	57.7	0	100	57.7
U_{c1}/（V）	57.7	100	0	57.7
U_{n1}/（V）	57.7	57.7	57.7	0

答：电压相量图见图 2-15。

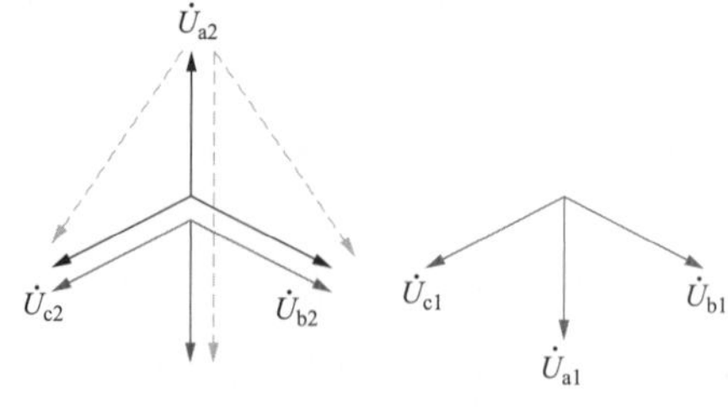

图 2-15　电压相量图

线路 1 的 A 相电压接反。

2．如图 2-16 所示为消弧线圈接地系统发生 A 相接地故障，请画出电容电流的分布图。

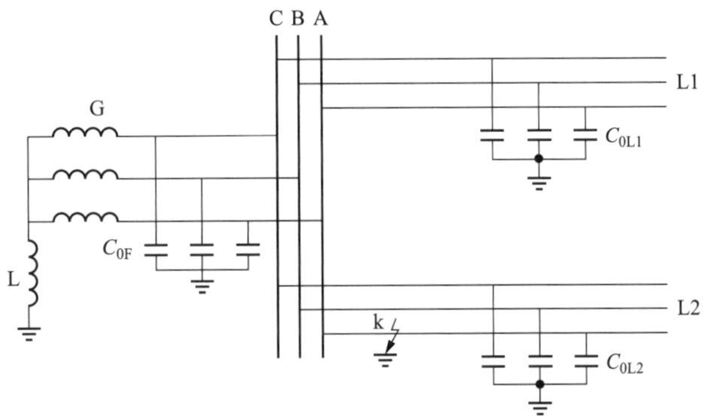

图 2-16　系统示意图

答：分布图见图 2-17。

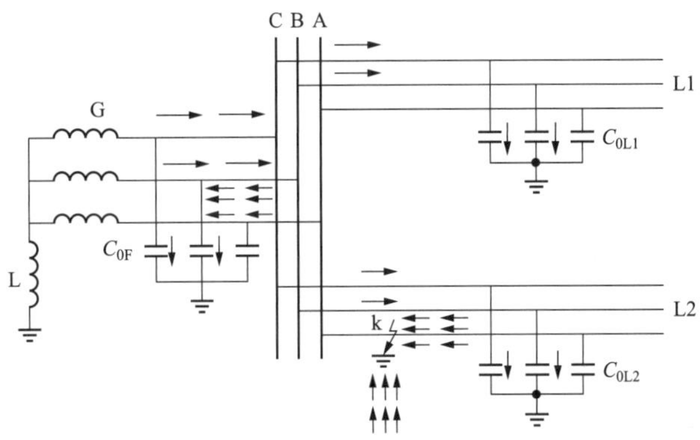

图 2-17　电容电流分布图

3．对于同杆架设的具有互感的两回路，在双线运行和单线运行（另一回线两端接地）的不同运行方式下，试计算在线路末端故障时双线零序等值电抗。

设 $X_{0\mathrm{I}}=3X_1$，$X_{0\mathrm{M}}=0.6X_{0\mathrm{I}}$。（$X_{0\mathrm{I}}$ 为线路零序电抗，$X_{0\mathrm{M}}$ 线路互感电抗）

答：（1）双线运行时等值电路见图 2-18。

双线运行时零序等值电抗为：

$$\begin{aligned}X_0 &= X_{0\mathrm{M}}+\frac{1}{2}(X_{0\mathrm{I}}-X_{0\mathrm{M}})=0.6X_{0\mathrm{I}}+\frac{1}{2}\times 0.4X_{0\mathrm{I}}\\&=0.8X_{0\mathrm{I}}=2.4X_1\end{aligned}$$

（2）单回线运行另一回线两端接地时等值电路见图 2-19。

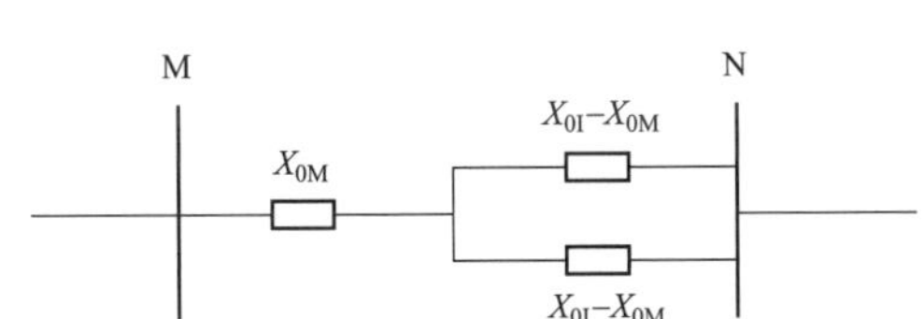

图 2-18　双线运行等值电路

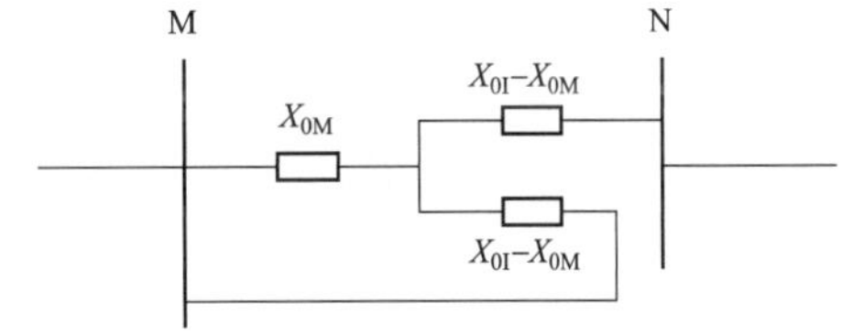

图 2-19　单线运行另一回线两端接地等值电路

零序等值电抗为：

$$X_0 = \frac{X_{0M}(X_{0I} - X_{0M})}{X_{0M} + (X_{0I} + X_{0M})} + (X_{0I} - X_{0M}) = X_{0I} - \frac{X_{0M}^2}{X_{0I}}$$

$$= X_{0I} - \frac{(0.6X_{0I})^2}{X_{0I}} = 0.64X_{0I} = 1.92X_1$$

4．如图 2-20 所示，某阻抗继电器以正序电压为极化电压，动作方程为 $90° < \arg\frac{U_{OP\phi\phi}}{U_{P\phi\phi}} < 270°$，请分析发生反方向两相短路时的动作特性（以阻抗形式表示）。假设故障前系统各点电压相等。

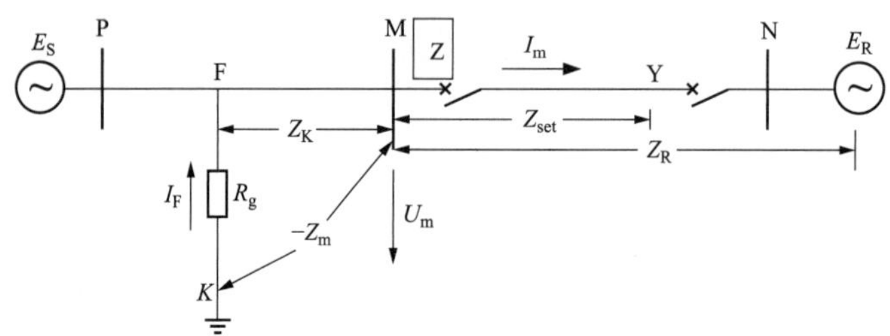

图 2-20　系统示意图

答：以 $K_{BC}^{(2)}$ 为例，分析 BC 相间阻抗继电器。

$$\dot{U}_{OPBC} = \dot{U}_{BC} - (\dot{I}_B - \dot{I}_C)Z_{set} = -(\dot{I}_B - \dot{I}_C)(-Z_m) - (\dot{I}_B - \dot{I}_C)Z_{set}$$

$$= (\dot{I}_B - \dot{I}_C)(Z_m - Z_{set}) = 2\dot{I}_B(Z_m - Z_{set})$$

$$\dot{U}_{PBC} = \dot{U}_{1BC} = \dot{U}_{1B} - \dot{U}_{1C} = (\dot{E}_{RB} + \dot{I}_{1B}Z_R) - (\dot{E}_{RC} + \dot{I}_{1C}Z_R)$$

$$= (\dot{E}_{RB} - \dot{E}_{RC}) + (\dot{I}_{1B} - \dot{I}_{1C})Z_R$$

$$= -(\dot{I}_B - \dot{I}_C)(Z_R - Z_m) + (\dot{I}_{1B} - \dot{I}_{1C})Z_R$$

$$= 2\dot{I}_B(Z_m - Z_R) + \dot{I}_B Z_R = 2\dot{I}_B\left(Z_m - \frac{1}{2}Z_R\right)$$

动作方程为：

$$90° < \arg\frac{Z_m - Z_{set}}{Z_m - \frac{1}{2}Z_R} < 270°$$

5．如图 2-21 所示，电网中相邻 A、B 两线路，线路 A 长度为 100km。因通信故障使 A、B 的两套快速保护均退出运行。在距离 B 母线 80km 的 K 点发生三相金属性短路，流过 A、B 保护的相电流如图 2-21 所示。试计算分析 A 处相间距离保护与 B 处相间距离的动作情况。

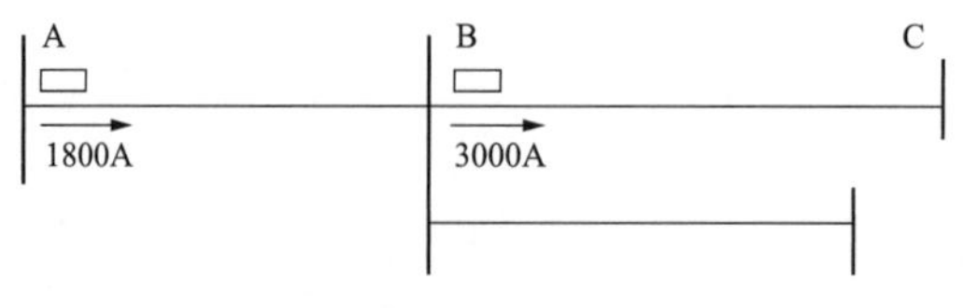

图 2-21　系统示意图

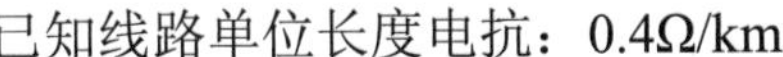

已知线路单位长度电抗：0.4Ω/km

A 处距离保护定值分别为（二次值）TA：1200/5； $Z_{\text{I}}=3.5\Omega$； $Z_{\text{II}}=13\Omega$； $t=0.5\text{s}$

B 处距离保护定值分别为（二次值）TA：600/5 $Z_{\text{I}}=1.2\Omega$； $Z_{\text{II}}=4.8\Omega$； $t=0.5\text{s}$

线路 TV 变比：220/0.1kV

答：（1）计算 B 保护距离Ⅰ段一次值： $1.2\times\dfrac{2200}{120}=22\,(\Omega)$

（2）计算 B 保护距离Ⅱ段一次值： $4.8\times\dfrac{2200}{120}=88\,(\Omega)$

（3）计算 A 保护距离Ⅱ段一次值： $13\times\dfrac{2200}{240}=120\,(\Omega)$

（4）计算 B 保护测量到的 K 点电抗一次值： $0.4\times80=32\,(\Omega)$

（5）计算 A 保护与 B 保护之间的助增系数： $\dfrac{3000}{1000}=3$

（6）计算 A 保护测量到的 K 点电抗一次值： $0.4\times100+3\times32=136\,(\Omega)>120\,(\Omega)$

（7）K 点在 B 保护Ⅰ段以外Ⅱ段以内，同时也在 A 保护Ⅱ段的范围之外，所以 B 保护相间距离Ⅱ段以 0.5 秒出口跳闸。A 保护不动作。

6．某 220kV 线路如图 2-22 所示：

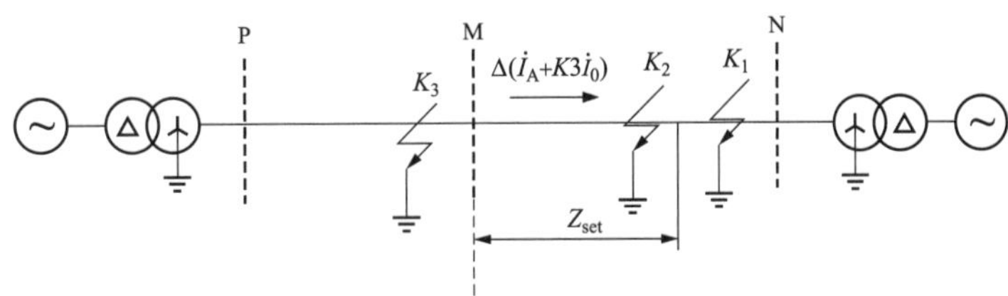

图 2-22 220kV 线路示意图

线路处于空载状态，设 M 母线 A 相工作电压 $\dot{U}_{\text{op.A}}$ 为

$$\dot{U}_{\text{op.A}}=\dot{U}_{\text{MA}}-(\dot{I}_{\text{A}}+K3\dot{I}_0)Z_{\text{set}}$$

其中： $\dot{U}_{\text{MA}}$ 为 M 母线 A 相电压， Z_{set} 为 M 侧保护整定阻抗。以图中 $\Delta(\dot{I}_{\text{A}}+K3\dot{I}_0)$ 为基准相量，试分别作出 K_1 点、 K_2 点、 K_3 点 A 相接地时 $\Delta\dot{U}_{\text{op.A}}$ 相量（图中各元件的序阻抗角相同均为 80°，且零序阻抗与正序阻抗之比相同）。

答： $\Delta\dot{U}_{\text{op.A}}$、 $\Delta(\dot{I}_{\text{A}}+K3\dot{I}_0)$ 仅存在于故障分量网络中。

（1）正向 A 相接地（ K_1、 K_2 ）：

$$\Delta\dot{U}_{\text{MA}}=-\Delta(\dot{I}_{\text{A}}+K3\dot{I}_0)Z_{\text{M}(-)}\text{，（}Z_{\text{M}(-)}\text{ 为 M 母线背后阻抗）}$$

所以 $$\Delta\dot{U}_{\text{op.A}}=\Delta\dot{U}_{\text{MA}}-\Delta(\dot{I}_{\text{A}}+K3\dot{I}_0)Z_{\text{set}}=-\Delta(\dot{I}_{\text{A}}+K3\dot{I}_0)(Z_{\text{M}(-)}+Z_{\text{set}})$$

（2）反向 A 相接地（ K_3 ）：

由于线路处空载，因为 K_1、 K_2、 K_3 点作用的故障分量，电动势同相位，因此 K_1、 K_2、 K_3 点 A 相接地时， $\Delta(\dot{I}_{\text{A}}+K3\dot{I}_0)$ 同相位。

$$\Delta\dot{U}_{MA}=\Delta(\dot{I}_A+K3\dot{I}_0)Z_{M(+)}$$ ［$Z_{M(+)}$为M母线正向阻抗］

所以 $\Delta\dot{U}_{op.A}=\Delta\dot{U}_{MA}-\Delta(\dot{I}_A+K3\dot{I}_0)Z_{set}=\Delta(\dot{I}_A+K3\dot{I}_0)(Z_{M(+)}-Z_{set})$ （$Z_{M(+)}>Z_{set}$）

说明：直接画出相量关系同样得分，见图2-23。

7．设J1、J2动作方程如下：

J1：
$$0°<\arg\frac{\dot{U}_m-I_m\dot{R}'_{set}}{\dot{I}_mR\mathrm{e}^{j60°}}<240°$$

J2：
$$-120°<\arg\frac{\dot{U}_m+I_m\dot{R}''_{set}}{\dot{I}_mR}<120°$$

其中 $\dot{U}_m$、$\dot{I}_m$ 为测量电压、电流，R'_{set}，R''_{set} 为整定阻抗，R 为电阻，当测量阻抗 $Z_m=\dfrac{\dot{U}_m}{\dot{I}_m}$ 时，试在阻抗复平面上画出由J1、J2构成"与"逻辑的 Z_m 动作区（用阴影线表示）。

答：动作区见图2-24。

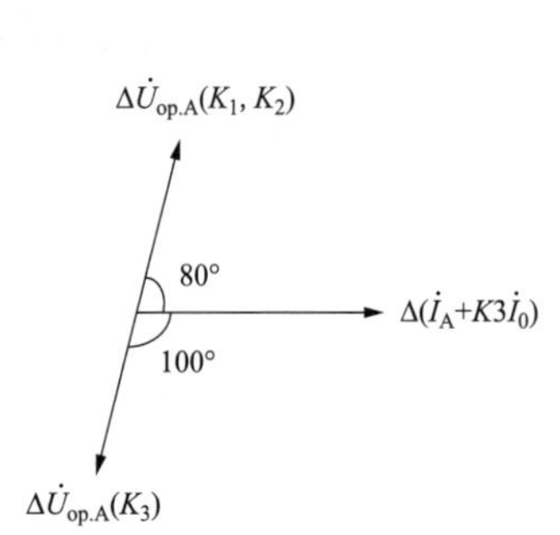

图2-23　不同点短路时工作电压相量图

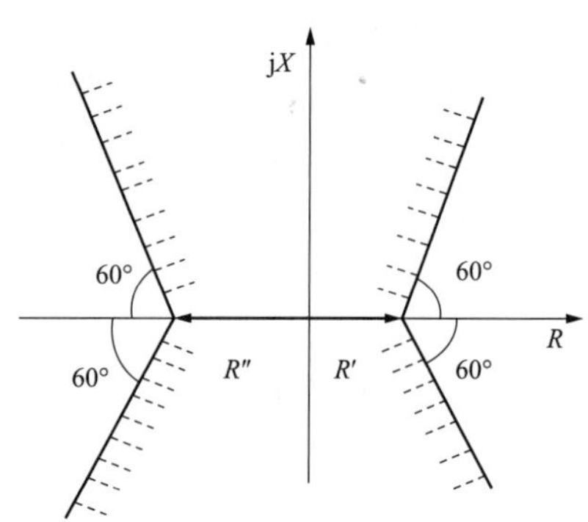

图2-24　Z_m动作区

8．某分相光纤差动保护动作判据如下：

$$I_{op}>K_{res}I_{res}+I_{op.min}$$

其中，K_{res} 为制动系数，$I_{op.min}$ 为最小动作电流，动作电流 I_{op}、制动电流 I_{res} 表示式如下：

$$\begin{cases}I_{op}=\left|\dot{I}_p+\dot{I}_q\right|\\ I_{res}=\max\left\{I_{res.\varphi},\dfrac{1}{2}I'_{res}\right\}\end{cases}$$

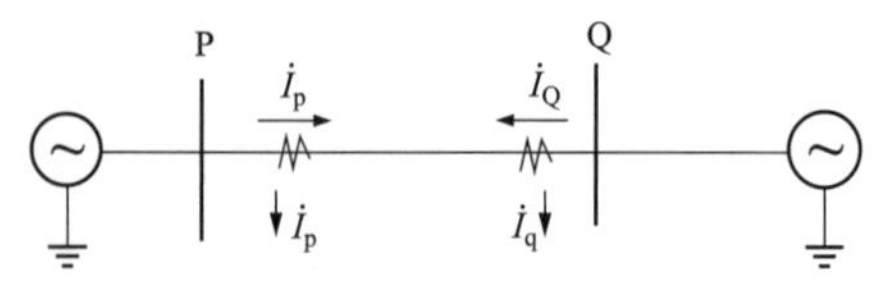

图2-25　线路差动保护示意图

其中，$I_{res.\varphi}=\dfrac{1}{2}\left|\dot{I}_{p\varphi}-\dot{I}_{q\varphi}\right|$ 为本相制动电流，I'_{res} 为其他相的制动电流。$\dot{I}_p$，$\dot{I}_q$ 示意如图2-25所示：

（1）作出该光纤差动保护判据动作特性；

（2）分析说明制动电流中引入 $\dfrac{1}{2}I'_{res}$ 的作用。

答：（1）动作特性见图2-26。

（2）引入 $\dfrac{1}{2}I'_{res}$ 可有效防止区外短路故障时非故障相差动保护误动。以区外A相接地时，B、C相差动保护行为为例进行分析。设单相接地电流为 $\dot{I}_{KA}^{(1)}$、K点左侧PQ线序电流分配系数为$C_1=C_2$、C_0，如图 2-27 所示。

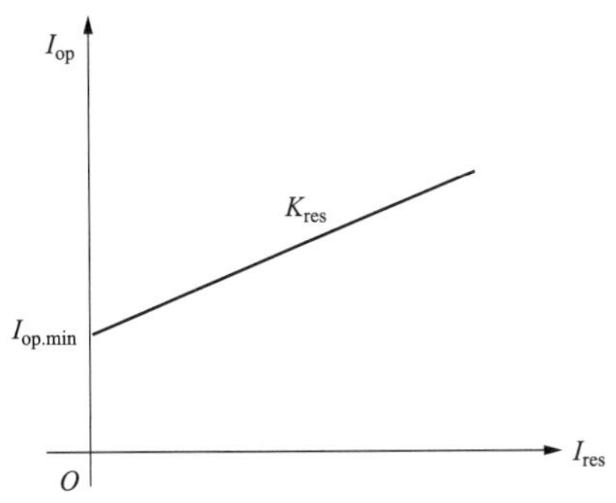

图 2-26 线路差动保护动作特性

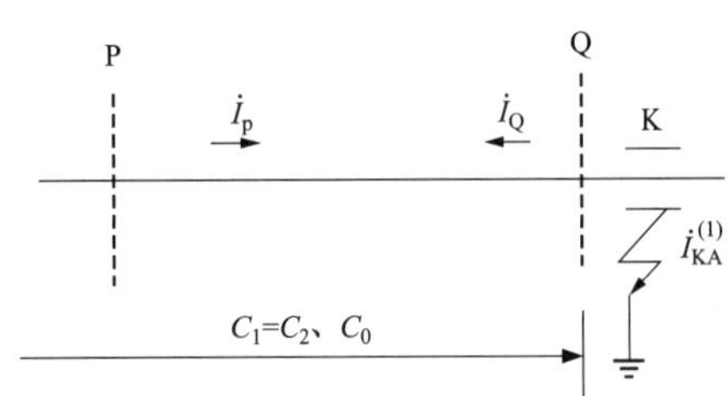

图 2-27 区外 A 相接地示意图

1）流入差动回路电流，因是外部故障所以只有不平衡电流，即：

$$\begin{cases} I_{d.A}=I_{unb.A} \\ I_{d.B}=I_{unb.B} \\ I_{d.C}=I_{unb.C} \end{cases}$$

$I_{unb.B}$、$I_{unb.C}$主要是非故障中零序电流引起的不平衡电流，并非只有负荷电流产生的不平衡电流。

2）$I_{res.\varphi}$制动电流：

$$I_{res.\varphi}=\frac{1}{2}\left|\dot{I}_{p\varphi}-\dot{I}_{q\varphi}\right|=I_{p\varphi}$$

各相得$I_{res.\varphi}$为：

$$I_{res.A}=\left|C_1\frac{\dot{I}_{KA}^{(1)}}{3}+C_2\frac{\dot{I}_{KA}^{(1)}}{3}+C_0\frac{\dot{I}_{KA}^{(1)}}{3}\right|=(2C_2+C_0)\frac{\dot{I}_{KA}^{(1)}}{3}$$

$$I_{res.B}=\left|C_1a^2\frac{\dot{I}_{KA}^{(1)}}{3}+C_2a\frac{\dot{I}_{KA}^{(1)}}{3}+C_0\frac{\dot{I}_{KA}^{(1)}}{3}\right|=(C_0-C_1)\frac{\dot{I}_{KA}^{(1)}}{3}$$

$$I_{res.C}=\left|C_1a\frac{\dot{I}_{KA}^{(1)}}{3}+C_2a^2\frac{\dot{I}_{KA}^{(1)}}{3}+C_0\frac{\dot{I}_{KA}^{(1)}}{3}\right|=(C_0-C_1)\frac{\dot{I}_{KA}^{(1)}}{3}$$

3）如果I_{res}中无$\frac{1}{2}I'_{res}$，则当出现$C_0\approx C_1$时，B、C 相差动继电器制动电流很小，容易发生误动。引入$\frac{1}{2}I'_{res}$后，制动电流变为$\frac{1}{2}(2C_2+C_0)\frac{\dot{I}_{KA}^{(1)}}{3}$，有效克服非故障相差动继电器误动。

9．根据接地距离保护相关知识，回答下列问题：

（1）接地阻抗元件为什么要加入零序补偿，接地阻抗计算公式是什么？

（2）设系统 A 相接地故障，故障点至保护安装处的正序、负序、零序阻抗分别为Z_1、Z_2、Z_0。根据对称分量法计算母线 A 相残压（假设$Z_1=Z_2$），列出零序补偿系数的表达式。

（3）当参数$Z_0=3Z_1$时，零序补偿K为何值？

（4）若接地阻抗 I 段整定值为 2Ω，阻抗角 80°，序阻抗参数同（3），写出检验动作阻抗的故障状态电压、电流测试参数设置（含 0.95 倍、1.05 倍阻抗测试，试验电流 5A）。

答：（1）为了使接地阻抗元件在接地时能准确测定距离，其补偿方式采取接地阻抗等于

$$\frac{\text{相电压}}{\text{相电流}+\text{零序补偿}(K\times 3\dot{I}_0)}$$

（2）设系统 A 相接地故障，故障点至保护安装处的正序、负序、零序阻抗分别为 Z_1、Z_2、Z_0。根据对称分量法母线 A 相残压为：

$$\begin{aligned}\dot{U}_A &= \dot{U}_{A1}+\dot{U}_{A2}+\dot{U}_{A0}=\dot{I}_{A1}Z_1+\dot{I}_{A2}Z_2+\dot{I}_{A0}Z_0=\dot{I}_AZ_1+\dot{I}_{A0}(Z_0-Z_1)\\ &=\left(\dot{I}_A+\frac{Z_0-Z_1}{3Z_1}3\dot{I}_{A0}\right)Z_1=\left(1+\frac{Z_0-Z_1}{3Z_1}\right)\dot{I}_AZ_1\end{aligned}$$

零序补偿系数：

$$K=\frac{Z_0-Z_1}{3Z_1}$$

（3）当 $Z_0=3Z_1$ 时，则 $K=\frac{3-1}{3}=0.67$。

（4）0.95 倍：$\dot{I}_A$=5A∠280°，$\dot{I}_B=\dot{I}_C$=0；$\dot{U}_A$=15.87V∠0°，$\dot{U}_B$= 57.74V∠240°，$\dot{U}_C$= 57.74V∠120°。

1.05 倍：$\dot{I}_A$=5A∠280°，$\dot{I}_B=\dot{I}_C$=0；$\dot{U}_A$=17.54V∠0°，$\dot{U}_B$=57.74V∠240°，$\dot{U}_C$=57.74V∠120°

10．如图 2-28 所示，变压器 T1、T2 接线组别均为 YN，d11，中性点接地运行。变压器 T2 空载，忽略系统的电阻。故障前系统电动势为 57V，线路发生 A 相接地故障，故障点过渡电阻 R_g 不变化。已知：$X_{M1}=X_{M2}=1.78\Omega$，$X_{T10}=3\Omega$；$X_{L1}=X_{L2}=2\Omega$，$X_{L0}=6\Omega$；$X_{T21}=X_{T22}=X_{T20}=2.4\Omega$；保护安装处测得的电流 I_A=14.4A，$3I_0$=9A（以上所给数值均为归算到保护安装处的二次值）。

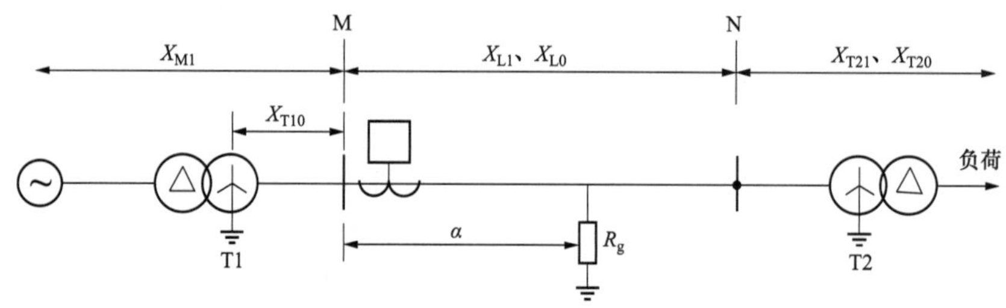

图 2-28　系统示意图

（1）请画出复合序网图；（2）求故障点的位置比 α；（3）求过渡电阻 R_g 的大小。

答：（1）复合序网图见图 2-29；

（2）已知 I_{0M}=3A。由 $I_A=I_{1M}+I_{2M}+I_{0M}$=14.4A，且 $I_{1M}=I_{2M}$ 可得

$$I_{1M}=I_{2M}=5.7\text{A}$$

因系统空载，对于故障点有 $I_{1F}=I_{2F}=I_{0F}$=5.7A，而 $I_{0F}=I_{0M}+I_{0N}$，所以

$$I_{0N}=I_{0F}-I_{0M}=5.7-3=2.7\text{A}$$

因此有：

$$\frac{I_{0N}}{I_{0M}}=\frac{X_{T10}+\alpha X_{L0}}{X_{T20}+(1-\alpha)X_{L0}}$$

即 $\frac{2.7}{3}=\frac{3+\alpha\times 6}{2.4+(1-\alpha)\times 6}$，得 α=0.4。

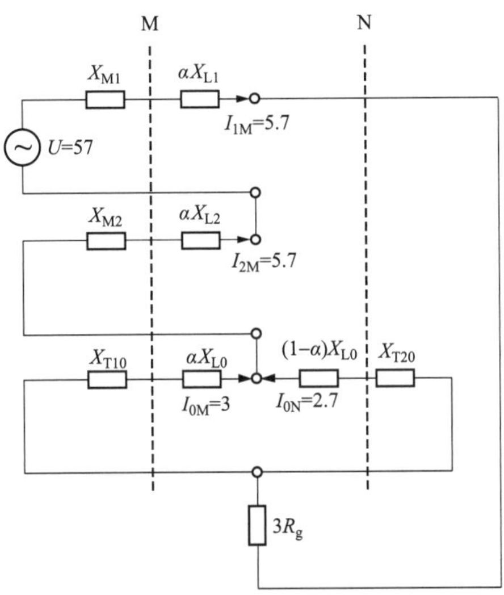

图 2-29　A 相接地复合序网图

（3）对故障点有 $X_{1\Sigma}$=$X_{1\Sigma}$=X_{M1}+αX_{l1}=1.78+0.8=2.58（Ω），$X_{0\Sigma}$=(X_{T10}+αX_{l0})//[X_{T20}+(1−α)X_{L0}] =2.84（Ω），由 $\dot{I}_{1F}=\frac{\dot{U}}{\mathrm{j}(X_{1\Sigma}+X_{2\Sigma}+X_{0\Sigma})+3R_g}$，得：

$$5.7=\left|\frac{57}{\mathrm{j}8+3R_g}\right|$$

可解得 R_g =2Ω。

11．如图 2-30 所示系统，求三相系统振荡时，相间阻抗继电器 K_Z 的测量阻抗轨迹，用图表示。方向阻抗继电器在 $\delta=90°$时动作，$\delta=270°$时返回（δ 为 E_M、E_N 两相量间的夹角），系统最长振荡周期为 2s，则方向阻抗继电器动作时间应整定何值。

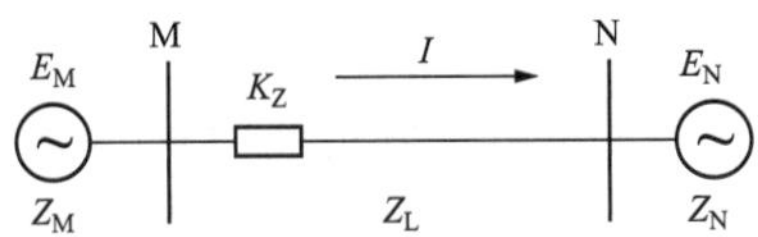

图 2-30　系统示意图

答：在 M 侧的阻抗继电器可用同名相电压和电流来分析，以下分析各电气量均为相量。

$$I=(E_M-E_N)/(Z_M+Z_L+Z_N)=(E_M-E_N)/Z_E$$

设　　$Z_M=mZ_E \qquad U_M=E_M-IZ_M=E_M-ImZ_E$

则继电器的测量阻抗为：

$$Z_K=U_M/I=(E_M-ImZ_E)/I=E_MZ_E/(E_M-E_N)-mZ_E$$

设 E_M、E_N 两相量间的夹角为 δ，且$|E_M|=|E_N|$，$1-\mathrm{e}^{-\mathrm{j}\delta}=2/[1-\mathrm{j}\cot(\delta/2)]$

则 $$Z_K=Z_E/(1-e^{-j\delta})-mZ_E=(1/2-m)Z_E-jZ_E\cot(\delta/2)/2$$

Z_K 的轨迹在 $R—X$ 复平面上是一直线，在不同的 δ 下，相量 $-jZ_E\cot(\delta/2)/2$ 是一条与 $(1/2-m)Z_E$ 垂直的直线。反映在继电器的端子上，测量阻抗 Z_K 的相量末端应落在直线上，当 δ=180°时，$Z_K=(1/2-m)Z_E$ 即保护安装地点到振荡中心之间的阻抗，如图 2-31 所示：

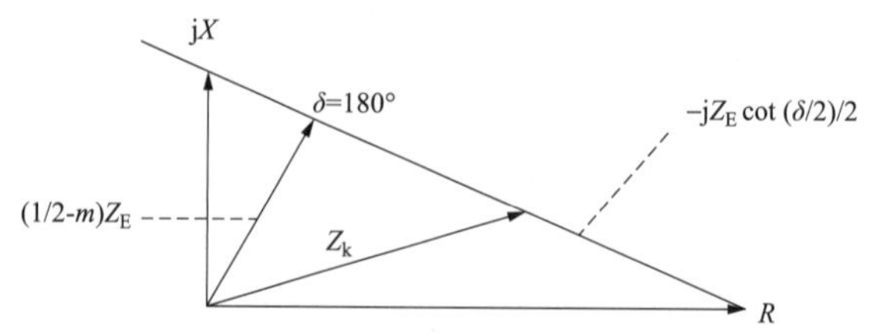

图 2-31　相间阻抗继电器测量阻抗轨迹

系统振荡时，进入方向阻抗继电器的动作区时间为 t，t=(270−90)×2/360=1(s)，则方向阻抗继电器动作时间应大于 1s，即用延时来躲开振荡误动。

12．系统发生接地故障时，某一侧的 $3U_0$、$3I_0$ 如下，试分析故障在正方向上还是反方向上？

数据如表 2-2 所示：

表 2-2　　**零序电压、零序电流采样值**

N=	1	2	3	4	5	6	7	8
$3U_0$（V）	23.9	53.6	68.9	65.8	45	12.2	−23.9	−53.6
$3I_0$（A）	−76.6	−34.2	17.4	64.3	94	98.5	76.6	34.2
N=	9	10	11	12	13	14	15	16
$3U_0$（V）	−68.9	−65.8	−45	−12.2	23.9	53.6	68.9	65.8
$3I_0$（A）	−17.4	−64.3	−94	−98.5	−76.6	−34.2	17.4	64.3

答：（1）从数据表读出：一个工频周期采样点数 N=12，即相邻两点间的工频电角度为 $\frac{360°}{12}=30°$。

（2）从打印数据读出 $3I_0$ 滞后 $3U_0$ 的相角为 60°～70°，见图 2-32。

结论：故障在反方向上。

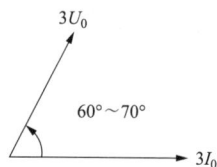

图 2-32　$3U_0$ 与 $3I_0$ 相量图

13．东北电网电力铁路工程的供电系统采用的是 220kV 两相供电方式，但牵引站的变压器 T 为单相变压器，一典型系统如图 2-33 所示。

图 2-33　供电系统示意图

假设变压器 T 满负荷运行，母线 M 的运行电压和三相短路容量分别为 220kV 和 1000MVA，两相供电线路非常短，断路器 QF 保护设有负序电压和负序电流稳态启动元件，定值的一次值分别为 22kV 和 120A。

试问：（1）忽略谐波因素，该供电系统对一、二次系统有何影响？

（2）系统正常运行时负序电压和负序电流启动元件能否启动？

答：（1）由于正常运行时，有负序分量存在，所以负序电流对一次系统的发电机有影响；负序电压和负序电流对采用负序分量的保护装置有影响。

（2）计算负序电流：

正常运行的负荷电流： $I=\dfrac{S}{U}=\dfrac{50\times 1000}{220}=227\,(\mathrm{A})$

负序电流： $I_2=\dfrac{I}{\sqrt{3}}=\dfrac{227}{\sqrt{3}}=131\,(\mathrm{A})$

可知，正常运行的负序电流值大于负序电流稳态启动元件的定值 120A，所以负序电流启动元件能启动。

计算负序电压：

系统等值阻抗： $Z=\dfrac{U_{\mathrm{B}}^2}{S_{\mathrm{B}}}=\dfrac{220^2}{1000}=48.4(\Omega)$

负序电压 $U_2=Z\times I_2=48.4\times 131=6340\mathrm{V}=6.34(\mathrm{kV})$

可知，正常运行的负序电压值小于负序电压启动元件的定值 22kV，所以负序电压启动元件不能启动。

14．设 Z_{x} 为固定阻抗值，阻抗角与整定阻抗 Z_{set} 的阻抗角相等，Z_{m} 为测量阻抗，按以下动作方程作出 Z_{m} 的动作特性，并以阴影线表示 Z_{m} 的动作区。

（1）$180°<\arg\dfrac{Z_{\mathrm{m}}-Z_{\mathrm{set}}}{Z_{\mathrm{m}}+Z_{\mathrm{x}}}<270°$；

（2）$225°<\arg(Z_{\mathrm{set}}-Z_{\mathrm{m}})<330°$。

答：（1）半圆，动作区见图 2-34。

（2）$\arg(Z_{\mathrm{set}}-Z_{\mathrm{m}})=\arg(Z_{\mathrm{m}}-Z_{\mathrm{set}})+180°$

动作方程变为：$45°<\arg(Z_{\mathrm{m}}-Z_{\mathrm{set}})<150°$

动作区见图 2-35。

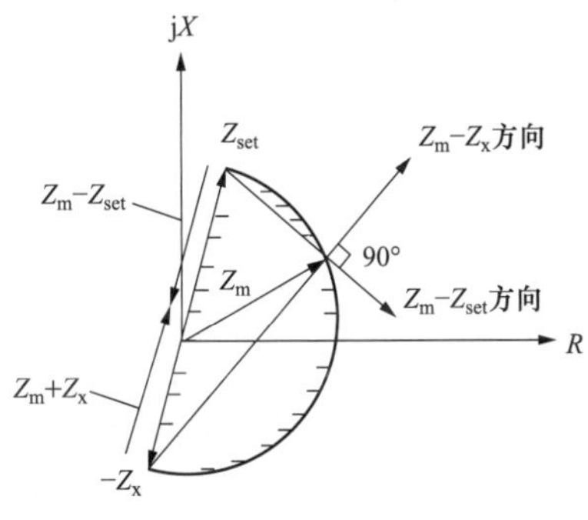

图 2-34 $180°<\arg\dfrac{Z_{\mathrm{m}}-Z_{\mathrm{set}}}{Z_{\mathrm{m}}+Z_{\mathrm{x}}}<270°$ 动作特性

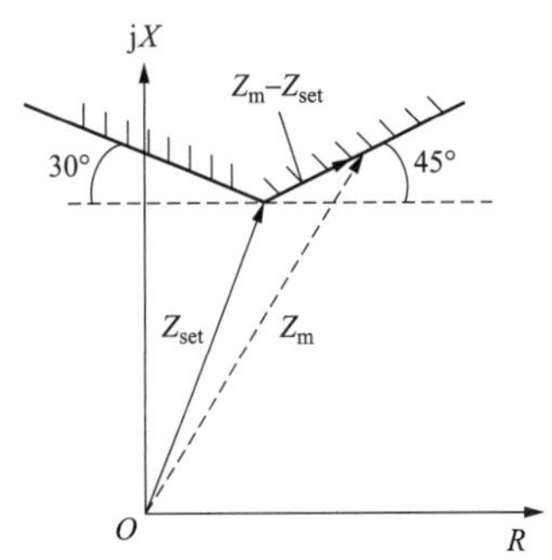

图 2-35 $225°<\arg(Z_{\mathrm{set}}-Z_{\mathrm{m}})<330°$ 动作特性

15．以加入继电器的保护安装处的电压 $\dot{U}_{m}$ 为基准，画出正方向区内、区外、保护区末端及反方向金属性短路时阻抗继电器的工作电压 $\dot{U}_{OP}$ 的相量图（只要画出相位关系，幅值大小不要求）。

答： $U_{op}=U_{\varphi}-I_{\varphi}Z_{set}$

相量图如图 2-36 所示。$\dot{U}_{OP1}$ 为区内短路时的工作电压、$\dot{U}_{OP2}$ 为区外短路时的工作电压、$\dot{U}_{OP3}$ 为反方向短路时的工作电压、$\dot{U}_{OP4}=0$ 为保护区末端短路时的工作电压。

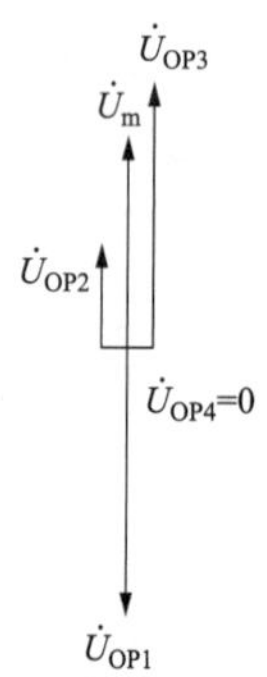

图 2-36　不同短路点工作电压相量图

16．在如图 2-37 所示单侧电源线路 MN 上装有比较 I_1+KI_2 相位的纵联电流相位差动保护。已知：线路的阻抗 $x_1=0.4\Omega/\text{km}$，$x_0=1.4\Omega/\text{km}$；系统阻抗：$x_{1s}=x_{2s}=7\Omega$，$x_{0s}=10\Omega$。问：不考虑负荷电流的影响，K 为何值时，在线路末端 K 点发生两相接地短路时，保护将拒绝动作？

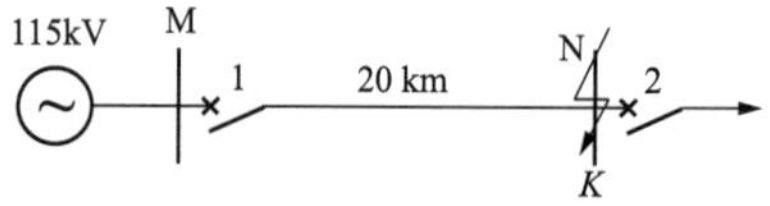

图 2-37　单侧电源线路示意图

答： 只有在 $I_1+KI_2=0$ 时，保护才可能拒动。因此首先要求得 $\dot{I}_1$、$\dot{I}_2$。在线路末端 K 点发生两相接地短路：$X_{1\Sigma}=X_{2\Sigma}=7+20\times0.4=15(\Omega)$，$X_{0\Sigma}=10+20\times1.4=38(\Omega)$。则

$$I_{K1}=\frac{115/\sqrt{3}}{15+\dfrac{15\times38}{15+38}}\doteq2.578(\text{kA})，\quad I_{K2}=-\frac{38}{15+38}\times2.578\doteq-1.848(\text{kA})$$

由 $I_1+KI_2=0$，则 $K=-\dfrac{I_1}{I_2}=-\dfrac{I_{K1}}{I_{K2}}=\dfrac{2.578}{1.848}\doteq1.395$。

17．某 220kV 线路电流互感器变比为 1600/1A，线路零序电流保护各段的定值（二次值）分别为：Ⅰ段：1.5A，0s，方向指向线路；Ⅱ段：1.0A，1.0s，方向指向线路；Ⅲ段：0.4A，2.0s，无方向；Ⅳ段：0.2A，4.0s，无方向。纵联零序（闭锁式）保护停信定值为 0.4A（二次值），零序加速保护定值为 0.4A（二次值）。假设该线路投运后负荷电流将达到 1000A，如果电流互感器 B 相极性接反，试画出相量图并分析该线路投入运行后上述各段保护的动作行为。假定线路保护启动元件定值较动作定值灵敏，线路保护装置其他回路、逻辑等正常。

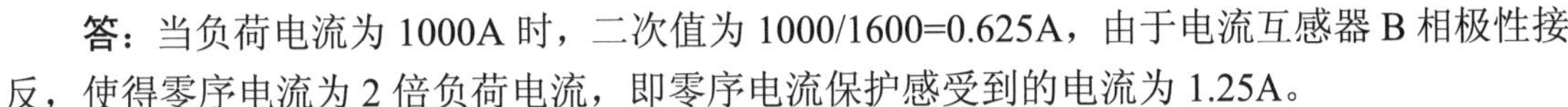

答： 当负荷电流为 1000A 时，二次值为 1000/1600=0.625A，由于电流互感器 B 相极性接反，使得零序电流为 2 倍负荷电流，即零序电流保护感受到的电流为 1.25A。

零序Ⅰ段保护达不到定值，不动作。

零序Ⅱ段保护则需视方向元件是否开放而定，如果线路保护经零序电压突变量闭锁，则一般不会误动；若不经突变量闭锁，且零序不平衡电压超过方向元件门槛，方向元件可能开放，保护将误动。

零序Ⅲ段保护将动作，Ⅳ段因时间长不会动作。

纵联零序，本侧可能停信（视方向元件是否开放而定），但因对侧正常发闭锁信号（远方起信逻辑或手合发信逻辑）而不动作。

相量图见图 2-38。

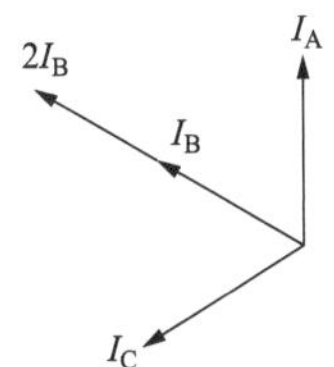

图 2-38　电流互感器 B 相接反电流相量图

18. 在如图 2-39 所示系统中整定 K 保护的阻抗继电器Ⅱ段定值时要计算分支系数，分支系数 K_b 的定义为流过故障线路的电流与流过保护的电流之比。请说明，求此时的分支系数时应取何处短路？选择运行方式并计算出分支系数的数值。

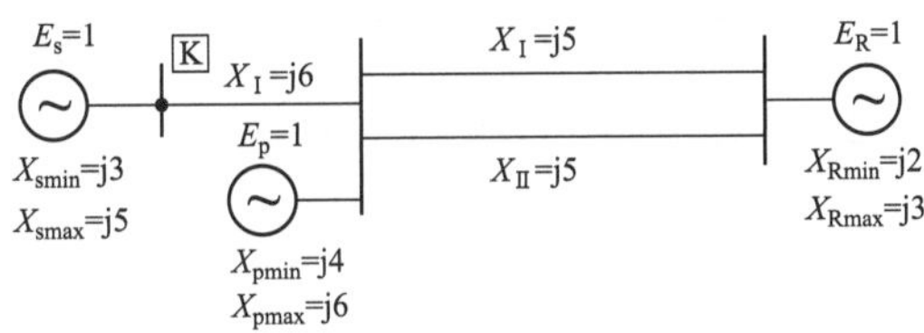

图 2-39　系统示意图

答： K 保护的阻抗继电器Ⅱ段定值应与双回线阻抗继电器Ⅰ段定值配合。如图 2-40 所示，对于 E_p 电源是助增系数，即：

$$K_{b1}=\frac{\dot{I}_1+\dot{I}_2}{\dot{I}_1}$$

对于双回线是汲出系数，即：

$$K_{b2}=\frac{\dot{I}_1-\dot{I}_2}{\dot{I}_1}$$

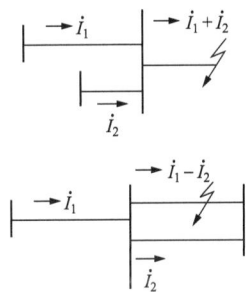

I_2 越大即汲出电流越大，则汲出系数越小。

为取得汲出电流最大，求分支系数时取改回线末端母线短路，此时有

图 2-40　助增/汲出示意图

助增系数
$$K_{b1}=\frac{1}{\dfrac{6}{9+6}}=\frac{15}{6}=2.5$$

汲出系数 $$K_{b2}=\frac{1}{2}=0.5$$

分支系数 $$K_b=K_{b1}K_{b2}=2.5\times0.5=1.25$$

19．如图 2-41 所示系统，发电厂经同杆并架双回线向系统送电，每回线负荷电流为 $IA_{|0|}=600\angle0°\text{A}$，以 1000MVA 为基准，机组、线路和系统阻抗标幺值如下：$X_{1F}=0.7$　$X_{1T}=0.5$　$X_{1L}=0.6$　$X_{1S}=0.3$　$X_{0T}=0.4$　$X_{0L}=1.8$　$X_{0M}=0.6$　$X_{0S}=0.2$，电厂侧 1 线发生 A 相断线。

（1）画出复合序网图，求 I 线 I_B、I_C、$3I_0$，在什么条件下三者均等于断线前负荷电流？

（2）双回线保护取用母线 TV，零序Ⅳ段保护定值 $3I_0$=300A，方向指向线路，分析四端保护是否动作？

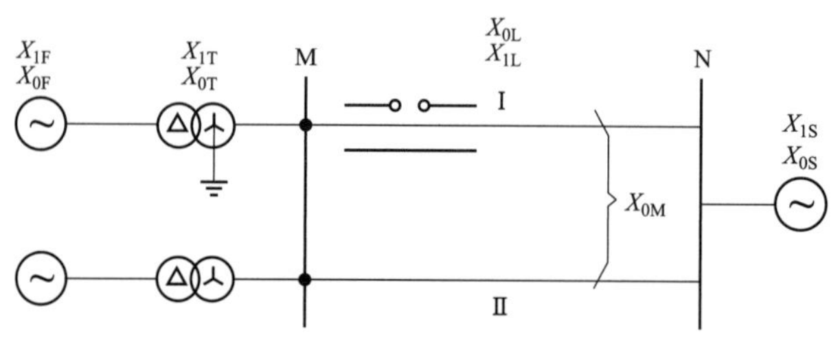

图 2-41　系统示意图

答：（1） 断线故障序网络图如图 2-42 所示：

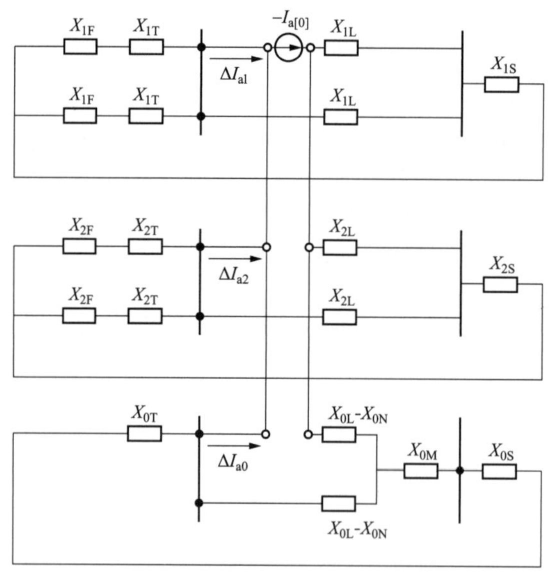

图 2-42　A 相断线复合序网图

断口处综合电抗：

$$X_{1\Sigma}=X_{2\Sigma}=[(X_{1F}+X_{1T})/2+X_{1S}]\,//\,X_{1L}+X_{1L}$$

$$=[(0.7+0.5)/2+0.3]\,//\,0.6+0.6=0.96$$

$X_{0\Sigma}$ 考虑了零序互感影响：

$$X_{0\Sigma}=(X_{0T}+X_{0S}+X_{0M})\,//\,(X_{0L}-X_{0M})+(X_{0L}-X_{0M})$$
$$=(0.4+0.2+0.6)\,//\,(1.8-0.6)+(1.8-0.6)=1.8$$

根据叠加原理，断线电流故障分量：

$$\Delta I_{A1}=-I_{A|0|}\frac{1}{\dfrac{1}{X_{1\Sigma}}+\dfrac{1}{X_{2\Sigma}}+\dfrac{1}{X_{0\Sigma}}}\times\frac{1}{X_{1\Sigma}}=-I_{A|0|}\frac{X_{0\Sigma}}{2X_{0\Sigma}+X_{1\Sigma}}$$

$$\Delta I_{A2}=\Delta I_{A1}$$

$$\Delta I_{A0}=-I_{A|0|}\frac{1}{\dfrac{1}{X_{1\Sigma}}+\dfrac{1}{X_{2\Sigma}}+\dfrac{1}{X_{0\Sigma}}}\times\frac{1}{X_{0\Sigma}}=-I_{A|0|}\frac{X_{0\Sigma}}{2X_{0\Sigma}+X_{1\Sigma}}$$

Ⅰ回线全电流：

$$I_A=0$$

$$I_B=a^2(I_{A|0|}+\Delta I_{A1})+a\Delta I_{A2}+\Delta I_{A0}=I_{B|0|}+I_{A|0|}\times\frac{X_{0\Sigma}-X_{1\Sigma}}{2X_{0\Sigma}+X_{1\Sigma}}$$

$$=I_{B|0|}+I_{A|0|}\times\frac{1.8-0.96}{2\times1.8+0.96} \tag{1}$$

$$=I_{B|0|}+0.184\,I_{A|0|}$$

$$=0.92\times600\angle-110^\circ$$

$$I_C=a(I_{A|0|}+\Delta I_{A1})+a^2\Delta I_{A2}+\Delta I_{A0}=I_{C|0|}+I_{A|0|}\times\frac{X_{0\Sigma}-X_{1\Sigma}}{2X_{0\Sigma}+X_{1\Sigma}} \tag{2}$$

$$=0.92\times600\angle130^\circ$$

$$3I_{0\,\text{Ⅰ}}=3\Delta I_{A0}=-3I_{A|0|}\frac{X_{1\Sigma}}{2X_{0\Sigma}+X_{1\Sigma}} \tag{3}$$

$$=-3\times600\times\frac{0.96}{2\times1.8+0.96}=-378(\text{A})$$

由式（1）～式（3）可知，当断口两端等值零序阻抗等于正序综合阻抗即 $X_{0\Sigma}=X_{1\Sigma}$ 时，两健全相电流不变，$3I_0$ 等于 $-I_{A|0|}$，均等于故障前负荷电流。

（2）Ⅱ回线零序电流：

$$3I_{0\,\text{Ⅱ}}=-3I_{0\,\text{Ⅰ}}\times\frac{X_{0T}+X_{0S}+X_{0M}}{(X_{0T}+X_{0S}+X_{0M})+(X_{0L}-X_{0M})}$$

$$=378\times\frac{0.4+0.2+0.6}{(0.4+0.2+0.6)+(1.8-0.6)}$$

$$=189\text{（A）}$$

Ⅰ回线零序电流 $3I_{0\,\text{Ⅰ}}$＞零序Ⅳ段保护定值 300A，两侧均为正方向，能够动作。

Ⅱ回线零序电流 $3I_{0\,\text{Ⅱ}}$＜零序Ⅳ段保护定值 300A，Ⅱ回线与Ⅰ回线零序电流相反，所以两侧均为反方向，不能够动作。

20．如图 2-43 所示，计算 220kV 1XL 线路 M 侧的相间距离Ⅰ、Ⅱ、Ⅲ段保护定值。2XL 与 3XL 为同杆并架双回线，且参数一致。无单位值均为标幺值（最终计算结果以标幺值表示），可靠系数均取 0.8，相间距离Ⅱ段的灵敏度不小于 1.5。

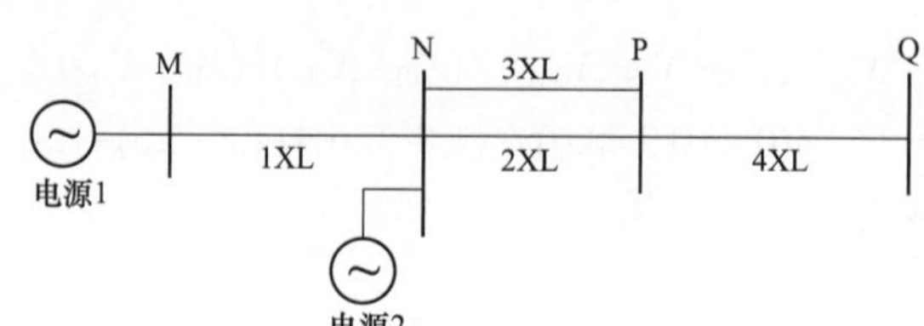

图 2-43　系统示意图

已知条件：

（1）发电机以 100MVA 为基准容量，230kV 为基准电压，1XL 的线路阻抗为 0.04，2XL、3XL 的线路阻抗为 0.03，2XL、3XL 线路 N 侧的相间距离 II 段定值为 0.08，t_2=0.5s；

（2）P 母线故障，线路 1XL 的故障电流为 18，线路 2XL、3XL 的故障电流各为 20；

（3）1XL 的最大负荷电流为 1200A（III段仅按最大负荷电流整定即可，不要求整定时间）。

答：

（1）1XL 相间距离 I 段保护定值：

$$Z_{\text{1setI}} = 0.8 \times 0.04 = 0.032$$

动作时间 t=0s。

（2）1XL 相间距离 II 段保护定值：

计算 II 段距离保护定值，考虑电源 2 停运，取得最小助增系数：

$$K_{\text{fz}} = \frac{9}{18} = 0.5$$

1）与线路 2XL 的 I 段 Z_{2setI} 配合：

$$Z_{\text{2setI}} = 0.8 \times 0.03 = 0.024$$

$$\begin{aligned} Z_{\text{1setII}} &= 0.8 \times 0.04 + 0.8 \times 0.5 \times Z_{\text{2setI}} \\ &= 0.032 + 0.8 \times 0.5 \times 0.024 = 0.0416 \end{aligned}$$

校核灵敏度：1.5×0.04=0.06，0.0416 小于 0.06。

灵敏度不符合要求。

2）与线路 2XL 的距离 II 段配合：

$$\begin{aligned} Z_{\text{1setII}} &= 0.8 \times 0.04 + 0.8 \times 0.5 \times Z_{\text{2setII}} \\ &= 0.032 + 0.8 \times 0.5 \times 0.08 = 0.064 \end{aligned}$$

动作时间 t=0.8～1.0s。

灵敏度符合要求。

（3）1XL 相间距离III段保护定值：按最大负荷电流整定：

$$Z_{\text{fh.min}} = \frac{0.9U_{\text{e}}}{\sqrt{3}I_{\text{fh.max}}} = \frac{0.9 \times 230}{\sqrt{3} \times 1.2} = 99.6(\Omega)$$

$$Z_{\text{1setIII}} = K_{\text{k}} \times Z_{\text{fh.min}} = 0.8 \times 99.6 = 79.7(\Omega)$$

换算成标幺值：

$$Z1'_{\text{setIII}} = Z_{\text{1setIII}} \times \frac{S_{\text{B}}}{U_{\text{B}}^2} = 79.7 \times \frac{100}{230^2} = 0.151$$

21．某 220kV 双回线路带一终端变电站，终端变压器其中 1 台中性点接地运行，线路配置 RCS- 931A 和 CSC101B 两套纵联保护，线路长度 32km，双回线路参数均为 R_1=1.2Ω，X_1=9.74Ω，R_0=5.5Ω，X_0=30.4Ω，X_M=15Ω。系统等值参数 X_1=2.8Ω，X_0=3.0Ω。CSC101B 纵联距离保护中相关定值如下：零序电抗补偿系数=0.45，零序电阻补偿系数=1.19，纵联距离电抗定值=20Ω，纵联距离电阻定值=18Ω。问正常运行时、单回线运行时，线路末端的 CSC101B 纵联距离保护能否在本线路内部金属性单相接地故障时正确动作。[注：CSC101B 线路保护装置及接线均正常，未提及的其他保护动作条件均认为满足（如保护启动元件），阻抗值均为一次值，可不精确计算，近似认为测量电抗 $X=U_\Phi/(I_\Phi+K3I_0)$]

答：按规程规定，纵联距离（相间和接地）保护灵敏度的要求如下：50km 以下线路，不小于 1.7。

终端线路接地距离可正确测量故障点距离，测量阻抗的误差主要来自补偿系数的差异。

双回线运行时，$K^*_X=(X_0+X_M-X_1)/3X_1=1.22$，内部故障时，随故障点变化，等效 K_x 降低，但总大于 0.45（完全电流反向，去磁）。

近似地，测量电抗 $X=U_\Phi/(I_\Phi+K3I_0)$，$I_\Phi=C_1I_{1\Sigma}+C_1I_{2\Sigma}+C_0I_{0\Sigma}$，若比较灵敏度，需要较复杂的计算。

考虑最恶劣情况下，线路电源端短路，C_1 较小，取=0 时 $I_\Phi=I_0$，则实际 X^*与测量 X 比值为：

$$(1+3K)/(1+3K^*)=(1+3\times0.45)/(1+3\times1.22)=0.504$$

也就是说，当线路电源端短路，实际阻抗为 9.74Ω 时，测量阻抗为 19.3Ω，显然不满足灵敏度要求，不能保证保护动作。

单回线运行时，不考虑负荷阻抗，$I_\Phi=I_0$。

另一回线接地时，K^*_X=0.45，测量阻抗可正确测量故障点距离，灵敏度满足要求。

单回线运行，另一回线不接地时，K^*_X=0.707，实际 X^*与测量 X 比值为：0.67，灵敏度=1.37。

改纵联距离电抗定值为 33Ω(9.74×1.7/0.504)以上，即可。

22．如图 2-44 所示电压互感器 TV 的二次额定线电压为 100V，负载阻抗均为 Z，当星形接线的二次绕组 C 相熔断器熔断时：①试计算负载处 C 相电压及相间电压 U_{bc}、U_{ca} 的大小，并画出其相量图（电压互感器二次电缆阻抗忽略不计）。②某方向继电器接入 U_{ca} 电压和 I_b 电流，继电器的灵敏角为 90°，动作区为 0°～180°。如果当时送有功 100MW，送无功 100Mvar，发生上述 TV 断线时，该继电器是否可能动作？为什么？

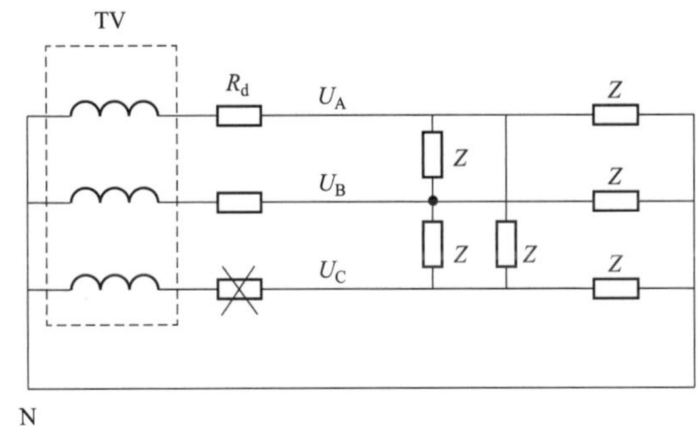

图 2-44 TV 二次接线图

答：

$$\dot{I}_C=\dot{I}_A+\dot{I}_B=\frac{\dot{U}_{BN}-\dot{U}_{CN}}{Z}+\frac{\dot{U}_{AN}-\dot{U}_{CN}}{Z}$$

$$\dot{U}_{CN}=\dot{I}_C\cdot Z=(\dot{U}_{BN}-\dot{U}_{CN})+(\dot{U}_{AN}-\dot{U}_{CN})$$

$$3\dot{U}_{CN}=\dot{U}_{AN}+\dot{U}_{BN}$$

$$\dot{U}_{CN}=\frac{\dot{U}_{AN}+\dot{U}_{BN}}{3}=\frac{1}{3}(57.7\angle 0°\text{V}+57.7\angle 120°\text{V})$$

$$\dot{U}_{CN}=\frac{1}{3}\times 57.7\text{V}=19.2\text{V}$$

$$\dot{U}_C=\frac{\dot{E}_a+\dot{E}_b}{3}=-\frac{\dot{E}_c}{3}\quad U_c=19\text{V}$$

$$\dot{U}_{bc}=\dot{U}_b-\dot{U}_c=\dot{E}_b+\frac{\dot{E}_c}{3}=0.88\dot{E}_a e^{-j139°}\quad U_{bc}=51\text{V}$$

$$\dot{U}_{ca}=\dot{U}_c-\dot{U}_a=-\dot{E}_a-\frac{\dot{E}_c}{3}=0.88\dot{E}_a e^{-j161°}\quad U_{ca}=51\text{V}$$

相量如图 2-45 所示。

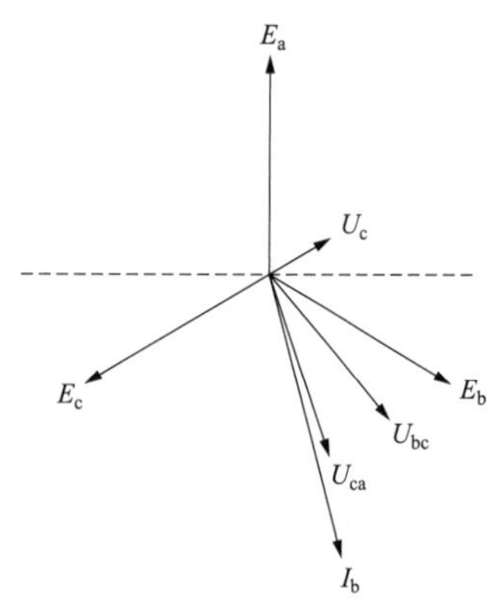

图 2-45 电压电流相量图

因为送有功 100MW，送无功 100Mvar，I_b 滞后 E_b 角度为 45°，而 U_{ca} 滞后 E_b 角度为 161°−120°=41°，即 U_{ca} 超前 I_b 角度为 4°。由图 2-45 可见，I_b 落入继电器动作区（边缘），故继电器可能动作。

23．某 220kV 线路配置 RCS-931A 和 CSC101B 两套保护，该线路相间距离Ⅲ段定值为 40Ω/相，正序最大灵敏角为 80°，TA 变比 1200/5A。CSC101B 中，相间电阻定值取 18Ω/相，电抗定值近似取阻抗定值。当负荷阻抗为 2∠20°Ω/相（二次值）时，两套保护的相间距离Ⅲ段元件能否动作？要求根据其动作特性进行定量计算分析。

答：折算到二次侧的整定阻抗：

$$Z_{set}=40\times\frac{1200/5}{220000/100}=4.36(\Omega)$$

RCS-931A 为圆特性，在测量阻抗角方向上，动作阻抗：

$$Z_{op}=4.36\cos(80°-20°)=2.18(\Omega)$$

继电器的测量阻抗为 2∠20°Ω/相，小于 2.18Ω/相，故继电器动作。

CSC101B 保护，电抗取 4.36，电阻为 1.96，在测量阻抗角方向上，动作阻抗：1.96/sin40°=Z_{op}/sin120°

Z_{op}=2.64，故继电器动作。

24．某系统主接线如图 2-46 所示，系统阻抗、线路阻抗如图中所示，试确定距离保护 1、2、3、4 中Ⅰ段方向阻抗是否需经振荡闭锁控制？

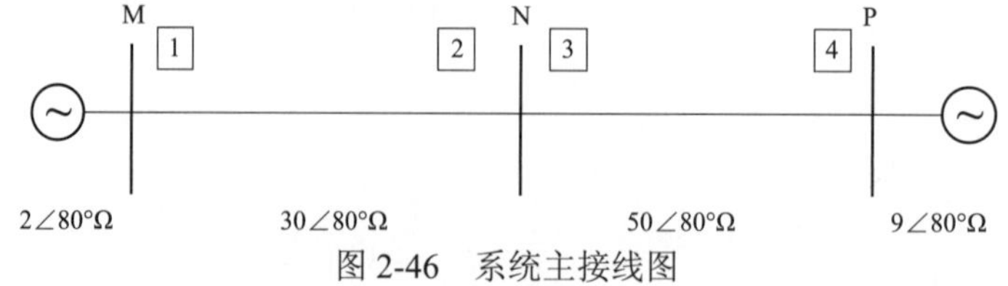

图 2-46 系统主接线图

答：系统综合阻抗为：

$$Z_{11}=2+30+50+9=91$$

振荡中心在 $Z_{11}/2$ 处，即 91/2=45.5Ω，振荡中心在 NP 线路靠近 N 侧的 45.5−(30+2)=13.5Ω 处。

- 1、2 保护中的 I 段：不需要振荡闭锁控制。
- 3 保护中的 I 段：需振荡闭锁控制。
- 4 保护中的 I 段：按整定阻抗 85%计算。保护区为 50×85%=42.5Ω，保护区伸到离 N 母线处 50−42.5=7.5Ω，振荡中心在 I 段保护区内，故需振荡闭锁控制。

25．双侧电源双回线路系统参数如图 2-47 所示，在线路 L1 距离 M 侧 α=0.45 的 K 点发生两相短路接地。

（1）健全线路 L2 的方向纵联保护在两侧都同时采用零序功率方向元件 D0 和负序功率方向元件 D2；

（2）健全线 L2 的距离纵联保护两侧的超范围距离元件的整定阻抗 Z_{set}=j150Ω。试问在上述两种情况下，健全线纵联保护的动作情况如何？

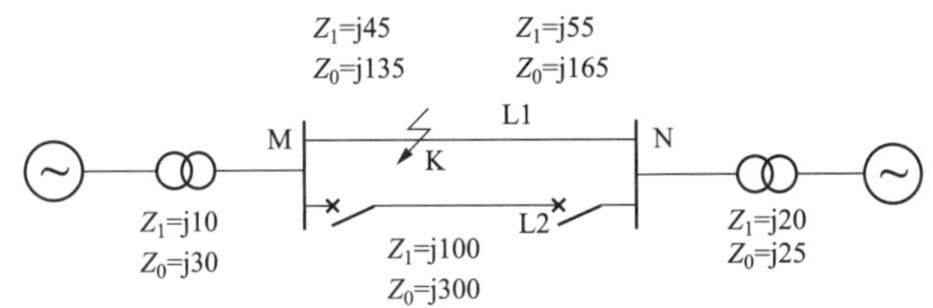

图 2-47 系统示意图

答：（1）将健全线 L2 断开，在 K 点加负序电压，则

$$\dot{U}_{2M}=\dot{U}_2-\dot{I}_{2M}\times \mathrm{j}_{45}=\dot{U}_2-\frac{75}{55+75}\dot{I}_2\times 45=\dot{U}_2-\frac{3375}{130}\dot{I}_2$$

$$\dot{U}_{2N}=\dot{U}_2-\dot{I}_{2N}\times \mathrm{j}55=\dot{U}_2-\frac{55}{55+75}\dot{I}_2\times 55=\dot{U}_2-\frac{3025}{130}\dot{I}_2$$

所以，$\dot{U}_{2M}<\dot{U}_{2N}$。

再将 L2 接通，在 L2 上 $\dot{I}_2$ 将由 N 侧流向 M 侧，则 M 侧 D2 判为正方向。

将健全线 L2 断开，在 K 点加零序电压，则

$$\dot{U}_{0M}=\dot{U}_0-\dot{I}_{0M}\times \mathrm{j}135=\dot{U}_0-\frac{190}{355}\dot{I}_0\times 135=\dot{U}_0-\frac{25650}{355}\dot{I}_0$$

$$\dot{U}_{0N}=\dot{U}_0-\dot{I}_{0N}\times \mathrm{j}165=\dot{U}_0-\frac{165}{355}\dot{I}_0\times 165=\dot{U}_0-\frac{27225}{355}\dot{I}_0$$

所以，$\dot{U}_{0M}>\dot{U}_{0N}$。

再将 L2 接通，在 L2 上 $\dot{I}_0$ 将由 M 侧流向 N 侧，则 N 侧 D0 判为正方向。

若不采取措施，M 侧 D2 动作停信，N 侧 D0 动作停信，则方向纵联保护误动作。

对策是两侧都加反方向判别元件，当任何一个反方向判别元件动作时，即将正方向判别元件闭锁，禁止停信，纵联保护不会误动。

（2）健全线 L2 的 M 侧超范围距离元件测量阻抗必大于 j155Ω，不会动作。N 侧距离元件因为有 M 侧电源起助增作用，也不会动作。两侧超范围元件都不动作，纵联保护不会跳闸。

26. 如图 2-48 所示网络，试计算保护 1 电流速断保护的动作电流，动作时限及电流保护范围，并说明当线路长度减到 40、20km 时情况如何？由此得出什么结论？

已知：$K_{rel}^{I}=1.2$，$Z_1=0.4\Omega/km$。

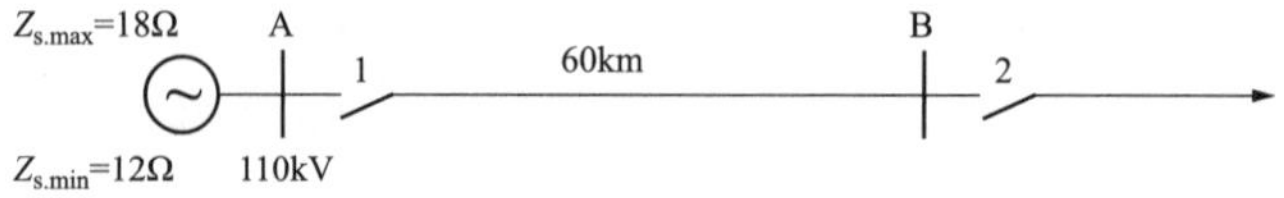

$Z_{s.max}$=18Ω　A　1　60km　B　2　$Z_{s.min}$=12Ω　110kV

图 2-48　系统示意图

答：当线路长度为 60km 时：

$$I_{K\cdot B\cdot max}=\frac{E_s}{Z_{s\cdot min}+Z_1 l_{AB}}=\frac{115/\sqrt{3}}{12+0.4\times 60}$$
$$=1.84kA$$

$$I_{act\cdot 1}^{I}=K_{rel}^{I}\ I_{K\cdot B\cdot max}=1.2\times 1.84=2.21(kA)$$

$$l_{min}=\left(\frac{\sqrt{3}}{2}\times\frac{E_s}{I_{act\cdot 1}^{I}}-Z_{s\cdot max}\right)/Z_1=19.95km$$

$$l_{min}\%=33.25\%>15\%,\quad t_I^I=0s$$

当线路长度为 40km 时：

$$I_{act\cdot 1}^{I}=2.84kA,\quad l_{min}\%=14\%<15\%,\quad t_I^I=0s$$

当线路长度为 20km 时：

$I_{act\cdot 1}^{I}=3.984kA$，$l_{min}\%=-44.5\%$，即没有保护范围，$t_I^{I}=0s$。

由此得出结论，当线路较短时，电流速断保护范围将缩短，甚至没有保护范围。

27. RCS900 工频变化量距离实验，工频变化量阻抗 DZ_{ZD}=3.5Ω，Z_0=0.6，Z_1=0.2，所加故障电流 5A，当系数 m=1.1 时，求保护可靠动作时的：

（1）单相接地故障电压；

（2）相间故障电压。

答：（1）求零序补偿系数 K 值：$K=(Z_0-Z_1)/3Z_1=0.67$

（2）单相接地故障电压 $U=(1+K)I\times DZ_{ZD}+(1-1.05m)U_N$

$=(1+0.67)\times 5\times 3.5+(1-1.05\times 1.1)\times 57.74$

$=29.23-8.95$

$=20.28(V)$

（3） 模拟相间故障电压：$U=2I\times DZ_{ZD}+(1-1.05m)\times 100$

$=2\times 5\times 3.5+(1-1.05\times 1.1)\times 100$

$=35-15.5$

$=19.5(V)$

28. 如图 2-49 所示，变压器 YN，d11 的中性点接地，系统为空载，忽略系统的电阻，故障前系统电势为 57V，线路发生 A 相接地故障，故障点 R_g 不变化，已知：$X_{M1}=X_{M2}=1.78\Omega$，$X_{T0}=3\Omega$，$X_{L1}=X_{L2}=2\Omega$，$X_{L0}=6\Omega$，$X_{T21}=X_{T22}=X_{T20}=2.4\Omega$，保护安装处测得 $I_A=14.4A$，$3I_0=9A$（以上所给的数据均为归算至保护安装处的二次值）。

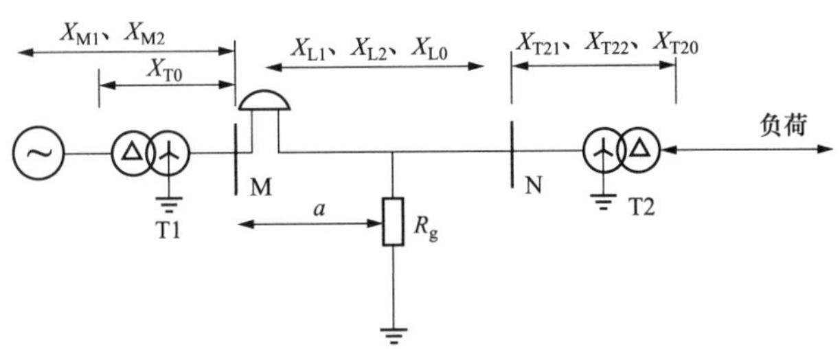

图 2-49　系统示意图

求（1）故障点位置比 a；

（2）过渡电阻 R_g 的大小。

答： 画出各序网络：

正序网络如图 2-50 所示。

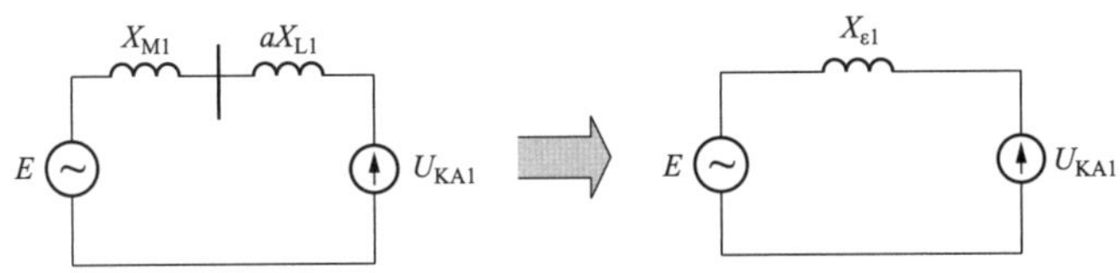

图 2-50　正序网络图

负序网络如图 2-51 所示。

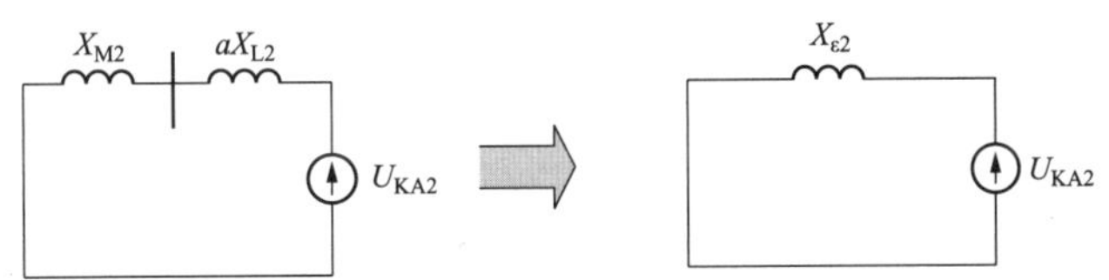

图 2-51　负序网络图

零序网络如图 2-52 所示。

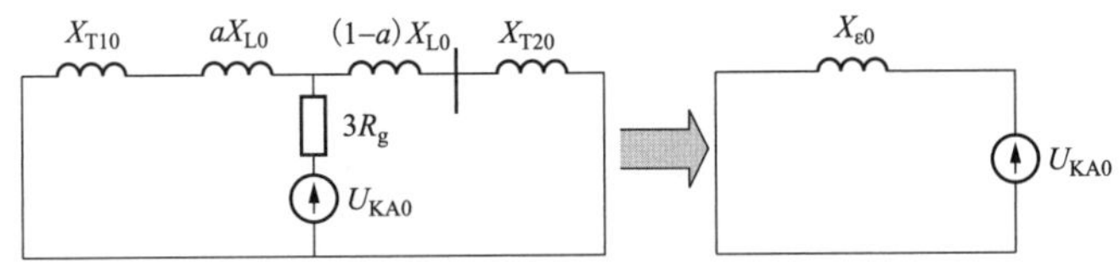

图 2-52　零序网络图

（1）根据题意，A 相接地故障，则 $I_{KA1}=I_{KA2}=I_{KA0}$

$I_M=I_{MA1}+I_{MA2}+I_{MA0}$（其中 $I_{MA1}=I_{MA2}$）；

可得：$I_M=2I_{MA1}+I_{MA0}$，代入题目中数据得 $14.4=2I_{MA1}+9/3$

得：I_{MA1}=5.7A，$I_{KA1}=I_{KA2}=I_{KA0}$=5.7A。

其中：I_{MA0}=3A，得 I_{NA0}=2.7A，代入下面式子

$$(X_{T10}+aX_{L0})/(X_{T10}+X_{L0}X_{T20})=2.7/5.7$$

$$(3+6a)/(3+6+2.4)=2.7/5.7$$

可得 a=0.4。

（2）各序等值阻抗：

$$\Sigma X_1=1.78+0.4\times2=2.58\Omega$$

$$\Sigma X_2=1.78+0.4\times2=2.58\Omega$$

$$\Sigma X_0=(3+0.4\times6)\times(2.4+0.6\times6)/(3+6+2.4)=2.84\Omega$$

$$I_{K0}=E/(\Sigma X_1+\Sigma X_2+\Sigma X_0+3R_g)=5.7$$

$$R_g=(E/I_{K0}-\Sigma X_1-\Sigma X_2-\Sigma X_0)/3=(57/5.7-2.58-2.58-2.84)/3=2/3\Omega$$

29．单侧电源线路，低压侧无电源，但带负荷，参数如图 2-53 所示，在线路上 K 点发生 BC 两相短路，试问受电端 N 侧的相间距离继电器（整定阻抗为 j0.8）能否动作？

答：（1）作复合序网，如图 2-54 所示（规定电流的正方向为母线 N 流向故障点 K）：

（2）计算 K 点正、负序电压，母线 N 的正、负序电压和流经 N 侧的正、负序电流

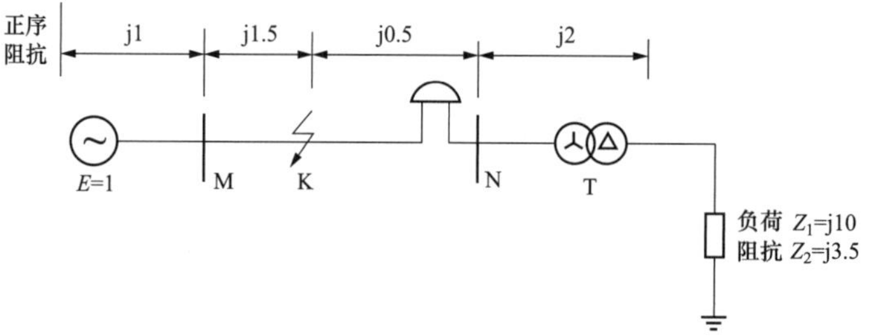

图 2-53　系统示意图

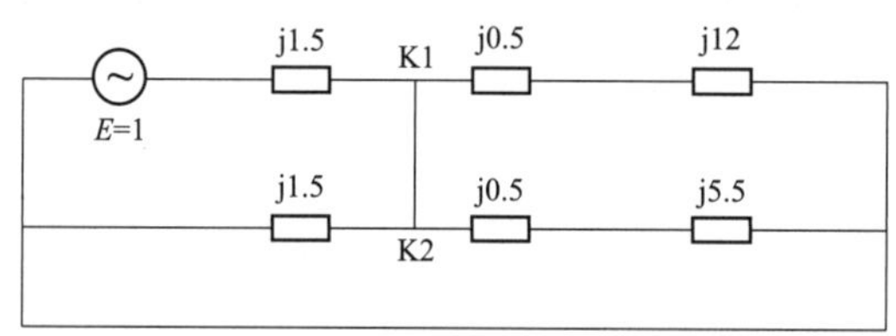

图 2-54　复合序网图

$$j1.5\times j(0.5+5.5)/(j1.5+j0.5+j5.5)=j1.2$$

$$j1.2\times j12.5/(j1.2+j12.5)=j1.095$$

$$U_{KA1}=U_{KA2}=1/(j1.5+j1.095)\times j1.095=0.422$$

$$I_{NA1}=-0.422/j12.5=j0.034；\ U_{NA1}=12/12.5\times U_{K1}=0.405$$

$$I_{NA2}=-0.422/j6=j0.07；\ U_{NA2}=5.5/6\times U_{K2}=0.387$$

（3）计算母线 N 处的 U_{NB}、U_{NC} 及 U_{NBC}

$$U_{NB}=0.405e^{-j120^\circ}+0.387e^{j120^\circ}；\ U_{NC}=0.405e^{j120^\circ}+0.387e^{-j120^\circ}$$

$$U_{NBC}=U_{NB}-U_{NC}=-j\sqrt{3}\times0.405+j\sqrt{3}\times0.387=-j\sqrt{3}\times0.018$$

（4）计算母线 N 处的 I_{NB}、I_{NC} 及 I_{NBC}

$$I_{NB}=j0.034e^{-j120°}+j0.07e^{j120°}=0.034e^{-j30°}+0.07e^{j210°}$$

$$I_{NC}=j0.034e^{j120°}+j0.07e^{-j120°}=0.034e^{j210°}+0.07e^{-j30°}$$

$$I_{NBC}=I_{NB}-I_{NC}=0.034\sqrt{3}+(-0.07\sqrt{3})=-0.036\sqrt{3}$$

（5）计算母线 N 处的 $Z_{NBC}=U_{NBC}/I_{NBC}$，判断继电器能否动作

$Z_{NBC}=U_{NBC}/I_{NBC}=-j\sqrt{3}\times0.018/(-0.036\sqrt{3})=j0.5$，正确测量故障距离。

Z_{NBC} 小于整定阻抗 j0.8，正确动作。

30．在图 2-55 所示的 35kV 单侧电源系统中 K、F 点分别发生 B、C 相金属性接地故障。K 点到 N 母线的正序阻抗为 Z_{NK}，F 点到 N 母线的正序阻抗为 Z_{NF}，MN 母线之间的正序阻抗为 Z_{MN}。忽略电容电流和负荷电流并设各线路零序电流补偿系数为 k。试问：

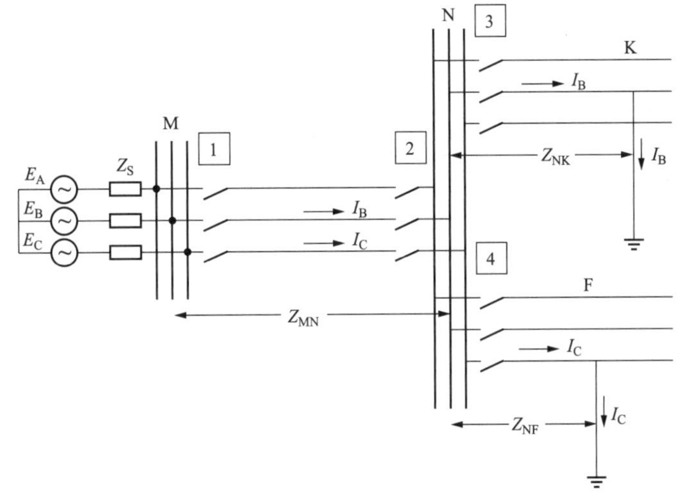

图 2-55　35kV 单侧电源系统

（1）流过 3、4 号保护的电流各为多少？

（2）写出 1 号保护的 B 相接地阻抗继电器测量阻抗的表达式。

答：（1）对 M 侧而言，相对于发生了 BC 相间短路故障，根据节点电流定理有：$\dot{I}_B=-\dot{I}_C$。

对线路而言，相当于发生了单相接地故障，流过 3 号保护的 $3\dot{I}_0$ 电流为 $3\dot{I}_{0NK}=\dot{I}_B$；流过 4 号保护的 $3\dot{I}_0$ 电流为 $3\dot{I}_{0NF}=\dot{I}_C$。

零序电流仅存在于 N 母线和故障点 K、F 之间，在 N 母线左侧均没有零序电流。

（2）N 侧母线的 B、C 相电压分别为：

$$\dot{U}_{NB}=(\dot{I}_B+k3\dot{I}_{0NK})Z_{NK}=\dot{I}_B(1+k)Z_{NK}$$

$$\dot{U}_{NC}=(\dot{I}_C+k3\dot{I}_{0NF})Z_{NF}=\dot{I}_C(1+k)Z_{NF}$$

M 侧母线的 B、C 相电压分别为：

$$\dot{U}_{MB}=\dot{I}_B Z_{MN}+\dot{U}_{NB}$$

$$\dot{U}_{MC}=\dot{I}_C Z_{MN}+\dot{U}_{NC}$$

则安装在 M 母线的 1 号保护的 B 相接地阻抗继电器的测量阻抗为：

$$Z_{JB}^{1}=\frac{\dot{U}_{MB}}{\dot{I}_{B}}=Z_{MN}+\frac{\dot{U}_{NB}}{\dot{I}_{B}}=Z_{MN}+(1+k)Z_{NK}$$

31．某 110kV 系统，如图 2-56 所示。M、N 两侧零序方向电流保护的 TA 变比 600/1，零序电流Ⅰ段 I_{0I}=1.5A，0s，零序电流Ⅱ段 I_{0II}=1A，0.5s，零序电流Ⅲ段 I_{0III}=0.4A，3s，当发生 N 侧出口 $K_A^{(1)}$时，试分析两侧零序方向电流保护的动作行为。

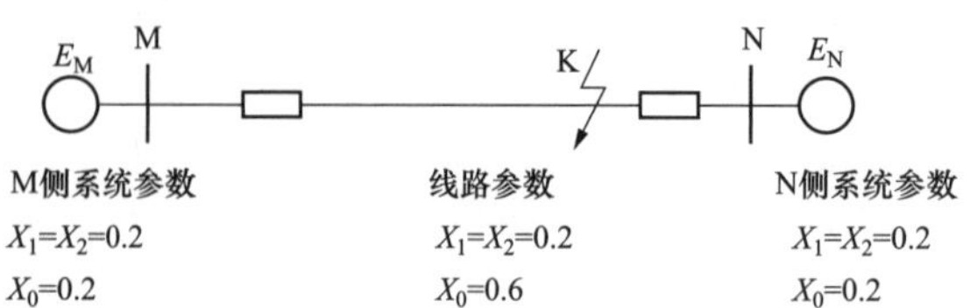

图 2-56　110kV 系统示意图

参数均为标幺值，基准容量 100MVA，基准电压 110kV。

答：K 点左侧综合阻抗：

$X_{1M\Sigma}=X_{2M\Sigma}=0.2+0.2=0.4$，$X_{0M\Sigma}=0.2+0.6=0.8$

K 点右侧综合阻抗：

$X_{1N\Sigma}=X_{2N\Sigma}=0.2$，$X_{0N\Sigma}=0.2$

序网的综合阻抗：

$X_{1\Sigma}=X_{2\Sigma}=X_{1M\Sigma}X_{1N}/(X_{1M\Sigma}+X_{1N\Sigma})=(0.4\times0.2)/(0.4+0.2)=0.13$

$X_{0\Sigma}=X_{0M\Sigma}X_{0N\Sigma}/(X_{0M\Sigma}+X_{0N\Sigma})=(0.2\times0.8)/(0.2+0.8)=0.16$

$I_{0K*}=E_*/(X_{1\Sigma}+X_{2\Sigma}+X_{0\Sigma})=1/(0.13+0.13+0.16)=1/0.42=2.38$

$I_{0K}=2.38\times525=1250\text{A}$

流过 N 侧的电流为：$I_{N0}=I_{0K}(0.8/1)=1000\text{A}$，3×1000 大于零序保护Ⅰ段的一次定值 900A，因此在发生短路后，N 侧零序Ⅰ段保护动作，0s 跳闸。

流过 M 侧的电流 $I_{M0}=I_{0K}(0.2/1)=250\text{A}$。3×250A 小于零序保护Ⅰ段的一次定值 900A，因此在发生短路后，M 侧零序Ⅰ段保护不能动作，零序Ⅱ段保护能动作。

N 侧零序Ⅰ段保护动作跳闸后，流过 M 侧的电流变为：

$$I'_{M0*}=E_*/(X_{1M\Sigma}+X_{2M\Sigma}+X_{0M\Sigma})=1/(0.4+0.4+0.8)=1/1.6=0.625$$

$I'_{M0}=0.625\times525=328.1\text{A}$，$3I_{M0}$ 大于零序保护Ⅰ段的一次定值 900A，即在 N 侧零序Ⅰ段保护动作跳闸后，M 侧零序Ⅰ段保护会相继动作跳闸。

32．已知：同塔双回线的零序阻抗 Z_0、互感阻抗 Z_{0M}、正序阻抗 Z_1 的比值为：$\frac{Z_{0M}}{Z_0}=0.5$，$\frac{Z_0}{Z_1}=3$。

为确保接地距离Ⅰ段定值在各种可能的运行情况下，可靠躲过线路对侧母线接地故障，其零序补偿系数 K 如何选取？并计算 K 值。

为确保接地距离Ⅱ段定值在各种可能的运行情况下，对本线路末端接地故障有规定的灵敏度，其零序补偿系数 K 如何选取？并计算 K 值（注：假设区外故障时，同塔双回线流过的零序电流相同）。

答：对同塔双回线路接地距离Ⅰ段定值，其零序补偿系数应选用最小值，零序补偿系数 K 值最小的情况是：同塔双回线的其中一回线检修并两端接地，同时，在运行线路发生线路对侧母线接地故障时。此时考虑互感的零序综合阻抗为

$$\Sigma Z_0 = Z_0 + (I'_0 + I_0)Z_{0M} = Z_0 - \frac{(Z_{0M})^2}{Z_0} = 0.75Z_0$$

$$K_{\min} = \frac{\sum Z_0 - Z_1}{3Z_1} = \frac{0.75Z_0 - Z_1}{3Z_1} = \frac{0.75\times 3Z_1 - Z_1}{3Z_1} = 0.417$$

对同塔双回线路接地距离Ⅱ段定值，其零序补偿系数应选用最大值，零序补偿系数 K 值最大的情况是：同塔双回线均正常运行，同时，在运行线路发生线路对侧母线接地故障时。此时考虑互感的零序综合阻抗为：

$$\Sigma Z_0 = Z_0 + \left(\frac{I'_0}{I_0}\right)Z_{0M} = Z_0 + Z_{0M} = Z_0 + 0.5Z_0 = 1.5Z_0$$

$$K_{\max} = \frac{\Sigma Z_0 - Z_1}{3Z_1} = \frac{1.5Z_0 - Z_1}{3Z_1} = \frac{1.5\times 3Z_1 - Z_1}{3Z_1} = 1.167$$

33．已知：同塔双回线的正序阻抗 Z_1=0.27Ω/km，互感阻抗 Z_{0m}=0.162Ω/km，零序阻抗 Z_0=0.81Ω/km，线路长 100km，要求接地距离Ⅰ段定值躲过线路对侧母线接地故障的可靠系数 K_K 取 0.7，在不考虑零序互感的情况，用户整定值为零序补偿系数 K=0.67，接地距离Ⅰ段定值 Z_{IZD}=9.45（Ω），请校核，在考虑互感的情况下，接地距离Ⅰ段的实际可靠系数 K_K=？如何调整接地距离Ⅰ段定值，才能确保接地距离Ⅰ段定值在各种情况下满足整定要求？

（注：假设在故障时，零序电流远大于负荷电流，设：$\dot{I}_0$ 为本线路的零序电流，$\dot{I}'_0$ 为相邻线路的零序电流，$\dot{I}'_0 = \dot{I}_0 \times Z_{0m} / Z_0$，计算结果取两位小数。）

答：设同塔双回线路对侧母线故障时，本线路的零序电流为 I_0，相邻线路的零序电流为 I'_0，并求出：Z_0/Z_1=0.81/0.27=3，Z_{0m}/Z_0=0.2，对同塔双回线路，零序补偿系数 K 值最小的情况是：同塔双回线的其中一回线检修并两端接地，同时，在运行线路发生线路对侧母线接地故障时。此时：

$$\begin{aligned} U_J &= (I_\varphi + K3I_0)\times Z_1 - I_0 \times Z_{0m}^2/Z_0 \\ Z_J &= U_J / (I_\varphi + K3I_0) \\ &= Z_1 - (I_0 \times Z_{0m}^2/Z_0)/(I_\varphi + K3I_0) \end{aligned}$$

在对侧母线金属性接地故障，当 $I_\varphi = I_0$，即保护安装处背侧无电源，只有零序网络时，Z_J 最小。则：

$$\begin{aligned} Z_{J\min} &= Z_1 - (I_0 \times Z_{0m}^2/Z_0)/(I_0 + K3I_0) \\ &= Z_1 - (Z_{0m}^2/Z_0)/(1+3K) \\ &= Z_1 - (Z_{0m}^2/Z_0)/(1+3(Z_0 - Z_1)/3Z_1) \\ &= Z_1(1 - Z_{0m}^2/Z_0^2) \end{aligned}$$

因此，距离Ⅰ段定值应按照 0.7 倍的 $Z_{J\min}$ 整定：

$$Z_{1\text{set}} = Z_1(1 - Z_{0\text{m}}^2 / Z_0) \times 0.7$$
$$=27\times(1-0.162\times0.162/0.81/0.81)\times0.7$$
$$=18.144(\Omega)$$

接地距离Ⅰ段实际可靠系数：

$$K_{\text{K}} = Z_{1\text{set}} / Z_1$$
$$= 18.144 / 27$$
$$= 0.672$$

34．系统结构如图 2-57 所示，线路 K 点发生金属性故障，不考虑双回线之间的互感。写出保护 1 距离Ⅱ段的测量阻抗表达式，写出保护 1 的距离Ⅱ段与保护 2 的距离Ⅰ段配合的公式，并分析距离Ⅱ段在整定计算时应当如何考虑配合条件？

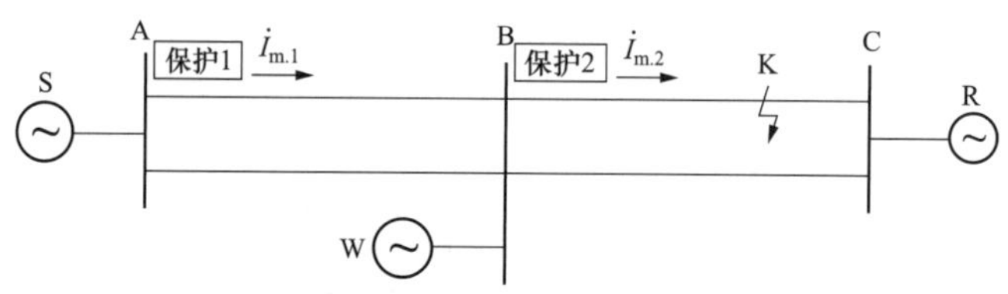

图 2-57　系统示意图

答：在 K 点发生金属性短路时，保护 1 的测量电压为

$$\dot{U}_{\text{m}} = Z_{\text{AB}}\dot{I}_{\text{m.1}} + Z_{\text{k}}\dot{I}_{\text{m.2}}$$

其中，Z_{AB} 为 AB 线路单回线的正序阻抗；Z_{k} 为短路点 K 到保护 2 处的正序阻抗；$\dot{U}_{\text{m}}$、$\dot{I}_{\text{m.1}}$、$\dot{I}_{\text{m.2}}$ 均为与继电器接线方式相对应的测量电压、测量电流。

于是，保护 1 的测量阻抗为：

$$Z_{\text{m.1}} = \frac{\dot{U}_{\text{m}}}{\dot{I}_{\text{m.1}}} = Z_{\text{AB}} + Z_{\text{k}}\frac{\dot{I}_{\text{m.2}}}{\dot{I}_{\text{m.1}}}$$

在进行保护 1 的距离Ⅱ段整定时，需要与保护 2 的距离Ⅰ段进行配合。为此，取 $Z_{\text{k}} = Z_{\text{set.2}}^{I}$。于是，有：

$$Z_{\text{set.1}}^{II} = K_{\text{rel}}^{II} Z_{\text{m.1.min}} = K_{\text{rel}}^{II}\left(Z_{\text{AB}} + Z_{\text{set.2}}^{I}\frac{\dot{I}_{\text{m.2.min}}}{\dot{I}_{\text{m.1.max}}}\right)$$

上式中，取得$\left|\dot{I}_{\text{m.1.max}}\right|$的对应条件为：①S 系统为最大运行方式；②AB 线路为单回线运行。取得$\left|\dot{I}_{\text{m.2.min}}\right|$的对应条件为：①W 系统为最小运行方式；②BC 线路为双回线运行；③R 系统为最小运行方式。上述条件就是保护 1 在距离Ⅱ段整定时应当考虑的条件。

35．如图 2-58 所示，在 FF′点 A 相断开，求 A 相流过的电流。

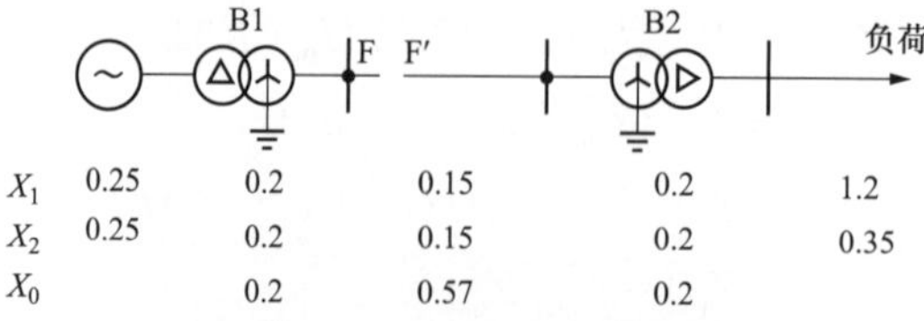

图 2-58　系统接线及元件阻抗图

假设各元件参数已归算到以 S_b=100MVA，U_b 为各级电网的平均额定电压为基准的标幺值表示。E_{a1}=j1.43。

答：A 相断线序网图如图 2-59 所示。

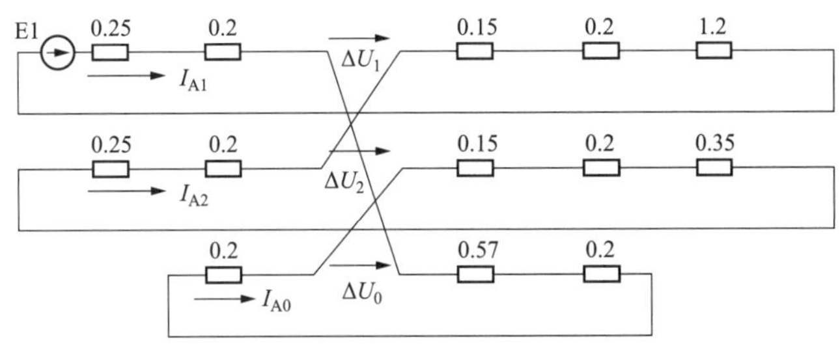

图 2-59　A 相断线序网图

系统各序阻抗：

$$X_{1\Sigma} = 0.25 + 0.2 + 0.15 + 0.2 + 1.2 = 2$$

$$X_{2\Sigma} = 0.25 + 0.2 + 0.15 + 0.2 + 0.35 = 1.15$$

$$X_{0\Sigma} = 0.2 + 0.57 + 0.2 = 0.97$$

A 相流过的电流：

$$I_A=3\times E_{a1}/(X_{1\Sigma}+X_{2\Sigma}+X_{0\Sigma})=3\times j1.43/(j2+j1.15+j0.97)=1.041$$

36．设 Z_x 为固定阻抗值，阻抗角与整定阻抗 Z_{set} 的阻抗角相等，Z_m 为测量阻抗，按图 2-60 所示动作区（阴影部分），写出 Z_m 的动作特性。

答：$$\arg(Z_{set} - Z_m) = \arg(Z_m - Z_{set}) + 180°$$

动作方程为：$$30° < \arg(Z_m - Z_{set}) < 150°$$

或：$$210° < \arg(Z_{set} - Z_m) < 330°$$

37．如图 2-61 所示。

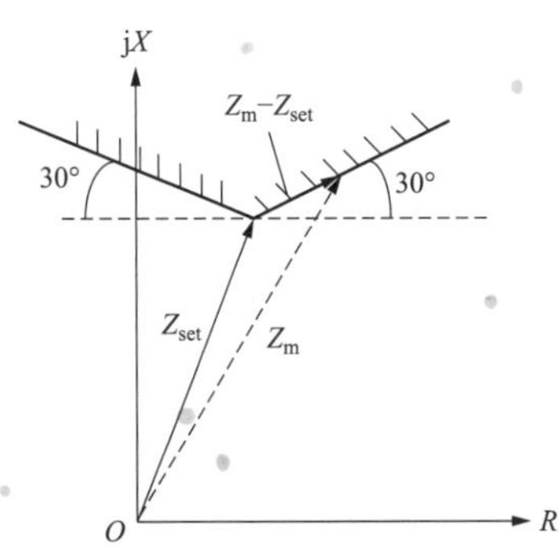

图 2-60　阻抗继电器动作特性

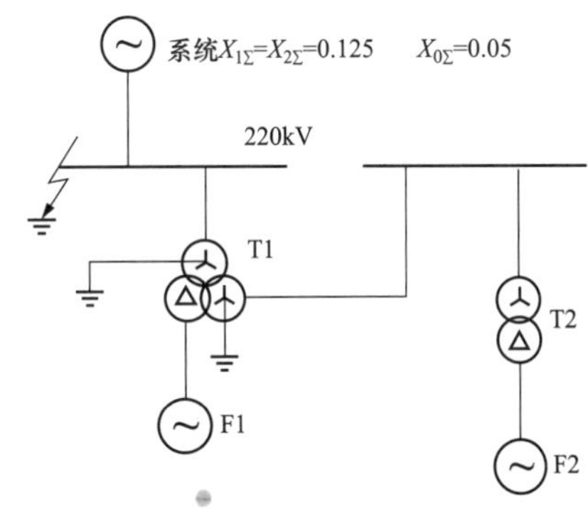

图 2-61　系统示意图

F1、F2：S_e=200MVA，U_e=10.5kV，X''_d=0.2

T1：接线 YNynd11，S_e=200MVA，U_e=230kV/115kV/10.5kV

$U_{k高-中}$%=15%　$U_{k高-低}$%=5%　$U_{k低-中}$%=10%（均为全容量下）

T2：接线 YN，d11　S_e=100MVA，U_e=115kV/10.5kV

U_k%=10%

基准容量 S_j=100MVA，基准电压 230kV，115kV，10.5kV

假设：（1）发电机、变压器 X_1=X_2=X_0；

（2）不计发电机、变压器电阻值。

问题：

（1）计算出图中各元件的标幺阻抗值；

（2）画出在 220kV 母线处 A 相接地短路时，包括两侧的复合序网图；

（3）计算出短路点的全电流（有名值）；

（4）计算出流经 F1 的负序电流（有名值）。

答：（1）计算各元件标幺阻抗。

F1、F2 的标幺值：

$$X_{F*}=X''_d\frac{S_j}{S_e}=0.2\times\frac{100}{200}=0.1$$

T1 的标幺值：

$$X_{I*}=\frac{U_{K1}\%}{100}\times\frac{100}{200}=\frac{1}{2}(0.15+0.05-0.1)\times\frac{1}{200}=0.025$$

$$X_{I*I}=\frac{U_{KII}\%}{100}\times\frac{100}{200}=\frac{1}{2}(0.15+0.1-0.05)\times\frac{1}{200}=0.05$$

$$X_{III*}=\frac{U_{KIII}\%}{100}\times\frac{100}{200}=\frac{1}{2}(0.1+0.05-0.15)\times\frac{1}{200}=0$$

T2 的标幺值：

$$X_{T*}=\frac{U_K\%}{100}\times\frac{S_j}{S_e}=\frac{10}{100}\times\frac{100}{100}=0.1$$

（2）220kV 母线 A 相接地短路包括两侧的复合序网图，见图 2-62。

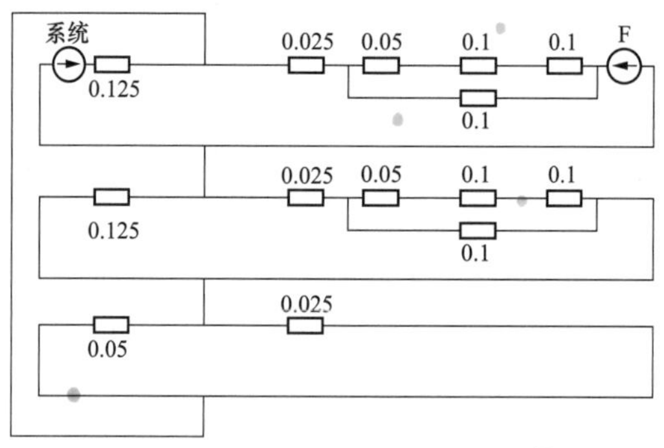

图 2-62　A 相接地复合序网图

（3）220kV 母线 A 相接地故障，故障点总的故障电流。

$$X_{1\Sigma*}=0.125//[0.1//(0.05+0.1+0.1)+0.025]=0.0544$$

$$X_{1\Sigma*}=X_{2\Sigma*}$$

$$X_{0\Sigma*}=0.05//0.025=0.0617$$

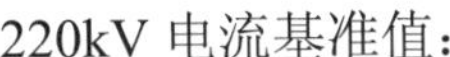

220kV 电流基准值：

$$I_{B1}=\frac{S_B}{\sqrt{3}U_B}=\frac{100\times1000}{\sqrt{3}\times230}=251(\text{A})$$

10.5kV 电流基准值：

$$I_{B2}=\frac{S_B}{\sqrt{3}U_B}=\frac{100\times1000}{\sqrt{3}\times105}=5499(\text{A})$$

故障点总的故障电流：

$$I_K=\frac{3I_{B1}}{X_{\Sigma*}}=\frac{3\times251}{2\times0.054+0.0167}=6002(\text{A})$$

（4）流过 F1 的负序电流。

故障点的负序电流：

$$I_{K2}=\frac{1}{3}I_K=\frac{6002}{3}=2000.7(\text{A})$$

折算到 10.5kV 侧负序电流：

$$I_2=I_{K2}\frac{I_{B2}}{I_{B1}}=2000.7\times\frac{5499}{251}=43831(\text{A})$$

流过 F1 的负序电流：

$$I_{F2}=I_2\times\frac{0.125}{0.125+0.025+\dfrac{0.1\times(0.1+0.1+0.05)}{0.1+0.1+0.1+0.05}}\times\frac{0.1+0.1+0.05}{0.1+0.1+0.1+0.05}$$
$$=43831\times0.403=17673(\text{A})$$

38．如图 2-63 所示为中性点经消弧线圈接地系统，发电机的对地零序电容为 C_{0G}，线路Ⅰ、Ⅱ的对地电容分别为 $C_{0\text{I}}$ 和 $C_{0\text{II}}$，请分析线路Ⅱ发生单相接地故障时，若消弧线圈过补偿时各电流互感器中的零序电流的幅值、零序电流及零序电压的夹角。

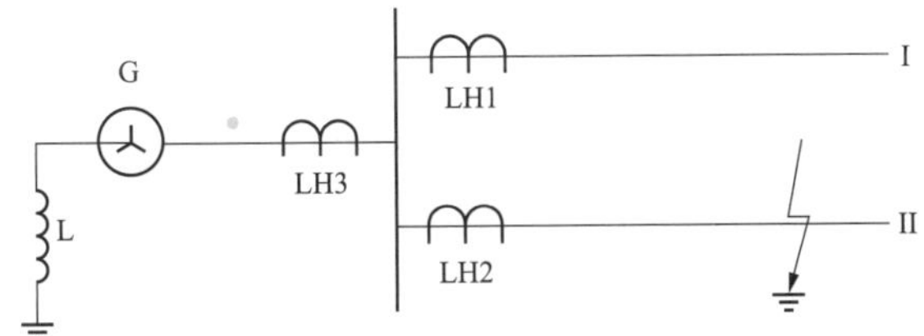

图 2-63　中性点经消弧线圈接地系统

其中 L 为过补偿的消弧线圈；LH 为各线路出口处安装的电流互感器。

答：流经故障线路 LH2 的零序电流幅值为 $3U_0/3\omega L-3U_0\omega(C_{0\text{I}}+C_{0G})$，LH2 处的电压电流夹角为−90°。

流经健全线路 LH1 的零序电流为 $3U_0\omega C_{0\text{I}}$，LH1 处的电压电流夹角为−90°。

流过发电机所在线路 LH3 的零序电流为 $3U_0/3\omega L-3U_0\omega C_{0G}$，LH1 处的电压电流夹角为 90°。

39．如图 2-64 所示，在线路 L1 的 A 侧装有按 $U_\Phi/(I_\Phi+K3I_0)$接线的接地距离保护（K=0.8），阻抗元件的动作特性为最大灵敏度等于 80°的方向圆，一次整定阻抗为 Z_{zd}=40∠80°Ω。

在 K 点发生 A 相经电阻接地短路故障。

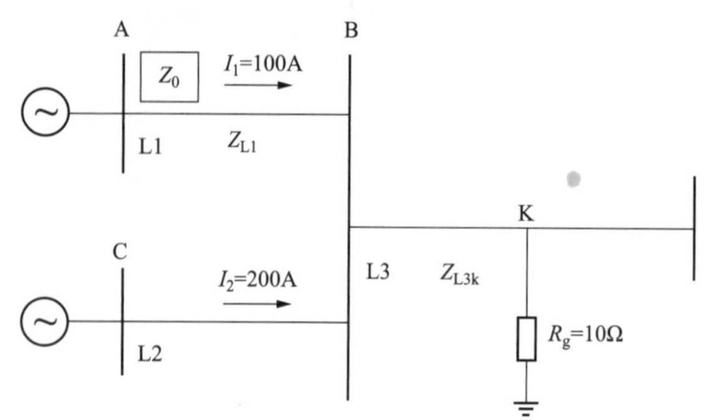

图 2-64　系统示意图

写出阻抗元件的测量阻抗表达式。该阻抗元件是否会动作？并用阻抗相量图说明。

注：I_1 与 I_2 同相。Z_{L1} 为线路 L1 的线路正序阻抗，Z_{L3k} 为线路母线 B 到故障点 K 的线路正序阻抗，Z_{L1}=Z_{L3k}=5∠80°Ω。

答：（1）测量阻抗。

$$\begin{aligned}Z_{ca} &= Z_{L1}+[(I_1+I_2)+K(I_1+I_2)Z_{L3k}]/(I_1+KI_1)+(I_1+I_2)R_g(I_1+KI_1)\\ &= Z_{L1}+(I_1+I_2)Z_{L3k}/I_1+(I_1+I_2)R_g/(I_1+0.8I_1)\\ &= 20\angle 80^\circ+17\end{aligned}$$

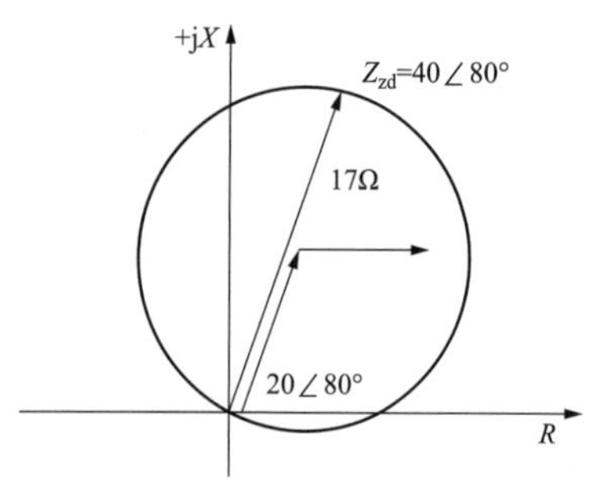

图 2-65　阻抗相量图

（2）该阻抗元件会动作，在 K 点短路时阻抗元件的允许接地电阻为 20Ω，现测量的 K 点接地电阻为 17Ω，所以能动作，见图 2-65。

40．在图 2-66 所示网络中，线路 MN 装有相差高频保护，假定系统各元件阻抗角均相同且等于 70°，$E_M=Ee^{j0^\circ}$，$E_N=Ee^{j-70^\circ}$，线路长度 L=500km，保护的操作电流为 I_1+KI_2，其中 $K\gg1$，当有 I_2 时，I_1 可忽略，电流互感器和装置本身的误差角共为 22°，裕度角为 15°，线路传送延迟角为 6°/100km。试分析：

（1）当哪些地点发生何种故障时，相差高频保护会发生相继动作？哪一侧先动？哪一侧后动？

（2）总结影响相继动作的因素有哪些？

（3）如果不使保护发生相继动作，在本题的情况下，线路的长度应限制在多长以下，求 L_{max}。

答：（1）由题意可知，该线路的闭锁角为ϕ_b=22°+15°+(500/100)×6°=67°

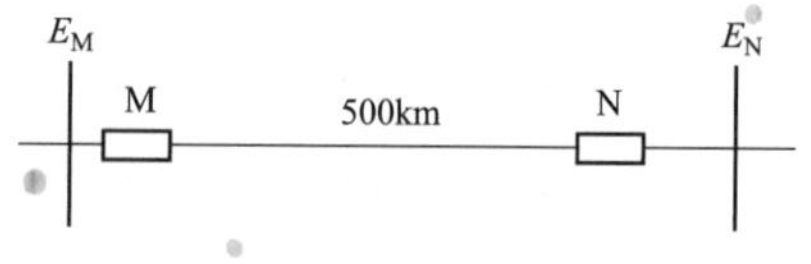

图 2-66　系统示意图

在内部发生三相短路时，操作电流中无 I_2 分量，只有 I_1 分量；所以 M 侧的高频信号的间断角为：

$$\phi_m=180^\circ-(70^\circ+22^\circ+(500/100)\times6^\circ)=58^\circ<\phi_b$$

$$\phi_n=180°-(70°+22°-(500/100)\times6°)=118°\geqslant\phi_b$$

所以，在内部发生三相短路时，相差高频会发生相继动作，而且与故障的位置无关。

（2）影响相继动作的因素有：故障类型、线路长度、两侧电源电动势相角差、故障点两侧短路回路阻抗相角差、电流互感器和装置本身角误差、计算时所取裕度角的大小等；其中较为主要的是故障类型、两侧电源电势相角差以及线路长度。

（3）令不发生相继动作的线路长度为 L，则为使内部故障不相继动作，必须有$\phi_m>\phi_b$；

即$\phi_m=180°-(70°+22°+(L/100)\times6°>\phi_b=22°+15°+(L/100)\times6°$

整理得：$88°-(L/100)\times6°)>37°+(L/100)\times6°$

$$L<425\text{km}$$

41．如图 2-67 所示在单侧电源线路 MN 上发生 A 相金属性接地短路，短路点到 M、N 母线的正序阻抗分别为 Z_{MK1} 和 Z_{NK1}。设短路前空载，N 侧没有电源且变压器中性点直接接地。输电线路的零序电流补偿系数为 K。

问：（1）N 侧三相电流 $\dot{I}_{NA}$、$\dot{I}_{NB}$、$\dot{I}_{NC}$ 幅值、相位有什么关系？为什么？（2）写出 M、N 侧 A 相接地阻抗继电器的测量阻抗 $Z_{J.A}$ 的表达式。

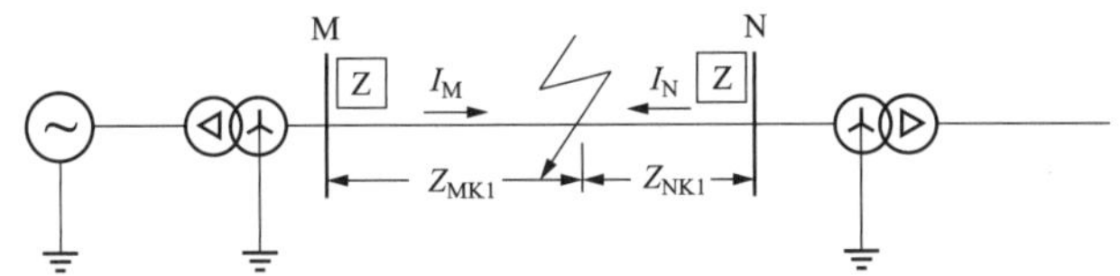

图 2-67　单侧电源线路示意图

答：（1）由于短路前空载，所以 N 侧负载阻抗是无穷大，正序、负序阻抗都是无穷大。N 侧变压器是 YN，d 接线，中性点接地。所以线路上 A 相接地短路后 N 侧电流中没有正、负序电流只有零序电流。故 $\dot{I}_{NA}$、$\dot{I}_{NB}$、$\dot{I}_{NC}$ 三相电流幅值相等相位相同，是零序电流。$\dot{I}_{NA}=\dot{I}_{NB}=\dot{I}_{NC}=\dot{I}_{N0}$。

（2）M 侧 A 相接地阻抗继电器的测量阻抗为：

$$Z_{J.MA}=\frac{\dot{U}_{M.A}}{(\dot{I}_{MA}+K3\dot{I}_{M0})}=\frac{(\dot{I}_{MA}+K3\dot{I}_{M0})Z_{MK1}}{(\dot{I}_{MA}+K3\dot{I}_{M0})}=Z_{MK1}$$

N 侧 A 相接地阻抗继电器的测量阻抗为：

$$Z_{J.NA}=\frac{\dot{U}_{NA}}{(\dot{I}_{NA}+K3\dot{I}_{N0})}=\frac{(\dot{I}_{NA}+K3\dot{I}_{N0})Z_{NK1}}{(\dot{I}_{NA}+K3\dot{I}_{N0})}=Z_{NK1}$$

42．如图 2-68 所示的双侧电源系统中，阻抗继电器装在 M 侧。设 $E_S=E_R=E$，保护背后电源阻抗为 Z_S，保护正方向的等值阻抗为 Z_R，两侧电动势间的总阻抗为 Z_Σ，各元件的阻抗角相同。

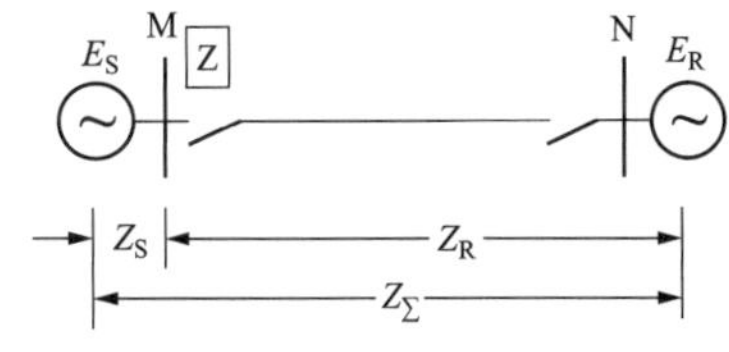

图 2-68　双侧电源系统示意图

（1）请画出系统发生振荡时阻抗继电器测量阻抗相量端点的变化轨迹。

（2）如果阻抗继电器是方向阻抗继电器，其整定阻抗为 $Z_{ZD}=4\Omega$，请问在下述几种情况下系统振荡时阻抗继电器是否会误动？

A）$Z_S = 2\Omega$，$Z_R = 14\Omega$

B）$Z_S = 1\Omega$，$Z_R = 7\Omega$

C）$Z_S = 8\Omega$，$Z_R = 6\Omega$

答：（1）系统发生振荡时阻抗继电器测量阻抗相量端点的变化轨迹是 *SR* 线的中垂线（垂直平分线）mn，*SR* 相量为 Z_Σ，见图 2-69。

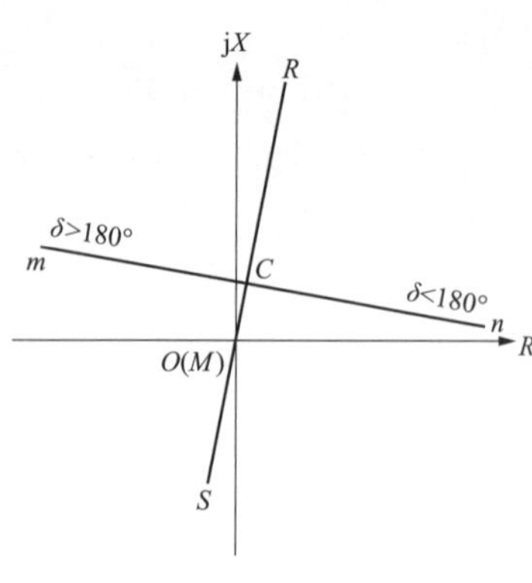

图 2-69　阻抗继电器测量阻抗轨迹

（2）判断继电器是否误动，方法是看振荡中心在不在动作特性内，如果在动作特性内，则测量阻抗相量端点变化的轨迹一定穿过动作特性，阻抗继电器在振荡时就会误动。

A）$Z_S = 2\Omega$，$Z_R = 14\Omega$ 时，振荡中心在 $0.5\Sigma Z$ =[(2+14)/2]=8Ω 处，也就是在继电器正方向的 6Ω 处，位于动作特性外，继电器在振荡时不会误动。

B）$Z_S = 1\Omega$，$Z_R = 7\Omega$ 时，振荡中心在($0.5\Sigma Z$)=[(1+7)/2]=4Ω 处，也就是在继电器正方向 3Ω 处，位于动作特性内，继电器在振荡时将会误动。

C）$Z_S = 8\Omega$，$Z_R = 6\Omega$ 时，振荡中心在($0.5\Sigma Z$)=[(8+6)/2]=7Ω 处，也就是在继电器反方向 1Ω 处，位于动作特性外，继电器在振荡时不会误动。

43．某 110kV 系统接线如图 2-70 所示，系统 X，Y 最大运行方式和最小运行方式时的系统阻抗示于图中，线路 MN 为 50km，线路 NP 为 80km，每千米阻抗均为 j40Ω，NP 线路距离Ⅰ段的保护区为 80%线路全长，为使 MN 线路 M 侧相间距离Ⅱ段与 NP 线路的相间距离Ⅰ段配合，试确定 MN 线路 M 侧Ⅱ段的分支系数 *K* 值。

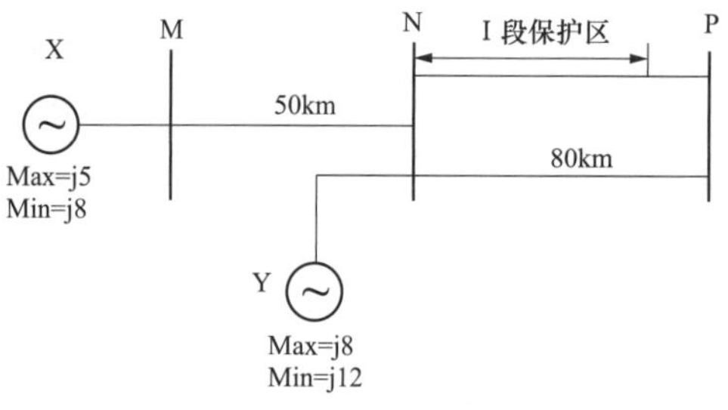

图 2-70　系统接线图

答：NP 线路Ⅰ段末端相间故障时，M 侧Ⅱ段测量阻抗为：

$$Z_m = \frac{U_m}{I_m} = \frac{I_m Z_{mn} + (I_m + I_Y - I_1)Z_{nk}}{I_m} = Z_{mn} + \left(1 + \frac{I_Y}{I_m} - \frac{I_1}{I_m}\right)Z_{nk}$$

分支系数 k_{fz}：

$$k_{fz} = 1 + \frac{I_Y}{I_m} - \frac{I_1}{I_m}$$

为了保证选择性，k_{fz} 应取较小值，所以，Y 系统应取最小运行方式，X 系统应取最大运行方式。此时系统阻抗图如图 2-71 所示。

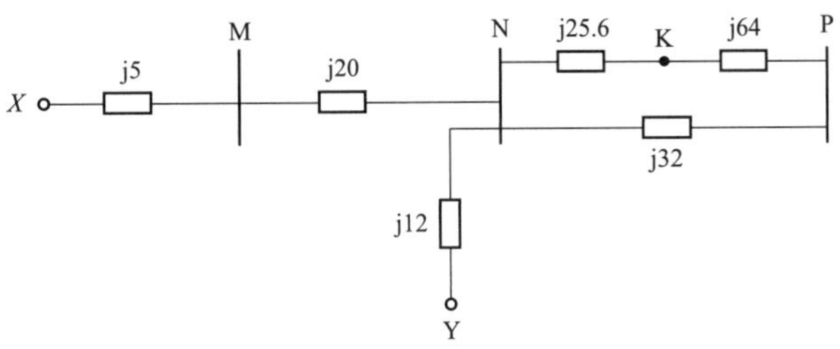

图 2-71 系统阻抗图

设 K 点三相短路，则有：

$$Z_{\Sigma} = \mathrm{j}[25.6//(64+32)] + \mathrm{j}[12//(5+20)] = \mathrm{j}23.47(\Omega)$$

$$I_{\mathrm{k}}^{(3)} = \frac{115/\sqrt{3}}{Z_{\Sigma}} = \frac{115}{\sqrt{3}\times 23.47} = 2.83\mathrm{kA}$$

$$I_{\mathrm{m}} = 2.83\times\frac{12}{20+5+12} = 0.918\mathrm{kA}$$

$$I_{\mathrm{Y}} = 2.83\times\frac{20+5}{20+5+12} = 1.912\mathrm{kA}$$

$$I_{1} = 2.83\times\frac{25.6}{32+64+25.6} = 0.4\mathrm{kA}$$

$$k_{\mathrm{fz}} = 1+\frac{1.912}{0.918}-\frac{0.4}{0.918} = 2.65$$

44．500kV MN1 线和 MN2 线均配置两套分相电流差动保护、三段式后备距离和反时限方向零流（差动保护投入电容电流补偿功能），系统和线路阻抗如图 2-72 所示（均为二次值，单位 Ω），$\dot{E}_{\mathrm{M}} = \dot{E}_{\mathrm{N}} = 60\angle 0°$ V（二次值）。MN 两侧变电站均采用 GIS 设备，开关两侧均有电流互感器（M 侧线路保护采用开关靠近母线侧电流互感器，母差保护采用开关靠近线路侧电流互感器）。MN 为长线路，线路开关装设合闸电阻，合闸电阻一次值为 280Ω（二次值 168Ω），线路边开关重合闸投用（开关重合闸时间为 1s），线路中开关重合闸停用。

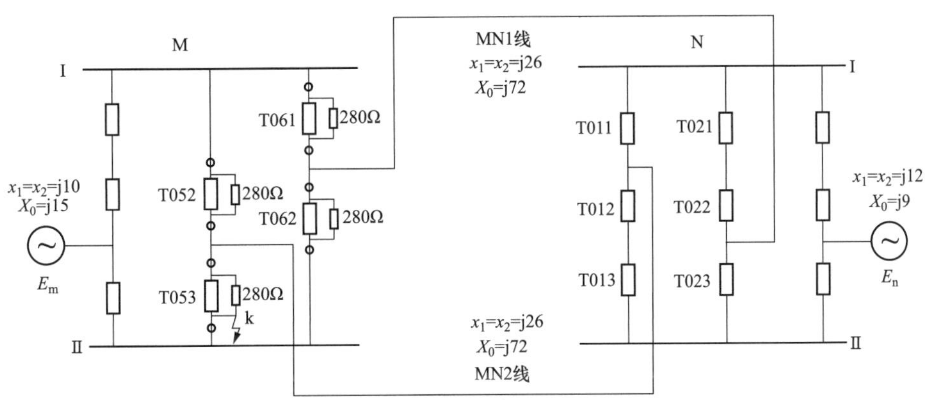

图 2-72 系统及线路阻抗图

MN1 线和 MN2 线的第一套线路保护差动低定值为 0.28A（分相差动和零序差动），分相差动延时 25ms 动作，零序差动延时 40ms 动作，差动高定值为 0.42A，延时 0ms 动作，第二套线路保护差动低定值为 0.28A（零序差动），延时 100ms 动作，差动高定值为 0.40A，延时 0ms 动作。

如故障点 k（A 相）发生绝缘击穿，对地故障，说明保护的动作情况和一次设备的状态变化。

答： 故障点 k 发生故障，500kV II 母线母差保护动作，跳开 500kV II 母线的开关，闭锁 T053 开关重合闸；

同时线路 MN 2 线线路差动动作，M 侧接地距离 I 段动作，跳开 T052 断路器三相（重合闸停用状态），同时跳开 N 侧 T011 和 T012 断路器 A 相，此时线路充电两相状态；

1s 后 N 侧 T011 断路器重合闸动作，重合于 A 相故障，发生 A 相经 280Ω 电阻接地故障，此时是 N 单侧电源系统故障。

$$X_{\Sigma1} = \mathrm{j}26 + \mathrm{j}(10+26)//\mathrm{j}12 = \mathrm{j}26 + \mathrm{j}9 = \mathrm{j}35$$

$$X_{\Sigma2} = \mathrm{j}26 + \mathrm{j}(10+26)//\mathrm{j}12 = \mathrm{j}26 + \mathrm{j}9 = \mathrm{j}35$$

$$X_{\Sigma0} = \mathrm{j}72 + \mathrm{j}(15+72)//\mathrm{j}9 = \mathrm{j}72 + \mathrm{j}\frac{87\times9}{96} = \mathrm{j}80.15625$$

$$\frac{I_{\mathrm{kA}}}{3} = I_{\mathrm{kA1}} = I_{\mathrm{kA2}} = I_{\mathrm{kA0}} = \frac{\dot{E}}{\mathrm{j}X_{\Sigma1} + \mathrm{j}X_{\Sigma2} + \mathrm{j}X_{\Sigma0} + 3R_g}$$

$$|I_{\mathrm{kA}}| = \left|\frac{60}{3\times\frac{280}{5/3} + \mathrm{j}(35+35+80.15625)}\right|\times3 = \left|\frac{60}{504+\mathrm{j}150.15625}\right|\times3 = 0.342$$

MN2 线第一套差动保护延时 25ms 动作，跳开 MN2 线 N 侧的 T011 断路器三相。

MN2 线第二套差动保护能启动，但因第一套差动保护已经把故障切除，所以未动作出口。

45．如按阻抗形式动作方程 $180° < \arg\frac{Z_\mathrm{J} - 0.866Z_{\mathrm{ZD}}\mathrm{e}^{\mathrm{j}30°}}{Z_\mathrm{J}} < 300°$（设继电器的测量阻抗为 Z_J、整定阻抗为 Z_{ZD}）构成一阻抗继电器，请绘制该阻抗继电器动作特性。

答： 该阻抗继电器动作特性如图 2-73 所示，是以 $\overrightarrow{OA}$ 相量两端点为弦的大半个圆，圆内为动作区，其整定阻抗 Z_{ZD} 是圆的直径。$\overrightarrow{OA}$ 与 Z_{ZD} 的夹角为 30°。

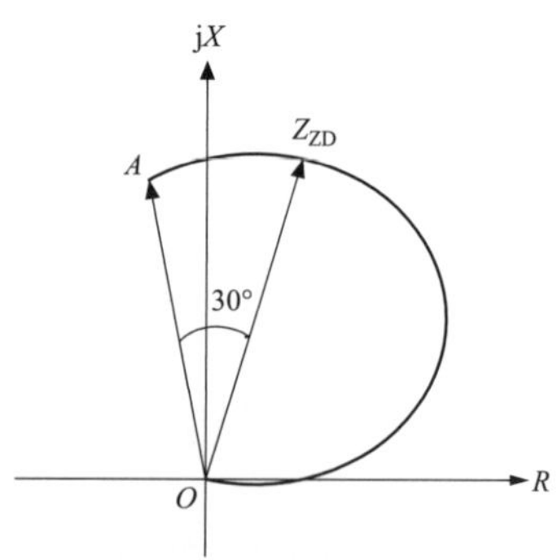

图 2-73　阻抗继电器动作特性

46．欲构成如图 2-74 所示的双折线（实线）特性的阻抗继电器，实线下方为动作区。请写出以阻抗形式表达的动作方程和以电压形式表达的动作方程，并说明其实现方法（设加入继电器的电压U_m、电流I_m为阻抗继电器接线方式中规定的电压、电流，继电器的测量阻抗为Z_m）。

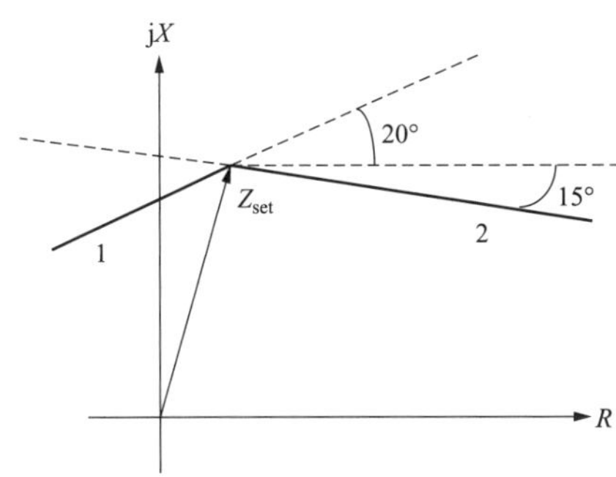

图 2-74 阻抗继电器动作特性

答：（1）直线 1 的阻抗形式动作方程为 $200° < \arg\frac{Z_m - Z_{set}}{R} < 380°$

或：

$$-160° < \arg\frac{Z_m - Z_{set}}{R} < 20°$$

直线 1 的电压形式动作方程为

$$200° < \arg\frac{U_m - I_m Z_{set}}{I_m R} < 380°$$

或：

$$200° < \arg\frac{U_m - I_m Z_{set}}{I_m} < 380°$$

或：

$$-160° < \arg\frac{U_m - I_m Z_{set}}{I_m R} < 20°$$

或：

$$-160° < \arg\frac{U_m - I_m Z_{set}}{I_m} < 20°$$

直线 2 的阻抗形式动作方程为：$165° < \arg\frac{Z_m - Z_{set}}{R} < 345°$

直线 2 的电压形式动作方程为：

$$165° < \arg\frac{U_m - I_m Z_{set}}{I_m R} < 345°$$

或

$$165° < \arg\frac{U_m - I_m Z_{set}}{I_m} < 345°$$

用直线 1 和直线 2 电压形式动作方程构成的两个继电器的“与”即可构成本继电器。

（2）本继电器的阻抗形式动作方程为 $200° < \arg\frac{Z_m - Z_{set}}{R} < 345°$

本继电器的电压形式动作方程为：

$$200° < \arg\frac{U_m - I_m Z_{set}}{I_m R} < 345°$$

或：
$$200°<\arg\frac{\dot{U}_{m}-\dot{I}_{m}Z_{set}}{\dot{I}_{m}}<345°$$

用电压形式动作方程即可构成本继电器。

47．某 110kV 系统如图 2-75 所示，已知 C 处发生单相接地故障时流过 A、B 处零序电流的比值 $3I_0$（A）/$3I_0$（B），为 0.4，电源 F2 有两台机组（125MW），共用一台主变压器。某天电源 F2 停一台机组，电源 F2 的正、负序等值阻抗由原 0.02 变为 0.04，C 处发生两相接地故障，B 处零序电流Ⅱ段动作但开关拒动，试分析：

（1）对于单相接地与两相接地故障，各支路零序电流分布的比例关系是否变化？

（2）A 处零序保护动作行为？

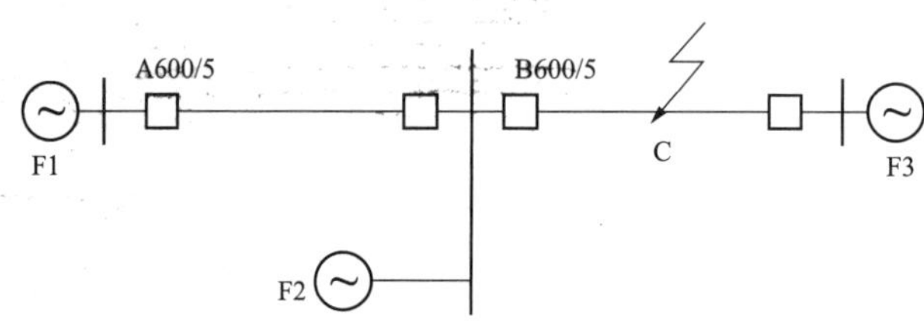

图 2-75　系统接线图

已知 A、B 处配置三段式零序电流方向保护，定值如下：

A 处零序保护定值为 I_{01}：6.5A　0s；I_{02}：3.5A　1s；I_{03}：1A　1.5s；

B 处零序保护定值为 I_{01}：5A　0s；I_{02}：3A　0.5s；I_{03}：1.5A　1s。

（基准值 S_j=100MVA，U_j=115kV）

答：（1）由故障分析知，接地故障时零序电流分布的比例关系，只与零序等效网络状况有关，与正、负序等效网络的变化无关。因此，只要零序等值网络不变，不论是单相接地还是两相接地故障，零序电流分布的比例关系不变。

（2）由题知，C 处发生两相接地故障时，电源 F2 的正、负序等值网络虽发生变化，但零序等值网络未变。因此，流过 A、B 处零序电流的比值 $3I_0$（A）/$3I_0$（B），与 C 处发生单相接地故障时相同也为 0.4。

（3）B 处 A02 动作，由 B 处零序保护定值分析知，5A>$3I_0$（B）≥3A。

所以，A 处零序电流 3 I_0（A）：5×0.4=2A>3 I_0（A）≥3×0.4=1.2A。

（4）由 A 处零序保护定值分析知，A02=3.5A>3 I_0（A）>A03=1A。

因此，A 处零序保护 A03 将动作出口，A01、A02 均未达到定值不会动作。

48．如图 2-76 所示，已知：M 站和 N 站间同塔双回Ⅰ、Ⅱ线的参数相同，零序阻抗为 Z_0，Ⅰ、Ⅱ线间互感阻抗为 Z_{0M}，正序阻抗为 Z_1，且 Z_{0M}/Z_0=0.3，Z_{0M}/Z_1=3。为确保 M 侧接地距离Ⅰ段定值在各种可能的运行情况下，可靠躲过线路对侧母线接地故障，其零序补偿系数 K 需要采用最小值 K_{min}。为确保 M 侧距离Ⅱ段定值在各种可能的运行情况下，可靠保证线路对侧母线接地故障有灵敏度，其零序补偿系数 K 需要采用最大值 K_{max}。

（1）求出 K_{min} 的值。

（2）单回线路正常运行（另一回线停运但两端未接地）时距离Ⅱ段灵敏度系数为 1.4。当Ⅰ、Ⅱ回线保护装置零序补偿系数实际按 K_{min} 整定时，为保证各种情况下线路对侧母线接地故障时距离Ⅱ段都有足够灵敏度，请问Ⅰ、Ⅱ回线 M 侧的距离Ⅱ段灵敏度系数应增大为多少？

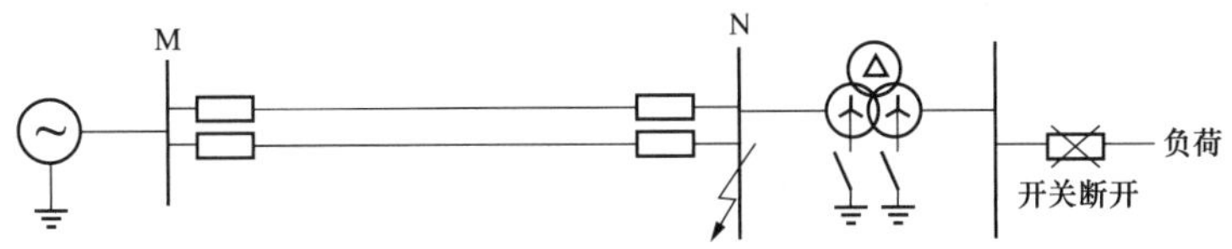

图 2-76 系统示意图

答：（1）对同塔双回线路，零序补偿系数 K 值最小的情况是：同塔双回线的其中一回线检修并两端接地，同时在运行线路发生线路对侧母线接地故障，此时考虑互感的零序综合阻抗为：

$$\begin{aligned}\Sigma Z_0 &= Z_0 + \left(\frac{I'_0}{I_0}\right) Z_{0\text{M}} \\ &= Z_0 - Z_{20\text{m}} / Z_0 \\ &= Z_0 - 0.09 Z_{20\text{m}}^2 / Z_0 = 0.91 Z_0\end{aligned}$$

$$\begin{aligned}K_{\min} &= (\Sigma Z_0 - Z_1) / 3Z_1 \\ &= (0.91 \times 3Z_1 - Z_1) / 3Z_1 \\ &= 0.577\end{aligned}$$

（2）对同塔双回线路，距离Ⅱ段需考虑零序补偿系数最大情况：双回线同时运行对侧母线发生接地故障，此时互感的零序综合阻抗为

$$\Sigma Z_0 = Z_0 + Z_{0\text{m}} = 1.3 Z_0$$

$$\begin{aligned}K_{\min} &= (\Sigma Z_0 - Z_1) / 3Z_1 \\ &= (1.3 \times 3Z_1 - Z_1) / 3Z_1 \\ &= 0.967\end{aligned}$$

灵敏度：

$$K_{\text{K}} = 1.4 \times \frac{1 + K_{\max}}{1 + K_{\min}} = 1.746$$

49．已知某线路电流互感器二次额定电流为 1A，阻抗一段阻抗定值为 12.63Ω，电阻补偿系数 $K_{\text{R}} = 1.506$，电抗补偿系数 $K_{\text{X}} = 0.516$，正序阻抗灵敏角 85.8°。试计算 0.95 倍Ⅰ段接地阻抗及相间阻抗动作边界电压和电流的幅值和相位；并以 A 相和 BC 为例画出它们模拟试验电流、电压相量图（在图 2-77 中标出相互之间的相位）。

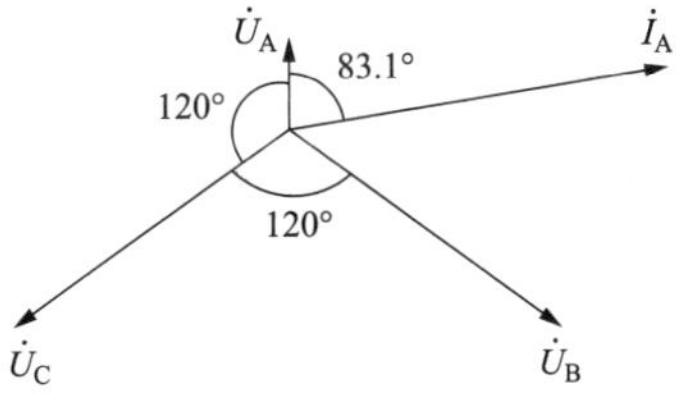

图 2-77 试验电流、电压相量图

答：（1）接地阻抗

$$R=(1+1.506)\times 0.95\times 12.63\times \cos 85.8°=2.20\Omega$$

$$X=(1+0.516)\times 0.95\times 12.63\times \sin 85.8°=18.14\Omega$$

对应的阻抗为：$Z=18.27e^{j83.1°}$。$U=1\times 18.27e^{j83.1°}V$

A 相故障相电压 18.27V，相角为 0°，电流 1A，滞后电压 83.1°。

（2）相间阻抗

计算动作线电压：　$U_{\varphi\varphi}=2\times 12=24V$

故障相相电压：　$U_{\varphi}=\sqrt{28.87^2+12^2}=31.26V$

故障相相电压角度为：　$\varphi_B=-180°+\tan^{-1}\dfrac{12}{28.87}=-157°$

$$\varphi_C=180°-\tan^{-1}\frac{12}{28.87}=157.4°$$

50．如图 2-78 所示，接地距离继电器在线路正方向发生 AB 两相短路时，保护范围会增加还是缩短？这种变化程度与 Z_S/Z_{set} 的比值大小有什么关系？（请以 A 相为例，写明原因）

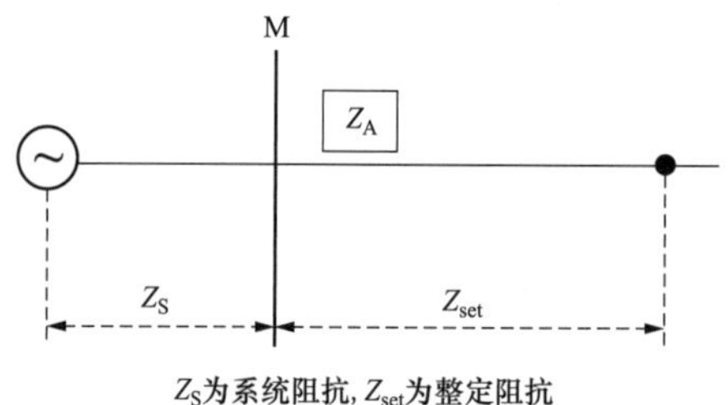

图 2-78　系统示意图

答：依题意 AB 两相短路，I_0=0

$$Z_A=\frac{U_A}{I_A+K_3I_0}=\frac{U_A}{I_A}=\frac{E_A-I_AZ_s}{I_A}=\frac{E_A}{I_A}-Z_s=\frac{E_A}{(E_A-E_B)/2(Z_S+Z_{set})}-Z_s$$

$$=2(Z_s+Z_{set})\bullet\frac{E_A}{E_A-E_B}-Z_S=2(Z_s+Z_{set})\bullet\frac{1}{\sqrt{3}e^{j30°}}-Z_s=2(Z_s+Z_{set})\bullet\frac{1}{\sqrt{3}}\left(\frac{\sqrt{3}}{2}-j\frac{1}{2}\right)-Z_s$$

$$=Z_{set}-j\frac{1}{\sqrt{3}}(Z_s+Z_{set})$$

$$|Z_A|=\sqrt{Z^2{}_{set}+\frac{1}{3}(Z_s+Z_{set})^2}$$

$$|Z_A|>Z_{set}$$

可见，此时 Z_A 是变大的，所以保护范围是缩短的，且随着 Z_S 与 Z_{set} 比值的变大，保护缩短得更严重。

51．如图 2-79 所示 110kV 系统，220kV 变压器中压侧零序Ⅱ段、110kV 变压器高压侧零序Ⅱ段、线路零序Ⅳ段保护定值如图中所示，乙线定值同甲线，图中各开关在合位。

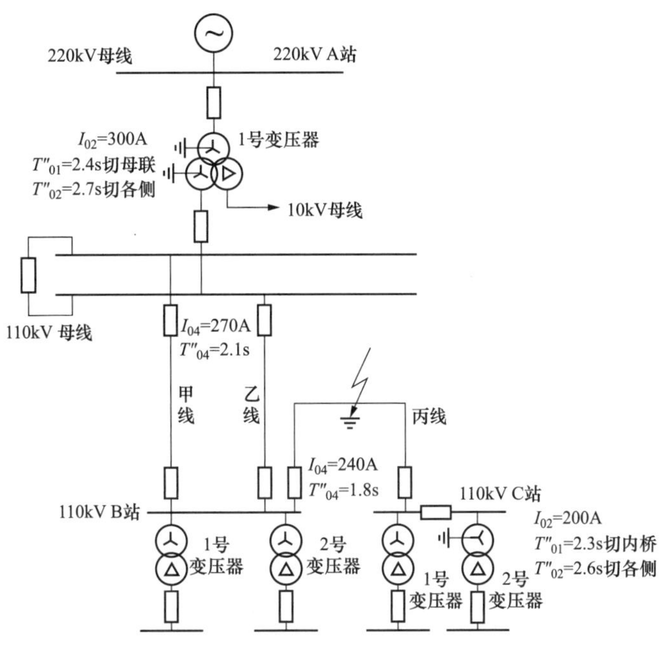

图 2-79 系统示意图

110kV 丙线中段发生 A 相高阻接地故障，零序序网各相关参数如图 2-80 中标注（标幺值，基准容量 100MVA，基准电压 115kV），故障点 $X_{1\Sigma*}=\mathrm{j}0.148$， $X_{2\Sigma*}=X_{1\Sigma*}$。

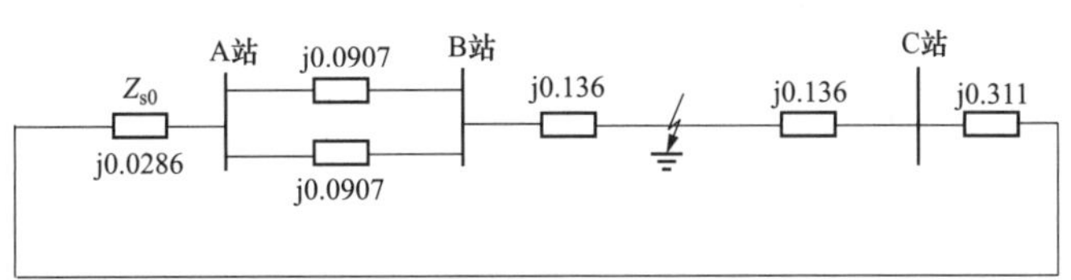

图 2-80 零序序网图

（1）事件发生后，监控后台显示：①A 站 1 号主变压器中压侧零序Ⅱ段动作，110kV 母联断路器跳闸；②A 站 110kV 甲、乙线无保护动作信息，经确认保护未动作；③经确认 C 站主变压器保护也未动作，110kV 备自投动作，全站自动倒由另一进线供电。经确认，B 站 110kV 丙线线路保护在故障前 5min 因装置故障保护退出。请根据题目中提供的信息，初步推断故障点的过渡电阻（纯阻性）有名值范围。

（2）事件发生后 3h，保护专业人员收集到了相关保护及录波信息：

①A 站 1 号主变压器中后备零序Ⅱ段 1 时限动作，故障时的零序电流一次值 355A；

②A 站 110kV 甲、乙线零序电流启动，但保护未动作；

③C 站 2 号主变压器高后备保护零序电流启动，保护未动作，录波显示零序电流一次值为 167A。

请根据以上信息，计算故障点的过渡电阻有名值。

答：

（1）故障点　　$\mathrm{j}X_1*=\mathrm{j}0.14827$　　　　$\mathrm{j}X_0*=\mathrm{j}0.14293$

利用公式 $3I_0^* = \dfrac{3}{3R^* + \mathrm{j}2X_1^* + \mathrm{j}X_0^*}$

1）据：A 站 1 号主变压器中零序Ⅱ段动作，但 110kV 甲、乙线保护未动，可知：

300A≤故障点左侧 $3I_0$≤2×270A=540A，即标幺值：0.59756≤故障点左侧 $3I_0$*≤1.0756

2）据：C 站主变压器零序保护未动作，可知：故障点右侧 $3I_0$≤200A；即标幺值：故障点右侧 $3I_0$*≤0.3984。

根据两侧的零序序网，可得故障点左侧零序电流分配系数 $C_{0\mathrm{F}}$=0.68、故障点右侧分配系数 $C_{0\mathrm{Y}}$=0.32。

所以：
$$\begin{cases} 0.59756 \leqslant 3I_{0\mathrm{F}}^* = \dfrac{3}{\left|3R^* + 2\mathrm{j}X_1^* + \mathrm{j}X_0^*\right|} \times C_{0\mathrm{F}} \leqslant 1.0756 \\ 3I_{0\mathrm{Y}}^* = \dfrac{3}{\left|3R^* + 2\mathrm{j}X_1^* + \mathrm{j}X_0^*\right|} \times C_{0\mathrm{Y}} \leqslant 0.39843 \end{cases}$$

解此不等式组，得：0.78968≤R*≤1.12858，有名值 104Ω≤R≤149Ω。

可初步推断故障点的过渡电阻（纯阻性）有名值在 104Ω 与 149Ω 之间。

（2）根据以上信息，计算故障点的过渡电阻有名值：

由于电网中所有元件均视为纯抗性，从故障点两端流入的零序电流相位相反，所以故障点 $3I_0$=355+167=522A。

折算成标幺值为 $3I_0$*=1.03975。

利用上一小题的公式，有：$3I_{0\Sigma}^* = \dfrac{3}{\left|3R^* + 2\mathrm{j}X_1^* + \mathrm{j}X_0^*\right|}$=1.03975 ≥$R$*=0.95，有名值 R= 125.6Ω。

52．如图 2-81 所示系统，设系统内各元件正、负序阻抗相等，主变压器接线组别 YN，d11，变比 110/10，变压器阻抗保护阻抗灵敏角固定为 80°，若主变压器低压侧（△侧）母线发生 BC 相间短路，试分析阻抗保护动作行为（其他保护不考虑）。

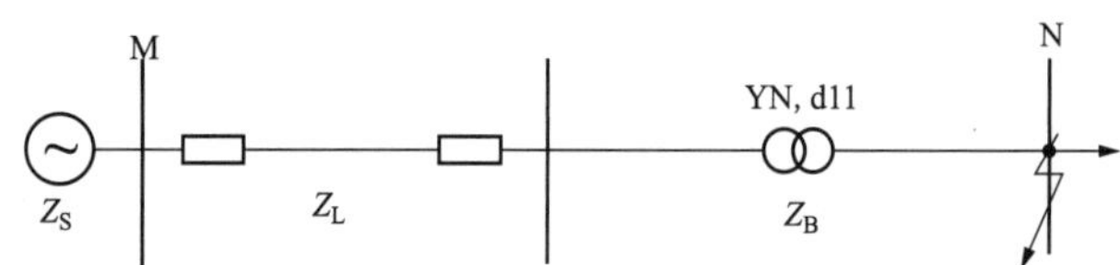

图 2-81　系统接线图

各元件阻抗后备保护定值及各元件折算到 110kV 侧的阻抗有名值见表 2-3 和表 2-4。

表 2-3　各元件阻抗后备保护定值

厂站	保护功能	阻抗定值	时间定值	阻抗角
M 母线处线路保护	接地距离Ⅲ段	10Ω	1.8s	××
	接地Ⅲ段四边形	19Ω		××
	正序灵敏角			80°
主变压器高压侧后备保护	指向主变相间阻抗定值	6Ω	0.6s	
	指向母线相间阻抗定值	1Ω	0.6s	

表 2-4 **各元件折算到 110kV 侧的阻抗有名值（Ω）**

设备名称	正序阻抗	负序阻抗	零序阻抗
Z_L	6∠80°	6∠80°	18∠80°
Z_B	5∠80°	5∠80°	5∠80°
Z_S	4∠80°	4∠80°	12∠80°

答：（1）主变压器高后备相间阻抗保护。

1）故障点的正、负序综合阻抗：$Z_{\Sigma 1}=Z_{\Sigma 2}$

$$Z_{\Sigma 1}=6+5+4=15\angle 80°\Omega$$

2）三个相间阻抗继电器测量阻抗分别为：

$$Z_{ab}=5\angle 80°+\infty=\infty$$

$$Z_{bc}=5\angle 80°-j15\angle 80°/\sqrt{3}$$

$$Z_{ca}=5\angle 80°+j15\angle 80°/\sqrt{3}$$

3）作图分析，见图 2-82。

由图示可见三个相间阻抗继电器均落于圆外非动作区，因此主变压器高后备的相间阻抗保护不动作。

（2）M 处线路相间距离保护。

1）接地阻抗继电器的测量阻抗：

$$Z_a=5\angle 80°+6\angle 80°-j\sqrt{3}\,15\angle 80°$$

$$Z_b=5\angle 80°+6\angle 80°+j\sqrt{3}\,15\angle 80°$$

$$Z_c=5\angle 80°+6\angle 80°=11\angle 80°$$

2）作图分析，见图 2-83。

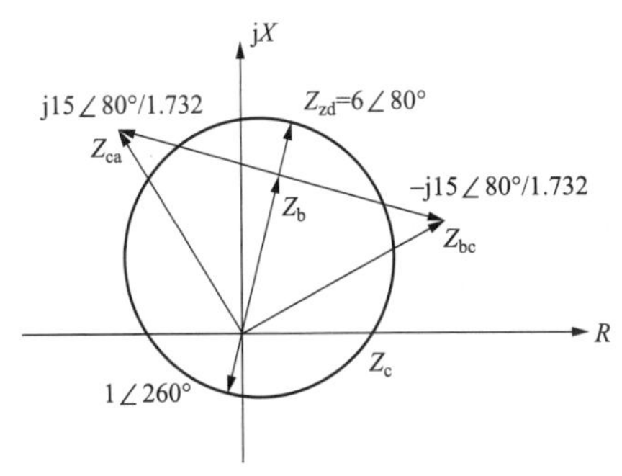

图 2-82 主变高后备阻抗保护动作行为分析

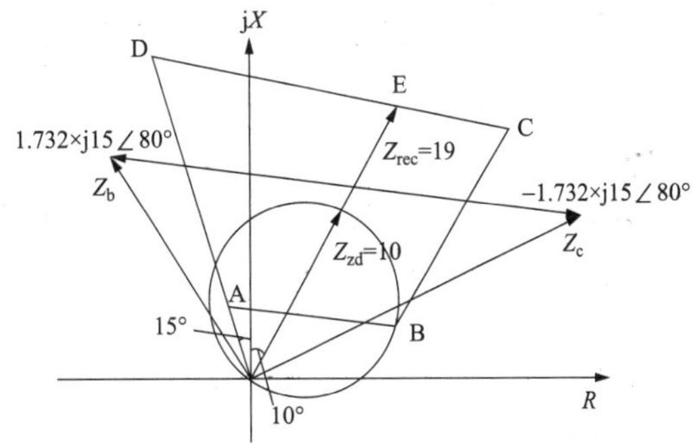

图 2-83 线路相间距离保护动作行为分析

由图示可见三个接地距离继电器中，Z_a、Z_b 均落于圆外非动作区，不能动作；故障相中的滞后相 Z_c 落于动作区内，作为远后备最终 1.8s 切除故障。

53．系统接线如图 2-84 所示，各元件参数全部为折算到 220kV 侧的有名值且各序阻抗角相同，负荷电流 I_F=350A，线路 L1、L2、L3、L4 零序电流保护定值为一次值（其他保护不考虑），保护用电压互感器全部为母线电压互感器，试分析 L1 线路 M 侧首端 A 相线路断线时的保护动作行为。

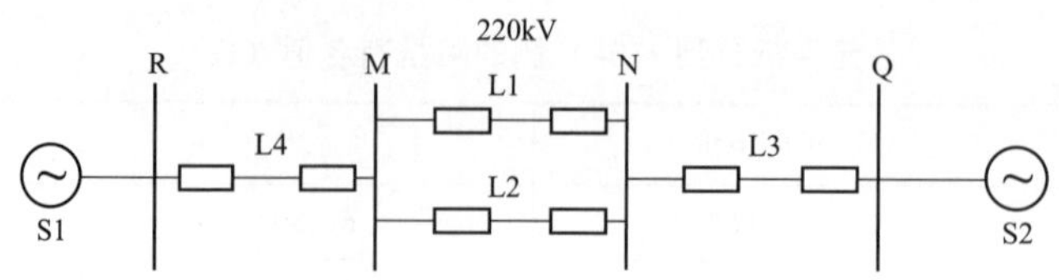

图 2-84　系统接线图

元件参数列表，见表 2-5。

表 2-5　　　　元 件 参 数 表

元件	正序电抗	负序电抗	零序电抗	零序互感
L1	1.1	1.1	1.5	1.2
L2	1.1	1.1	1.5	1.2
L3	2.8	2.8	4.8	
L4	5	5	12	
S1	1.0	1.0	3.0	
S2	1.0	1.0	3.0	

定值单见表 2-6。

表 2-6　　　　相 关 保 护 装 置 定 值

保护装置	零序Ⅱ段（A）	零序Ⅱ段时间（s）	零序Ⅲ段（A）	零序Ⅲ段时间（s）	零序过流Ⅲ段经方向
L1M	670	0.6	300	3	0
L1N	670	0.6	300	3	0
L2M	500	0.6	300	3	0
L2N	500	0.6	300	3	0
L3Q	500	0.6	300	3	0
L3N	500	0.6	300	3	0
L4M	500	0.6	300	3	0
L4R	500	0.6	300	3	0

答：（1）L1 线路 M 侧末端 A 相断线时复合序网，见图 2-85。

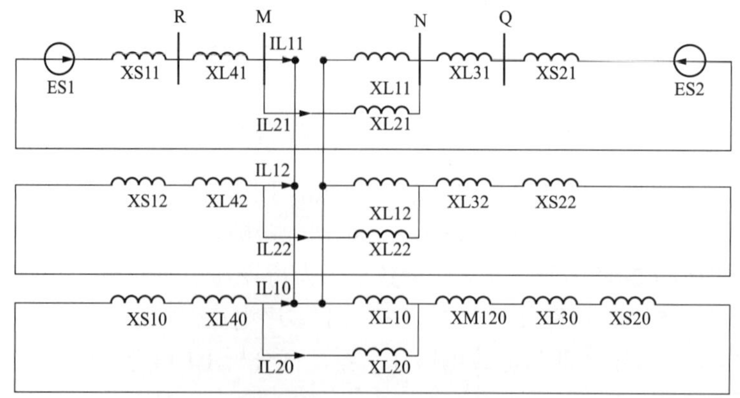

图 2-85　复合序网图

（2）计算各序综合阻抗：

$$X_{1\Sigma}=X_{2\Sigma}(2.8+5+1+1)//(1.1)+1.1=2.1$$
$$X_{0\Sigma}=(4.8+12+6+1.2)//(0.3)+0.3=0.6$$

（3）计算各支路零序电流：

$$3I_{ML10}=3I_{NL10}=-3I_{fh}X_{1\Sigma}/(X_{1\Sigma}+2X_{0\Sigma})=668\text{（A）}$$
$$3I_{ML20}=3I_{NL20}=668\times(4.8+12+6+1.2)/24.3=660\text{（A）}$$
$$3I_{L30}=3I_{L40}=8\text{A}$$

（4）各线路零序电流保护动作分析：

1）0.6s 各线路零序Ⅱ段：L3、L4 线路两端零序电流为 8A，小于Ⅱ段定值（500A），不动作；L1 线路两端零序电流 668A 小于Ⅱ段定值（670A），不动作；L2 线路两端零序电流（660A）大于定值（500A），但两侧零序方向均在反方向，不动作。

2）3s 零序Ⅲ段：L1、L2 线路两侧零序Ⅲ段均动作，分别跳开 L1、L2 线路三相开关，不重合。

54．在双侧电源供电的单回线路上发生一相断线接地，如图 2-86 所示，故障前是空载。忽略线路分布电容，并假设系统中正序和负序阻抗相等，求线路中各相电流大小和方向。

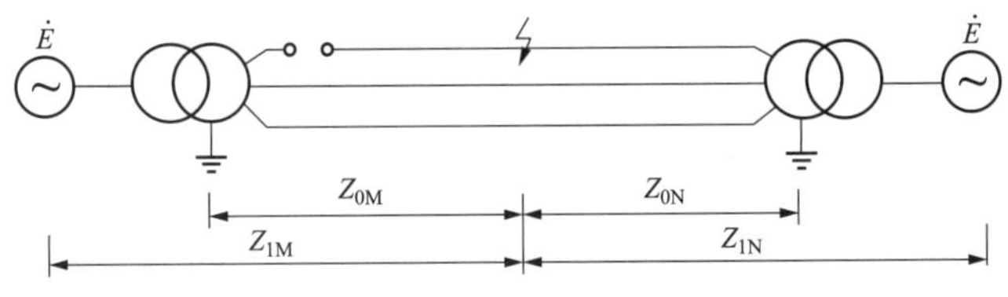

图 2-86 系统示意图

答：短路状态分为短路前的状态和短路附加状态，见图 2-87。空载运行，短路前各处电流为 0，短路附加状态仅在故障支路有电动势 $\dot{E}$。

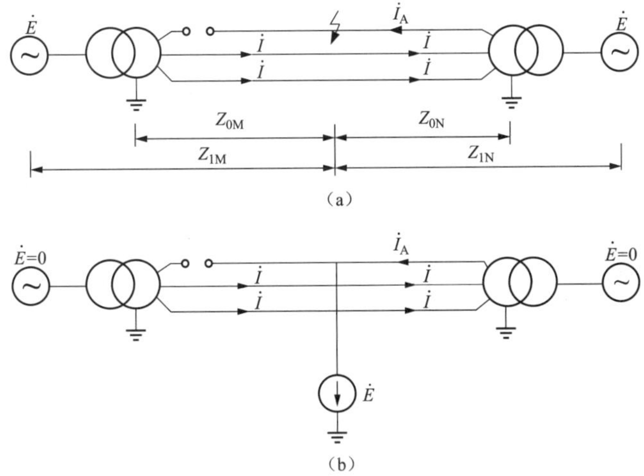

图 2-87 故障示意图

（a）短路前状态；（b）短路附加状态

令故障相接地电流为 $\dot{I}_A$，两健全相电流相等，令 $\dot{I}=\dot{I}_B=\dot{I}_C$，其方向如图 2-87 箭头所示。

因为每相自阻抗为$\frac{1}{3}(Z_{0N}+2Z_{1N})$

相间互阻抗为$\frac{1}{3}(Z_{0N}+2Z_{1N})$

对故障相-地回路列电压平衡方程：

$$(Z_{0N}+2Z_{1N})\dot{I}_A-(Z_{0N}-Z_{1N})\dot{I}=3\dot{E}$$

对健全相-地回路列电压平衡方程：

$$-(Z_{0N}-Z_{1N})\dot{I}_A+[Z_{1N}+Z_{1M}+2(Z_{0N}+Z_{0M})]\dot{I}=\dot{E}$$

若：
$$Z_{1\Sigma}=Z_{1M}+Z_{1N},\ Z_{0\Sigma}=Z_{0M}+Z_{0N}$$

联立得：

$$\dot{I}_A=\frac{2Z_{0\Sigma}+Z_{1\Sigma}}{|D|}\times 3\dot{E}$$

$$\dot{I}=\frac{Z_{0N}-Z_{1N}}{|D|}\times 3\dot{E}$$

其中，
$$|D|=(Z_{0N}+2Z_{1N})(2Z_{0\Sigma}+Z_{1\Sigma})-2(Z_{0N}-Z_{1N})^2$$

当$Z_{0N}>Z_{1N}$时，电流$\dot{I}$的方向与$\dot{I}_A$相反（与假设相同），当$Z_{0N}<Z_{1N}$，$\dot{I}$的方向与$\dot{I}_A$相同。

55．图2-88所示为系统简图和MN1、MN2线M侧距离保护装置内部录波图（1线运行在Ⅰ母，2线运行在Ⅱ母，母联在合位），220kV线路NP发生C相接地故障，MN2线M侧距离保护接地距离Ⅰ段动作跳闸。现场检查TV回路N600在控制室一点接地，保护装置正常，如果你是事故检查负责人，现场应如何进行检查？试根据录波图分析距离保护误动的原因。

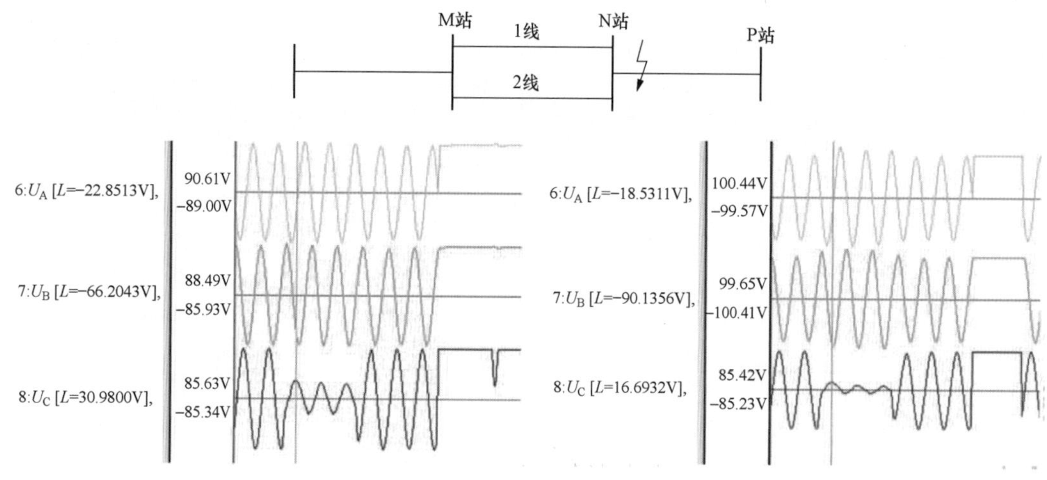

图2-88　系统示意及故障录波图

答：从录波看线路2的电压采样有明显异常，故障时非故障相A、B相电压有明显升高，而C相故障电压则比1线明显偏低，现象看电压中性点往C相电压方向有偏移，虽然两条线路的电压分别取自各自母线TV，但两TV电气距离都在同一站内，电气距离很近，一次电压不可能有如此大的区别，故问题还是出在2线的TV二次回路。Ⅱ母TV二次回路的问题可能

是开口三角电压与 U_{LN} 与 U_L 线接反所致，保护的中性点电压 U_N 结成了 $3U_0$。以 A 相为例简单相量分析如图 2-89 所示。

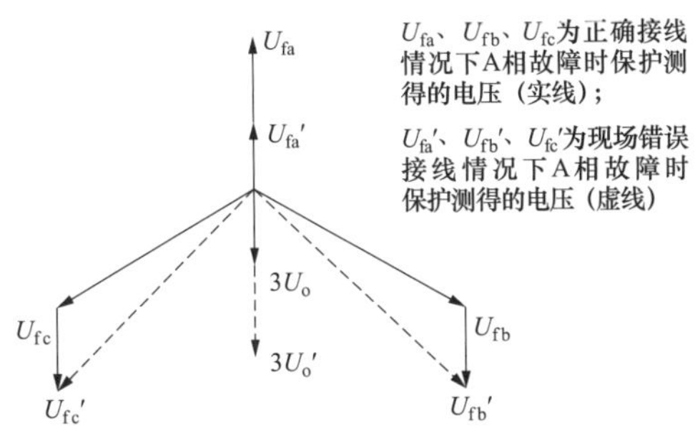

图 2-89 A 相故障电压相量图

56．一条两侧均有电源的 220kV 线路如图 2-90 所示，K 点发生 A 相单相接地短路。两侧电源及线路阻抗的标幺值均已标注在图中，设正、负序电抗相等，基准电压为 230kV，基准容量为 100MVA。

（1）计算出短路点的全电流（有名值）。

（2）计算流经 M、N 侧零序电流（有名值）。

（3）已知 M 侧电压互感器二次线圈，在开关场经氧化锌阀片接地，其击穿电压下降为 40V。根据录波图（图 2-91）分析 $\dot{U}_a$ 出现电压的原因。

（4）根据 WXB-11 微机保护打印报告（见表 2-7）分析高频保护动作行为。

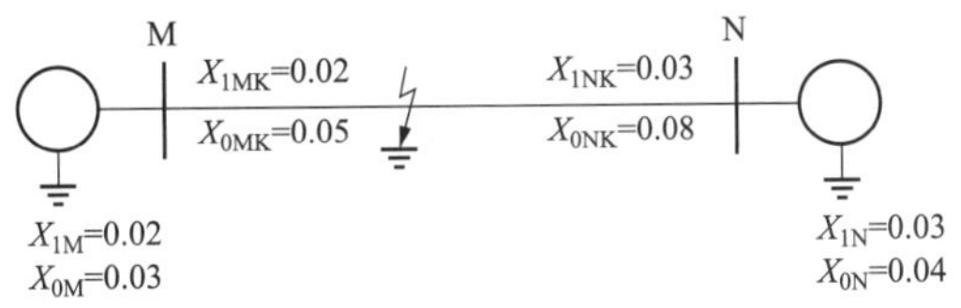

图 2-90 双侧电源线路示意图

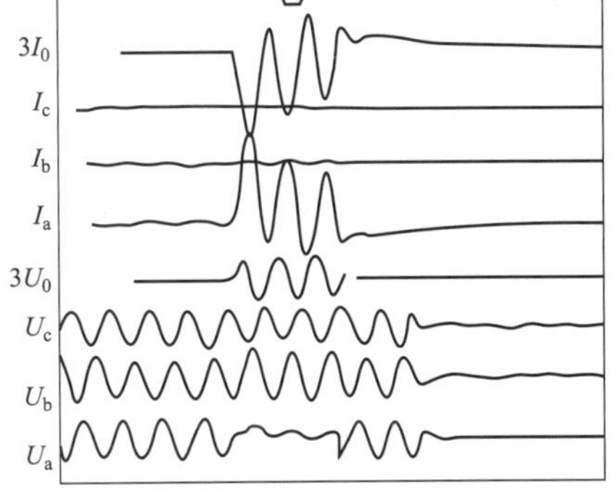

图 2-91 故障时录波图

表 2-7 **WXB-11 微机保护报告**

TIME	I_A	I_B	I_C	$3I_0$	U_A	U_B	U_C
−5	2.7	−2.5	0.7	0.2	81.5	−76.5	−7.1
−4	3.0	−1.6	−0.9	0.0	90.1	−40.1	−49.8
−3	2.7	−0.2	−2.1	0.2	75.5	5.6	−79.5
−2	1.9	1.2	−2.5	0.2	40.0	50.5	−88.3
−1	0.7	2.3	−2.3	0.2	−6.3	81.5	−73.2
0	−1.2	2.8	−1.4	−0.4	−30	78.2	−72.0
1	−10.1	2.1	−0.9	−9.6	−40	82.1	−68.2
2	−27.4	0.1	−0.7	−28.5	−50.1	86.3	−50.6

续表

TIME	I_A	I_B	I_C	$3I_0$	U_A	U_B	U_C
3	−42.3	−2.3	−0.2	−45.8	−65.2	90.5	−40.7
4	−49.8	−4.3	0.0	−54.8	−48.1	92.3	−37.2
5	−45.8	−5.5	0.0	−53.0	−65.2	85.5	12.8
6	−31.2	−4.3	0.0	−37.3	−65.3	55.3	57.8
7	−10.7	−1.8	0.0	−15.3	−56.4	5.6	84.5
8	9.8	0.9	−0.4	7.1	−32.3	−46.2	90.5
9	25.4	3.0	−0.5	25.1	−0.1	−85.1	71.5
10	33.4	4.4	−0.6	35.0	32.2	−102.1	32.1
11	28.1	0.7	0.0	29.3	54.1	−94.4	−15.2

答：（1）根据单相接地故障的边界条件画出复合序网图，正序、负序、零序综合阻抗串联。（图略）

M 侧正序、负序阻抗为 $X'_{1M}=X'_{2M}=X_{1M}+X_{1MK}=0.04$

N 侧正序、负序阻抗为 $X'_{1N}=X'_{2N}=X_{1N}+X_{1NK}=0.06$

M 侧零序阻抗为 $X'_{0M}=X_{0M}+X_{0MK}=0.08$

N 侧零序阻抗为 $X'_{0N}=X_{0N}+X_{0NK}=0.12$

故障点正序、负序综合阻抗 $X_{1\Sigma}=X_{2\Sigma}=X'_{1M}//X'_{1N}=0.024$

故障点零序综合阻抗 $X_{0\Sigma}=X'_{0M}//X'_{0N}=0.048$

基准电流 $I_B=S_B/(1.732\times U_B)=100/(1.732\times 230)=0.251\text{kA}$

故障电流 $I_A=3\times I_0\times I_B=3\times I_B\times E/(2X_{1\Sigma}+X_{0\Sigma})=7.84\text{kA}$

其中等效电动势 $E=1\text{j}$

（2）各侧零序电流

故障点总的零序电流 $I_0=1/3\times I_A=2.61\text{kA}$

M 侧：$I_{0M}=I_0\times X'_{0N}/(X'_{0M}+X'_{0N})=1.57\text{kA}$

N 侧：$I_{0N}=I_0\times X'_{0M}/(X'_{0M}+X'_{0N})=1.00\text{kA}$

（3）根据有关文献提供的数据，每 kA 接地电流可产生 10V（有效值）的横向电压降，也就是说 M 侧氧化锌阀片可能承受的电压为 $30I_{kmax}$（峰值）等于 3×30×1.57=141V，而其实际击穿电压为 40V，因此 M 侧氧化锌阀片将被击穿。

因此氧化锌阀片被击穿，从而在 TV 二次回路出现二点接地。故障电流在 TV 的中性线上流过，产生压降并叠加到 A 相电压上，于是出现录波图所示 $\dot{U}_a$ 值。

（4）根据故障报告提供的数据计算 $3\dot{U}_0=\dot{U}_A+\dot{U}_B+\dot{U}_C$，并把 $3\dot{I}_0$、$3\dot{U}_0$ 显示在一起，如表 2-8 所示。

表 2-8　　$3\dot{I}_0$ 与 $3U_0$ 对照表

采样点	0	1	2	3	4	5	6	7	8	9	10	11
$3\dot{I}_0$	−0.4	−9.6	−28.5	−45.8	−54.8	−53.0	−37.3	−15.3	7.1	25.1	35.0	29.3
$3\dot{U}_0$	−30	−26	−10	−15	7	33	47	34	12	−14	−38	−14

从表 2-8 中可得知：$3\dot{U}_0$超前$3\dot{I}_0$ 4 个采样点，考虑到 WXB-11 微机保护每个采样点对应于相量角度 30°，所以可知$3\dot{U}_0$超前$3\dot{I}_0$ 120°，相量落在保护装置的不动作区，属区外故障，因此 WXB-11 微机保护拒动。

57．220kV 站采用双母线接线方式，220kV 出线保护配置双套差动保护。220kV 出线 L1 发生单相故障，重合于故障后两侧开关跳开，隔离故障。随后，出线 L1 因雷击导致本站开关单相纵向击穿，并发生接地故障。

（1）故障后，线路差流达到定值，请分析出线 L1 差动保护能否满足动作条件及原因。

（2）L1 线开关单相纵向击穿同时，母差误动。在分析保护动作行为过程中，发现与出线 L1 在同一段母线上的出线 L2 保护收到对侧的远方跳闸信号。上述现象是否合理，请分析原因。

答：（1）L1 线两侧开关均在分位，雷击开关纵向击穿后，本侧电流启动元件动作，差动动作电流达到定值，则发差动允许信号给对侧，对侧开关在三相跳开状态，向本侧差动发差动允许信号，线路差动保护能够动作出口。

（2）L1 线故障，差动保护动作后，因开关纵向击穿，开关拒动后由母差失灵保护动作跳本母线相关开关。出线 L2 的 TJR 继电器开入本线路差动保护向对侧发远跳信号，对侧收到远跳信号后三跳不重，对侧差动保护永跳出口驱动 TJR 继电器跳闸的同时会开入对侧的装置再向本侧发远跳信号，所以本侧线路保护会收到对侧的远方跳闸信号。

58．某 110kV 线路发生 A 相转三相转换性故障，母线保护误动作出口，故障线路交流电流录波如图 2-92 所示，请分析造成此种电流波形的原因？ 最好采取哪些措施来避免？

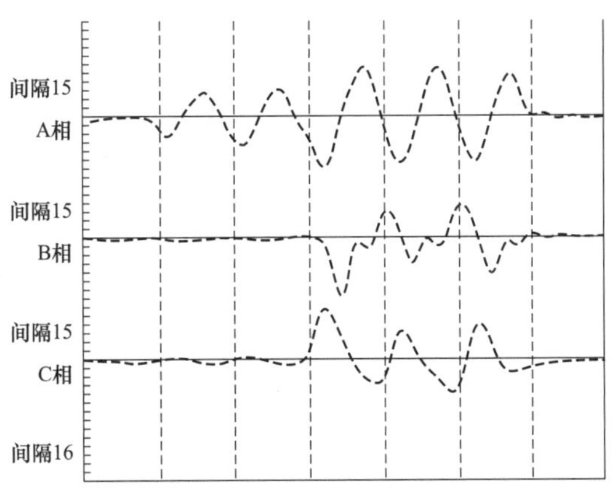

图 2-92 故障时电流录波图

答：TA 暂态饱和。应从设计、选型、验收及运行维护时注意 TA 的类型、变比及二次负载；

母线保护本身应具有抗暂态饱和能力。

59．如图 2-93 所示，甲乙线路停电，甲侧 21、22、23 断路器合环运行，乙侧变电站做甲乙线路光纤差动保护试验，造成甲侧开关跳闸，已知甲侧出线有出线刀闸且打开，请从甲站角度，分析开关跳开的可能原因，如何完善保护运行方案以避免此类故障。

答：（1）差动保护做试验时，乙侧加量，各厂家不同原理的保护均有可能导致运行甲侧线路差动保护跳闸（主要考虑保证高阻接地或弱馈时保护的灵敏度），因此当时甲乙站必定同时投入了光纤差动保护功能压板。

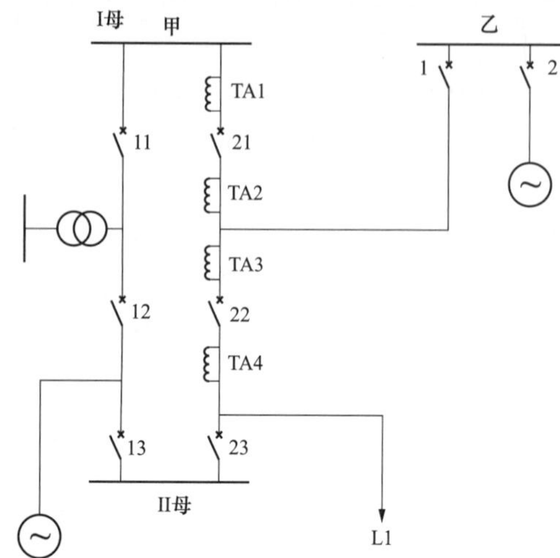

图 2-93　系统示意图

（2）甲站由于有出线刀闸，此时投入线路光差实际上是不必要的，应投入短引线保护，以实现 21 和 22 开关之间故障的快速隔离，确保系统稳定，没有必要采用乙侧电流，虽然一般情况（乙侧无试验）也能实现上述功能。

（3）若甲站没有配置短引线保护，此时应将甲站的线路差动保护自环，以差动保护代替短引线保护运行，此时只要甲站自环，自然乙站试验不会对甲侧产生影响。

60．如图 2-94 所示，L1 线路两侧配有一套分相电流差动保护，假定 TA 断线不闭锁差动保护。试回答以下问题：

（1）线路 L1 发生故障，两侧距离保护均不满足动作条件，线路差流达到定值。N 侧零序电流延时段保护动作跳开 CB2 后，线路分相电流差动保护动作出口。请简述差动保护在 CB2 跳开后才动作出口的原因。

（2）在 L1、L2 线路正常运行时，M 侧发生 A 相 TA 二次回路断线，两侧分相差动保护是否会动作？

（3）在 M 侧发生 A 相 TA 断线不久，在 L2 线路上发生 B 相故障，L1 线路两侧差动保护是否会动作，简述理由。

（4）假设 M 侧 TA 变比为 1200/5，N 侧 TA 变比为 600/1，因现场整定装置定值时不慎误将 1200/5 的二次额定电流错设为 1A，发生区内、外故障时有何问题发生？

（5）假设 L1 线路 CB2 在合位，线路 L2 发生故障，在断路器重合于永久故障时，L1 差动保护动作，请说明原因。

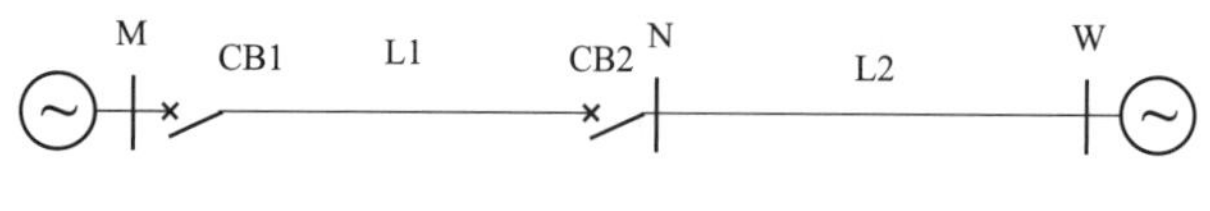

图 2-94　系统示意图

答：（1）线路故障，线路两侧接地距离保护均没有动作，N 站侧零序保护动作，线路发生高阻接地。高阻接地时，L1 线 M 站侧故障特征不明显，电流、零序电压、零序电压突变量、相电压突变量均不满足启动条件，故障初期差动保护只是单侧启动，不满足动作条件。CB2 开关跳开后，差动保护满足动作条件。

（2）两侧分相差动保护不会动作。因 N 侧保护没有电流突变，不向 M 侧发送差动动作允许信号，所以两侧差动不动作。

（3）当差动电流小于 TA 断线差流定值时，差动保护不动作；当差动电流大于 TA 断线差流定值时，差动保护动作。

（4）外部故障时两侧保护均有可能发生误动作；内部故障时两侧保护灵敏度有可能降低，严重时可能发生拒动。

（5）L1 两侧电流互感器可能因为饱和（或励磁涌流）产生较大的差动电流，造成差动保护误动。

61．某 220kV 系统发生 B 相接地故障，甲-乙线线路两侧（甲站/乙站）保护动作录波如图 2-95 和图 2-96 所示，请结合线路两侧录波波形，试回答以下问题（线路两侧的 TA 变比相同）：

（1）通过分析两侧录波波形，试指出故障点的大概位置？

（2）保护在故障中动作是否正常？试分析造成该现象的可能原因并提出现场检查重点。

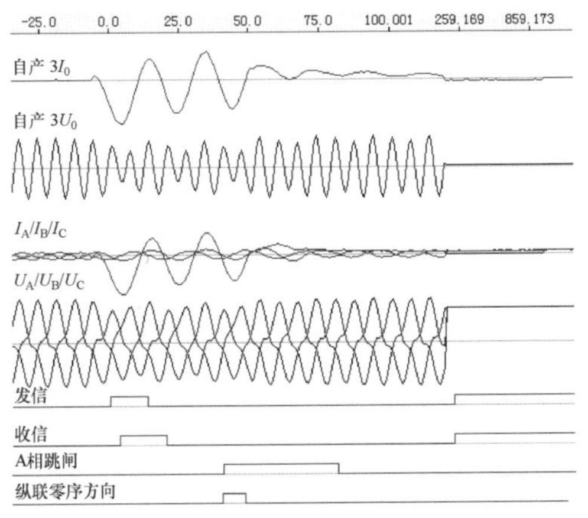

图 2-95 甲站故障录波（故障时 B 相电流最大）

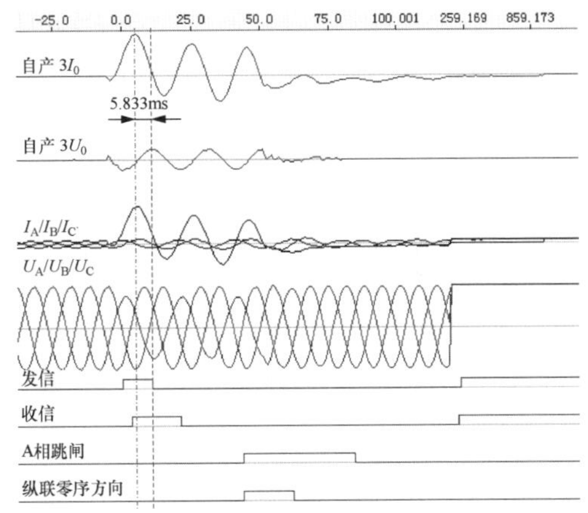

图 2-96 乙站故障录波（故障时 B 相电流最大）

答：（1）通过比较线路两侧的 B 相电流，发现 $\dot{I}_{B甲}=-\dot{I}_{B乙}$，所以 B 相电流为穿越性电流，故障点在区外。

分析乙站侧录波可得：$\arg(3I_0/3U_0)=(5.833/20)\times360°=105°$，当 $12°<\arg(3I_0/3U_0)<192°$ 为正方向，所以故障点在乙站的正方向，在甲站线路保护的背后。

（2）保护动作不正常。

通过分析图 2-95 可知，甲站的零序方向判为正方相故障，与实际不符。自产零序电压异常，是造成零序方向判据异常的原因。通过分析发现，甲站 A、B、C 相电压都有较大畸变，含较高的三次谐波。对于交流插件内的小 TA，只有当励磁电流中存在所需要的三次谐波分量，才能使主磁通呈正弦波，使相电动势呈正弦波。若中性线（N600）接触不良或断开，带有零序性质的三次谐波将没有通道，转换出的相电动势将含有较高的三次谐波分量；在系统短路故障时，将产生错误的 $3U_0$。因此，建议现场检查中性线（N600）接触是否可靠。

62．某一 220kV 线路配置光纤差动保护，甲站侧和乙站侧差动保护跳闸，两站录波如图 2-97 所示，两侧 TA 变比不同。

问题：（1）从录波信息来看，一次系统出现了什么扰动？说明理由。

（2）分析差动动作原因。

（3）跳闸时 B 相电流录波末端为什么出现非周期分量？

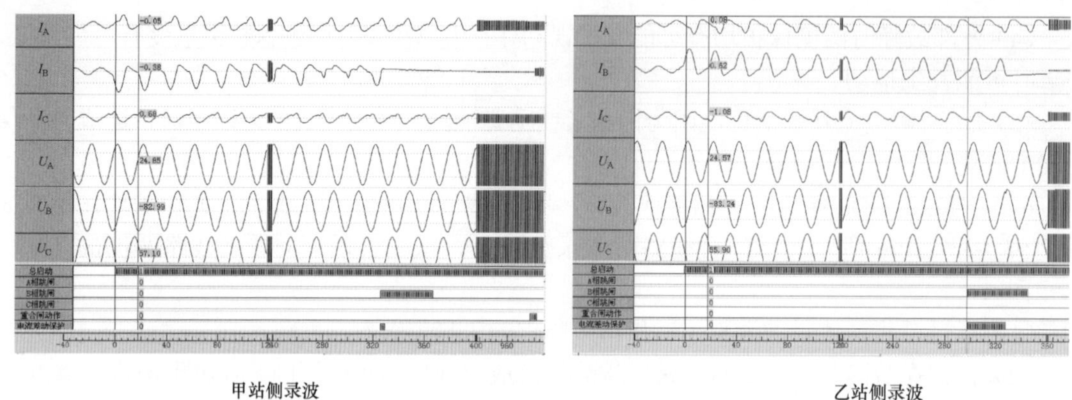

图 2-97　故障录波图

答：（1）两站有一侧空投变压器时产生穿越性励磁涌流。理由是两侧同相电流相位相反，说明是线路区外扰动；波形畸变是涌流特征；扰动时两侧电压没有明显降低，而且正序特征。

（2）乙站差动保护跳闸前 B 相电流近 2 个周波没有明显较大变化，保持励磁涌流本身特征；甲站差动保护跳闸前 B 相近 2 个周波明显变小，而且显示明显 TA 饱和特征。空投变压器时 B 相是最大涌流相，非周期分量很大，同时衰减又慢导致了空投开始阶段甲站 TA 还没有发展到饱和，差动不会误动，当发展到深度饱和时，电流很快变小，差动误跳。A、C 两相涌流较小没有明显饱和，没有误动。所以线路单跳单重。

（3）因一次开关短路电流过零点灭弧后，TA 励磁支路磁场能量经二次电缆以非周期分量慢速衰减。

63．在图 2-98 所示系统主接线中，1 线、2 线同杆并架，已知 1 线纵联保护均退出运行，距离保护均投入运行；2 线纵联零序投入运行。在 1 线距离保护范围末端发生单相接地故障，1、2、3、4 保护录波如图 2-99～图 2-102 所示，请看图回答如下问题：

（1）你在图 2-99 中看到了什么？距离保护 I 段为什么延时跳闸？

（2）你在图 2-100 中看到了什么？为什么？

（3）已知重负荷非故障线零序纵联保护快速动作，两侧均在 100ms 内切除故障，请解释为什么？

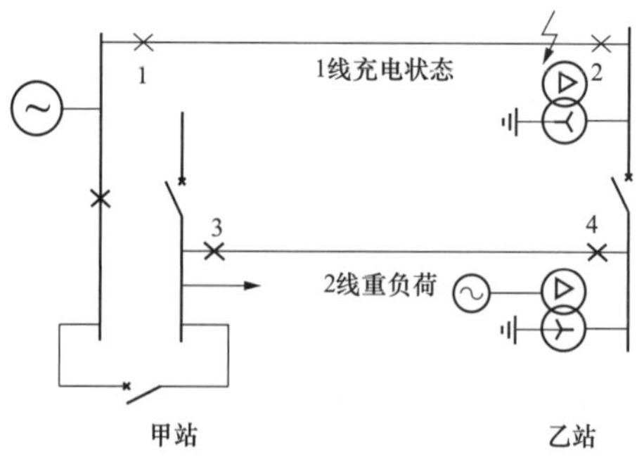

图 2-98　系统主接线图

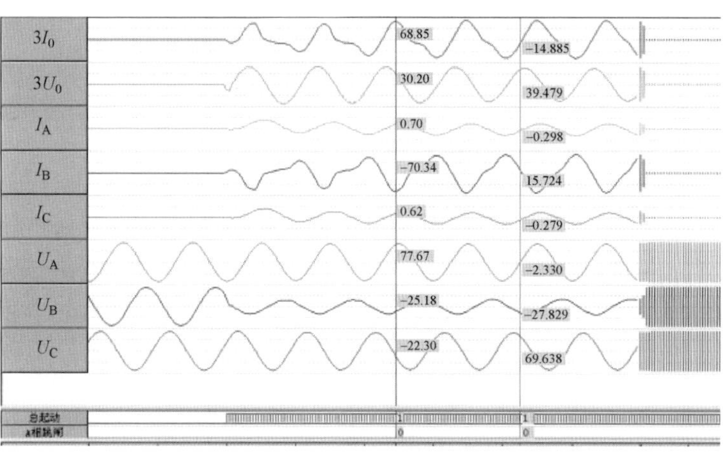

图 2-99 甲站 1 断路器故障录波图

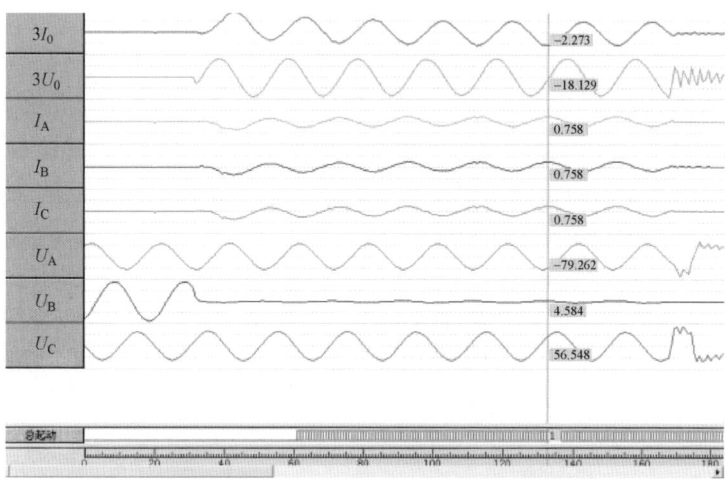

图 2-100 乙站 2 断路器故障录波图

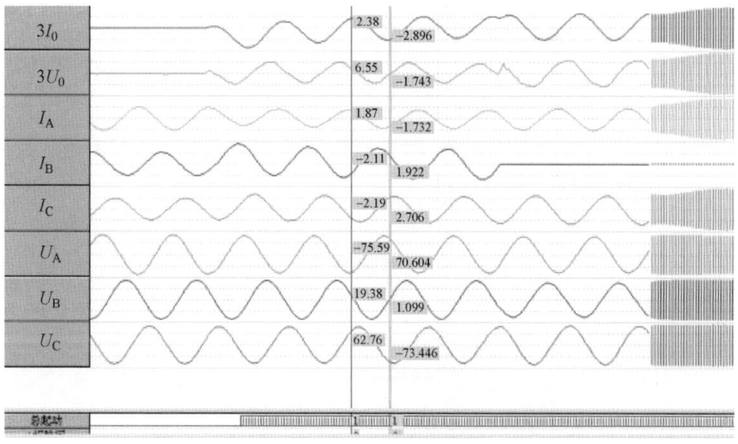

图 2-101 甲站 3 断路器故障录波图

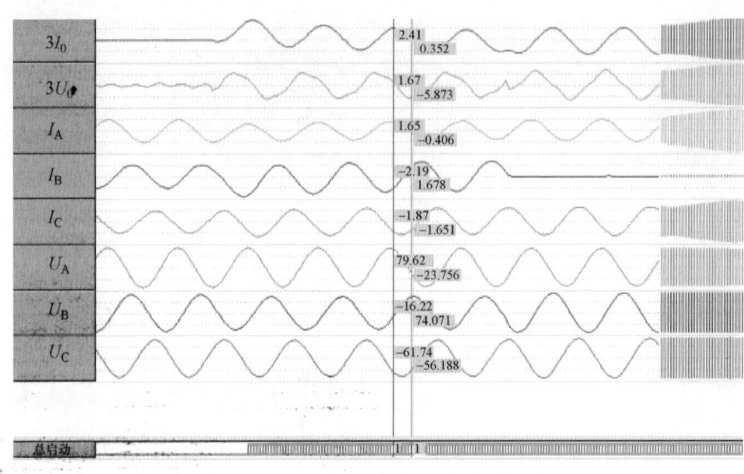

图 2-102　乙站 4 断路器故障录波图

答：(1) 看到电流互感器由于剩磁影响故障后很快就饱和了，随时间增加慢慢退出饱和，进入了动作区。

(2) 在图 2-100 中看到三相故障电流大小基本相等、相位相同。因为是弱电源侧且母线背后变压器中性点接地。

(3) 从系统图可知，图示故障点对甲站而言，在 1 线的末端，于是该双回线产生了强磁弱电联系，1 线向甲站流入的零序电流，在 2 线中产生了互感电势，于是 2 线的零序纵联保护看来，认为是区内故障，立即跳两侧断路器。

64. 如图 2-103 所示，某 220kV 甲变电站 L1 线在零序电流 I 段范围内发生 B 相接地短路，L1 甲侧零序电流Ⅲ段（定值 2.4A、6.0s）动作，跳三相开关。录波测得 L1 线零序电流二次值为 14A，甲侧 L2 线带方向的零序Ⅲ段（2.4A、6s），由选相拒动回路出口动作后跳三相开关，录波测得 L2 线甲侧零序电流二次值为 2.5A。

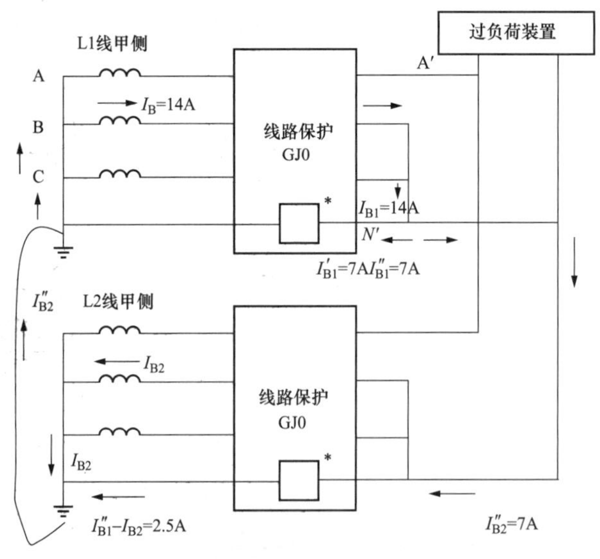

图 2-103　电流回路接线图

经过现场调查，这两回线因安装了过负荷解列装置，L1 和 L2 线 A 相电流接入过负荷解

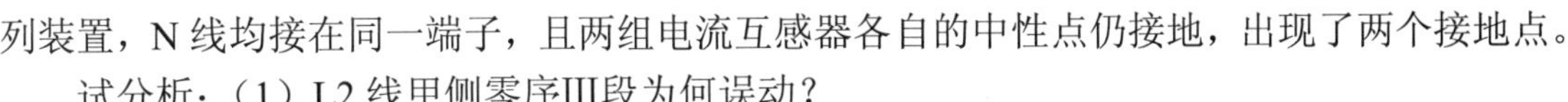

列装置，N 线均接在同一端子，且两组电流互感器各自的中性点仍接地，出现了两个接地点。

试分析：（1）L2 线甲侧零序Ⅲ段为何误动？

（2）L1 线甲侧零序Ⅱ段（定值 10.2A）为何拒动？

答：（1）由于两组电流互感器各自的中性点接地，出现两个接地点。当 L1 线路发生 B 相接地短路故障时，非故障相电流 L2 的电流互感器二次零序回路将流过电流，电流流入 GJ0 的极性端，因此 L2 线甲侧零序功率方向元件动作（方向通常是由自产 U_0 和 I_0 判别，但本题中是由外接 I_0 判别，旨在说明寄生回路来的电流，改变了 L2 中的 I_0 方向），零序Ⅲ段误动。

（2）从图中标出的电流流向（未考虑负荷电流的影响），经 N′分流后，L1 线的甲侧零序电流约 7A，其零序电流Ⅱ段保护未达到 10.2A 定值，故零序电流Ⅱ段保护拒动。

65．某系统如图 2-104 所示。

线路 MN 改造后送电，部分送电方案如下：

（1）N 侧开关由热备用转运行，检查线路充电正常。

（2）M 侧开关由热备用转运行。

图 2-104　系统示意图

第（2）步操作完成后，M 侧开关 41ms 跳三相，故障相 A、C，I_{max}=26.48A，I_0=0.48A；N 侧 76ms 跳三相，故障相 A、C，I_{max}=26.42A，I_0=0.24A。M、N 侧故障录波如图 2-105 所示。

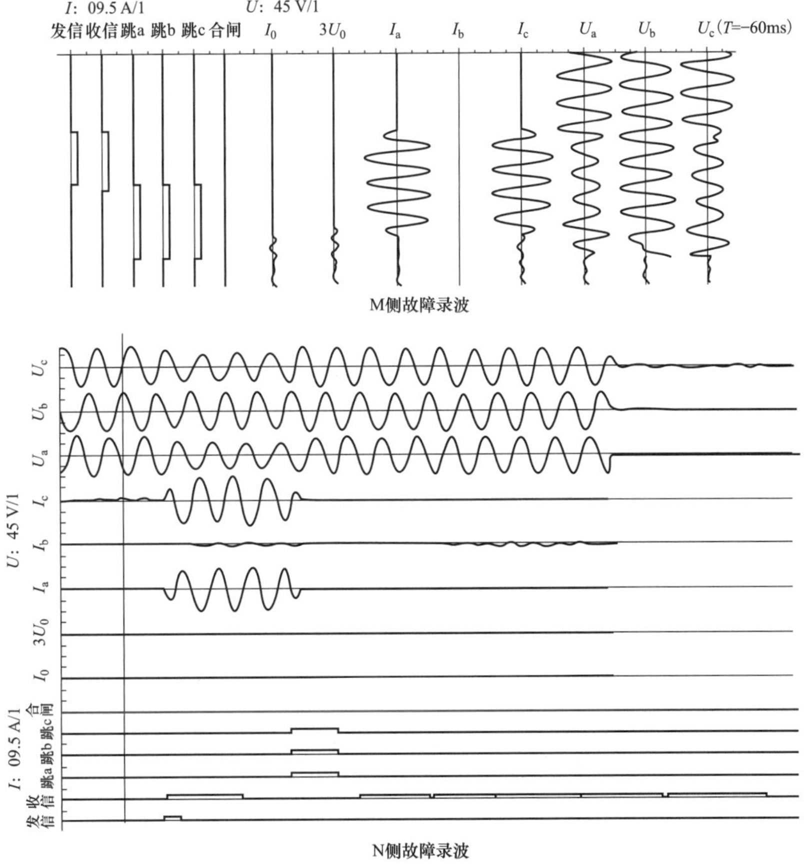

图 2-105　故障录波图

分析：（1）送电措施是否合理？如不合理，如何改正？

（2）故障波形有哪些特征？线路发生了哪种故障？

（3）画出故障时 M、N 侧 A、C 相母线电压和相电流的相量图。

答：（1）不合理，应在 N 侧开关合上后进行核相。

（2）因无系统参数，不能运算分析，只能用故障录波图测绘出近似结果。从故障录波图可知：

1）M 侧电压下降比 N 侧多，因而判断 M 侧为小电源侧。

2）B 相无流，因而可判断合环时两侧电动势角同相位。

3）合环后，M 侧 U_A 超前 U_C30°左右；U_A 超前 I_A100°左右。

4）合环后，N 侧 U_C 超前 U_A90°左右；U_A 超前 I_A30°～40°。

由故障波形可知，B 相电流很小，说明 B 相基本在同期点并列，而 A、C 相电流很大，且方向相反，可初步判定有一侧相序出了问题。A 相与 C 相并列，加在 A 相断路器断口的电压为 $E_{AM}-E_{CN}$；加在 C 相断路器断口的电压为 $E_{CM}-E_{AN}$；加在 B 相断路器断口的电压 $E_{BM}-E_{BN}\approx 0$。A 相断口电压 $E_{AM}-E_{CN}$ 与 C 相断口电压 $E_{CM}-E_{AN}$ 大小相等、方向相反，A、C 相电流也大小相等、方向相反，与故障录波图波形相符。

事故前系统等值接线如图 2-106 所示。

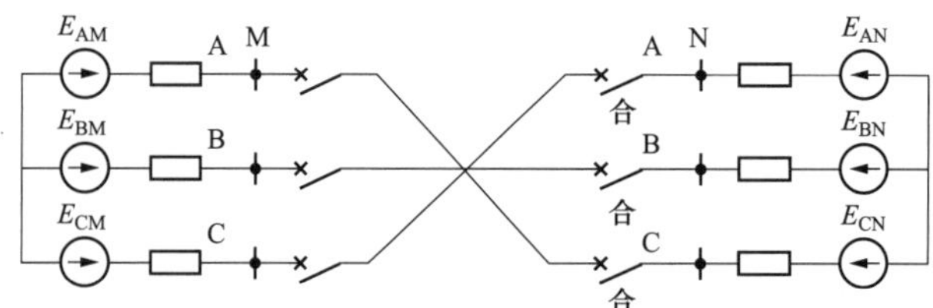

图 2-106　事故前系统等值接线

合环时有效等值电路图如图 2-107 所示。

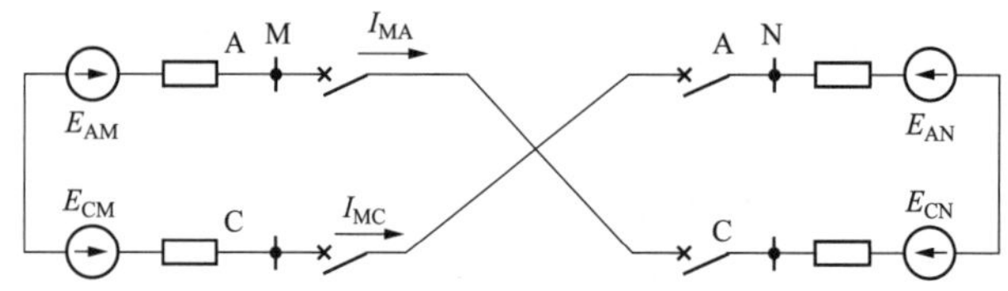

图 2-107　合环时有效等值电路图

（3）合环时 M 侧 A、C 相电流相量图如图 2-108 所示。

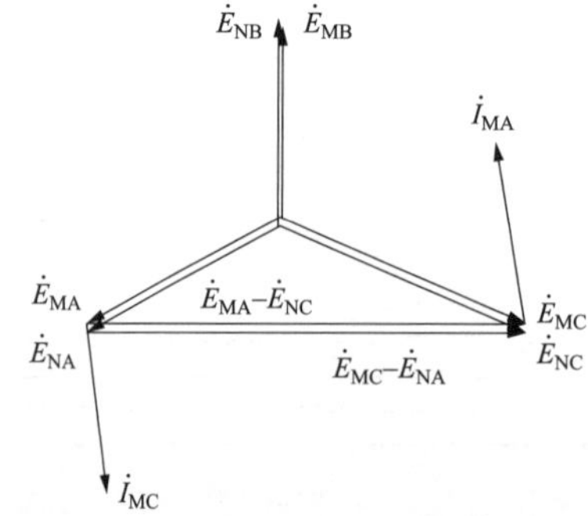

图 2-108　合环时 M 侧 A、C 相电流相量图

两侧系统的三相电压相序都是正相序，问题出在了线路上，由于线路相序错误，产生 A、C 相电压差。

合环时 M 侧 A 相、N 侧 C 相母线电压相量图见图 2-109。

I_{MA} 和 I_{NC} 大小相等，方向相反，该故障回路的电压源为 $E_{MA}-E_{NC}$；类似电压平面分析 Z 的动作特性，该回路上每一个点都会落在 $E_{MA}-E_{NC}$ 的连线上，根据图 2-107 中规定正方向，U_{MA} 一定在 U_{NC} 的左侧，合环时 M 侧 C 相、N 侧 A 相母线电压相量图见图 2-110。

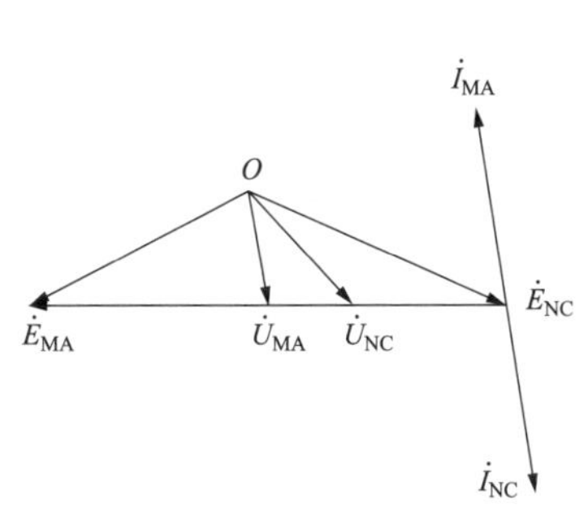

图 2-109 合环时 M 侧 A 相、N 侧 C 相母线电压相量图

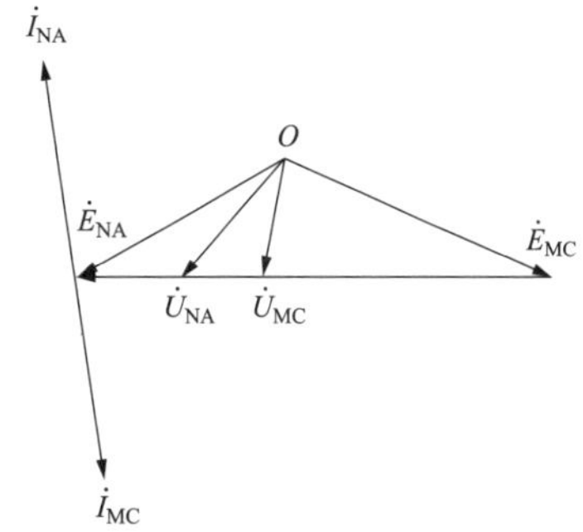

图 2-110 合环时 M 侧 C 相、N 侧 A 相母线电压相量图

66. 系统示意图和电压接线图见图 2-111 和图 2-112，请根据以下故障描述及要求进行分析；

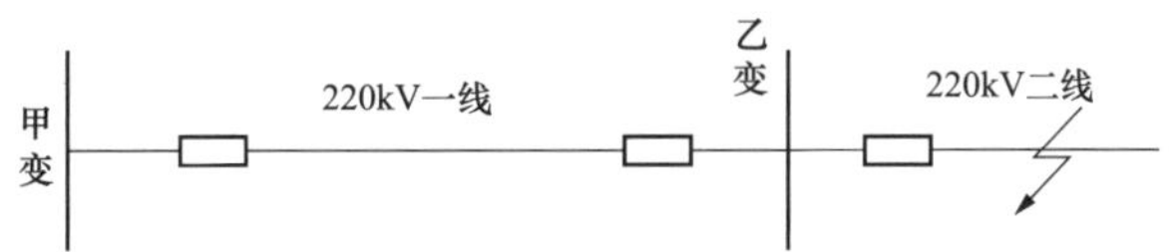

图 2-111 系统示意图

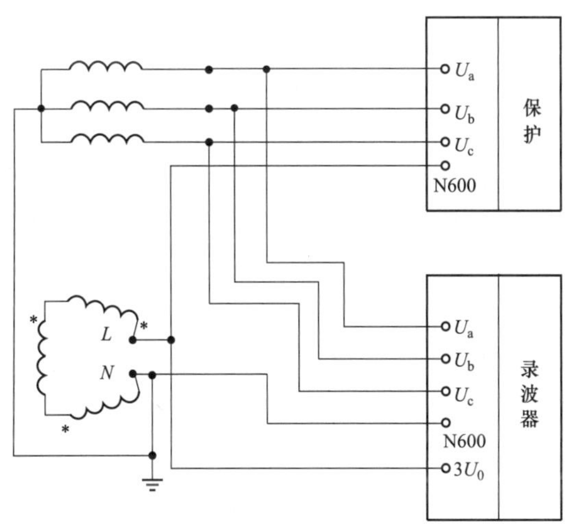

图 2-112 电压接线图

220kV 乙变二线出口 1km 左右发生瞬时性故障，乙站一线 A 套保护装置的“工频变化量阻抗”元件动作并重合成功；B 套保护未动作。二线 A/B 套保护均正确动作。检查发现乙站

A 套保护有图 2-112 所示二次回路接线，请根据接线分析动作行为，画出对应故障时的相位变化图及计算工频变化量电压$\Delta U'$，根据计算和分析给出这种情况下的保护的动作范围及结论；（设定正常运行电压为 U_{na}、U_{nb}、U_{nc}，幅值为正序额定电压 U_n，U_{af}为系统发生 A 相接地故障时实际的 A 相电压，保护测量到的故障点 A 相电压为U'_f，故障时非故障相对地电压为U'_{nb}、U'_{nc}），分析过程额定电压值以 U_n 表述。

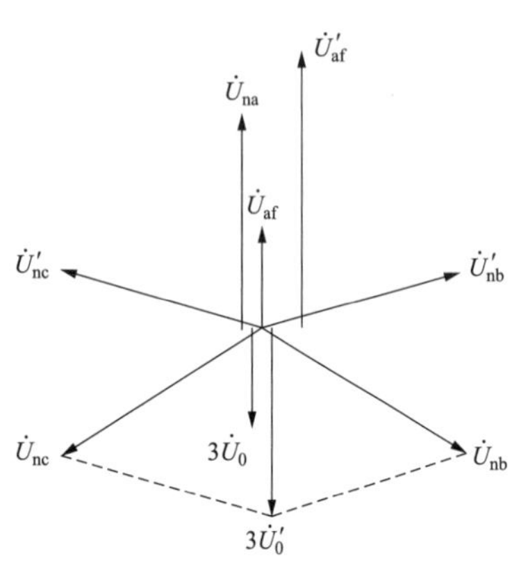

图 2-113　电压相量图

答：分析如下：

（1）由于将 A 套保护的 N600 端子接到了 $3U_0$ 小母线上，所以故障时 A 套保护电压中性点不再是零电位，而是 $3U'_0$，即保护测量到的各相电压是在实际故障电压的基础上叠加了 $3U'_0$后的电压，相量图如图 2-113 所示（A 相故障）（U_{nabc}为正常接线相量图，$U_{nabc'}$为错误接线相量图，U_{af}为 A 相正常接线时故障电压相量，U'_{af} 为错误接线故障电压相量图）。

图 2-113 中 U_{na}、U_{nb}、U_{nc}分别为正序额定电压 U_n。$3U_0$ 为系统发生 A 相接地故障时实际的 $3U_0$。U_{af}为系统发生 A 相接地故障时实际的 A 相电压。$3U'_0$为系统发生 A 相接地故障时开口三角形的电压，大小为$\sqrt{3}$倍的 $3U_0$，U'_{af}、U'_{nb}、U'_{nc}分别为系统发生 A 相接地故障时，保护装置测到的各相对 N600 的电压。

（2）根据图 2-112 可知：开口三角形电压 L 正极性串接到 N600 上。

根据分析可知：这时 $3U'_0$与故障时实际的 $3U_0$ 基本同相。下式中 U_n 为额定电压。

$$3U_0=U_{af}+U_{nb}+U_{nc}=U_n-U_{af}$$

$$3U'_0=\sqrt{3}\,(U_n-U_{af})$$

$$U_{af'}=U_{af}+3U'_0=\sqrt{3}\,U_n-(\sqrt{3}-1)U_{af}$$

故障相
$$\Delta U'=U'_{af}-U_n=(\sqrt{3}-1)(U_n-U_{af})$$

（3）结论：

当中性点未叠加 $3U'_0$时的$\Delta U=U_{af}-U_n$，显然$\Delta U'$与ΔU 互为负。那么当正确接线时，工频变化量阻抗的动作方程为：$|\Delta U-\Delta I(1+K)D_{zd}|>U_z$。当中性点叠加 $3U'_0$时，方程中的ΔU 用$\Delta U'$代替时，正方向故障时，保护范围会缩小，正方向区外故障时更不会误动，但反方向故障时易误动。

67．根据图 2-114 所示录波图，回答以下问题：

（1）估算 $3I_0$ 与 $3U_0$ 的有效值，折算到一次值（要有计算过程）。

（2）估算 $3I_0$ 与 $3U_0$ 的相位关系（要求有估算过程描述）。

（3）估算故障电流持续的时间（要求有估算过程描述）。

（4）估算开关分闸时间（要求有估算过程描述）。

（5）根据录波图分析此次发生的是什么类型的故障，故障点位于保护的正方向还是反方向？

（6）试估算此时 A 相接地阻抗继电器的测量阻抗（二次值）。（取 K=0.67）

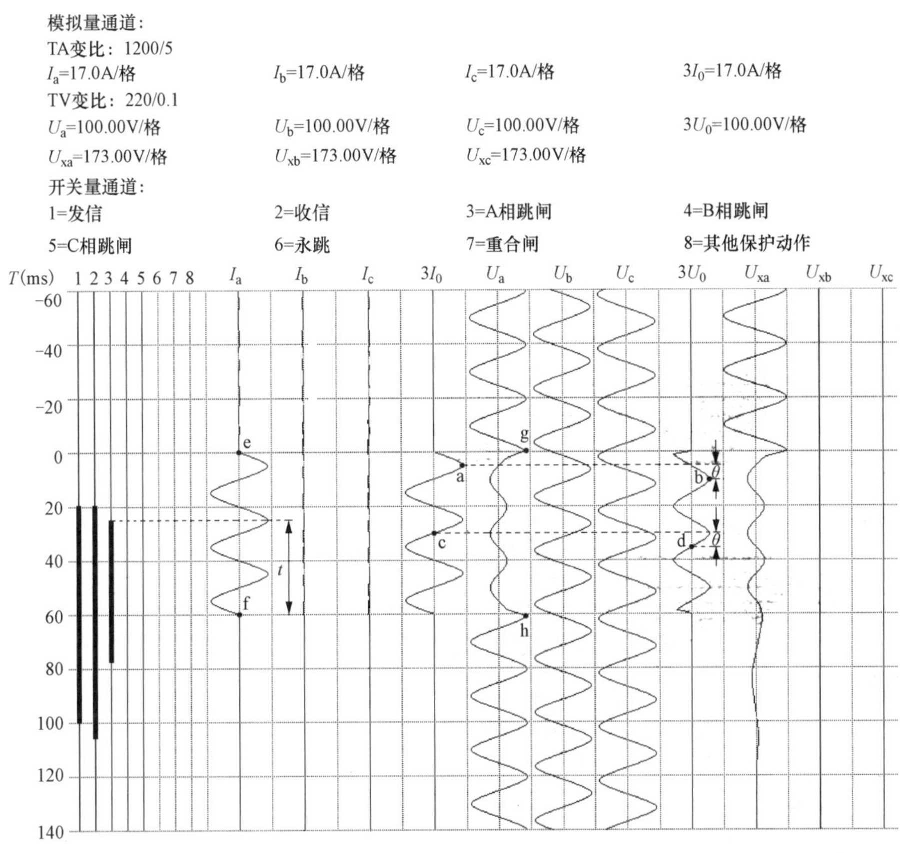

图 2-114　故障录波图

答：（1）零序电流 $3I_0$ 的幅值阅读：从图中可以看出零序电流 $3I_0$ 的波形中峰值点 a 约占 0.9 格，其幅值估算如下：二次有效值=(0.9 格×17A/格)/ $\sqrt{2}$ =10.82A

一次值有效值=10.82×1200/5=2596.5A

零序电压 $3U_0$ 的幅值阅读：从图中可以看出零序电压 $3U_0$ 的波形中峰值点 b 约占 0.7 格，其幅值估算如下：二次有效值=(0.7 格×100V/格)/ $\sqrt{2}$ =49.5V

一次值有效值=49.5×200/0.1=108.9kV

（2）零序电流 $3I_0$ 与零序电压 $3U_0$ 相位关系阅读：在图中可以通过加辅助线来帮助阅读，一般利用两波形的特殊点进行比较，譬如波形的峰值点、过零点，图中 a 点与 b 点的比较是利用的峰值点，c 点和 d 点的比较是利用的过零点。其中 θ 为零序电流 $3I_0$ 超前零序电压 $3U_0$ 的角度。这里可观察两峰值点或两过零点之间的角度差值，如图中两峰值点或两过零点之间的角度为 1/4 个周波多一点，一个周波为 360°，因此 1/4 个周波多一点，估计的角度在 100°～110°之间。从零序电流 $3I_0$ 超前零序电压 $3U_0$110°来看，这是一个典型的正方向接地故障。

（3）A 相故障电流持续的时间约为 60ms，时间的阅读可以通过波形图中时间轴的刻度获得，也可以通过波形本身的周波数来计算获得，譬如 A 相的故障电流的波形持续了约 3 个周波，按每周波 20ms 计算，因此故障电流持续了约 60ms。

（4）在 A 相故障发生后约$1\frac{1}{4}$个周波时保护 A 相出口（图中 3 通道的粗黑线），从这里可以知道主保护的动作时间约为 25ms，从主保护动作到故障电流消失约为$1\frac{3}{4}$个周波，从这里可以知道开关的开断时间约为 35ms（图中时间 t）。以上两个数据与保护及开关的动作特性基本符合。

（5）该故障为 A 相正方向单相接地故障。

（6）A 相测量阻抗估算：

A 相故障电流 I_a 的幅值阅读：从图中可以看出 e–f 段电流波形峰值处约为 0.9 格，所以其幅值估算如下：二次有效值=(0.9 格×17A/格)/$\sqrt{2}$=10.82A。

A 相故障时 U_a 残压幅值阅读：从图中可以看出 g–h 段电压波形峰值处约为 0.3 格，所以其幅值计算如下：二次有效值=(0.3 格×100V/格)/$\sqrt{2}$=21.2V。

$$|Z_{Aj}|=\frac{U_A}{I_A+K3I_0}=\frac{21.2}{10.82+0.67\times 10.82}=1.173(\Omega)$$

68．110kV 赵站 10kV 为不接地系统，1 号变压器（Yd11）带 10kV Ⅰ段运行，当 10kV Ⅰ段 F53 线路发生故障时，110kV 牛赵线两侧 RCS-943A 差动保护动作跳闸，重合成功。

两侧的保护录波如图 2-115 和图 2-116 所示，110kV 牛赵线牛侧的 TA 变比为 1200/1，赵侧 TA 变比为 800/1。两侧与差动保护相关的定值整定一致，均为：

零序启动电流：0.10A

TA 变比系数：1.00

差动电流高定值：0.30A

差动电流低定值：0.15A

图 2-117 中的红色 C 线对应启动前 20ms，蓝色 R 线对应启动后 130ms。

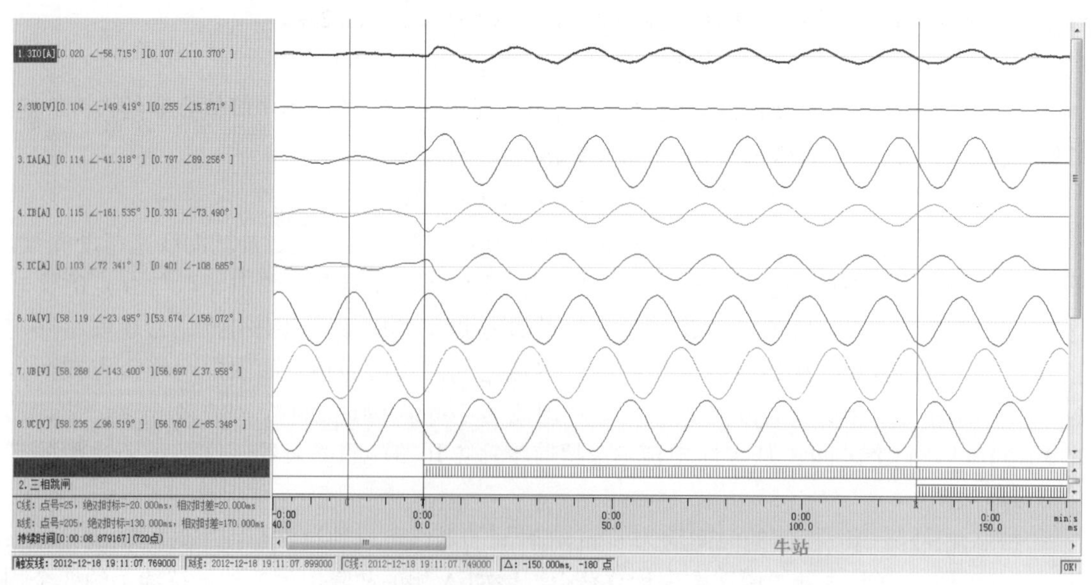

图 2-115　牛站波形

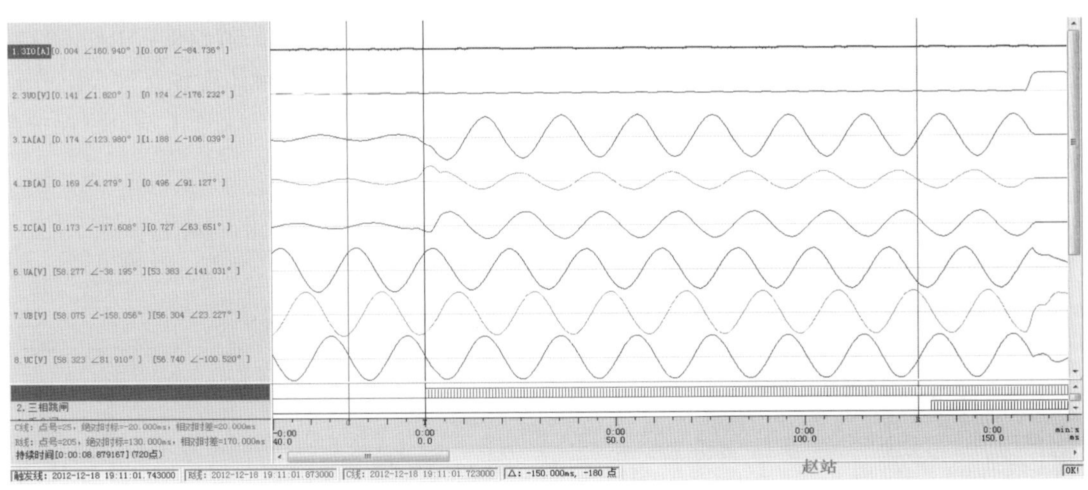

图 2-116 赵站波形

牛站 C线数据 R线数据

通道	C线数据	R线数据
1.3I0[A]	[0.020 ∠-56.715°]	[0.107 ∠110.370°]
2.3U0[V]	[0.104 ∠-149.419°]	[0.255 ∠15.871°]
3.IA[A]	[0.114 ∠-41.318°]	[0.797 ∠89.256°]
4.IB[A]	[0.115 ∠-161.535°]	[0.331 ∠-73.490°]
5.IC[A]	[0.103 ∠72.341°]	[0.401 ∠-108.685°]
6.UA[V]	[58.119 ∠-23.495°]	[53.674 ∠156.072°]
7.UB[V]	[58.268 ∠-143.400°]	[56.697 ∠37.958°]
8.UC[V]	[58.235 ∠96.519°]	[56.760 ∠-85.348°]

赵站 C线数据 R线数据

通道	C线数据	R线数据
1.3I0[A]	[0.004 ∠160.940°]	[0.007 ∠-84.736°]
2.3U0[V]	[0.141 ∠1.820°]	[0.124 ∠-176.232°]
3.IA[A]	[0.174 ∠123.980°]	[1.188 ∠-106.039°]
4.IB[A]	[0.169 ∠4.279°]	[0.496 ∠91.127°]
5.IC[A]	[0.173 ∠-117.608°]	[0.727 ∠63.651°]
6.UA[V]	[58.277 ∠-38.195°]	[53.383 ∠141.031°]
7.UB[V]	[58.075 ∠-158.056°]	[56.304 ∠23.227°]
8.UC[V]	[58.323 ∠81.910°]	[56.740 ∠-100.520°]

图 2-117 录波采样数据

根据上述收集的数据，请分析并回答以下问题：

（1）赵站 10kV Ⅰ段 F53 线路发生什么类型故障，为什么？

（2）哪侧站的定值有问题？请修订。

（3）请问二次回路是否有问题？分析是什么问题？理由是什么？

答：（1）CA 相间（接地）故障（根据高压侧电流波形判断。低压侧相间故障时，高压侧故障形态为滞后相、是其他两相的 2 倍并反相，其他两相同相）。

（2）零序启动电流：0.15A。

TA 变比系数：0.67。

差动电流高定值：0.45A。

差动电流低定值：0.23A。

（3）牛站，C 相。分流。

因为赵站 10kV 是不接地系统，故障不应有零序分量，但牛站出现了零序电流。

两侧 A 相和 B 相电流幅值符合 1.5 倍关系，而 C 相不符合 1.5 倍关系。

69. 2018 年 2 月 14 日 14 时 47 分，某 220kV 线路发生 C 相接地故障，线路保护 RCS- 931B 在 15ms 电流差动保护动作跳 C 相，在 292ms 电流差动保护动作三跳。现场录波及动作信息如图 2-118～图 2-121 所示，请根据以下波形分析两侧保护动作行为，给出结论。保护主要定值如下：

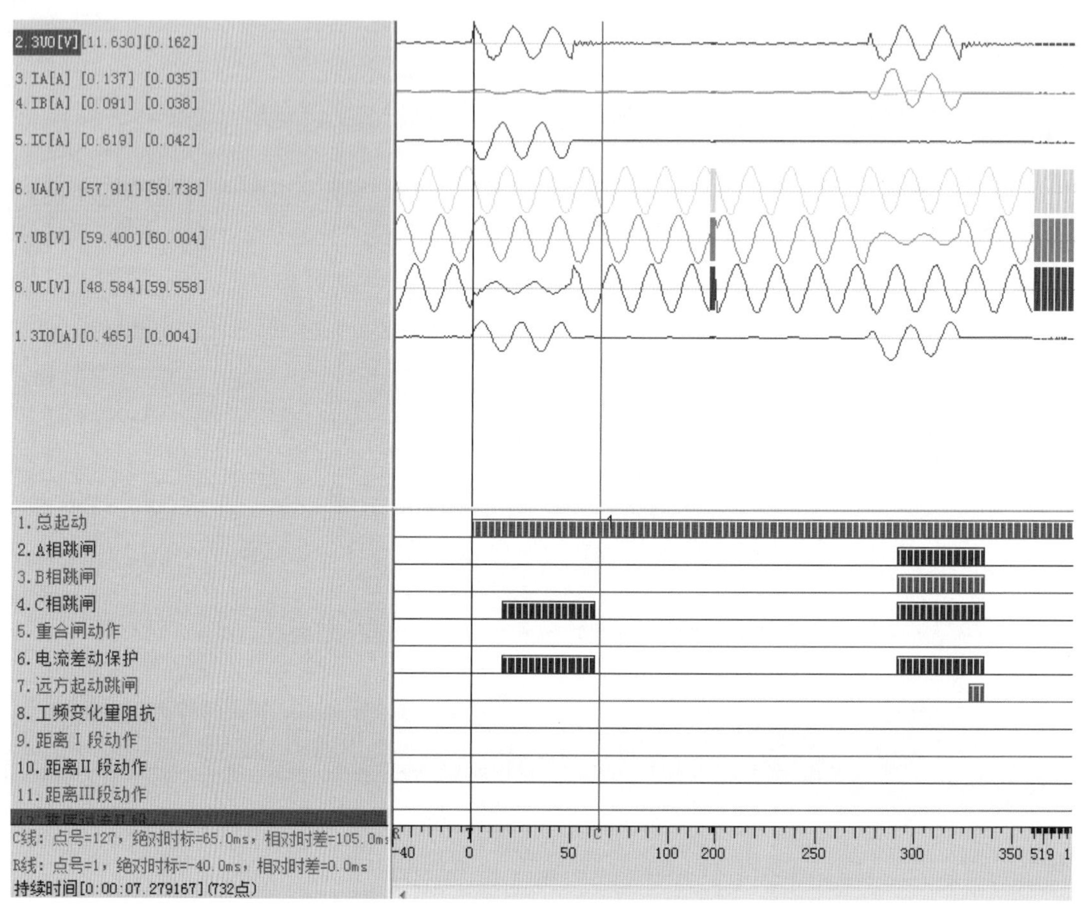

图 2-118　RCS-931B 保护录波

电流变化量启动值：0.13A　零序启动电流：0.13A　TA 变比系数：0.80

差动电流高定值：0.25A　差动电流低：0.13A　接地距离Ⅰ段定值：3.35Ω

接地距离Ⅱ段定值：14.18Ω　接地距离Ⅱ段时间：0.90s　线路正序电抗：4.71Ω

线路正序电阻：0.85Ω　线路总长度：24.69km　单相重合闸时间：0.70s

零序补偿系数：0.61　正序灵敏角：79.79°　零序灵敏角：70.14°

工频变化量阻抗：投入　差动保护：投入　TA 断线闭锁差动：投入

接地距离Ⅱ闭重：投入　零Ⅱ段三跳闭重：投入　零Ⅲ段三跳闭重：投入

投选相无效闭重：投入　非全相故障闭重：投入　投多相故障闭重：投入

投三相故障闭重：投入　内重合把手有效：退出　投单重方式：投入

	相别	模值	相量
1	Za	71.7796Ω∠-40.36°	54.69Ω-j46.49Ω
2	Zb	66.7399Ω∠195.37°	-64.35Ω-j17.7Ω
3	Zc	4.44545Ω∠62.97°	2.02Ω+j3.96Ω
4	Z	0Ω∠-2.14748e+07°	0Ω+j0Ω

图 2-119 40ms 时的测距情况

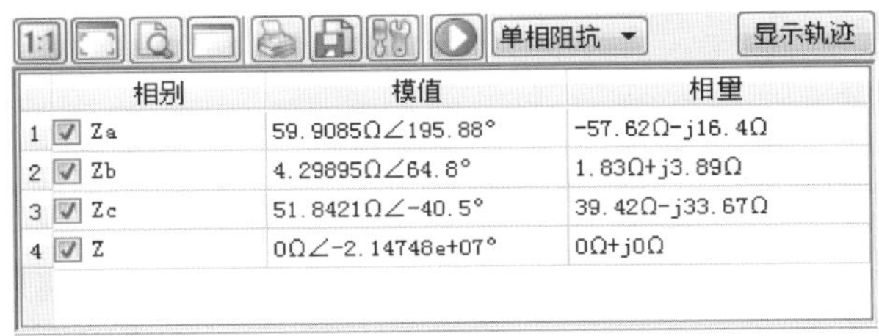

	相别	模值	相量
1	Za	59.9085Ω∠195.88°	-57.62Ω-j16.4Ω
2	Zb	4.29895Ω∠64.8°	1.83Ω+j3.89Ω
3	Zc	51.8421Ω∠-40.5°	39.42Ω-j33.67Ω
4	Z	0Ω∠-2.14748e+07°	0Ω+j0Ω

图 2-120 290ms 时测距情况

RCS-931B 装置跳闸报告

报告序号	起动时间	相对时间	动作元件	动作相别
496	2018年02月14日14时47分45秒842毫秒	015ms 291ms 328ms	电流差动保护 电流差动保护 远方起动跳闸 故障测距结果 ：21.20kM (C)	C ABC ABC
497	2018年02月14日15时18分12秒245毫秒	000ms	起动	

图 2-121 RCS-931B 动作报告

答：2018 年 2 月 14 日 14 时 47 分，220kV 某线发生 C 相接地故障，线路保护 RCS-931B 在 15ms 电流差动保护动作跳 C 相，C 相开关跳开后，在非全相运行过程中，又发生 B 相接地故障，线路保护 RCS-931B 在 292ms 电流差动保护动作三跳，328ms 为收到对侧保护远跳动作后经本次启动跳闸。

（1）2018 年 2 月 14 日 14 时 47 分 45 秒 842 毫秒，线路发生 C 相故障，RCS-931B 保护启动，C 相差动继电器动作，选为 C 相故障，RCS-931B 在 15ms 电流差动保护动作跳 C 相。根据距离测量值 4.3Ω 左右及相位，再结合 I 段为 3.35Ω，可以判断为本侧区内末端、对侧区内近端故障。

（2）C 相跳开后，线路处于非全相运行状态。在 276ms 线路又发生 B 相故障，B 相差动继电器动作，由于非全相运行再故障，RCS-931B 在 292ms 电流差动保护动作三跳不重合（重合闸整定为单重方式未满足重合闸时间 700ms）。

（3）远跳。

（4）对侧保护的差动及距离 I 段应动作。

结论：综上所述，本线路发生了区内 C 相单相接地转非全相运行 B 相再故障，故障点位于本线末端，RCS-931B 的保护动作行为正确，选相符合设计原理。

70. 如图 2-122 所示，单侧电源供电的大接地电流系统，保护安装处 P 接地距离Ⅱ段定值 15Ω，正序和零序灵敏角 70°，零序补偿系数 0.6，接地距离偏移角为 0°，接地距离保护采用阻抗偏移圆特性。MN 线路全长 20km，每公里线路阻抗 0.5Ω。故障前线路空载，在距离 M 侧 12km 的地方发生 A 相经过渡电阻接地，此时保护记录的 A 相故障电流为 1A、60°。问：

图 2-122　系统示意图

（1）过渡电阻最大为多少时，仍然在接地距离Ⅱ段保护范围内。

（2）保护安装处记录的 A 相电压为多少？

答：设过渡电阻大小为 r，保护感受到的过渡电阻大小为：

$$R=r/(1+k)$$

$$(R\sin 70°)^2=(R\cos 70°+6)(9-R\cos 70°)$$

求得：

$$R_1=7.879$$

$$R_2=-6.853\text{（舍去）}$$

则：

$$r=12.6$$

$$Z=6e^{j70°}+7.879=11.42e^{j29.5°}$$

设电流大小为 1A，60°，则电压量临界值为

$$U=I(1+k)Z=18.272\text{V}，89.9°。$$

71．如图 2-123 所示双侧电源系统，故障发生前所有断路器在合位。12 时 19 分，110kV 孙印Ⅱ回线发生 A 相接地故障，110kV 印江变侧Ⅱ回线零序Ⅱ段 602ms 动作跳闸，重合闸未动作。220kV 孙家坝变侧Ⅱ回线不对称相继速动 695ms 动作跳闸，重合成功。12 时 22 分（此时，102 断路器仍在分位），110kV 孙印Ⅱ回线在相同地点再次发生 A 相接地故障，110kV 印江变侧Ⅰ回线零序Ⅱ段 623ms 动作跳闸，重合闸未动作；220kV 孙家坝变孙印Ⅱ回线零序Ⅱ段 814ms 动作跳闸，重合成功。

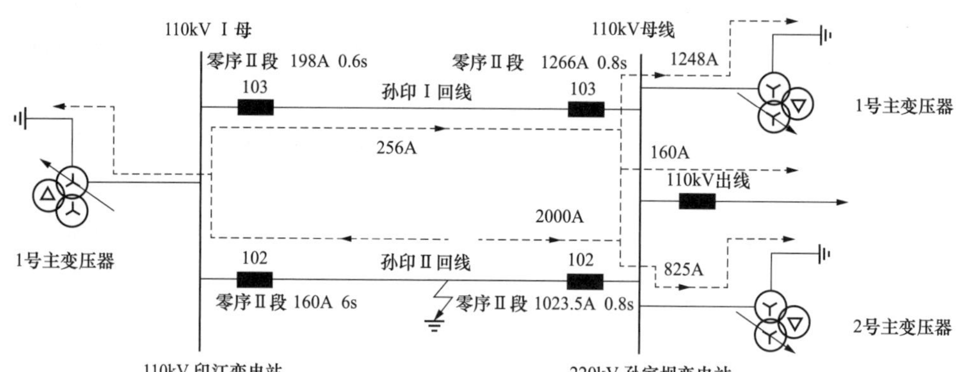

保护设备名称	定值	
孙家坝变孙印Ⅰ回线（变比：800/1）	接地距离Ⅰ段：3.69Ω　0s 零序Ⅰ段：5.5A　0s	接地距离Ⅱ段：24.2Ω　1.1s 零序Ⅱ段：1.58A　0.8s
孙家坝变孙印Ⅱ回线（变比：800/1）	接地距离Ⅰ段：4.21Ω　0s 零序Ⅰ段：4.91A　0s	接地距离Ⅱ段：24.2Ω　1.1s 零序Ⅱ段：1.28A　0.8s
印江变孙印Ⅰ回线（变比：600/5）	接地距离Ⅰ段：0.55Ω　0s 零序Ⅰ段：12.5A　0s	接地距离Ⅱ段：1.4Ω　1.4s 零序Ⅱ段：1.65A　0.6s
印江变孙印Ⅱ回线（变比：400/5）	接地距离Ⅰ段：0.42Ω　0s 零序Ⅰ段：17.5A　0s	接地距离Ⅱ段：0.9Ω　1.4s 零序Ⅱ段：2A　0.6s

图 2-123　系统示意图及相关保护定值

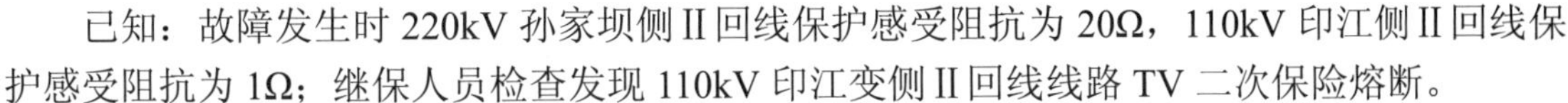

已知：故障发生时 220kV 孙家坝侧Ⅱ回线保护感受阻抗为 20Ω，110kV 印江侧Ⅱ回线保护感受阻抗为 1Ω；继保人员检查发现 110kV 印江变侧Ⅱ回线线路 TV 二次保险熔断。

请试对本次故障发生时继电保护动作行为进行评价。

答：（1）第一次故障发生时，故障点位于孙印Ⅱ线两侧零序Ⅱ段保护范围内，印江侧零序Ⅱ段保护正确动作跳开断路器；孙家坝变电站由于对侧断路器跳开，因此本侧不对称相继速动正确动作跳开断路器。对于孙印线来说印江侧是小电源系统，因此重合闸投检同期，孙家坝侧是大电源系统，因此重合闸投检无压。故障发生时由于 110kV 印江侧Ⅱ回线线路 TV 二次熔丝熔断，不满足同期条件，因此重合闸不动作。

（2）第二次故障发生时，由于印江变电站 102 断路器已跳开，此时故障对于孙印Ⅰ回线印江侧来说已是正方向故障，零序Ⅱ段动作跳开 103 断路器。如果地区电源不能维持稳定运行，则可能解列，会造成印江变电站全站失压，不满足重合闸条件，重合闸不动作；如果地区电源能维持稳定运行，则重合闸可能会动作。

（3）印江变电站孙印Ⅰ回线与孙家坝孙印Ⅱ回线零序Ⅱ段定值存在失配问题。孙家坝侧为大电源端，且根据孙印双回线定值计算结果综合考虑，失配点选在印江变侧，孙家坝孙印Ⅱ回线零序Ⅱ段定值 1.28A、0.8s，该定值与对侧出线均配合，与印江变电站孙印Ⅰ回线零序Ⅱ段完全配合；印江变电站孙印Ⅰ回线零序Ⅱ段定值 1.65A、0.6s，该定值与对侧出线配合，但与孙家坝孙印Ⅱ回完全不配合。

72．如图 2-124 所示线路 MN，发生 C 相高阻接地故障，线路差动保护跳闸，M 侧保护 PCS-931A-G 测距为 25km。现已获取故障后 20ms 的两侧电压、电流值（同一时刻）如下：

M 侧：U_a=62.1V∠0°，U_b=61.5V∠−121°，U_c=60.5V∠−242°，I_a=0.49A∠0°，I_b=0.51A∠−122°，I_c=0.55A∠−245°，$3I_0$=0.06A∠107.5°

N 侧：I_a=0.49A∠−179.6°，I_b=0.51A∠58°，I_c=0.36A∠−65°，$3I_0$=0.12A∠118.5°

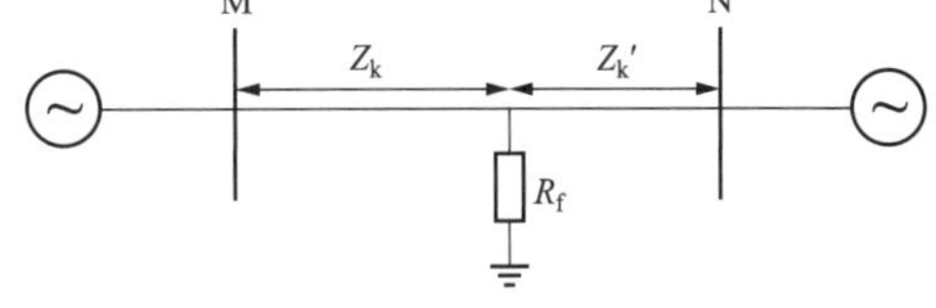

图 2-124 系统示意图

通过 M 侧电压和两侧电流分析计算，本次保护故障测距是多少，保护测距误差是多少？已知线路每千米零序、正序阻抗分别为 Z_0=1.032Ω∠80°、Z_1=0.341Ω∠80°，线路全长 52km。

答：零序补偿系数 $K=(Z_0-Z_1)/(3Z_1)=0.6755$

故障电压与故障电流关系为 $U_{MC}=Z_k\times(I_C+K\times3I_0)+R_f\times(I_{MC}+I_{NC})$，即：

$$60.5V\angle-242°=Z_k\times(0.55A\angle-245°+0.6755\times0.06A\angle107.5°)+R_f\times(0.55A\angle-245°+0.36A\angle-65°)$$

$$60.5V\angle-242°=Z_k\times(0.55A\angle-245°+0.04053A\angle107.5°)+R_f\times0.19A\angle-245°$$

设 L_k 为 M 侧到故障点的距离：

$$318.42\angle3°=L_k\times0.341\angle80°\times(2.8947+0.2133\angle-7.5°)+R_f$$

$$318.42\angle3°=L_k\times(0.9871\angle80°+0.0727\angle72.5°)+R_f$$

取两侧虚部相同，得：

$$16.665=L_k\times1.041$$

$$L_k=16\text{km}$$

计算的测距结果为 16km，保护测距误差 9km。

73．系统接线见图 2-125，各元件参数全部为折算到 220kV 侧的有名值且各序阻抗角相同，L1 线路负荷电流 I_F=1000A。线路 L1、L2、L3、L4 零序Ⅱ段定值均为 500A/0.6s；零序Ⅲ段均不经方向，定值 300A/2.6s；零序过电流加速段 500A；单重方式，重合闸时间 0.9s；Ⅱ段保护闭锁重合闸控制字为 0；各断路器三相不一致时间 1.6s，分闸时间 30ms，合闸时间 100ms。保护用电压互感器全部为母线电压互感器。试画出 L1 线路 M 侧 A 相首端断线时的序网图，计算各支路零序电流，分析各线路零序保护的动作行为（不考虑两侧电势夹角变化，不考虑纵联保护、距离保护动作，不考察各中间继电器动作时间，保护具备线路断线正确选相的能力）。

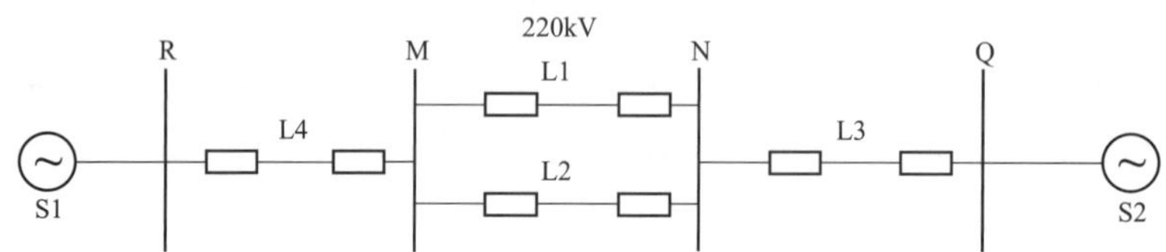

图 2-125　系统接线图

元件参数列表见表 2-9。

表 2-9　　　　元 件 参 数 表

元件	正序电抗	负序电抗	零序电抗	零序互感
L1	12	12	30	12
L2	12	12	30	12
L3	9	9	25	
L4	7	7	19	
S1	1	1	2	
S2	1	1	2	

答：（1）L1 线路 M 侧 A 相断线时复合序网见图 2-126。

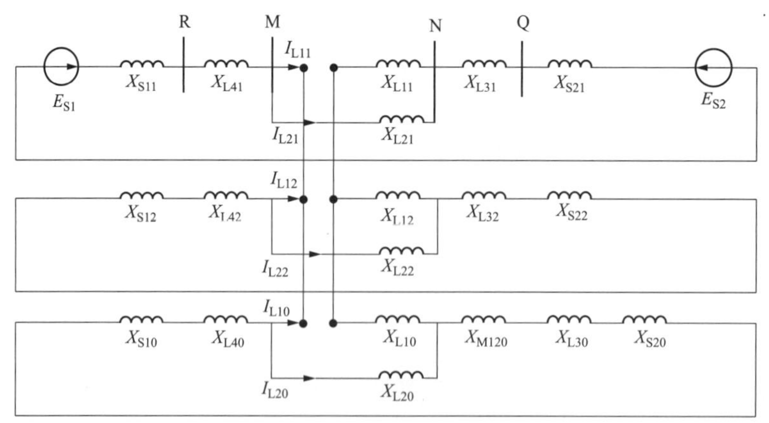

图 2-126　A 相断线复合序网图

（2）计算各序综合阻抗

$$X_{1\Sigma}=X_{2\Sigma}=(9+7+1+1)//(12)+12=19.2$$

$$X_{0\Sigma}=(25+19+2+2+12)//(30-12)+(30-12)=31.8$$

$$X_{L10}=X_{L10'}-X_{0M}=30-12=18$$

（3）计算各支路零序电流。

L1 线路零序电流：$-3I_{fh}.X_{1\Sigma}/(X_{1\Sigma}+2X_{0\Sigma})=-696$（A）

L2 线路零序电流：696×(25+19+2+2+12)/(25+19+2+2+12+18)=535（A）

L3、L4 线路零序电流：161A

（4）各线路零序电流保护动作分析。

第一种情况：线路断线由操作机构引起的断路器偷跳引起，断路器操作机构辅助接点正确反映了断路器状态。

1）M 侧 L1 线路不对应启动重合闸，0.9s 发合闸令。M 侧 L1 线路因有开关跳位，进入等待重合的非全相状态，零序Ⅱ段退出，零序Ⅲ段缩短 0.5s 为 2.1s，等待重合期间无保护动作。如重合成功（1s），则断路器恢复正常运行，但因对侧 0.6s 跳开 A 相，线路非全相零序后加速动作三跳，M 侧 L1 线路断路器三相不一致保护动作时间不到，不动作。

2）N 侧 L1 线路零序电流 696A，大于Ⅱ段定值（500A），用母线 TV 为正方向，零序保护 0.6s 选相动作跳 A 相。保护启动重合闸，1.5s（0.9s 后）发合闸令，等待重合期间零序Ⅱ段退出，零序Ⅲ段缩短 0.5s 为 2.1s，无保护动作。1s 时，M 侧断路器三相跳闸，线路非全相状态解除，1.6s N 侧重合成功。若 1s 时 M 侧断路器未三相跳闸，也即 M 侧后加速未动作，则 1.6s N 侧重合时，线路仍可能处于非全相状态（看两侧竞争，均在 1.63s 左右），零序后加速可能动作三相跳闸（因其有延时至少 0.06s，所以也可能不动作）。

3）L3、L4 线路两端零序电流为 161A，小于Ⅱ段定值（500A），不动作；

4）L2 线路两端零序电流（535A）大于定值（500A），但两侧零序方向均在反方向（不要求详细分析方向），不动作。

第二种情况：线路断线由其他原因引起，断线起始时无断路器位置接点。[河南按此种情况判分]

1）各线路零序Ⅱ段（0.6s）：L3、L4 线路两端零序电流为 161A，小于Ⅱ段定值（500A），不动作；L2 线路两端零序电流（535A）大于定值（500A），但两侧零序方向均在反方向（不要求详细分析方向），不动作；L1 线路两端零序电流 696A，大于Ⅱ段定值（500A），用母线 PT 为正方向（不要求分析方向），两侧零序保护选相动作跳 A 相（不要求分析选相）。

2）等待重合期间，零序Ⅱ段退出，零序Ⅲ段缩短 0.5s 为 2.1s（最长计时会到 0.6+0.9+0.1 左右），不会动作。MN 两侧 0.9s 后重合（起始计时 1.5s），线路继续非全相运行。重合后零序后加速动作，两侧三跳。MN 两侧Ⅲ段不动作。

74. 两系统通过甲、乙、丙三站互连，系统及线路的正序和负序阻抗相等。系统接线及阻抗参数如图 2-127 所示。甲站侧系统向乙站侧系统传输的有功功率为 0.9。现乙丙线乙站侧出口两相相间短路，乙站侧快速距离保护动作跳闸，丙站因全站直流失电保护拒动。

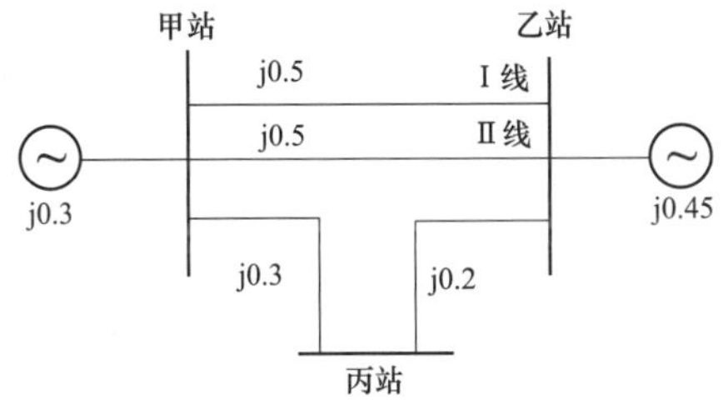

图 2-127　系统接线及阻抗参数图

（1）若此故障持续不能切除，系统能否保持暂态稳定？（不考虑系统稳控设备）

（2）甲丙线甲站距离保护范围不包括故障点，当其零序Ⅲ段动作跳甲丙线后，两系统已开始振荡，振荡周期为 1.6s。甲乙Ⅱ线距离保护Ⅲ段为相电压极化方向继电器，不经振荡闭锁，定值为 j0.8，0.9s，问甲乙Ⅱ线距离Ⅲ段会不会动作？

（3）若两系统间只剩下甲乙Ⅰ线一条联络线，两系统能否保持静态稳定？

答：（1）乙丙线乙站侧跳开后，系统等值阻抗如图 2-128 所示。

$Z_{0\Sigma}$ 为故障点综合负序阻抗：

$$Z_{0\Sigma} = \mathrm{j}0.5 + \mathrm{j}0.3 / \mathrm{j}2(0.15 + 0.45) = \mathrm{j}0.71$$

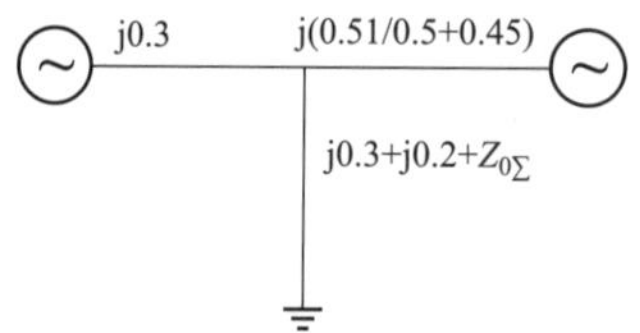

图 2-128　乙丙线乙站跳开后系统等值阻抗

上图星形电路变换为等值三角形电路，得系统间联系阻抗为：

$$\mathrm{j}0.3 + \mathrm{j}0.25 + \mathrm{j}0.45 + \frac{\mathrm{j}0.3 \times \mathrm{j}(0.25 + 0.45)}{\mathrm{j}0.3 + \mathrm{j}0.2 + \mathrm{j}0.71} = \mathrm{j}1.71$$

极限传输功率为：
$$\frac{1}{1.17} \times 0.855 < 0.9$$

不能保持系统稳定。

（2）甲乙Ⅱ线距离振荡中心阻抗为 j0.4，定值为 j0.8，阻抗平面图如图 2-129 所示。

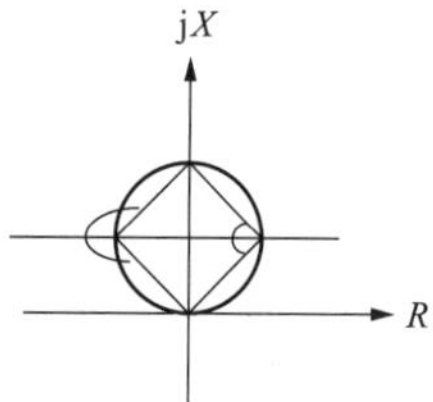

图 2-129　阻抗平面图

两系统夹角为 90°～270°时阻抗继电器动作，动作时间为：

$$1.6 \times \frac{180°}{360°} = 0.8\mathrm{s} < 0.9\mathrm{s}$$

故距离Ⅲ段不动作。

（3）甲乙Ⅰ线一条线路运行时，两系统的联系阻抗为：

$$\mathrm{j}0.3 + \mathrm{j}0.5 + \mathrm{j}0.45 = \mathrm{j}1.25$$

静稳极限功率为：

$$\frac{1}{1.25} = 0.8 < 0.9$$

不能保持静态稳定。

75．220kV 双侧电源系统如图 2-130 所示，系统阻抗标幺值已注明，X_{1M}=X_{1N}=0.3，X_{0M}=X_{0N}=0.4，线路参数 X_{1L}=0.5，X_{0L}=1.35，E_M=E_N=1，基准电压为 230kV，基准容量为 1000MVA，

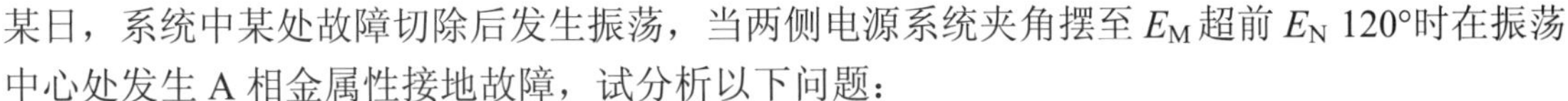

某日，系统中某处故障切除后发生振荡，当两侧电源系统夹角摆至 E_M 超前 E_N 120°时在振荡中心处发生 A 相金属性接地故障，试分析以下问题：

（1）已知保护 M 振荡闭锁不对称开放条件为$|I_2|+|I_0|>0.5|I_1|$，请问故障时 M 保护装置振荡闭锁能否开放？

（2）若不能开放请定性说明保护如何动作？

答：（1）系统振荡时发生故障，可看成是振荡时的负荷状态与故障时的故障分量的叠加，振荡时故障的相量图如图 2-131 所示。

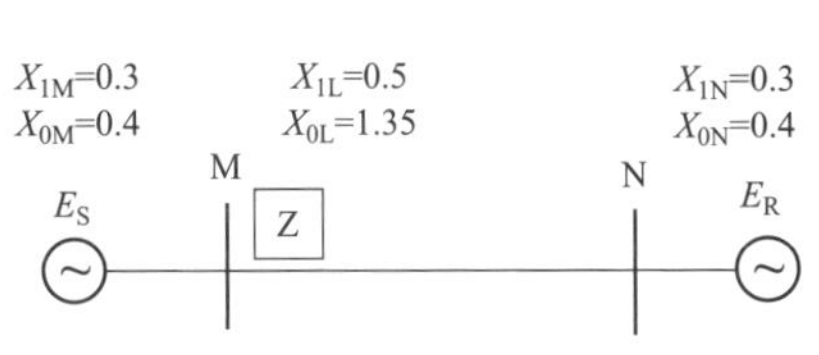

图 2-130 系统示意图

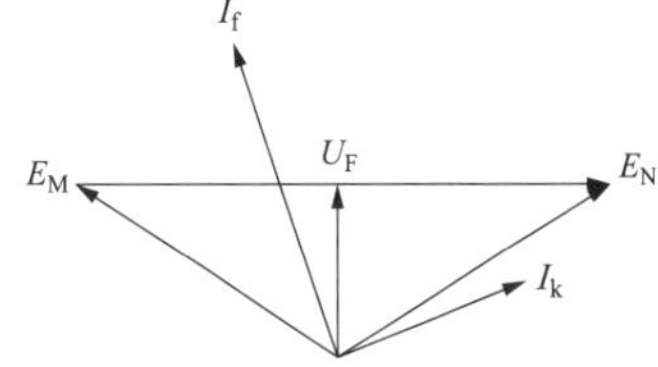

图 2-131 振荡时相量图

1）负荷分量：$\Delta E=E_M-E_N=2\times1\times\sin(120°/2)=\sqrt{3}$ $X_{1\Sigma}=0.3+0.5+0.3=1.1$

$$I_f=\Delta E/X_{1\Sigma}=1.575$$

2）故障分量：

$$U_{F0}=E_M\times\cos60°=0.5$$

$$X_{1\Sigma}=(0.3+0.25)//(0.3+0.25)=0.275 \quad X_{2\Sigma}=X_{1\Sigma}=0.275$$

$$X_{0\Sigma}=(0.4+0.675)//(0.4+0.675)=0.5375$$

$$I_{K1}=I_{K2}=I_{K0}=0.5/(0.275+0.275+0.675)=0.460$$

流过 M 侧的电流：$I_{M1}=I_{M2}=I_{M0}=0.460/2=0.23$

其中，正序分量为负荷分量与故障分量的叠加，I_f 与 I_K 的夹角为 90°。

因此，

$$I_{M1}=\sqrt{(0.23^2+1.575^2)}=1.592$$

$$|I_2|+|I_0|=0.23+0.23=0.46<0.5|I_1|=0.796$$

因此，M 处保护振荡闭锁不能开放。

（2）对于开放条件$|I_2|+|I_0|>0.5|I_1|$，当 E_M 与 E_N 夹角较大时，负荷电流比较大，故障点电压较低，因此故障分量较小，上式无法满足。

当 E_M 与 E_N 夹角变小时，负荷电流比较小，故障点电压较大，故障分量较大，单相接地时，有 $I_1=I_2=I_0$，因此$|I_2|+|I_0|>0.5|I_1$ 满足。

因此发生上述振荡中故障，保护会延时开放振荡闭锁。这样做，同时可以避免 E_M 与 E_N 夹角较大时，由于负荷电流引起的距离保护误动。

76. 甲站 115 出线 T 接乙站及丙站进线，甲站 110kV 母线配置母差保护，仅 3 号主变压器 110kV 侧中性点接地，其余主变压器 110kV 侧不接地。乙站及丙站主变压器中性点均不接地。甲站短时内出现多次事故总信号，已知 117 断路器 TA 变比为 1250/1，零序Ⅰ段不投入，零序Ⅱ段定值为 1A 0.5s，重合闸 1s；115 开关 TA 变比为 1250/1，零序Ⅰ段不投入，零序Ⅱ段定值为 0.5A 0.5s，重合闸 1s。乙站、丙站线路不投保护，高压侧 TA 变比为 1250/1。相关零序保护均不带方向。

请通过录波图分析故障情况：

甲站故障录波图如图 2-132 所示（标识电流大小为二次值）。

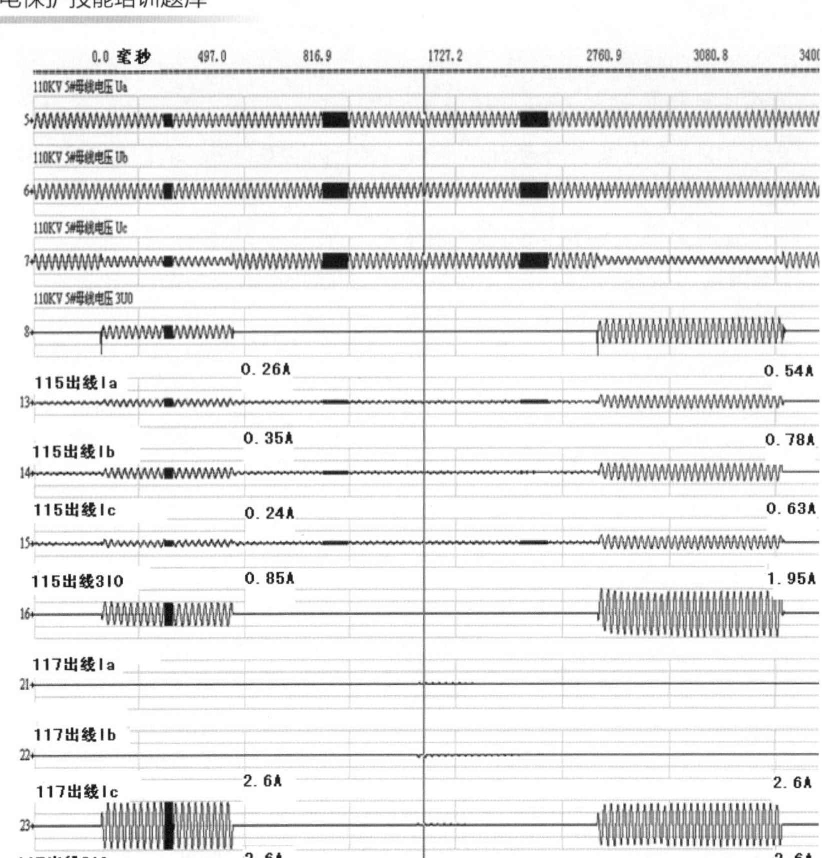

图 2-132　甲站故障录波图

乙站 1 号变压器录波图如图 2-133 所示（标识电流大小为二次值）。

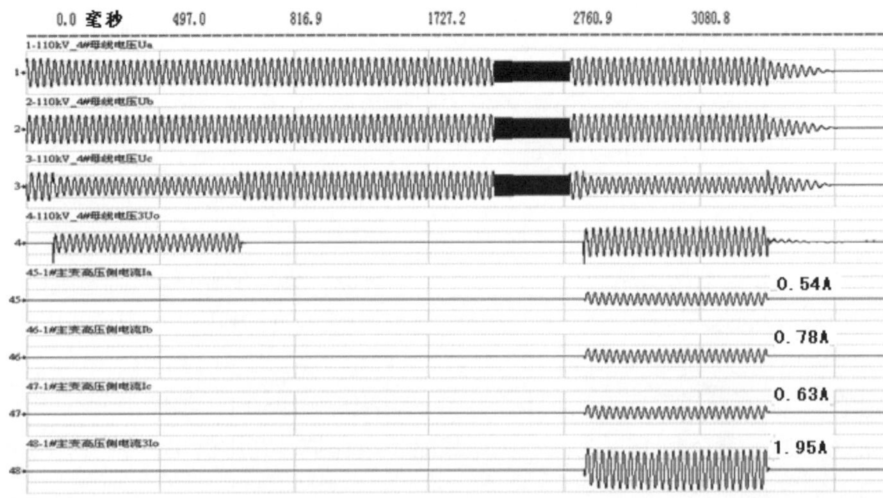

图 2-133　乙站故障录波图

丙站 2 号变压器录波图如图 2-134 所示（标识电流大小为二次值）。

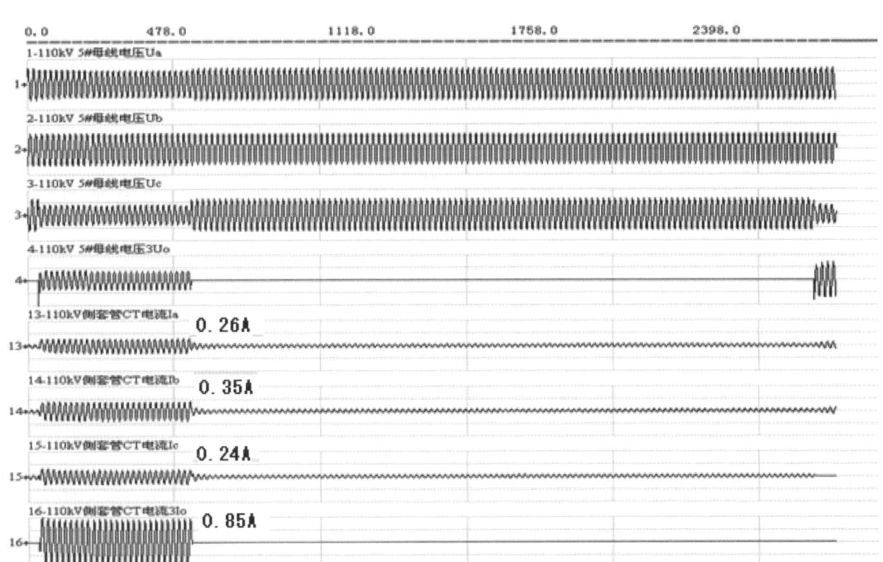

图 2-134　丙站故障录波图

（1）根据录波图分析，分析甲站 115、117 出线零序保护及重合闸的动作行为。

（2）若电网 110kV 侧仅有一处故障点，分析两次故障点故障电流大小（一次值）、故障相别以及故障点位置。

（3）分析乙站、丙站在两次故障期间一次设备出现什么问题。

答：（1）115 零序Ⅱ段动作，重合成功；零序Ⅱ段再次动作，重合不成功。

117 零序Ⅱ段动作，重合成功；零序Ⅱ段再次动作，重合不成功。

（2）大小：2.6×1250=3250A （两次）

相别：C 相故障。

故障点位置：117 出线上。

（3）第一次故障时，乙站 1 号主变压器间隙击穿，造成甲站 115 零序Ⅱ段动作并重合，动作正确。

第二次故障时，丙站 2 号主变压器间隙击穿，造成甲站 115 零序Ⅱ段动作，由于重合闸未充电，不动作。保护动作正确。

77. 如图 2-135 所示，MN 线路两侧均为强电源，线路 M 侧 A 相出口和 M 母线 B、C 相同时接地故障时，请分析该线路保护 M 侧 $\arg\frac{\dot{I}_0}{\dot{I}_{2a}}$ 选相区。

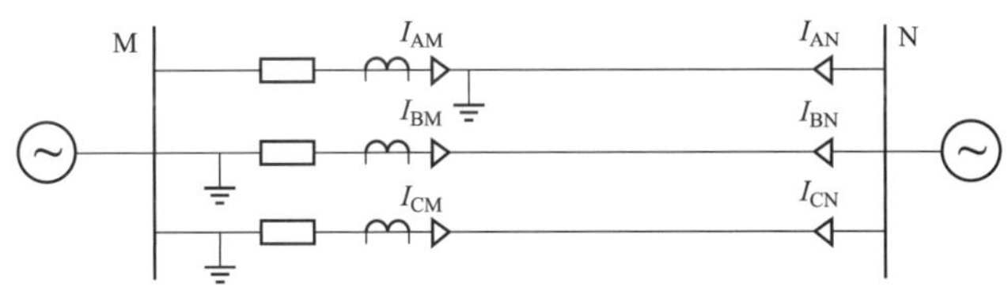

图 2-135　系统示意图

提示：当 $-60°<\arg\dfrac{\dot{I}_0}{\dot{I}_{2a}}<60°$ 时，选 A 区；当 $60°<\arg\dfrac{\dot{I}_0}{\dot{I}_{2a}}<180°$ 时，选 B 区；当 $180°<\arg\dfrac{\dot{I}_0}{\dot{I}_{2a}}<300°$ 时，选 C 区。

答：（以画图或文字形式说明零、负序电流均可。）

相当于在同一点发生三相短路，但流入保护的电流不具备三相短路电流的特征，设故障支路三相电流为 $\dot{I}_{FA}$，$\dot{I}_{FB}$，$\dot{I}_{FC}$，故障前三相电流为 $\dot{I}_{A|0|}$，$\dot{I}_{B|0|}$，$\dot{I}_{C|0|}$。

$$\begin{cases}\dot{I}_{AM}=C_1 I_{FA}+\dot{I}_{A|0|}\\ \dot{I}_{BM}=-(1-C_1)\dot{I}_{FB}+\dot{I}_{B|0|}\\ \dot{I}_{CM}=-(1-C_1)\dot{I}_{FC}+\dot{I}_{C|0|}\end{cases}$$

其中 C_1 为 M 侧正序电流分支系数。

由于 $\dot{I}_{A|0|}$，$\dot{I}_{B|0|}$，$\dot{I}_{C|0|}$ 为对称正序分量，计算负、零序电流时不起作用。只需对下列三式进行负、零序电流计算。

$$\begin{cases}\dot{I}_{AM'}=C_1\dot{I}_{FA}\\ \dot{I}_{BM'}=-(1-C_1)\dot{I}_{FB}\\ \dot{I}_{CM'}=-(1-C_1)\dot{I}_{FC}\end{cases}$$

$$\begin{aligned}3\dot{I}_{0M}&=C_1\dot{I}_{FA}-(1-C_1)(\dot{I}_{FB}+\dot{I}_{FC})\\&=C_1\dot{I}_{FA}-(1-C_1)(-\dot{I}_{FA})\\&=\dot{I}_{FA}\end{aligned}$$

$$3\dot{I}_{2aM}=\dot{I}_{AM}+a^2 I_{BM}+a\dot{I}_{CM}=3\dot{I}_{0M}=\dot{I}_{FA}$$

$$\dot{I}_0=\dot{I}_{2a}=\frac{\dot{I}_{FA}}{3}$$

$\arg\dfrac{\dot{I}_0}{\dot{I}_{2a}}=0^{a}$，选 A 区。相量如图 2-136 所示。

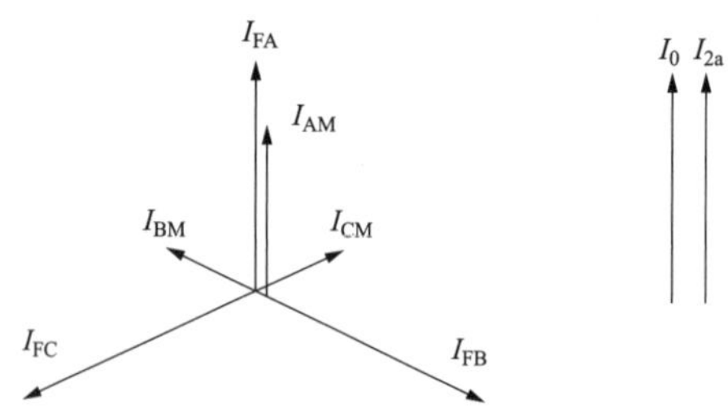

图 2-136　故障时电流相量图

78．如图 2-137 所示系统，某联络线距 M 侧 20km 处发生 BC 相经过渡电阻的短路故障。已知：

（1）故障前两侧等效电源电动势 $\dot{E}_M=1e^{j0°}$，$\dot{E}_N$=$1e^{j30°}$；

（2）线路阻抗参数(0.0695+j0.394Ω)/km（一次值）；

（3）线路 M 侧保护安装处相间方向阻抗继电器（采用圆特性阻抗，如图 2-138 所示），整定阻抗 $Z_{ZD}=9.5\Omega$（一次值），整定阻抗角 $\varphi_{ZD}=80^\circ$，圆特性偏移角 $\theta_{ZD}=15^\circ$；

（4）故障时 M 侧故障电流 I_{MBC}=2000A（一次值），N 侧故障电流 I_{NBC}=4000A（一次值）。

假设故障点两侧有相同的等值阻抗角，故障后不计负荷电流，在过渡电阻为 4Ω（一次值）时，试问：

（1）M 侧 BC 相方向阻抗继电器测量阻抗为多少？

（2）此时 M 侧 BC 相方向阻抗继电器是否能动作？

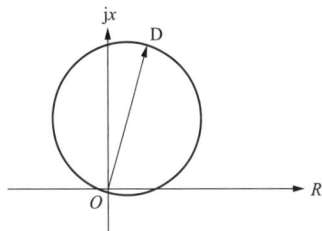

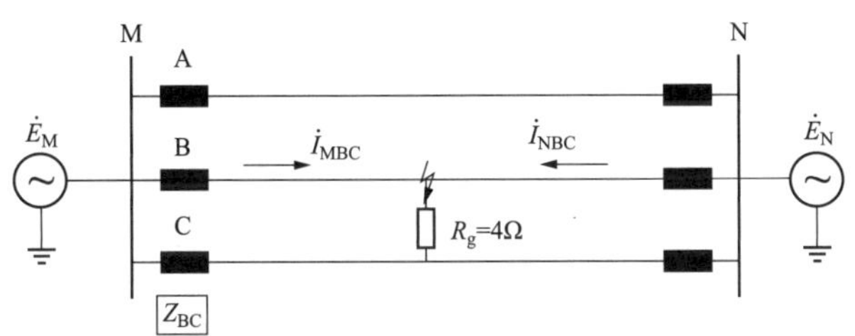

图 2-137　系统示意图

图 2-138

答：（1）M 侧 BC 相测量阻抗为：

图 2-139 中，OC 为圆直径，OD 为整定阻抗等于 9.5Ω，∠DOR 为线路整定阻抗角等于 80°，由于圆特性偏移角 $\theta_{ZD}=15^\circ$（向 R 轴正方向偏移），所以∠DOC=15°。OA 为线路短路阻抗，AB 为过渡电阻附加阻抗，则 OB 为 M 侧 BC 相测量阻抗：

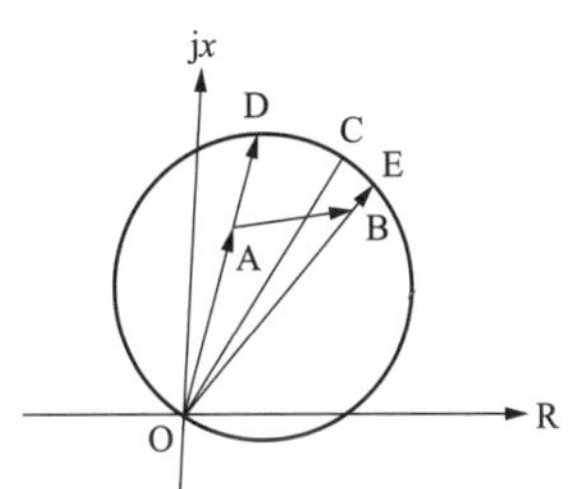

图 2-139　测量阻抗示意图

$$Z_{MBC}=Z_K+Z_R=(0.0695+j0.394)\times 20$$
$$+(1+4000\times e^{j30^\circ}/2000)\times R_g/2=12\angle 55.2^\circ$$

（2）作 OB 交圆于 E 点（或延长线交于圆 E 点）。$\angle COE=80^\circ-15^\circ-55.2^\circ=9.8^\circ$，所以临界动作阻抗值 $OE=(OD/\cos\angle DOC)\times\cos\angle COE=(9.5/\cos 15^\circ)\times\cos 3.5^\circ=9.7(\Omega)$，因此继电器测量阻抗 $|Z_{MBC}|=12.02>|Z_{OE}|$，所以继电器不动作。

79．某终端变电站，经单回 220kV 线路（长度 20km）并网，使用单相重合闸方式。某日该 220kV 线路发生瞬时性故障跳闸，1h 后，运行人员到达终端变，发现该线路正处于非全相运行状态。调取该侧线路保护动作报告如下：

第一套保护 CSC103B（见图 2-140）；

第二套保护 RCS931BMV（见图 2-141）。

请回答：（1）试分析线路发生何种故障及保护交流采样波形产生的原因（画序网图说明）。

（2）试用公式推导终端变侧线路测量阻抗，分析保护距离 I 段动作原因。

（3）通过波形图，查找重合闸未动作的原因。

（4）请说出至少 2 种导致线路非全相保护未动作的原因。

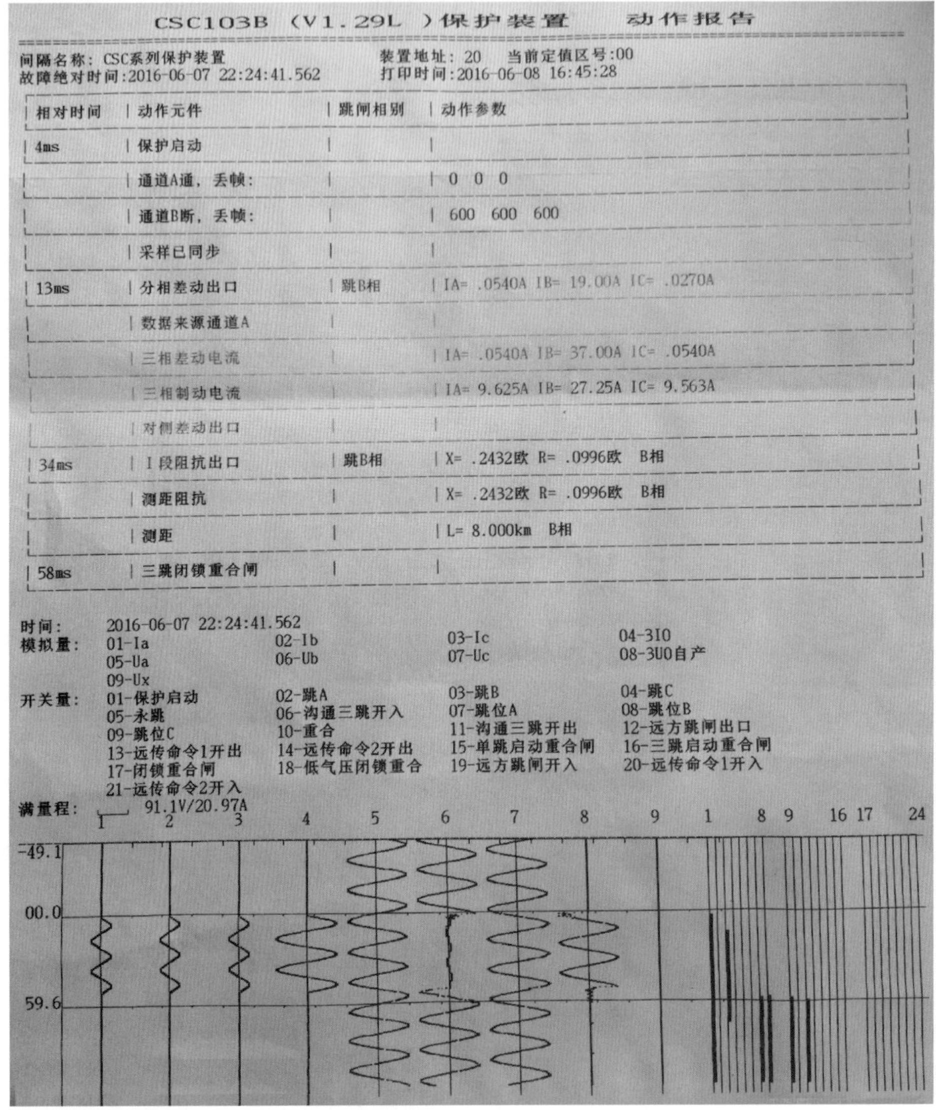

CSC103B （V1.29L ）保护装置　　动作报告

间隔名称：CSC系列保护装置　　装置地址：20　当前定值区号:00

故障绝对时间:2016-06-07 22:24:41.562　　打印时间:2016-06-08 16:45:28

相对时间	动作元件	跳闸相别	动作参数
4ms	保护启动		
	通道A通，丢帧:		0 0 0
	通道B断，丢帧:		600 600 600
	采样已同步		
13ms	分相差动出口	跳B相	IA= .0540A IB= 19.00A IC= .0270A
	数据来源通道A		
	三相差动电流		IA= .0540A IB= 37.00A IC= .0540A
	三相制动电流		IA= 9.625A IB= 27.25A IC= 9.563A
	对侧差动出口		
34ms	I段阻抗出口	跳B相	X= .2432欧 R= .0996欧 B相
	测距阻抗		X= .2432欧 R= .0996欧 B相
	测距		L= 8.000km B相
58ms	三跳闭锁重合闸		

时间：2016-06-07 22:24:41.562

模拟量：01-Ia　02-Ib　03-Ic　04-3I0　05-Ua　06-Ub　07-Uc　08-3U0自产　09-Ux

开关量：01-保护启动　02-跳A　03-跳B　04-跳C　05-永跳　06-沟通三跳开入　07-跳位A　08-跳位B　09-跳位C　10-重合　11-沟通三跳开出　12-远方跳闸出口　13-远传命令1开出　14-远传命令2开出　15-单跳启动重合闸　16-三跳启动重合闸　17-闭锁重合闸　18-低气压闭锁重合　19-远方跳闸开入　20-远传命令1开入　21-远传命令2开入

满量程：91.1V/20.97A

图 2-140　CSC103B 动作报告

答：（1）该线路发生了 B 相接地故障；

终端变侧变压器中性点直接接地运行；

终端变侧线路电流大小相等，相位完全一致（画序网图说明）。

（序网图见图 2-142）

（2）

$$U_{\mathrm{Mb}}=U_{\mathrm{kb1}}+U_{\mathrm{kb2}}+(U_{\mathrm{kb0}}+I_0Z_0)=I_0Z_0$$

$$Z_{\mathrm{K}}=\frac{U_{\mathrm{Mb}}}{I_{\mathrm{B}}+3I_0K}=\frac{I_0Z_0}{I_0+3I_0K}=\frac{Z_0}{1+\dfrac{Z_0-Z_1}{Z_1}}=Z_1$$

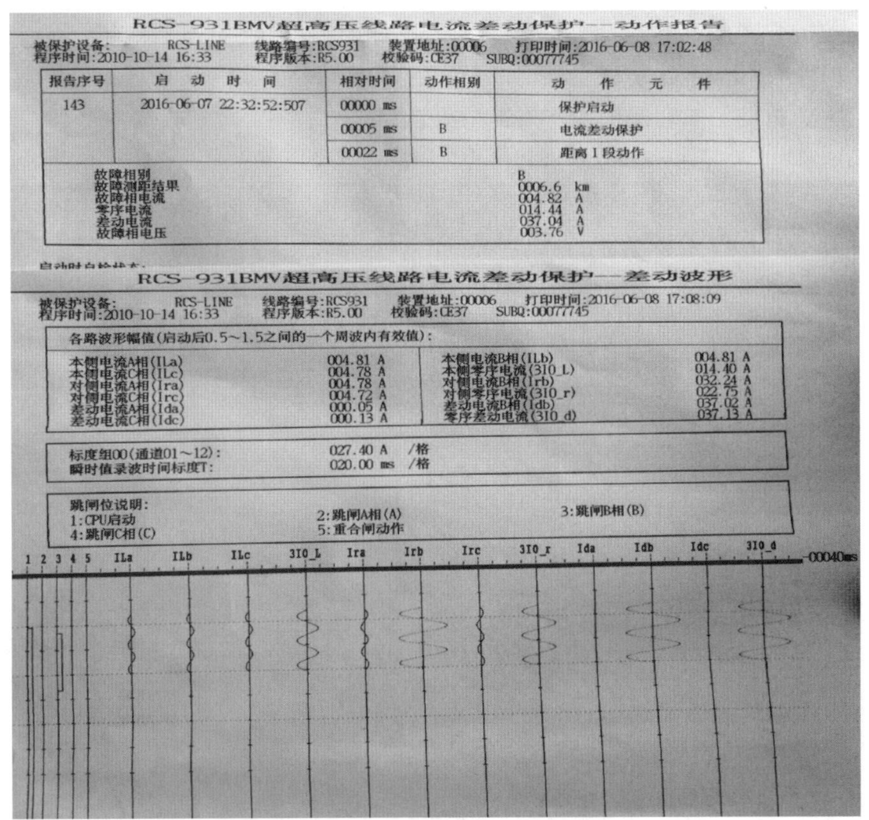

RCS-931BMV超高压线路电流差动保护——动作报告

被保护设备: RCS-LINE 线路编号:RCS931 装置地址:00006 打印时间:2016-06-08 17:02:48
程序时间:2010-10-14 16:33 程序版本:R5.00 校验码:CE37 SUBQ:00077745

报告序号	启 动 时 间	相对时间	动作相别	动 作 元 件
143	2016-06-07 22:32:52:507	00000 ms		保护启动
		00005 ms	B	电流差动保护
		00022 ms	B	距离 I 段动作

故障相别	B
故障测距结果	0006.6 km
故障相电流	004.82 A
零序电流	014.44 A
差动电流	037.04 A
故障相电压	003.76 V

RCS-931BMV超高压线路电流差动保护——差动波形

被保护设备: RCS-LINE 线路编号:RCS931 装置地址:00006 打印时间:2016-06-08 17:08:09
程序时间:2010-10-14 16:33 程序版本:R5.00 校验码:CE37 SUBQ:00077745

各路波形幅值(启动后0.5~1.5之间的一个周波内有效值):

本侧电流A相(ILa)	004.81 A	本侧电流B相(ILb)	004.81 A
本侧电流C相(ILc)	004.78 A	本侧零序电流(3I0_L)	014.40 A
对侧电流A相(Ira)	004.78 A	对侧电流B相(Irb)	032.24 A
对侧电流C相(Irc)	004.72 A	对侧零序电流(3I0_r)	022.75 A
差动电流A相(Ida)	000.05 A	差动电流B相(Idb)	037.02 A
差动电流C相(Idc)	000.13 A	零序差动电流(3I0_d)	037.13 A

标度组00(通道01~12): 027.40 A /格
瞬时值录波时间标度T: 020.00 ms /格

跳闸位说明:
1:CPU启动 2:跳闸A相(A) 3:跳闸B相(B)
4:跳闸C相(C) 5:重合闸动作

图 2-141 RCS931BMV 动作报告

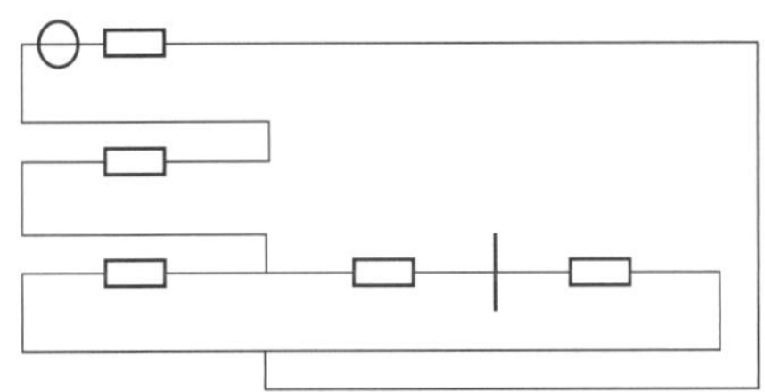

图 2-142 B 相接地故障序网图

所以终端变侧距离保护能够正确反应线路故障。

(3) 通过第一套保护录波图可发现 TWJA、TWJB、TWJC 同时变位，故保护闭锁重合闸。

(4) 非全相压板未投、辅助接点未转换、机构空气开关未合、非全相回路断线。

80. 某 220kV 电厂 M 与 220kV N 变电站、P 变电站相连。网架结构如图 2-143 所示。

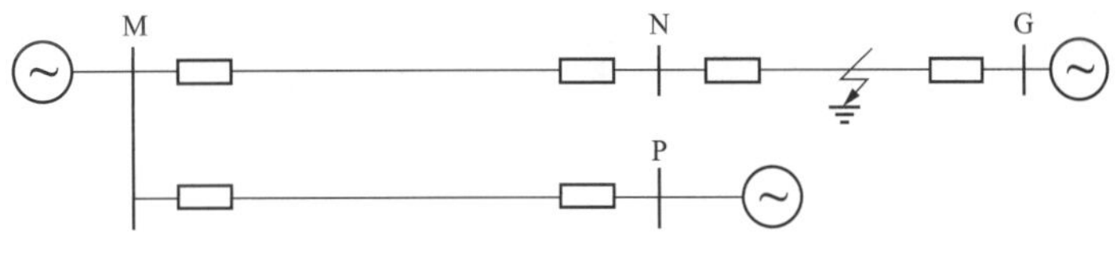

图 2-143 系统示意图

某日M站MP线路转旁路代路运行，只有第二套保护RCS-931BMV投入。大风天气后，线路MP及相邻N站内NG线动作跳闸，已知N变电站内NG线发生B相接地故障。

MP线路M站侧第二套保护动作报告见图2-144、图2-145。

被保护设备：RCS-LINE　线路编号：RCS931　装置地址：00011　打印时间：2018-07-24 11:16:52
程序时间：2010-10-14 16:33　程序版本：R5.00　校验码：CE37　SUBQ：00077745

报告序号	启动时间	相对时间	动作相别	动作元件
261	2018-07-24 10:59:59:532	00000 ms		保护启动
		00028 ms	A	电流差动保护
		00179 ms	ABC	单跳失败三跳

故障相别	A
故障测距结果	0000.0 km
故障相电流	001.81 A
零序电流	000.00 A
差动电流	002.27 A
故障相电压	059.71 V

图2-144　M侧保护动作报告

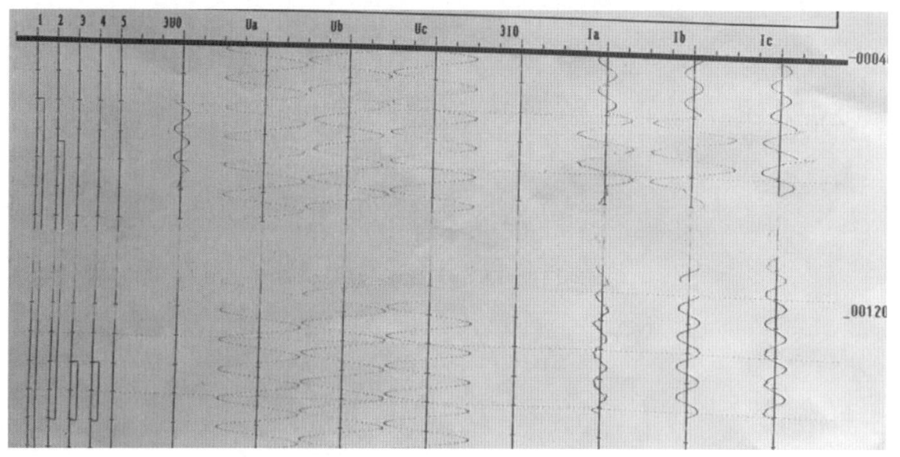

图2-145　M侧保护动作波形图

MP线路P站侧线路保护动作报告见图2-146、图1-147。

RCS-931BMV超高压线路电流差动保护--动作报告

被保护设备：RCS-LINE　线路编号：RCS931　装置地址：00062　打印时间：2018-07-22 12:34:08
程序时间：2010-10-14 16:33　程序版本：R5.00　校验码：CE37　SUBQ：00077745

报告序号	启动时间	相对时间	动作相别	动作元件
088	2018-07-22 10:34:07:690	00000 ms		保护启动
		00027 ms	A	电流差动保护
		01068 ms		重合闸动作

故障相别	A
故障测距结果	0012.7 km
故障相电流	000.47 A
零序电流	002.31 A
差动电流	002.27 A
故障相电压	059.55 V

图2-146　P侧保护动作报告

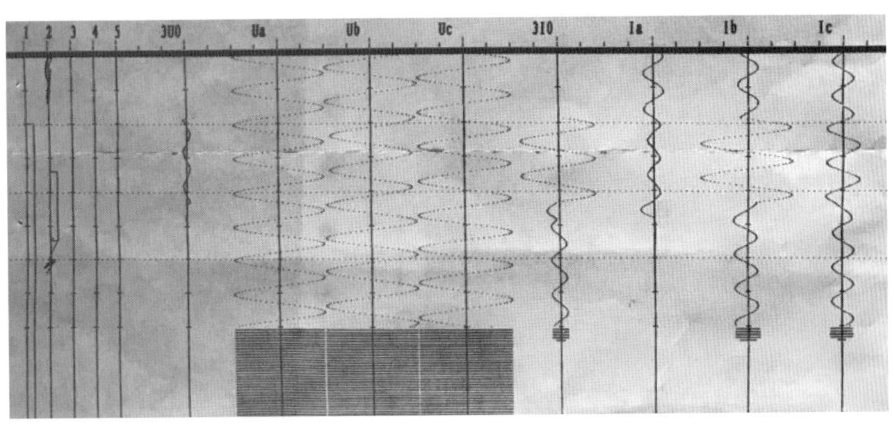

图 2-147 P 侧保护波形图

问：分析 MP 线路两侧保护动作行为，并对 MP 线路两侧保护动作行为进行评价。

答：（1）M 站侧保护故障报告中的电流波形与录波图中的电流波形不相符，如果将录波器中的故障录波图与对侧电流波形比对，符合典型的 B 相区外故障，故可知该站保护动作行为有极大可能不正确，结合大风天气有邻近线路 B 相单相接地故障跳闸，可以判断该线路保护动作不正确。

P 站侧保护故障报告中的电流波形与录波图中的电流波形相一致，B 相感受到区外故障电流，A 相由于收到对侧传来的 A 相故障电流而产生了差流，保护误动是由对侧引起，故 P 站侧保护动作行为不予评价。

（2）由于 M 站侧保护故障报告中的电流波形与录波图中的电流波形不相符，可知该保护交流电流采样回路存在问题；其中 A 相电流出现明显的电流增大，C 相也有所增大，且其相位与 B 相正好相差 180°，见图 2-148，故分析可能故障原因有两个。

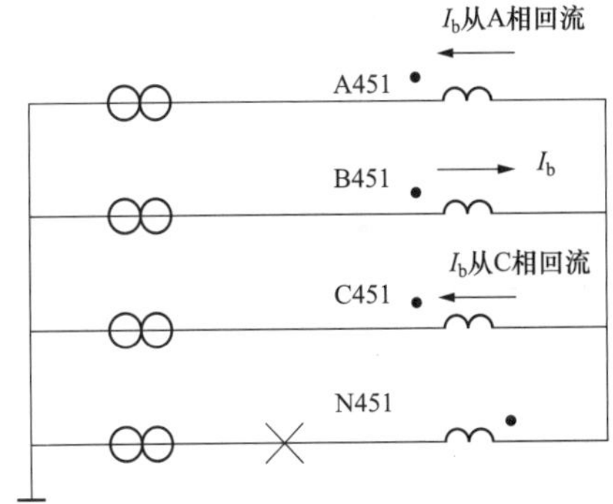

图 2-148 保护电流采用回路

要点：（1）TA 中性线开路；

（2）M 侧单跳失败三跳；

（3）P 侧重合闸成功原因；

（4）评价。

81．如图 2-149 所示：线路 MN 配置有一套复用 2M 双通道光纤纵联差动保护作为线路主保护，保护装置每周波采样 24 点，两端保护装置采用“乒乓原理”进行采样时刻同步调整，若该差动保护投入采样值差动和傅氏差动，采样值差动动作原理为：当差动电流连续 3 点采样值的差大于采样值差动定值（装置整定为 800A）后差动保护动作；傅氏差动定值为 600A。保护 A 通道收发路由一致，单向传输延时相同为 3ms，B 通道收发路由一致，单向传输延时相同为 6ms。现 M 站错将 A 通道收信与 B 通道收信交叉，因装置版本较早，装置未报通道异常，同时线路空载状态该问题未被及时发现，此时若 L1 线路中点处发生 C 相单相接地故障，L1 线路空载运行，不考虑电容电流、互感器误差。

（1）请根据“乒乓原理”计算线路 MN 两侧差动保护在 A、B 通道收信交叉后，装置所测得的电流相位偏差是多少度？

（2）K1 点故障流过 MN 线路的穿越性故障电流有效值至少达到多少时傅氏差动门槛动作？

（3）K1 点故障流过 MN 线路的穿越性故障电流有效值至少达到多少时采样值差动门槛动作？

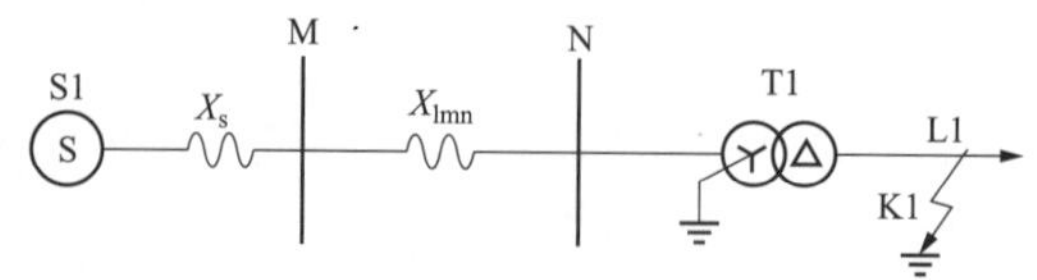

图 2-149　系统示意图

答：（1）采用“乒乓原理”时，MN 线路差动保护测得的传输延时：(6+3)/2=4.5ms；

测试传输延时和实际延时的时间差：6−4.5=1.5ms，4.5−3=1.5ms

装置用对侧 6ms 前的数据与本侧 4.5ms 前的数据进行比较；或装置用对侧 3ms 前的数据与本侧 4.5ms 前的数据进行比较。

装置所测得的电流相位偏差即为 1.5ms 所对应的工频电角度：1.5×18°=27°。

（2）设 K1 点故障时流过线路 MN 的穿越性故障电流为 I_k，

则傅氏差动所测得差流为：$I_d=I_k\times\cos wt-I_k\times\cos(wt-27°)$

$$=-2\times I_k\times\sin(wt-13.5°)\times\sin13.5°$$

差流有效值为：　$2\times I_k\times\sin13.5°$

当 $2\times I_k\times\sin13.5°=600$ 时，傅氏差动动作。

$$I_k=1285(A)$$

（3）设 K1 点故障时流过线路 MN 的穿越性故障电流为 $I_{k'}$，

则采样值差动所测得的差流为：$I_{d'}=I_{k'}\times\cos wt-I_k\times\cos(wt-27°)$

$$=-2\times I_{k'}\times\sin(wt-13.5°)\times\sin13.5°$$

差流有效值为：　$2\times I_{k'}\times\sin（13.5°）$

若采样值差动门槛动作，则至少要连续 3 点采样值大于采样值差动门槛，连续两个采样点间相位差为：$\Delta\theta=360°/24=15°$，当（$wt-13.5°$）分别等于 75°、90°和 105°时连续三点采样值差最大。

所以当 $\sqrt{2}\times2\times I_{k'}\times\sin(13.5°)\times\sin75°=800$ 时，傅氏差动动作。

$$I_{k'}=1255(A)$$

82．系统如图 2-150 所示，NP 线路 N 侧站内装有一台串补电容装置 X_c，若串补电容线路侧 F1 点发现相间短路故障，假设故障期间串补正常运行（MOV 和放电间隙未动作），线路空载。保护 1、保护 2 距离保护是采用记忆电压 $U_{[0]}$作为极化量的方向阻抗圆（记忆消失后采用保护安装处的测量电压 U_j 作为极化量），相间距离 I 段按 50%线路阻抗整定，阻抗灵敏角 90°，不考虑装置和互感器采样误差（不考虑互感），系统各部分正序阻抗如图 2-150 所示。试分析下列问题：

（1）写出记忆消失前方向阻抗继电器动作方程，设线路阻抗角及系统等值阻抗角均为 α，在阻抗平面上画出正、反方向故障时阻抗继电器的动作特性；

（2）当 $X_c=-j5$ 时，画图分析 F1 点相间短路故障时保护 1 相间距离保护 I 段在记忆功能消失前后动作特性，并分析正常运行时保护 1 相间距离保护 I 段是否可以投入。

（3）画图分析当 X_c 分别等于–j5 和–j10 时，保护 2 相间距离保护 I 段的动作行为。

（4）若系统各部分零序阻抗和正序阻抗相位和大小一致，试分析当 X_c 分别等于–j10 和–j25 时，保护 3 的零序方向继电器在采用 TV1 和 TV2 有何不同；若存在不正确动作风险，可采取何措施。

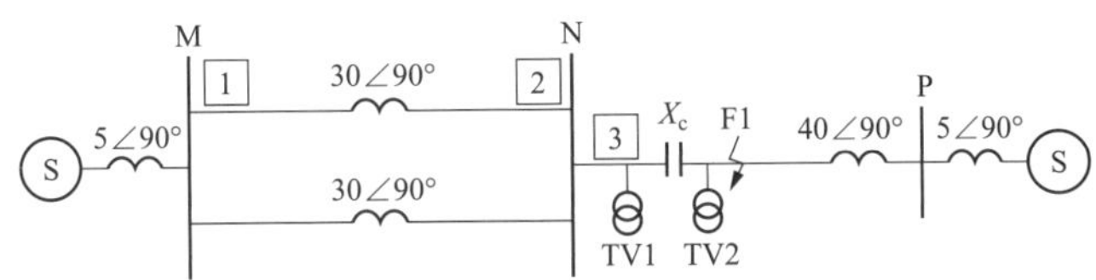

图 2-150 系统示意图

答：（1）采用记忆电压 $U_{[0]}$作为极化量的方向阻抗继电器动作方程为：

$$90° \leqslant \arg\frac{U_{op}}{U_{[0]}} \leqslant 270°$$

U_{op}：工作电压，$U_{op}=U_j-I_j \times Z_{set}$；

Z_{set}：表示整定阻抗；

$U_{[0]}$：保护安装处故障前电压；

因故障前线路空载，正方向故障时，$U_{[0]}$可用故障后电源电动势表示 $U_{[0]}=U_j+I_j \times Z_S$；

反方向故障时，$U_{[0]}$可用故障后电源电动势表示 $U_{[0]}=U_j-I_j \times Z_R$；

U_j 表示保护的测量电压，相间故障时 $U_j=I_j \times Z_j$；

I_j 表示保护的测量电流；

Z_j 表示保护测量阻抗；

Z_s：表示保护安装处故障点反方向系统等值阻抗；

Z_R：表示保护安装处正方向系统等值阻抗。

正方向故障时保护动作方程为：

$$90° < \arg\frac{Z_j - Z_{set}}{Z_j + Z_s} < 270°$$

反方向故障时保护动作方程为：

$$90° < \arg\frac{Z_j - Z_{set}}{Z_j - Z_R} < 270°$$

阻抗平面上画出正、反方向故障时阻抗继电器的动作特性如图 2-151 所示。

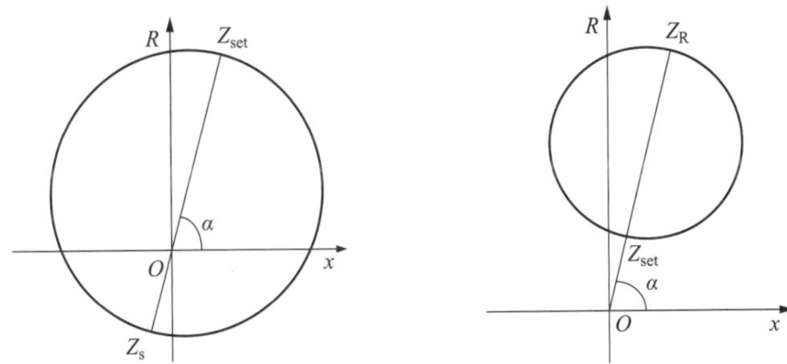

图 2-151 正、反方向故障时阻抗继电器的动作特性

（2）保护 1 距离保护 I 段 $Z_{\text{I}}=0.5\times Z_{MN}=15\angle 90°$，故障点 F1 在保护 1 的正方向。

保护 1 反方向系统等值阻抗 $Z_s=2\times 5\angle 90°=10\angle 90°$；

F1 点故障，记忆功能消失前后保护 1 动作特性圆。

F1 点故障时，保护 1 的测量阻抗为：$Z_j=30\angle 90°-2\times 5\angle 90°=20\angle 90°$。

记忆功能消失前，保护 1 的动作特性圆是以 Z_S+Z_{set} 为直径的圆，如图 2-152 中实线圆所示。

因为 20＞15，所以保护 1 相间距离 I 段将正确不动作。

记忆功能消失后，保护 1 的测量阻抗不变，动作特性圆是以 Z_{set} 为直径的圆，如图 2-152 中虚线圆所示。

因为 20＞15，所以保护 1 相间距离 I 段不动作。

当 $X_c=-j5$ 时，F1 点故障保护 1 记忆功能消失前后，按线路 50%阻抗整定的相间距离保护 I 段将不会误动作，可正常投入运行。

（3）保护 2 相间距离保护 I 段 $Z_{\text{I}}=0.5Z_{MN}=15\angle 90°$，F1 点故障

当 $X_c=-j5$ 时，保护 2 的测量阻抗为 $Z_j=2X_c=10\angle 90°$

当 $X_c=-j10$ 时，保护 2 的测量阻抗为 $Z_j=2X_c=20\angle 90°$

记忆电压消失前：

F1 点故障，记忆功能消失前保护 2 动作特性圆见图 2-153。

故障点 F1，在保护 2 的反方向，保护 2 安装处正方向系统等值阻抗

$$Z_R=2\times 5\angle 90°+30\angle 90°=40\angle 90°$$

保护 2 距离保护动作特性阻抗圆是以 Z_R-Z_{set} 为直径的圆：

因为 10＜15，20＜40，所以在记忆功能消失前，按线路阻抗 50%整定的保护 2 相间距离 I 段，在 $X_c=-j5$ 时正确不动作，在 $X_c=-j10$ 时将误动。

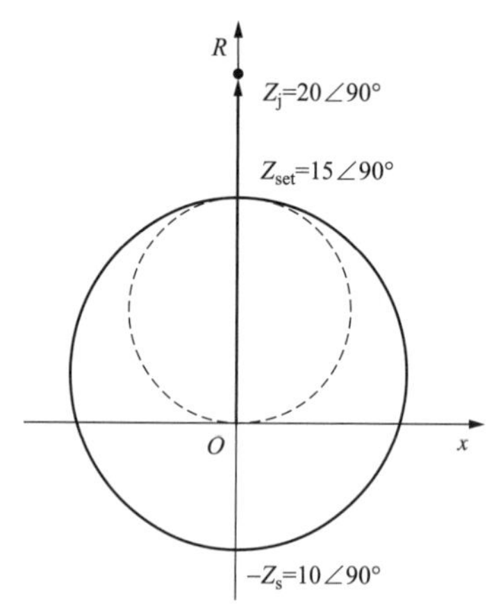

图 2-152　保护 1 动作特性圆

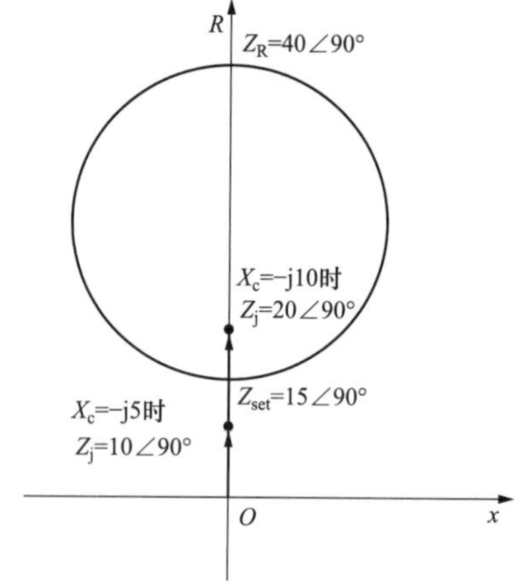

图 2-153　记忆电压消失前保护 2 动作特性圆

记忆电压消失后：

保护 2 距离保护动作特性阻抗圆是以 Z_{set} 为直径的圆。

F1 点故障，记忆功能消失后保护 2 动作特性圆见图 2-154。

因为 10＜15，20＞15，所以记忆电压消失后，按线路阻抗 50%整定的保护 2 相间距离 I

段，在 $X_C = -j5$ 将误动；在 $X_C = -j10$ 时正确不动作。

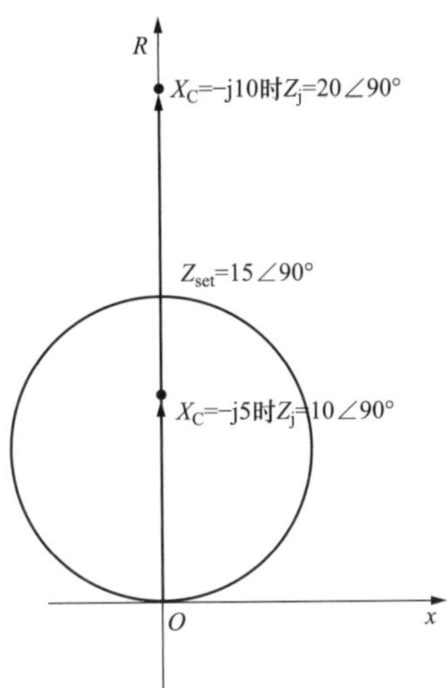

图 2-154　记忆电压消失后保护 2 动作特性圆

（4）F1 点故障时，保护 3 零序方向继电器是否能够正确动作，关键看保护所采用 TV 在故障点反方向上的系统等值阻抗，当系统等值阻抗呈感性时零序方向继电器可以正确动作，当系统等值阻抗呈容性时零序方向继电器将会拒动作。

当保护 3 采用 TV1 时，无论 $X_C = -j10$ 或 $-j25$，其反方向系统等值阻抗均为 j20，呈感性，零序方向继电器可以正确动作。

当保护 3 采用 TV2 时，若 $X_C = -j10$，其反方向系统等值阻抗均为 j10，呈感性，零序方向继电器可以正确动作。

当保护 3 采用 TV2 时，若 $X_C = -j25$，其反方向系统等值阻抗均为 $-j5$，呈容性，零序方向继电器将拒动。

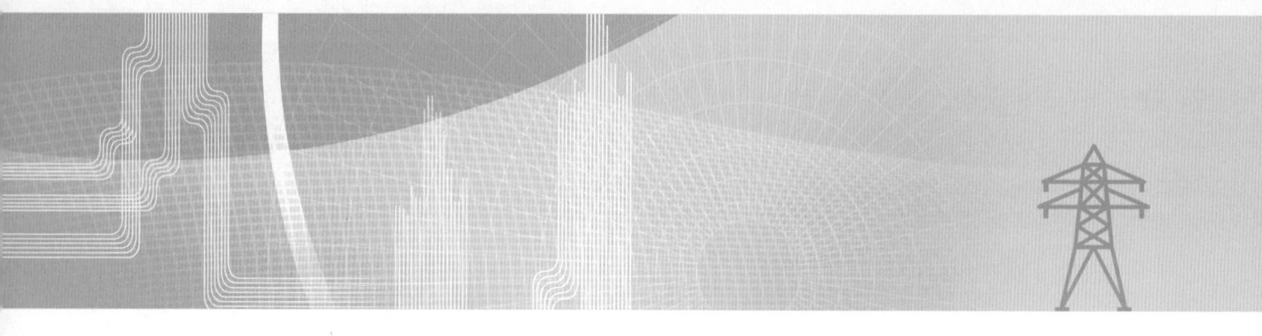

第三部分　元件及辅助保护

一、单选题

1．500kV线路并联电抗器无专用断路器时，其动作于跳闸的保护应采取（ A ）的措施。

A．使对侧断路器跳闸　　B．保护延时动作

C．启动母差保护　　D．母差保护

2．并联电抗器有补偿作用的零序功率方向保护实质上是零序方向继电器，计及系统实际存在的电阻，其最大动作区（ B ）。

A．90°±5°　　B．170°±5°　　C．180°±5°　　D．100°±5°

3．三相并联电抗器可以装设纵差保护，但该保护不能保护电抗器的故障类型是（ B ）。

A．两相接地短路　　B．匝间短路

C．三相短路　　D．两相短路

4．变压器励磁涌流与变压器充电合闸初相角有关，当初相角为（ A ）时励磁涌流最大。

A．0°　　B．90°　　C．120°　　D．180°

5．如果一台三绕组自耦变压器，各侧额定电压为525/230/35kV，设该变压器高、中压侧额定容量为S_N，按中、低压绕组传输功率来推算，则低压绕组的最大可能容量为（ A ）。

A．0.56 S_N　　B．0.43 S_N　　C．0.26 S_N　　D．0.15 S_N

6．某Yyn0的变压器，其高压侧电压为220kV且变压器的中性点接地，低压侧为6kV的小接地电流系统（无电源），变压器差动保护采用内部未进行Y/△变换的变压器保护，如两侧电流互感器二次均接成星形接线，则（ C ）。

A．此种接线无问题

B．低压侧区外发生故障时差动保护可能误动

C．高压侧区外发生故障时差动保护可能误动

D．高、低压侧区外发生故障时差动保护均可能误动

7．三相变压器如图3-1所示，高压侧XYZ绕组与低压侧xyz绕组相对应，该变压器类型为（ C ）。

A．Y/△-9　　B．Y/△-5　　C．Y/△-3　　D．Y/△-11

8．YN，d11三绕组变压器，额定容量为120MVA，额定电压为220kV/121kV/10.5kV，容量比为100/100/50，差动保护的平衡系数与各侧容量的关系是（ C ）。

A．平衡系数与本侧容量成正比　　B．平衡系数与本侧容量成反比

C．平衡系数与本侧容量没关系　　D．以上说法均不正确

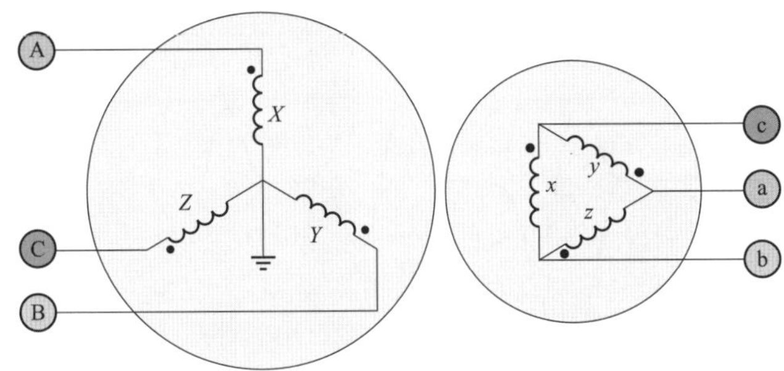

图 3-1　三相变压器接线图

9．图 3-2 为 110kV/35kV（YN，d11）主变电压录波，电源在高压侧，分析发生了（ B ）。

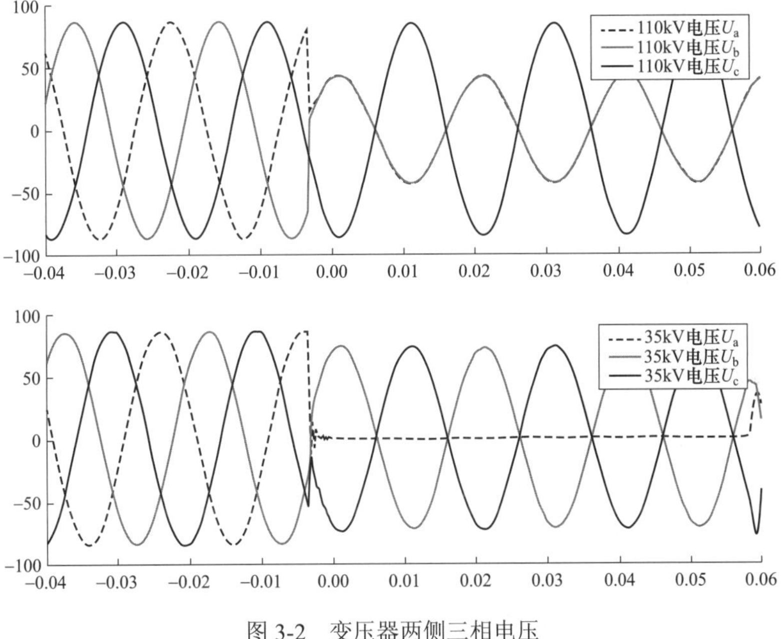

图 3-2　变压器两侧三相电压

A．110kV 侧 A 相接地　　B．110kV 侧 AB 相短路

C．35kV 侧 A 相接地　　D．35kV 侧 BC 相短路

10．图 3-3 为变压器高压侧三相电流录波，分析发生了（ A ）。

A．变压器空载合闸　　B．三相短路

C．三相短路伴随 C 相 TA 饱和　　D．三相短路伴随 AB 相 TA 饱和

11．谐波制动的变压器纵差保护装置中设置差动速断元件的主要原因是（ B ）。

A．提高保护动作速度

B．防止在区内故障较高的短路水平时，由于电流互感器的饱和产生谐波量增加，导致谐波制动的比率差动元件拒动

C．保护设置的双重化，互为备用

D．提高整套保护灵敏度

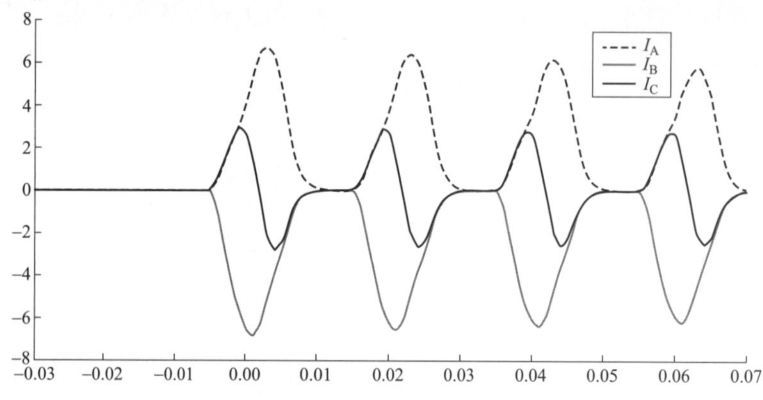

图 3-3 变压器高压侧三相电流

12．容量为 50MVA、接线为 YN，d11、变比为 115±2×2.5%/10.5kV 的降压变压器，构成差动保护的电流互感器两侧均为星形接线，差动保护装置的相位补偿采用 d 侧移相方案。当 YN 侧保护区内 A 相接地时，下列说法正确的是（ C ）。

A．仅 A 相差动继电器动作

B．A、B 相差动继电器动作

C．A、B、C 相差动继电器动作

D．以上说法均不正确

13．220kV/110kV/35kV 三绕组自耦变压器，低压侧绕组接成三角形，下列说法正确的是（ A ）。

A．中压侧母线单相接地时，中压侧零序电流比高压侧零序电流（有名值）大

B．高压侧母线单相接地时，高压侧零序电流比中压侧零序电流（有名值）大

C．自耦变压器的零序方向电流保护可采用中性点的零序电流

D．以上说法均不正确

14．YN，d11 接线的变压器，是指（ C ）。

A．一次侧相电压超前二次侧相电压 30°

B．一次侧线电压超前二次侧线电压 30°

C．一次侧线电压滞后二次侧线电压 30°

D．一次侧相电压滞后二次侧线电压 30°

15．为防止变压器后备阻抗保护在电压断线时误动作，必须（ C ）。

A．装设电压断线闭锁装置

B．装设电流增量启动元件

C．同时装设电压断线闭锁装置和电流增量启动元件

D．以上说法均不对

16．分级绝缘的 220kV 变压器一般装有下列保护作为在高压侧失去接地中性点时发生接地故障的后备保护。此时，该高压侧中性点绝缘的主保护应为（ C ）。

A．带延时的间隙零序电流保护

B．带延时的零序过电压保护

C．放电间隙

D．以上说法均不对

17．变压器比率制动的差动保护，设置比率制动的主要原因是（ C ）。

A．为了躲励磁涌流

B．为了提高内部故障时保护动作的可靠性

C．当区外故障不平衡电流增加，为了使继电器动作电流随不平衡电流增加而提高动作值

D．为了提高内部故障时保护动作的快速性

18．具有二次谐波制动的差动保护，为了可靠躲过励磁涌流，可（ B ）。

A．增大“差动速断”动作电流的整定值　　B．适当减小差动保护的二次谐波制动比

C．适当增大差动保护的二次谐波制动比　　D．减小“差动速断”动作电流的整定值

19．关于 TA 饱和对变压器差动保护的影响，以下（ C ）说法对。

A．由于差动保护具有良好的制动特性，区外故障时没有影响

B．由于差动保护具有良好的制动特性，区内故障时没有影响

C．可能造成差动保护在区内故障时拒动或延缓动作，在区外故障时误动作

D．以上说法均不对

20．变压器差动速断的动作条件是（ C ）。

A．必须经比率制动

B．必须经二次谐波制动

C．不经任何制动，只要差流达到整定值即能动作

D．必须经五次谐波制动

21．三绕组自耦变压器高中压侧绕组额定容量相等，公共绕组及低压绕组容量仅为高中压侧绕组额定容量的（ B ）倍，其中 K_{12} 为高、中压侧变比。

A．$1/K_{12}$　　B．$1-1/K_{12}$　　C．$1/K_{12}-1$　　D．K_{12}

22．调整电力变压器分接头，会在其差动回路中引起不平衡电流的增大，解决方法为（ B ）。

A．增大短路线圈的匝数　　B．提高差动保护的整定值

C．减少短路线圈的匝数　　D．不需要对差动保护进行调整

23．电力变压器电压的（ A ）可导致磁密的增大，使铁芯饱和，造成过励磁。

A．升高　　B．降低　　C．变化　　D．不确定

24．变压器过励磁保护是按磁密 B 正比于（ B ）原理实现的。

A．电压 U 与频率 f 的乘积　　B．电压 U 与频率 f 的比值

C．电压 U 与绕组线圈匝数 N 的比值　　D．电压 U 与绕组线圈匝数 N 的乘积

25．220kV 变压器用作相间故障的后备保护有（ D ）。

A．零序电流保护　　B．零序方向电流保护

C．公共绕组零序电流保护　　D．复压过电流保护

26．电抗变压器在空载情况下，二次电压与一次电流的相位关系是（ A ）。

A．二次电压超前一次电流近 90°　　B．二次电压与一次电流接近 0°

C．二次电压滞后一次电流近 90°　　D．不能确定

27．当变压器的一次绕组接入直流电源时，其二次绕组的（ B ）。

A．电势与匝数成正比　　B．电势为 0

C．感应电势近似于一次绕组的电势　　D．电势与匝数成反比

28．按间断角原理构成的变压器差动保护，闭锁角一般整定为 60°～65°。为提高其躲励磁涌流的能力，可适当（ A ）。

A．减小闭锁角　　B．增大闭锁角

C．增大差动动作电流及比率制动系数　　D．减小差动动作电流及比率制动系数

29．电力系统不允许长期非全相运行，为了防止断路器一相断开后，长时间非全相运行，应采取措施断开三相，并保证选择性。其措施是装设（ C ）。

A．断路器失灵保护　　B．零序电流保护

C．断路器非全相保护　　D．失灵保护

30．变压器一次绕组为 YN，d11，差动保护两侧电流互感器均采用星形接线。采用比率制动差动继电器，其动作判据为 $I_{zd}=|\dot{I}_1+\dot{I}_2|$，制动量取 $\{I_1, I_2\}$ 中较大者。差动最小动作电流为 1A，比率制动系数为 0.5，拐点电流为 5A。高压侧平衡系数为 $1/\sqrt{3}$。模拟单相穿越性故障时，当高压侧通入 I_1=13.8A 时测得差电流 2A，此时，该差动保护（ B ）。

A．动作　　B．不动作　　C．处于动作边界　　D．不能确定

31．三台具有相同变比连接组别的三相变压器，其额定容量和短路电压分别为：

S_a=1000kVA　　U_{ka}=6.25%

S_b=1800kVA　　U_{kb}=6.6%

S_c=3200kVA　　U_{kc}=7%

它们并联运行后，在不允许任何一台过负荷的情况下，最多能担负（ B ）负荷。

A．5640kVA　　B．5560kVA　　C．6000kVA　　D．5000kVA

32．变压器供电的线路发生短路时，要使短路电流小些，下述措施哪个是对的（ D ）。

A．增加变压器电动势　　B．变压器加大外电阻 R

C．变压器增加内电阻 r　　D．选用短路比大的变压器

33．YN，d11 变压器的 Y 侧发生 AB 相间短路，则 d 侧（ A ）电流大。

A．A 相　　B．B 相　　C．C 相　　D．N 相

34．YN，d11 接线的变压器 d 侧发生两相短路时，Y 侧有一相电流比另外两相电流大，该相是（ B ）。

A．同名故障相中的超前相　　B．同名故障相中的滞后相

C．同名的非故障相　　D．以上说法均不正确

35．一台 YN，d11 型变压器，低压侧无电源，当其高压侧差动范围内引线发生三相短路故障和两相短路故障时，对相位补偿为 Y→△转换方式的变压器差动保护，其差动电流（ A ）。

A．相同　　B．三相短路大于两相短路

C．不定　　D．两相短路大于三相短路

36．升压变压器接线组别为 YN，d11 接线，变压器低压侧发生两相短路时，高压侧某相电流等于其他两相短路电流的两倍。如果低压侧 ab 相短路，短路电流为 I_k，则高压侧的电流（ B ）。

A．$I_A=(2/\sqrt{3})I_k$　　B．$I_B=(2/\sqrt{3})I_k$

C．$I_C=(2/\sqrt{3})I_k$　　D．以上说法均不正确

37．220kV 变压器的中性点经间隙接地的零序过电压保护定值一般整定为（ B ）。

A．120V　　B．180V　　C．70V　　D．220V

38．设 Yyn0 的升压变压器，不计负荷电流情况下，当 Y_0 侧外部 A 单相接地时，该侧的三相电流的说法正确的是（ C ）。

A．A 相有故障电流，B、C 两相无故障电流

B．三相均有电流，故障相电流最大，另两相也有故障电流，且大小各不相同

C．三相均有电流，A 相电流与另两相电流可能同相位

D．以上说法均不正确

39．下面有关 YN，d11 接线变压器的纵差动保护说法正确的是（ D ）。

A．只可以反应变压器三角形绕组的断线故障

B．只可反应 Y 侧一相的断线故障

C．既能反应变压器三角形绕组的断线故障，也能反应 Y 侧一相的断线故障

D．既不能反应变压器三角形绕组的断线故障，也不能反应 Y 侧一相的断线故障

40．下列有关自耦变压器的说法，正确的是（ D ）。

A．自耦变压器中性点必须接地，这是为了避免当中压侧电网内发生单相接地时高压侧出现过电压

B．自耦变压器的零序电流保护应接入中性点引出线电流互感器的二次电流

C．自耦变压器高压侧外部接地故障时，流过自耦变压器的零序电流不一定高压侧最大

D．由自耦变压器高、中压及公共绕组三侧电流构成的分侧电流差动保护无须采取防止励磁涌流的专门措施

41．主变压器纵差保护一般取（　　）谐波电流元件作为过励磁闭锁元件，谐波制动比越（　　），差动保护躲变压器过励磁的能力越强。（ C ）

A．三次，大　　B．二次，大　　C．五次，小　　D．二次，小

42．变压器过励磁保护的启动、反时限和定时限元件应根据变压器的过励磁特性曲线进行整定计算并能分别整定，其返回系数不应低于（ D ）。

A．0.88　　B．0.90　　C．0.95　　D．0.96

43．变压器励磁涌流中大量存在的是（ A ）谐波。

A．二次　　B．三次　　C．四次　　D．五次

44．在 220kV 电力系统中，校验变压器零序差动保护灵敏系数所采用的系统运行方式应为（ B ）。

A．最大运行方式　　B．正常运行方式　　C．最小运行方式　　D．以上均可以

45．在变压器铁芯中，产生铁损的原因是（ D ）。

A．磁滞现象　　B．涡流现象

C．磁阻的存在　　D．磁滞现象和涡流现象

46．YN，d11 组别变压器配备微机型差动保护，两侧 TA 回路均采用星形接线，Y、△侧二次电流分别为 I_A、I_B、I_C，I_a、I_b、I_c，软件中 A 相差动元件采用（ A ）经接线系数、变比折算后计算差流。

A．$I_A - I_B$ 与 I_a　　B．$I_a - I_B$ 与 I_A

C．$I_A - I_C$ 与 I_a　　D．以上说法均不正确

47．变压器差动保护防止穿越性故障情况下误动的主要措施是（ C ）。

A．间断角闭锁　　B．二次谐波制动

C．比率制动　　D．以上说法均不正确

48．对自耦变的零序方向电流保护，其零序方向元件的零序电流取自（ B ）。

A．变压器中性点接地的电流互感器　　B．变压器出口的三相电流互感器

C．均可　　D．均不可

49．变压器差动保护投入前，带负荷测相位和差电压（或差电流）的目的是检查（ A ）。

A．电流回路接线的正确性　　B．差动保护的整定值

C．电压回路接线的正确性　　D．以上说法均不正确

50．主变压器间隙过压过流保护的构成是（ A ）。

A．间隙过流继电器与间隙过压继电器并联构成“或”门，并带 0.5s 延时

B．间隙过流继电器与间隙过压继电器串联构成“与”门，并带 0.5s 延时

C．间隙过流继电器与间隙过压继电器各自带 0.5s 延时，分别出口

D．以上说法均不正确

51．一台微机变压器保护用于 YN，d11 接线的变压器，外部 TA 全星形接入，微机保护内部转角。当在高压侧通单相电流和三相对称电流时，（ A ）。

A．动作值不一样，两者之间的比值是 $\sqrt{3}:1$，通单相电流动作值大，三相对称电流动作值小

B．动作值不一样，两者之间的比值是 $1:\sqrt{3}$，通单相电流动作值小，三相对称电流动作值大

C．动作值一样

D．以上说法均不正确

52．YN，d11 接线的变压器装有微机差动保护，其 Y 侧电流互感器的二次电流相位补偿是通过微机软件实现的。现整定 Y 侧二次基准电流 I_B=5A，差动动作电流 I_C=0.4I_B，从这一侧模拟 AB 相短路，其动作电流应为（ C ）左右。

A．$\sqrt{3}/2$A　　B．$\sqrt{3}$A　　C．2A　　D．1A

53．对两个具有两段折线式差动保护的动作灵敏度的比较，正确的说法是（ C ）。

A．初始动作电流小的差动保护动作灵敏度高

B．初始动作电流较大，但比率制动系数较小的差动保护动作灵敏度高

C．当拐点电流及比率制动系数分别相等时，初始动作电流小者，其动作灵敏度高

D．以上说法均不正确

54．变压器励磁涌流的衰减时间为（ B ）。

A．1.5～2s　　B．0.5～1s　　C．3～4s　　D．4.5～5s

55．自耦变压器高、低压侧同时向中压侧输送功率的升压变压器应在（ B ）侧装设过负荷保护。

A．高、低压，公共绕组　　B．高、中、低压

C．中、低压　　D．以上说法均不正确

56．变压器气体继电器内有气体（ B ）。

A．说明内部有故障　　B．不一定有故障　　C．说明有较大故障　　D．没有故障

57．主变压器重瓦斯动作是由于（ C ）造成的。

A．主变压器两侧断路器跳闸　　B．220kV 套管两相闪络

C．主变压器内部高压侧绕组严重匝间短路　　D．主变压器大盖着火

58．在 220kV 及以上变压器保护中，（ B ）保护的不应启动断路器失灵保护。

A．差动　　B．瓦斯　　C．220kV 零序过流　　D．中性点零流

59．变压器装设的差动保护，对变压器来说一般要求是（ C ）。

A．所有变压器均装　　B．视变压器的使用性质而定

C．1500kVA 以上的变压器要装设　　D．8000kVA 以上的变压器要装设

60．主变压器重瓦斯保护和轻瓦斯保护的正电源，正确接法是（ B ）。

A．使用同一保护正电源

B．重瓦斯保护接保护电源，轻瓦斯保护接信号电源

C．使用同一信号正电源

D．重瓦斯保护接信号电源，轻瓦斯保护接保护电源

61．三绕组自耦变压器，中压侧同时向高压侧、低压侧送电时容易过负荷的是（ C ）。

A．中压侧绕组　　B．低压侧绕组　　C．公共绕组　　D．均过负荷

62．对于三侧均有电源的升压变压器或高、中压侧均有电源的降压变压器，其中压侧方向元件的电压应取（ B ）。

A．高压侧或中压侧　　B．高压侧或低压侧　　C．中压侧或低压侧　　D．中压侧

63．变压器的过电流保护，加装复合电压闭锁元件是为了（ C ）。

A．提高过电流保护的可靠性　　B．提高过电流保护的选择性

C．提高过电流保护的灵敏度　　D．提高过电流保护的快速性

64．变压器内部发生匝间故障而同时又有流出电流时，差动保护（ A ）。

A．仍能动作

B．视流出电流的大小，有可能动作，也有可能不动作

C．肯定不能动作

D．以上说法均不正确

65．自耦变压器加装零序差动保护是为了（ A ）。

A．提高自耦变压器内部接地短路的灵敏度

B．提高自耦变压器内部相间短路的可靠性

C．自耦变压器内部短路保护双重化配置

D．提高自耦变压器内部接地短路故障的快速性

66．变电站切除一台中性点直接接地的负荷变压器，在该变电站母线出线上发生单相接地故障时，该出线的零序电流（ B ）。

A．变大　　B．变小　　C．不变　　D．无法确定

67．变电站切除一台中性点直接接地的负荷变压器，在该变电站母线出线上发生两相接地故障时，该出线的正序电流（ C ）。

A．变大　　B．变小　　C．不变　　D．无法确定

68．变电站增加一台中性点直接接地的负荷变压器，在该变电站某出线对侧母线上发生单相接地故障时，该出线的零序电流（ A ）。

A. 变大　　B. 变小　　C. 不变　　D. 无法确定

69. 自耦变压器带方向的零序电流保护中的零序电流不应该从变压器的中性点的TA上取，以保证在（A）发生外部接地故障时不会误动作。

A. 高压侧　　B. 中压侧　　C. 高、中压侧　　D. 低压侧

70. 对于220kV的三绕组自耦降压变压器，其高压侧阻抗通常比低压侧（ B ）。

A. 大　　B. 小　　C. 相等　　D. 不确定

71. 在同样情况下，Y0/Y0接线变压器一次侧看进去的零序电抗比Y/△接线变压器的零序电抗（ A ）。

A. 大　　B. 小　　C. 相等　　D. 不确定

72. 变压器各侧的过电流保护均按躲过变压器（　　）负荷整定，但不作为短路保护的一级参与选择性配合，其动作时间应（　　）所有出线保护的最长时间。（ C ）

A. 最大，小于　　B. 额定，小于　　C. 额定，大于　　D. 最大，大于

73. 大接地电流系统中的分级绝缘变压器，若中性点未安装间隙，应选择接地后备保护方案（ C ）。

A. 先跳中性点直接接地的变压器，后跳中性点不接地的变压器

B. 在中性点直接接地时用零序过流保护，在中性点不直接接地时用零序过压保护

C. 先跳中性点不接地的变压器，后跳中性点直接接地的变压器

D. 以上说法都不对

74. 某220kV终端变电站35kV侧接有电源，其中两台主变压器，有一台220kV中性点直接接地，另一台主变压器经放电间隙接地，当其220kV进线单相接地，该线路系统侧断路器跳开后，一般（ A ）。

A. 先切除中性点直接接地的变压器，根据故障情况再切除跳中性点不接地的变压器

B. 先切除中性点不接地的变压器，根据故障情况再切除跳中性点接地的变压器

C. 两台变压器同时切除

D. 两台变压器跳闸的顺序不定

75. 变压器差动保护中的“差动电流速断”元件，由于反应的是差流（ C ），故其动作电流不受电流波形畸变的影响。

A. 最大值　　B. 瞬时值　　C. 有效值　　D. 最小值

76. 对于110kV及以上双母线有三台及以上变压器，则应（ B ）。

A. 有一台变压器中性点直接接地

B. 每条母线有一台变压器中性点直接接地

C. 三台及以上变压器均直接接地

D. 三台及以上变压器均不直接接地

77. 能完全排除故障前穿越性负荷电流的影响，并对内部故障有较高灵敏度的变压器差动保护是（ A ）。

A. 故障分量比率制动式差动保护

B. 比率制动式差动保护

C. 防止励磁涌流误动的三相二次谐波电流平方和的差动保护

D. 标识制动式差动保护

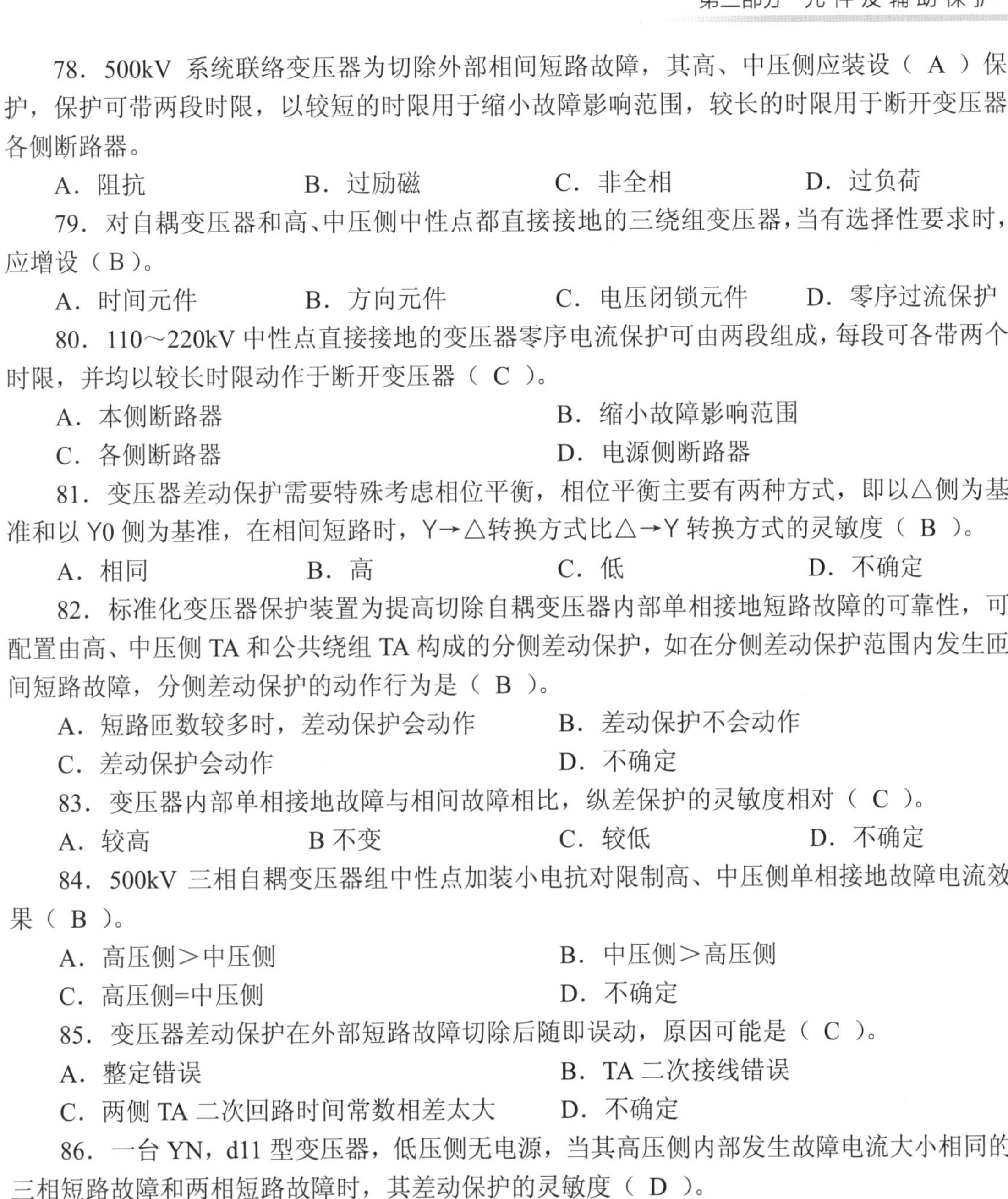

78．500kV 系统联络变压器为切除外部相间短路故障，其高、中压侧应装设（ A ）保护，保护可带两段时限，以较短的时限用于缩小故障影响范围，较长的时限用于断开变压器各侧断路器。

A．阻抗　　B．过励磁　　C．非全相　　D．过负荷

79．对自耦变压器和高、中压侧中性点都直接接地的三绕组变压器，当有选择性要求时，应增设（ B ）。

A．时间元件　　B．方向元件　　C．电压闭锁元件　　D．零序过流保护

80．110～220kV 中性点直接接地的变压器零序电流保护可由两段组成，每段可各带两个时限，并均以较长时限动作于断开变压器（ C ）。

A．本侧断路器　　B．缩小故障影响范围

C．各侧断路器　　D．电源侧断路器

81．变压器差动保护需要特殊考虑相位平衡，相位平衡主要有两种方式，即以△侧为基准和以 Y0 侧为基准，在相间短路时，Y→△转换方式比△→Y 转换方式的灵敏度（ B ）。

A．相同　　B．高　　C．低　　D．不确定

82．标准化变压器保护装置为提高切除自耦变压器内部单相接地短路故障的可靠性，可配置由高、中压侧 TA 和公共绕组 TA 构成的分侧差动保护，如在分侧差动保护范围内发生匝间短路故障，分侧差动保护的动作行为是（ B ）。

A．短路匝数较多时，差动保护会动作　　B．差动保护不会动作

C．差动保护会动作　　D．不确定

83．变压器内部单相接地故障与相间故障相比，纵差保护的灵敏度相对（ C ）。

A．较高　　B 不变　　C．较低　　D．不确定

84．500kV 三相自耦变压器组中性点加装小电抗对限制高、中压侧单相接地故障电流效果（ B ）。

A．高压侧＞中压侧　　B．中压侧＞高压侧

C．高压侧=中压侧　　D．不确定

85．变压器差动保护在外部短路故障切除后随即误动，原因可能是（ C ）。

A．整定错误　　B．TA 二次接线错误

C．两侧 TA 二次回路时间常数相差太大　　D．不确定

86．一台 YN，d11 型变压器，低压侧无电源，当其高压侧内部发生故障电流大小相同的三相短路故障和两相短路故障时，其差动保护的灵敏度（ D ）。

A．相同

B．三相短路的灵敏度大于两相短路的灵敏度

C．不定

D．两相短路的灵敏度大于三相短路的灵敏度

87．变压器励磁涌流的大小与变压器额定电流幅值的倍数与变压器容量有关，变压器容量（ A ），励磁涌流对额定电流幅值的倍数（ A ）。

A．越大，越小　　B．越小，越大　　C．越大，越大　　D．不确定

88．励磁涌流衰减时间常数与变压器至（ B ）的阻抗大小、变压器的容量和铁芯的材料等因素有关。

A．系统　　B．电源之间　　C．接地点　　D．负荷

89．变压器外部发生单相接地时，由大地流向自耦变压器中性点（Y0/Y0/△接线）的零序电流与高压母线零序电压间的相位关系是（ C ）。

A．零序电流滞后零序电压

B．零序电流超前零序电压

C．随接地点位置与高、中压侧零序阻抗大小变化

D．以上均不正确

90．断路器失灵保护启动条件是（ B ）。

A．故障线路保护动作跳闸

B．线路故障保护动作跳闸以后，保护不返回且相电流元件继续动作

C．线路长期有电流

D．收到远方启动信号

91．分相操作的断路器拒动考虑的原则是（ A ）。

A．单相拒动　　B．两相拒动　　C．三相拒动　　D．都要考虑

92．母线保护电流，下列说法正确的是（ B ）。

A．母联（分段）电流计入大差

B．母联（分段）电流计入小差

C．母联兼旁路作母联时电流既计入大差，又计入小差

D．母联兼旁路作旁路时其电流不计入大差，仅计入小差

93．在双母线的母差保护中，下列说法正确的是（ C ）。

A．大差的比率制动系数通常比Ⅰ、Ⅱ母线的小差的比率制动系数略小，其主要原因是大差动是启动元件，小差动是选择元件

B．在用母联对另一空母线充电时，通常将母差保护短时闭锁，这是防止母差保护在充电期间受干扰而造成的误动

C．在用母联对另一空母线充电时，将母差保护短时闭锁，这可防止充电时死区内的短路故障造成母差的动作

D．以上均不正确

94．母线故障时，关于母差保护TA饱和程度，以下说法正确的是（ C ）。

A．故障电流越大，TA饱和越严重

B．故障初期3～5ms TA保持线性传变，以后饱和程度逐步减弱

C．故障电流越大，且故障所产生的非周期分量越大和衰减时间常数越长，TA饱和越严重

D．母线区内故障比区外故障TA的饱和程度要严重

95．220kV主变压器断路器的失灵保护，其启动条件是（ B ）。

A．主变压器保护动作，相电流元件不返回，断路器位置不对应

B．主变压器电气量保护动作，相电流元件动作，断路器位置不对应

C．主变压器气体保护动作，相电流元件动作，断路器位置不对应

D．母差保护动作，相电流元件动作，断路器位置不对应。

96．双母线的电流差动保护，当故障发生在母联断路器与母联TA之间时出现动作死区，

此时应该（ B ）。

A．启动远方跳闸　　B．启动母联失灵（或死区）保护

C．启动失灵保护及远方跳闸　　D．母联过流保护动作

97．母线差动保护的暂态不平衡电流比稳态不平衡电流（ A ）。

A．大　　B．相等　　C．小　　D．无法判定

98．如果故障点在母差保护和线路纵差保护的交叉区内，致使两套保护同时动作，则（ C ）。

A．母差保护动作评价，线路纵差保护和“对侧纵联”不予评价

B．母差保护和“对侧纵联”分别评价，线路纵差保护不予评价

C．母差保护和线路纵联保护分别评价，“对侧纵联”不予评价

D．母差保护、线路纵差保护和“对侧纵联”均动作评价

99．失灵保护的线路断路器启动回路由（ A ）组成。

A．失灵保护的启动回路由保护动作出口接点和断路器失灵判别元件（电流元件）构成“与”回路所组成

B．失灵保护的启动回路由保护动作出口接点和断路器失灵判别元件（电流元件）构成“或”回路所组成

C．母线差动保护（Ⅰ母或Ⅱ母）出口继电器动作接点和断路器失灵判别元件（电流元件）构成“与”回路所组成

D．母线差动保护（Ⅰ母或Ⅱ母）出口继电器动作接点和断路器失灵判别元件（电流元件）构成“或”回路所组成

100．失灵保护的母联断路器启动回路由（ B ）组成。

A．失灵保护的启动回路由保护动作出口接点和母联断路器失灵判别元件（电流元件）构成“或”回路所组成

B．母线差动保护（Ⅰ母或Ⅱ母）出口继电器动作接点和母联断路器失灵判别元件（电流元件）构成“与”回路

C．母线差动保护（Ⅰ母或Ⅱ母）出口继电器动作接点和断路器失灵判别元件（电流元件）构成“或”回路所组成

D．母线差动保护（Ⅰ母或Ⅱ母）出口继电器动作接点和母联断路器位置接点构成“与”回路

101．断路器失灵保护是（ C ）。

A．一种近后备保护，当故障元件的保护拒动时，可依靠该保护切除故障

B．一种远后备保护，当故障元件的断路器拒动时，必须依靠故障元件本身保护的动作信号启动失灵保护以切除故障点

C．一种近后备保护，当故障元件的断路器拒动时，可依靠该保护隔离故障点

D．一种远后备保护，当故障元件的保护拒动时，可依靠该保护隔离故障点

102．当母线内部故障有电流流出时，应（ A ）差动元件的比率制动系数，以确保内部故障时母线保护对动作。

A．减小　　B．增大　　C．减小或增大　　D．保持

103．在微机母差的 TA 饱和鉴别方法中，以下（ D ）方法是基于 TA 一次故障电流过零点附近存在线性传变区原理构成的。

A．同步识别法　　B．谐波制动原理

C．自适应阻抗加权抗饱和法　　D．基于采样值的重复多次判别法

104．以下（ C ）措施，不能保证母联断路器停运时母差保护的动作灵敏度。

A．解除大差元件　　B．采用比率制动系数低值

C．自动降低小差元件的比率制动系数　　D．自动降低大差元件的比率制动系数

105．母差保护分列运行方式的自动判别与手动判别相比优先级要（ B ）。

A．高　　B．低　　C．一样　　D．随机

106．断路器失灵保护动作的必要条件是（ C ）。

A．失灵保护电压闭锁回路开放，本站有保护装置动作且超过失灵保护整定时间仍未返回

B．失灵保护电压闭锁回路开放，故障元件的电流持续时间超过失灵保护整定时间仍未返回，且故障元件的保护装置曾动作

C．失灵保护电压闭锁回路开放，本站有保护装置动作，且该保护装置和与之相对应的失灵电流判别元件持续动作时间超过失灵保护整定时间仍未返回

D．本站有保护装置动作，且该保护装置和与之相对应的失灵电流判别元件持续动作时间超过失灵保护整定时间仍未返回

107．双母线运行倒闸过程中会出现两个隔离开关同时闭合的情况，如果此时Ⅰ母发生故障，母线保护应（ A ）。

A．切除两条母线　　B．切除Ⅰ母

C．切除Ⅱ母　　D．两条母线均不切除

108．为了从时间上判别断路器失灵故障的存在，失灵保护动作时间的整定原则是（ B ）。

A．大于故障元件的保护动作时间和断路器跳闸时间之和

B．大于故障元件的断路器跳闸时间和保护返回时间之和

C．大于故障元件的保护动作时间和返回时间之和

D．大于故障元件的保护动作时间即可

109．为了防止误碰出口中间继电器造成母线保护误动作，应采用（ A ）。

A．电压闭锁元件　　B．电流闭锁元件

C．距离闭锁元件　　D．跳跃闭锁继电器

110．双母线接线的母线保护，Ⅰ母小差电流为（ B ）。

A．Ⅰ母所有电流的绝对值之和

B．Ⅰ母所有电流和的绝对值

C．Ⅰ母所有出线（不包括母联）电流和的绝对值

D．Ⅰ母所有流出电流之和

111．微机型双母线母差保护中使用的母联断路器电流取自Ⅱ母侧电流互感器，如并列运行时母联断路器与电流互感器之间发生故障，将造成（ C ）。

A．Ⅰ母差动保护动作，切除故障，Ⅰ母失压；Ⅱ母差动保护不动作，Ⅱ母不失压

B．Ⅰ母差动保护动作，Ⅰ母失压，但故障没有切除，随后失灵保护动作切除故障，Ⅱ母失压

C．Ⅰ母差动保护动作，Ⅰ母失压，但故障没有切除，随后Ⅱ母差动保护动作切除故障，Ⅱ母失压

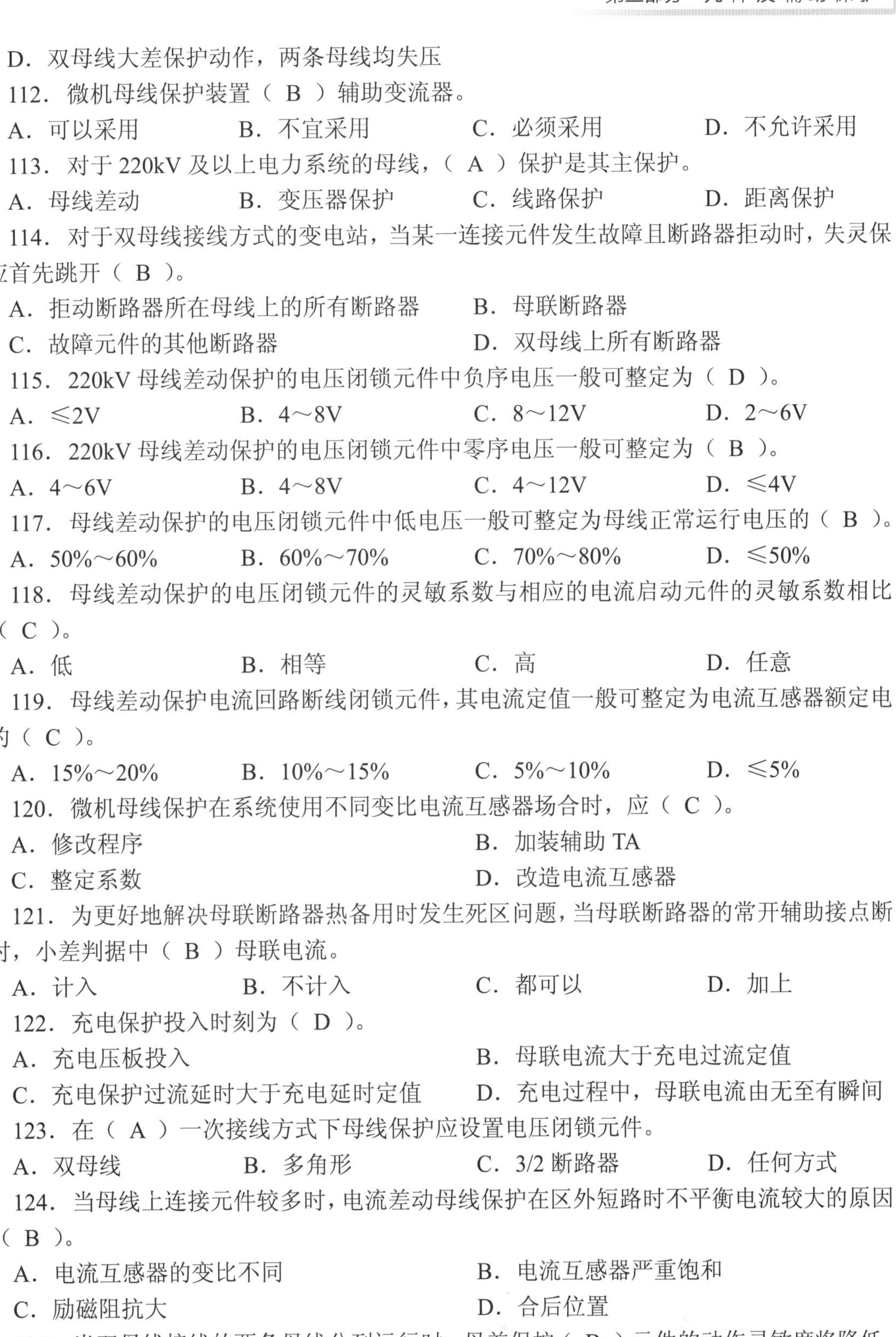

D．双母线大差保护动作，两条母线均失压

112．微机母线保护装置（ B ）辅助变流器。

A．可以采用　　B．不宜采用　　C．必须采用　　D．不允许采用

113．对于 220kV 及以上电力系统的母线，（ A ）保护是其主保护。

A．母线差动　　B．变压器保护　　C．线路保护　　D．距离保护

114．对于双母线接线方式的变电站，当某一连接元件发生故障且断路器拒动时，失灵保护应首先跳开（ B ）。

A．拒动断路器所在母线上的所有断路器　　B．母联断路器

C．故障元件的其他断路器　　D．双母线上所有断路器

115．220kV 母线差动保护的电压闭锁元件中负序电压一般可整定为（ D ）。

A．≤2V　　B．4～8V　　C．8～12V　　D．2～6V

116．220kV 母线差动保护的电压闭锁元件中零序电压一般可整定为（ B ）。

A．4～6V　　B．4～8V　　C．4～12V　　D．≤4V

117．母线差动保护的电压闭锁元件中低电压一般可整定为母线正常运行电压的（ B ）。

A．50%～60%　　B．60%～70%　　C．70%～80%　　D．≤50%

118．母线差动保护的电压闭锁元件的灵敏系数与相应的电流启动元件的灵敏系数相比应（ C ）。

A．低　　B．相等　　C．高　　D．任意

119．母线差动保护电流回路断线闭锁元件，其电流定值一般可整定为电流互感器额定电流的（ C ）。

A．15%～20%　　B．10%～15%　　C．5%～10%　　D．≤5%

120．微机母线保护在系统使用不同变比电流互感器场合时，应（ C ）。

A．修改程序　　B．加装辅助 TA

C．整定系数　　D．改造电流互感器

121．为更好地解决母联断路器热备用时发生死区问题，当母联断路器的常开辅助接点断开时，小差判据中（ B ）母联电流。

A．计入　　B．不计入　　C．都可以　　D．加上

122．充电保护投入时刻为（ D ）。

A．充电压板投入　　B．母联电流大于充电过流定值

C．充电保护过流延时大于充电延时定值　　D．充电过程中，母联电流由无至有瞬间

123．在（ A ）一次接线方式下母线保护应设置电压闭锁元件。

A．双母线　　B．多角形　　C．3/2 断路器　　D．任何方式

124．当母线上连接元件较多时，电流差动母线保护在区外短路时不平衡电流较大的原因是（ B ）。

A．电流互感器的变比不同　　B．电流互感器严重饱和

C．励磁阻抗大　　D．合后位置

125．当双母线接线的两条母线分列运行时，母差保护（ B ）元件的动作灵敏度将降低，因此需自动将制动系数降低。

A．小差　　B．大差　　C．大差和小差　　D．制动

126．母差保护某一出线单元 TA 零相断线后，保护的动作行为是（ B ）。

A．区内故障不动作，区外故障可能动作　　B．区内故障动作，区外故障可能动作

C．区内故障不动作，区外故障不动作　　D．区内故障动作，区外故障不动作

127．主变压器失灵解闭锁误开入发（ C ）告警信号。

A．开入变位　　B．TV 断线　　C．开入异常　　D．失灵动作

128．母差保护动作，对线路开关的重合闸（ A ）。

A．闭锁　　B．不闭锁

C．仅闭锁单相重合闸　　D．不一定

129．比率差动构成的国产双母线差动保护中，若母联开关由于需要处于开断运行时，则正确的做法是（ C ）。

A．从大差、两个小差保护中切出母联电流

B．从母联开关侧的一个小差保护中切出母联电流

C．从两个小差保护中切出母联电流

D．无需将母联电流从差动保护中切出，只需将母联开关跳闸压板断开

130．对于由一个大差元件与两个小差元件构成的双母线微机母差保护，以下说法正确的是（ B ）。

A．在各种工况下均有死区

B．在倒闸操作过程中失去选择性

C．在各种母线运行方式下对母联 TA 与母联断路器之间的故障只靠母联断路器失灵保护或死区保护切除故障

D．TA 断线时差动元件一定会动作

131．微机型母差保护中使用的母联开关电流取自 I 母侧电流互感器，如分列运行时在母联开关与 TA 之间发生故障，将造成（ A ）。

A． I 母差动保护动作，切除故障， I 母失压；II 母差动保护不动作， II 母不失压

B． II 母差动保护动作，切除故障， II 母失压。 I 母差动保护不动作， I 母不失压

C．I 母差动保护动作，I 母失压，但故障没有切除，随后 II 母差动保护动作，切除故障，II 母失压

D． I 母差动保护动作， I 母失压，但故障没有切除，随后失灵保护动作，切除故障，II 母失压

二、多选题

1．三绕组自耦变压器，高、中压侧电压的电压变比为 2；高/中/低的容量为 100/100/50，下列说法正确的是（ BC ）。

A．高压侧同时向中、低压侧送电时，公共绕组容易过负荷

B．中压侧同时向高、低压侧送电时，公共绕组容易过负荷

C．低压侧同时向高、中压侧送电时，低压绕组容易过负荷

2．YN，d11 接线升压变压器，变比为 1，不计负荷电流情况下，Y 侧单相接地时，则△侧三相电流为（ AB ）。

A．最小相电流为 0

B．最大相电流等于 Y 侧故障相电流的 $1/\sqrt{3}$

C．最大相电流等于 Y 侧故障相电流

D．最大相电流等于 Y 侧故障相电流的 $\sqrt{3}$ 倍

3．220kV/110kV/35kV 自耦变压器，中性点直接接地运行，下列说法正确的是（ AC ）。

A．中压侧母线单相接地时，中压侧的零序电流一定比高压侧的零序电流大

B．高压侧母线单相接地时，高压侧的零序电流一定比中压侧的零序电流大

C．高压侧母线单相接地时，可能中压侧零序电流比高压侧零序电流大，这取决于中压侧零序阻抗的大小

D．中压侧母线单相接地时，可能高压侧零序电流比中压侧零序电流大，这取决于高压侧零序阻抗的大小

4．高、中、低侧电压分别为 220、110、35kV 的自耦变压器，接线为 YNynd，高压侧与中压侧的零序电流可以流通，就零序电流来说，下列说法正确的是（ BCD ）。

A．中压侧发生单相接地时，自耦变接地中性点的电流可能为 0

B．中压侧发生单相接地时，中压侧的零序电流比高压侧的零序电流大

C．高压侧发生单相接地时，自耦变接地中性点的电流可能为 0

D．高压侧发生单相接地时，中压侧的零序电流可能比高压侧的零序电流大

5．某超高压降压变装设了过励磁保护，引起变压器过励磁可能的原因是（ CDE ）。

A．变压器低压侧外部短路故障切除时间过长

B．变压器低压侧发生单相接地故障非故障相电压升高

C．超高压电网电压升高

D．超高压电网有功功率不足引起电网频率降低

E．超高压电网电压升高，频率降低

6．变压器在（ AC ）时会造成工作磁通密度的增加，导致变压器的铁芯饱和。

A．电压升高　　B．过负荷　　C．频率下降　　D．频率上升

7．变压器空载合闸或外部短路故障切除时，会产生励磁涌流，关于励磁涌流的说法正确的是（ BDE ）。

A．励磁涌流总会在三相电流中出现

B．励磁涌流在三相电流中至少在两相中出现

C．励磁涌流在三相电流中可在一相电流中出现，也可在两相电流中出现，也可在三相电流中出现

D．励磁涌流与变压器铁芯结构有关，不同铁芯结构的励磁涌流是不同的

E．励磁涌流与变压器接线方式有关

8．变压器差动保护防止励磁涌流的措施有（ ABD ）。

A．采用二次谐波制动　　B．采用间断角判别

C．采用五次谐波制动　　D．采用波形对称原理

9．在（ ABCD ）情况下需要将运行中的变压器差动保护停用。

A．差动二次回路及电流互感器回路有变动或进行校验时。

B．继保人员测定差动保护相量图及差压时

C．差动电流互感器一相断线或回路开路时

D．差动误动跳闸后或回路出现明显异常时

10．对于 220kV 及以上的变压器相间短路后备保护的配置原则，下面说法不正确的是（ ABC ）。

A．除主电源外，其他各侧保护作为变压器本身和相邻元件的后备保护

B．作为相邻线路的远后备保护，对任何故障具有足够的灵敏度

C．对稀有故障，例如电网的三相短路，允许无选择性动作

D．送电侧后备保护对各侧母线应有足够灵敏度

11．根据自耦变压器的结构特点，对超高压自耦变压器通常另配置分侧差动保护，以下（ ABCD ）是分侧差动保护的特点。

A．高、中压侧及中性点之间是电的联系，各侧电流综合后，励磁涌流达到平衡，差动回路不受励磁涌流影响

B．在变压器过励磁时，也不需考虑过励磁电流引起差动保护误动作问题

C．当变压器调压而引起各侧之间变比变化时，不会有不平衡电流流过，可以不考虑变压器调压的影响

D．分侧差动保护不反应绕组中不接地的匝间短路故障

12．500kV 变压器后备保护主要有（ ABCD ）。

A．相间故障的后备保护　　B．接地故障的后备保护

C．过负荷保护　　D．过励磁保护

13．非电量保护抗干扰的措施主要有（ ABCDEF ）。

A．非电量保护启动回路动作功率应大于 5W

B．动作电压满足（55%～70%）U_N

C．适当增加延时

D．输入采用重动继电器隔离

E．继电器线圈两端并联电阻

F．屏蔽电缆两端接地

14．自耦变压器的接地保护应装设（ AB ）。

A．零序过流　　B．零序方向过流

C．零序过压　　D．零序间隙过流

15．对于 YN，d11 接线的变压器，在低压侧的线电流中不会出现（ BD ）。

A．二次谐波　　B．三次谐波　　C．五次谐波　　D．九次谐波

16．对于高压并联电抗器保护，下列说法正确的是（ BC ）。

A．当高压并联电抗器突然加电压时，差动保护中的差动回路同样有励磁涌流流过

B．高压电抗器的零序方向保护，不仅可反应高压电抗器的接地故障，而且可反应高压电抗器的匝间短路故障

C．高压电抗器保护动作后，应远方跳闸线路对侧断路器

17．高、中压侧均接入大接地电流系统的三绕组自耦变压器，变压器接线组别为 YN，yn，d11，当发生单相接地短路故障时，高、中压侧系统零序等值阻抗大小不确定时，下列关于公共绕组零序电流说法正确的是（ AD ）。

A．故障点在中压侧时，公共绕组零序电流肯定从变压器流向大地

B．故障点在中压侧时，公共绕组零序电流方向不确定

C．故障点在高压侧时，公共绕组零序电流肯定从大地流向变压器

D．故障点在高压侧时，公共绕组零序电流方向不确定

18．变压器空载合闸时有励磁涌流出现，其励磁涌流的特点为（ ABCEF ）。

A．含有明显的非周期分量电流

B．波形出现间断、不连续，间断角一般在 65°以上

C．含有明显的二次及偶次谐波

D．变压器容量愈大，励磁涌流相对额定电流倍数也愈大

E．变压器容量愈大，衰减愈慢

F．励磁涌流的大小与合闸角关系很大

19．对于高压侧有电源的降压自耦变，过负荷保护一般装于（ ABD ）。

A．高压侧 B．中压侧 C．低压侧 D．公共绕组

20．500kV 系统主变压器保护双重化配置是指两套主保护的（ ABC ）均彼此独立。

A．交流电流，电压 B．出口跳闸 C．直流电源 D．以上均错误

21．对新安装的变压器保护在变压器启动时的试验有（ ABC ）。

A．带负荷校验 B．测量差动保护不平衡电流

C．变压器充电合闸试验 D．测量差动保护的制动特性

22．变压器并联运行的条件是所有并联运行变压器的（ ABC ）。

A．变比相等 B．短路电压相等

C．绕组接线组别相同 D．中性点绝缘水平相当

23．空充变压器时，由于铁芯的饱和，会产生励磁涌流，影响励磁涌流大小的因素有（ ABD ）。

A．电源电压 B．合闸角 α C．接地方式 D．剩磁

24．电力变压器差动保护在稳态情况下的不平衡电流的产生原因（ ACD ）。

A．各侧电流互感器型号不同

B．正常电压互感器的励磁涌流

C．改变变压器调压分接头

D．电流互感器的实际变比和计算变比不同

25．比率差动构成的国产母线差动保护中，若大差电流不返回，其中有一个小差电流也不返回，母联电流越限，则可能的情况是（ AB ）。

A．母线故障时母联断路器失灵

B．短路故障在死区范围内

C．母联电流互感器二次回路断线

D．其中的一条母线上发生了短路故障，有电源的一条出线断路器发生了拒动

26．以下关于“双母线接线的断路器失灵保护”的描述符合标准化设计规范的是（ AB ）。

A．线路支路采用相电流、零序电流（或负序电流）“与门”逻辑

B．变压器支路采用相电流、零序电流、负序电流“或门”逻辑

C．线路支路采用相电流、零序电流、负序电流“或门”逻辑

D．变压器支路采用相电流、零序电流（或负序电流）“与门”逻辑

27．双母线母差保护中复合电压闭锁元件包含（ ACD ）。

A．低电压　B．电压突变　C．负序电压　D．零序电压

28．3/2 断路器接线的微机型母线保护不必装设（ ACD ）。

A．低电压闭锁元件　B．TA 断线闭锁元件

C．复合电压闭锁元件　D．辅助变流器

29．发生母线短路故障时，关于电流互感器二次侧电流的特点，以下说法对的是（ ABC ）。

A．直流分量大　B．暂态误差大

C．二次电流最大值不在短路最初时刻　D．与一次短路电流呈线性关系

30．关于失灵保护的描述正确的有（ BCD ）。

A．主变压器保护动作，主变压器 220kV 断路器失灵，启动 220kV 母差保护

B．主变压器电气量保护动作，主变压器 220kV 断路器失灵，启动 220kV 母差保护

C．220kV 母差保护动作，主变压器 220kV 断路器失灵，延时跳主变压器三侧断路器

D．主变压器 35kV 断路器无失灵保护

31．关于断路器失灵保护描述正确的是（ BD ）。

A．失灵保护动作将启动母差保护

B．若线路保护拒动，失灵保护将无法启动

C．失灵保护动作后，应检查母差保护范围，以发现故障点

D．失灵保护的整定时间应大于线路主保护的时间

32．对分相断路器，母联（分段）死区保护所需的断路器位置辅助接点应采用（ AD ）。

A．三相动断触点并联　B．三相动断触点串联

C．三相动合触点并联　D．三相动合触点串联

33．母联断路器位置接点接入母差保护，作用是（ ABC ）。

A．母联断路器合于母线故障问题　B．母差保护死区问题

C．母线分列运行时的选择性问题　D．母线并列运行时的选择性问题

34．对于双母线接线方式的变电站，当某一出线发生故障且断路器拒动时，应由（ AC ）切除电源。

A．失灵保护　B．母线保护

C．对侧线路保护　D．上一级后备保护

35．双母线接线方式下，线路断路器失灵保护由哪几部分组成（ ABCD ）。

A．保护动作触点　B．电流判别元件　C．电压闭锁元件　D．时间元件

36．RCS-915A/B 母差保护中当判断母联 TA 断线后，母联电流是（ BC ）。

A．仍计入小差　B．退出小差计算　C．自动切换成单母方式

37．如图 3-4 所示，在 3/2 断路器接线方式下，（ ACD ）可以启动 QF1 的失灵保护。

A．Ⅰ母母线保护　B．Ⅱ母母线保护

C．线路 L1 保护　D．线路 L1 远方跳闸的保护启动

38．如图 3-4 所示，在 3/2 断路器接线方式下，QF2 失灵保护动作后，应跳开的断路器是（ ABCD ）。

A．QF1　B．QF3　C．QF5　D．QF4

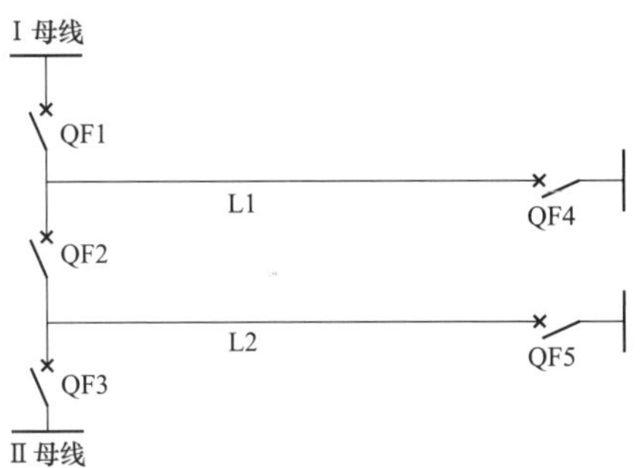

图 3-4 3/2 断路器接线示意图

39．满足（ AB ）条件，断路器失灵保护方可启动。

A．故障设备的保护能瞬时复归的出口继电器动作后不返回

B．断路器未跳开的判别元件动作

C．断路器动作跳闸

D．电压元件不开放

40．下列（ AD ）可以启动断路器失灵保护。

A．光纤差动保护
B．变压器非电量保护

C．变压器过负荷保护
D．线路距离Ⅲ段保护

41．双母线接线的母线保护设置复合电压闭锁元件的原因有（ ABC ）。

A．防止由于人员误碰，造成母差或失灵保护误动出口，跳开多个元件

B．防止母差或失灵保护由于元件损坏或受到外部干扰时误动出口

C．双母线接线的线路由一个断路器供电，一旦母线误动，会导致线路停电，所以母线保护设置复合电压闭锁元件可以保证较高的供电可靠性

D．当变压器断路器失灵时，电压元件可能不开放

42．进行母线倒闸操作应注意（ ABCD ）。

A．对母差保护的影响

B．各段母线上电源与负荷分布是否合理

C．主变压器中性点分布是否合理

D．双母线 TV 在一次侧没有并列前二次侧不得并列运行，防止 TV 对停运母线反充电

43．微机型母线差动保护装置包含母联（或旁路母联）断路器的（ AB ）保护。

A．母联充电保护
B．母联过流保护

C．母联断路器距离保护
D．母联断路器零序保护

三、判断题

1．三相三柱式变压器的零序磁通由于只能通过油箱等回路，所以零序磁阻大，一般变压器的零序阻抗比正序阻抗小。（√）

2．“12 点接线”的变压器，其高压侧线电压和低压侧线电压同相；“11 点接线”的变压器，其高压侧线电压滞后低压侧线电压 30°。（√）

3．在双母线系统中电压切换是用隔离开关两个辅助触点串联后去启动电压切换中间继电器，利用其触点实现电压回路的自动切换。（×）

4．存在电压切换的双重化配置 220kV 线路保护，只配置一套电压切换装置时，切换继电器应为双位置继电器。（√）

5．变压器不正常工作状态主要包括：油箱里面发生的各种故障和油箱外部绝缘套管及其引出线上发生的各种故障。（×）

6．三绕组普通变压器的中压侧阻抗值一般最小。（×）

7．220kV±1.5%U_N/110kV 的有载调压变压器的调压抽头运行在+1.5%挡处，当 110kV 侧系统电压过低时，应将变压器调压抽头调至−1.5%挡处。（√）

8．YN，d11 变压器在三角侧发生两相短路，Y 侧三相电流中有两相电流为另一相电流的 2 倍。（×）

9．变比 $K=n$ 的 Y/△-11 变压器，Y 侧发生 BC 相短路，短路电流为 I_D，则△侧的 A、C 相电流应同相，且等于$(n/3)\times I_D$。（×）

10．YN，yn，d 接线的三绕组变压器，中压侧发生接地故障时，低压侧绕组中不会出现环流电流。（×）

11．PCS-978 型主变压器保护启动板设有不同的启动元件，启动后开放出口正电源。只有在启动板相应的启动元件动作，同时保护板对应的保护元件动作后才能跳闸出口，否则无法跳闸。（√）

12．一台容量为 8000kVA、短路电压为 5.56%、变比为 20/0.8、接线为 Y/Y 的三相变压器，因需要接到额定电压为 6.3kV 系统上运行，当基准容量取 100MVA 时，该变压器的标幺值阻抗为 7。（√）

13．新投变压器应进行冲击合闸，充电时变压器电源侧中性点应接地，其他侧中性点断开，纵差和重瓦斯等保护均应投入跳闸。（×）

14．变压器纵差保护对相间故障灵敏度比对接地故障灵敏度高。（√）

15．220kV 终端变电站主变压器的中性点接地与否都不影响其进线故障时送电侧的接地短路电流值。（×）

16．对三台及以上变压器在高压侧并列运行时，中、低压侧可分列运行。（√）

17．变压器差动保护在 Y 侧一相极性接反时，折算后三相电流为反相序，且极性接反相的滞后相的电流比其他两相的相电流大 3 倍。（√）

18．变压器过电压将会产生五次谐波和二次谐波分量，其中以二次谐波分量为主。（×）

19．在对停电的线路电流互感器进行伏安特性试验时，必须将该电流互感器接至母差保护的二次线可靠短接后，再断开电流互感器二次的出线，以防止母差保护误动。（×）

20．短路电流暂态过程中含有非周期分量，电流互感器的暂态误差比稳态误差大得多。因此，母线差动保护的暂态不平衡电流也比稳态不平衡电流大得多。（√）

21．向变电站的母线空充电操作时，有时出现误发接地信号，其原因是变电站内三相带电体对地电容量不等，造成中性点位移，产生较大的零序电压。（√）

22．直流电源消失必须立即停用母差，待故障处理后方能投入保护。（√）

23．对新建、扩建技改工程，220kV 变电站的变压器高压断路器和母联、母线分段断路器应选用三相联动的断路器。（√）

24．主变压器 500kV 侧、220kV 侧距离保护可分别作为 500、220kV 母线的后备保护，当对应母线保护停用时，可不调整距离保护动作时间。（×）

25．对于母线保护来说，220kV 电网重点防止保护误动，对于 500kV 电网重点防止保护拒动。（√）

26．220kV 系统在进行倒母线操作时，母联及分段断路器不必改为非自动。（×）

27．采用 3/2 断路器主接线运行方式的变电站在正常接线方式下发生一条母线故障停运时，不会造成出线停电。（√）

28．用于 220～500kV 的大型电力变压器保护的电流互感器应选用 P 级或 TPY 级。P 级是一般保护用电流互感器，其误差是稳态条件下的误差；TPY 级电流互感器可用于暂态条件下工作，是满足暂态要求的保护用电流互感器。（√）

29．变压器铁芯的总磁密有周期磁密、非周期磁密和剩磁磁密三项共同组成。总磁密超过饱和磁密后，使二次电流不再正确反映一次电流，造成差动保护内部故障时，轻则延迟动作，重则拒动的后果。也可能造成外部短路时误动后果。（√）

30．改变变压器调压分接头会引起变压器差动保护的稳态不平衡电流。（√）

31．调节变压器分接头会在差动回路中引起不平衡电流，目前的解决办法只能是靠提高整定值躲过。（√）

32．当变压器绕组发生少数线匝的匝间短路，差动保护仍能正确反应。（×）

33．变压器的两套完整、独立的电气量保护和一套非电量保护应使用各自独立的电源回路（包括直流空气小开关及其直流电源监视回路），在保护柜上的安装位置应相对独立。（√）

34．如果变压器中性点不接地，并忽略分布电容，在线路上发生接地短路，连于该侧的三相电流中不会出现零序电流。（√）

35．所谓微机变压器保护双重化指的是双套差动保护和一套后备保护。（×）

36．变压器油箱内部常见短路故障的主保护是差动保护。（×）

37．变压器气体继电器的安装，要求变压器顶盖沿气体继电器方向与水平面具有 1%～1.5%的升高坡度。（√）

38．YN，yn 接线变压器的零序阻抗比 YN，d 接线的大得多。（√）

39．为与变压器保护双重化相适应，变压器各侧断路器必须选用具备双跳闸线圈的断路器。（×）

40．YN，d11 变压器△侧两相短路，Y 侧三相均出现故障电流。（√）

41．变压器中性点零序电流始终等于同侧三相电流之和。（×）

42．终端变电站的变压器中性点直接接地，在其供电线路上发生单相接地故障时，终端变压器侧有负序电流。（×）

43．变压器的差动保护和气体保护都是变压器的主保护，它们的作用不能完全替代。（√）

44．接线为 YN，d5 变压器的分相纵差保护，其差动 TA 的接线为 Y/Y，软件在高压侧移相。分别在低压侧二次通入一相电流及三相对称电流校验差动保护的初始动作电流，得到的动作电流应完全相同。（√）

45．变压器纵差保护经星—角相位补偿后，虽然滤除了零序电流分量，但是变压器纵差保护还是能反应变压器星侧内部的单相接地故障的。（√）

46．对于 Y_0/Y 接线的主变压器，由于高低压侧不存在角差，因此，两侧 TA 都可直接 Y 接，不进行转角。（×）

47．在变压器中性点接地数量固定后，零序电流保护的保护范围就固定了。（×）

48．采用母联开关冲击新主变压器时，要求母联开关投入带时延的过流保护，同时将主变压器保护投信号。（×）

49．由三个单相构成的变压器，其正序电抗与零序电抗相等。（√）

50．变压器差动保护平衡系数的整定应采用同一 S_e，主要是因为区外故障时两侧流过同一个短路功率。（√）

51．两绕组变压器通过二次绕组三相短路，一次绕组施加三相正序电压，直至电流达到额定，记录电压，测得正、负序阻抗。（√）

52．变压器接线为 YN，d11 接线，微机差动保护采用 d 侧移相方式，该变压器在额定运行时，YN 侧一相 TA 二次回路断线，三个差动继电器只有一个处动作状态，其余两个因差动回路无电流仍处制动状态。（×）

53．变压器各侧电流互感器型号不同，电流互感器变比与计算值不同，变压器调压分接头不同，所以在变压器差动保护中会产生暂态不平衡电流。（×）

54．对三绕组变压器的差动保护各侧电流互感器的选择，应按各侧的实际容量来选型电流互感器的变比。（×）

55．为防止保护误动作，变压器差动保护在进行相量检查之前不得投入运行。（×）

56．在变压器差动保护范围以外改变一次电路的相序时，变压器差动保护用的电流互感器的二次接线，也应随着作相应的变动。（×）

57．一次设备倒闸操作前，必须先将母差保护退出。（×）

58．运用于双母线接线的比率制动式母差保护装置，在倒闸操作工作过程中，遇到任一母线故障，母差保护动作会切除两条母线上的所有断路器。（√）

59．谐波制动的变压器差动保护为防止在较高的短路水平时，由于电流互感器饱和时高次谐波量增加，产生极大的制动力矩而使差动元件拒动，因此设置差动速断元件，当短路电流达到 4～10 倍额定电流时，速断元件快速动作出口。（√）

60．变压器过励磁后，其励磁电流大大增加，使变压器纵差保护中的不平衡电流大大增加，可能导致纵差保护误动作。（√）

61．变压器差动保护对绕组匝间短路没有保护作用。（×）

62．在间断角原理微机型变压器纵差动保护中，数据采样系统中的采样频率与比率制动式差动保护中的相当。（×）

63．在变压器差动保护接线中，内部接地故障电流中的零序电流分量不能流入差动回路中。（√）

64．YN，d11 接线变压器的纵差动保护可以反应变压器三角形绕组的断线故障。（×）

65．YN，d11 接线变压器的纵差动保护，可反应 Y_0 侧一相的断线故障。（×）

66．变压器后备保护跳母联（分段时）应启动失灵保护。（×）

67．变压器的后备方向过电流保护的动作方向应指向变压器。（×）

68．变压器采用复合电压的过流保护作为后备保护时，发生不对称短路时保护的灵敏度与变压器的接线方式无关。（√）

69．为了防止变压器后备阻抗保护在电压断线时误动作必须同时装设 TV 断线闭锁装置和电流增量启动元件。（√）

70．220kV 变压器保护高、中压侧零序电流保护各段均采用自产零序电流。（×）

71．变压器的过电流保护，加装复合电压闭锁元件是为了提高过电流保护的灵敏度。（√）

72．当变压器中性点采用经过间隙接地的运行方式时，变压器接地保护应采用零序电流保护与零序电压保护并联的方式。（√）

73．装于Y/△接线变压器高压侧的过电流保护，对于变压器低压侧发生的两相短路，采用三相三继电器的接线方式比两相两继电器的接线方式灵敏度高。（√）

74．PST-1200 变压器保护，后备保护零序方向元件在 TV 断线时，方向元件退出。TV 断线后电压恢复正常，本保护也随之恢复正常。（√）

75．PST-1200 变压器保护，后备保护中方向元件的方向指向由控制字选择，当控制字选择为指向变压器时，复压闭锁方向元件的最大灵敏角为–45°，零序方向元件的最大灵敏角为 75°。（×）

76．变压器的后备保护，主要是作为相邻元件及变压器内部故障的后备保护。（√）

77．由于变压器在 1.3 倍额定电流时还能运行 10s，因此变压器过电流保护的过电流定值按不大于 1.3 倍额定电流整定，时间按不大于 9s 整定。（×）

78．对于 220kV 的三侧三绕组降压变压器，其高压侧阻抗通常比低压侧大。（√）

79．YN，yn，d 接线的三绕组变压器在中压侧出线故障时，中压侧直接接地中性点的零序电流和中压侧套管零序电流相等。（√）

80．变压器差动电流速断保护的动作电流可取为 6～8 倍变压器额定电流，不论其容量大小，电压高低和系统等值阻抗大小。（×）

81．中性点经放电间隙接地的半绝缘 110kV 变压器的间隙零序电压保护，$3U_0$ 定值一般整定为 150～180V。（√）

82．自耦变压器中性点必须直接接地运行。（√）

83．自耦变压器的标准容量大于通过容量。（×）

84．YN，yn，d 接线自耦变压器在中压侧出线故障时，直接接地中性点的零序电流和高压套管零序电流相等。（×）

85．三绕组自耦变压器一般三侧绕组应装设过负荷保护，至少要在公共绕组装设过负荷保护。（√）

86．自耦变压器中性点必须接地，这是为了避免当高压侧电网发生单相接地时中压侧出现过电压。（√）

87．在自耦变压器高压侧接地短路时，中性点零序电流的大小和相位，将随着中压侧系统零序阻抗的变化而改变。因此，自耦变压器的零序电流方向保护不能装于中性点，而应分别装在高、中压侧。（√）

88．自耦变压器高压侧接地故障，接地中性线中零序电流方向不固定，因而接地中性点电流可能为零。（√）

89．自耦变压器零序比率差动保护中，与自耦变压器的纵差动保护一样要考虑励磁涌流的影响。（×）

90．自耦变压器的零序差动保护，能反映变压器内部各侧线圈的接地故障。（×）

91．如果一台三绕组自耦变压器的高中绕组变比为 n_{r12}=2.5，S_n 为额定容量，则低压绕组的最大容量为 $0.6S_n$。（√）

92．自耦变压器外部接地故障，其公共绕组的电流方向不变。（×）

93．当变压器充电时，励磁电流的大小与断路器合闸瞬间电压的相位角 α 有关。当 α=90°时，励磁涌流最小；当 α=0°或 180°时，励磁涌流最大。（√）

94．变压器涌流具有如下特点：有很大成分的非周期分量，往往使涌流偏离时间轴的一侧。有大量的高次谐波分量，并以五次谐波为主。涌流波形之间出现间断。（×）

95．大容量变压器的励磁涌流大于小容量变压器的励磁涌流。（×）

96．变压器发生过励磁故障时，并非每次都造成设备的明显损坏，但多次反复过励磁将会降低变压器的使用寿命。（√）

97．当变压器差动保护中的二次谐波制动方式采用分相制动时，躲励磁涌流的能力比其他二次谐波制动方式要高。（×）

98．超高压变压器过励磁时，差动保护的差回路中出现五次谐波电流，过励磁愈严重，五次谐波电流与基波电流之比也愈大。（√）

99．为使变压器差动保护在变压器过励磁时不误动，在确定保护的整定值时，应增大差动保护的五次谐波制动比。（×）

100．变压器差动保护在过励磁或过电压时防止误动的措施是增设五次谐波制动回路。（√）

101．变压器过激磁保护应使用高压侧电压互感器采集的电压，并应采用线电压。（×）

102．与励磁涌流无关的变压器差动保护有：高、中压分相差动保护、零序差动保护。（√）

103．变压器励磁涌流含有大量的高次谐波分量，并以二次谐波为主。（√）

104．变压器励磁涌流的幅值与变压器空载投入时的电压初相角有关。但在任何情况下空载投入变压器，至少在两相中要出现程度不同的励磁涌流。（√）

105．变压器励磁涌流对变压器额定电流幅值的倍数与变压器容量有关，变压器容量越大，励磁涌流对额定电流幅值的倍数越小。（√）

106．励磁涌流衰减时间常数与变压器至电源之间的阻抗大小、变压器的容量和铁芯的材料等因素有关。（√）

107．为了检查差动保护躲励磁涌流的性能，在对变压器进行 5 次冲击合闸试验时，必须投入差动保护。（√）

108．为防御变压器过励磁应装设负序过电流保护。（×）

109．因为变压器从开始过励磁，到产生的过热程度危及变压器安全的时间与过励磁倍数的平方成反比，所以变压器过励磁保护按反时限整定。（√）

110．双绕组变压器的励磁涌流分布在变压器两侧，大小为变比关系。（×）

111．大型变压器设有过励磁保护，能反应系统电压升高或频率下降以及频率下降同时电压升高的异常运行状态。（√）

112．变压器涌流具有如下特点：①有很大成分的非周期分量，往往使涌流偏离时间轴的一侧；②有大量的高次谐波分量，并以五次谐波为主；③涌流波形之间出现间断。（×）

113．变压器如果是带负载合闸，由于副边电流的去磁作用，铁芯不会饱和，因而不会产生很大的励磁涌流。（√）

114．变压器正常运行时，磁通是暂态的，数值并不大，励磁支路不饱和，阻抗较大，励磁电流很小。（×）

115．励磁涌流对于 Y 侧是电源侧的 Y/△变压器，Y 侧出现较大的零序电流，△侧出现较大的环流。这个较大的零序电流将会通过其他的中性点接地的变压器构成回路，对其他运行

中的变压器，这个零序电流就是“励磁涌流”。（×）

116．电抗器差动保护动作值应躲过励磁涌流。（×）

117．变压器采用比率制动式差动继电器主要是为了躲励磁涌流和提高灵敏度。（×）

118．变压器差动保护（包括无制动的电流速断部分）的定值应能躲过励磁涌流和外部故障的不平衡电流。（×）

119．运行中的变压器，为防止过励磁造成差动保护误动，采用二次谐波制动元件。制动比越大，差动保护躲变压器过励磁的能力越强。（×）

120．某降压变压器在投入运行合闸时产生励磁涌流，当电源阻抗越小时，励磁涌流越大。（√）

121．变压器的气体保护范围在差动保护范围内，这两种保护均为瞬动保护，所以可用差动保护来替代气体保护。（×）

122．变压器本体保护宜采用就地跳闸方式，即将变压器本体保护通过一个较大启动功率的中间继电器的两副触点分别直接接入断路器的两个跳闸回路。（×）

123．气体保护能反应变压器油箱内的任何故障，如铁芯过热烧伤、油面降低、匝间故障等，但差动保护对此无反应。（×）

124．变压器气体保护是防御变压器油箱内各种短路故障和油面降低的保护。（√）

125．变压器在运行中必须加油、放油或在滤油回路上工作，为避免重瓦斯保护误动，应将重瓦斯保护退出运行。（√）

126．当变压器发生少数绕组匝间短路时，匝间短路电流很大，因而变压器气体保护和各种类型的变压器差动保护均动作跳闸。（×）

127．当变压器铁芯过热烧伤，差动保护无反应。（√）

128．在变压器高压侧绕组单相接地故障时，短路电流将导致变压器油热膨胀，从而使瓦斯保护动作跳闸。（√）

129．0.8MVA及以上油浸式变压器，应装设瓦斯保护。（√）

130．变压器非电气量保护不应启动失灵保护。（√）

131．带负荷调压的油浸式变压器的调压装置，亦应装设气体保护。（√）

132．对数字式母线保护装置，允许在启动出口继电器的逻辑中设置电压闭锁，而不在跳闸出口接点回路上串接电压闭锁触点。（√）

133．所有母差保护的电压闭锁元件由低电压元件、负序电压元件及零序电压元件经“或”门构成。（×）

134．双母线倒闸操作过程中，母线保护仅由大差构成，动作时将跳开两段母线上所有连接单元。（√）

135．220kV及以上母线保护支路（分段）电流互感器二次断线的处理原则：SV通信中断，不闭锁大差及所在母线小差。（×）

136．母线保护装置各支路TA断线后均闭锁差动保护。（×）

137．双母线接线的母差保护采用电压闭锁元件是因为有二次回路切换问题；3/2断路器接线的母差保护不采用电压闭锁元件是因为没有二次回路切换问题。（×）

138．微机母差保护，如果Ⅰ、Ⅱ母的两个支路电流回路接颠倒，则大差为零，两个小差相等，且为两个支路电流差值。（√）

139．220kV 母差保护动作，500kV 变压器 220kV 侧开关拒动，此时 220kV 侧开关失灵保护应联跳主变压器各侧断路器。（√）

140．母线差动保护、断路器失灵保护定期校验时允许用导通方法分别证实至每个断路器接线的正确性。（√）

141．用于母差保护的断路器和隔离开关的辅助接点、切换回路以及与其他保护配合的相关回路亦应遵循相互独立的原则按双重化配置。（√）

142．母线必须装设专用的保护。（×）

143．母线保护在外部故障时，其差动回路电流等于各连接元件的电流之和（不考虑电流互感器的误差）；在内部故障时，其差动回路的电流等于零。（×）

144．220kV 微机母差保护出口经相应母线复压元件闭锁（包括母联、分段也经电压闭锁），复压元件动作后应告警。（×）

145．35kV 母线发生 A 相接地时，该电压系统的零序电压等于相电压，且方向与原 A 相电压方向相同。（×）

146．母差保护的某间隔"间隔投入软压板"必须在该间隔无流情况下才能退出。（√）

147．对于 3/2 断路器接线的母线保护，要求它的可信赖性比安全性更高，因此不需要设置电压闭锁。（√）

148．母线差动保护启动元件的整定值，应能避开外部故障的最大不平衡电流。（√）

149．双绕组变压器的差动保护已按稳态 10%误差原则整定，这样，除非两侧 TA 的稳态变比误差都不超过 10%，否则，保护在外部短路时的误动作将难以避免。（×）

150．接线为 YN，d11 的变压器，两侧 TA 接成星形，微机差动保护采用 d 侧移相方式，YN 侧保护区内发生单相接地，差动回路最小相电流与最大相电流之比等于 0.5。（√）

151．微机母线差动保护中，复式比率制动特性原理对母线内部故障的灵敏性和选择性比普通比率制动特性原理好。（√）

152．母差保护与失灵保护共用电压闭锁元件时，闭锁元件的灵敏系数应按失灵保护的要求整定。（√）

153．母差保护、变压器差动保护各支路的电流互感器，应优先选用误差限制系数较低和饱和电压较高的电流互感器。（×）

154．在采用自适应阻抗加权抗饱和法的母差保护装置中，如果工频变化量阻抗元件动作在先而工频变化量差动元件及工频变化量电压元件后动作，即判为区外故障 TA 饱和，立即将母差保护闭锁。（×）

155．合理分配母差保护所接电流互感器二次绕组，对确无办法解决的保护动作死区，可采取后备保护加以解决。（×）

156．母线充电保护只是在对母线充电时才投入使用，充电完毕后要退出。（√）

157．某母线装设有完全差动保护，在外部故障时，各健全线路的电流方向是背离母线的，故障线路的电流方向是指向母线的，其大小等于各健全线路电流之和。（×）

158．微机母线差动保护的实质就是基尔霍夫第一定律，将母线当作一个节点。（√）

159．对于超高压系统，当变电站母线发生故障，在母差保护动作切除故障的同时，变电站出线对端的线路保护亦应可靠地跳开相应断路器。（×）

160．母线电流差动保护（不包括 3/2 断路器接线的母差保护）采用电压闭锁元件可防止

由于误碰出口中间继电器或电流互感器二次开路而造成母差保护误动。（√）

161．双母线接线的变电站中，装设有母差保护和失灵保护，当一组母线电压互感器出现异常需要退出运行时，不允许通过将电压互感器二次并列运行来维持母线正常方式。（√）

162．在 220kV 双母线运行方式下，当任一母线故障，该母线差动保护动作而母联断路器拒动时，这时需由母联失灵保护来切除故障。（√）

163．母差保护中，母联电流互感器断线闭锁母差。（×）

164．母线充电保护是指母线故障的后备保护。（×）

165．母联过流保护不经复合电压闭锁。（√）

166．由于母差保护装置中采用了复合电压闭锁功能，所以当发生 TA 断线时，保护装置将延时发 TA 断线信号，不需要闭锁母差保护。（×）

167．充电保护一般是利用判别母联电流是否越限来构成，出口后将母联断路器跳开，因此在正常运行时不允许随意退出充电保护。（×）

168．大差取当前运行于双母线系统上所有连接单元的电流进行计算。（×）

169．双母线并列、分列或互联时，母线保护大差的动作灵敏度一样。（×）

170．母线差动保护同其他设备的差动保护原理是相同的，在正常运行和外部故障时，流入、流出母线电流之和为零，母线内部故障时，差动回路电流为短路总电流。（√）

171．对于单母线分段或双母线的母差保护，每相差动保护由两个小差元件及一个大差元件构成。大差元件用于检查母线故障，而小差元件选择出故障所在的母线。（√）

172．在母差保护中，当故障电流（即工频电流变化量）与差动元件中的差流同时出现时，认为是区内故障开放差动保护。（√）

173．当低电压元件、零序过电压元件及负序电压元件中只要有一个或一个以上的元件动作，立即开放母差保护跳各路开关的回路。（√）

174．母差保护为分相差动，TA 断线闭锁元件也应分相设置，即哪一相 TA 断线应去闭锁哪一相差动保护，以减少母线上又发生故障时差动保护拒动的概率。（√）

175．母联过流保护动作后经延时跳开母联开关不经复合电压闭锁元件闭锁。（√）

176．当连接元件从某一母线切换到另一母线时，对大差的工作并没影响，但对小差的工作却会带来影响。（√）

177．具有大差和小差的微机型双母线差动保护，为确保其动作灵敏度，当两个母线分列运行（母联断开）时，应将大差的比率制动系数适当降低。（√）

178．对于常规变电站，220kV 母线分列运行时，母联断路器与母联 TA 之间发生故障，BP-2C 母差保护经 150ms 延时确认分列状态，母联电流不计入小差电流，由差动保护切除母联死区故障。（×）

179．对于超高压变压器保护跳母联，可以启动母联失灵保护。（×）

180．母联（分段）充电保护动作且母联（分段）断路器失灵与线路（或变压器）断路器失灵启动失灵保护逻辑回路相同。（×）

181．断路器失灵保护相电流判别元件的整定值，应保证在本线路末端金属性短路或本变压器低压侧故障时有足够灵敏度，灵敏系数大于 1.3，可以不躲过正常运行负荷电流。（√）

182．220kV 及以上电压等级变压器的断路器失灵时，跳开失灵断路器相邻的全部断路器即可。（×）

183．失灵保护的判别元件一般为相电流元件，当用于发电机变压器组保护启动断路器失灵保护时，判别元件应增加零序电流元件或负序电流元件。（√）

184．变压器主保护动作后均要启动断路器失灵保护。（×）

185．失灵保护的线路断路器启动回路由保护动作出口接点和断路器失灵判别元件（电流元件）构成“或”回路所组成。（×）

186．失灵保护的母联断路器启动回路由母线差动保护（Ⅰ母或Ⅱ母）出口继电器动作接点和母联断路器失灵判别元件（电流元件）构成“与”回路。（√）

187．断路器失灵保护的延时必须与其他保护的时限配合。（×）

188．断路器失灵保护是一种后备保护，当故障元件的保护拒动时可依靠该保护切除故障。（×）

189．母联失灵出口延时定值应大于开关最大跳闸灭弧时间，一般整定为0.2s。（√）

190．不论何种母线接线方式，当某一出线断路器发生拒动时，失灵保护只需跳开该母线上的其他所有断路器。（×）

191．双母线接线的变电站，母联断路器合闸运行，母线差动保护的死区在母联断路器与母联TA之间。（√）

192．3/2断路器接线方式的线路保护、短引线保护的交流回路均采用和电流接线方式，失灵保护采用单独的开关电流输入。（√）

193．500kV失灵保护还有一个重要的作用是与远方跳闸保护配合，消除开关与TA之间的死区故障。（√）

194．500kV断路器失灵保护采用保护跳闸触点闭合同时跳闸相电流不返回，按相接线作为动作判据。（√）

195．单套配置的断路器失灵保护动作后应同时作用于断路器的两个跳闸线圈。因此，失灵保护总是与第一组跳闸线圈取用同一组直流母线段电源。（×）

196．断路器失灵保护动作必须闭锁重合闸。（√）

197．当3/2断路器接线方式一串中的中间断路器拒动，启动失灵保护，并采用远方跳闸装置，使线路对端断路器跳闸并闭锁其重合闸。（√）

198．3/2断路器接线的断路器保护，常规站配置单套双跳闸线圈分相操作箱，智能站配置双套单跳闸线圈分相智能终端。（√）

199．断路器失灵保护的电流判别元件返回系数不宜低于0.85。（×）

200．断路器非全相保护不启动断路器失灵保护。（×）

201．某大型变压器发生故障，应跳断路器，若高压断路器失灵，则应启动断路器失灵保护，因此气体保护、差动保护等均可构成失灵保护的启动条件。（×）

202．断路器失灵保护的相电流判别元件动作时间和返回时间均不应大于10ms。（×）

203．断路器失灵保护，是近后备保护中防止断路器拒动的一项有效措施，只有当远后备保护不满足灵敏度要求时，才考虑装设断路器失灵保护。（×）

204．为了使用户停电时间尽可能短，备用电源自动投入装置可以不带时限。（×）

205．变压器保护中除差动保护动作外，其他保护动作均应闭锁备自投装置。（×）

206．当备自投装置动作时，如备用电源或设备投于故障，应有保护加速跳闸。（√）

207．备用电源自投切除工作电源断路器必须经延时。（√）

208. 内桥接线分段（桥）断路器热备用方式时，变压器差动、非电量、高压侧后备（对应跳桥断路器时限）保护动作应闭锁桥备自投。（√）

209. 当电力系统发生严重的低频事故时，为迅速使电网恢复正常，低频减负荷装置在达到动作值后，可以不经时限立即动作，快速切除负荷。（×）

210. 自动低频减载装置切除的负荷总数量，应小于系统中实际可能发生的最大功率缺额。（√）

211. 低频减载装置是一种当系统出现有功功率缺额引起频率下降时，根据频率下降程度，自动断开一部分不重要的用户，阻止频率下降的装置。（√）

212. 自动低频减负荷装置动作所切除的负荷可以被自动重合闸再次投入。（×）

213. 电网安全自动装置（低频减载、负荷联切等）定值视同继电保护定值管理。（√）

214. 在自动低频减负荷装置切除负荷后，不允许使用备用电源自动投入装置将所切除的负荷送出。（√）

215. 并列运行的发电机之间在小干扰下发生的频率为 0.2～2.5Hz 范围内的持续振荡现象叫低频振荡。（√）

216. 自动低频减负荷的先后顺序，应按负荷的重要性进行安排。（√）

217. 事故手动低频减负荷是自动减负荷的必要补充，当电源容量恢复后，应逐步地手动或自动地恢复被切负荷。（√）

218. 电网内大机组配置的高频率、低频率、过压、欠压保护及振荡解列装置的定值必须经电网调度机构审定。（√）

219. 自动低频减负荷装置可以根据需要安装在电力用户内部，且用户应积极配合，不得拒绝。（√）

220. 不论是电力系统内部还是电力用户，未经供电公司调度部门的同意，不得擅自停掉自动低频减负荷装置、转移其控制负荷或改变装置的定值。（√）

221. 自动低频减负荷装置是为了防止电力系统发生频率崩溃而采用的系统保护。（√）

222. 对系统发生失步振荡导致自动低频减负荷装置动作行为只作统计，不予评价。（√）

223. 运行中或准备投入运行的自动低频减负荷装置，应由继电保护人员按有关规程和规定进行检验。（√）

224. “弱联系、长线路、重负荷和具有快速励磁调节”的系统更容易发生低频振荡。（√）

225. 备用电源自动投入装置动作投于永久性故障设备上，应加速跳闸并只动作一次，以防备用电源多次投入到故障元件上，扩大事故，对系统造成二次冲击。（√）

226. 当备用电源无压时，备用电源自动投入装置不应动作。（√）

227. 为了保持电力系统正常运行的稳定性和频率、电压的正常水平，系统应有足够的静态稳定储备和有功、无功备用容量，并有必要的调节手段。（√）

228. 在某些条件下必须加速切除短路时，可使保护无选择性动作，但必须采取补救措施，如重合闸和备用电源自动投入装置来补救。（√）

229. 常规备自投装置都有实现手动跳闸闭锁及保护闭锁功能。（√）

230. 备自投装置的低电压元件，为了在所接母线失压后，能可靠工作，其低电压定值整定较低，一般为 0.15～0.3 倍的额定电压。（√）

231．除了预定解列点外，不允许保护装置在系统振荡时误动作跳闸。如果没有本电网的具体数据，除大区系统间的弱联系联络线外，系统最长振荡周期按 1.5s 考虑。（√）

232．防止系统稳定被破坏，应完善保证系统稳定运行的安全自动装置，保证低频减载装置能在事故时有效地切除负荷。（√）

233．要加强电网安全稳定性，就要从电网结构上完善振荡、低频、低压解列等装置的配置。（√）

234．内桥接线的 110kV 变电站中的 10kV 母分断路器备用电源自投装置在全所失压时，需延时 15s 放电。（√）

235．断路器重合闸的整定时间考虑的是发生瞬时性故障，备用电源自动投入装置的整定时间是考虑发生永久性故障的情况。（√）

236．失步解列作为保证电力系统安全运行的重要措施，是保证整个电网不致完全崩溃的最后一道防线之一。（√）

237．发生 TV 断线时，故障解列装置不需闭锁，只需经延时时间发信告知运行人员。（×）

238．安全自动装置和继电保护发挥作用的时间是有顺序要求的，需要密切配合。（√）

239．故障解列装置必须具有 TV 断线判别及闭锁功能。（√）

240．故障解列装置的低电压解列逻辑可以选择三个线电压“与”门逻辑和“或”门逻辑两种方案，发生相间故障时“或”门逻辑比“与”门逻辑动作出口跳闸更快。（√）

241．应保证在工作电源和设备断开后，才能投入备用电源或备用设备。（√）

242．当一个备用电源作为几个工作电源备用时，如备用电源已代替一个工作电源后，另一个工作电源又断开，备自投应动作。（√）

243．应校验备用电源和备用设备自动投入时过负荷情况，以及电动机自启动的情况，如过负荷超过允许限度，或不能保证自启动时，应有自动投入装置动作于自动减负荷。（√）

244．进线备自投采用保护跳闸方式设计中必须考虑闭锁重合闸问题。（√）

245．系统中存在多级备自投，高电压等级备自投后动作。（×）

246．变电站的馈电线路使故障变压器跳闸造成失压时，自动按频率减负荷装置应可靠动作，不应误动。（√）

247．接于自动低频减载装置的总功率是按最严重事故的情况来考虑的。（√）

248．当系统发生事故时，电压急剧下降期间低频减载装置可以动作。（×）

249．系统发生振荡时低频减载装置不能误动作。（√）

250．电力系统安全状态是指系统的频率、各节点电压、各元件的负荷均处于规定的允许值范围内，并且一般的小扰动不致使系统脱离正常运行状态。（√）

251．电力系统紧急控制装置在系统发生短路等事故时首先动作并切除和隔离故障。（×）

252．故障录波器系统正常运行和发生振荡时不动作（不录波），在系统故障时启动录波。（×）

253．故障录波器在全过程记录中都必须采用相同的采样频率。（×）

四、填空题

1．延时较长的特殊轮，一般宜选用一个频率定值，按延时长短划分若干个轮次，一般<u>不</u>

大于3轮，特殊轮启动频率不宜低于基本轮的最高动作频率，最小动作时间可分为10～20s，级差不宜小于5s。

2．当母线内部故障有电流流出时，应减小差动元件的比率制动系数，以确保内部故障时母线保护正确动作。

3．某220kV母线正序等值标幺阻抗为0.018（基准容量100MVA），若该母线单相接地短路电流为5kA，基准电压取额定电压的1.05倍，则该220kV母线系统的等值零序标幺阻抗为0.014。

4．不受励磁涌流影响的变压器差动保护有分侧差动保护、零序差动保护、低压侧小区差动保护。

5．双母线接线的母线保护，常规站应能通过保护模拟盘校正隔离开关位置，智能站通过隔离开关强制软压板校正隔离开关位置。当仅有一个支路隔离开关辅助触点异常，且该支路有电流时，保护装置仍应具有选择故障母线的功能。

6．3/2断路器接线母线保护代码C，双母单分段母线保护代码D。

7．充电过流保护应具有两段过流和一段零序过流功能。

8．原则上220kV及以上电压等级母线不允许无母线保护运行。110kV母线保护停用期间，应采取相应措施，严格限制变电站母线侧隔离开关的倒闸操作，以保证系统安全。

9．断路器失灵保护中用于判断断路器主触头状态的电流判别元件应保证其动作和返回的快速性，动作和返回时间均不宜大于20ms，其返回系数也不宜低于0.9。

10．母差保护配置电压闭锁元件主要是为了防止差动继电器误动作或误碰出口中间继电器造成母差保护误动。

11．断路器失灵保护按断路器配置。

12．标准化设计规范要求500kV变压器低压侧断路器宜为双跳闸线圈三相联动开关。

13．主设备非电量保护应防水、防油渗漏、防振、密封性好。气体继电器至保护柜的电缆应尽量减少中间转接环节。

14．变压器后备保护跳母联不启动失灵。

15．常规双母线接线变电站变压器保护启动失灵和解除电压闭锁采用不同继电器的保护跳闸触点。

16．对于母线合并单元，在一次设备不停役时，应先按照母线电压异常处理、根据需要申请变更相应继电保护的运行方式后，方可投入该合并单元检修压板。

17．PCS915母线差动保护制动特性试验，选A、B、C三个单元，A、B两单元反极性串联固定加1A电流，C单元相位与A单元相同，当C单元电流增大到3A时，保护临界动作。根据该试验结果，计算其制动系数值为0.6。

18．变压器空投瞬时，铁芯中磁通由三部分组成：强迫分量$\Phi_m\cos(\omega t+\alpha)$、决定于合闸角的自由分量磁通$\Phi_m\cos\alpha$和剩磁通$\Phi_s$。

19．变压器中性点间隙接地的接地保护采用零序电流继电器与零序电压继电器并联方式，带有0.5s的时限构成。

20．500kV及以上电压等级变压器的分相差动保护低压侧应取三角内部套管TA电流。

21．母线差动、变压器差动和发变组差动保护各支路的电流互感器应优先选用误差限制系数和饱和电压较高的电流互感器。

22．两套保护装置与其他保护、设备配合的回路应遵循相互独立的原则，应保证每一套保护装置与其他相关装置（如通道、失灵保护等）联络关系的正确性，防止因交叉停用导致保护功能的缺失。

23．为提高切除变压器低压侧母线故障的可靠性，宜在变压器的低压侧设置取自不同电流回路的两套电流保护功能。当短路电流大于变压器热稳定电流时，变压器保护切除故障时间不宜大于2s。

24．变压器的高压侧宜设置长延时的后备保护。在保护不失配的前提下，尽量缩短变压器后备保护的整定时间。

25．保护装置在电流互感器二次回路不正常或断线时，应发告警信号，除母线保护外，允许跳闸。

26．有一台变压器YN，d11接线，在其差动保护带负荷检查时，测得Y侧电流互感器电流相位关系为$\dot{I}_b$超前$\dot{I}_a$ 60°，$\dot{I}_a$超前$\dot{I}_c$ 150°，$\dot{I}_c$超前$\dot{I}_b$ 150°，且$\dot{I}_c$为8.65A，$\dot{I}_a=\dot{I}_b$=5A，可以判断出变压器电流互感器Y侧B相接反。

27．设电流互感器变比为200/1，微机故障录波器预先整定好正弦电流波形基准值（峰值）为1.0A/mm。在一次线路接地故障中录得电流正半波为17mm，负半波为3mm，其全波的一次有效值为1990A。

28．高压电抗器过电流保护采用首端电流，反应电抗器内部相间故障。

29．某变电站变压器额定容量为180/180/60 MVA，额定电压为230/121/38.5kV，接线组别为YN，yn，d11，低压侧TA变比1600/1，差动保护启动门槛为$0.5I_e$，基准侧为高压侧，则低压侧差动启动门槛的动作值为0.84A。

30．变压器短路故障的后备保护，主要是作为相邻元件及变压器内部故障的后备保护。

31．500kV自耦变压器采用分相差动保护的优点：一是组成差动回路的电流互感器二次可以一律接成星形，使得保护变压器相间故障与接地故障具有相同灵敏度；二是它不像传统差动保护那样受励磁涌流的影响，从而可以降低整定值提高灵敏度。

32．中性点接地的三绕组变压器与自耦变压器的零序电流保护的差别不仅仅是TA的数量不同，而且TA的装设位置也不同，三绕组变压器零序电流保护的TA装设在中性线上；而自耦变压器零序电流保护的TA装设在公共线圈上。

33．设一台Y/△-11组别的变压器变比为1，其阻抗忽略不计，当△侧出口发生BC两相短路时，若短路电流为I_d，则Y侧C相短路电流的大小为$2/\sqrt{3}I_d$，A相和B相电流的大小相等。

34．对变压器绕组故障，差动保护的灵敏度小于气体保护。

35．母差保护范围是从母线至线路电流互感器之间。

36．YN，d11接线变压器，低压侧发生B相一次断线故障，A、C两相标幺值电流为I，高压侧最大相电流标幺值是$2I/3$。

37．带方向性的电流保护、距离保护、差动保护等装置，在新投运或设备回路经较大变动时，必须用一次电流和工作电压来检验其电流、电压回路接线的正确性。

38．电流互感器装有小瓷套的一次端子应放在 母线 侧。

39．保护用的电流互感器安装位置的选择，既要考虑消除保护死区，也要尽可能消除电

流互感器本身故障所产生的后果。

40．单套配置的失灵保护动作后，应作用于断路器的两个跳闸线圈。

41．某间隔电流互感器 A 相 SV 无效时发生 A 相接地故障，对于双母线的母差保护，当 SV 无效发生在线路间隔时，保护闭锁无效相大差及所在母线的小差，当发生在母联间隔时，先跳开母联、延时 100ms、选择故障母线。

42．为躲过励磁涌流，变压器差动保护采用二次谐波制动，二次谐波制动比越大，躲过励磁涌流的能力越弱，越容易误动。

43．母线保护在充电逻辑的有效时间内，如满足动作条件应瞬时跳母联（分段）断路器，如母线保护仍不复归，延时 300ms 跳运行母线，以防止误切除运行母线。母联（分段）死区保护确认母联跳闸位置的延时为 150ms。

44．220kV 双母双分段接线方式下，分段断路器失灵时不同组的母差失灵保护之间能够相互启动。

45．双母线接线的断路器失灵保护应采用母线保护装置内部的失灵电流判别功能，线路支路采用相电流、零序电流或负序电流、“与”门逻辑；变压器支路采用相电流、零序电流、负序电流“或”门逻辑。

46．某台电力变压器的额定电压为 220/121/11kV，连接组别为 YN，yn，d11，已知高压绕组为 3300 匝，则该变压器的低压绕组为 286 匝。

47．比率制动特性曲线决定于三个定值，即比率制动系数、拐点电流、最小动作电流。

48．为防止变压器、发电机后备阻抗保护电压断线误动应采取的措施：装设电压断线闭锁装置、装设电流突变量元件或负序电流突变量元件作为启动元件。

49．对 100MW 及以上发电机变压器组，应装设双重主保护，每一套主保护宜具有发电机纵联差动和变压器纵联差动保护功能。

50．依照 Q/GDW 1175—2013 设计规范的要求，高压电抗器保护主要配置的电气量主保护功能包括：主电抗差动速断、主电抗差动保护、主电抗零序差动保护、主电抗匝间保护。

51．母联（分段）失灵保护、母联（分段）死区保护均应经电压闭锁元件控制。

52．双母线接线的母线保护，在母线分列运行发生死区故障时，应能有选择地切除故障母线。

53．依照 Q/GDW 1175—2013 设计规范的要求，高压电抗器保护装置中的电气量主保护的设计原则包括：除差动保护外，还具有差动速断功能、具有防止区外故障保护误动的制动特性、具有防止 TA 饱和引起保护误动的功能、零序电流差动保护能灵敏地反映电抗器内部接地故障、匝间保护能灵敏地反映电抗器内部匝间故障、具有 TA 断线告警功能，可通过控制字选择是否闭锁差动保护、当主电抗首端和末端 TA 变比不一致时，电流补偿应由软件实现。

54．依照 Q/GDW 1175—2013 设计规范的要求，常规站高压电抗器保护装置设置的监控信号包括：保护动作、过负荷、运行异常、装置故障告警。

55．依照 Q/GDW 1161—2013 设计规范的要求，常规站 3/2 断路器接线断路器保护装置的软压板有充电过流保护、停用重合闸、远方投退压板、远方切换定值区、远方修改定值。

56．依照 Q/GDW 1161—2013 设计规范的要求，常规站 3/2 断路器接线断路器保护装置的开关量输入回路包括断路器分相位置、闭锁重合闸、压力降低闭锁重合闸、三相跳闸启动失灵、分相启动失灵保护及重合闸。

57．在变压器低压侧未配置母差保护的情况下，为提高切除变压器低压侧母线故障的可靠性，宜在变压器的低压侧设置双重化的电流保护。当短路电流大于变压器热稳定电流时，变压器保护切除故障的时间不宜大于 2s。考虑变压器低压开关的可靠性，低压过流保护应能跳主变压器各侧断路器，变压器差动保护用低压侧外附 TA 宜安装在低压侧母线和断路器之间。

58．断路器、隔离开关采用单位置接入时，由智能终端完成单位置到双位置的转换，形成双位置信号给继电保护和测控装置。

59．国网新六统一规范中 220kV 及以上变压器高、中压侧断路器失灵保护动作后跳变压器各侧断路器。变压器高、中压侧断路器失灵保护动作开入后，应经灵敏的、不需整定的电流元件并带 50ms 延时后跳变压器各侧断路器。

60．变比 $K=n$ 的 Y/△-11 变压器，Y 侧发生 BC 相短路，短路电流为 I_d，则△侧的 C 相电流为 $(n/\sqrt{3})\times I_d$。

61．变压器非电量保护信息通过本体智能终端上送过程层 GOOSE 网。

62．对于双母线接线方式的变电站，在一条母线停电检修及恢复送电过程中，必须做好各项安全措施。对检修或事故跳闸停电的母线进行试送电时，具备空余线路且线路后备保护满足充电需求时应首先考虑用外来电源送电。

63．3/2 断路器接线“沟通三跳”功能由断路器保护实现，当其失电时，由断路器三相不一致保护三相跳闸。

64．母差保护临时退出时，应尽量减少无母差保护运行时间，并严格限制母线及相关元件的倒闸操作。

65．对双母线接线方式下间隔内一组母线侧隔离开关检修时，应将另一组母线侧隔离开关的电机电源及控制电源断开。

66．变压器的高压侧宜设置长延时的后备保护。在保护不失配的前提下，尽量缩短变压器后备保护的整定时间。

67．主设备非电量保护应防水、防振、防油渗漏、密封性好。气体继电器至保护柜的电缆应尽量减少中间转接环节。

68．对于分级绝缘的变压器，中性点不接地或经放电间隙接地时应装设零序过压和间隙过流保护，以防止发生接地故障时，因过电压而损坏变压器。

69．变压器并联运行的条件是所有并联运行变压器的变比相等、短路电压相等和绕组接线组别相同。

70．阻抗保护应用电流启动和电压断线闭锁共同来防止失压误动。

71．功率方向继电器采用 90°接线的优点在于两相短路时无死区，而在出口附近发生三相短路时存在“死区”。

72．由变压器、高压电抗器气体保护启动的中间继电器应采用较大启动功率的中间继电器，可不要求快速动作，以防止直流正极接地时可能导致的误动作。

73．220kV 及以上电压等级变压器各侧及公共绕组的合并单元按双重化配置。

74．母线电流差动保护采用电压闭锁元件主要是为了防止由于误碰出口中间继电器而造成母线电流差动保护误动。

75．变压器过励磁保护是按磁密 B 正比于电压 U 与频率 f 的比值原理实现的。

76．3/2 断路器接线方式的断路器失灵保护中，反应断路器动作状态的电流判别元件应采用单个断路器的相电流。

77．3/2 断路器接线每组母线宜装设两套母线保护，同时母线保护应不设置电压闭锁环节。

78．断路器失灵保护的电流判别元件应选用 P 级电流互感器。

79．在 220kV 及以上变压器保护中，重瓦斯保护的出口不宜启动断路器失灵保护。

80．调整电力变压器分接头，会在其差动回路中引起不平衡电流的增大，解决方法为提高差动保护的动作门槛值。

81．变压器励磁涌流与变压器充电合闸电压初相角有关，当初相角为 0°时励磁涌流最大。

82．YN，d11 接线组别的升压变压器，当 YN 侧 AB 相两相故障时，△侧的 A 相电流最大，为其他两相电流的两倍。

83．谐波制动的变压器纵差保护中设置差动速断元件的主要原因是为了防止在区内故障较高的短路水平时，由于电流互感器的饱和产生高次谐波量增加，导致差动元件拒动。

五、简答题

1．变电站 A 在 1 号主变压器检修送电操作过程中，发生了 2 号主变压器差动保护动作的情况，已知 1、2 号主变压器差动保护为比率差动保护，差动启动值为 $0.3I_e$，二次谐波制动系数为 20%，采用按相制动原理。现场检查差动保护回路及接线正确，系统及主变压器均无故障，装置正常。试分析 2 号主变压器差动保护动作的可能原因，并提出防范措施。

答：1 号主变压器空充操作时，产生的和应涌流可能引起运行主变压器差动保护动作。2 号主变压器差动保护动作的原因是 1 号主变压器空充操作时，合闸励磁涌流流过系统电阻使得运行变压器的母线电压偏移，导致铁芯饱和产生的和应涌流造成差动保护误动。防止和应涌流误动的措施：①差动保护差流启动值在保证变压器低压侧故障的灵敏度足够的情况下，尽可能取高值，躲过和应涌流产生的差流。可将差动启动值由 $0.3I_e$ 改为 $0.5I_e$；②差动保护的二次谐波闭锁值应尽可能地选取小值。可将二次谐波制动系数由 20%改为 15%甚至根据现场实测值选取更小值，通常不得小于 12%；③防止电流互感器的暂态饱和引起差动保护误动，选择有气隙的铁芯互感器，或适当地增大电流互感器变比，重视差动保护各侧电流互感器特性及二次回路参数的匹配，严格控制 10%误差特性，防止在差动继电器中产生较大的不平衡电流。

2．以下为六统一双母线接线形式的母线保护部分定值（见表 3-1），试说明第 6～11 项整定方法。

表 3-1　　母线保护（双母线接线和双母双分段接线）定值

类别	序号	定值名称	定值范围	单位	整定值
差动保护	1	差动保护启动电流定值	（0.05～20）I_N	A	
	2	TA 断线告警定值	（0.05～20）I_N	A	
	3	TA 断线闭锁定值	（0.05～20）I_N	A	

续表

类别	序号	定值名称	定值范围	单位	整定值
差动保护	4	母联分段失灵电流定值	（0.05～20）I_N	A	
	5	母联分段失灵时间	0～10	s	
失灵保护	6	低电压闭锁定值	0～57.7	V	相电压
	7	零序电压闭锁定值	0～57.7	V	$3U_0$
	8	负序电压闭锁定值	0～57.7	V	相电压
	9	三相失灵相电流定值	（0.05～20）I_N	A	
	10	失灵零序电流定值	（0.05～20）I_N	A	$3I_0$
	11	失灵负序电流定值	（0.05～20）I_N	A	I_2

答：第 6，失灵低电压闭锁定值：按连接本母线上的最长线路末端发生对称故障时有足够的灵敏度整定，并应在母线最低运行电压下不动作，而在故障切除后能可靠返回。第 7，失灵零序电压闭锁定值（$3U_0$）：按连接本母线上的最长线路末端发生单相接地故障时有足够的灵敏度整定，并应躲过母线正常运行时最大不平衡电压的零序分量。第 8，失灵负序电压闭锁定值（相电压）：按连接本母线上的最长线路末端发生相间故障时有足够的灵敏度整定，并应躲过母线正常运行时最大不平衡电压的负序分量。第 9，三相失灵相电流定值：应保证变压器低压侧三相故障有足够的灵敏度，并应尽量躲过所有变压器支路最大负荷电流。第 10，失灵零序电流定值：应保证躲过所有支路最大不平衡电流。第 11，失灵负序电流定值：应保证躲过所有支路最大不平衡电流。整定规程 DL/T 559—2007 中的解释：7.2.10 断路器失灵保护：7.2.10.1 相电流判别元件的整定值，应保证本线路末端金属性短路或本变压器低压侧故障时有足够的灵敏度，灵敏系数大于 1.3，并尽可能躲过正常运行负荷电流。负序电流和零序电流判别元件的定值一般应不大于 300A，对于不满足精确工作电流要求的情况，可适当抬高定值。负序电压、零序电压和低电压闭锁元件的整定值，应综合保证与本母线相连的任一线路末端和任一变压器低压侧发生短路故障时有足够的灵敏度。其中负序电压、零序电压元件应可靠躲过正常情况下的不平衡电压，低电压元件应在母线最低运行电压下不动作，而在切除故障后可靠返回。

3．当电网中空投一台变压器时，在相邻的并联或级联的变压器中产生和应涌流，和应涌流的特点是什么？

答：①和应涌流在合闸变压器励磁涌流持续一段时间后才产生，两台变压器的涌流交替出现，方向相反，且不会重叠。②和应涌流的幅值随时间增大到最大值，随后又不断衰减。③和应涌流衰减过程比单个变压器合闸时慢得多。④当空合变压器的励磁涌流处于峰值附近时，母线电压的瞬时值较低，此时不产生和应涌流；当励磁涌流处于间断期间时，母线电压的瞬时值较高，运行变压器在母线电压的直流分量和高电压的共同作用下，产生和应涌流。

4．某 220kV 变压器在进行冲击试验时，其单回送电线路发生单相接地故障，请问供电端的正、负、零序电流与故障点的正、负、零序电流是否相等？为什么？

答：供电端的正、负序电流与故障点的正、负序电流相等。供电端的零序电流与故障点的零序电流不等。因变压器在进行冲击试验时，低压侧断路器在断开状态，无正、负序网络，

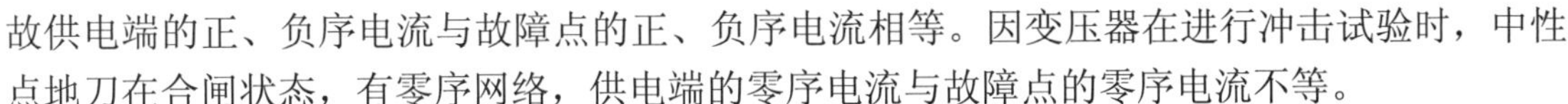

故供电端的正、负序电流与故障点的正、负序电流相等。因变压器在进行冲击试验时，中性点地刀在合闸状态，有零序网络，供电端的零序电流与故障点的零序电流不等。

5．和应涌流对变压器差动保护的影响有哪些？

答：①当串联和应涌流发生时，其电源侧波形完全对称，无二次谐波，无法由一次侧电流来识别涌流。变压器二次侧电流有明显的涌流特征，但有较大的非周期分量，易导致 TA 饱和，该侧 TA 饱和对差流起助增作用，易引起差动保护误动。②和应涌流是逐渐增大后衰减的，而合闸涌流是第一周波就达到最大。在和应涌流逐渐增大的过程中，二次谐波比率是增大的，变化过程中存在一个阶段和应涌流较小、二次谐波比率更小的情况，导致一相中的二次谐波不能对该相的差动电流进行有效的闭锁而导致误动。③和应涌流出现后，涌流衰减时间较长，如果此时发生匝间短路，导致谐波闭锁的保护延时动作。

6．变压器励磁涌流闭锁方式可以采用“分相”闭锁方式和“或”门闭锁方式，请简述这两种闭锁方式的区别，及各自的优缺点。

答：①两者的区别：分相闭锁方式，是指某相的涌流闭锁元件只对本相的差动元件有闭锁作用，而对其他相无闭锁作用。而涌流“或”门闭锁方式，在三相涌流闭锁元件中，只要有一相满足闭锁条件，立即将三相差动元件全部闭锁。②“或”门闭锁优缺点：变压器空投时，三相励磁涌流是不相同的。各相励磁涌流的波形、幅值及二次谐波的含量不同。此时，若采用“或”门闭锁的纵差保护，空投变压器时不会误动。但在空投变压器时发生内部故障时，“或”门闭锁方式的差动保护，则可能拒动或延缓动作。“分相”闭锁方式的优缺点：在空投变压器时，在某些条件下，三相涌流之中的某一相可能不满足闭锁条件，此时采用“分相”闭锁方式的差动保护，空投时容易误动；但其优点是在空投变压器的同时发生内部故障，这种闭锁方式能迅速而可靠动作并切除变压器。

7．双母线母线差动保护中，试说明大差元件为何有高值、低值两个比率制动系数。

答：当母联开关断开运行时，任一母线发生故障，另一母线因没有故障可能有较大的流出电流，对大差元件来说灵敏度将降低。为保证大差元件灵敏度，母联断开运行时，比率制动系数取低值；母联合闸运行时，取高值。

8．在 RCS978 变压器差动保护中，采取哪些措施，防止区外故障伴随 TA 饱和时，差动保护误动？

答：采用稳态低值差动和稳态高值差动相配合，低值差动有 TA 饱和判据，而高值差动没有 TA 饱和判据。在下列几种故障情况下，区内故障保护灵敏动作，区外故障保护不误动：①区内轻微故障，短路电流小，TA 不饱和：低值比率差动灵敏动作；②区内严重故障，短路电流大，TA 饱和：低值闭锁，高值动作；③区外轻微故障，短路电流小，TA 不饱和：差流为 0，低值和高值都不动作；④区外严重故障，短路电流大，TA 饱和：低值闭锁，高值差动由于定值比较高，差流进入不到动作区，也不会动作。

9．说明为什么“分列运行压板”要在分断路器之后投入，在合断路器之前退出？

答：“封 TA”和母联（分段）断路器开合状态，无法完全同步，会出现如下两种不对应状态：①母联（分段）断路器合上，误封 TA。②母联（分段）断路器断开，未封 TA。通过对保护逻辑进行分析，可得出以下结论：①种不对应可能造成的事故扩大范围和严重程度远比；②种不对应要大得多，例如：双母双分段接线的母线保护，分段断路器合上时，一旦分段 TA 被误封，则正常运行时只要分段断路器流过电流，大差元件和小差元件都存在差电流，差动保护极容易误动作；分段断路器断开时，若未封分段TA，则只在分段死区故障时会扩大事故，跳两段母线。所以，分段TA应随分段位置变化及时接入或退出差动电流计算。母联（分段）断开后，TA应封得可靠，时间可以滞后；母联（分段）合上前，TA应接入及时，时间可以超前。

10．常规站和智能站保护在解决变压器断路器失灵保护中电压闭锁元件灵敏度不足的问题时，措施有何不同？

答：①对于常规站，变压器支路应具备独立于失灵启动的解除电压闭锁的开入回路，启动失灵和解除失灵电压闭锁应采用变压器保护不同继电器的跳闸触点。②对于智能站，母线保护收到变压器支路变压器保护“启动失灵”的GOOSE命令同时启动失灵和解除电压闭锁。

11．请描述六统一母线保护如何自动识别母联（分段）的充电状态，保证合闸于死区故障时，瞬时跳母联（分段），不误切除运行母线？

答：①由操作箱提供的SHJ触点（手合触点）、母联TWJ、母联（分段）TA“有无电流”的判别，作为母线保护判断母联（分段）充电并进入充电逻辑的依据；②充电逻辑有效时间为SHJ触点由“0”变为“1”后的1s内，1s后恢复为正常运行母线保护逻辑；③母线保护在充电逻辑的有效时间内，如满足动作条件应瞬时跳母联（分段）断路器，如母线保护仍不复归，延时300ms跳运行母线，以防止误切除运行母线。

12．由于失灵保护误动作后果较严重，且3/2断路器接线的失灵保护无电压闭锁，根据具体情况，对于线路保护分相跳闸开入和变压器、发电机变压器组、线路高压电抗器三相跳闸开入，应采取措施，防止由于开关量输入异常导致失灵保护误启动。因此，失灵保护可采用哪些不同的启动方式？

答：由于失灵保护误动作后果较严重，且3/2断路器接线的失灵保护无电压闭锁，根据具体情况，对于线路保护分相跳闸开入和变压器、发电机变压器组、线路高压电抗器三相跳闸开入，应采取措施，防止由于开关量输入异常导致失灵保护误启动，失灵保护应采用不同的启动方式：①任一分相跳闸触点开入后，经电流突变量或零序电流启动并展宽后启动失灵；②三相跳闸触点开入后，不经电流突变量或零序电流启动失灵；③失灵保护动作经母线保护出口时，应在母线保护装置中设置灵敏的、不需整定的电流元件并带50ms的固定延时。

13．变压器差动保护在外部短路暂态过程中产生不平衡电流（两侧二次电流的幅值和相位已完全补偿）的主要原因是哪些（要求答出5种原因）？

答：在两侧二次电流的幅值和相位已完全补偿好的条件下，产生不平衡电流的主要原因是：①如外部短路电流倍数太大，两侧TA饱和程度不一致；②外部短路非周期分量电流造成两侧TA饱和程度不同；③二次电缆截面选择不当，使两侧差动回路不对称；④TA设计选型不当，应用TP型于500kV，但中、低压侧用5P或10P；⑤各侧均用TP型TA，但TA的短路电流最大倍数和容量不足够大；⑥各侧TA二次回路的时间常数相差太大。

14．简述双母双分段接线变电站的母差保护、断路器失灵保护，分段支路不应经复合电压闭锁的原因。

答：双母双分段接线的变电站分段断路器左右两侧各配置两套母线保护，相互之间不交互信息，当分段断路器和TA之间发生先断线后接地故障时（故障点靠近分段断路器），故障母线差动元件满足动作条件、但电压闭锁元件不满足动作条件，另一侧母线保护差动元件不动作、但电压闭锁元件开放，将导致两套母线差动保护均拒动，如跳分段断路器不经电压闭

锁，则可先跳分段，再启动分段失灵保护切除故障，因此母线保护跳分段支路不应经复合电压闭锁。

15．双母线接线的 220kV 母线发生故障，变压器 220kV 侧断路器失灵时，如何实现联跳变压器各侧断路器的功能？

答：通过母线保护和变压器电量保护实现上述功能。母线故障，变压器断路器失灵时，除应跳开失灵断路器相邻的全部断路器外，还应跳开该变压器连接其他电源侧的断路器，失灵电流再判别元件由母线保护实现。母线保护设“失灵联跳变压器（每个变压器支路 1 组）”开出。变压器保护内设失灵联跳功能，一段 1 时限。变压器高压侧断路器失灵保护动作开入后，经灵敏的、不需整定的电流元件并带 50 ms 延时后跳开变压器各侧断路器。

16．如图 3-5 所示，变压器 T1 差动保护和后备保护 220kV 侧均采用 QF1 断路器电流互感器 TA1，试分析断路器 QF1 的失灵判别电流是否可以采用变压器套管 TA2 的电流？若存在问题，是否可以采用将 QF1 断路器分闸位置作为断路器失灵动作的闭锁条件来弥补？为什么？

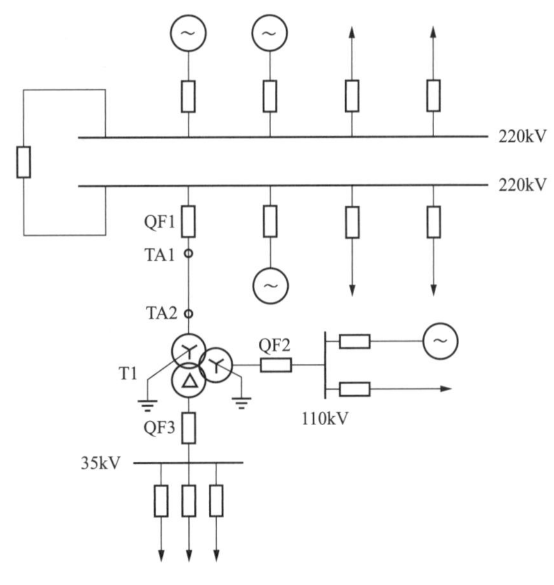

图 3-5　系统接线图

答：首先，不能使用 TA2 的电流作为断路器 QF1 的失灵保护判别电流。当在 TA1 和 TA2 之间故障时，若 QF1 断路器失灵，变压器保护动作跳开 QF2 和 QF3 断路器后，TA2 将无电流流过，此时 QF1 断路器失灵保护将会拒动，故障只能靠 220kV 线路后备保护来切除，导致故障范围扩大。当 TA1 和 TA2 之间故障时，若 QF2 断路器失灵，变压器保护动作跳开 QF1 和 QF3 断路器后，因 110kV 侧有电源，TA2 将仍有电流输出，此时差动保护动作不返回，将导致 QF1 断路器失灵保护误动，主变压器保护动作解除 220kV 母线保护复压闭锁功能后，220kV 母线失灵保护功能将会误动，导致故障范围扩大。其次，不能采用 QF1 断路器分闸位置作为断路器失灵动作的闭锁条件来弥补。因为现场实际存在断路器机械连杆脱落、断裂，或断路器分闸位置断开，但断口击穿等情况。此时将导致断路器失灵保护拒动，势必引起故障范围的扩大，因此 QF1 断路器的失灵判别电流不能采用 TA2 的电流，只能采用 TA1 的电流。

17．某电力系统接线及运行方式如图 3-6 所示，母联断路器 5QF 处合闸运行，TA1、TA2、TA3 为主变压器 T 的差动保护电流互感器，K 点 A 相接地，主变压器差动保护正确动作，1QF 三相跳闸、3QF 三相跳闸，而 2QF 因失灵没有跳闸，而后发生了 5QF 跳闸，220kV Ⅱ母上所有断路器跳闸的现象，试分析可能的原因。

答：1QF 的失灵保护错用了 TA4 的二次电流，因差动保护不返回，且 TA4 中有电流，所以 1QF 失灵保护误动跳开Ⅱ母上所有断路器。

18．变压器的分侧电流差动保护能保护 Y 侧的匝间短路吗？请从原理上加以说明。

答：变压器的分侧电流差动保护不能保护 Y 侧的匝间短路。如图 3-7 所示，当 Y 侧绕组上发生匝间短路时，流过同一串联回路中两个 TA 的电流仍旧是同一个穿越性的电流。分侧电流差动继电器里的动作电流为零，所以分侧电流差动保护不能保护 Y 侧的匝间短路。

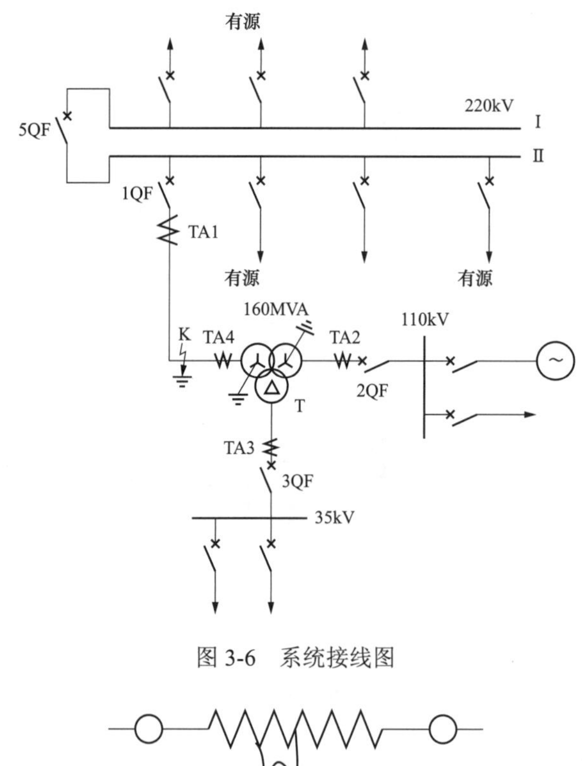

图 3-6　系统接线图

图 3-7　变压器绕组接线示意图

变压器的纵差保护能保护匝间短路。因为变压器各侧是通过电磁耦合关系联系在一起的，两侧应满足磁势平衡原理。当某一侧的线圈发生匝间短路而被端接了部分线圈后原先的磁势平衡方程式被打破，建立了新的平衡方程式，电流发生了变化。只要短接的匝数多一些，差动继电器灵敏一些，继电器就能够动作。例如以一台双卷变压器为例，如果忽略励磁电流，在匝间短路前，两侧磁势平衡方程式为：

$$I_1W_1 = I_2W_2 \tag{1}$$

此时两侧的电流 I_1、I_2 恰好使差动继电器里的差动电流为零。当在 W_2 线圈发生匝间短路，W_2 线圈内的部分线圈 W_K 被短接。如果此时 W_1 线圈中仍通入 I_1 的电流，新的磁势平衡方程式为：

$$I_1W_1 = I_3(W_2 - W_K) \tag{2}$$

原先 W_2 线圈侧的电流 I_2 已变成 I_3 了。从式（1）、式（2）两式不难得出：

$$I_3 = I_2\frac{W_2}{W_2 - W_K} \tag{3}$$

I_1 和 I_3 电流将使差动继电器里产生差动电流，如果继电器能动作，差动保护就能保护匝间短路。

19．假设主接线为双母线，母联 TA 靠近 I 母侧。一次系统进行合母联开关给另一段母线充电的操作。操作过程中各开关量（母联 TWJ、充电手合接点等）正确反映一次状态。若 I 母往 II 母充电，母联开关与 TA 之间发生故障，保护正确的动作情况是什么，并写出分析过程。

答：先 II 母线差动，经 150ms 延时后 I 母差动动作。分析：I 母往 II 母充电时，发生死区故障，母联 TA 靠近 I 母侧，此时母联 TA 有流，不满足母联充电至死区保护逻辑。因开关在合位，母联电流计入小差，此时，I 母差流为零，II 母有差流满足差动条件差动动作，II 母动作后，母联跳开，故障仍在，此时 TWJ=1，经 150ms 延时后，封母联 TA，然后 I 母差产生差流，I 母差动动作切除故障。

20．故障前某 220kV 母线 M 共有甲、乙两回线路及一台主变运行，如图 3-8 所示。故障后调取甲线 M 侧故障录波如图 3-9 所示。请根据录波图分析，系统发生什么故障？并分析说明故障点位置（已知甲、乙线重合闸均停用，保护使用母线 TV 电压，保护及二次回路均正常运行，保护动作行为正常）。

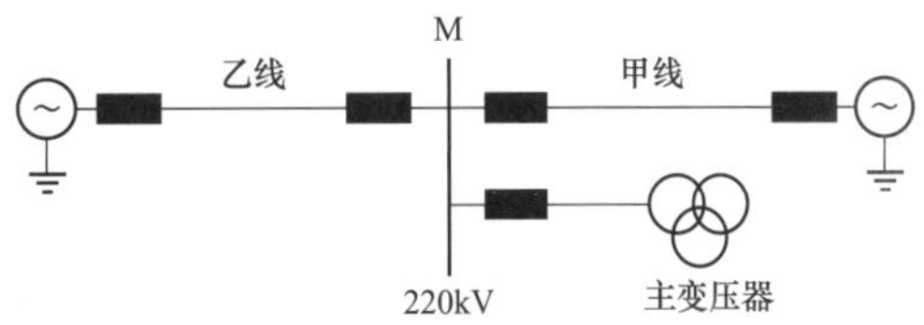

图 3-8 系统接线图

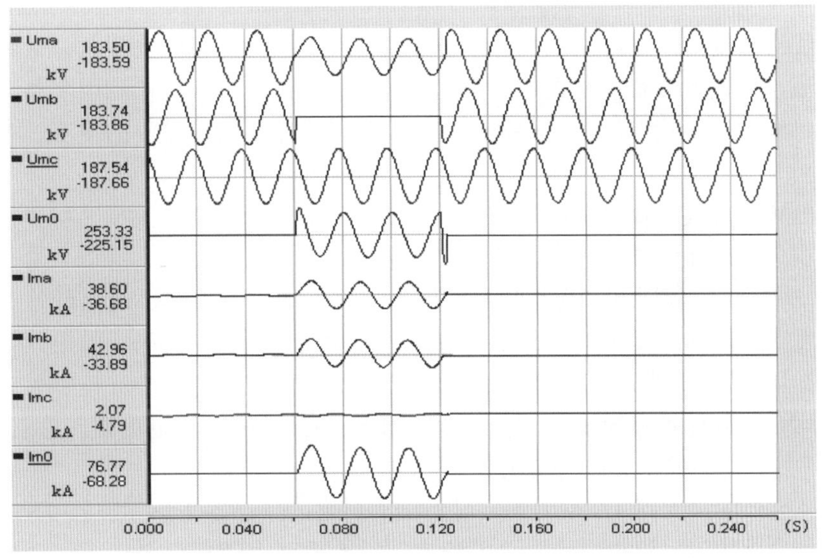

图 3-9 甲线 M 侧故障录波图

答：①甲线正方向出口处发生经 A 相过渡电阻接地故障，同时在主变压器 220kV 高压侧出口处发生 B 相金属性接地故障。②从录波图可以看出 A 相电压与 A 相电流基本同相，可以知道故障点在甲线出口处且经过渡电阻接地。③将 B 相电压等周期向故障时间段延伸，可以看出 B 相电流超前 B 相故障前电压 85°左右，同时母线电压在故障期间为零，可以知道 B 相故障点在甲线 M 侧反方向出口处，又由于故障切除后母线电压恢复，因此母差保护未动作，乙线线路保护未动作，所以故障点只可能在主变压器 220kV 高压侧出口处，主变压器保护动作切除 B 相故障。

21．某变电站的联络变压器采用了三个单相式的自耦变压器，其高压侧、中压侧及公共绕组均装有 TA，工作人员在做 TA 的“点极性”试验时，为节约时间，欲将中压侧 TA 以外的接地开关合上，以便由变压器的高压侧对地之间通入或断开直流电压时，可同时检查高压侧、中压侧及公共绕组的 TA 极性。请问此种方法是否可行？如认为可行，请说明试验的方法及如何判断 TA 极性；如认为不行，请说明理由（不考虑点极性所用电池的容量问题）。

答：①方法可行，但必须注意如果中压侧接地，当从自耦变压器的高压侧对地加正向直流电压时，公共绕组中的电流不是由线圈流向大地，而是由大地流向线圈；在断开直流电源瞬间，公共绕组中的电流由线圈流向大地。②此点极性方法应注意；如果 TA 接线即试验接线正确，公共绕组 TA 的极性与高压侧相同，与中压侧 TA 的极性相反。③此方法为非传统做法，分析较复杂，容易给试验人员的判断造成混乱，并且要求点极性时使用的电池容量较大、电压较高，不利于安全，因此不宜推广使用。

22．某变压器低压侧配甲、乙两个分支断路器，如接线时不慎将这两个断路器对应的 TA 二次接错（甲、乙互换），试分析主变压器差动保护及后备保护的动作行为。

答：①对于差动保护，由于差动保护动作后跳三侧，动作行为影响不大，但对故障分析等会造成影响。②对于后备保护，分支故障时后备保护将出现误动和拒动的情况。

23．双母线接线的微机母差保护具有大差和小差，小差能区分故障母线，为什么还要设大差？

答：母线进行倒闸操作时，两段母线被隔离开关短接，此时如发生区外故障，小差会出现较大的差流，而大差没有，有大差闭锁就不会误动。微机母差保护利用隔离开关辅助接点的位置识别母线的连接状态，若辅助触点接触不良，小差会出现较大的差流，有大差闭锁就不会误动。

24．220kV 双母线配置单套母差保护，母线倒闸操作前，值班人员误将“互联”压板投成“分列”压板，请问这种状态对母差保护有什么影响？为什么？

答：第一种情况，把母联 TA 退出小差回路，将造成差流告警，闭锁母差保护，在操作过程中母线发生故障将无保护切除故障，造成严重后果。第二种情况，如果此时母联恰好没有电流，则在母线发生故障时，Ⅰ母和Ⅱ母将同时动作。

25．BP-2B 母差保护已知 TA 允许误差为 0.85，内部故障时流出电流占总差流比例 E_{xt} 为 0.15，确定其复式比率差动 K 的整定范围？（要求写出推导过程）

答：①按区外故障支路 TA 误差为 c 时不误动整定，得 $c/(2-2c)<K$，即 $0.85/(2-2\times 0.85)=2.8<K$；②按内部故障时流出电流占总差流为 e 时不拒动，$K<1/(2e)=3.3$。K 的整定范围为 $2.8<K<3.3$。

26．实现变压器高压侧断路器失灵保护动作后经变压器保护跳各侧断路器功能可以有两种方案：方案一：变压器保护动作启动失灵时，失灵电流判别功能由母线保护实现；母差保护动作启动失灵时，失灵电流判别由变压器保护实现。方案二：变压器保护动作启动失灵和母差保护动作启动失灵，失灵电流判别功能均由母线保护实现，变压器保护采取防误措施后，实现跳各侧断路器功能。这两种方案各有什么优、缺点？国网公司选择了哪个方案？此方案下母线故障变压器高压侧断路器失灵时，如何实现联跳功能？

答：（1）方案一优点是母差保护动作变压器断路器失灵，变压器保护跳各侧断路器时，经失灵电流判别元件闭锁，可靠性高。缺点是变压器保护需整定失灵保护电流和时间定值。

（2）方案二优点是变压器断路器失灵功能统一由母线保护实现，保护分工明确，变压器保护不需配置失灵判别相关逻辑。缺点是变压器保护失灵连跳可靠性低于方案一。

（3）借鉴 3/2 断路器接线边断路器失灵保护经母线保护出口跳闸的方式，当高压侧断路器保护判别断路器失灵后，由断路器保护输出失灵保护动作触点，接入变压器保护，经变压器保护内设置的不需整定的故障分量电流闭锁元件和延时元件把关后，跳变压器三侧断路器。本标准统一要求母线保护判变压器支路断路器失灵（含变压器保护动作启动失灵和母差保护动作启动失灵），通过变压器保护跳各侧断路器。为简化二次回路接线，母线故障变压器断路器失灵时，不采用母线保护动作后，通过开出触点去启动变压器失灵方式，由母线保护完成变压器断路器失灵的判别，输出一组“失灵联跳”触点到变压器保护，再经变压器同一侧电流故障分量启动元件进一步识别，并带 50ms 延时跳变压器各侧。其突出优点是：双重化配置的母线保护和变压器保护采用“一对一”方案，接线简单；经变压器保护“软件防误”后跳闸，可靠性高。

27．（1）试写出变压器纵差保护的制动电流有哪些形式（公式）。

（2）当变压器外部故障时，对其制动效果进行比对分析。

答：（1）制动电流的主要形式有：$I_{\text{res}}=\frac{1}{2}(|\dot{I}_1|+|\dot{I}_2|)$、$I_{\text{res}}=\frac{1}{2}(|\dot{I}_1|+|\dot{I}_2|+|\dot{I}_3|+|\dot{I}_4|)$、$I_{\text{res}}=\frac{1}{2}(\dot{I}_1-\dot{I}_2)$、$I_{\text{res}}=\max(|\dot{I}_1|,|\dot{I}_2|,|\dot{I}_3|)$。

（2）分析：区外短路故障时，制动电流均等于穿越变压器的短路电流，因此制动量是相同的。

28．一 220kV 主变压器高压侧 A 相 TA 的 S1-S2 变比为 600/5，S1～S3 变比为 1200/5，按定值单要求应使用的变比为 1200/5。由于工作失误，将 S2 与 S3 短接，其等效电阻为 Z_1，S1～S2 接入差动保护装置，其等效阻抗为 Z_2，如图 3-10 所示，主变压器差动保护的其余接线均正确，请定性分析在不同的 Z_1、Z_2 下主变压器差动保护在区外故障时的动作行为。

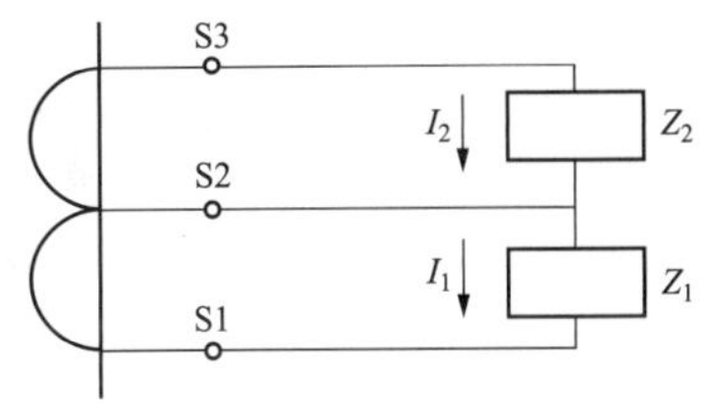

图 3-10　主变高压侧 TA 接线图

答：根据电流互感器原理，当 $Z_1=Z_2$ 相量相等时，流入主变压器差动的变比为 1200/5，不会误动作。角度有差异时由于暂态不一致，会误动作，Z_1 不等于 Z_2 时保护会误动作，电流分布按 $I_1\cdot Z_1=I_2\cdot Z_2$ 进行分配，流入差动保护的电流变比不再是 1200/5，保护在区外故障时会误动作。

29．某 220kV 变电站低压侧 35kV 母差保护为 RCS-915AB 型，35kV 配有分段断路器备用电源自动投入装置，母差保护屏分列运行压板能否投入，为什么？

答：分列运行压板不能投。若投入分列运行压板，当低压备用电源自动投入动作时，由一台主进断路器通过分段断路器带 35kV 所有出线运行，母差保护装置在计算大差和小差电流均不计算分段断路器的电流，大差和小差的差流为流过分段断路器的电流，当流过分段断路器的电流大于母差保护整定值时，会引起母差保护误动，所以分列运行压板应退出，这样才能保证当备用电源自动投入装置动作的情况下，母差保护装置差流计算值正确，分段断路器正常运行分闸位置时此压板退出对母差保护没有影响。

30．简述变压器过励磁后对差动保护有哪些影响？如何克服？

答：变压器过励磁后，励磁电流急剧增加，使差电流相应加大，差动保护可能误动。可采取五次谐波制动方案，也可提高差动保护定值，躲过过励磁产生的不平衡电流。

31．自耦变压器过负荷保护比起非自耦变压器的过负荷保护，更要注意什么？

答：自耦变压器高、中、低三个绕组的电流分布、过载情况与三侧之间传输功率的方向有关，因而自耦变压器的最大允许负载（最大通过容量）和过载情况除与各绕组的容量有关外，还与其运行方式直接相关。特别是高、低压侧同时向中压侧传输功率时，会在三侧均未过载的情况下，其公共绕组却已过载，因此，应装设公共绕组过负荷保护。

32．为何自耦变压器的零序电流保护不能接在中性点电流互感器上？

答：分析表明，当系统接地短路时，该中性点的电流既不等于高压侧 $3\dot{I}_0$，也不等于中压侧 $3\dot{I}_0$，所以各侧零序保护只能接至其出口电流互感器构成的零序电流回路而不能接在中性点电流互感器上。

33．对 220～500kV 变压器纵差保护的技术要求是什么？

答：①在变压器空载投入或外部短路切除后产生励磁涌流时，纵差保护不应误动作；②在变压器过励磁时，纵差保护不应误动作；③为提高保护的灵敏度，纵差保护应具有比率制动或标积制动特性。在短路电流小于起始制动电流时，保护装置处于无制动状态，其动作电流很小（小于额定电流）保护具有较高的灵敏度。当外部短路电流增大时，保护的动作电流又自动提高，使其可靠不动作；④在最小运行方式下，纵差保护区内各侧引出线上两相金属性短路时，保护的灵敏系数不应小于 2；⑤在纵差保护区内发生严重短路故障时，为防止因电流互感器饱和而使纵差保护延迟动作，纵差保护应设差电流速断辅助保护，以快速切除上述故障。

34．主变压器接地后备保护中零序过流与间隙过流的 TA 是否应该共用一组，为什么？

答：不应该共用一组。该两种保护 TA 独立设置后不须人为进行投、退操作，自动实现中性点接地时投入零序过流（退出间隙过流）、中性点不接地时投入间隙过流（退出零序过流）的要求，安全可靠。反之，两者共用一组 TA 有如下弊端：当中性点接地运行时，一旦忘记退出间隙过流保护，又遇有系统内接地故障，往往造成间隙过流误动作将本变压器切除；间隙过流元件定值很小，但每次接地故障都受到大电流冲击，易造成损坏。

35．自耦变压器的接线形式为 $Y_0/Y_0/\triangle$，其过负荷保护如何配置，为什么？

答：自耦变的自耦两侧和△侧及公共绕组均应装设过负荷保护。原因：自耦变一般应用于超高压网络，作为联络变，各侧都有过负荷的可能。另外，带自耦的高、中压侧可能没有过负荷，而公共绕组由于额定容量 $S_{公}=(1-1/N)S_e$，可能过负荷。因此，公共绕组及自耦变压

器各侧均应装设过负荷。

36．220kV/110kV/35kV 变压器一次绕组为 $Y_0/Y_0/\triangle$-11 接线，35kV 侧没负荷，也没引线，变压器实际当作两绕组变压器用，采用的保护为微机双侧差动。问这台变压器差动保护的二次电流需不需要转角（内部转角或外部转角）为什么？

答：对高、中侧二次电流必须进行转角。一次变压器内部有一个内三角绕组，在电气特性上相当于把三次谐波和零序电流接地，使之不能传变。二次接线电气特性必须和一次特性一致，所以必须进行转角，无论是采用内部软件转角方式还是外部回路转角方式。若不转角，当外部发生不对称接地故障时，差动保护会误动。

37．变压器间隙保护由间隙电流保护和间隙电压保护组成，那么间隙电流保护和间隙电压保护是启动同一个时间继电器吗？为什么？

答：是启动同一个时间继电器。因为当出现单相故障时，变压器中性点偏移，当电压达到定值，间隙电压保护启动，当经过一段时间后，可能放电间隙击穿，间隙电流保护动作，而间隙电压返回，如果间隙电流与间隙电压采用不同的时间继电器，则间隙保护将重新开始计时，此时间将可能大于一次设备所能承受接地的时间，而使一次设备损坏。

38．装设在变压器高压侧、作为变压器后备保护的接地阻抗保护，若其保护范围为正方向不超越中压侧母线，反方向对高压侧母线故障有灵敏度，该接地阻抗保护在计算接地阻抗时，如何考虑零序补偿系数？

答：装设在变压器高压侧、作为变压器后备保护的接地阻抗保护，其正方向保护范围不超越中压母线，因此计算接地阻抗时，不需要考虑零序补偿系数；其反方向保护范围要考虑与线路接地阻抗保护配合，因此计算接地阻抗时，需要考虑零序补偿系数。

39．电流互感器二次回路一相开路，是否会造成母差保护误动作？说明原因。

答：电压闭锁元件投入时，如系统无扰动，电压闭锁元件不动作，此时电流断线闭锁元件动作，经整定延时后闭锁母差保护，母差保护不会误动作；如电流断线时，电压闭锁元件正好动作（在电流断线闭锁元件整定延时到达之前）或没有投入，则母差保护会误动作。

40．重负荷下发生母线内经高电阻短路时，对比率制动特性的母差保护来说有什么影响？

答：对保护的灵敏度有影响。对所有稳态量的差动保护来说，负荷电流不会产生动作电流而只能产生制动电流，因此在重负荷下发生母线内经高电阻短路时，由于动作电流（短路电流）不大而制动电流较大将影响差动保护动作的灵敏度。可以采用工频变化量母线差动保护以提高在重负荷下母线内部发生轻微故障（经高电阻短路）的灵敏度。

41．简述 220kV 双母线接线的线路保护装置检验时主要有哪些安全措施要点？

答：安全措施要点有：①查看并记录压板的实际位置，逐条记录；②断开保护出口、联闭锁压板，断开“启动失灵保护压板”，并且还需要将其上端用绝缘胶布缠绕，以防误投压板；③断开保护屏上的 TA 回路，要求断开 I_A、I_B、I_C 的可连端子；④断开保护屏上的 TV 回路，要求断开 U_A、U_B、U_C、U_L、U_N 的空气开关或可连端子，优先断开可连端子；⑤电压切换回路，应可靠断开，以防止检验过程中造成 TV 短路；⑥工作结束后逐条恢复。

42．目前普遍使用的微机母差保护差动定值是否需要考虑 TA 饱和的因素？

答：不考虑，微机保护差动定值只要躲过分支的最大负荷电流，在区外发生故障时 TA

饱和，由微机保护内部算法识别，并闭锁差动保护。

六、综合题

1．一台 Y/△形接线变压器，低压侧无电源，如图 3-11 所示为某次故障后变压器两侧保护安装处电压、电流录波图（一次值），请分析：

（1）Y 侧、△侧电压、电流波形特点是什么？

（2）根据波形判断，故障发生在哪里？故障类型是什么？

（3）画出该故障下，Y 侧、△侧电压、电流相量图。

（4）变压器何种保护可能动作切除故障？

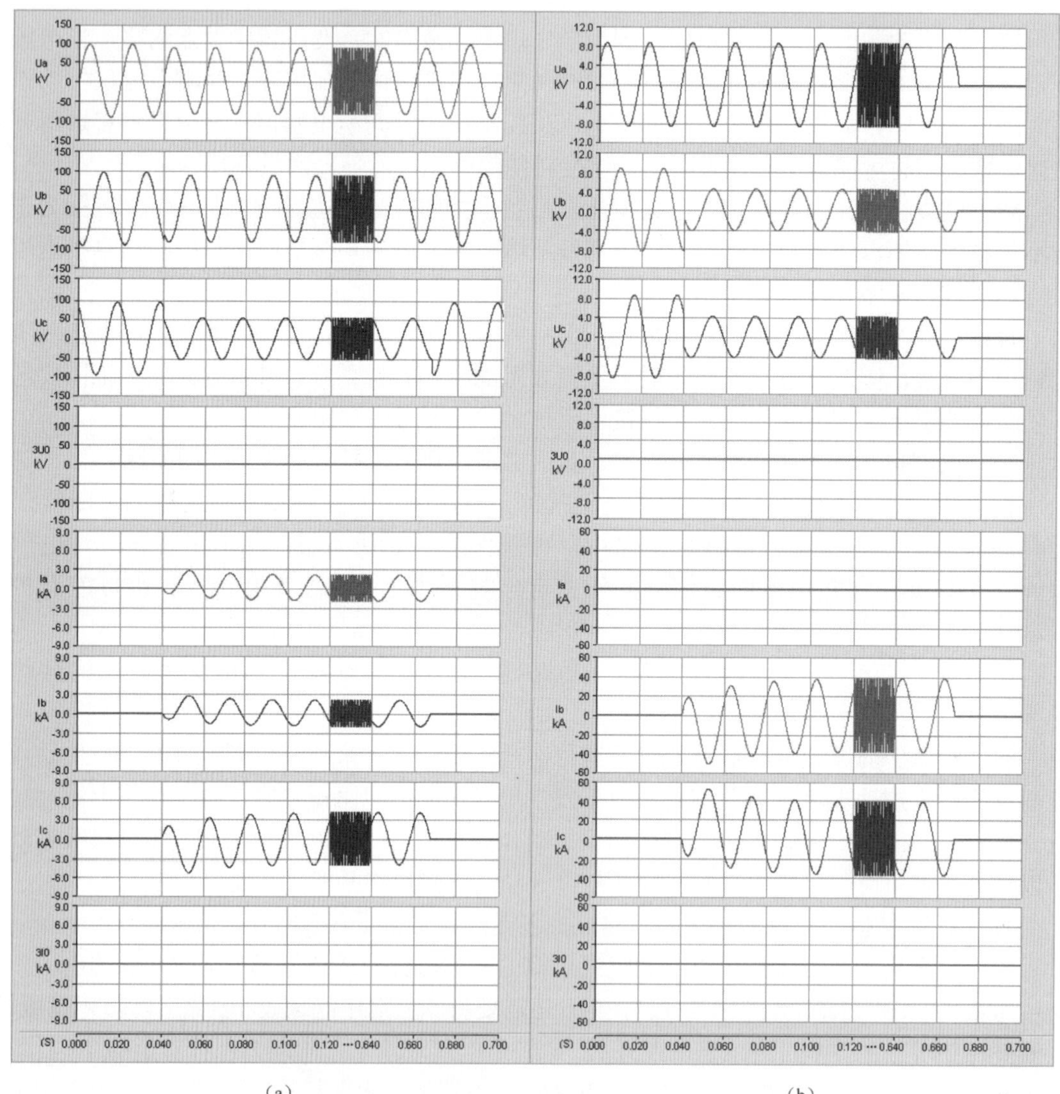

（a）　　　　　　　　（b）

图 3-11　变压器录波图

（a）Y 侧电压电流录波图；（b）△侧电压电流录波图

答：（1）主要特点是：①故障持续时间较长。故障从 40ms 开始，约在 668ms 时故障电流消失，Y 侧母线电压恢复正常。②Y 侧 A、B 相电流大小相等，相位相同，与 C 相相位相反，幅值约为 C 相一半。③△侧录波图显示，故障期间 B、C 两相出现了幅值相等，相位相反的故障电流，可直观地看出是△侧两相相间短路。④此时△侧 B、C 两相电压幅值相等约为 A 相电压幅值的一半，相位与 A 相电压相反。

（2）△侧母线（区外）BC 相金属性相间短路故障。

（3）如图 3-12 所示。

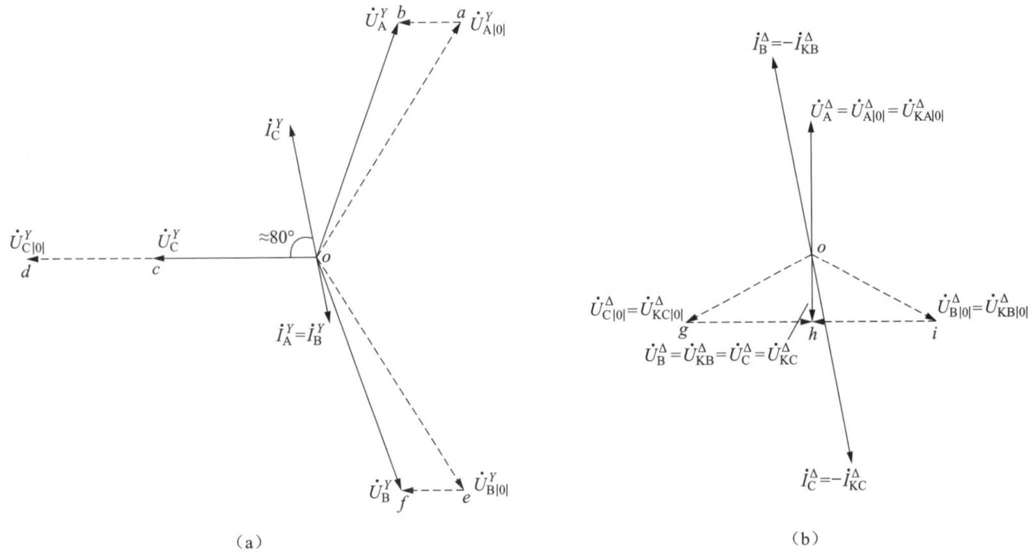

图 3-12 变压器两侧相量图

（a）Y 侧相量图；（b）△侧相量图

$$\overrightarrow{ab}=\overrightarrow{ef}=\frac{1}{2}\overrightarrow{cd}=\frac{Z_{S1}}{2(Z_{S1}+Z_{T1}^{Y})}\dot{U}_{KC|0|}^{Y},\ \overrightarrow{gh}=-j\frac{\sqrt{3}}{2}\dot{U}_{KA|0|}^{\triangle},\ \overrightarrow{ih}=j\frac{\sqrt{3}}{2}\dot{U}_{KA|0|}^{\triangle}$$

（4）变压器低压侧后备保护可能动作跳开低压侧断路器。

2．110kV 单回线带两台变压器，一次接线如图 3-13 所示，变压器高压侧并列运行，线路发生故障，波形如图 3-14 所示，波形排列顺序为，高压侧母线电压 U_a、U_b、U_c、U_0，1 号变压器高压侧电流 I_a、I_b、I_c，1 号变中性点电流 I_0，2 号变压器高压侧电流 I_a、I_b、I_c。

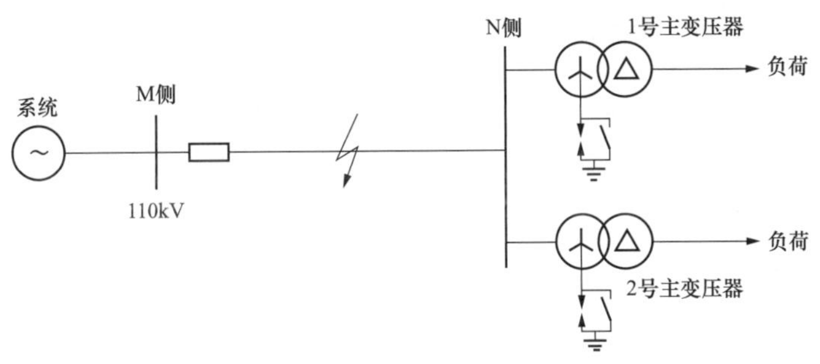

图 3-13 变压器接线示意图

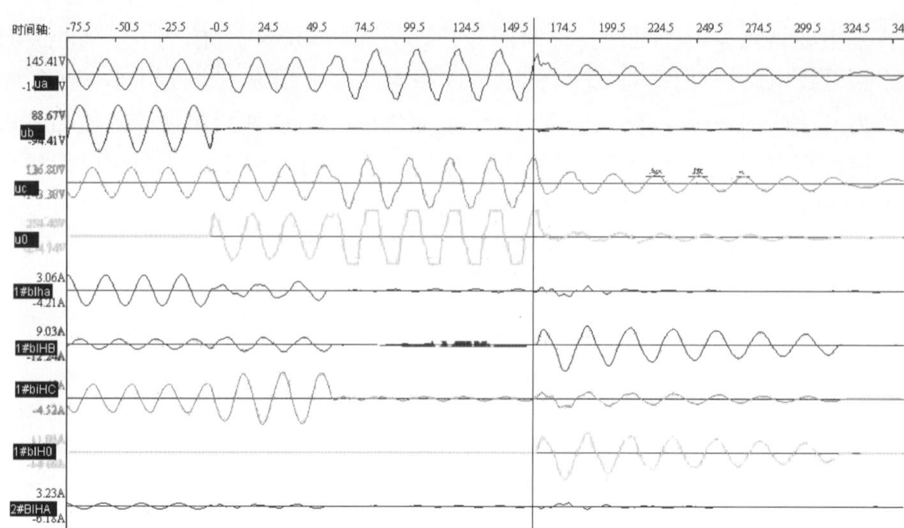

图 3-14　录波器故障波形图

问：(1) 线路上发生何种故障？

(2) 主变压器中性点的运行状态？

(3) 分析故障的过程。

答：

(1) 线路发生 B 相单相接地故障。

(2) 1 号、2 号变压器中性点为经间隙接地运行方式。

(3) 故障过程：

1) 故障录波显示 0ms 时发生线路 B 相接地故障，62ms 左右 M 侧断路器跳闸；

2) 此时 1 号、2 号变压器带负荷形成一个不接地系统，由于线路上故障仍未消失，初步判断 1 号变压器低压侧所带负荷为大容量电动机群，通过反馈对故障点提供短路电源，持续到 165ms 左右 N 侧母线 A、C 相电压升高为线电压，中性点电压理论为 300V，并出现饱和；

3) 大约在 165ms 时刻由于 1 号变压器中性点间隙击穿，形成接地系统，电动机反馈提供短路电源，不断衰减。

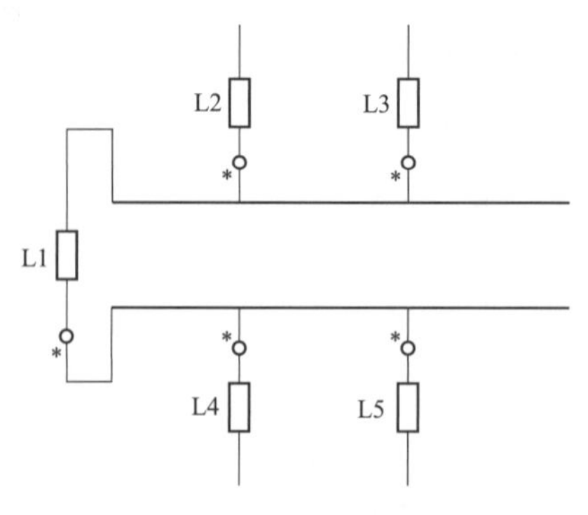

图 3-15　主接线示意图

3. 某变电站母线区内发生故障，母线接线方式为双母线接线，L1 为母联间隔，L2 及 L4 为电源间隔，L3 及 L5 为负荷支路。各间隔 TA 变比相同，全部为 1200/5，间隔及母联 TA 极性如图 3-15 所示。故障前母联断路器一次处于分位，故障相别为 A 相，母线保护型号为 BP-2CS。图 3-16 为故障时刻 Ⅰ 母 A 相电压/Ⅱ 母 A 相电压及各间隔 A 相电流。波形图标识了 T1 时刻及 T2 时刻的波形幅值，I1–I5 表示 L1–L5

的电流。

（1）请根据图 3-16 的电压及电流波形，分析母线故障点位置。

（2）假设故障前母联断路器二次辅助触点 TWJ 异常，母线保护装置认为母联断路器为合，经计算差流门槛及比率都满足动作条件，请分析母线保护装置的动作行为。

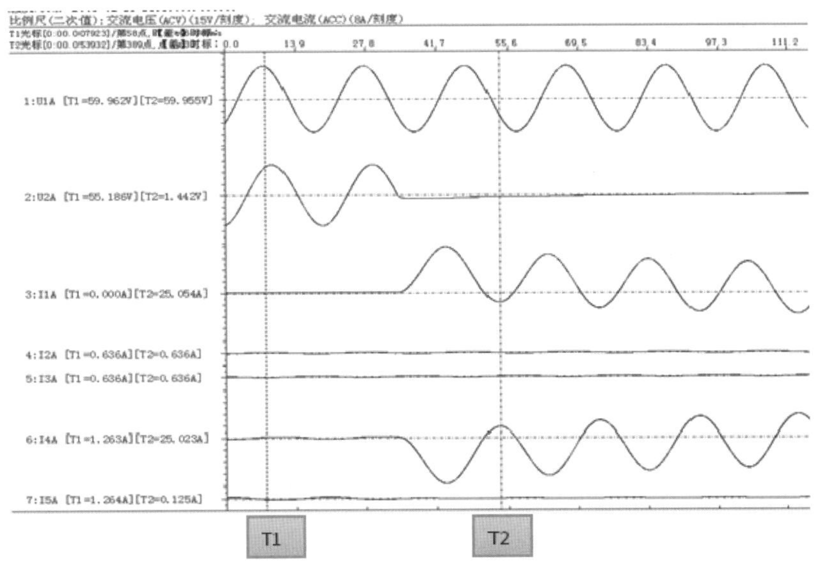

图 3-16　故障波形图

答：

（1）分析故障点位置：根据波形分析Ⅰ母上两个间隔 L2 及 L3 电流较小，为负荷电流，且Ⅰ母电压正常，因此故障点不在Ⅰ母。Ⅱ母母线电压异常，且间隔 L4 电流变大，因此故障点应在Ⅱ母，而母联电流极性与 L4 极性相反，因此故障点在母联死区位置。

（2）分析母线保护动作行为：

1）故障前母联断路器一次处于分位，而二次为合位，则母联电流计入小差电流，计算Ⅰ母小差，L1+L2+L3=L1 电流，Ⅰ母小差满足差动动作条件；计算Ⅱ母小差 L1+L4+L5=0，Ⅱ母小差不满足门槛值。

2）大差满足动作条件，Ⅰ母差流满足动作条件，但是电压闭锁，Ⅱ母电压开放但是Ⅱ母差流不满足动作条件，因此Ⅰ母及Ⅱ母小差都不动作，此时大差差流满足动作条件，两段母线任一电压开放，大差动作跳母联断路器。

3）母联断路器一次已经为断开状态，此时大差动作启动母联失灵，继而动作切除Ⅱ母。

4．某站 220kV 为双母线接线，母差保护采用 BP-2B，定值：差动动作值=2A，比率高值 K_H=0.7，比率低值 K_L=0.5。某日两段母线并列运行时，站内Ⅰ母 K 点发生 A 相接地故障，故障电流（二次值）、TA 变比如图 3-17 所示，试计算Ⅰ母小差差动电流值、大差差动电流值，并校验Ⅰ母差动是否能动作？

答：

依题目可求得：母联一次流过 500A 电流，方向由Ⅱ母流向Ⅰ母。

则：Ⅰ母小差差动电流：

$$I_{d1}=5/2+20/4+2.5/2-1.25=2.5+5+1.25-1.25=7.5(A)$$

Ⅰ母小差制动电流：

$$I_{r1}=5/2+20/4+2.5/2+1.25=2.5+5+1.25+1.25=10(\text{A})$$

$$I_{d1}=7.5\text{A}>2\text{A}（启动值）$$

$$I_{d1}=7.5\text{A}>K_H\times(I_{r1}-I_{d1})=0.7\times(10-7.5)=1.75(\text{A})$$

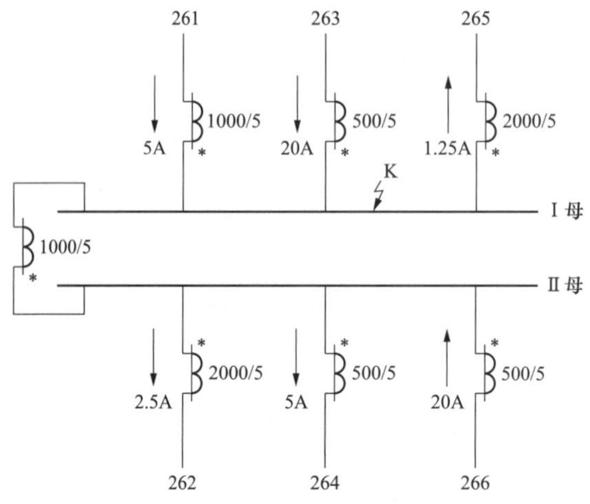

图 3-17　故障电流、TA 变比示意图

Ⅰ母小差满足动作条件。

大差差动电流：

$$I_d=5/2+20/4+20/4-2.5-5/4-2.5/2=2.5+5+5-2.5-1.25-1.25=7.5(\text{A})$$

大差制动电流：

$$I_r=5/2+20/4+20/4+1.25+5/4+2.5/2=2.5+5+5+2.5+1.25+1.25=17.5(\text{A})$$

$$I_d=7.5\text{A}>2\text{A}（启动值）$$

$$I_d=7.5\text{A}>K_H\times(I_r-I_d)=0.7\times(17.5-7.5)=7(\text{A})$$

大差元件满足动作条件。

结论：Ⅰ母差动动作。

5．已知一台主变压器为 YN，yn，d11 接线，变比 225/115/37kV，三侧额定容量 180/180/180MVA。变压器差动保护用高、中、低三侧 TA 变比分别为：2000/5、2000/5、3000/5。试分析低压侧 A 相 TA 断线时，差动保护各相差流及动作情况（低压侧负荷电流 2700A，中压侧空载）。已知差动保护在 Y 侧滤零，在 d 侧转角。制动电流 I_r 取三侧差流计算电流绝对值之和的 1/2，比率制动特性如图 3-18 所示。（其中 $I_{qd}=0.5I_e$，$I_{r1}=0.5I_e$、$I_{r2}=6I_e$、$K_1=0.2$、$K_2=0.5$、$K_3=0.7$）

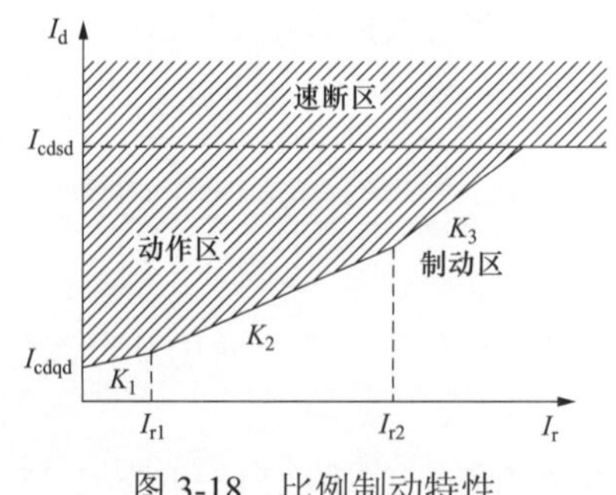

图 3-18　比例制动特性

答：

（1）写出差动保护动作方程：

$$\begin{cases} I_d > 0.2I_r + I_{qd} & I_r < I_{r1} \\ I_d > 0.2I_{r1} + I_{qd} + 0.5(I_r - I_{r1}) & I_{r1} \leqslant I_r < I_{r2} \\ I_d > 0.2I_{r1} + I_{qd} + 0.5(I_{r2} - I_{r1}) + 0.7(I_r - I_{r2}) & I_{r2} \leqslant I_r \end{cases}$$

（2）计算高压侧二次额定电流：

高压侧 $\dot{I}_{He} = \dfrac{\dfrac{180\times10^6}{225\times10^3\times\sqrt{3}}}{2000/5} = 1.155\,(A)$

（3）以高压侧为基准 1，计算低压侧平衡系数：

高压侧 $K_{Hp}=1$，低压侧 $K_{Lp} = \dfrac{37\times3000/5}{225\times2000/5} = 0.247$

（4）计算低压侧 A 相 TA 断线时 A 相的制动电流与差动电流：

$$I_{ra} = \frac{\left|\dot{I}_A - \dot{I}_0\right| + \left|\dfrac{\dot{I}_a - \dot{I}_c}{\sqrt{3}}K_{Lp}\right|}{2} = \frac{\left|1.11\angle0° - 0\right| + \left|\dfrac{0 - 4.5\angle -30°}{\sqrt{3}}\times0.247\right|}{2} = 0.876\,(A) = 0.758I_e$$

$$I_{da} = \left|(\dot{I}_A - \dot{I}_0) + \frac{\dot{I}_a - \dot{I}_c}{\sqrt{3}}K_{Lp}\right| = \left|(1.11\angle0° - 0) + \frac{0 - 4.5\angle -30°}{\sqrt{3}}\times0.247\right| = 0.64\,(A) = 0.554I_e$$

当制动电流 $I_{ra} = 0.758I_e$ 时，需要的差流动作值：

$$I'_{da} = 0.2I_{r1} + I_{qd} + 0.5(I_{ra} - I_{r1}) = 0.2\times0.5I_e + 0.5I_e + 0.5(0.758I_e - 0.5I_e) = 0.729I_e$$

因为 $I_{da} < I'_{da}$，可见，虽然差流大于启动门槛，但是由于制动作用，A 相差动不动作。

（5）计算低压侧 A 相 TA 断线时 B 相的制动电流与差动电流：

$$I_{rb} = \frac{\left|\dot{I}_B - \dot{I}_0\right| + \left|\dfrac{\dot{I}_b - \dot{I}_a}{\sqrt{3}}K_{Lp}\right|}{2} = \frac{\left|1.11\angle -120°\right| + \left|\dfrac{4.5\angle90° - 0}{\sqrt{3}}\times0.247\right|}{2} = 0.876\,(A) = 0.758I_e$$

$$I_{db} = \left|(\dot{I}_B - \dot{I}_0) + \frac{\dot{I}_b - \dot{I}_a}{\sqrt{3}}K_{Lp}\right| = \left|(1.11\angle -120° - 0) + \frac{4.5\angle90° - 0}{\sqrt{3}}\times0.247\right| = 0.64\,(A) = 0.554I_e$$

当制动电流 $I_{rb} = 0.758I_e$ 时，需要的差流动作值：

$$I'_{db} = 0.2I_{r1} + I_{qd} + 0.5(I_{rb} - I_{r1}) = 0.2\times0.5I_e + 0.5I_e + 0.5(0.758I_e - 0.5I_e) = 0.729I_e$$

因为 $I_{db} < I'_{db}$，可见，虽然差流大于启动门槛，但是由于制动作用，B 相差动不动作。

（6）计算低压侧 A 相 TA 断线时 C 相的制动电流与差动电流：

$$I_{rc} = \frac{\left|\dot{I}_C - \dot{I}_0\right| + \left|\dfrac{\dot{I}_c - \dot{I}_b}{\sqrt{3}}K_{Lp}\right|}{2} = \frac{\left|1.11\angle120° - 0\right| + \left|\dfrac{4.5\angle -30° - 4.5\angle90°}{\sqrt{3}}\times0.247\right|}{2} = 1.11(A) = 0.96I_e$$

$$I_{dc} = \left|(\dot{I}_C - \dot{I}_0) + \frac{\dot{I}_c - \dot{I}_b}{\sqrt{3}}K_{Lp}\right| = \left|(1.11\angle120° - 0) + \frac{4.5\angle -30° - 4.5\angle90°}{\sqrt{3}}\times0.247\right| = 0(A)$$

可见此时 C 相制动电流最大，C 相差流为零，因此 C 相差动元件不动作。

6．在如图 3-19 所示系统中 Ⅰ、Ⅱ两台发电机变压器组容量、参数完全相同，但 Ⅰ 号变压器中性点接地，Ⅱ号变压器中性点不接地。M 母线对侧没有电源也没有中性点接地的变压器。各元件的各序阻抗角相同，短路前没有负荷电流。在 MN 线路上发生 A 相单相接地短路，分析 P、Q 处电流回答下述问题。

（1）P、Q 处有没有零序电流？

（2）P、Q 处 B、C 相上为什么有电流？该电流与 A 相电流什么相位关系？请画出相量图进行分析。

（3）P 处 A 相电流与 Q 处 A 相电流满足什么关系？

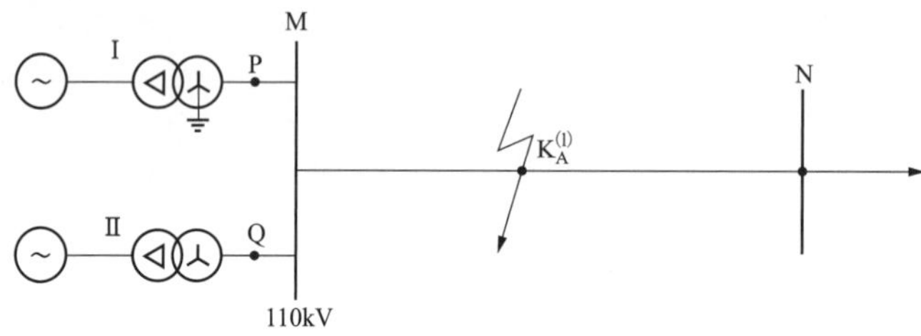

图 3-19　接线示意图

答：

（1）P 处有零序电流，因为变压器中性点接地。Q 处没有零序电流，因为变压器中性点不接地。

（2）故障线路中 A 相的正序、负序、零序电流大小、相位都相同，故障线路中 B、C 相电流为零。上述正序、负序电流在 Ⅰ、Ⅱ机组中平均分配，但零序电流只流入 Ⅰ 号变压器，不流入Ⅱ号变压器。由于两台机组正序、负序、零序电流分配系数不相等，所以 P 处的 B、C 相电流不为零，但相位与 A 相电流相同。Q 处的 B、C 相电流也不为零，相位与 A 相电流相反。

相量图如图 3-20 所示。

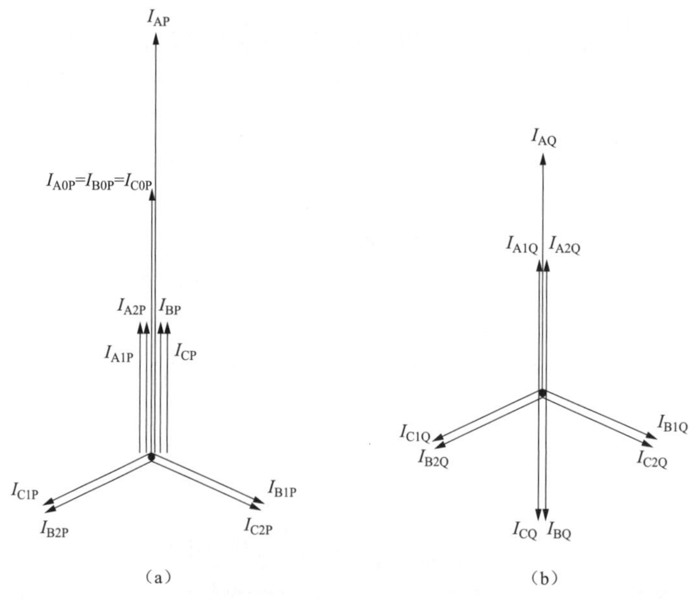

图 3-20　P、Q 两点电流相量图

（a）P 处电流相量图；（b）Q 处电流相量图

（3）由 P、Q 处相量图可知，P 处 A 相电流 I_{AP} 是 Q 处 A 相电流 I_{AQ} 的 2 倍。

7. 某 500kV 主变压器 220kV 侧发生 B 相单相接地短路，B 相断路器的两个灭弧室爆炸，220kV 母差保护动作，跳开北母线上所连接的元件；220kV 失灵保护动作，跳开南母线上所连接的元件；1s 后 2 号主变压器 220kV 过流保护动作，跳开 2 号主变压器各侧断路器。

假设以上系统可以等效如图 3-21 所示；系统各元件序阻抗可等效如图 3-22 所示。

（1）计算短路三侧零序电流。

（2）已知母联元件的相电流继电器 A 相粘连，分析各保护动作原因。

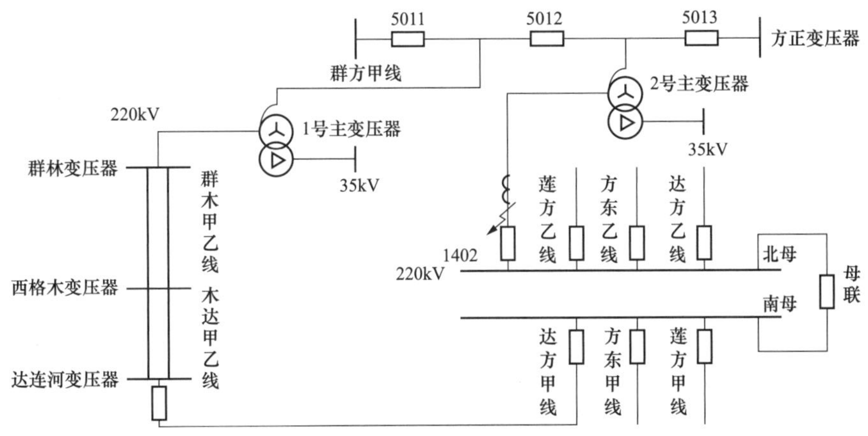

图 3-21　系统等效图

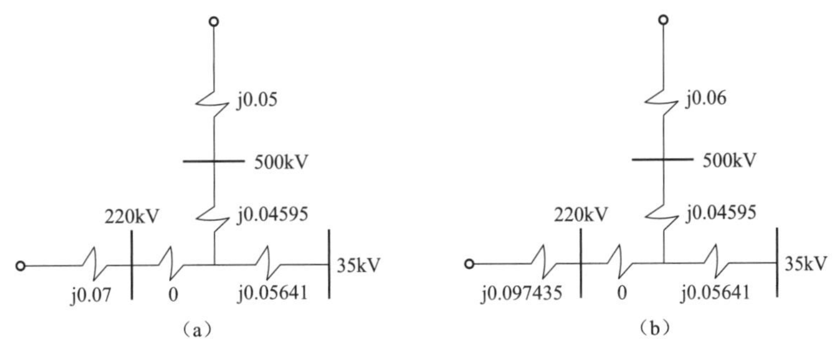

图 3-22　阻抗等效图

（a）正、负序；（b）零序

答：

（1）各序综合阻抗：

$$X_{1\Sigma}=0.07//(0.04595+0.05)=0.0450$$

$$X_{1\Sigma}=X_{2\Sigma}$$

$$X_{0\Sigma}=0.097435//[(0.06+0.04595)//0.05641]=0.027$$

（2）各序的故障电流（折算到 220kV 侧，基准容量 100MVA，基准电压 230kV）：

$$I_j=\frac{S_{\mathrm{j}}}{\sqrt{3}U_{\mathrm{j}}}=\frac{100\times1000}{\sqrt{3}\times230}=251(\mathrm{A})$$

$$I_{1\Sigma}=I_{2\Sigma}=I_{0\Sigma}=\frac{I_{\mathrm{j}}}{\mathrm{j}(X_{1\Sigma}+X_{2\Sigma}+X_{0\Sigma})}=\frac{251}{\mathrm{j}0.108}=2324\angle-90^{\circ}(\mathrm{A})$$

（3）220kV 侧零序电流：

$$I_{0M}=I_{0\Sigma}\times\frac{0.02672}{0.10595//0.05641}=2324\times\frac{0.02672}{0.03681}=1687\angle-90°(A)$$

（4）500kV 侧零序电流：

$$I_{0H}=I_{0M}\times\frac{220}{500}\times\frac{0.05641}{0.10595+0.05641}=1687\times\frac{220}{500}\times0.347=255\angle-90°(A)$$

（5）35kV 侧零序电流：

$$I_{0L}=I_{0M}\times\frac{220}{\sqrt{3}\times35}\times\frac{0.10595}{0.10595+0.05641}=218\times\frac{220}{60.6}\times0.65=3993\angle-90°(A)$$

（6）保护动作情况分析：

a）母差保护：此次故障发生在中压侧断路器和 TA 之间，属变压器差动保护范围之外，母线差动保护区内，220kV 母差保护动作，跳开北母线上连接的元件。

b）过流保护：母差保护动作后，由于 2 号主变压器仍通过 500kV 系统向故障点提供短路电流，2 号主变压器过流保护动作，跳开 2 号主变压器各侧断路器，故障消失，上述保护动作行为正确。

c）失灵保护 A 相母联相电流判别继电器接点粘连，满足了失灵保护动作的一个条件，当 220kV 北母母差保护动作后，2 号主变压器中压侧 TA 仍有故障电流流过，由于母差保护差电流回路中还有故障电流存在，造成母差保护北母差动选择继电器 2XZJ 仍处于动作状态，满足了失灵保护动作的第二个条件。

220kV 北母线切除后，南母线上的方东甲线仍通过达方甲线，木达甲、乙线，群木甲、乙线，500kV 群方甲线向故障点提供短路电流，产生零序电压，造成失灵保护复合电压闭锁继电器动作，满足了失灵保护动作的第三个条件。

由于上述原因，造成 220kV 失灵保护误动作。

8．某型号变压器差动保护，对变压器一次绕组接线为 YN，d11 方式的，程序中应进行相位补偿，Y 侧：$I'_A=I_A-I_0$，$I'_B=I_B-I_0$，$I'_C=I_C-I_0$，试分析其角侧补偿方法。

答：

变压器各侧二次电流相位由软件调整，装置采用角向星变化调整差流平衡，这样可明确区分涌流和故障的特征，大大加快保护的动作速度。对于 YN，d11 的接线，其校正方法如下：

角侧：$I'_a=(I_a-I_c)/\sqrt{3}$　　$I'_b=(I_b-I_a)/\sqrt{3}$　　$I'_c=(I_c-I_a)/\sqrt{3}$

式中：I_a、I_b、I_c 为角侧 TA 二次电流，I'_a、I'_b、I'_c 为角侧校正后的各相电流；I_A、I_B、I_C 为星形侧 TA 二次电流，I'_A、I'_B、I'_C 为星形侧校正后的各相电流。

9．写出微机型母线保护中常规比率制动和复式比率制动特性方程，进行制动系数换算，以常规比率差动元件 K=0.6 为例，对两种元件的区内故障的灵敏性和故障的稳定性进行定量分析。

答：常规比率差动元件的动作判据为：

$$\begin{cases}I_d\geqslant I_{dset}\\I_d\geqslant KI_r\end{cases}\qquad(1)$$

复式比率差动元件的动作判据为：

$$\begin{cases} I_d \geqslant I_{dset} \\ I_d / (I_r - I_d) \geqslant K_r \end{cases} \quad (2)$$

$$I_d = \left| \sum_{i=1}^{n} I_i \right|$$

$$I_r = \sum_{i=1}^{n} |I_i|$$

其中：I_i 为母线上各支路二次电流的矢量；I_{dset} 为差电流定值；K、K_r 为比例制动系数。

比较上述两判据，当：

$$K=K_r/(1+K_r) \quad (3)$$

亦即：

$$K_r=K/(1-K) \quad (4)$$

时，常规比率差动和复式比率差动特性是一致的。

区内故障的灵敏性：

考虑区内故障，假设总故障电流为 1，流出母线电流的百分比为 E_{xt}，流入母线的电流为 $1+E_{xt}$。则 $I_d=1$，$I_r=1+2E_{xt}$，分别代入式（1）、式（2）。

对于常规比率差动元件：

由 $I_d \geqslant KI_r$ 得 $1 \geqslant K(1+2E_{xt})$，有：

$$E_{xt} \leqslant (1-K)/2K \quad (5)$$

对于复式比率差动元件：

由 $I_d/(I_r-I_d) \geqslant K_r$ 得 $1/2\ E_{xt} \geqslant K_r$，有：

$$E_{xt} \leqslant 1/(2K_r) \quad (6)$$

综上所述，母线发生区内故障时，即使有故障电流流出母线，汲出电流满足式（5）、式（6）的条件时，常规比率差动元件和复式比率差动元件仍能可靠动作。

区外故障的稳定性：考虑区外故障，假设穿越故障电流为 1，故障支路的 TA 误差达到 δ，则 $I_d=\delta$，$I_r=2\pm\delta$。

对于常规比率差动元件：

由 $I_d < KI_r$ 得 $\delta < K(2\pm\delta)$

$$\delta < 2K/(1-K) \text{或} \delta < 2K/(1+K) \quad (7)$$

对于复式比率差动元件：

由 $I_d/(I_r-I_d) < K_r$ 得 $\delta/[(2\pm\delta)-\delta] < K_r$

$$\delta < 2K_r \text{或} \delta < 2K_r/(1+2K_r) \quad (8)$$

综上所述，母线发生区外故障时，常规比率差动和复式比率差动分别允许故障支路 TA 有式（7）、式（8）的误差。正误差取前半部分，负误差取后半部分。值得注意的是，在比率制动系数一定的情况下，区外故障允许故障支路 TA 的正偏差比允许的负偏差大，因为该正偏差使得制动量增大，负偏差使得制动量减小。在实际系统中，母线发生区外故障，故障支路 TA 饱和时，电流会发生负偏差，因此，正偏差无实际意义。制动系数与允许汲出电流和 TA 误差关系见表 3-2。

表 3-2　　制动系数与允许汲出电流和 TA 误差关系表

K	K_{r}	E_{xt}	δ（正偏差）	δ（负偏差）
0.4	0.67	0.75	1.33	0.57
0.6	1.5	0.33	3	0.75
0.8	4	0.125	8	0.88

从表 3-2 中不难看出，常规比率差动元件 K=0.6 时，对应复式比率差动元件 K_{r}=1.5，区内故障允许有 33%的汲出电流，区外故障允许故障支路 TA 有 75%的负偏差。

10．图 3-23 为一个单侧电源系统。其中，变压器 T1 为 YN，yn，d12 接线，中性点接地。降压变压器 T2 为 YN，yn，d1 接线，额定容量 200MVA，额定电压为 230/115/37kV（P 为中压侧、Q 为低压侧），高压侧中性点不接地，中压侧中性点接地，T2 变压器空载运行。

图 3-23　单侧电源系统

系统中各元件标幺参数如表 3-3 所示：基准电压为 230kV，基准容量为 1000MVA。

表 3-3　　元件标幺参数

设备	正序参数（负序参数）	零序参数
发电机 G	X_{G1}=0.4	X_{G0}=0.5
T1 变压器	X_{T1}=0.6	X_{T0}=0.6
线路 MN	X_{L1}=0.1	X_{L0}=0.3

问题：

（1）请根据 T2 主变压器实测参数见表 3-4，求出 T2 变压器的正序和零序标幺值参数。

表 3-4　　T2 主变压器实测参数

<table>
<tr><td rowspan="3">阻抗电压</td><td>高—中</td><td>18%</td><td rowspan="3">零序
实测参数</td><td>70Ω</td><td>$Z_{高}+Z_{励}$</td></tr>
<tr><td>高—低</td><td>28%</td><td>6Ω</td><td>$Z_{中}+Z_{励}$（中压值）</td></tr>
<tr><td>中—低</td><td>10%</td><td>46Ω</td><td>$Z_{高}+Z_{中}//Z_{励}$</td></tr>
</table>

（2）画出 k1 点发生两相接地短路时的复合序网图，并标注序网参数（要求复合序网图中必须包含各元件的等效）。

（3）线路 MN 配置有复用光纤通道纵联电流差动保护，保护同步方法为“采样时刻调整法”。线路分相纵联差动保护动作方程为：

$$\begin{cases} I_{CD\Phi} > K \times I_{R\Phi} \\ I_{CD\Phi} > I_{QD} \end{cases}$$
$$\Phi = A, B, C$$

差动电流 $I_{CD\Phi}=\left|\dot{I}_{M\Phi}+\dot{I}_{N\Phi}\right|$ 即为两侧电流矢量和。

制动电流 $I_{R\Phi}=\left|\dot{I}_{M\Phi}-\dot{I}_{N\Phi}\right|$ 即为两侧电流矢量差。

动作门槛 I_{QD} =600A（一次值），制动系数 K=0.5。

由于某种原因保护通道出现收发路由不一致，收发通道延时分别为 0.4ms 和 6.6ms，当系统 k2 点发生 BC 两相短路时，请计算线路 MN 上的故障电流大小，并结合动作方程分析纵差保护的动作行为。（忽略负荷电流和电容电流，系统频率始终为 50Hz）

答：

（1）主变压器正序阻抗：高(0.18+0.28–0.10)/2=0.18，0.18×1000/200=0.9

中(0.18–0.28+0.10)/2=0

低(0.28+0.1–0.18)/2=0.1，0.1×1000/200=0.5

主变压器零序阻抗：

A=70，B=6（折算至高压侧 $6\times230^2/115^2=24$），C=46。

励磁支路为 $\sqrt{24\times(70-46)}=24$，高压 46，中压 0，折算为标幺值：

基准阻抗 $230^2/1000=52.9$。

折算后为高压 0.87，中压 0，励磁支路 0.45。

（2）序网略。

（3）k2 点发生 BC 两相短路，短路电流计算：

变压器高压侧 B 相标幺值：1/(0.4+0.6+0.1+0.9+0.5)=0.4，AC 相标幺值：0.2。

折算为实际值：基准电流 2510A，高压侧 A、C 相 502A，B 相 1004A。

通道延时(0.4+6.6)/2=3.5ms，采样偏差 3.1ms，折合 3.1×18°=55.8°。

差动电流 $2\times\sin(55.8/2)I_d=0.9359I_d$，制动电流 $2\times\sin(180-55.8/2)I_d=1.7675I_d$。

A、C 相差动电流 470A，小于 600A，不动作；

B 相差动电流 940A，大于 600A；制动电流 1775A，1775×0.5=888A，940＞888。满足动作方程，保护跳 B 相。

11．如图 3-24 所示系统，以 S_B=1000MVA 为基准，系统阻抗 X_{1S}=0.1 X_{0S}=0.2。两台主变压器高、中压侧并列运行，变比为 230/115/10.5kV，Yyd 接线，X_{1TH}=1.2，X_{1TM}= –0.1，X_{1TL}=0.6，X_{0TH}=1.0，X_{0TM}= –0.15，X_{0TL}=0.4，限流电抗器 I_{KN}=3000A，X_K(%)=20%，10kV 线路 X_{1l}=1Ω/km，X_{0l}=3Ω/km，线路 1km 处 B 相接地，非故障相电压升高，造成 2 号主变压器低压绕组 A 相对地绝缘击穿，两点间大地和弧光电阻以 R 计算，主变压器保护配置为 PST1200 和 RCS-978，$I_{cd}=0.4I_e$。

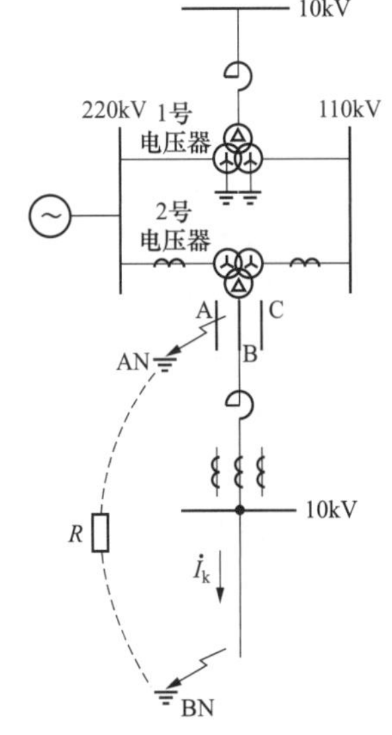

图 3-24　系统示意图

（1）R 为何值时，两套差动保护在动作边界？

（2）1、2 号主变压器高压侧引线 AN 故障，两变压器区内故障时两套保护差流分别是多少（折合到高压侧一次值）？

答：

（1）考虑到系统正序阻抗等于负序阻抗，对于本题中异地两点 AB 相接地故障，系统至 2 号变压器低压侧 ABC 点之间，仅存在正序和负序电流，无零序电流；电抗器和出线仅 B 相有电流，存在正序、负序和零序电流。因此，短路电流可以用图 3-25 所示等效电路进行计算，故障电流流向如图 3-26 所示。

其中，$Z_{1\Sigma}$ 为系统侧等效到 2 号变压器低压侧 ABC 点的正序综合电抗，Z_L、Z_K 分别为线路和电抗器的自阻抗。

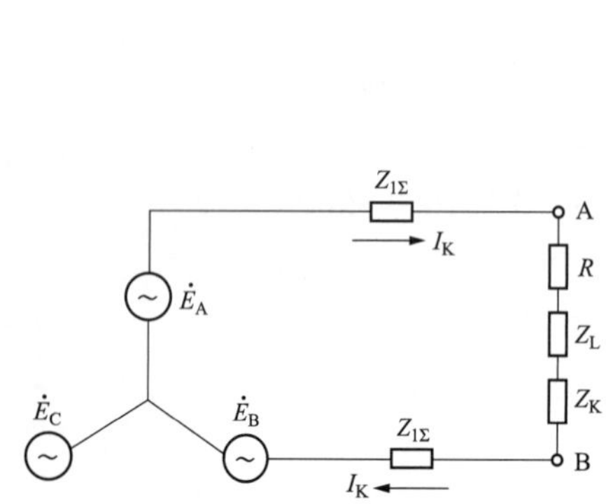

图 3-25　系统等效电路图

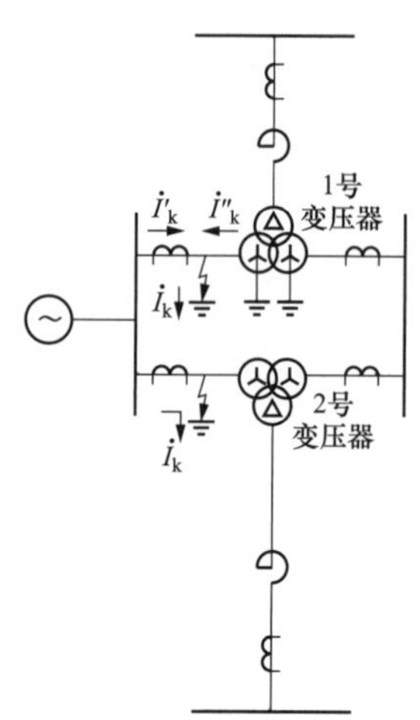

图 3-26　故障电流示意图

$$I_k = \frac{E_{AB}}{2Z_{1\Sigma} + Z_L + Z_K + R} = \frac{E_{AB}}{2Z_{1\Sigma} + (1+k)Z_{1L} + Z_K + R}$$

$$I_k^* = \frac{\sqrt{3}}{\mathrm{j}\left[2\times1.25 + \left(1+\frac{2}{3}\right)\times9.1 + 3.7\right] + R^*} = \frac{\sqrt{3}}{\mathrm{j}21.3 + R^*}$$

低压侧电流有名值 $I_k = \dfrac{\sqrt{3}}{\mathrm{j}21.3 + R^*} \times \dfrac{1000\text{MVA}}{\sqrt{3}\times10.5\text{kV}^*}$

对于变压器 2 号差动保护而言，故障点 A 相在区内，B 相在区外。依据叠加原理，差流由于 A 相 TA 未流过 I_k 所致，差流可以高压侧 $I_{ka}=I_k$，$I_{kb}=0$，$I_{kc}=0$ 计算。

差动保护能动作，差流至少大于 I_{cd}。此类故障，制动电流总不会大于差动电流。

对于 PST1200 保护：

根据低压侧电流变换，差电流（折合到低压侧一次）$I_{da}=I_{ka}$，$I_{db}=0$，$I_{dc}=0$

令 $I_{da} \geqslant 0.4I_e$　有 $\dfrac{\sqrt{3}}{\mathrm{j}21.3 + R^*} \times \dfrac{1000\text{MVA}}{\sqrt{3}\times10.5\text{kV}^*} \geqslant 0.4 \times \dfrac{180\text{MVA}}{\sqrt{3}\times10.5\text{kV}^*}$

$\left|\mathrm{j}21.3 + R^*\right| \leqslant 24$，$R^* \leqslant 11$，$R \leqslant R^* \times \dfrac{U_B^2}{S_B} = 11 \times \dfrac{10.5^2}{1000} = 1.2(\Omega)$

对于 RCS-978 保护：

根据低压侧电流变换，差电流（折合到低压侧一次）$I_{da}=(I_{ka}-I_{kc})/\sqrt{3}=I_k/\sqrt{3}$，$I_{db}=(I_{kb}-I_{kc})/\sqrt{3}=0$，$I_{dc}=(I_{kc}-I_{ka})/\sqrt{3}=-I_k/\sqrt{3}$。

同上计算，$\left|j21.3+R^*\right| \leqslant 24/\sqrt{3}$，无解，即使 R=0，差流也达不到保护定值。

（2）高压侧引线 AN 故障，经计算 $I_k^*=8$，有

$$I_{kA}=I_k^* \times \frac{1000\text{MVA}}{\sqrt{3}\times 230\text{kV}^*}=20(\text{kA})$$

$$I_{kB}=0$$

$$I_{kC}=0$$

利用叠加原理，对于 1 号变压器而言，差流因 I_A 由 $-I_k''$ 变为 I_k'，$\Delta I_A=I_k'-(-I_k'')=I_k'+I_k''=I_k$ 引起，差流可以高压侧 $I_{kA}=I_k$，$I_{kB}=0$，$I_{kC}=0$ 计算，如图 3-26 所示。

对于 PST1200 保护。

根据高压侧电流变换：

$$I_{dA}=(I_{kA}-I_{kB})/\sqrt{3}=\frac{20}{\sqrt{3}}(\text{kA})$$

$$I_{dB}=(I_{kB}-I_{kC})/\sqrt{3}=0$$

$$I_{dC}=(I_{kC}-I_{kA})/\sqrt{3}=-\frac{20}{\sqrt{3}}(\text{kA})$$

对于 RCS-978 保护。

根据高压侧电流变换：

$$I_{dA}=I_{kA}-I_{k0}=\frac{2}{3}I_k=\frac{40}{3}(\text{kA})$$

$$I_{dB}=I_{kB}-I_{k0}=-\frac{1}{3}I_k=-\frac{20}{3}(\text{kA})$$

$$I_{dC}=I_{kC}-I_{k0}=-\frac{1}{3}I_k=-\frac{20}{3}(\text{kA})$$

12．A 变电站两台 220kV 主变压器投运，用母联断路器及其保护充主变压器，已知主变压器和系统参数如下，请计算主变压器正序、零序参数的标幺值（S_j=1000MVA；U_j=230kV），计算母联充主变压器用定值，提出母联保护、母线保护、主变压器保护注意事项。如果主变压器投运后无负荷，考虑用变压器环流来进行相量检查，试简答环流的计算方法和实际操作注意事项。

系统等效到 A 站 220kV 母线阻抗（不含主变压器）：S_j=1000MVA；U_j=230kV；X_1=0.1633；X_0=0.3181。

主变压器参数（两台同）见表 3-5。

表 3-5　　主变压器参数（两台同）

型　式	SFPSZ10-180000/220		
额定容量	180/180/60MVA		
线结组别	YNyn0d11	相数 圈数 周率	3，3，50Hz
冷却方式	ONAN/ONAF/ODAF	制造厂	某变压器厂

续表

投运日期			出厂日期		
额定电压（kV）	高	230±8×1.25%	额定电流（A）	高	451.8
	中	121		中	858.9
	低	38.5		低	899.8
空载电流 I_0		0.11%	空载损耗 P_0(kW）		108
短路损耗(kW）	高—中	527.8	阻抗电压	高—中	12.5%
	高—低	80.4		高—低	22.1%
	中—低	59.8		中—低	7.55%
零序电抗（Ω）	A	65.1	$A=Z_{高}+Z_{励}$		
	B	6.11	$B=Z_{中}+Z_{励}$ (中压值)		
	C	36.7	$C=Z_{高}+Z_{中}//Z_{励}$		
S_j(MVA）	1000		U_j(kV）	230	

答：

（1）计算等值参数如表 3-6 所示。

表 3-6　　等值参数计算结果表

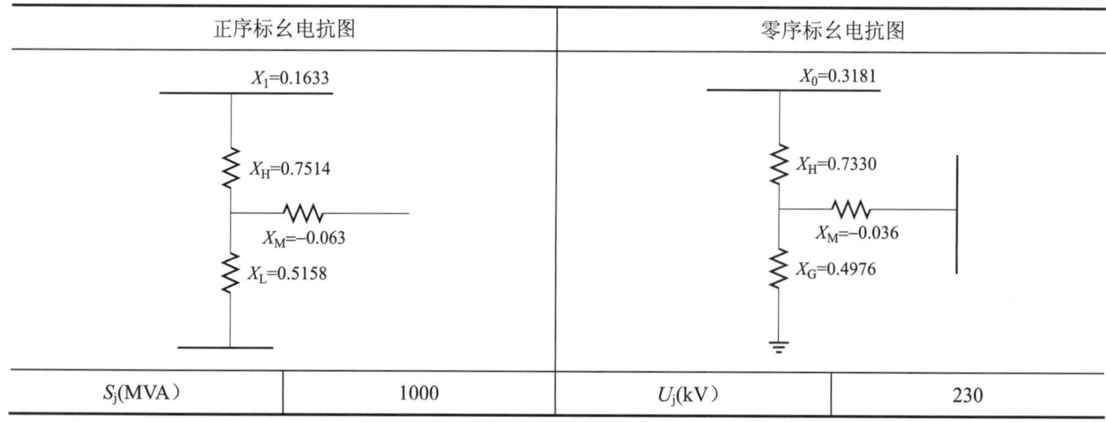

S_j(MVA）	1000	U_j(kV）	230

（2）计算母联充主变用定值。

充电过流 I 段原则：

躲过励磁涌流，一般取 4~8 倍变压器额定电流。

最小取 I_1=4×451.8=1807（A）。

时间取 0s。

充电过流 II 段原则：

1）对变压器低压侧引线短路有足够灵敏度（K_m 一般取 1.5）。

单主变运行时变压器低压侧引线三相短路电流：

$$I_k=\frac{I_j}{X_\varepsilon}=\frac{2510}{0.1633+0.7514+0.5158}=1754(\text{A})$$

最大取 I_2=1754÷1.5=1169（A）。

2）检验躲过励磁涌流能力。

$$\frac{1169}{451.8}=2.59\text{倍}$$

时间取 0.2s，足够躲过励磁涌流。

（3）保护注意点。

1）母联保护注意点：充主变时投入充电（过流）保护（含启动失灵），用投入后长期有效的充电或过流保护；相量检查期间，应保留充电（过流）保护运行；新设备及保护正常投入运行后，充电（过流）保护应退出，临时定值应恢复为正常定值，并与存档的正式运行定值核对正确。

2）变压器保护注意点：差动和重瓦斯等保护均应投入跳闸。对变压器内部故障，还需要更多依赖变压器保护，上述的充电（过流）保护不能保证对所有变压器内部故障都有灵敏度（如少数匝间短路）。变压器保护相量检查时，一般可不退出。

3）母线保护注意点：变压器充电时，母差保护不退出，投“选择”方式。当涌流较大，且相量不正确时，母差保护可能动作，但只会跳开母联开关和被充变压器开关；在变压器带负荷前如考虑误动可能影响负荷，可退出母线保护，相量检查正确后再投入。失灵保护与母差保护共用时，可一起投退，降低工作危险性，此时也就相当于不考虑开关失灵了；不共用时，可不退。

（4）变压器环流法做相量。计算变压器分接头调整后形成的电压差值除以全回路阻抗，计算出环流，以两台主变高、中侧环流侧相量为例。

利用变压器环流做相量时，高压侧来电侧电压稳定不变。当 1 号主变档位调高，高压侧线圈匝数增加，同时中压侧线圈匝数不变，因此中压侧电压降低，可以形成如图 3-27 所示的环流。

如将 2 号主变的档位调低可取得同样方向的环流。

1）相量图如图 3-28 所示（仅画出了 A 相）。

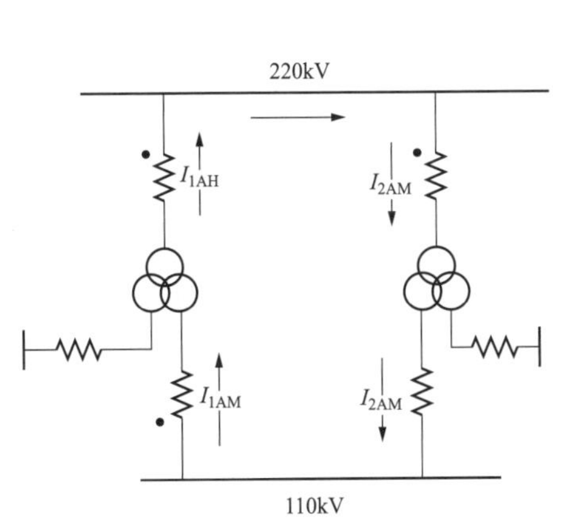

图 3-27　变压器环流示意图

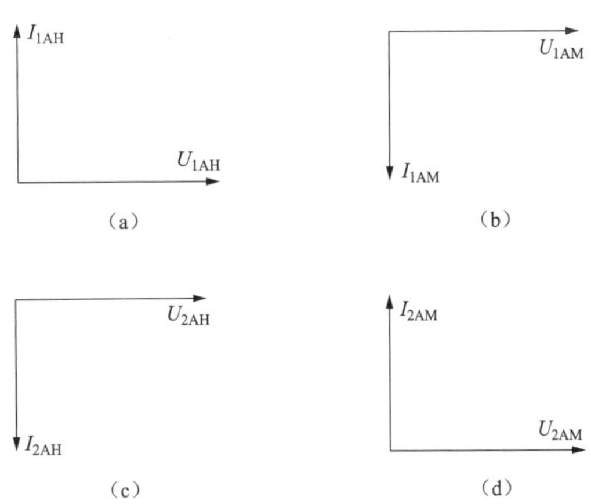

图 3-28　1 号、2 号主变压器高、中压侧 A 相电流、电压相量图

（a）1 号主变压器高压侧；（b）1 号主变压器中压侧；（c）2 号主变压器高压侧；（d）2 号主变压器中压侧

2）环流计算。

变压器档位每调节一档，中压侧电压变化 1.25%

$$\Delta E=121\times1.25\%=1.5125\text{（kV）}$$

高对中全回路阻抗（中压侧基准阻抗 13.225Ω）

$$Z=\text{（}0.7514-0.063-0.063+0.751\text{）}\times13.225=18.2\text{（}\Omega\text{）}$$

$$\text{环流 } I=1.5125\div18.2=83.1\text{（A）}$$

3）操作注意：调节主变分接头时，应注意监视主变电流，足够进行相量检查即可。

13．发电厂 YN，d11 主变压器高压侧 A 相差动 TA 主变压器侧与 B 相差动 TA 母线侧同时发生接地故障，故障点电流大小 $I_A=I_B=6000A$，高压侧 TA 变比为 1200/5，低压侧 TA 变比为 3000/5，主变压器容量 $S_N=150MVA$，220kV/35kV。主变压器高压侧中性点接地运行。分别计算以下两种情况下的三相差流大小。

（1）配置 PST1200 主变压器保护时。

（2）配置 RCS978 主变压器保护时。

答：

主变压器 Y 侧额定一次电流 I_{E1}，△侧额定一次电流 I_{E2}。

（1）PST 差流标幺值

$$\dot{I}_{dA}^{*}=\frac{\dot{I}_A-\dot{I}_B}{\sqrt{3}I_{E1}}+\frac{\dot{I}_a}{I_{E2}}=\frac{\dot{I}_A^{*}-\dot{I}_B^{*}}{\sqrt{3}I_{E1}}+\dot{I}_a^{*} \quad (1)$$

$$\begin{aligned}\dot{I}_a^{*}&=\dot{I}_{a1}^{*}+\dot{I}_{a2}^{*}=\dot{I}_{A1}^{*}e^{j30^\circ}+\dot{I}_{A2}^{*}e^{-j30^\circ}\\&=\dot{I}_{A'1}^{*}\frac{1-a^2}{\sqrt{3}}+\dot{I}_{A'2}^{*}\frac{1-a}{\sqrt{3}}=\frac{1}{\sqrt{3}}[\dot{I}_{A'1}^{*}+\dot{I}_{A'1}^{*}-(\dot{I}_{B'1}^{*}+\dot{I}_{B'1}^{*})]\\&=\frac{\dot{I}_{A'1}^{*}-\dot{I}_{B'1}^{*}}{\sqrt{3}}\end{aligned}$$

代入式（1）得：

$$\dot{I}_{dA}^{*}=\frac{(I_A^{*}+\dot{I}_{A'}^{*})-(I_B^{*}+\dot{I}_{B'}^{*})}{\sqrt{3}}$$

同理：

$$\dot{I}_{dB}^{*}=\frac{(I_B^{*}+\dot{I}_{B'}^{*})-(I_C^{*}+\dot{I}_{C'}^{*})}{\sqrt{3}}$$

$$\dot{I}_{dA}^{*}=\frac{(I_C^{*}+\dot{I}_{C'}^{*})-(I_A^{*}+\dot{I}_{A'}^{*})}{\sqrt{3}}$$

非故障相和区外故障相的$\dot{I}_{\phi}^{*}+\dot{I}_{\phi'}^{*}=0$。

可得：

$$\dot{I}_{dA}^{*}=\frac{\dot{I}_{FA}^{*}}{\sqrt{3}},\ \dot{I}_{dB}^{*}=0,\ \dot{I}_{dC}^{*}=-\frac{\dot{I}_{FA}^{*}}{\sqrt{3}}$$

A，C 相差流大小为 $6000/240\sqrt{3}=14.43(A)$，B 相差流为大小 0。

（2）RCS978 差流标幺值同理得：

$$\dot{I}_{\mathrm{dA}}^{*}=\frac{2(\dot{I}_{\mathrm{A}}^{*}+\dot{I}_{\mathrm{A'}}^{*})-(\dot{I}_{\mathrm{B}}^{*}+\dot{I}_{\mathrm{B'}}^{*})-(\dot{I}_{\mathrm{C}}^{*}+\dot{I}_{\mathrm{C'}}^{*})}{\sqrt{3}}$$

$$\dot{I}_{\mathrm{dB}}^{*}=\frac{2(\dot{I}_{\mathrm{B}}^{*}+\dot{I}_{\mathrm{B'}}^{*})-(\dot{I}_{\mathrm{C}}^{*}+\dot{I}_{\mathrm{C'}}^{*})-(\dot{I}_{\mathrm{A}}^{*}+\dot{I}_{\mathrm{A'}}^{*})}{\sqrt{3}}$$

$$\dot{I}_{\mathrm{dA}}^{*}=\frac{2(\dot{I}_{\mathrm{C}}^{*}+\dot{I}_{\mathrm{C'}}^{*})-(\dot{I}_{\mathrm{A}}^{*}+\dot{I}_{\mathrm{A'}}^{*})-(\dot{I}_{\mathrm{B}}^{*}+\dot{I}_{\mathrm{B'}}^{*})}{\sqrt{3}}$$

可得： $\dot{I}_{\mathrm{dA}}^{*}=\frac{2\dot{I}_{\mathrm{FA}}^{*}}{3}$，$\dot{I}_{\mathrm{dB}}^{*}=-\frac{\dot{I}_{\mathrm{FA}}^{*}}{3}$，$\dot{I}_{\mathrm{dC}}^{*}=-\frac{\dot{I}_{\mathrm{FA}}^{*}}{3}$

对于△侧故障可同样分析：

$I_{\mathrm{e1}}=150000/(\sqrt{3}\times 220\times 240)=1.64(\mathrm{A})$

A 相差流大小为(6000×2)/(240×3)=16.67A，标幺值为 16.67/1.64=10.16，B，C 相差流为大小 8.33A，标幺值为 8.33/1.64=5.08。

14．某降压变容量 S_{N}=40MVA，YN，d11 接线，电压变比为 115/6.3kV，Y 侧 TA 变比为 300/5，低压侧 TA 变比 3000/5，微机差动保护采用 d 侧移相方式，差动保护接线如图 3-29 所示，当在“X”处断开，将 A 相高、低压侧 TA 一次侧串联，如图 3-29 所示通入 900A 正弦交流电流，取 Y 侧为基本侧，求 A 相差动回路电流。

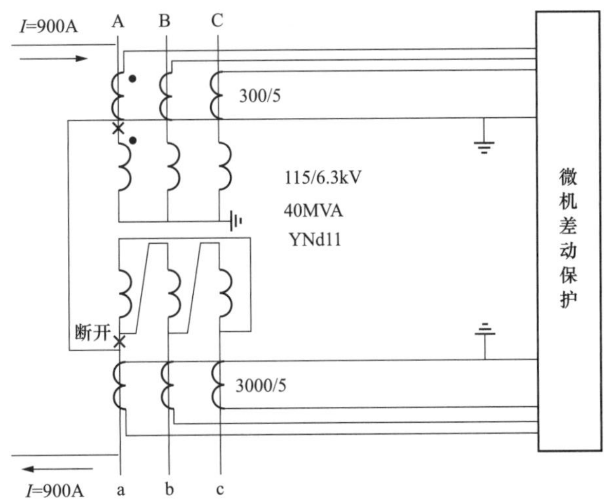

图 3-29　主变差动保护接线图

答：

（1）计算电流平衡系数。

1）一次额定电流。

110kV 侧：$I_{\mathrm{1N}}=\frac{40\times 10^{3}}{\sqrt{3}\times 115}=200.8(\mathrm{A})$

6.3kV 侧：$I_{\mathrm{2N}}=\frac{40\times 10^{3}}{\sqrt{3}\times 6.3}=3665.7(\mathrm{A})$

2）进入差动回路电流。

110kV 侧：$I_{1N}=\dfrac{200.8}{300/5}=3.35(A)$

6.3kV 侧：$I_{2N}=\dfrac{3665.7}{3000/5}=6.11(A)$

3）电流平衡系数。

110kV 侧：$K_{D1}=1$

6.3kV 侧：$K_{b2}=\dfrac{3.35}{6.11}=0.55$

（2）高压侧进入差动回路电流。

$$I_a=\frac{900}{300/5}-\frac{1}{3}\times\frac{900}{300/5}=10(A)$$

（3）低压侧进入差动回路电流。

$$I'_a=\frac{1}{\sqrt{3}}\left(-\frac{900}{3000/5}-0\right)=-0.866(A)$$

（4）计算差动回路电流。

$$I_{dA}=I_a+k_{b2}I'_a=10-0.55\times0.866=9.52(A)$$

15．某系统线路出口发生 A 相金属性接地短路故障，请画出此时零序电压和电流的相量图。若某次 A 相故障各序网图如图 3-30 所示，故障点位于 220kV 母线，假设基准容量 100MVA，基准电压 230kV，试求短路点各序分量综合阻抗标幺值及短路点零序电流有名值。

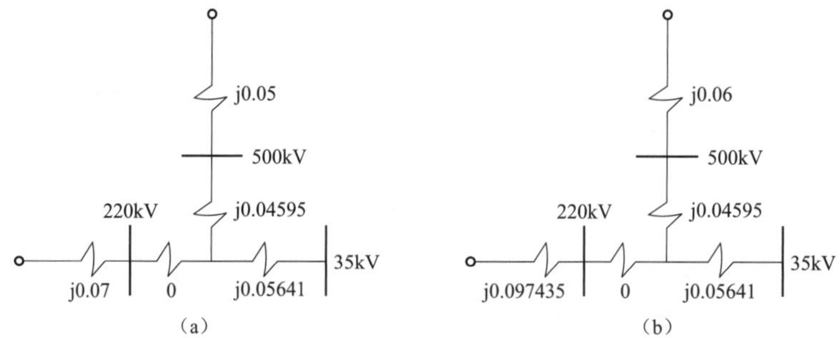

图 3-30　A 相故障各序网图

（a）正、负序；（b）零序

答：相量图如图 3-31 所示。

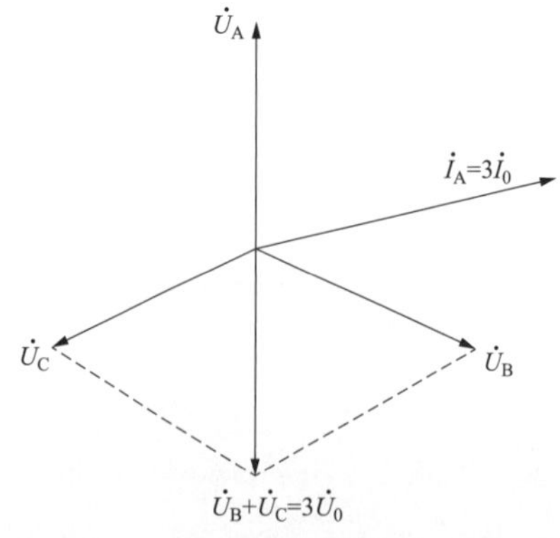

图 3-31　故障时零序电压和电流相量图

各序综合阻抗：

$$X_{1\Sigma}=0.07//(0.04595+0.05)=0.0405$$

$$X_{1\Sigma}=X_{2\Sigma}$$

$$X_{0\Sigma}=0.097435//[(0.06+0.04595)//0.05641]=0.027$$

各序的故障电流（折算到 220kV 侧，基准容量 100MVA，基准电压 230kV）

$$I_{\rm j}=\frac{S_{\rm j}}{\sqrt{3}U_{\rm j}}=\frac{100\times1000}{\sqrt{3}\times230}=251({\rm A})$$

$$I_{1\Sigma}=I_{2\Sigma}=I_{0\Sigma}=\frac{I_{\rm j}}{{\rm j}(X_{1\Sigma}+X_{2\Sigma}+X_{0\Sigma})}=\frac{251}{{\rm j}0.108}=2324\angle-90^\circ({\rm A})$$

16．已知自耦变压器参数见参数填报表（见表 3-7）；系统等效电源 $S_{\rm N}$=300MVA，$X''_{\rm d}$ =18%，零序等效阻抗 X_{10}=0.24；变压器中压侧发生单相接地故障（如图 3-32 所示），试绘出变压器的各等效序网图，并计算出流经中性点的零序电流大小和流向。（注：发电机负序电抗等于正序电抗，变压器各序阻抗相等，基准容量 $S_{\rm B}$=100MVA，220kV 基准电压 $U_{\rm B}$=220kV）

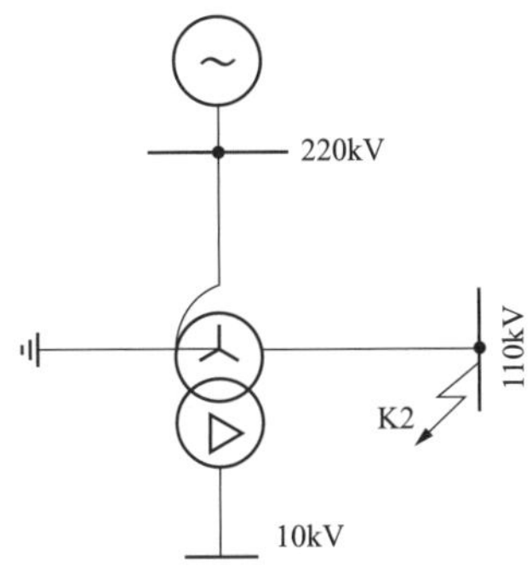

图 3-32 系统示意图

表 3-7 **三绕组变压器参数填报表**

<table>
<tr><td>厂站名称</td><td colspan="4">220kV××变电站</td><td colspan="2">变压器编号</td><td colspan="2">1 号变压器</td></tr>
<tr><td>型 号</td><td colspan="4">SFSZ10-180000/220</td><td colspan="2">投产日期</td><td colspan="2">年 月 日</td></tr>
<tr><td>制造厂家</td><td colspan="4">上海阿海珐</td><td colspan="2">三相额定容量比</td><td colspan="2">180MVA/180MVA/60MVA</td></tr>
<tr><td>额定电压变比(kV)</td><td colspan="4">—</td><td colspan="2">额定电流(A)</td><td colspan="2">472.4/858.9/3149</td></tr>
<tr><td>接线组别</td><td colspan="4">YN，yn0，d11</td><td colspan="2">冷却方式</td><td colspan="2">ONAN/ONAF</td></tr>
<tr><td colspan="9">变压器抽头电压(kV)</td></tr>
<tr><td>第 1 档</td><td>第 2 档</td><td>第 3 档</td><td>第 4 档</td><td>第 5 档</td><td>第 6 档</td><td>第 7 档</td><td>第 8 档</td><td>第 9 档</td></tr>
<tr><td>253</td><td>249.7</td><td>246.4</td><td>243.1</td><td>239.8</td><td>236.5</td><td>233.2</td><td>229.9</td><td>226.6</td></tr>
<tr><td>第 10 档</td><td>第 11 档</td><td>第 12 档</td><td>第 13 档</td><td>第 14 档</td><td>第 15 档</td><td>第 16 档</td><td>第 17 档</td><td>第 18 档</td></tr>
<tr><td>223.3</td><td>220</td><td>216.7</td><td>213.4</td><td>210.1</td><td>206.8</td><td>203.5</td><td>200.2</td><td>—</td></tr>
<tr><td rowspan="3">低压侧补偿容量</td><td colspan="4">电容器</td><td colspan="4">电抗器</td></tr>
<tr><td>额定电压（kV）</td><td>组数</td><td colspan="2">单组容量（kvar）</td><td>额定电压（kV）</td><td>组数</td><td colspan="2">单组容量（kvar）</td></tr>
<tr><td>10</td><td>5</td><td colspan="2">3×10020/2×6012</td><td>10</td><td>5</td><td colspan="2">3×200/2×120</td></tr>
</table>

续表

请说明下面所填写的值是：　□铭牌值　　□出厂实测值							
短路损耗	（kW）	（kW）	（kW）	短路电压	最大（%）	额定（%）	最小（%）
P 高—中	504.4	—	—	$U_{\%}$高—中	—	15	—
P 高—低	129.4	—	—	$U_{\%}$高—低	—	30	—
P 中—低	121.0	—	—	$U_{\%}$中—低	—	45	—
请说明以上数据是否进行了容量折算 □是　　□否				请说明以上数据是否进行了容量折算 □是　　□否			

空载损耗（kW）	77.2	—	—
空载电流（%）	0.07	—	—

零序阻抗						
HV 绕组		MV 绕组	LV 绕组	实加电流 I（A）	实加电压 U（V）
接线方式	分接头	接线方式	接线方式		
AHBHCH-0 供电	额定档位	开路	d	103.3	4242
		短路		107.7	1392
开路	额定档位	AmBmCm-0 供电	d	107.2	856
短路				107.4	269

高压侧套管 TA			中压侧套管 TA		
类型	变比范围（A）	现用变比（A）	类型	变比范围（A）	现用变比（A）
测量 TA	600～1200/1	—	测量 TA	1000～2000/1	—
计量 TA	600～1200/1	—	计量 TA	1000～2000/1	—
保护 TA	600～1200/1	—	保护 TA	1000～2000/1	—
稳控 TA	600～1200/1	—	稳控 TA	1000～2000/1	—

填报说明	额定电压变比：为两侧额定线电压变比，请按类似“525/242±8×1.25%/34.5”的格式填写。 短路损耗：即负载损耗。 高/中压侧套管 TA：该二项目只有 500kV 变压器才须填写		
备注	零序电流变比：200，400，600/1		
填报日期	年　　月　　日	填报单位（公章）	

填表人：　　　　　　　　联系电话：　　　　　　　　审核人：

答：

正序等效回路图 3-33 所示：

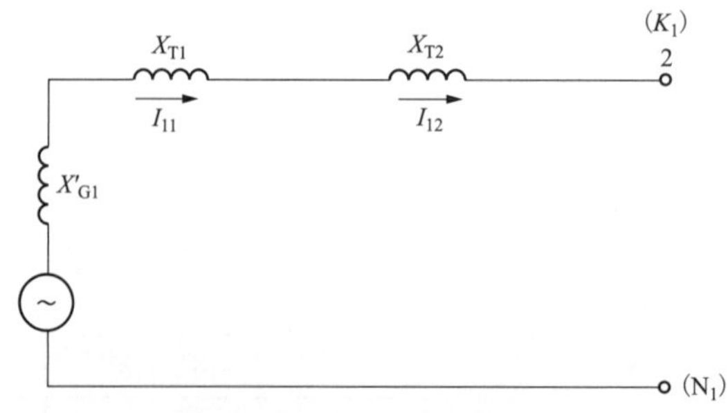

图 3-33　正序等效回路图

负序等效回路图如图 3-34 所示：

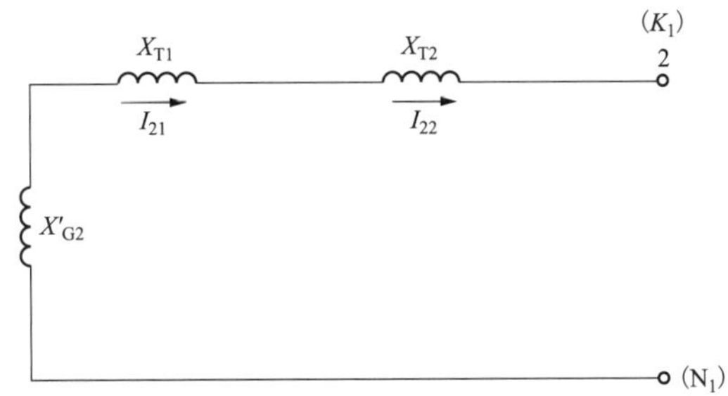

图 3-34　负序等效回路图

零序等效回路图如图 3-35 所示：

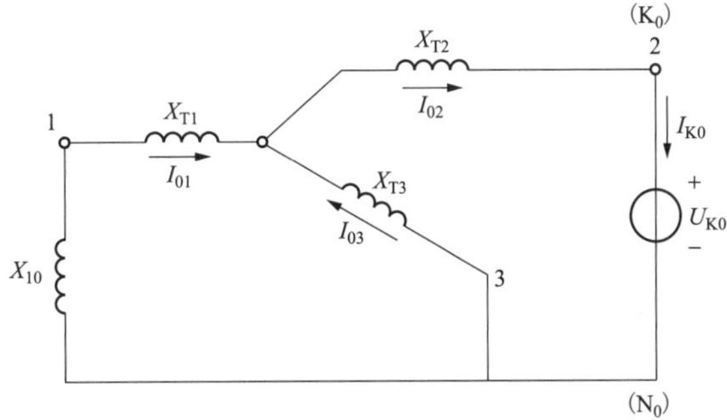

图 3-35　零序等效回路图

将所有参数统一归算至 S_B=100MVA、U_B=220kV 为基准的标幺值，得：

$$X_{T1}=\frac{1}{2}(X_{12}+X_{13}-X_{23})\times\frac{100}{180}=0.0$$

$$X_{T2}=\frac{1}{2}(X_{12}+X_{23}-X_{13})\times\frac{100}{180}=0.083$$

$$X_{T3}=\frac{1}{2}(X_{13}+X_{23}-X_{12})\times\frac{100}{180}=0.167$$

$$X'_{G1}=X'_{G2}=\frac{X_d\%}{100}\times\frac{100}{300}=0.06\text{；}\qquad X'_{10}=X_{10}\times\frac{100}{300}=0.08$$

$$X_{\Sigma 1}=X'_{G1}+X_{T1}+X_{T2}=0.06+0.083+0=0.143$$

$$X_{\Sigma 2}=X'_{G2}+X_{T1}+X_{T2}=0.143$$

$$X_{\Sigma 0}=(X'_{10}+X_{T1})//X_{T3}+X_{T2}=\frac{0.167\times 0.08}{0.167+0.08}+0.083=0.137$$

可计算出零序故障电流：

$$\dot{I}^*_{02}=\frac{E}{X_{\Sigma 1}+X_{\Sigma 2}+X_{\Sigma 0}}=\frac{1}{0.143+0.143+0.137}=2.364$$

折换成中压侧有名值：

$$\dot{I}_{02}=2.364\times\frac{100}{\sqrt{3}\times 110}=1241(\text{A})$$

计算高压侧零序故障电流：

$$\dot{I}_{01}^{*}=\frac{X_{T3}}{X_{T3}+X_{T1}+X'_{10}}\times\dot{I}_{02}^{*}\times=\frac{0.167}{0.167+0.08}\times2.364=1.598$$

折换成有名值：$\dot{I}_{01}=1.598\times\dfrac{100}{\sqrt{3}\times220}=419\,(\mathrm{A})$

因此：

中性点零流 $\dot{I}_{N}=3\times(\dot{I}_{01}-\dot{I}_{02})=3\times(419-1241)=-2466\,(\mathrm{A})$

I_N 的流向是由地流向中性点。

17．220kV 系统如图 3-36 所示，变压器 T_m 和 T_n 均为三相五柱式结构，T_m 变压器直接接地，T_n 变压器间隙接地且低压侧无电源，T_m 和 T_n 变压器中性点零序过压继电器分别接 M 母线和 N 母线 TV（变比为 220000/$\sqrt{3}$/100/$\sqrt{3}$/100）开口三角绕组（反应 $3U_0$），定值为 180V，当 M 侧线路 A 相断路器跳闸后，请画出序网图，判断变压器 T_m 和 T_n 的中性点零序过压保护能否动作？

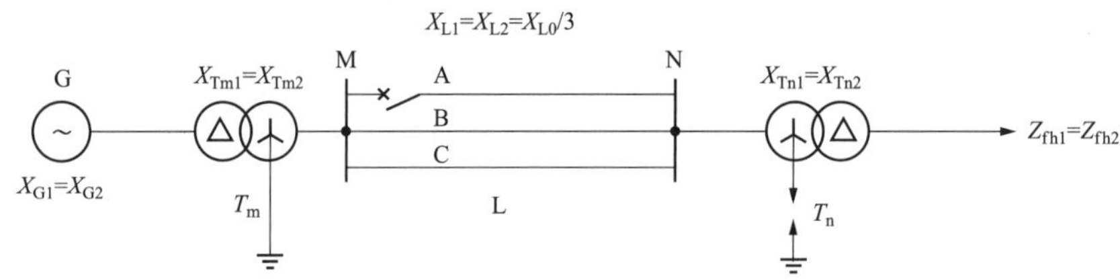

图 3-36　220kV 系统示意图

答：序网图如图 3-37 所示。

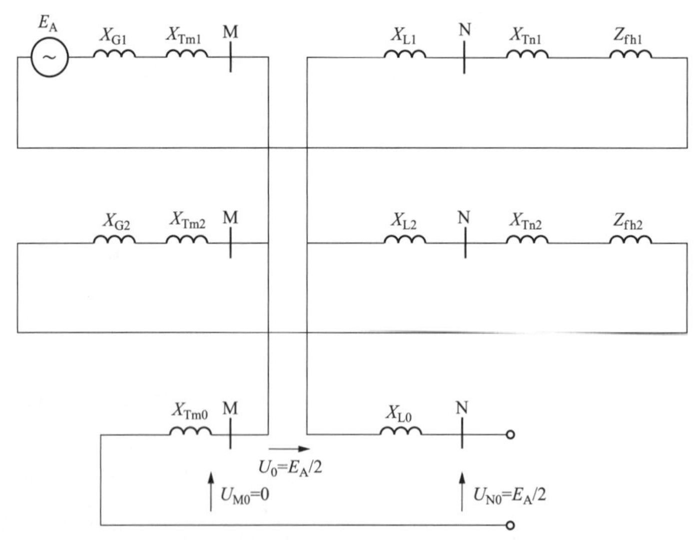

图 3-37　序网图

当线路 MN 的 M 侧断路器 A 相断开后，M 母线零序电压 U_0=0，N 母线零序电压 U_0=E_A/2。M 母线的 U_0=0V，M 母线 TV 开口三角感受到的电压 $3U_0$=0V，M 母线变压器 T_m 的中性点零序过电压保护不会动作。

TV 变比为 220000/$\sqrt{3}$/100/$\sqrt{3}$/100，N 母线 TV 开口三角感受到的电压 $3U_0$=150V，所以 N 母线变压器 T_n 的中性点零序过电压保护不会动作。

18．容量为 100MVA、变比为 230±2×2.5%/38.5kV、YN，d11 接线变压器，220kV 侧 TA 变比 1000/1A，35kV 侧 TA 变比 4000/1A，两侧 TA 接成星形。该变压器差动保护比率制动特性如图 3-38 所示。

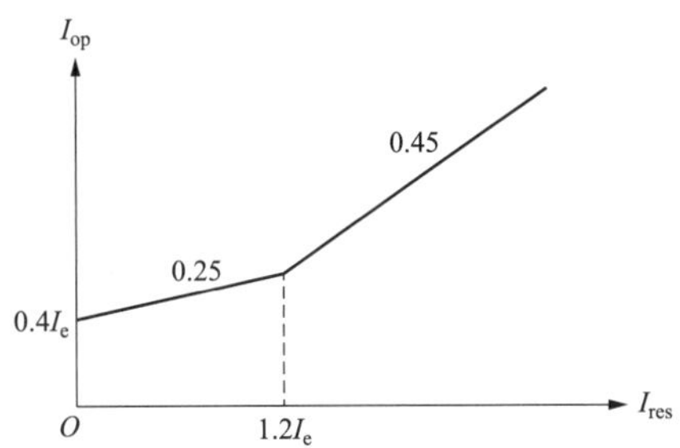

图 3-38　变压器差动保护比率制动特性

其中：

$$\begin{cases} I_{op}=\left|\dot{I}_1+\dot{I}_2\right| \\ I_{res}=\dfrac{1}{2}\left\{\left|\dot{I}_1\right|+\left|\dot{I}_2\right|\right\} \end{cases}$$

$\dot{I}_1$、$\dot{I}_2$ 为两侧流入差动回路的电流；差动保护为 Y 侧移相。在设定参数时误将 YN，d11 设定为 YN，d7，在带负荷试验时差动保护动作，试计算差动保护动作时 220kV 最小一次电流。

答：（1）设定 YN，d7 时两侧进入差动回路电流为：

d 侧：$\dot{I}_a,\dot{I}_b,\dot{I}_c$

Y 侧：$\dfrac{\dot{I}_C-\dot{I}_A}{\sqrt{3}}$，$\dfrac{\dot{I}_A-\dot{I}_B}{\sqrt{3}}$，$\dfrac{\dot{I}_B-\dot{I}_C}{\sqrt{3}}$

（2）实际变压器为 YN，d11 接线，但按上述电流形式进入差动回路，从而形成差动回路电流，如图 3-39、图 3-40 所示。

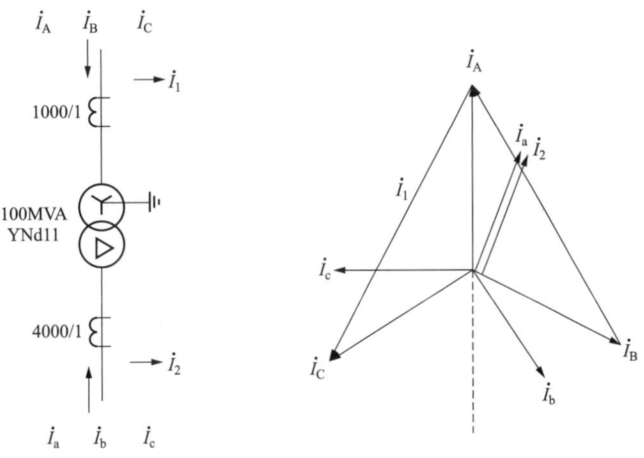

图 3-39　变压器差动电流示意图及 YN，d11 接线电流相量图

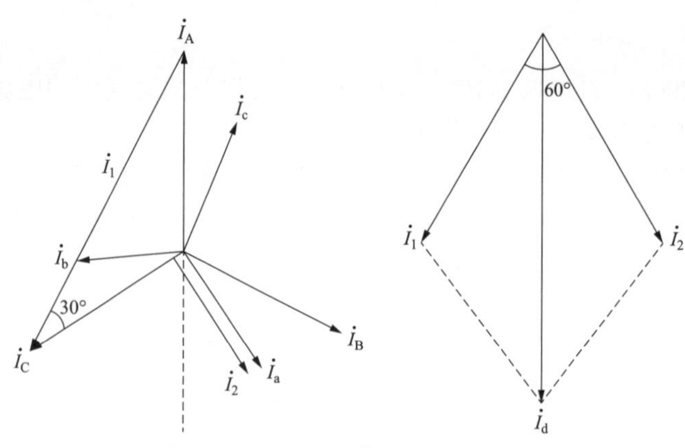

图 3-40　YN，d7 接线电流相量图

所以：$\dot{I}_1$、$\dot{I}_2$ 的相角差为 60°，形成的差流为：

$$I_d = \sqrt{3}I_1 = \sqrt{3}I_j \text{（} I_1 = I_\varphi \text{）}$$

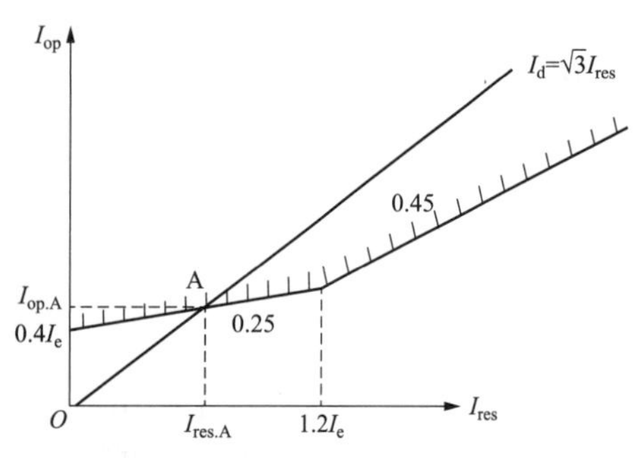

图 3-41　差动保护动作曲线

（3）确定 220kV 最小动作电流。

因为：$I_d = \sqrt{3}I_\varphi$，$I_{res} = I_\varphi$

所以：$I_d = \sqrt{3}I_{res}$

作出动作特性为一条斜线，图 3-41 中 A 点动作。

$$I_{op.A} = 0.4I_e + 0.25I_{res.A} = 0.4I_e + 0.25 \times \frac{I_{op.A}}{\sqrt{3}}$$

因为：
$$I_{op.A} = \frac{0.4I_e}{1 - \dfrac{0.25}{\sqrt{3}}} = 0.47I_e$$

$$I_{YN} = 0.47 \times \frac{100 \times 10^3}{\sqrt{3} \times 230} = 118\text{A}$$

19．YN，yn，d11 的 500kV 主变压器，用 500kV 和 35kV 侧进行主变压器差动带负荷试验（110kV 侧断开），主变压器容量 750/750/240MVA，低压侧满负荷时 A、B、C 三相差流分别为 $0.16I_e$，$0.32\ I_e$，$0.16\ I_e$，请分析可能是什么原因？已知：保护装置采用 RCS978。（提示：TA 二次回路有一处缺陷）

答：

Y 侧 TA 的 B、C 相在端子箱或 TA 接线盒处短接。如图 3-42 所示。

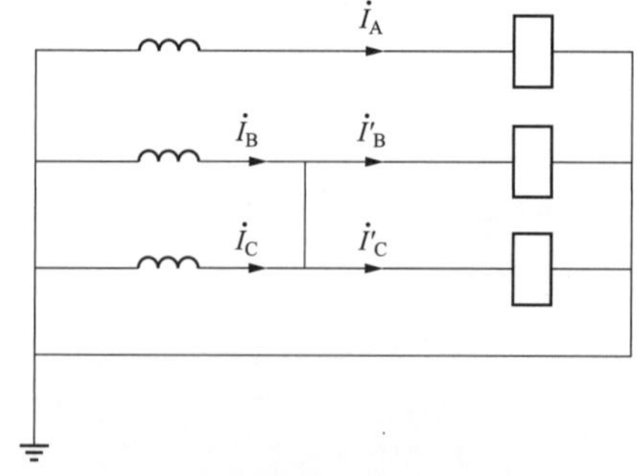

图 3-42　电流回路接线图

主变压器压器容量 750/750/240MVA，低压侧满负荷时，高压侧电流为 $I_A=I_B=I_C=0.32I_e$。因电流回路阻抗主要由电缆决定。

$$\dot{I}'_B=\dot{I}'_C=-\frac{\dot{I}_A}{2}$$

$$\begin{cases}\dfrac{\dot{I}_{AB}}{\sqrt{3}}=\dfrac{\dot{I}_A-\dot{I}_B}{\sqrt{3}}=\dfrac{\sqrt{3}}{2}\dot{I}_A\\[2ex]\dfrac{\dot{I}_{BC}}{\sqrt{3}}=0\\[2ex]\dfrac{\dot{I}_{CA}}{\sqrt{3}}=\dfrac{\sqrt{3}}{2}\dot{I}_A\end{cases}$$

主变高、低压侧电流相量如图 3-43 所示。

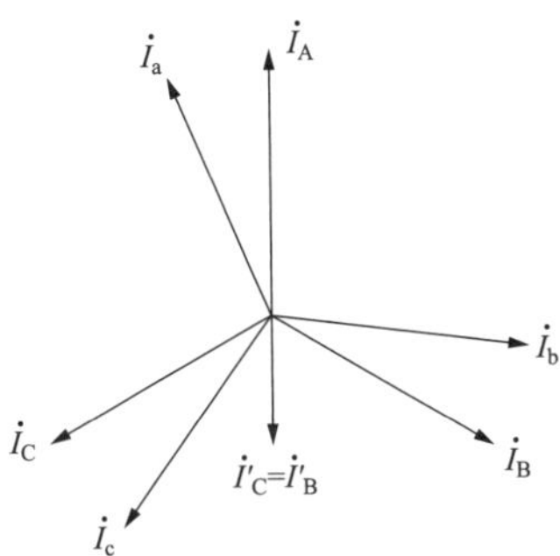

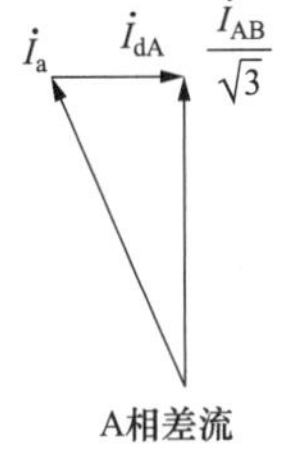

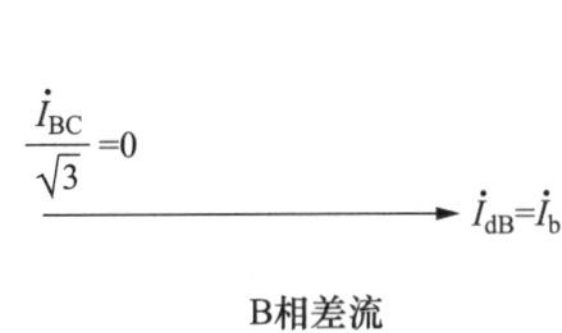

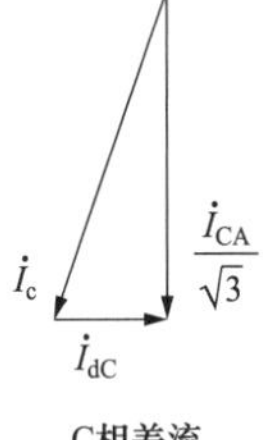

图 3-43　主变电流相量图

由相量图得：
$$\begin{cases}I_{dA}=I_{dC}=0.16I_e\\I_{dB}=0.32I_e\end{cases}$$

20. 已知 110kV 主变压器额定容量 S_e=40MVA，负载损耗（铜损）P_e=150kW，无功 Q=10Mvar，计算投入 6Mvar 电容器后损耗降低多少？

答：

投入电容器前：
$$\Delta P_1=\left(\frac{S}{S_e}\right)^2P_e=\frac{P^2+Q_1^2}{S_e^{\ 2}}P_e$$

投入电容器后：
$$\Delta P_2=\left(\frac{S}{S_e}\right)^2P_e=\frac{P^2+Q_2^2}{S_e^{\ 2}}P_e$$

损耗降低：
$$\Delta P_{12}=\Delta P_1-\Delta P_2=\frac{Q_1^2-Q_2^2}{S_e^{\ 2}}P_e=7.875\text{kW}$$

21．已知变压器的接线为 YN，d1，两侧差动 TA 的接线形式为 Y、Y，由软件在高压侧移相，纵差保护的整定值为：初始动作电流 $I_{dz0}=2A$，拐点电流 $I_{zd0}=3A$，制动系数 $K_z=0.5$，以最大侧为制动、低压侧为基准值，两侧之间的平衡系数为 1.2（未考虑 $\sqrt{3}$），现按图 3-44 所示加电流 20A。

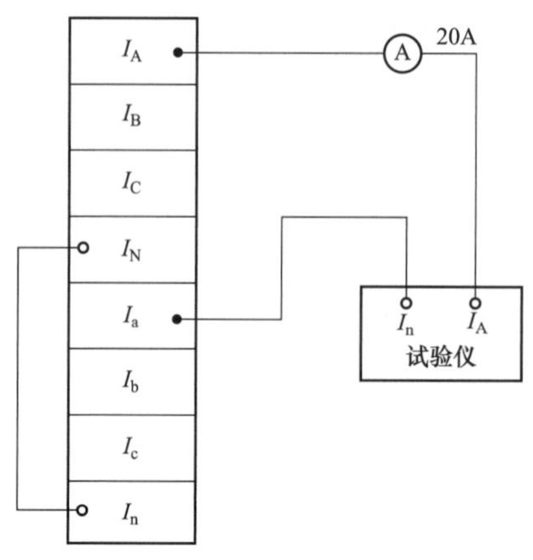

图 3-44　接线示意图

试计算：差动保护各相差动电流的大小。

答：

A 相差动元件中的差流　$I_{Ad}=20|1-K_x/1.732|=20|1-1.2/1.732|=6.1(A)$

B 相差动元件中的差流　$I_{Bd}=20K_x/1.732=13.9(A)$

C 相差动元件中的差流　$I_{Cd}=0$

22．如图 3-45 所示 110kV 系统，A 站与系统联络线因故障跳闸，A 站及低压侧小电源孤岛运行。除联络线开关，图中设备均运行，1 号主变压器高压侧中性点经间隙接地，发电机中性点不接地。基准容量为 100MVA，110kV 母线基准电压为 115kV，发电机正序电抗 Z_{S1} 标幺值为 0.4，负序电抗 Z_{S2} 标幺值为 0.5，1 号主变压器正序、负序电抗 Z_{T1} 标幺值 0.26，零序电抗 Z_{T0} 标幺值为 0.24。1 号主变压器仅考虑高后备保护，不考虑发电机保护动作情况。

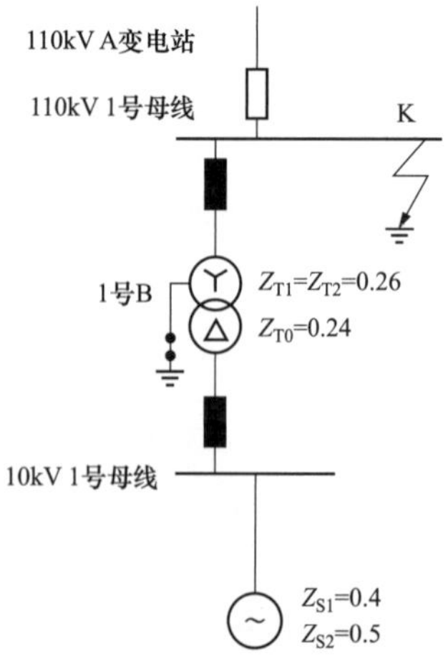

已知 1 号主变压器高压侧后备保护定值如下：

（1）过流Ⅰ段保护：定值 1500A（一次值），时限 1.5s，跳主变压器各侧断路器；

（2）过流Ⅱ段保护：定值 400A（一次值），时限 4s，跳主变压器各侧断路器；

（3）间隙零序过流保护：定值 100A（一次值），时限 3.0s，跳主变压器各侧断路器；

（4）间隙零序过压保护：退出。

问：

（1）110kV 母线 K 点 A 相发生永久性单相接地故障，1 号主变压器高压侧中性点间隙保护击穿前，画出 110kV 母线相电压及

110kV A变电站
110kV 1号母线
K
1号B
$Z_{T1}=Z_{T2}=0.26$
$Z_{T0}=0.24$
10kV 1号母线
$Z_{S1}=0.4$
$Z_{S2}=0.5$

图 3-45　一次网络接线示意图

零序电压的相量图；

（2）110kV 母线 K 点 A 相发生永久性单相接地故障，1 号主变压器高压侧中性点间隙保护击穿后，并保持击穿状态下，1 号主变压器高后备保护动作，跳主变压器各侧断路器。画出 1 号主变压器高压侧后备保护跳闸前故障点的复合序网图，计算故障点的正、负、零序电流幅值及流经 1 号主变压器高压侧后备的各相电流，分析 1 号主变压器高压侧后备保护动作行为。

答：

（1）110kV 母线相电压及零序电压的相量图如图 3-46 所示。

相量图关键点：

①相电压相量的相位关系及方向正确。

②相电压相量的长度正确。

③零序电压与其他相量之间的相位关系及方向正确，零序电压相量长度正确。

（2）主变压器中性点间隙击穿后，主变压器中性点直接接地运行。

复合序网图如图 3-47 所示。

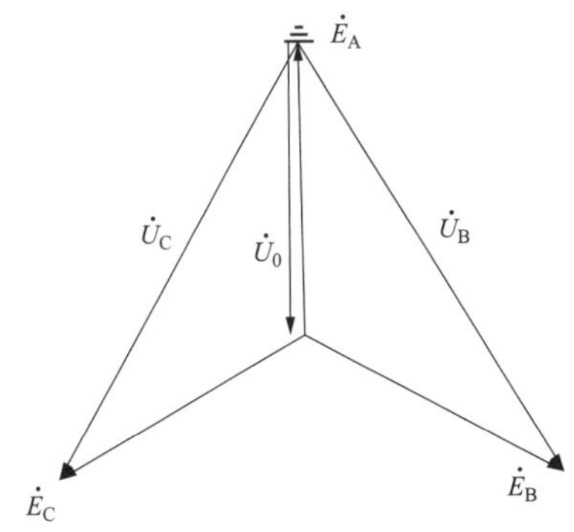

图 3-46　电压相量图

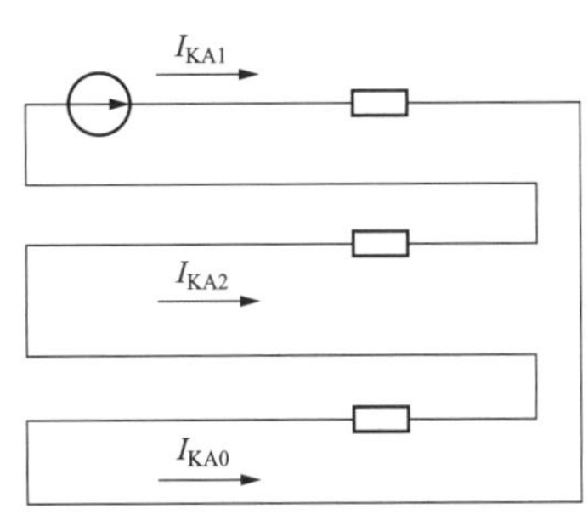

图 3-47　复合序网图

复合序网中各序阻抗标幺值：

正序阻抗 $Z_{1\Sigma} = Z_{S1} + Z_{T1} = 0.4 + 0.26 = 0.66$

负序阻抗 $Z_{2\Sigma} = Z_{S2} + Z_{T2} = 0.5 + 0.26 = 0.76$

零序阻抗 $Z_{0\Sigma} = 0.24$

①基准电流为 $I_j = S_j / U_j / 1.732 = 100 / 115 / 1.732 \times 1000 = 502.06(A)$

②故障点 A 相各序电流：

$$I_{KA1} = I_{KA2} = I_{KA0} = I_j / (Z_{1\Sigma} + Z_{2\Sigma} + Z_{0\Sigma})$$
$$= 502.06 / (0.66 + 0.76 + 0.24) = 302.45(A)$$

③流经 1 号主变压器高压侧的各相电流：

$$I_A = I_{KA1} + I_{KA2} + I_{KA0} = 3 \times 302.45(A) = 907.35(A)$$
$$I_B = I_C = 0$$

④流经 1 号主变压器间隙的零序电流为：

$$I_{0J} = 3 \times I_{KA0} = 3 \times 302.45(A) = 907.35(A)$$

⑤根据 1 号主变压器保护定值分析保护动作行为：1 号主变压器高压侧最大相电流 907.35A，未达到过流 I 段电流定值 1500A，所以过流 I 段不动作；相电流大于过流Ⅱ段电流

定值 400A，间隙零序电流大于间隙零序过流电流定值 100A，过流Ⅱ段和间隙零序过流保护均启动，间隙零序过流保护时限 3s，过流Ⅱ段保护时限 4s，间隙零序过流保护比过流Ⅱ段保护时限小 1s，所以间隙零序电流保护先于过流Ⅱ段保护动作跳闸。

23．已知一台主变压器为 YN，d11 接线，变比 225/37kV，额定容量 180MVA。主变压器差动保护用高、低压侧 TA 变比分别为：2000/5、3000/5。试分析低压侧 A 相 TA 断线时，能造成差动保护误动作时的高压侧最小负荷电流（假设负荷功率因数为 0.866）。已知差动保护在 Y 侧滤零，在 D 侧转角。制动电流（I_r）取两侧差流计算电流绝对值之和的 1/2，比率制动特性如图 3-48 所示：（其中 I_{qd}=0.4I_e，I_{r1}=0.5I_e、I_{r2}=6I_e、k_1=0.2、k_2=0.5、K_3=0.7）

答：

高压侧额定电流 I_{he}=462(A)

差动保护高压侧计算电流：

$I'_{HA}=I_{HA}-I_0=I_{HA}$，同理，B、C 相相同。设差动保护动作时的电流为 I_p，统一归算至标幺值状态下，则低压侧差动计算电流：

$I'_{la}=(I_{la}-I_{lc})/\sqrt{3}=-I_{lc}/\sqrt{3}=-0.577I_p$，同理，B 相 0.577$I_p$，C 相：$I_p$。

相量图如图 3-49 所示。

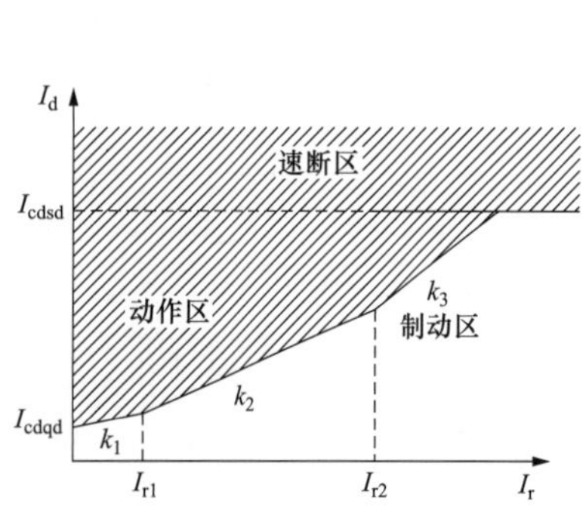

图 3-48　比率制动特性

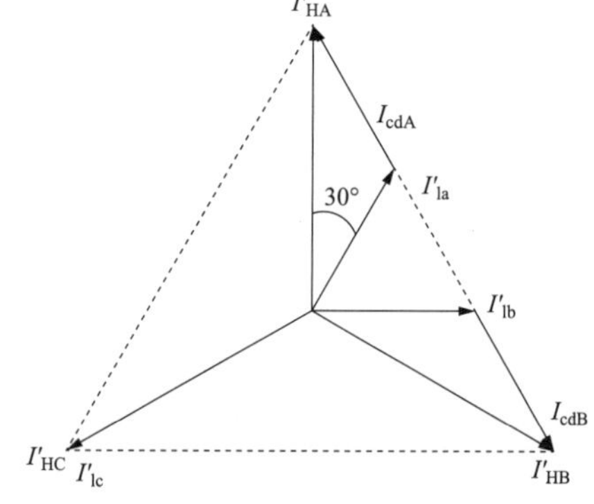

图 3-49　电流相量图

应用余弦定理，由此得 A 相差动电流为：0.577I_p，B 相 0.577I_p，C 相：0。A 相制动电流：0.5（I_p+0.577I_p）=0.789I_p。由此，得差动电流与制动电流的动作曲线：

$I_{cd}=0.731I_r$，该直线与动作方程曲线相交点，I_r=1.08I_e，I_{cd}=0.791I_e。

0.791I_e=0.577I_p，得 I_p=1.37 I_e=1.37×462=633（A）。

高压侧最小负荷电流为 633A 时，差动保护误动。

24．如图 3-50 所示系统，B 站母线发生 A 相单相接地故障。

已知：（1）B 站故障录波显示：B 站母线三相电压为：$\dot{U}_a=0\angle 23°$，$\dot{U}_b=1\angle -97°$，$\dot{U}_c=1\angle 143°$（标幺值）。

（2）线路 L2 正序阻抗 j0.2；零序阻抗 j0.6，线路 L1 参数不详。

（3）B1、B2、B3 主变压器参数相同，正序阻抗 Z_1=j2；零序阻抗 Z_0=j2。

（4）系统 S 等效正序阻抗 j0.1。

（5）参数均折算至 1000MVA 下标幺值，忽略所有设备的电阻分量，且各处正、负序阻抗相等。若考虑线路 L1 零序阻抗是正序阻抗的 3 倍，试求故障时 B1、B2 主变压器中性点电流。

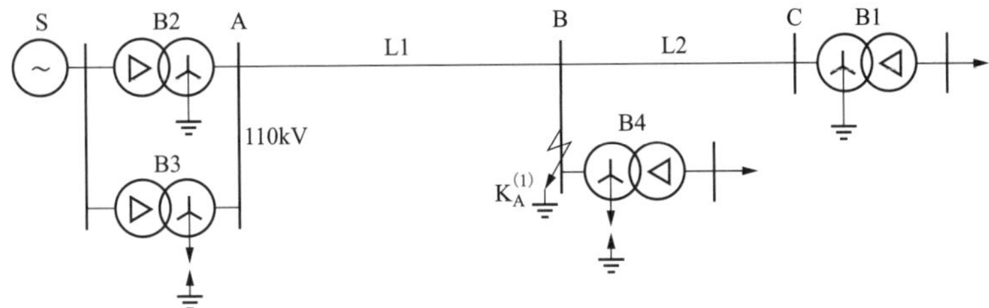

图 3-50 系统示意图

答：

（1）根据序分量公式求得正、负、零序电压，且 $U_2=U_0=\frac{1}{3}\angle-157°$

（2）复合序网如图 3-51 所示。

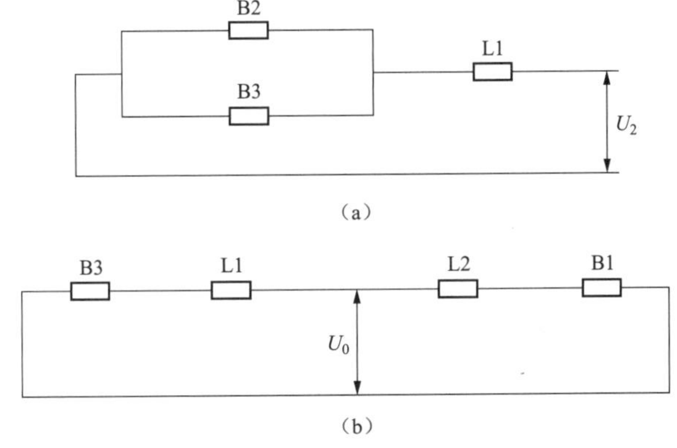

图 3-51 复合序网图

（a）负序网；（b）零序网

因为单相接地故障，$I_2=I_0$，同时 $U_2=U_0$，所以 $Z_2=Z_0$

j2//j2+L_1=(j2+3L_1)//(j0.6+j2）

求得 L_1=j0.2（Ω）

（3）B1、B2 主变压器中性点电流 $3I_{0B1}$、$3I_{0B2}$

$$3I_{0B1}=3I_{0B2}=3\times\frac{U_0}{j2.6}=3\times\frac{\frac{1}{3}e^{-157°}}{j2.6}=0.384\angle113°$$

25．某变电站 110kV 变压器因 TA 二次回路异常，导致主变压器差动保护误动作。该主变压器高压侧电流波形如图 3-52 所示（跳闸时 A 相电流与 B 相电流大小相等方向相同，而与 C 相电流方向相反，A 相电流值为 C 相的一半），低压侧电流为正常运行波形。变压器接线组别为 YN，d11，两侧 TA 二次回路均采用 Y 形接线，保护程序采用 Y→△差流平衡计算。

（1）请结合电流波形，画出高压侧电流相量图；

（2）分析 TA 二次回路异常情况，并画出示意图；

（3）计算分析变压器差动保护三相差流大小关系。

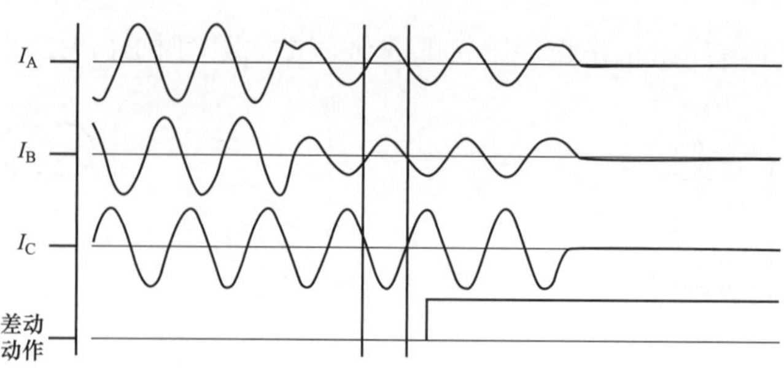

图 3-52　主变压器高压侧电流波形

答：

（1）相量图如图 3-53 所示。

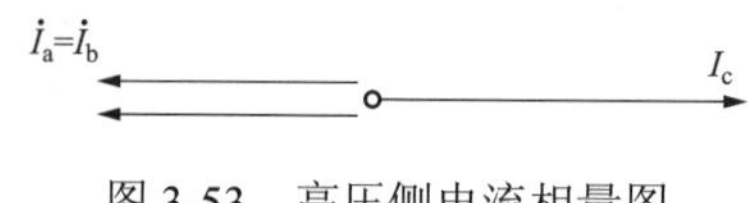

图 3-53　高压侧电流相量图

（2）差动保护动作原因是高压侧差动 TA 二次 A、B 两相在 TA 端子箱与保护装置之间的范围内发生短接。如图 3-54 所示。

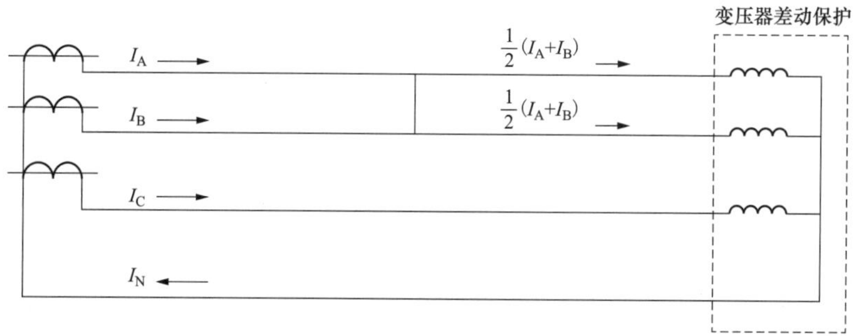

图 3-54　电流接线图

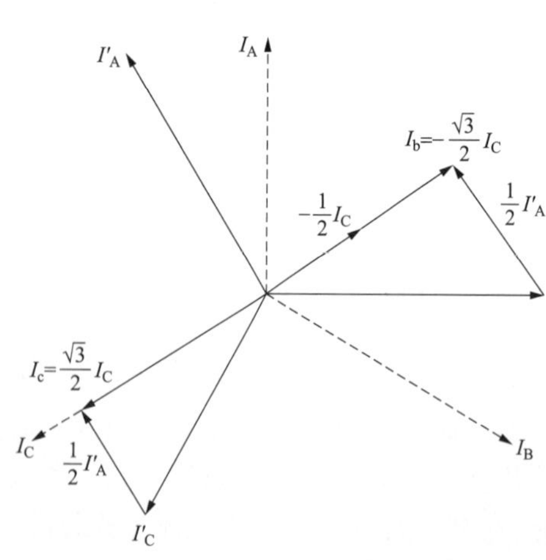

图 3-55　电流相量图

TA 是电流源，内阻很大。当 TA 二次发生两相短路时，该两相电流不会经 TA 内部相互构成回路，而是两相电流相加之后，经各自的负载及三相 TA 的中性线 N 流回各自 TA。因 TA 二次三相负载基本相等，即 $Z_a=Z_b=Z_c$，故 A、B 两相的和电流在 Z_a、Z_b 中的分配电流相等。保护测量的 A、B、C 相电流值为：$\dot{I}_a=\dot{I}_b=-\frac{1}{2}\dot{I}_C$、$\dot{I}_c=\dot{I}_C$，其相量关系如图 3-55 所示。

（3）图 3-55 中：I_A、I_B、I_C 分别为主变高压侧 TA 二次电流，I_a、I_b、I_c 分别为高压侧输入保护装置的三相电流。I'_A、I'_B、I'_C 分别为低压侧三相电流。根据差动平衡，差动保护高压侧三相电流的计算公式：

A 相：$I_a=(I_a-I_b)/\sqrt{3}$

B 相：$I_b=(I_b-I_c)/\sqrt{3}$

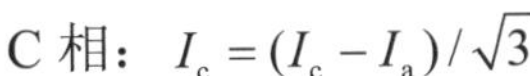

C 相：$I_c=(I_c-I_a)/\sqrt{3}$

TA 二次回路异常前计算值分别为：

A 相：$(I_a-I_b)/\sqrt{3}=I'_A$

B 相：$(I_b-I_c)/\sqrt{3}=I'_B$

C 相：$(I_c-I_a)/\sqrt{3}=I'_C$

TA 二次回路异常后计算值为：

A 相：$(I_a-I_b)/\sqrt{3}=0$

B 相：$(I_b-I_c)/\sqrt{3}=-\dfrac{\sqrt{3}}{2}I_c$

C 相：$(I_c-I_a)/\sqrt{3}=\dfrac{\sqrt{3}}{2}I_c$

TA 二次回路异常前后低压侧计算值不变，与高压侧异常前相同，故 TA 二次回路异常后变压器两侧的差流为

A 相：$0-I'_A=-I_A$

B 相：$-\dfrac{\sqrt{3}}{2}I_C-I'_B=\dfrac{1}{2}I'_A$

C 相：$\dfrac{\sqrt{3}}{2}I_C-I'_C=\dfrac{1}{2}I'_A$

因此三相差流只有 A 相差流最大，是另外两相的 2 倍。

26．某 220kV 变电站，1 号主变压器高、中压侧中性点接地，2 号主变压器中性点不接地，如图 3-56 所示的一次主接线示意图。事故前 300 断路器为分闸状态，其余断路器均为合闸状态，该站所有 110kV 线路对侧均无电源和系统中性接地点。220kV 系统阻抗 Z_{s1}=j5，Z_{s0}=j10；两台主变压器 Z_{T1}=Z_{T0}=j20；电抗器 Z_{R1}=Z_{R0}=j60；故障线路阻抗（110kV 母线至故障点处）Z_{L1}=j5，Z_{L0}=j15；220kV 系统电势 E=1。所有元件正、负序阻抗相等。

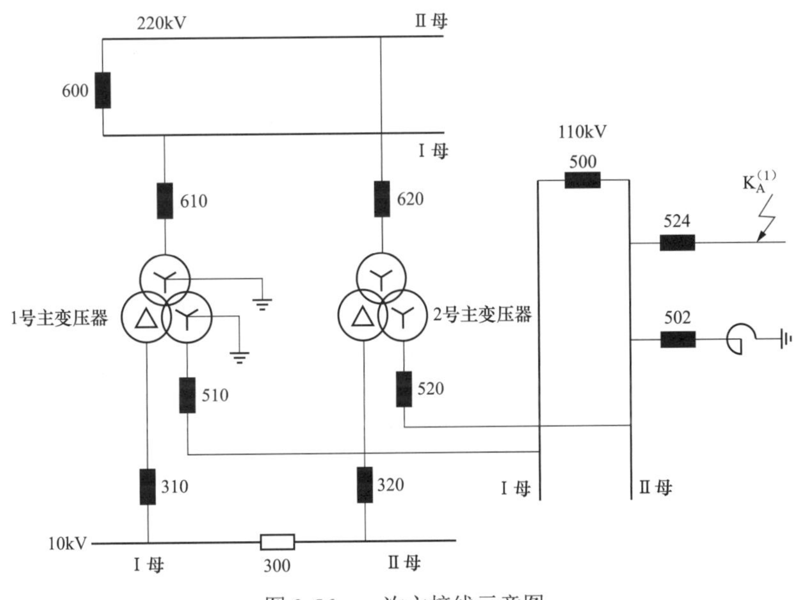

图 3-56　一次主接线示意图

（1）在 110kV 524 发生了 A 相接地故障，请画出故障时的复合序网图；

（2）请计算故障发生时 1 号主变压器的故障电流；

（3）故障时的录波图如图 3-57 所示，请根据录波分析站内各保护动作行为是否正确，列出各保护动作顺序及所跳断路器，并说明原因。（不需给出动作时间）

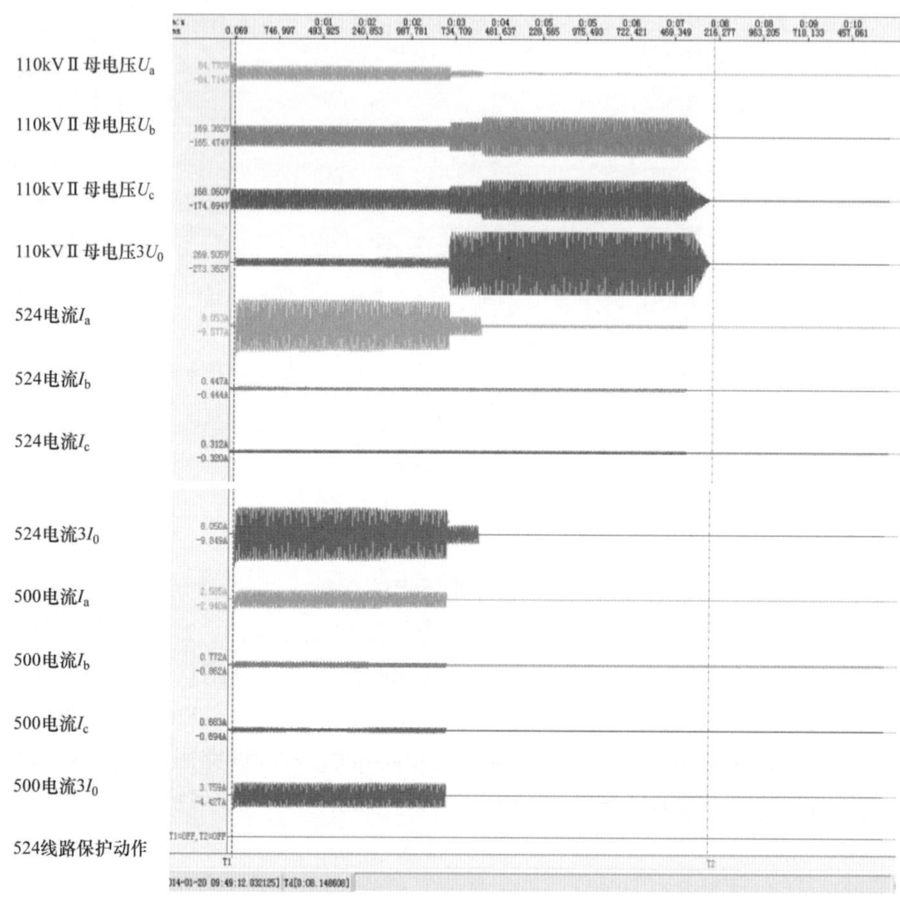

图 3-57　事故时的故障录波图

答：

（1）故障时的复合序网图如图 3-58 所示。

（2）

$$Z_{1\Sigma} = Z_{2\Sigma} = \mathrm{j}5 + \frac{\mathrm{j}20}{2} + \mathrm{j}5 = \mathrm{j}20$$

$$Z_{0\Sigma} = \mathrm{j}15 + \mathrm{j}60 \,||\, (\mathrm{j}20 + \mathrm{j}10) = \mathrm{j}35$$

流过故障点的电流　$$I_{k1} = I_{k2} = I_{k0} = \frac{1}{2 \times \mathrm{j}20 + \mathrm{j}35} = -\mathrm{j}0.0133$$

$$I_{T1} = I_{T2} = \frac{-\mathrm{j}0.0133}{2} = -\mathrm{j}0.0067$$

$$I_{T0} = -\mathrm{j}0.0133 \times \frac{\mathrm{j}60}{\mathrm{j}10 + \mathrm{j}20 + \mathrm{j}60} = -\mathrm{j}0.0089$$

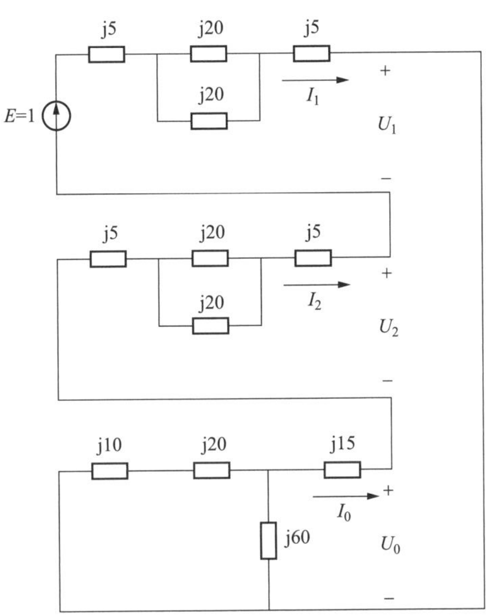

图 3-58　复合序网图

因此流经 1 号主变压器的故障电流 $I_{kT}=I_{T1}+I_{T1}+I_{T0}=-j0.0223$

（3）从故障发生开始，保护动作顺序：

1）524 线路保护拒动，

2）1 号主变压器中压侧后备保护动作跳开 500；原因分析：故障电流出现后，故障电流第一次突变后 1 号主变压器从故障电流恢复到负荷电流，说明主变压器中压侧后备保护动作跳开 500，隔离了 1 号主变压器和故障点；

3）电抗器保护过流保护动作跳开 502；原因分析：由于电抗器阻抗大于 1 号主变压器，1 号主变压器动作后，110kV Ⅱ母只剩下电抗器中性接地点，故障零序电流全部转移到电抗器处，电抗器过流保护动作跳开 502；

4）2 号主变压器保护中压侧零序过压动作跳开主变压器三侧 620、520、320 断路器；原因分析：电抗器跳开后，110kV Ⅱ母变成了不接地系统，524 故障电流消失，110kV Ⅱ母零序电压出现大幅度增加，必然会启动 2 号主变压器中压侧零序过压保护，从波形图末尾 110kV Ⅱ母三相电压及零序电压均消失可以判断，主变压器中压侧零序过压保护动作跳开了主变压器三侧断路器，110kV Ⅱ母失压。

从上述分析可知，110kV524 保护出现了拒动，两台主变压器保护和电抗器保护正确动作。

27．某 110kV 变电站接线如图 3-59 所示，变压器 YN，d11 接线，10kV 母线桥处经接地变压器、小电阻接地。

（1）按图 3-59 中给定的参数，画出 10kV 线路发生 A 相单相接地故障时的复合序网图。

（2）忽略系统阻抗、变压器短路阻抗、10kV 线路阻抗，同时忽略 10kV 线路对地电容的影响，计算接地变压器零序 TA 处、变压器低压侧断路器 TA 处、变压器低压套管 TA 处的各序电流、相电流（列出计算表达式即可）。

（3）主变压器差动保护使用高、低压侧断路器 TA，二次均采用星形接线，Y 侧转角方式。10kV 线路发生 A 相单相接地故障时，分析差动保护是否存在差流。

答：

（1）10kV 线路单相接地短路故障时，复合序网如图 3-60 所示。

（2）若忽略系统阻抗、变压器短路阻抗、10kV 线路阻抗及线路对地电容阻抗的影响，有

$$Z_{\Sigma.0}=(Z_{Tj}+3R_j)//Z_C+Z_{L0}\simeq Z_{Tj}+3R_j\gg Z_{\Sigma.1}+Z_{\Sigma.2}=2\times(Z'_S+Z'_T+Z_{L1})$$

近似计算得各序电流、相电流表达式及相量图见表 3-8：

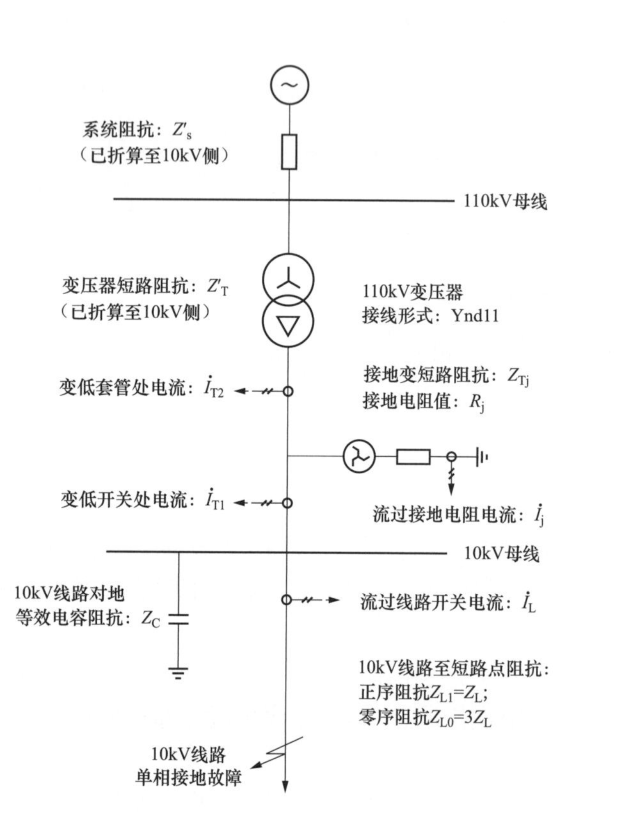

图 3-59 110kV 变电站接线

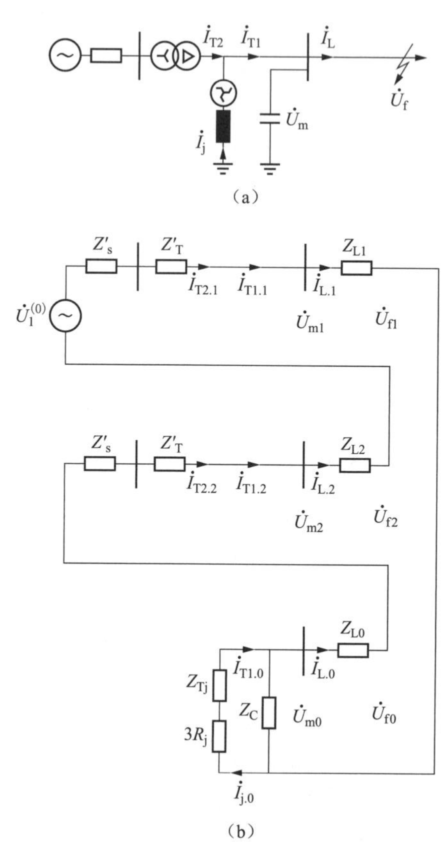

图 3-60 系统接线示意及序网图

（a）接线图；（b）序网图

表 3-8 **各序电流、相电流表达式及相量图**

位置	序分量	三相电流（电压）	电流/电压相量图
接地变压器零序 TA 处电流	$\begin{cases}\dot{I}_{j.1}=0\\ \dot{I}_{j.2}=0\\ \dot{I}_{j.0}=\dfrac{\dot{U}_1^{(0)}}{Z_{Tj}+3R_j}\end{cases}$	$\begin{cases}\dot{I}_{j.A}=\dot{I}_{j.1}+\dot{I}_{j.2}+\dot{I}_{j.0}=\dfrac{\dot{U}_1^{(0)}}{Z_{Tj}+3R_j}\\ \dot{I}_{j.B}=\dot{I}_{j.1}\cdot e^{j-120^\circ}+\dot{I}_{j.2}\cdot e^{j+120^\circ}+\dot{I}_{j.0}=\dfrac{\dot{U}_1^{(0)}}{Z_{Tj}+3R_j}\\ \dot{I}_{j.C}=\dot{I}_{j.1}\cdot e^{j+120^\circ}+\dot{I}_{j.2}\cdot e^{j-120^\circ}+\dot{I}_{j.0}=\dfrac{\dot{U}_1^{(0)}}{Z_{Tj}+3R_j}\end{cases}$ $\dot{I}_j=\dfrac{3\times\dot{U}_1^{(0)}}{Z_{Tj}+3R_j}$	$\dot{I}_j$；$\dot{I}_{j.A}$ $\dot{I}_{j.B}$ $\dot{I}_{j.C}$；$\dot{I}_j=\dot{I}_{j.A}+\dot{I}_{j.B}+\dot{I}_{j.C}$；$\dot{I}_{j.A}=\dot{I}_{j.B}=\dot{I}_{j.C}$

续表

位置	序分量	三相电流（电压）	电流/电压相量图
变压器低压侧断路器 TA 处电流	$\begin{cases}\dot{I}_{T1.1}=\dfrac{\dot{U}_1^{(0)}}{Z_{Tj}+3R_j}\\ \dot{I}_{T1.2}=\dfrac{\dot{U}_1^{(0)}}{Z_{Tj}+3R_j}\\ \dot{I}_{T1.0}=\dfrac{\dot{U}_1^{(0)}}{Z_{Tj}+3R_j}\end{cases}$	$\begin{cases}\dot{I}_{T1.A}=\dot{I}_{T1.1}+\dot{I}_{T1.2}+\dot{I}_{T1.0}=\dfrac{3\times\dot{U}_1^{(0)}}{Z_{Tj}+3R_j}\\ \dot{I}_{T1.B}=\dot{I}_{T1.1}\bullet e^{j-120^{\circ}}+\dot{I}_{T1.2}\bullet e^{j+120^{\circ}}+\dot{I}_{T1.0}=0\\ \dot{I}_{T1.C}=\dot{I}_{T1.1}\bullet e^{j+120^{\circ}}+\dot{I}_{T1.2}\bullet e^{j-120^{\circ}}+\dot{I}_{T1.0}=0\end{cases}$	$\dot{I}_{T1.A}$ $\dot{I}_{T1.B}=\dot{I}_{T1.C}=0$
变压器低套管 TA 处电流	$\begin{cases}\dot{I}_{T2.1}=\dfrac{\dot{U}_1^{(0)}}{Z_{Tj}+3R_j}\\ \dot{I}_{T2.2}=\dfrac{\dot{U}_1^{(0)}}{Z_{Tj}+3R_j}\\ \dot{I}_{T2.0}=0\end{cases}$	$\begin{cases}\dot{I}_{T2.A}=\dot{I}_{T2.1}+\dot{I}_{T2.2}+\dot{I}_{T2.0}=\dfrac{2\times\dot{U}_1^{(0)}}{Z_{Tj}+3R_j}\\ \dot{I}_{T2.B}=\dot{I}_{T2.1}\bullet e^{j-120^{\circ}}+\dot{I}_{T2.2}\bullet e^{j+120^{\circ}}+\dot{I}_{T2.0}=-\dfrac{\dot{U}_1^{(0)}}{Z_{Tj}+3R_j}\\ \dot{I}_{T2.0}=\dot{I}_{T2.1}\bullet e^{j+120^{\circ}}+\dot{I}_{T2.2}\bullet e^{j-120^{\circ}}+\dot{I}_{T2.0}=-\dfrac{\dot{U}_1^{(0)}}{Z_{Tj}+3R_j}\end{cases}$	$\dot{I}_{T2.A}$ $\dot{I}_{T2.C}$ $\dot{I}_{T2.B}$ $-\dot{I}_{T2.A}=2\dot{I}_{T2.B}=2\dot{I}_{T2.C}$

（3）变压器低、高压侧 TA 电流如图 3-61、图 3-62 所示。

图 3-61　变压器低压侧断路器 TA 电流

$I_{Y.A}$

$I_{Y.B}=-I_{Y.A}$ $I_{Y.c}=0$

图 3-62　变压器高压侧断路器 TA 电流

假设电流序分量标幺值为 1，Y 侧转角。

变压器高压侧断路器各相电流：$I_{Y.A}=\sqrt{3}$，$I_{Y.B}=-\sqrt{3}$，$I_{Y.C}=0$

变压器低压侧断路器各相电流：$I_{T1.A}=3$，$I_{T1.B}=I_{T1.C}=0$

差动保护：$I_{cd.a}=（I_{Y.A}-I_{Y.B}）/\sqrt{3}-I_{T1.A}\ =-1$

$I_{cd.b}=（I_{Y.B}-I_{Y.C}）/\sqrt{3}-I_{T1.B}=-1$

$I_{cd.c}=（I_{Y.C}-I_{Y.A}）/\sqrt{3}-I_{T1.C}=-1$

28．有一台 YN，d11 接线的变压器，在其差动保护带负荷检查时，测得其 Y 侧电流互感器电流相位关系为 i_b 超前 i_a 150°，i_a 超前 i_c 60°，i_c 超前 i_b 150°，i_b 为 8.65A，$i_a=i_c$ =5A，试分析变压器 Y 侧电流互感器是否有接线错误，并改正之（用相量图分析）。

答： 由正常带负荷测得变压器差动保护 Y 侧三相电流不对称，因此可以断定变压器 Y 侧电流互感器接线有误，图 3-63 为测得的三相电流的相量图。

由于变压器差动保护 Y 侧电流互感器通常接成三角形，以消除 Y 侧零序电流对差动保护的影响。在接线的过程中最易出线的问题是电流互感器的极性接反，因此可从极性接反的角度进行考虑。

正常接线时三角形接法的电流为：

$$\dot{I}_a=\dot{I}_A-\dot{I}_B$$
$$\dot{I}_b=\dot{I}_B-\dot{I}_C$$
$$\dot{I}_c=\dot{I}_C-\dot{I}_A$$

由于只有一相电流的极性与另两相不同，所以仅考虑某一相的极性反的情况。从电流的幅值分析：$\dot{I}_b$的幅值为$\dot{I}_a$、$\dot{I}_c$的$\sqrt{3}$倍，而$\dot{I}_b$是由$\dot{I}_B$与$\dot{I}_C$产生的，因此可初步判断B、C两相的极性相同，而A相的极性可能相反。

从图3-64的分析可知，A相极性接反时电流的相位关系和大小与测量情况相吻合，因此可以断定A相TA的极性接反，应将A相TA两端的引出线对换。

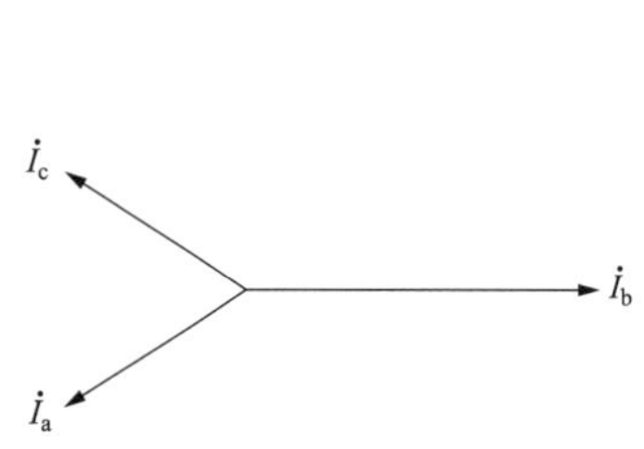

图3-63　三相不对称时的相量图

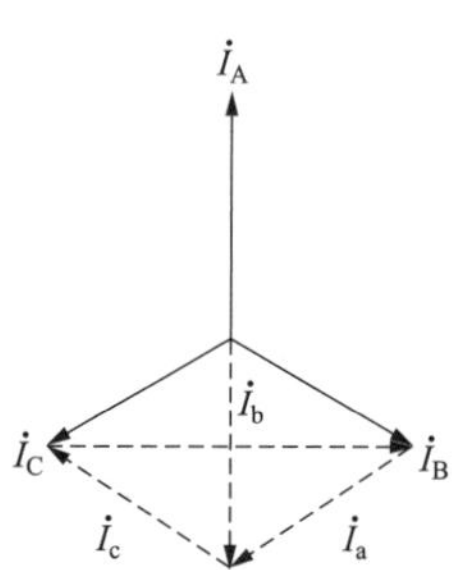

图3-64　三相不对称时分析图

29．试根据图3-65分析变压器区内、区外发生了何种故障，此时变压器差动保护的动作行为？I_H为220kV主变压器高压侧的A、B、C三相电流，I_M为110kV中压侧的A、B、C三相电流，变压器绕组的接线方式为Y0/Y0，220kV直接接地，110kV经中阻接地，TA的接线方式为Y/Y。

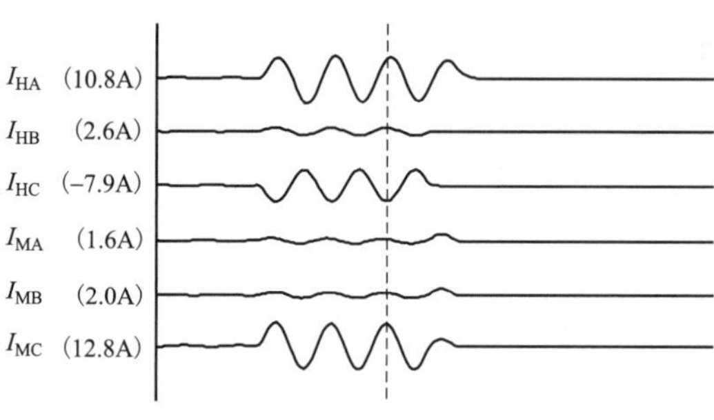

图3-65　故障电流波形图

答：（1）高压侧A相有很大的故障电流，而中压侧A相无很大的故障电流，判断出并非区外故障，而是A相区内故障，并且110kV侧无电源。

（2）220kV与110kV的C相电流同时增大并且相位为反向，可以判断110kV侧区外C相接地。

（3）变压器差动保护为分相差动原理，A相差动保护能够正确动作。

30．某220kV变电站接线如图3-66所示，S为大接地电流系统，曲折变压器经10Ω小电阻接地，1号主变压器各侧均在运行状态，主变压器低压侧、曲折变压器、馈线相关保护定值如表3-9所示。（以下所有计算均不考虑电容电流和负荷电流、接地过渡电阻，系统额定电

压为 10.5kV，忽略引线电阻）

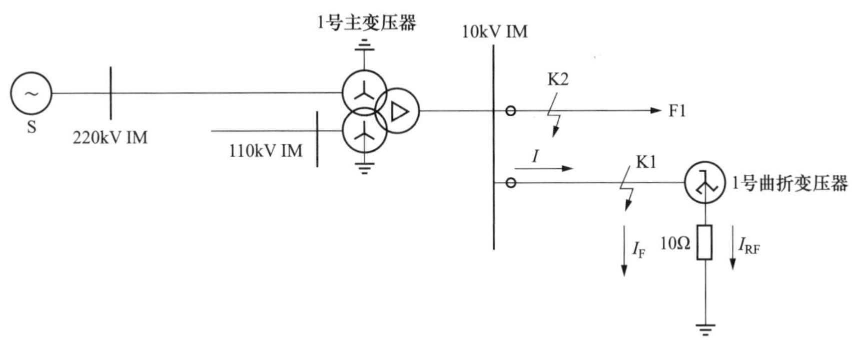

图 3-66 系统接线图

表 3-9 保护定值表

保护名称	投入保护及整定值（一次值）
1 号变压器低后备	过流 II 段：4000A/1.2s 跳变低
F1	过流 I 段：3000A/0.3s 跳本断路器 过流 II 段：1000A/0.9s 跳本断路器 零序 I 段：60A/1.0s 跳本断路器
1 号曲折变压器	过流 I 段：260A/0.1s 跳本断路器 零序 I 段：75A/2.7s 切变低

（1）假设曲折变压器引线处 K1 点发生 A 相接地故障，10kV IM 其他间隔均在热备用状态。请分析曲折变压器断路器 TA 流过三相电流 I_A、I_B、I_C 的幅值及相位关系；分析故障点电流 I_F、接地变压器电流 I_{RF}、曲折变电流 I_A 幅值的等式关系。要求写出分析过程，并给出明确的分析结果。

（2）现场曲折变压器开关柜采用 A、C 两相式 TA，A、C 两相电流接入曲折变压器保护，同时将 A、C 相电流并联后接入 B 相。假设此时馈线 F1、曲折变压器为运行状态，F1 近区 K2 点发生 A 相接地故障，请问哪些保护会动作，并分析其是否正确动作。

答：

（1）10kV 发生 A 相单相接地故障，从故障点向曲折变压器看进去的正、负序阻抗无穷大，根据故障点边界条件可知 $I_F=I_{F1}+I_{F2}+I_{F0}$ 且 $I_{F1}=I_{F2}=I_{F0}$，序网图如图 3-67 所示，曲折变压器断路器 TA 处无零序电流，仅有正序、负序电流，小电阻处仅流过零序电流，相关电流可表示如下：

$$I_A=I_{F1}+I_{F2}=2I_{F1}$$

$$I_B=aI_{F1}+a^2I_{F2}=-I_{F1}$$

$$I_C=a^2I_{F1}+aI_{F2}=-I_{F1}$$

$$I_F=I_{F1}+I_{F2}+I_{F0}=3I_{F1}$$

$$I_{RF}=3I_{F0}=3I_{F1}$$

（上述公式所用电流表示相量）

因此有以下关系：$|I_A|=2|I_B|=2|I_C|$，B、C 相电流相位相同且与 A 相反向。幅值$|I_{RF}|=|I_F|=1.5|I_A|$。

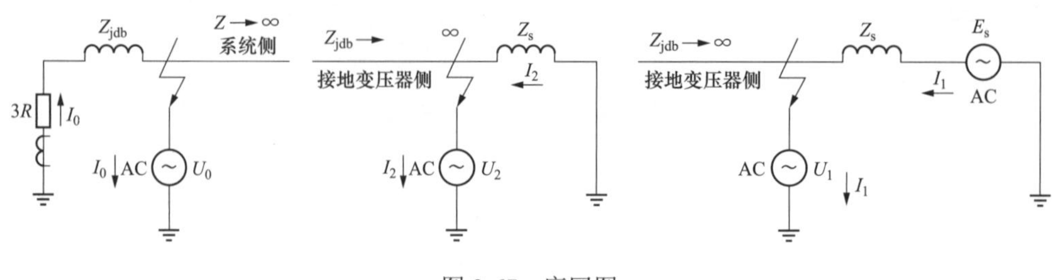

图 3-67 序网图

（2）F1 发生 A 相金属接地故障，F1 感受到的零序电流 $3I_0$ 约为 600A（计算公式 10500÷1.732÷10），由于此时曲折变压器断路器 TA 仅流过零序电流，1 号曲折变压器断路器的电流 $I_A=I_B=I_C=I_0$，因此相关保护的保护采样值如下：

F1 保护：$I_A= 3I_0$=600A

1 号曲折变压器保护：$I_A= I_C$=200A，I_B=400A，$3I_0$=600A

1 号变压器低压侧后备保护：I_A= 400A，$I_B= I_C$ =200A

因此 F1 零序Ⅰ段、1 号曲折变压器过流Ⅰ段和零序Ⅰ段均满足动作条件，由于 1 号曲折变压器过流Ⅰ段动作延时最短，最终由 1 号曲折变压器过流Ⅰ段动作切开曲折变压器断路器，系统变为不接地系统，相关保护的故障量消失，F1 无保护动作。

1 号曲折变压器过流Ⅰ段动作保护属于误动作，误动原因为 TA 接线错误，应取消保护 B 相电流的采集回路。

31．某供电局变电管理所保护班对 220kV CJ 变电站 220kV 甲乙线进行新设备投运一年保护定检，在进行保护装置整组传动试验过程中发现：线路主一保护 CSC103BDN 装置试验永久故障，加速动作后开关重合闸，保护动作过程见表 3-10。

表 3-10　　CSC103BDN 保护动作过程

时间	保护动作
2ms	保护启动
205ms	零序过流Ⅱ段动作
1330ms	重合闸动作
1546ms	零序加速动作
1548ms	闭锁重合闸动作
1588ms	闭锁重合闸复归
12766ms	重合闸动作

线路因对侧无保护，故本线路无纵联保护，纵联保护软、硬压板退出。采用特殊重合闸方式，即单相故障跳三相，三相重合，多相故障跳三相不重合。装置相关定值如表 3-11 所示。

表 3-11 相关定值项

序号	名称	单位	定值
1	零序过流Ⅱ段定值	A	3.45
2	零序过流Ⅱ段时间	s	0.20
3	零序加速段定值	A	0.94
4	三相重合闸时间	s	1.00
5	三相 TWJ 启重合控制字		1

CSC103BDN 装置重合闸充电时间为 10s，在如下条件满足时，重合闸充电计数器开始计数：

1）断路器在“合闸”位置，即接入保护装置的跳闸位置继电器 TWJ 不动作；

2）未投入“停用重合闸”方式；

3）重合闸启动回路不动作；

4）没有低气压闭锁重合闸和闭锁重合闸开入。

请回答以下问题：

（1）如何通过现有定值、控制字、把手等实现特殊重合闸方式？

答：保护定值控制字“多相故障闭重”置“1”，同时重合闸把手置“三重”位置。

（2）保护装置加速跳闸后为什么又重合闸成功？分析保护加速跳闸后的动作过程。

答：断路器在第一次重合闸后开始进行储能，在储能过程中断路器合闸回路不通，保护装置收到三相 TWJ 为“0”。1588ms 闭锁重合闸复归后，重合闸因为满足断路器在合后位（TWJ_a、TWJ_b、TWJ_c 均为“0”），重合闸启动回路不动作，且无任何重合闸闭锁信号，重合闸开始充电。11588ms，重合闸经过 10s 充电，充电完成，保护装置充电灯亮，12s 左右，断路器储能完成，合闸回路已接通，三相跳闸位置继电器动作，保护装置收到三相 TWJ 均变为“1”，此时保护装置已整组复归，保护判断为三相断路器偷跳，因“三相 TWJ 启重合”控制字置“1”，故三相不对应启动重合闸。

（3）如果主二保护采用 PCS-931 保护装置，两套保护均投入情况下，是否存在上述问题，为什么？

答：不存在。因为 PCS-931 保护装置闭重信号返回需要整组复归，且两套保护装置相互闭重，所以主一保护要到 7s 整组复归之后开始充电，12s 断路器储能完成 TWJ 变为 1 时，充电时间未满，收到跳位，重合闸放电，不会重合。

（4）针对上述问题，可以采取什么措施解决？

答：

1）对于采用分相机构的线路断路器仅考虑单相开关偷跳，不考虑三相断路器同时偷跳，“三相 TWJ 启重合”控制字应置“0”。

2）对于采用三相联动机构的断路器且投入三相重合闸时，应考虑三相断路器偷跳的情况，“三相 TWJ 启重合”控制字置“1”，但应将“弹簧未储能”接点接入操作箱的“压力低闭锁重合闸”开入回路。

32．某 220kV 系统简图如图 3-68 所示。

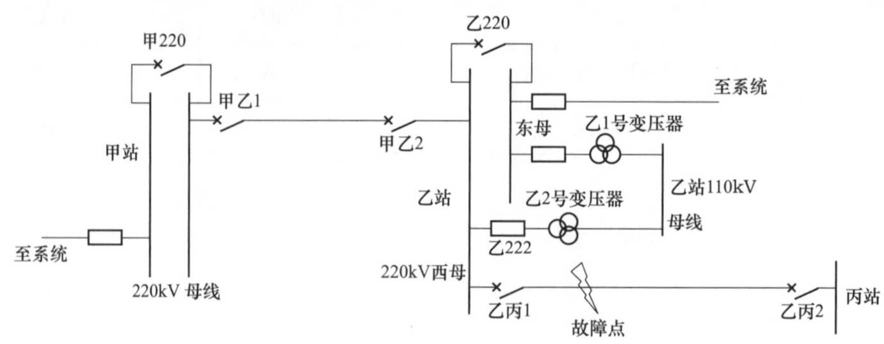

图 3-68　系统简图

已知：故障前乙站 1 号变压器 220kV 及 110kV 中性点接地运行，2 号变压器 220kV 及 110kV 中性点不接地。甲站和乙站 220kV 系统均装设断路器失灵保护，失灵保护 0.25s 跟跳本间隔断路器并跳 220 母联，0.5s 跳所在母线所有断路器。乙站 1 号、2 号主变压器高压侧零序过压保护动作延时整定为 500ms，乙站 110kV 侧 1 号、2 号主变压器并列运行。

相关保护动作情况如下：

（1）丙线发生 A 相单相接地故障，乙变电站乙丙 1 纵联保护 32ms 动作跳闸，但 A 相断路器失灵。

（2）甲站 220kV 甲乙线间隔失灵启动回路存在寄生回路，启动失灵回路中的线路保护出口接点被短接，乙丙线 A 相故障时失灵电流判据满足，甲站失灵保护误动。

（3）乙站 2 号主变压器高压侧零序过压保护正确动作跳开 2 号变压器，动作时间为 828ms。

试问：

（1）乙站 220kV 失灵保护动作行为及其原因。

（2）试分析乙站 2 号主变压器高压侧零序过压保护动作原因。

答：

（1）乙站失灵保护只跳了乙 220 断路器及乙丙 1 断路器 BC 相。失灵保护跳开乙 220 的同时，甲站失灵保护误动跳开甲 220 断路器及甲乙 1 断路器，并启动远跳跳开甲乙 2 断路器。因乙 2 号变压器中性点不接地，此时乙站西母变为小接地电流系统，系统通过乙 1 号变压器—乙 110kV 母线—乙 2 号变压器和故障点相连，故障电流将变为电容电流，故障电流小于失灵判别元件电流，乙站失灵保护会返回。

（2）零序过压保护为正确动作，动作条件是变压器所接系统变为小接地电流系统后才会达到零序过压保护动作的定值（180V）。乙 220 断路器和甲乙 1 断路器跳开后（失灵 0.25s+断路器动作时间 40～60ms+电流返回时间约 20ms），此动作条件成立，开始计时，0.5s 后跳主变压器三侧，时间与题设 828ms 基本吻合。

33．某日，某 220kV 工程 220kV 母线保护（含母差、失灵功能，以下同）调试验收中，发现当线路间隔失灵功能出口跳闸，同时主变压器间隔开关失灵时，无法继续启动失灵保护，无法实现失灵联跳主变压器三侧断路器，存在多个断路器失灵情况下故障不能快速隔离的风险。

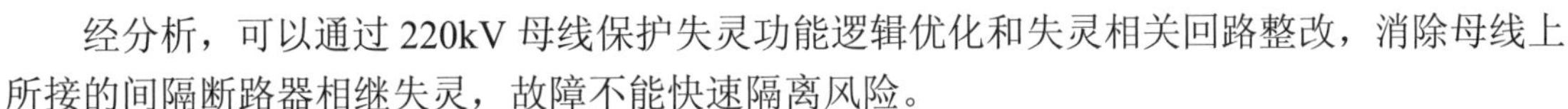

经分析，可以通过 220kV 母线保护失灵功能逻辑优化和失灵相关回路整改，消除母线上所接的间隔断路器相继失灵，故障不能快速隔离风险。

请基于上述事件背景回答相关问题。

（1）请简述 220kV 母线保护装置失灵功能逻辑设计原则（包括 220kV 母线保护装置失灵动作跳闸出现 220kV 主变压器间隔断路器失灵、220kV 母联间隔断路器失灵两种情况），若 220kV 母线保护跳 220kV 线路间隔断路器，失灵启动回路应如何实现？

答：

1）220kV 母线保护装置失灵动作跳闸出现 220kV 主变压器间隔断路器失灵时，装置内部逻辑应能判断失灵间隔，再次启动失灵，并实现联跳相应主变压器三侧断路器；

2）220kV 母线保护装置失灵动作跳闸出现 220kV 母联间隔断路器失灵时，装置内部逻辑应能判断失灵间隔，再次启动失灵，并实现联跳母联所连接的另外一段母线上的断路器出口；

3）220kV 母线保护装置母差保护动作跳闸，出现 220kV 线路间隔断路器失灵时，应由操作箱三相跳闸（TJR）动作接点作为三相跳闸启动失灵开入给 220kV 母线及失灵保护。

（2）500kV 主变压器中后备保护跳母联、分段是否启动失灵，为什么？

答：不启动，500kV 主变压器中后备保护作为系统侧的辅助保护措施，不宜扩大事故范围；

（3）若按间隔独立接入的断路器失灵联跳接点采用双开入接入方式，请写出不同情况下失灵保护动作的条件及动作行为。

答：

1）间隔双开入同时存在时，经 30ms 短延时跳母线所有断路器；

2）间隔仅单开入存在，同时本间隔相电流条件满足（大于 6000A），经 30ms 短延时跳母线所有断路器；

3）间隔仅单开入存在，首先经 30ms 短延时跟跳本间隔，若本间隔持续有流，再经 150ms 长延时跳母线所有断路器。

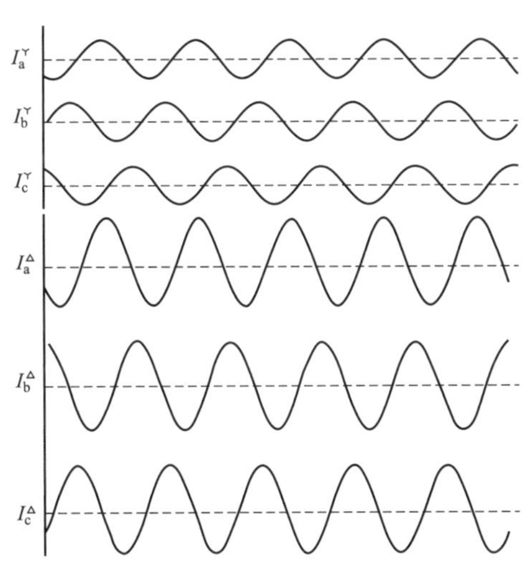

图 3-69　保护装置电流波形图

34. 某 YN，d11 变压器差动保护采用星形侧相位补偿方法，星侧电流在软件中做一个两相电流差并除以 $\sqrt{3}$ 的运算，角侧电流不变。各侧电流极性均为指向变压器为正。在投运带负荷试验时，系统无故障，保护动作，经查保护装置平衡系数整定无误，保护装置的录波电流波形如图 3-69 所示，故障报告显示 B、C 两相出现幅值相同的差动电流而 A 相差动电流幅值为 B、C 相差动电流幅值的两倍。请分析发生了什么错误会出现这种后果并做相量分析？

答：录波图显示，高压侧电流呈现负序，低压侧电流为正序，判断高压侧电流有异常。画出正常时的高、低压侧电流相位图如图 3-70 所示。

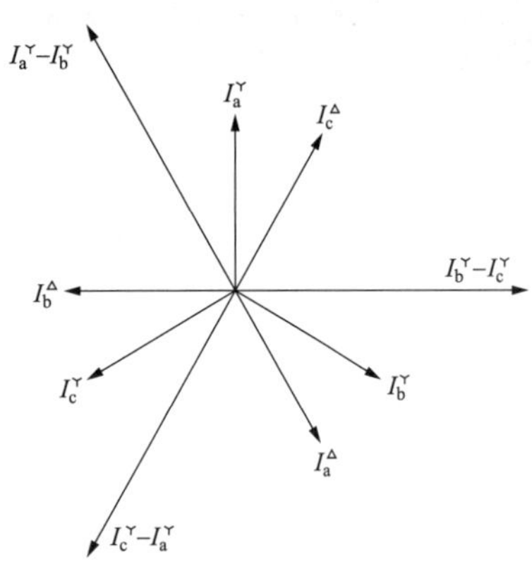

图 3-70　正常情况下电流相量图

由相位图可知，$I_a^\triangle$与I_b^Y相位基本一致，$I_b^\triangle$与I_c^Y相位基本一致，$I_c^\triangle$与 I_a^Y 相位基本一致。而录波图显示，$I_a^\triangle$与 I_a^Y 相位基本一致，$I_b^\triangle$与I_c^Y相位基本一致，$I_c^\triangle$与I_b^Y相位基本一致。因此，判断发生的错误是在 Y 侧的 TA 二次侧电流进装置时，将 A、B 相电流交叉错接。

按照错误接线，则：

设：星侧 TA 二次电流分别为I_a^Y、I_b^Y、I_c^Y；

角侧 TA 二次电流分别为$I_a^\triangle$、$I_b^\triangle$、$I_c^\triangle$。

装置参与差动计算的角侧电流为：$I_A^\triangle=I_a^\triangle$、$I_B^\triangle=I_b^\triangle$、$I_C^\triangle=I_c^\triangle$。

接线正确时装置参与差动计算的星侧电流：

$I_A^Y=(I_a^Y-I_b^Y)/\sqrt{3}$ 与 $I_A^\triangle$大小相等方向相反

$I_B^Y=(I_b^Y-I_c^Y)/\sqrt{3}$ 与 $I_B^\triangle$大小相等方向相反

$I_C^Y=(I_c^Y-I_a^Y)/\sqrt{3}$ 与 $I_C^\triangle$大小相等方向相反

当星侧将 TA 二次的 A、B 相电流接反后装置经过相位补偿后的电流为：

$I_A^Y=(I_b^Y-I_a^Y)/\sqrt{3}$ 与 $I_A^\triangle$大小相等方向相同

$I_B^Y=(I_a^Y-I_c^Y)/\sqrt{3}$ 与 $I_B^\triangle$大小相等方向滞后 120°

$I_C^Y=(I_c^Y-I_b^Y)/\sqrt{3}$ 与 $I_C^\triangle$大小相等方向超前 120°

相量图如图 3-71 所示，由图可知，A 相差动电流幅值是 B、C 相差动电流幅值的两倍。各相电流及各相差动电流相量图如图 3-72、图 3-73 所示。

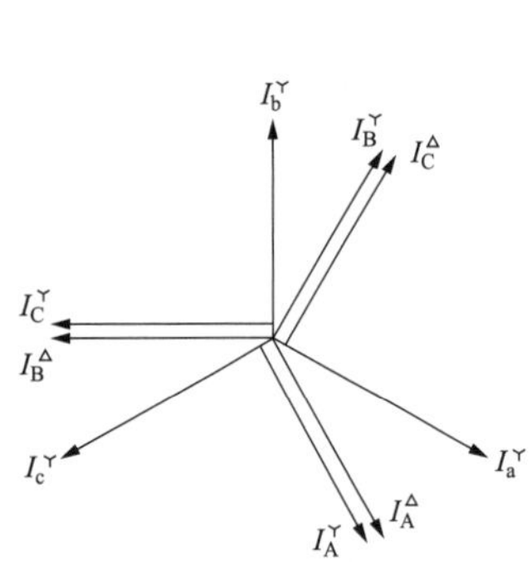

图 3-71　接线错误时电流相量图

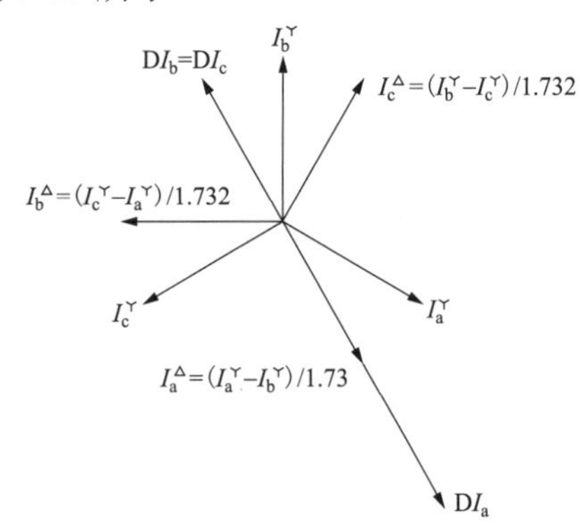

图 3-72　A、B、C 相电流相量图

各相差动电流相量如下：

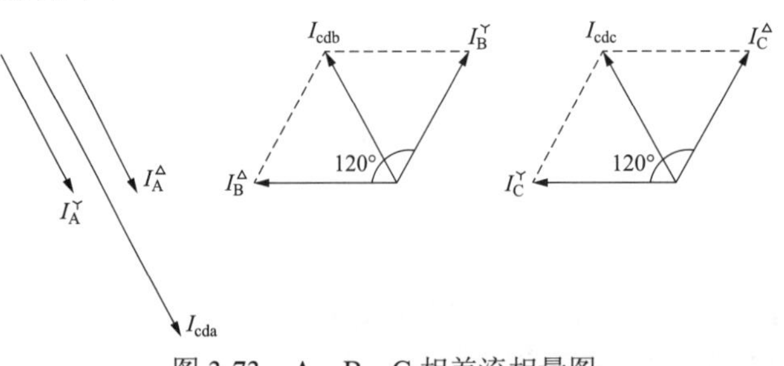

图 3-73　A、B、C 相差流相量图

35. 某 500kV 主变压器 220kV 侧发生 B 相单相接地短路，B 相断路器的两个灭弧室爆炸，220kV 母差保护动作，跳开北母线上所连接的元件；220kV 母联失灵保护动作，跳开南母线上所连接的元件；1s 后 2 号主变压器 220kV 距离保护动作，跳开 2 号主变压器各侧断路器。

以上系统如图 3-74 所示；系统各元件序阻抗如图 3-75 所示。

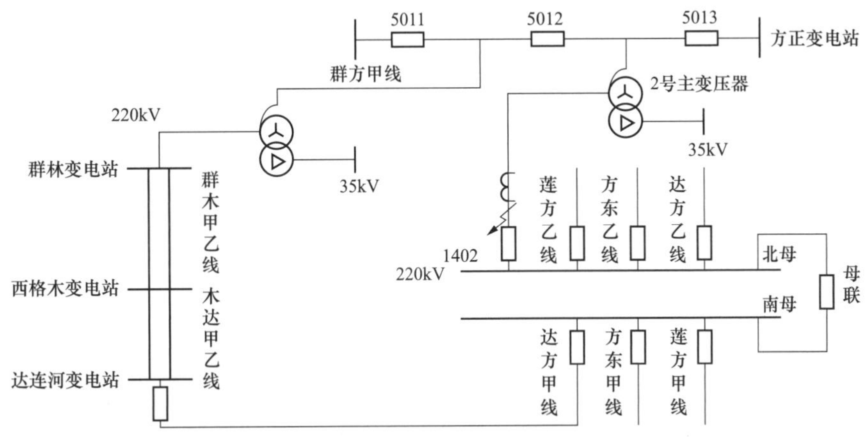

图 3-74　系统拓扑图

不妨设基准容量 100MVA，基准电压 230kV，计算短路点各序分量综合阻抗及短路点零序电流。

已知主变压器中压侧后备距离保护带偏移特性，方向指向变压器；母联元件的电流判别元件采用不带差分的全波傅里叶算法，母联间隔采用 TPY 型 TA，分析各保护动作行为并予以评价。

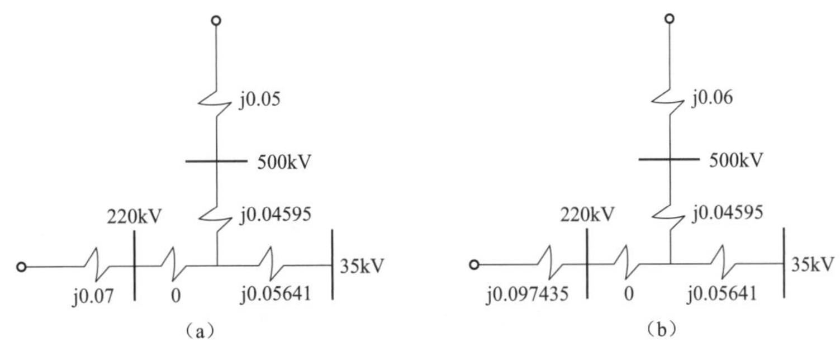

图 3-75　序网图

（a）正、负序；（b）零序

答：

（1）各序综合阻抗：

$$X_{1\Sigma}=0.07//(0.04595+0.05)=0.0405$$

$$X_{1\Sigma}=X_{2\Sigma}$$

$$X_{0\Sigma}=0.097435//[(0.06+0.04595)//0.05641]=0.027$$

（2）各序的故障电流（折算到 220kV 侧，基准容量 100MVA，基准电压 230kV）

$$I_{\mathrm{j}}=\frac{S_{\mathrm{j}}}{\sqrt{3}U_{\mathrm{j}}}=\frac{100\times1000}{\sqrt{3}\times230}=251(\mathrm{A})$$

$$I_{1\Sigma}=I_{2\Sigma}=I_{0\Sigma}=\frac{I_{\mathrm{j}}}{\mathrm{j}(X_{1\Sigma}+X_{2\Sigma}+X_{0\Sigma})}=\frac{251}{\mathrm{j}0.108}=2324\angle-90^{\circ}(\mathrm{A})$$

（3）保护动作情况分析。

1）母差保护：此次故障应该发生在主变压器 220kV 侧 1402 断路器和 TA 之间，属变压器差动保护范围之外，母线差动保护区内，220kV 母差保护正确动作，跳开北母线上连接的元件。

2）主变压器距离保护：母差保护动作后，由于 2 号主变压器仍通过 500kV 系统向故障点提供短路电流，2 号主变压器距离保护由于拥有 5%的反向偏移，正确动作跳开 2 号主变压器各侧断路器，故障消失，上述保护动作行为正确。

3）母联失灵保护电流判据采用不带差分算法，且 TA 采用的 TPY 型，衰减时间较长，很可能使得母联失灵保护电流判据满足，满足了失灵保护动作的一个条件。

当 220kV 北母母差保护动作后，2 号主变压器支路 TA 仍有故障电流流过，由于母差保护差电流回路中还有故障电流存在，造成母差保护北母差动元件仍处于动作状态，满足了失灵保护动作的第二个条件。

220kV 北母线切除后，南母线上的方东甲线仍通过达方甲线，木达甲、乙线，群木甲、乙线，500kV 群方甲线向故障点提供短路电流，产生零序电压，造成失灵保护复合电压闭锁继电器动作，满足了失灵保护动作的第三个条件。

由于上述原因，造成 220kV 母联失灵保护误动作。

36．某 220kV 变电站 220kV 母差保护（含失灵）（单套）更换工作，相关信息如下。

（1）该变电站一次接线为双母线接线方式。

（2）原母差保护装置为 BP-2B，新母差保护装置为 PCS-915，新保护屏在原保护屏的位置安装。相邻屏为运行的 291 线路保护屏、1 号主变压器保护屏。

（3）291 线路保护装置配置：保护 1 为 RCS-931，保护 2 为 PSL603。

（4）1 号主变压器保护装置为 RCS-978E。

（5）该站有 220kV 二次电压并列屏和 220kV 直流分电屏。

问题 1：原保护屏拆除工作中存在哪些关键危险点？

问题 2：原母差保护屏拆除前，按照常规保护回路分析，需要完成哪些措施，按照完成的先后顺序列出隔离措施？（指出隔离的相关回路名称）

答：危险点：

（1）误跳运行断路器。

（2）电流回路开路。

（3）保护交流电压回路短路或接地。

（4）直流回路接地或短路。

（5）拆除保护屏时震动过大，影响相邻运行设备。

隔离措施：

（1）拆除 220kV 母差保护跳各间隔及失灵联跳主变压器三侧回路时，应先拆对侧跳闸回

路，母差屏侧核实确无电压后再拆除，并做好绝缘措施。

（2）在各 220kV 间隔端子箱工作时，核对回路编号及电缆编号，将至 220kV 母差保护电流可靠封起，卡钳表核实封接良好后，打开至母差保护屏的二次线，并做好绝缘隔离措施。

（3）在 220kV 二次电压并列屏可靠断开母差保护屏交流电压回路，母差屏侧核实无电压。

（4）在 220kV 直流分电屏断开母差保护装置电源，断开母差保护信号回路，断开母差Ⅱ录波回路，断开母差保护装置对时回路。

（5）统一指挥，加强协作，减少震动，防止屏体倾倒。

37. 已知电网结构如图 3-76 所示。

其中：

（1）220kV A、B 站分别与系统、地区电源相连；110kV C、F 站为终端变电站，无地区电源，C 站负荷较轻，本题中估算可忽略不计；110kV D、E 电站为地区小电源接入站。

（2）220kV A 站 1 号、2 号主变压器高压侧复压过流保护按躲变压器额定电流整定，电流定值为 497A；110kV 线路保护均配置常规保护，无快速主保护，110kV AC、CD、BD 线最大热稳电流按 515A 考虑，距离Ⅲ段阻抗定值按躲最小负荷阻抗取 101Ω 整定。

（3）在 220kV A 站、B 站形成 220kV/110kV 电磁环网运行方式，负荷电流分布示意如图 3-77 所示，220kV AB 线流过负荷电流 412A，A 站 1 号、2 号主变压器高压侧流过负荷电流 366A，110kV AC 线流过负荷电流 43A。当 220kV A 站与 B 站之间的 220kV 联络线 AB 线故障跳闸后，系统负荷电流分布示意图如图 3-78 所示。

问：（1）电磁环网运行方式下，220kV AB 线故障跳闸后，分析负荷电流分布变化对 220kV A 站主变压器及 110kV AC、CD、BD 线线路保护的影响。

（2）220kV/110kV 电磁环网合环运行方式及 110kV AC 线断环方式下，110kV BD 线重合闸分别投何种方式？

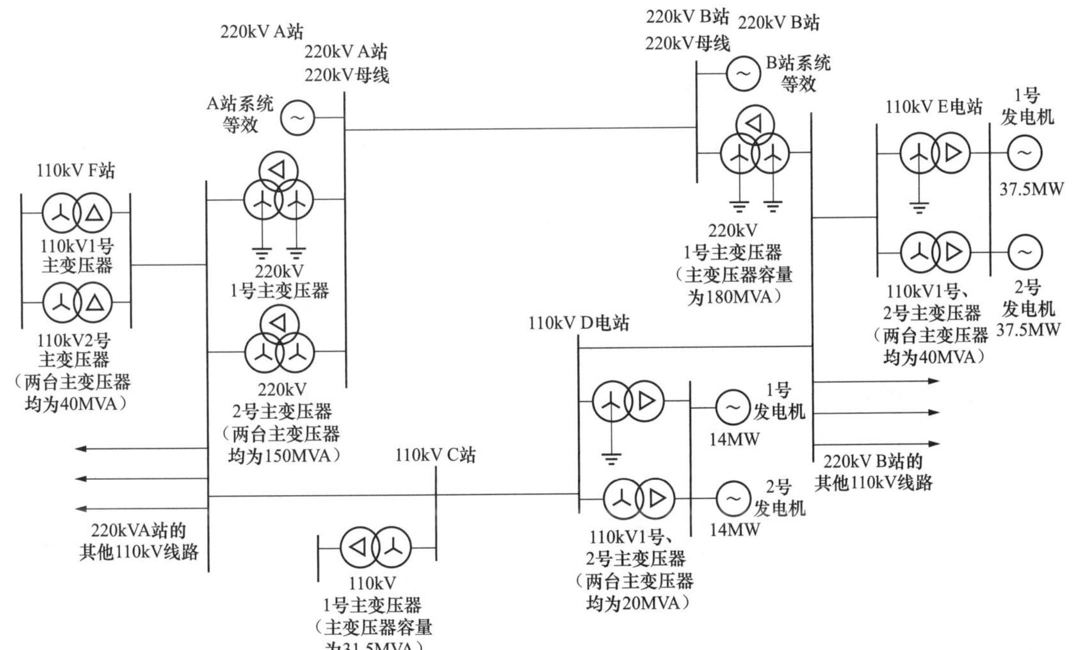

图 3-76　电网接线示意图

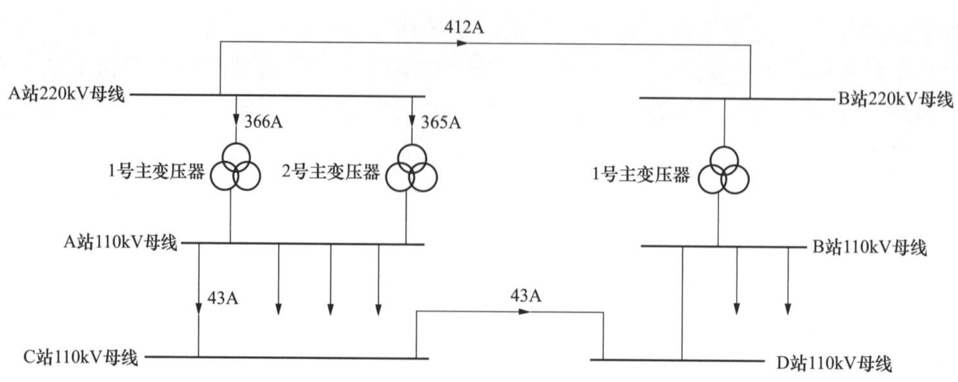

图 3-77 电磁合环运行方式负荷电流分布示意图

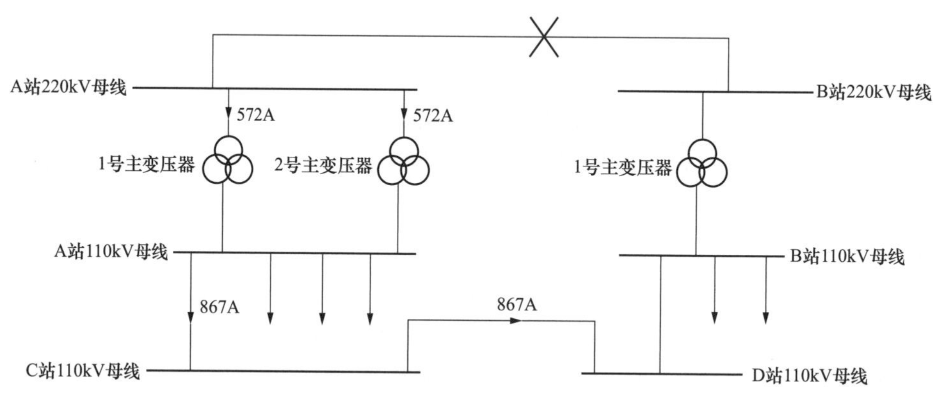

图 3-78 220kV AB 线故障跳闸后负荷电流分布示意图

答：

（1）如图 3-78 所示，当 220kV AB 线故障跳闸后，A 站 1 号、2 号主变压器高压侧负荷电流为 572A，110kV AC、CD 线流过负荷电流 867A。110kV BD 线叠加 CD 线的负荷与 D 电站发电负荷，流过负荷电流大于 867A。导致 220kV A 站 1 号、2 号主变压器高压侧过负荷，110kV AC、CD、BD 线过负荷。

A 站 1 号、2 号主变压器高压侧复压过流保护达到电流定值，区外故障时，一旦复压满足条件，复压过流保护误动跳闸；110kV AC 线、CD、BD 线负荷电流超过最大热稳电流，此时的过负荷阻抗约为 110000/(1.732×867)=73（Ω），以四边形特性保护原理为例，如图 3-79 所示，当投入负荷限制电阻功能，且负荷限制电阻定值 R_{ZD} 按躲最大负荷整定（例如 40Ω）时，在负荷阻抗角为 0°附近时不落入距离Ⅲ段动作特性内，保护将不跳闸；但在负荷阻抗角增大后将可能落入距离Ⅲ段动作特性内，保护将动作跳闸。

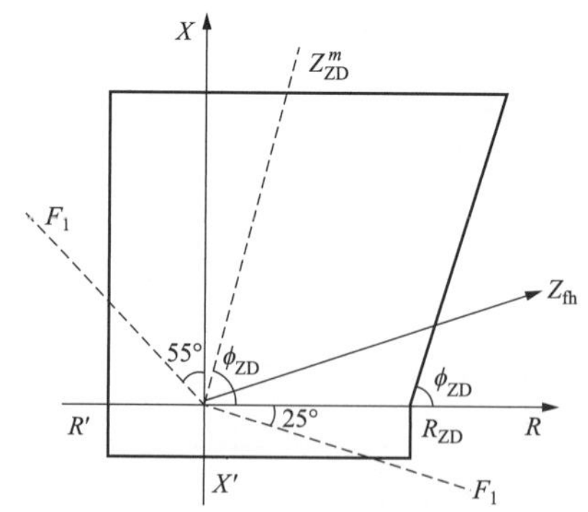

图 3-79 四边形特性保护装置距离Ⅲ段定值和负荷测量阻抗关系

（2）220kV/110kV 电磁环网合环运行方式下，110kV BD 线 B 站侧投“投检同期+检线路无压母线有压”，D 站侧投“检同期+检线路有压母线无压”；或者 110kV BD 线 B 站侧“检同期+检线路有压母线无压”，D 站侧投“投检同期+检线路无压母线有压”；220kV/110kV 电磁环网 110kV AC 线断环方式下，110kV BD 线，B 站侧投“投检同期+检线路无压母线有压”，D 站侧投“检同期+检线路有压母线无压”。

38．某 500kV 变电站突发“35kV Ⅰ 母接地”，“1 号主变压器低压侧零序过压告警”信号，500kV 1 号主变压器配置南瑞继保 PCS-978T5-G 保护。测量 35kV Ⅰ 母二次电压如下：U_a=97V，U_b=9.6V，U_c=104V，U_L=99.4V。

后台监控系统电压如下：

U_A=34.56kV，U_{AB}=36.57kV，U_{BC}=36.28kV，U_{CA}=36.46kV。

请说明该站 35kV Ⅰ 母 TV 发生了什么故障，为什么？

后台为什么有“1 号主变压器低压侧零序过压告警”信号而没有“1 号主变压器低压侧 TV 断线信号”？

该故障发生后，对 1 号主变压器低压侧后备保护有何影响？

PCS-978T5-G 保护 TV 异常判别判据如下：

（1）正序电压小于 30V，且任一相电流大于 $0.04I_n$ 或断路器在合位状态；

（2）负序电压大于 8V。

满足上述任一条件，同时保护启动元件未启动，延时 1.25s 报该侧母线 TV 异常，并发出报警信号，在电压恢复正常后延时 10s 恢复。

答：35kV Ⅰ 母 TV 发生了 B 相接地故障。

TV 接地时，变比为 $35/\sqrt{3}/0.1/\sqrt{3}/0.1/\sqrt{3}/0.1/3$。

$3U_0=U_a+U_b+U_c$=100V，$U_1=(U_a+\alpha U_b+\alpha^2U_c)/3$=57.7V，$U_2=(U_a+\alpha^2U_b+\alpha U_c)/3$=0

由此可见，当 B 相发生单相接地时，只有零序电压和正序电压，无负序电压。不满足 TV 异常判别条件，故在故障发生时，没有 TV 断线信号，但会发出零序电压告警信号。

低压侧不经复压元件控制，方向元件始终满足，需要退出低压侧电压投入压板。避免开放其他侧。

39．特高压变压器的等效电路图如图 3-80 所示，其中本体变高压侧为 A-X，中压侧为 Am-X，低压侧为 1a-1x。调压变为 3X-X，补偿变的低压励磁绕组部分为 2X-X，低压补偿绕组部分为 2x-x。根据等效电路图分析特高压变压器的调压变调压原理和补偿变补偿原理。（已知调压变共 9 个档位，5 档为中间档，4 档到 1 档为正调压，6 档到 9 档为负调压）

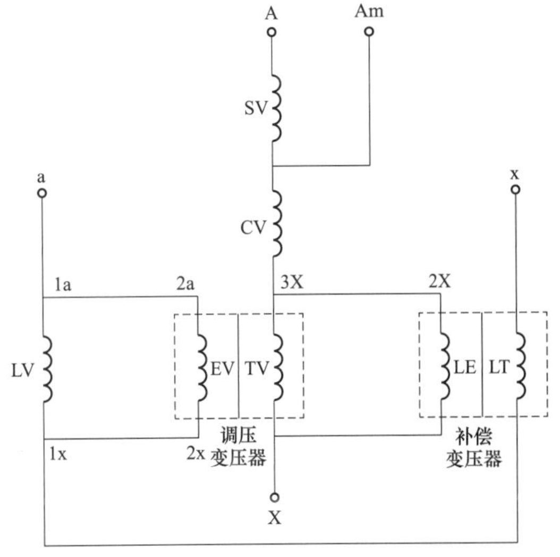

图 3-80　特高压变压器等效电路图

答：调压变调压原理。

（1）正调压：SV 和 CV 电压降落由 U_h 降低为 U_h-U_{TV}，铁芯主柱上每匝线圈的磁通 ϕ 和感应电动势 E 将降低，由此 SV 的电压降落 U_{SV} 将减少，在 U_h 不变的情况下，$U_m=U_h-U_{SV}$

增大。

4-1 档中，档位越小，U_{TV}越大，U_{SV}越小，U_m越大。

（2）负调压：SV 和 CV 电压降落由 U_h 增加为 $U_h-(-U_{TV})=U_h+U_{TV}$，铁芯主柱上每匝线圈的磁通ϕ和感应电动势 E 将增加，由此 SV 的电压降落 U_{SV} 将增大，在 U_h 不变的情况下，$U_m=U_h-U_{SV}$ 减小。

6-9 档中，档位越大，U_{TV}越大，U_{SV}越大，U_m越小。

补偿变调补偿原理—低压补偿（负反馈：在低压绕组中串联一个相反特性的补偿绕组）。

（1）正调压时，U_{TV} 增大，铁芯主柱上每匝线圈的磁通ϕ和感应电动势 E 将减小，通过电磁感应的低压绕组电压 U_{LV} 减小；同时补偿变由于励磁电压 $U_{LE}=U_{TV}$ 的增大，导致 U_{LT} 增大，因此 $U_{ax}=U_{LV}+U_{LT}$ 保持不变。

（2）负调压时，U_{TV} 减小，铁芯主柱上每匝线圈的磁通ϕ和感应电动势 E 将增大，通过电磁感应的低压绕组电压 U_{LV} 增大；同时补偿变由于励磁电压 $U_{LE}=U_{TV}$ 的减小，导致 U_{LT} 减小，因此 $U_{ax}=U_{LV}+U_{LT}$ 保持不变。

40．系统接线如图 3-81 所示，本题所列参数全部为折算到二次侧，所有间隔 TA 变比相同（若母联 ML 断路器断开，220kVⅠ、Ⅱ母分列运行时，忽略李宏Ⅰ、Ⅱ线线路阻抗；系统 S1、S2 同相位，全部元件各序阻抗角相同）。216 断路器断位，李庄站 220kVⅠ母线单相金属性接地故障，217 支路电流系统 S1 大方式 12A、小方式 7A；217 断路器断位，李庄站 220kVⅡ母线单相金属性接地故障，216 支路电流系统 S2 大方式 5A、小方式 4A。母线保护比率差动元件动作方程为：

$$I_{cd}=\left|\sum_{j=1}^{n}\dot{I}_{j}\right|$$

$$I_{zd}=\sum_{j=1}^{n}\left|\dot{I}_{j}\right|$$

$I_{cd}>K_{res}I_{zd}$，大差 K_{res} 高值 0.5、低值 0.4；小差 K_{res} 高值 0.6、低值 0.5；差动保护启动定值 1.2A。

问题：校验母线保护比率差动保护灵敏度是否满足要求？若不满足可采取何种措施？

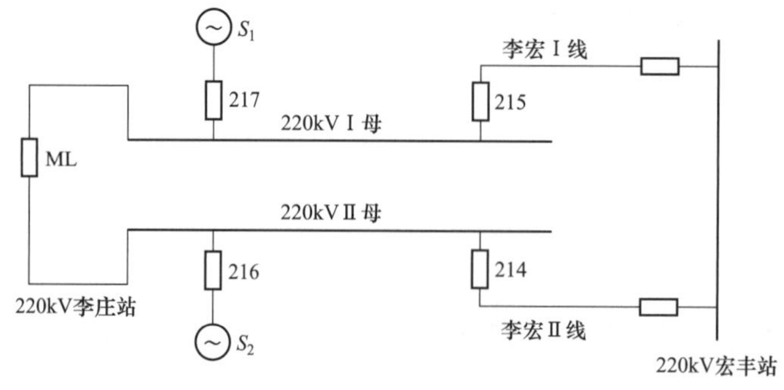

图 3-81　系统接线图

答：（1）母线并列运行，217 断路器断位，220kV 母线故障，216 支路电流取小方式 4A。大差：$I_{cd}=216$ 支路电流=4A。

$I_{zd}=216$ 支路电流=4A。

灵敏系数=4/1.2=3.3，且 $I_{cd}=4A \geqslant I_{zd}=0.5\times 4=2(A)$。

小差：$I_{cd}=216$ 支路电流=4A。

$I_{cd}=216$ 支路电流=4A，灵敏系数=4/1.2=3.3 且 $I_{cd}=4A \geqslant I_{zd}=0.6\times 4=2.4(A)$。因此，母差保护能可靠动作。

（2）母线分列运行，220kVⅡ母线故障，216 支路电流取小方式 4A，217 支路电流取大方式 12A。

大差：$I_{cd}=216$ 支路+217 支路−215 支路+214 支路=16(A)。

$I_{zd}=216$ 支路+217 支路+215 支路+214 支路=40A，灵敏系数=16/1.2=13.3。

$I_{cd}=16A \approx I_{zd}=0.4\times 40=16(A)$。

小差：$I_{cd}=216$ 支路电流+214 支路电流=16(A)。

$I_{zd}=216$ 支路电流+214 支路电流=16(A)。

灵敏系数=16/1.2=13.3 且 $I_{cd}=16A \geqslant I_{zd}=0.5\times 16=8(A)$。

因此，Ⅱ母小差可灵敏动作，大差处于动作边界，不能可靠动作。

措施：①限制母线分列运行方式。②若 220kV 母线确有必要分列运行，李宏Ⅰ线或李宏Ⅱ线陪停，确保母差保护灵敏可靠投入。

41．系统接线如图 3-82 所示。

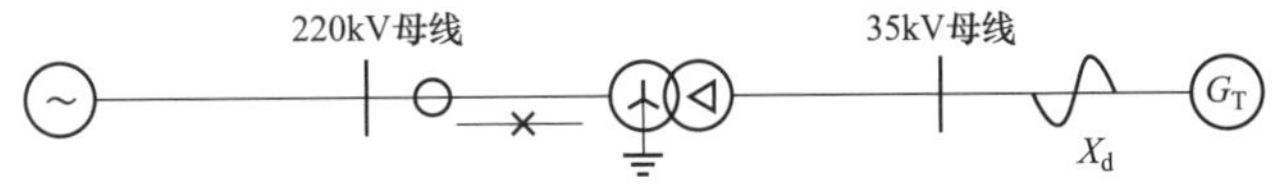

图 3-82　系统接线图

（1）推导分析发变组高压侧 TA 与主变压器间，C 相单相断线时，发电机变压器组高、低压侧电流相量及低压侧母线电压电气量特征。

（2）根据断线时推导的电气量结论，分析对主变压器差动保护、主变压器低压侧复压过流保护、发电机负序过电流保护的影响及运行整定注意事项。（变压器接线组别为 YN，d11，变比为 n；设断线时非断线相与断线前的负荷电流幅值、相位相同）

答：（1）因 $\dot{I}_A$=$\dot{I}_B$，$\dot{I}_C=0$，利用序分量分析法得到高压侧 A 相的各序电流为：

$$\dot{I}_{A1}=\frac{\dot{I}_A+\alpha\dot{I}_B+\alpha^2\dot{I}_C}{3}=\frac{\dot{I}_A+\alpha\dot{I}_B}{3}=\frac{2\dot{I}_A}{3}$$

$$\dot{I}_{A2}=\frac{\dot{I}_A+\alpha^2\dot{I}_B+\alpha\dot{I}_C}{3}=\frac{\dot{I}_A+\alpha^2\dot{I}_B}{3}=\frac{\dot{I}_A e^{j60^\circ}}{3}$$

$$\dot{I}_{A0}=\frac{\dot{I}_A+\dot{I}_B+\dot{I}_C}{3}=\frac{\dot{I}_A+\dot{I}_B}{3}=\frac{\dot{I}_A e^{-j60^\circ}}{3}$$

（2）则低压侧正、负序线电流为：

$$\dot{I}_{a1}=n\dot{I}_{A1}e^{j30^\circ}=n\frac{2\dot{I}_A}{3}e^{j30^\circ}$$

$$\dot{I}_{a2}=n\dot{I}_{A2}e^{-j30^\circ}=n\frac{\dot{I}_A}{3}e^{j30^\circ}$$

（3）低压侧各相线电流为：

$$\dot{I}_{a}=\dot{I}_{a1}+\dot{I}_{a2}=n\dot{I}_{A}e^{j30^{\circ}}$$

$$\dot{I}_{b}=\dot{I}_{b1}+\dot{I}_{b2}=\alpha^{2}\dot{I}_{b1}+\alpha\dot{I}_{b2}=\frac{\sqrt{3}}{3}n\dot{I}_{A}e^{j240^{\circ}}$$

$$\dot{I}_{c}=\dot{I}_{c1}+\dot{I}_{c2}=\alpha\dot{I}_{b1}+\alpha^{2}\dot{I}_{b2}=-\frac{\sqrt{3}}{3}n\dot{I}_{A}$$

（4）主变压器低压侧母线电压为：

$$\dot{U}_{a}=\dot{E}_{a}-j\dot{I}_{a}X_{d}$$

$$\dot{U}_{b}=\dot{E}_{b}-j\dot{I}_{b}X_{d}$$

$$\dot{U}_{c}=\dot{E}_{c}-j\dot{I}_{c}X_{d}$$

由分析（3）可知，$\dot{I}_{a}$不变，因此低压侧电压$\dot{U}_{a}$不变；$\dot{U}_{b}$相对非全相运行前电压相角超前一定角度，幅值将变小；$\dot{U}_{c}$相对非全相运行前电压相角超前一定角度，幅值将变大。三相电压不对称，出现比较大的负序电压。

（5）对主变压器差动保护的影响：由分析（3）可得主变压器差动各相差流如下：

$$\dot{I}_{opa}=\frac{\dot{I}_{a}}{n}-\frac{\dot{I}_{A}-\dot{I}_{B}}{\sqrt{3}}=\frac{n\dot{I}_{A}e^{j30^{\circ}}}{n}-\frac{\sqrt{3}\dot{I}_{A}e^{j30^{\circ}}}{\sqrt{3}}=0$$

$$\dot{I}_{opb}=\frac{\dot{I}_{b}}{n}-\frac{\dot{I}_{B}-\dot{I}_{C}}{\sqrt{3}}=\frac{\frac{\sqrt{3}}{3}n\dot{I}_{A}e^{j240^{\circ}}}{n}-\frac{\dot{I}_{B}}{\sqrt{3}}=0$$

$$\dot{I}_{opc}=\frac{\dot{I}_{c}}{n}-\frac{\dot{I}_{C}-\dot{I}_{A}}{\sqrt{3}}=\frac{-\frac{\sqrt{3}}{3}n\dot{I}_{A}}{n}-\frac{-\dot{I}_{A}}{\sqrt{3}}=0$$

因此可知，非全相等纵向故障对于主变压器差动保护来说属于穿越故障，差动保护不反应，可靠不动作。

（6）对主变压器低压侧复压过流保护的影响：

由分析（4）可知，非全相期间负序电压闭锁开放，若主变压器负荷大于额定负荷（过流定值按躲额定负荷整定），则过流保护可能误动作，因此，此段过流保护动作时间应躲过上级线路重合闸动作时间。

（7）对发电机负序过流保护的影响：

当负序电流保护定值躲不过高压侧开关非全相负序电流时，负序过流保护时间应躲过主变压器高压侧非全相保护时间；对于导线一相或两相断线时，发电机变压器组非全相运行时只有发电机负序过流保护反应这种非全相运行状态，当负序电流满足负序过流保护动作条件时，保护动作将机组跳开防止发电机组受到更大的损伤。

42．某一带负荷运行的发电厂 YN，d11 接线的升压变压器发生故障，故障前后两侧电流如图 3-83 所示。

（1）描述两侧故障前后的电流特征；

（2）判断故障位置和故障类型；

（3）画出发生故障前后电流分布图和两侧的电流相量图来验证以上判断；
（4）该故障发生后，定性分析负序功率和零序电流的电气量特征。

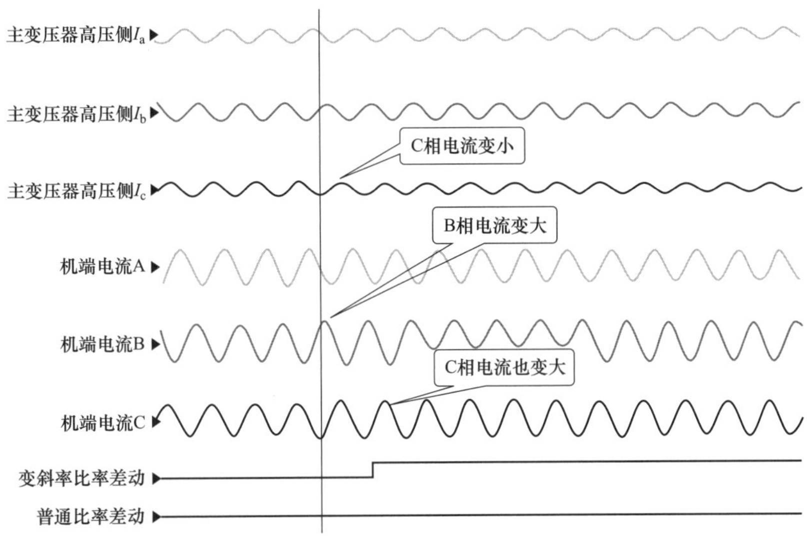

图 3-83　故障前后电流波形图

答：（1）高压侧和低压侧（发电机机端）的电流录波是负荷分量和故障分量的叠加。

从高压 Y 侧电流录波可以看出，A 相和 B 相电流故障前、故障后基本没有变化，可以认为这两相没有故障分量。Y 侧 C 相的电流录波可以看出，故障后电流变小，且相位变化不大（故障分量较小），显然，C 相有故障。

从低压△侧电流录波可看出，A 相电流故障前后没有变化。B 相和 C 相电流都变大，且幅值增大相当。

（2）初步判断应该是高压侧 C 相绕组匝间故障，或者是 C 相绕组靠近中性点的接地故障。

（3）分析原因。

1）故障前负荷分量电流分布图如图 3-84 所示。

2）故障分量电流分布图如图 3-85 所示。

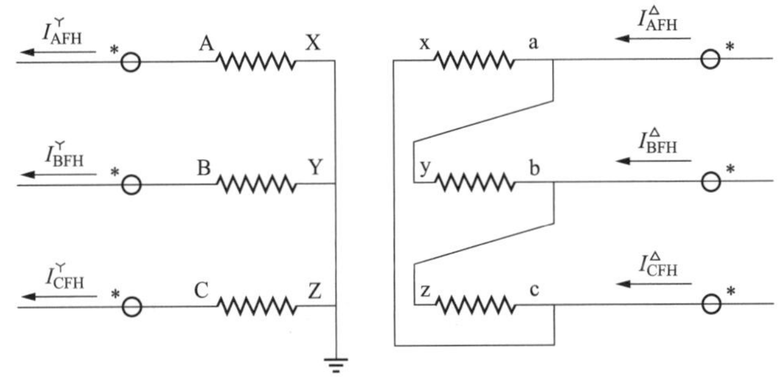

图 3-84　故障前负荷分量电流分布图

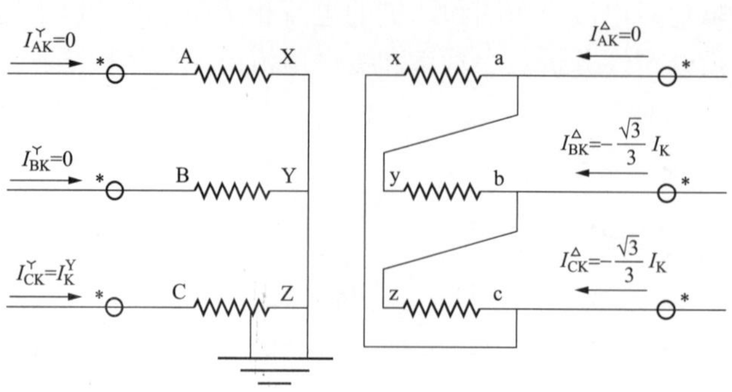

图 3-85　故障分量电流分布图

用对称分量法分析故障分量：

高压侧电流相量如图 3-86 所示，低压侧电流相量如图 3-87 所示。

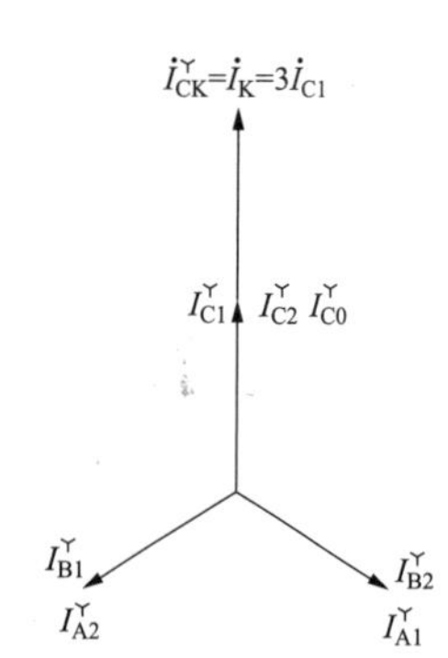

图 3-86　高压侧电流相量

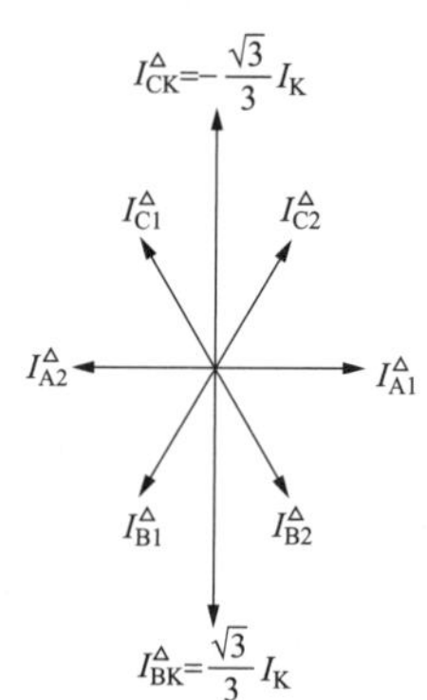

图 3-87　低压侧电流相量

以各侧电压作参考，各侧电流就是负荷分量和故障分量的叠加，如图 3-88 和图 3-89 所示。

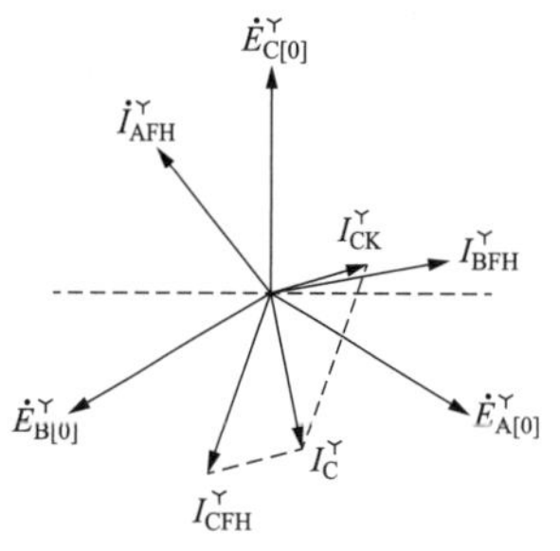

图 3-88　Y 侧故障相的电流相量图

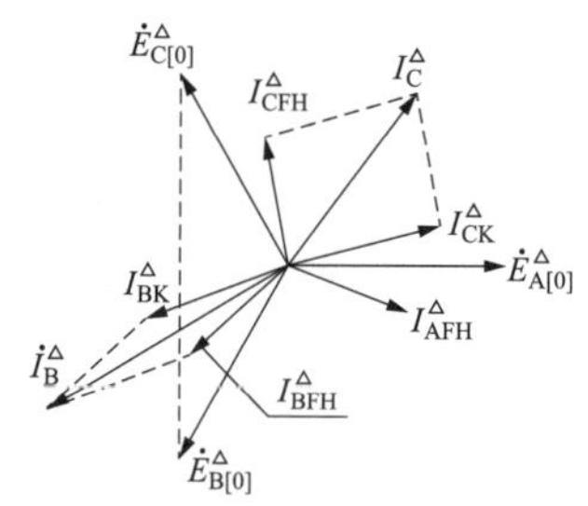

图 3-89　△侧的电流相量图

根据相量图分析，Y 侧 C 相发生匝间短路后，A 相和 B 相电流基本没有变化，C 相故障后电流变小，且相位变化不大。△侧电流 A 相电流故障前后没有变化。B 相和 C 相电流都变大，且幅值增大相当。

（4）出现负序功率。规定负序电流的正方向为流入主变压器，则发生匝间短路时，$\dot{U}_{M2}=-\dot{I}_{M2}\dot{Z}_{M2}$，$\dot{U}'_{N2}=-\dot{I}'_{N2}\dot{Z}_{N2}$，所以变压器各侧的负序电流超前负序电压 100°～–110°；外部任一

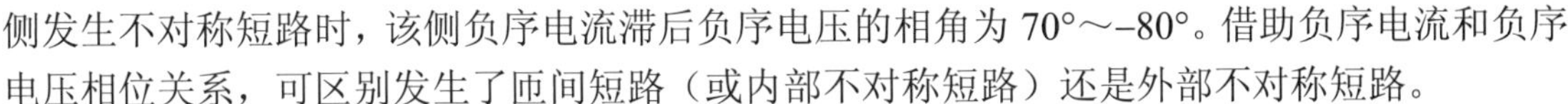

侧发生不对称短路时，该侧负序电流滞后负序电压的相角为70°～-80°。借助负序电流和负序电压相位关系，可区别发生了匝间短路（或内部不对称短路）还是外部不对称短路。

零序电流。对于YN，d联结组别变压器，不论绕组匝间短路发生在YN侧还是d侧，只要YN侧系统有接地中性点，YN侧就有零序电流出现。

43．新投运继电保护装置必须采用一次电流和工作电压验证相关相量，投运过程中，一次设备不得失去速动保护。某500kV变电站开展1号主变压器（525kV/230kV/ 35kV）扩建新投运工作，按照步骤，需使用5011断路器串带主变压器高、低压侧进行主变压器保护相量检查（投运过程中，主变压器保护相量未经验证，不能保证可靠），已知1号主变压器投运前500kV母线三相短路容量为 20kA，主变压器参数标幺值为 X_h=0.2，X_m= -0.02，X_l=0.5。S_b=1000MVA，U_b=525kV。

（1）为保证低压侧相间故障可靠切除，试计算5011断路器保护过流定值。灵敏度1.5，5011断路器TA变比2500/1A。

（2）现场采用低压侧投入电容器的方式进行主变压器保护相量检查，电容器单体容量为5MVar，为确保结果正确，应至少达到4%额定电流，试计算低压侧需至少投入多少组电容器。已知高压侧5001断路器TA为2500/1A，低压侧311断路器TA为4000/1A。

答：

（1）500kV系统阻抗为1000/（20×525×1.732）=0.055

低压相间故障高压侧电流（1000/525×1.732）/（0.055+0.2+0.5）=1.46（kA）

定值为1.46/（1.5×2.5）=0.39（A）

（2）为保证相量，高压侧所需容量：2.5×0.04×525×1.732=91（MVA）

低压侧所需容量：4×0.04×35×1.732=9.7（MVA）

故至少投入两组电容器。

44． 500kV和220kV电磁环网等效系统如图3-90所示，A、B两站500kV分别接入系统电源，两站500kV通过500kV单回线路相连，220kV通过两回线路相连。

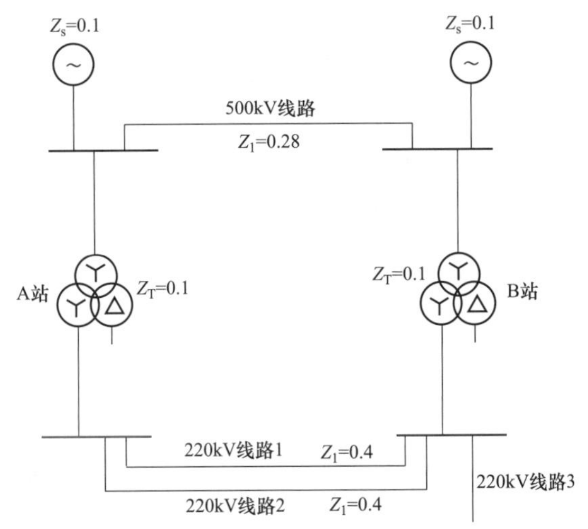

图3-90 电磁环网系统接线图

（1）按照电网安全 N–1 原则，单一元件故障，应不造成其他线路或设备过负荷。应考虑哪些单一设备停运时，可能造成另外哪些设备过负荷？

（2）系统阻抗参数如图 3-91 所示，基准容量 1000MVA，分别计算环网运行状态和环网在 220kV 处打开运行状态下，线路 3 出口三相短路的短路容量。

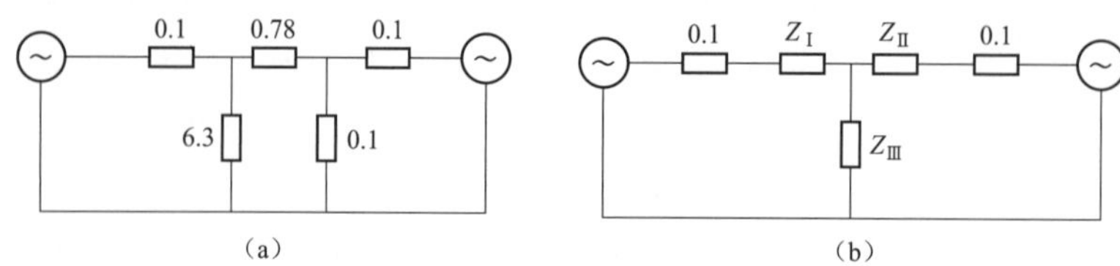

图 3-91　等值电路图

（a）三角形星形变换前等值电路图；（b）三角形星形变换后等值电路图

（3）若断路器遮断容量不能满足短路容量，电磁环网暂时不具备打开运行条件，可采取什么措施？

答：

（1）500kV 线路停运时，可能造成 220kV 双回线路、A 站主变压器、B 站主变压器过负荷；

A 站主变压器停运时，可能造成 B 站主变压器过负荷；

B 站主变压器停运时，可能造成 A 站主变压器过负荷。

（2）

$$Z_{\rm I}=\frac{0.28\times0.3}{0.28+0.3+0.1}=0.124$$

$$Z_{\rm II}=\frac{0.28\times0.1}{0.28+0.3+0.1}=0.041$$

$$Z_{\rm III}=\frac{0.3\times0.1}{0.28+0.3+0.1}=0.044$$

$$Z_{\Sigma}=0.044+(0.1+0.124)//(0.1+0.041)=0.131$$

短路容量：$1000\times\dfrac{1}{0.131}=7661\,(\text{MVA})$

打开运行状态：$Z_{\Sigma}=0.1+0.1//(0.1+0.28)=0.179$

短路容量：$1000\times\dfrac{1}{0.179}=5587\,(\text{MVA})$

（3）可采取更换遮断容量大的断路器、增大主变压器短路阻抗、加装限流电抗器等措施。

45. 系统如图 3-92 所示，已知三相自耦变压器容量为 180/180/90MVA，电压为 220kV/110kV/35kV，短路电压比（折算至变压器全容量全电压基准下）测得 X_{12}=17%，X_{23}=21%，X_{13}=38%；系统等效电源 $S_{\rm N}$=250MVA，正负序等效阻抗 $X_{\rm S1}$= $X_{\rm S2}$=0.18，零序等效阻抗 $X_{\rm S0}$=0.24，T2 变压器容量 $S_{\rm N}$=50MVA，电压为 110kV/10.5kV，$U_{\rm d}$=10.5%，110kV 输电线路 $X_{\rm L1}$= $X_{\rm L2}$=0.04Ω/km，$X_{\rm L0}$= 3$X_{\rm L1}$，线路全长 40km。变压器中压侧发生 A 相单相接地故障，试绘出单相接地故障的各序网络和复合序网，并计算出流经中性点的零序电流大小和方向。

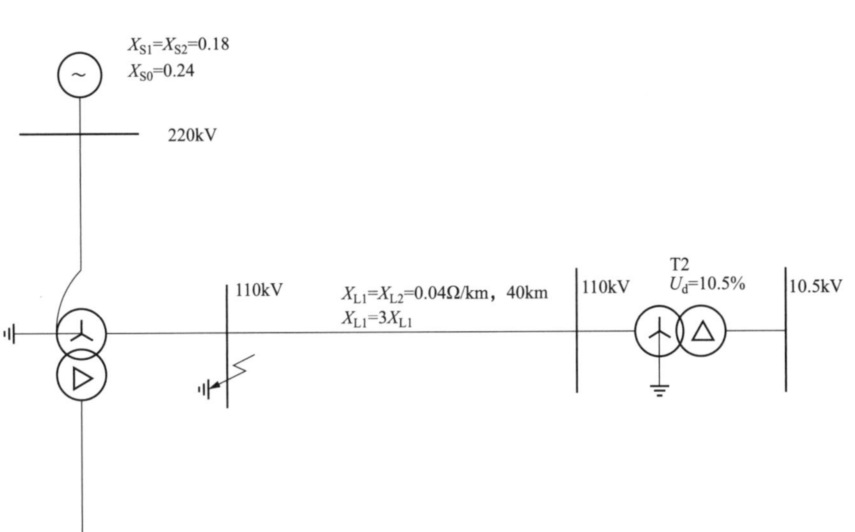

图 3-92　系统接线图

答：设基准容量 S_J=180MVA，U_{B1}=220kV，U_{B2}=110kV

220 kV 系统基准电流：

$$I_{B1}=\frac{S_J}{\sqrt{3}U_{B1}}=\frac{100\times1000}{\sqrt{3}\times220}=262(A)$$

110 kV 系统基准电流：

$$I_{B2}=\frac{S_J}{\sqrt{3}U_{B1}}=\frac{100\times1000}{\sqrt{3}\times110}=524(A)$$

（1）作出各元件阻抗标幺值：

1）将自耦变各侧阻抗归算至上述基准容量及电压时的标幺值为：

$$X_{T1*}=\frac{1}{2}(X_{12}+X_{13}-X_{23})\times S_J/S_e=\frac{1}{2}(0.17+0.38-0.21)\times100/180=0.094$$

$$X_{T2*}=\frac{1}{2}(X_{12}+X_{23}-X_{13})\times S_J/S_e=\frac{1}{2}(0.17+0.21-0.38)\times100/180=0$$

$$X_{T3*}=\frac{1}{2}(X_{13}+X_{23}-X_{12})\times S_J/S_e=\frac{1}{2}(0.38+0.21-0.17)\times100/180=0.117$$

2）系统阻抗归算至基准容量的标幺值为：

$$X_{S1*}=X_{S2*}=0.18\times S_J/S_e=0.18\times100/250=0.072$$

$$X_{S0*}=0.24\times S_J/S_e=0.24\times100/250=0.096$$

3）110kV 线路阻抗归算至上述基准容量及电压时的标幺值为：

$$X_{L1*}=X_{L2*}=X_{L1}\times S_J/U_B^2=0.04\times40\times100/48400=0.0033$$

$$X_{L0*}=3X_{L1*}=0.0099$$

4）T2 变压器阻抗归算至基准容量的标幺值为：

$$X_{T*}=X_T\times S_J/S_e=0.105\times100/50=0.21$$

（2）各序网络。

1）正序网络如图 3-93 所示。

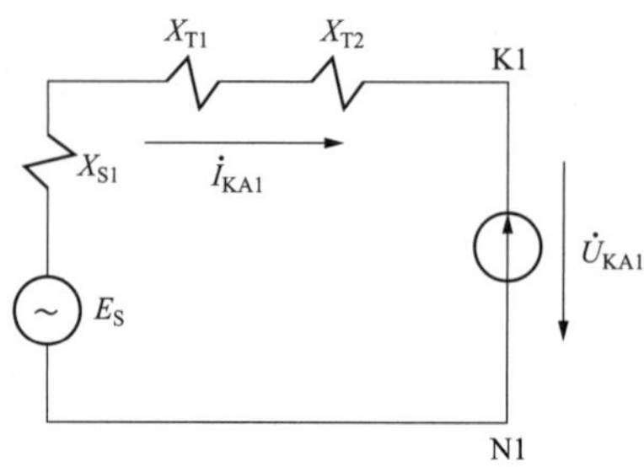

图 3-93　正序序网图

$$X_{\Sigma1*}=X_{S1*}+X_{T1*}+X_{T2*}=0.072+0.094+0=0.166$$

2）负序网络如图 3-94 所示。

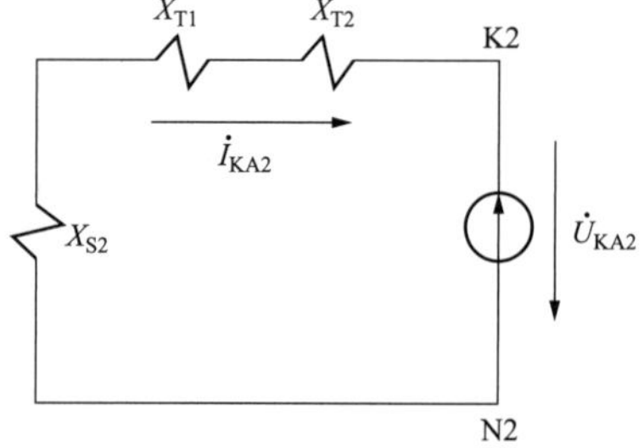

图 3-94　负序序网图

$$X_{\Sigma2*}=X_{S2*}+X_{T1*}+X_{T2*}=0.072+0.094+0=0.166$$

3）零序网络如图 3-95 所示。

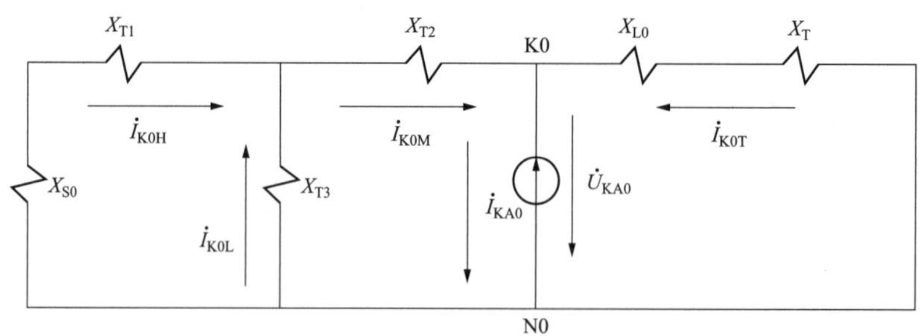

图 3-95　零序序网图

$$X_{\Sigma0*}=[(X_{S0*}+X_{T1*})//X_{T3*}+X_{T2*}]//(X_{L0*}+X_{T*})$$
$$=[(0.096+0.094)//0.117+0]//(0.0099+0.21)=0.0724//0.2199=0.0545$$

4）A 相接地复合序网如图 3-96 所示。

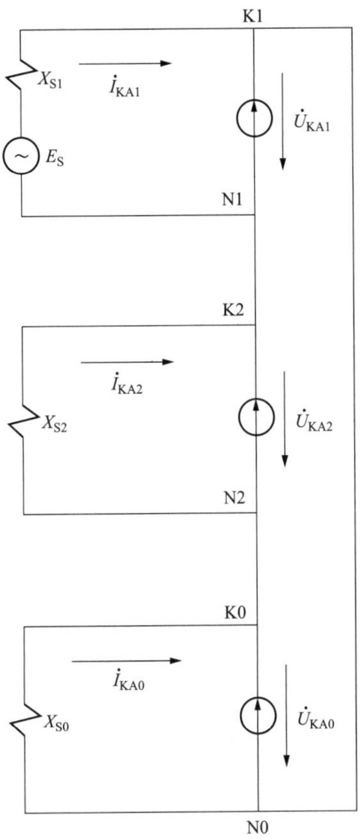

图 3-96　复合序网图

（3）短路电流计算：

$$I_{KA0*}=\frac{E_{S*}}{X_{\Sigma1*}+X_{\Sigma2*}+X_{\Sigma0*}}=\frac{1}{0.166+0.166+0.0545}=2.587$$

根据零序网络图，可得：

$$I_{K0M*}=I_{KA0*}\times(X_{L0*}+X_{T*})/[(X_{S0*}+X_{T1*})//X_{T3*}+X_{T2*}+X_{L0*}+X_{T*}]$$
$$=2.587\times0.2199/(0.0724+0.2199)$$
$$=1.946$$

$$I_{K0H*}=I_{K0M*}\times X_{T3*}/(X_{S0*}+X_{T1*}+X_{T3*})$$
$$=1.946\times0.117/(0.096+0.094+0.117)$$
$$=0.742$$

折算成中压侧有名值：

$$I_{K0M}=I_{K0M*}\times I_{B2}=1.946\times524=1019.7(\text{A})$$

折算成高压侧有名值：

$$I_{K0H}=\text{I}_{K0H*}\times I_{B1}=0.742\times262=194.4(\text{A})$$

所以流经中性点零序电流为：

$$I_{K0N}=3\times(I_{K0M}-I_{K0H})=3\times(1019.7-194.4)=2475.9(\text{A})$$

中性点零序电流是由大地流向中性点。

46．某 220kV 主变压器主接线为 YN，d11，变比 230/35，额定容量 100MVA。图 3-97 中 TA1 为差动保护高压侧 TA，变比 1000/1，TA2 为差动保护低压侧 TA，变比为 4000/1。微机保护采用高压侧转角。主变压器运行时主变压器低压侧接系统电源，负荷高压侧近似空载。主变压器高压侧 TA 至保护装置的交流电缆二次 N 回路断线时，此时如图 3-97 所示主变压器高压侧母线发生 A 相接地故障。主变压器差动继电器动作特性及动作方程如图 3-98 所示。试问该差动保护是否会误动，并说明原因？

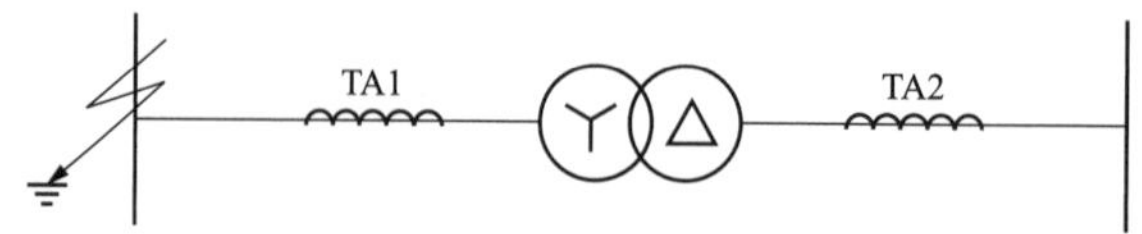

图 3-97　主变接线示意图

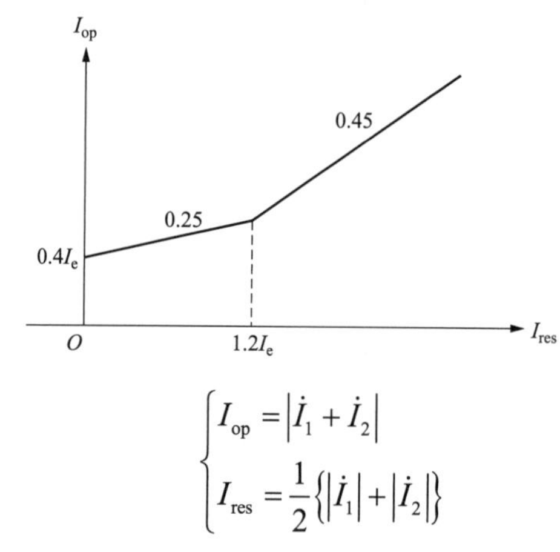

$$\begin{cases} I_{op} = \left|\dot{I}_1 + \dot{I}_2\right| \\ I_{res} = \dfrac{1}{2}\left\{\left|\dot{I}_1\right| + \left|\dot{I}_2\right|\right\} \end{cases}$$

图 3-98　主变差动保护动作特性

答：

假设高压侧接地短路电流为 I_{kHA}，则进入保护装置差动回路的高压侧电流为：

A 相：$\dfrac{2}{3}I_{kHA}$，B、C 相：$-\dfrac{1}{3}I_{kHA}$，而低压侧 A 相电流为：I_{kLa}，方向一次与高压侧相同。B 相电流为 0，C 相一次电流与 A 相大小相等，方向相反。

高压侧进入差动回路电流：

$I'_H = (I_{HA} - I_{HB})/\sqrt{3} = I_{KHA}/\sqrt{3}$，同理 B 相：0，C 相 $-I_{KHA}/\sqrt{3}$。

按标幺值条件下折算低压侧电流，则低压侧电流：

$$I_{lka} = \frac{1}{\sqrt{3}}I_{kHA}，\ I_{lb}=0，\ I_{lc} = -I_{kla} = -\frac{1}{\sqrt{3}}I_{kHA}$$

差动回路：

A 相：$I_{dA} = I_{kLa} - I_{kHA}/\sqrt{3}$=0，同理可知 B、C 相差流动均为 0，故差动保护不会误动作。

47．变压器空载运行，低压侧实际 TA 变比为 4000/1，与整定值 8000/1 不符；且高压侧 B 相 TA 发生断线，B 相电流为 0，低压侧区外发生 AB 相间故障，最大相差流恰好使差动速

断动作，计算故障时高、低压侧电流二次值。（计算结果时，保留两位小数）

（分南瑞 PCS978 和南自 PST1200 两种情况讨论，变压器为 YN，d11 接线，变比为 220kV/35kV。高压侧 TA 变比 1200/1，低压侧 TA 变比 4000/1，主变压器容量 S_N=150MVA，差动速断定值为 6.3I_e）

答：（1）PCS978 两侧电流及差流见表 3-12。

表 3-12　PCS978 两侧电流及差流

相别	Y 侧		△侧		差流 I_{CD}
	折算前	折算后	折算前	折算后	
A 相	I_k/1.732	1/3I_k/1.732	−2I_k	−2I_k/1.732	−1.67 I_k/1.732
B 相	0	−2/3I_k/1.732	2I_k	4I_k/1.732	3.33 I_k/1.732
C 相	I_k/1.732	1/3I_k/1.732	0	−2I_k/1.732	−1.67 I_k/1.732

所以 B 相差流最大，3.33I_k/1.732=6.3，得 I_k=3.274I_e。

（2）PST1200 两侧电流及差流见表 3-13。

表 3-13　PST1200 两侧电流及差流

相别	Y 侧		△侧		差流 I_{CD}
	折算前	折算后	折算前	折算后	
A 相	I_k/1.732	I_k/3	−2I_k	−2I_k	−1.67 I_k
B 相	0	− I_k/3	2I_k	2I_k	1.67 I_k
C 相	I_k/1.732	0	0	0	0

所以 AB 相差流相同，1.67I_k=6.3，得 I_k=3.78I_e。

两个型号保护装置结果对比见表 3-14。

表 3-14　PCS978 与 PCT1200 对比

接线形式	相别	RCS978（I_k=3.274 I_e）	PST1200（I_k=3.78 I_e）
Y 侧	A 相	0.62	0.72
	B 相	0	0
	C 相	0.62	0.72
△侧	A 相	−2.03	−2.34
	B 相	2.03	2.34
	C 相	0	0

48．1 号主变压器中性点不接地运行，低压侧有电源。低压侧更换 TA 后送电，相量检查时主变压器保护显示有差流，现场检修人员用卡钳表测得高压侧电流正常，低压侧三相电流幅值相同，高压侧 A 相电流超前低压侧 A 相电流 30°，高压侧 B 相电流超前低压侧 B 相电流 150°，高压侧 C 相电流滞后低压侧 C 相电流 90°。此时恰好高压侧区内发生 A 相接地故障，

差动保护动作，根据录波数据，高压侧故障相电流比非故障相电流大 0.328A，且故障相差流恰好达到差动速断定值，计算故障时两侧电流。

（分南瑞 PCS978 和南自 PST1200 两种情况讨论，变压器为 YN，d11 接线，变比为 220kV/35kV。高压侧 TA 变比 1200/1，低压侧 TA 变比 4000/1，主变压器容量 S_N=150MVA，差动速断定值为 $6I_e$）

答：

（1）对 PCS978，设置三相电流如图 3-99 所示。

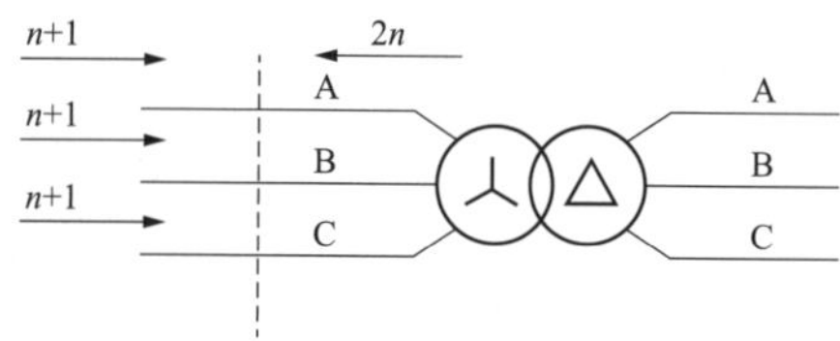

图 3-99　三相电流示意图

A 相电流为 6 I_e，Y 侧折算后 $I'_A=n+1-(3n+1)/3=2/3$；

三角形侧 AC 相电流接反的结果使 I'_a 反向，由 $2n$ 变为 $-2n$；

所以 $-2n+2/3=6$，得 $n=10/3$；

将 I_{e1}=0.328A、I_{e2}=0.619A 代入，见表 3-15。

表 3-15　　PCS978 两侧三相电流

相别	Y 侧	△侧
A	1.421A	−3.574
B	1.093A	0
C	1.093A	3.574

（2）同理可得 PST1200 两侧的三相电流见表 3-16。

表 3-16　　PST1200 两侧三相电流

相别	Y 侧	△侧
A	1.573	−4.071
B	1.245	0
C	1.245	4.071

49．某 500kV 线路发生单相接地故障，本线路高压电抗器第一套差动保护误动作出口，第二套保护未动作。高压电抗器第一套保护首尾端电流波形如图 3-100 所示（从上至下分别为首端 A、B、C 相电流，尾端 A、B、C 相电流，首、尾端 TA 变比相同），故障期间电流瞬时采样值见表 3-17。现场检查发现两套高压电抗器保护装置无异常。试简要分析高压电抗器第一套差动保护误动作的原因，并说明理由。

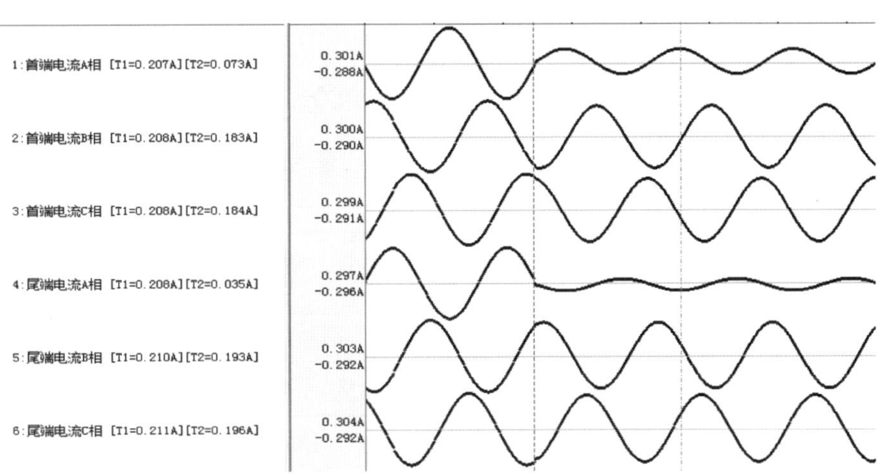

图 3-100　高压电抗器第一套保护首、尾端电流波形图

故障期间高压电抗器第一套保护首、尾端电流数据（二次值，单位：A，0ms 为故障起始时刻）见表 3-17。

表 3-17　　**故障期间电流瞬时采样值**

位置	T（ms）	−5	0	5	10	15	20	25
首端	I_{aH}	−0.28	0.00	0.12	0.02	−0.09	0.02	0.12
	I_{bH}	0.14	−0.25	−0.05	0.24	0.04	−0.26	−0.05
	I_{cH}	0.14	0.25	−0.07	−0.26	0.05	0.24	−0.07
尾端	I_{aL}	0.28	0.00	−0.07	−0.02	0.03	−0.02	−0.06
	I_{bL}	−0.14	0.25	0.10	−0.25	−0.09	0.25	0.10
	I_{cL}	−0.14	−0.25	0.12	0.25	−0.11	−0.24	0.11

答：将故障前及故障期间高压电抗器首、尾端电流波形及数据进行对比分析，发现：

（1）故障前高压电抗器首、尾端电流幅值相等、相位相反，保护数据正常。

（2）故障期间高压电抗器首、尾端相电流不满足幅值相等、相位相反的特征，继而造成差流产生。

（3）进一步计算可知，故障期间高压电抗器首端三相电流非三相对称，但自始至终 $3I_0=0$（无零序电流），而尾端三相电流非三相对称，存在 $3I_0$。

（4）推测可能原因为高压电抗器第一套保护高压侧电流 N 线断线造成，该情况下可能造成高压电抗保护相电流差动或零序电流差动动作。

50．如图 3-101 所示，220kV 甲站 110kV 双母并列运行：1 号主变压器 101 断路器、甲戊线 103 断路器、甲己线 106 断路器在Ⅰ母运行；2 号主变压器 102 断路器、甲乙线 110 断路器、甲丙线 109 断路器、甲丁线 105 断路器在Ⅱ母运行，母联 100 断路器合环运行。1 号主变压器高、中压侧中性点直接接地运行，2 号主变压器高、中压侧中性点经间隙接地运行。

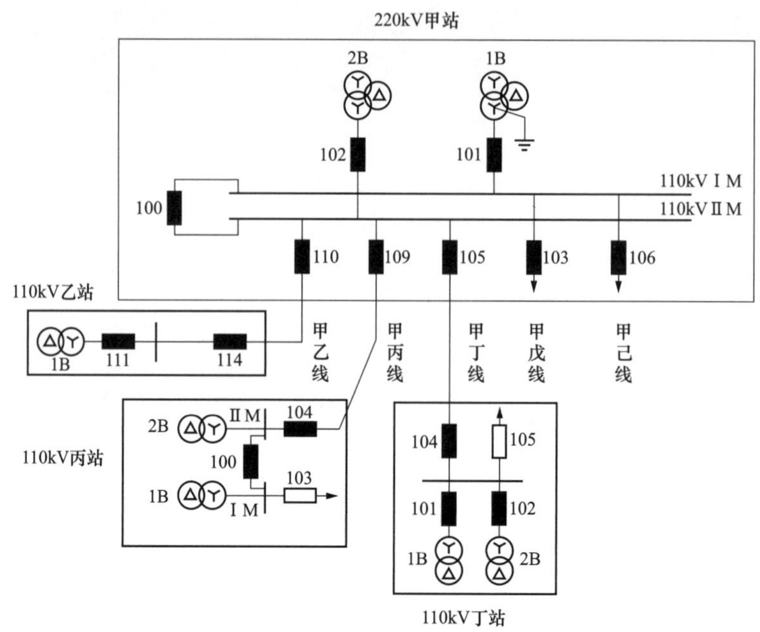

图 3-101　系统接线图

2017 年 07 月 21 日 00 时 02 分 45 秒 640 毫秒，220kV 甲站 1 号主变压器中后备零序过流Ⅱ段一时限动作出口，跳开 110kV 母联 100 断路器；

00 时 02 分 46 秒 115 毫秒，110kV 甲丙线保护零序Ⅰ段动作出口跳闸，重合成功；

00 时 02 分 47 秒 673 毫秒，110kV 甲乙线保护相间距离Ⅱ段动作出口跳闸，重合成功；

00 时 04 分 36 秒 512 毫秒，220kV 甲站 2 号主变压器中后备零序过压动作，跳开 2 号主变压器三侧断路器；

00 时 04 分 36 秒 412 毫秒，110kV 丙站 1 号主变压器高压侧后备间隙过压动作，跳开 1 号主变压器三侧断路器；

00 时 04 分 36 秒 417 毫秒，110kV 丙站 2 号主变压器高压侧后备间隙过压动作，跳开 2 号主变压器三侧断路器；

00 时 04 分 36 秒 416 毫秒，110kV 丁站 1 号主变压器高压侧后备间隙过压动作，跳开 1 号主变压器两侧断路器；

00 时 04 分 36 秒 416 毫秒，110kV 丁站 2 号主变压器高压侧后备间隙过压动作，跳廾 2 号主变压器两侧断路器；

00 时 04 分 36 秒 462 毫秒，110kV 乙站 1 号主变压器高压侧后备间隙过压动作，跳开 1 号主变压器两侧断路器。

相关保护动作时序见表 3-18。

表 3-18　　保护动作时序

启动时间	站名（间隔）	保护动作情况	备注
00:02:43:930	甲站：1 号主变压器	1 号主变压器中压侧后备零序Ⅱ段一时限动作出口，跳开母联 100 断路器	中压侧零序Ⅱ段定值：10A，一时限 1.7s 跳分段

续表

启动时间	站名（间隔）	保护动作情况	备注
00:02:44:074	甲站：甲乙线 110 断路器	相间距离Ⅱ段动作，跳开甲乙线 110 断路器	甲乙线相间距离定值：3.7Ω，1.5s
	甲站：甲乙线 110 断路器	重合闸动作，断路器重合成功	重合闸定值 5s
00:02:45:953	甲站：甲丙线 109 断路器	零序过流Ⅰ段动作，跳开甲丙线 109 断路器	零序Ⅰ段定值：3A，0.15s，投方向
	甲站：甲丙线 109 断路器	重合闸动作，断路器重合成功	重合闸定值 5s
00:04:36:008	甲站：2 号主变压器	间隙过压动作出口，跳开主变压器三侧	定值：180V，0.5s
00:04:35:932	乙站：1 号主变压器	间隙过压动作出口，跳开主变压器三侧	定值：180V，0.5s
00:04:35:936	乙站：2 号主变压器	间隙过压动作出口，跳开主变压器三侧	定值：180V，0.5s
00:04:35:936	丙站：2 号主变压器	间隙过压动作出口，跳开主变压器两侧	定值：180V，0.5s
00:04:35:964	丙站：1 号主变压器	间隙过压动作出口，跳开主变压器两侧	定值：180V，0.5s

通过分析以上事故信息，简要回答以下问题：

（1）简述故障点位置范围、故障类型以及发生转换过程？

（2）故障过程中以上各保护动作行为是否正确？

（3）导致不正确动作的可能原因是什么？

答：根据保护动作情况分析，故障分为两阶段。

第一阶段：1 号主变压器中压侧后备零序过流Ⅱ段一时限动作，随后Ⅱ母 110kV 甲丙线保护零序Ⅰ段动作出口，110kV 甲乙线保护相间距离Ⅱ段动作出口。可以分析出：第一发生的是接地故障；第二故障点在 110kV 甲乙线或 110kV 甲丙线上。因为故障不可能在Ⅰ母或者Ⅰ母的出线上；故障也不可能在Ⅱ段母线上，如果在Ⅱ段母线上，第一 110kV 母差会动作，第二线路保护不会动，第三重合不可能会成功。

110kV 甲丙线保护零序Ⅰ段动作出口时 110kV 母联 100 断路器已经跳开，假如故障点在 110kV 甲丙线上，Ⅱ段母线上没有其他接地点，保护不可能动作，所以故障点应该在 110kV 甲乙线上，那为什么 110kV 甲丙线保护零序Ⅰ段会动作？110kV 甲丙线保护零序Ⅰ段动作是因为母联 100 断路器跳开后，不接地系统发生接地短路导致中性点电压升高，丙站主变压器中性点击穿，110kV 甲丙线保护零序Ⅰ段误动。

发生接地短路，为什么 110kV 甲乙线接地和零序保护不动，而是相间距离Ⅱ段动作，那应该是接地和零序保护有问题，后来故障发展为相间故障以后相间距离Ⅱ段动作。

通过以上分析：导致不正确动作的可能原因是 110kV 甲乙线接地和零序保护定值、压板、电流电压回路存在缺陷，导致接地故障时保护拒动，主变压器保护越级动作。

110kV 甲乙线接地距离和零序保护拒动；

1 号主变压器中压侧后备零序过流Ⅱ段越级动作；

110kV 甲丙线保护零序Ⅰ段误动作；

110kV 甲乙线保护相间距离Ⅱ段正确动作。

第二阶段，110kV 甲乙线再次发生接地故障，由于 220kV 甲站Ⅱ母此时为不接地系统，各变电站主变压器中性点间隙电压正确动作。

51．如图 3-102 所示，某 220kV 变电站采用组合电器双母线接线方式，TA 绕组分布在断路器两侧。母联合环运行，甲、乙线接于 N 变电站，丙、丁线接于 M 变电站。乙线线路采用两套高频闭锁纵联保护。

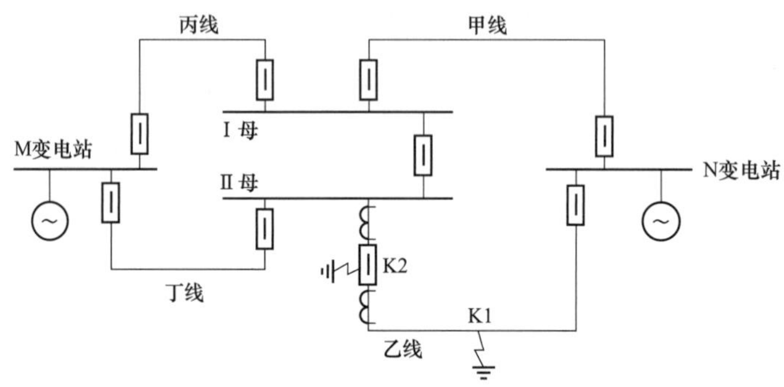

图 3-102　系统接线图

如图 3-102 所示，乙线先在 K1 点发生 A 相单相接地故障，保护正确动作两侧单跳、经 1s 两侧重合成功；重合后 2s（即图 3-103 中 t_1 时刻）在 K2 点又发生 A 相接地故障。保护装置均正确动作，图 3-103 是 K2 点故障母差保护装置录波图。

根据图 3-103，回答以下问题：

（1）分析 t_1 时刻到 t_2 时刻之间及 t_2 时刻以后的电压电流波形特征，并说明其原因。

（2）分析 K2 点故障，乙线 N 侧线路保护动作出口情况，并说明其原因。

答：

（1）t_1-t_2 时段：

1）Ⅱ母线出口处故障，Ⅰ、Ⅱ母 A 相电压跌落，甲、乙、丙、丁线向故障点 K 送短路电流，故而图中母差保护四个支路 TA 电流相位基本相同。

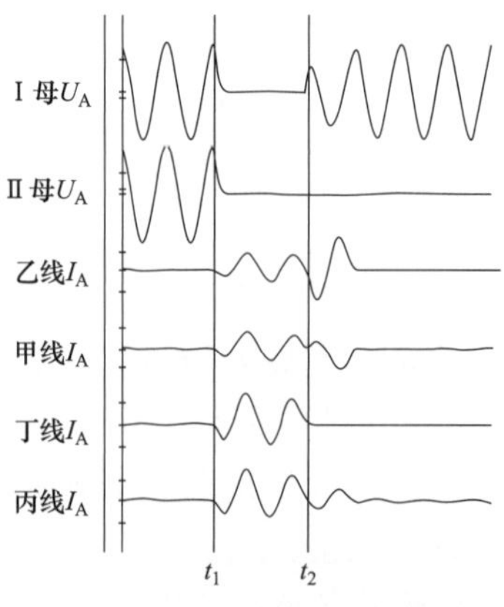

图 3-103　K2 点故障母差保护装置录波图

2）t_2 时刻以后：

①母差保护动作，跳开母联断路器及Ⅱ母上所有断路器。

②Ⅰ母 A 相电压恢复正常。

③母差保护丁线支路 TA 电流为 0。

④由于乙线本侧断路器跳开，K 点的短路电流只能通过乙线供给，所以母差保护乙线支路 TA 短路电流增大。

⑤电源 M 通过丙线、甲线、乙线向故障点送短路电流，所以母差保护甲线支路 TA 电流倒向，丙线支流 TA 电流变小。

⑥约一个周波后，乙线 N 侧线路保护动作，此时母差保护各支流 TA 电流为 0。

⑦由于在乙线线路保护整组复归时间内发生第二次故障，乙线 N 侧线路保护三相跳闸出口，此时母差保护各支流 TA 电流为 0。

（2）乙线 N 侧线路保护由于第一次故障启动尚未整组复归期间，发生第二次单相故障，保护三跳出口。或者乙线 N 侧线路保护重合闸动作后，在充电未完成期间发生第二次单相故障，保护三跳出口。

52．如图 3-104 所示，220kV 供电系统仅一个电源点，线路 L1 配置了一套分相电流差动保护和一套纵联距离零序保护，所有断路器均在合位时，同时发生 F1（出口）经 R_{g1} 和母线 F2 经 R_{g2} 小过渡电阻单相接地故障时，试分析 L1 线路保护和Ⅰ、Ⅱ母母差保护的动作行为，并说明其原因。

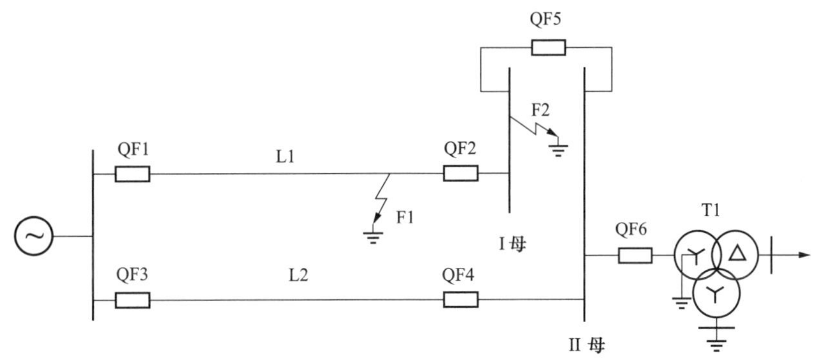

图 3-104 一次系统图

答：（1）$R_{g1}=R_{g2}$：

QF2 无电流通过，线路主Ⅰ差动保护动作；

主二保护感知不到零序电流，不动作；

由于小过渡电阻，母差保护灵敏度肯定足够，正确动作。

（2）R_{g1} 大于 R_{g2}：

QF2 有电流通过，方向为从线路流向母线。

线路主Ⅰ差动保护动作行为取决于两个过渡电阻导致的电流分配差异，若流经 QF 的电流较大，可能差流不够无法动作；当两过渡电阻相差不大时，差流足够后，差动保护将能动作；

主二由于是反方向，按照反方向优先，直接闭锁，因此主二保护不动作；

母差保护正确动作。

（3）R_{g1} 小于 R_{g2}：

QF2 有电流通过，方向为从母线流向线路。

线路主 I 差动保护差流应该足够，正确动作；

主二保护动作行为距离元件由于是出口故障，应该够灵敏度；零序电流只要达到有流判据，因此应该也能正确动作。

母差保护动作行为取决于两个过渡电阻导致的电流分配差异，若流经 QF2 的电流较大，保护可能不动作；若两过渡电阻相差不大时，母差保护将能动作。

53．系统接线如图 3-105 所示，空载变压器 T1，接线组别为 YN，d11，所配置的 A 套和 B 套差动保护动作方程和定值一致，A 套保护参与差动计算的高压侧电流采用方程一，B 套保护参与差动计算的高压侧电流采用方程二。当 K1 点单相接地故障时，试分析采用自产零序电流的 B 套差动保护与 A 套差动保护灵敏度是否一致？试分析 K1 点故障时 B 套差动保护分别采用中性点零序电流作为方程二零序电流源与采用自产零序电流作为零序电流源时，差动保护灵敏度是否一致？

A套：方程一 $\begin{cases}\dot{I}_{dA}=(\dot{I}_A-\dot{I}_B)/\sqrt{3}\\ \dot{I}_{dB}=(\dot{I}_B-\dot{I}_C)/\sqrt{3}\\ \dot{I}_{dC}=(\dot{I}_C-\dot{I}_A)/\sqrt{3}\end{cases}$　　B套：方程二 $\begin{cases}\dot{I}_{dA}=\dot{I}_A-3\dot{I}_0/3\\ \dot{I}_{dB}=\dot{I}_B-3\dot{I}_0/3\\ \dot{I}_{dC}=\dot{I}_C-3\dot{I}_0/3\end{cases}$

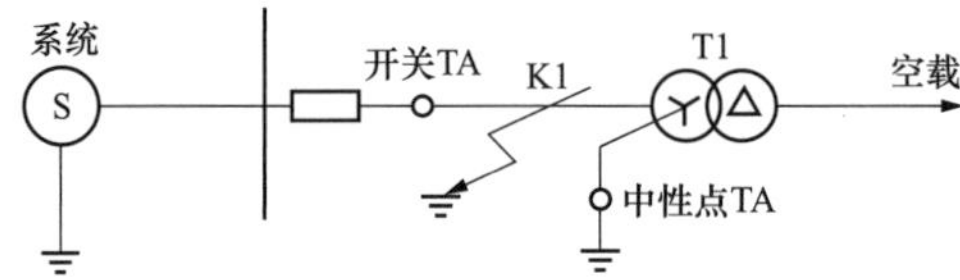

图 3-105　系统接线图

答：K1 点故障，设流过主变 T1 高压侧断路器 TA 的各序电流为 $I_{KA1}=I_{KA2}=I_{KA0}$，T1 主变低压侧无电源，则流过 T1 高压侧断路器 TA 的正、负序电流与故障点一致。设系统侧零序电流分配系数为 C_S，变压器 T1 侧零序电流分配系数为 C_T。

$$\begin{cases}\dot{I}_A=\dot{I}_{KA1}+\dot{I}_{KA2}+C_S\times\dot{I}_{KA0}\\ \dot{I}_B=\dot{I}_{KB1}+\dot{I}_{KB2}+C_S\times\dot{I}_{KB0}=(C_S-1)\dot{I}_{KA0}=-C_T\dot{I}_{KA0}\\ \dot{I}_C=\dot{I}_{KC1}+\dot{I}_{KC2}+C_S\times\dot{I}_{KC0}=(C_S-1)\dot{I}_{KA0}=-C_T\dot{I}_{KA0}\end{cases}$$

则：

A 套保护差流：$\dot{I}_{dA}=\dfrac{\dot{I}_A-\dot{I}_B}{\sqrt{3}}=[\dot{I}_{KA1}+\dot{I}_{KA2}+C_S\dot{I}_{KA0}-(-C_T\dot{I}_{KA0})]/\sqrt{3}=\dfrac{\dot{I}_{KA}}{\sqrt{3}}$

B 套保护差流（$3\dot{I}_0$ 来自保护自产）：$\dot{I}_{dA}=\dot{I}_A-\dfrac{3\dot{I}_0}{3}=\dot{I}_A-\dfrac{\dot{I}_A+\dot{I}_B+\dot{I}_C}{3}=\dfrac{2\dot{I}_{KA}}{3}$

B 套保护差流（$3\dot{I}_0$ 来自中性点 TA）：$\dot{I}_{dA}=\dot{I}_A-\dfrac{3\dot{I}_0}{3}=\dot{I}_{KA1}+\dot{I}_{KA2}+C_S\dot{I}_{KA0}-\left(-\dfrac{3C_T\dot{I}_{KA0}}{3}\right)=\dot{I}_{KA}$

所以，当 K1 点单相接地故障时，采用自产零序电流的 B 套差动保护与 A 套差动保护灵

敏度不一致，B 套差动保护灵敏度较高；K1 点故障时 B 套差动保护分别采用中性点零序电流作为方程二零序电流源与采用自产零序电流作为零序电流源时，差动保护灵敏度不一致，采用中性点零序电流时灵敏度较高。

另一种分析方法：

设 A 套差流 $\dot{I}_{dA}$。

B 套差流：自产：$\dot{I}_{dA自}$；中性点：$\dot{I}_{dA中}$

A 套与 B 套（自产）相比：$m=\dfrac{\dot{I}_{dA}}{\dot{I}_{dA自}}=\dfrac{(\dot{I}_A-\dot{I}_B)/\sqrt{3}}{\dot{I}_A-\dot{I}_{0自}}=\dfrac{(\dot{I}_A-\dot{I}_B)/\sqrt{3}}{\dot{I}_A-\dfrac{1}{3}(\dot{I}_A+\dot{I}_B+\dot{I}_C)}=\dfrac{(\dot{I}_A-\dot{I}_B)/\sqrt{3}}{\dfrac{2}{3}\dot{I}_A-\dfrac{2}{3}\dot{I}_B}$

$=\dfrac{\sqrt{3}}{2}<1$

所以 B 套灵敏度高。

A 套与 B 套（中性点）相比：$n=\dfrac{\dot{I}_{dA}}{\dot{I}_{dA中}}=\dfrac{(\dot{I}_A-\dot{I}_B)/\sqrt{3}}{\dot{I}_A-\dot{I}_{0中}}=\dfrac{(\dot{I}_A-\dot{I}_B)/\sqrt{3}}{\dot{I}_A-\dot{I}_B}=\dfrac{\sqrt{3}}{3}<1$

所以 B 套灵敏度高（注：中性点零序电流等于另一侧的 B 相、C 相电流）。

B 套（自产）与 B 套（中性点）相比：$\dfrac{m}{n}=\dfrac{\dot{I}_{dA}}{\dot{I}_{dA自}}\times\dfrac{\dot{I}_{dA中}}{\dot{I}_{dA}}=1.5>1$

B 套采用中性点灵敏度高。

54．如图 3-106 所示系统，T1、T2 参数完全相同，T1 和 T3 主变压器中性点接地，线路上 K 点发生 A 相单相接地故障时 N 侧 A 相电流为 0.8kA；O 点 B、C 相电流为零。画出 O、P、K 各点序分量相量图，同时求 O 点 A 相电流；P 点三相电流；K 点入地电流 I_{KA}（忽略负荷电流）。

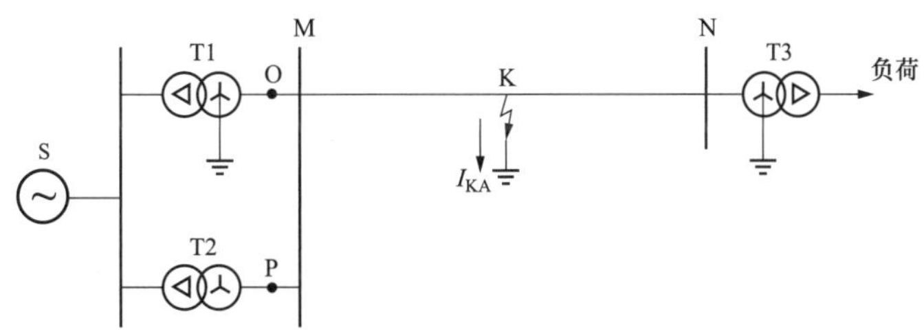

图 3-106　系统示意图

答：

由图 3-106 可知，M 侧为负荷侧，且主变压器中性点接地，因此 N 侧三相只有三个同方向的零序分量电流（各相零序电流为 0.8kA），N 侧无正、负序分量电流。

M 侧 O 点有正、负序分量电流，也有零序分量电流，P 点只有正、负序分量电流。

因为 O 点 B、C 相电流为零，则根据 O 点相量图（见图 3-107），B、C 相正、负电流之和与 B、C 相零序电流大小相等，方向相反。因此 $\dot{I}_{KA1}=\dot{I}_{KA2}=\dot{I}_{KA0}=\dot{I}_{KB0}=\dot{I}_{KC0}$。

由于 T1 与 T2 参数相同，所以 O 点的正、负序电流和 P 点的正、负电流大小相同，等于故障点正、负序电流的一半。

根据相量图，综上所述可以得到如下关系：

$$I_{KA1}=I_{KA2}=I_{KA0}=I_{KB0}=I_{KC0}=2I_{OKA1}=2I_{OKA2}=2I_{OKA0}=2I_{PKA1}=2I_{PKA2}$$

$$\because I_{KA0}=I_{MKA0}+I_{NKA0}=I_{OKA0}+I_{NKA0}=I_{OKA0}+0.8=2I_{OKA1}$$

$$\therefore 2I_{OKA1}=I_{OKA0}+0.8=I_{OKA1}+0.8$$

$$\therefore I_{OKA1}=0.8\,(\text{kA})$$

同理：$I_{OKA2}=0.8\,(\text{kA})$；$I_{OKA0}=0.8\,(\text{kA})$

$$\therefore I_{OKA}=I_{OKA1}+I_{OKA2}+I_{OKA0}=0.8+0.8+0.8=2.4\,(\text{kA})$$

$$\therefore I_{PKA}=I_{PKA1}+I_{PKA2}=0.8+0.8=1.6\,(\text{kA})$$

根据 P 点相量图：

$I_{PKB}=I_{PKC}=I_{OKC1}+I_{OKC2}=I_{OKB1}+I_{OKB2}=\frac{1}{2}I_{PKA}=0.8\,(\text{kA})$ 方向与 A 相电流相反。

K 点入地电流：$I_{KA}=I_{OKA}+I_{PKA}+I_{NKA}=2.4+1.6+0.8=4.8\,(\text{kA})$

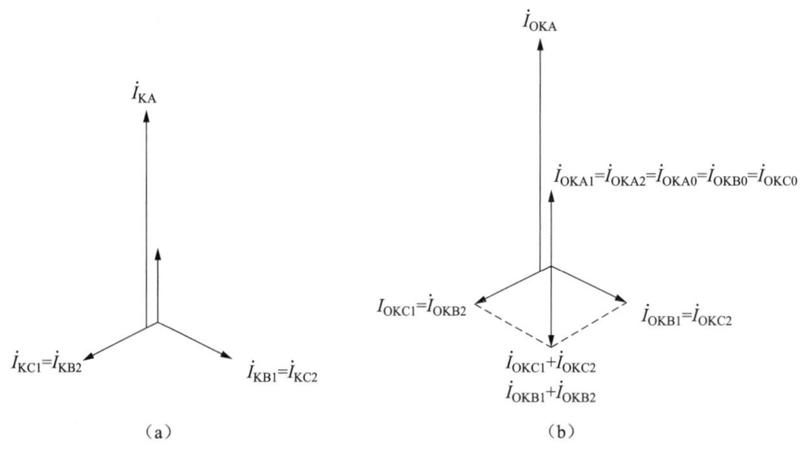

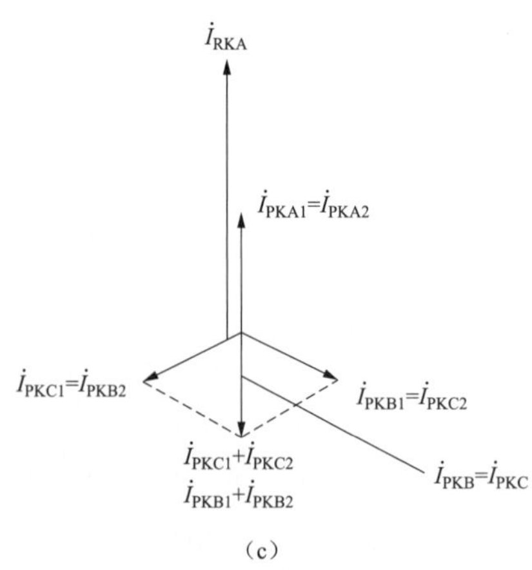

图 3-107　各点电流相量图

（a）K 点相量图；（b）O 点相量图；（C）P 点相量图

55．一次系统接线如图 3-108 所示，故障录波如图 3-109～图 3-111 所示。

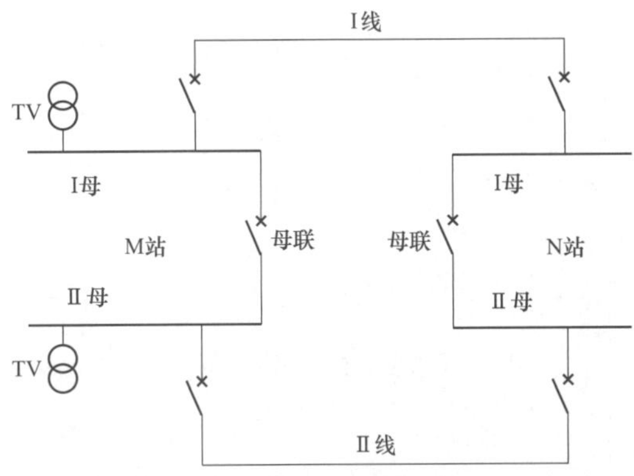

图 3-108　一次系统接线

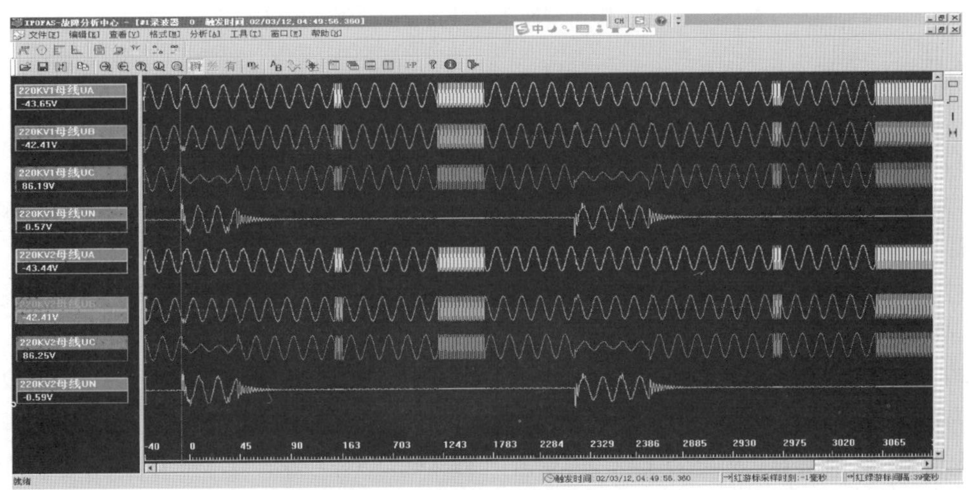

图 3-109　M 侧故障录波器记录到故障时保护装置的电压波形

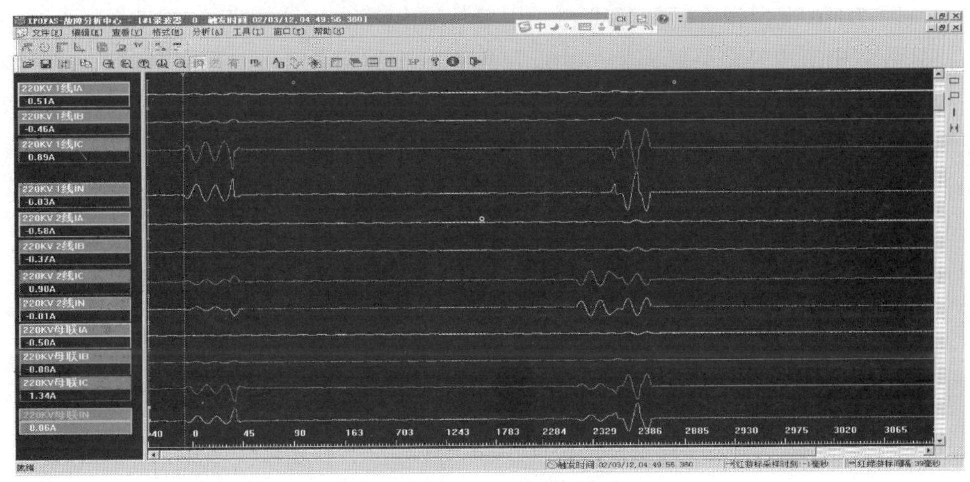

图 3-110　M 侧故障录波器记录到故障时保护装置的电流波形

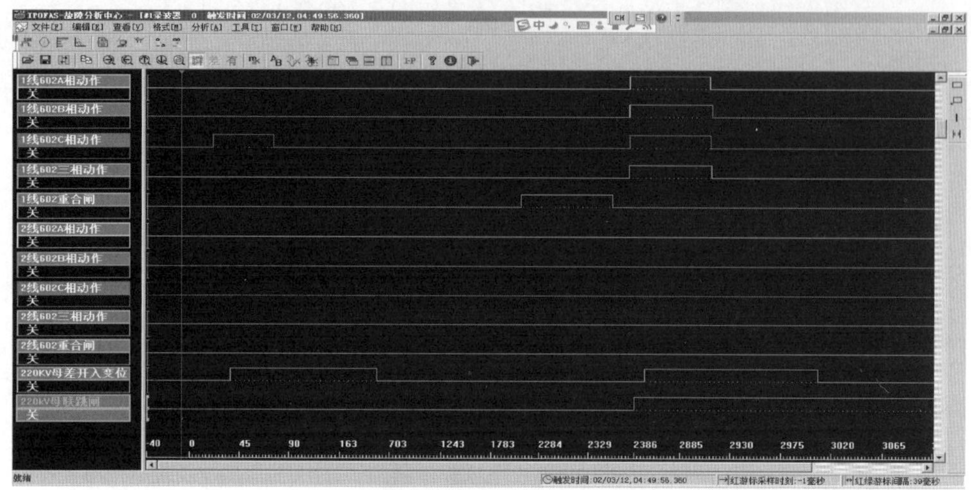

图 3-111　M 侧故障时录波器记录到保护装置开出量的波形

要求：

（1）根据故障录波图描述故障过程。

（2）问哪一侧重合闸先动作，并在一次接线图上标出故障发生处。

（3）分析本次保护动作行为，并进行评价。

答：

（1）从故障录波图 3-109 观察到 t_0 时刻Ⅰ、Ⅱ母 C 相电压跌落并出现 $3U_0$，表明发生单相接地故障。

（2）从录波图 3-110 观察到Ⅰ线和Ⅱ线的 C 相都出现故障电流和 $3I_0$，且Ⅰ线 C 相故障电流和 $3I_0$ 的幅值都大于Ⅱ线。

（3）从录波图 3-111 观察到Ⅰ线 602C t_1 时刻（约 30ms）发出跳令，t_2 时刻（约 45ms）切除故障，同时观察图 3-109 上的Ⅰ、Ⅱ母线电压恢复（由此可判断为母线区外故障）。

（4）从图 3-111 观察到 t_3 时刻Ⅰ线 602 重合闸启动。

（5）从图 3-110 观察到 t_4 时刻Ⅱ线 C 相出现故障电流和 $3I_0$，表明 N 侧重合闸先合于永久性故障，且故障电流流经母联断路器（由此可判断本次故障是Ⅱ线的区外故障）。t_5 时刻（约 40ms 后）M 侧重合闸重合于永久性故障，同时还从相关电流波形观察到功率倒向的现象，随后母联断路器跳开并对母差保护发出开入信号。

（6）从图 3-109 观察到在 t_6 时刻Ⅰ、Ⅱ母线电压同时恢复（由此可判断本次故障是母线的区外故障），同时从图 3-110 观察到Ⅰ线的 M、N 侧同时跳开断路器的三相。

（7）从图 3-111 观察到在重合的过程中母联断路器跳开。

（8）小结：

Ⅰ线在 t_0 时刻发生点相接地故障，t_1 时刻两侧断路器同时跳开 C 相，t_3 时刻Ⅰ线重合闸启动，但在 t_4 时刻观察到Ⅱ线 C 相再次出现故障电流和 $3I_0$，由此判断 N 侧重合闸先合于永久性故障，M 侧重合闸后合于永久性故障，约 2 个周波 M、N 的Ⅰ线两侧断路器同时三相跳闸。

由于未提供纵联通道信息，只讨论 602 动作情况，故默认故障点位于Ⅰ线路的 50%处。

结论：

在 t_0 时刻线路Ⅰ发生 C 相单相接地故障，t_2 时刻 M、N 两侧同时 C 跳，M 侧Ⅰ线 t_3 启动重合闸，t_4 时刻 N 侧Ⅰ线先行重合于永久性故障，t_5 时刻 M 侧Ⅰ线也重合于永久性故障，于 t_6 时刻Ⅰ线 M、N 两侧同时三跳。

56．某站 220kV 为双母线接线，微机型母差保护采用复式比率制动式的差动保护，定值：差动动作值为 2A，比率高值 K_H=0.7，比率低值 K_L=0.5。某日两段母线并列运行时，站内Ⅰ母 K 点发生 A 相接地故障，故障电流（二次值）、TA 变比如图 3-112 所示，试计算Ⅰ母小差差动电流值、大差差动电流值，并校验Ⅰ母差动是否能动作？母差保护动作方程为：$I_{d1} > K_{H*}(I_{r1}-I_{d1})$、$I_d=|\Sigma I_k|$、$I_r=\Sigma|I_k|$，$I_k$ 为各支路电流。

答：依题目可求得：母联一次流过 500A 电流，方向由Ⅱ母流向Ⅰ母。

则：Ⅰ母小差差动电流：

$$I_{d1}=5/2+20/4+2.5/2-1.25=2.5+5+1.25-1.25=7.5\text{（A）}$$

Ⅰ母小差制动电流：

$$I_{r1}=5/2+20/4+2.5/2+1.25=2.5+5+1.25+1.25=10\text{（A）}$$

$$I_{d1}=7.5\text{A} > 2\text{A（启动值）}$$

$$I_{d1}=7.5\text{A} > K_H\times(I_{r1}-I_{d1})=0.7\times(10-7.5)=1.75\text{（A）}$$

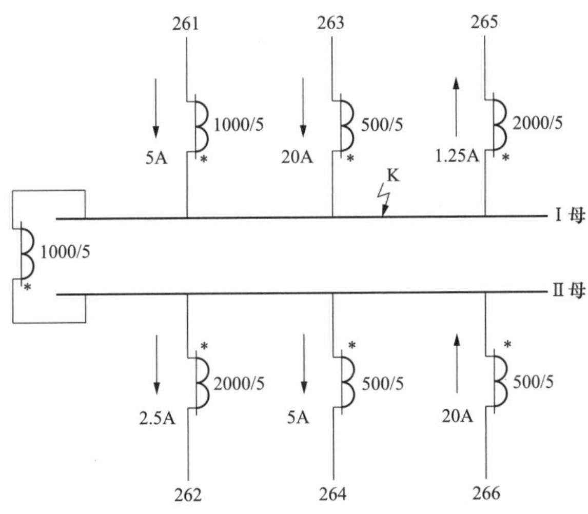

图 3-112 系统接线及故障电流示意图

Ⅰ母小差满足动作条件。

大差差动电流：

$$I_d=5/2+20/4+20/4-2.5-5/4-2.5/2=2.5+5+5-2.5-1.25-1.25=7.5\text{（A）}$$

大差制动电流：

$$I_r=5/2+20/4+20/4+1.25+5/4+2.5/2=2.5+5+5+2.5+1.25+1.25=17.5\text{（A）}$$

$$I_d=7.5\text{A} > 2\text{A（启动值）}$$

$$I_d=7.5\text{A} > K_{H\times}(I_r-I_d)=0.7\times(17.5-7.5)=7\text{（A）}$$

大差元件满足动作条件。

结论：Ⅰ母差动动作。

57．变电站 A 及系统接线如图 3-113 所示。线路 L1 送电空载期间，在 K 点发生 A 相接地故障后站内录波器录取的波形如图 3-114 所示。

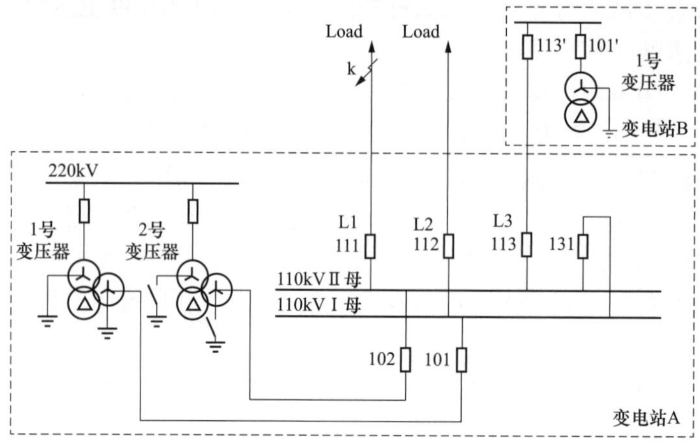

图 3-113　系统接线图

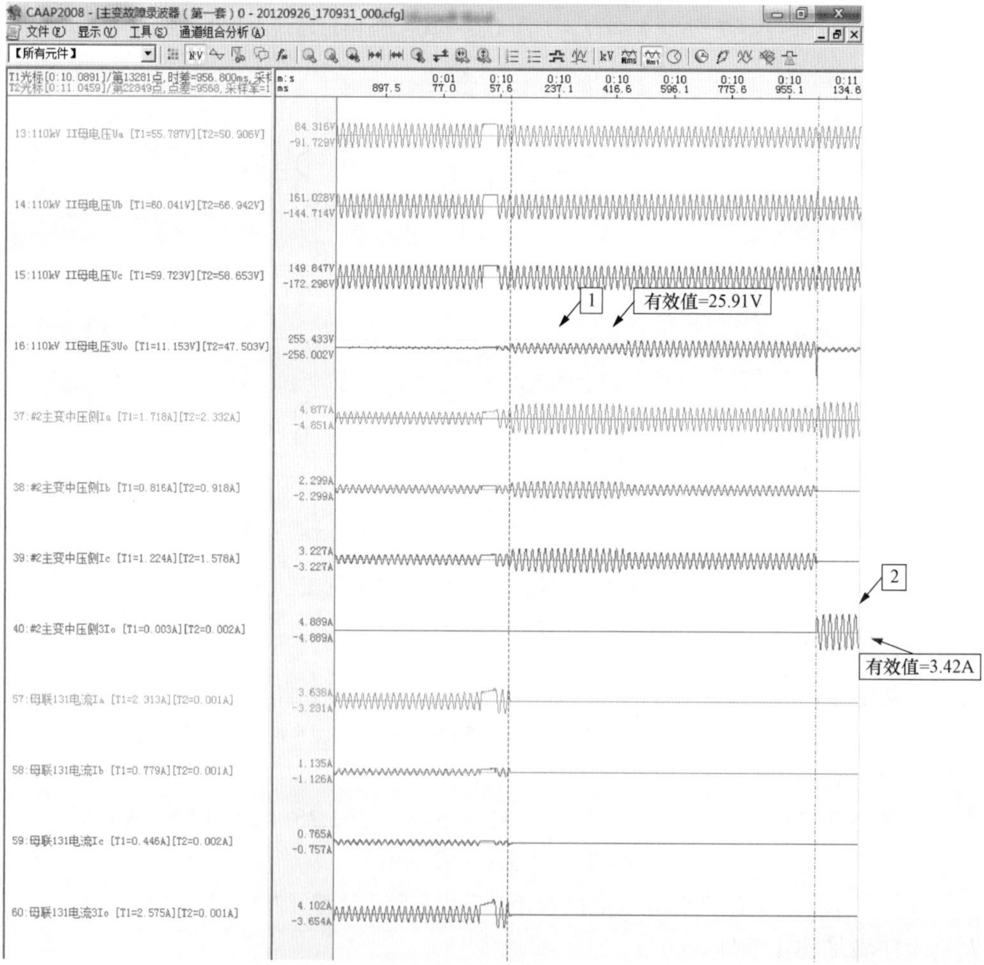

图 3-114　故障录波图

问：（1）若根据录波图所读出的数据，故障发生期间，A 变电站 110kVⅡ母 A 相电压降为 40kV，线路 L1 电流 I_A 约 5kA，且相位滞后Ⅱ母 A 相电压约 60°；B、C 相电流故障前后无明显变化。试计算线路 L1 接地距离Ⅰ段是否能动作？（不计负荷电流；阻抗继电器为四边形动作特性，电抗线下倾角 0°；线路 L1 全长 16km，正序阻抗 $Z_1=0.385\angle 80°\Omega/km$，零序阻抗 $Z_0=1.159\angle 80°\Omega/km$）

（2）检查确认，事故发生期间因断路器 111 机构异常，线路 L1 故障一直未能切除。请定性分析录波图上左右光标之间 110kVⅡ母 $3U_0$ 增大的原因（假设期间故障电流基本不变），以及在右光标之后 2 号主变压器出现零序电流的可能原因。

答：

（1）①线路 L1 保护 A 相测量阻抗（一次值）计算：

$$
\begin{aligned}
Z_j &= U_A/(I_A+K3I_0)\\
&= U_A/\{I_A\times[1+(Z_0-Z_1)/3Z_1]\}\\
&= 40\angle 0°/\{5\times[1+(1.159-0.385)/(3\times 0.385)]\}\ \angle -60°\\
&= 4.79\angle 60°\Omega
\end{aligned}
$$

② $Z_{setI} = 16km\times 0.7\times 0.385\angle 80°\Omega/km = 4.312\angle 80°\Omega$

$Z_j\times\sin 60°=4.148<Z_{setI}\times\sin 80°=4.246$，所以 L1 接地距离Ⅰ段能动作。

（2）①母联 131 跳开前，因 1 号主变压器中性点直接接地，故 $3U_0$ 为故障线路零序电流在 A 站 1 号变压器与 B 站 1 号变压器零序并联阻抗上的压降。母联 131 跳开后，零序等值阻抗增大，故 $3U_0$ 变大。

②因 2 号主变压器 I_b、I_c 为零，可以推定 L3 线路断开（L1 空载，L2 已被母联断开）。110kVⅡ母失去唯一的接地点且故障持续存在，2 号主变压器间隙击穿，故出现零序电流。

58．某变电站主接线如图 3-115 所示，110kV 线路无主保护配置。某时刻 11TV 保护用二次空气开关跳开，400ms 后线路发生 B 相接地故障，线路保护拒动，1.2s 主变压器零序保护动作跳主变压器 110kV 断路器，同时刻间隙过流保护动作跳开主变压器三侧断路器，所有定值整定符合规程要求。（线路 TV 断线零序过流时间定值 0.9s）请分析：

（1）线路保护拒动的原因；

（2）主变压器间隙过流保护是否正确动作，动作的原因；

（3）请提出防范及整改措施。

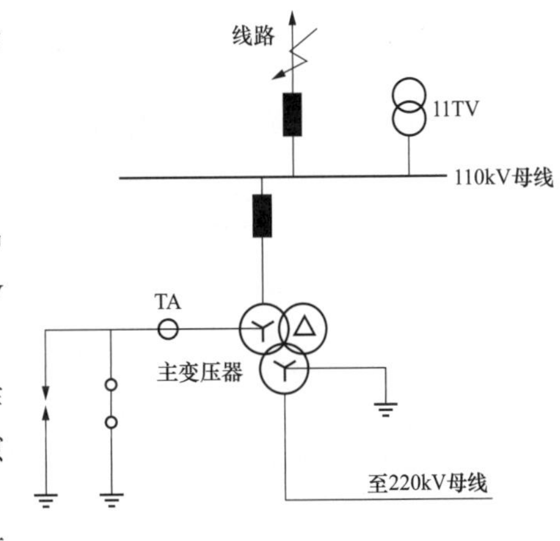

图 3-115 系统示意图

答：

（1）线路保护拒动的原因是：TV 断线后距离保护失去电压无法动作；零序保护失去电压无法动作；TV 断线过流因装置判别 TV 断线时间不足无法动作。

（2）主变压器间隙过流保护不正确动作，其动作原因是主变压器中性点未采用独立的零序 TA 和间隙过流 TA。

（3）尽快安装中性点间隙（零序）TA，确保主变压器中性点采用独立的零序 TA 和间隙过流 TA；改造完成前应采取临时措施：在主变压器中性点接地运行时应退出间隙过流保护，投入零序过流保护；主变压器中性点不接地运行时应投入间隙过流保护，退出零序过流保护。

59．某电网网络如图 3-116 所示，220kV A、B 站接地运行，220kV B 站通过 110kV 乙线带 110kV C 站全站负荷，110kV 甲线在 110kV C 站侧断路器热备用；110kV C 站 1 号、2 号主变压器不接地运行。某日调度按计划调整系统运行方式，需将 110kV C 站全站负荷转由 110kV 甲线供电，将 110kV 乙线在 110kV C 站侧断路器转为热备用，需要进行“合上 110kV 甲线 C 站侧断路器、断开 110kV 乙线 C 站侧断路器”的操作。在进行倒闸操作过程中发生故障，110kV C 站侧 110kV 甲线、乙线保护相关录波图见图 3-117、图 3-118。请分析：

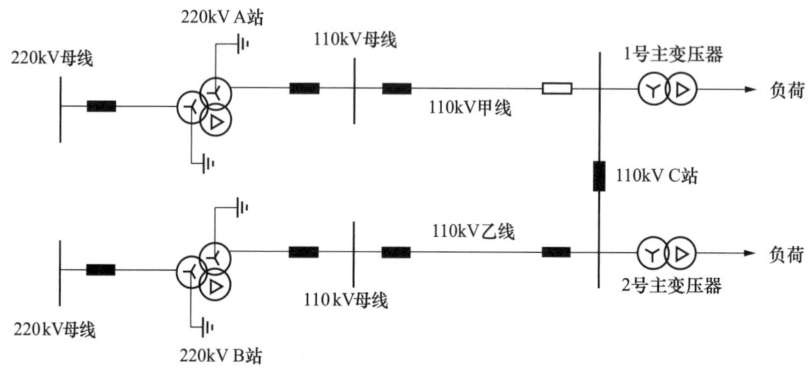

图 3-116　故障前系统运行方式图

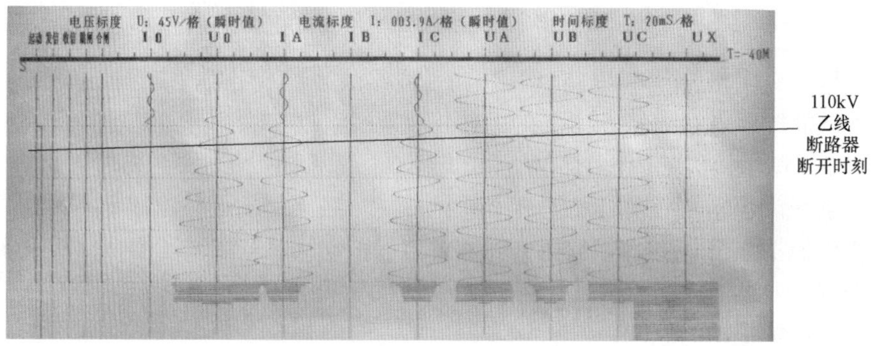

图 3-117　110kV 甲线保护录波图

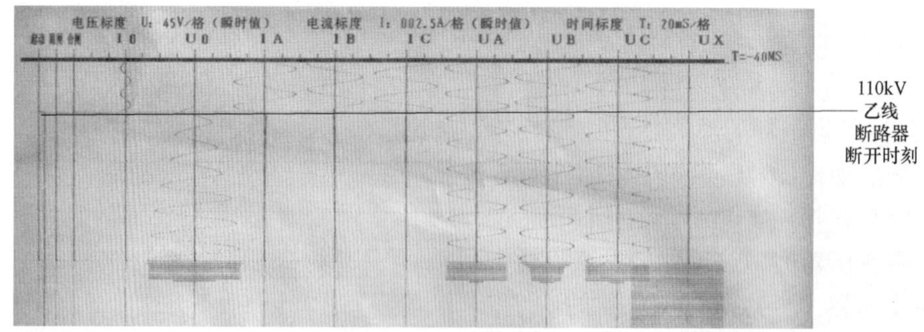

图 3-118　110kV 乙线保护录波图

（1）请问发生了什么故障；

（2）请问为什么故障录波图中 110kV 乙线断路器断开前，110kV 甲线、乙线有零序电流；

而 110kV C 站侧 110kV 乙线断路器断开后，110kV 甲线、乙线没有零序电流；

（3）110kV C 站侧 110kV 乙线断路器断开后，分析比较 110kV 甲线 A、C 相电流之间的大小和相位关系，要求画出系统故障序网图（假设系统正序阻抗、负序阻抗相等）；

（4）110kV C 站 1 号、2 号主变压器零序过压保护取母线电压互感器开口零序电压，保护装置中零序过压保护整定为 150V，请问：110kV 乙线断路器断开后，1 号、2 号主变压器零序过压保护是否会动作。

答：

（1）从故障录波图来看 110kV 甲线 B 相一直无电流（注：分阶段解析，故障前：无流、故障后：无流），故 110kV 甲线发生了 B 相断线故障。

（2）由于断线故障需要两侧系统接地形成零序通路，才能产生零序电流。合上 110kV 甲线断路器后（断开 110kV 乙线断路器前）因 220kV A、B 站接地运行，零序电流构成回路，故 110kV 甲线、乙线有零序电流；C 站断开 110kV 乙线断路器后，由于 110kV C 站 1 号、2 号主变压器不接地运行（终端负荷站），零序回路断开，故 110kV 甲线、乙线没有零序电流。

（3）序网图如图 3-119 所示：

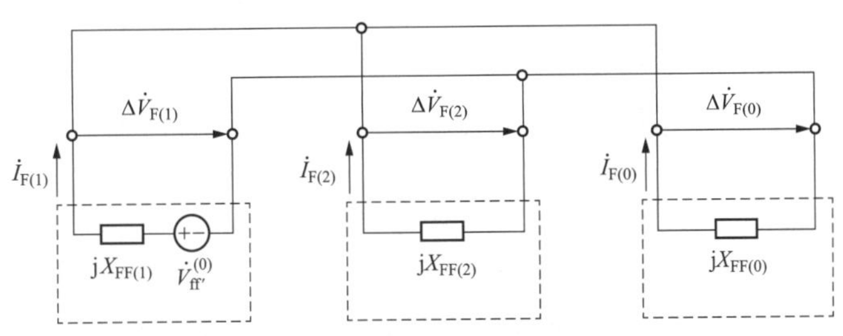

图 3-119　故障序网图

110kV 乙线断路器断开后，110kV C 站 1 号、2 号主变压器不接地运行（终端负荷站），零序回路断开，零序阻抗为无穷大，故该起断线故障无零序通路，零序电流为零。正序阻抗和负序阻抗相等，则 $I_{b1}=-I_{b2}$，其电流相量图如图 3-120 所示，故非故障相 I_A、I_C 电流大小相等，方向相反。

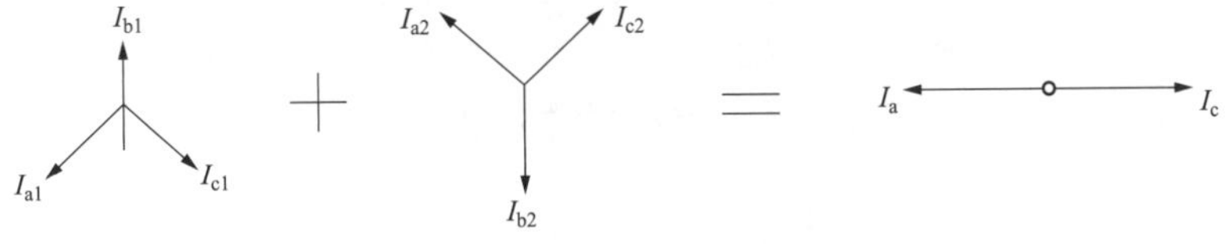

图 3-120　故障时电流相量图

（4）110kV 乙线断路器断开前，从录波图上看，零序电压几乎为零，1 号、2 号主变压器零序过压保护不会动作；110kV 乙线断路器断开后，由于没有零序电流，110kV C 站母线零序电压等于断线的零序电压。由于 110kV C 站无电源，且零序阻抗为无穷大，故：

$$\Delta U_{B1}=\Delta U_{B2}=\Delta U_{B0}=U_B\times Z_1/(Z_1+Z_2)=U_B/2$$

$$3U_0=3\Delta U_{B0}=U_B\times 3/2$$

母线电压互感器开口零序电压相电压为 100V，故 $3U_0$=150V，考虑测量误差，1 号、2

号主变压器零序过压保护可能动作，也可能不动作。

60．某110kV系统采用逐级串供方式，电源端A站主变压器110kV侧中性点直接接地，其他各负荷站110kV主变压器中性点均经间隙接地，主变压器间隙保护退出；各线路配置相间距离保护及无方向零序保护；接线如图3-121所示：在AB线路K点发生A相接地故障时，A站1断路器零序Ⅱ段动作掉闸（故障电流20.4A），C站5断路器零序Ⅱ段动作掉闸（故障电流4.7A），线路负荷侧断路器（2，4，6）未配置保护。经检查保护装置和二次回路均无异常，试分析1、5断路器保护动作行为是否正确？为什么？3断路器保护为何不动作？

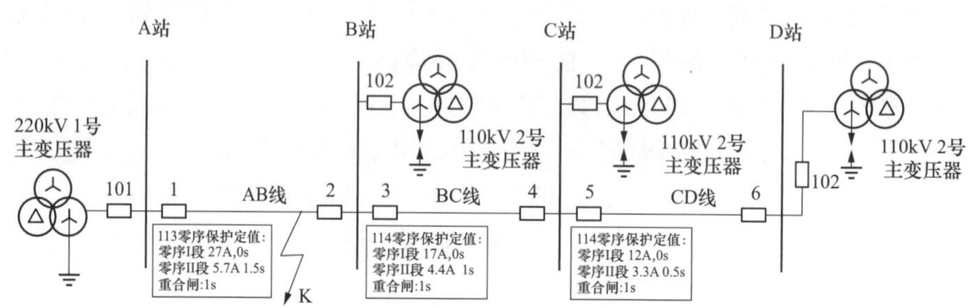

图3-121　系统接线及保护配置图

答：1、5断路器保护正确动作。

因为K点发生A相接地故障时，1断路器流过零序故障电流20.4A，达到零序Ⅱ段定值，1.5s时1断路器零序Ⅱ段正确动作。

正常情况下，5断路器保护不应动作，但D站110kV 2号主变压器中性点间隙击穿，造成5断路器流过零序故障电流4.7A，达到零序Ⅱ段定值，0.5s时5断路器零序Ⅱ段正确动作。

故障开始时，3断路器虽然也流过零序故障电流4.7A，但0.5s时5断路器跳开，故障电流消失，零序Ⅱ段保护返回，故3断路器不动作。

61．在YN，d7联结组别变压器d侧发生B、C两相短路时，对Y侧过电流、低电压保护有何影响？设变压器变比为1。

（1）作出变压器正常运行时的电流相量图；

（2）求d侧故障电压及故障电流相量；

（3）用对称分量图解法分析对Y侧过电流、低电压保护的影响；

（4）反应d侧两相短路的Y侧过电流元件、低电压元件应如何接法。

答：（1）YN，d7联结组别变压器正常运行时的电流相量图如图3-122所示。

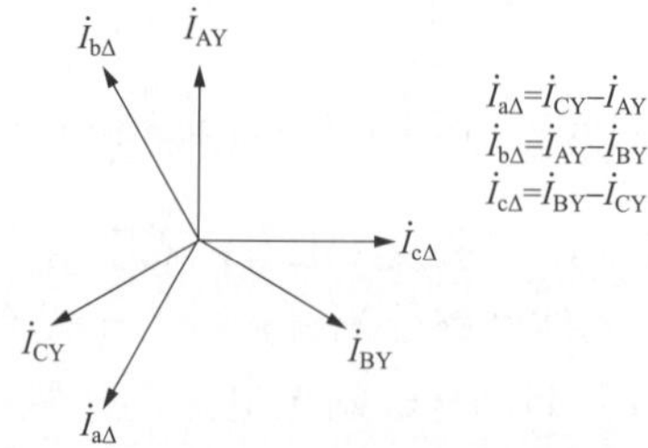

图3-122　正常运行时电流相量图

（2）d侧B、C相故障时，故障电流、电压相量图如图3-123所示（设短路电流为I_k）。

△侧:

$\dot{I}_{b1}=\dot{I}_{b2}=I_k/\sqrt{3}$

$\dot{I}_b=-\dot{I}_c=I_k$

$\dot{I}_b$ $\dot{I}_c$ = $\dot{I}_{b1}$ $\dot{I}_{a1}$ $\dot{I}_{c1}$ + $\dot{I}_{b2}$ $\dot{I}_{a2}$ $\dot{I}_{c2}$

$\dot{U}_b=\dot{U}_c=U/2$

$\dot{I}_b$ $\dot{I}_c$ $\dot{I}_a$ = $\dot{U}_{b1}$ $\dot{U}_{c1}$ $\dot{U}_{a1}$ + $\dot{U}_{c2}$ $\dot{U}_{b2}$ $\dot{U}_{a2}$

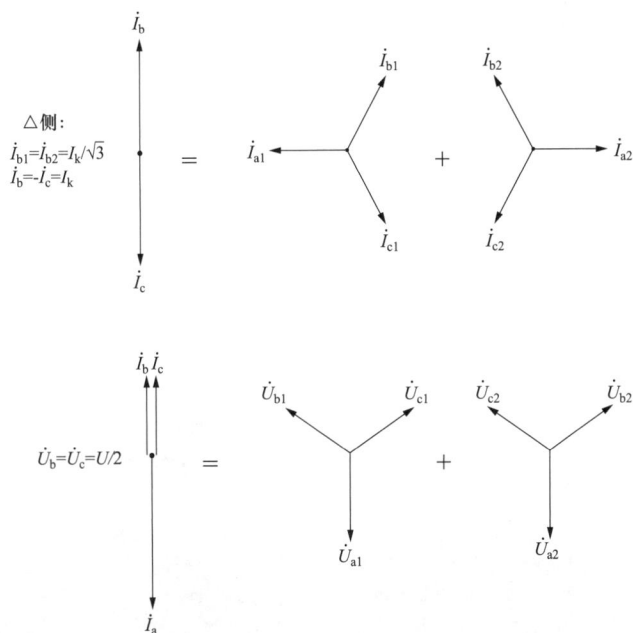

图 3-123 d 侧故障时电流电压相量图

（3）Y 侧故障电流、电压相量图如图 3-124 所示。

从相量图可以看出，Y 侧有两相电流为 $I_k/\sqrt{3}$，有一相为 $2I_k/\sqrt{3}$，如果只有两相电流继电器，则有 1/3 的两相短路概率为短路电流减少一半。

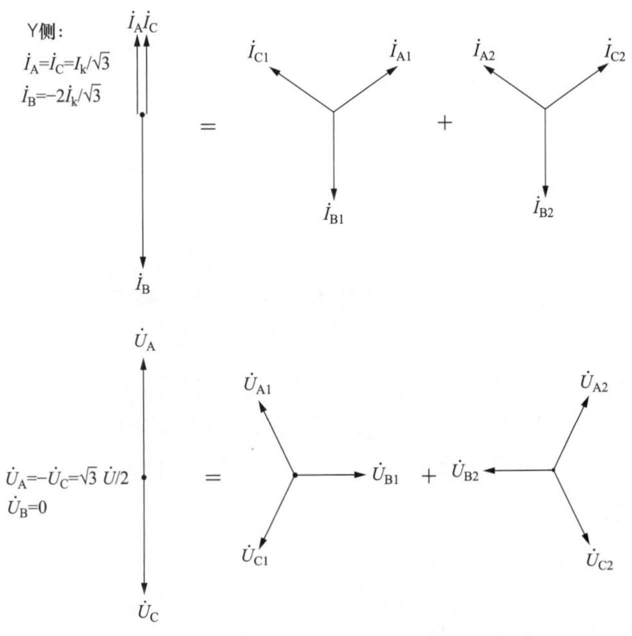

图 3-124 故障时 Y 侧电流电压相量图

在 Y 侧的相电压，有一相为 0，另两相为大小相等、方向相反的电压。

（4）通过分析，反应 d 侧两相短路的 Y 侧过电流元件、低电压元件应采取如下接法：

1）电流元件：如果 Y 侧的 TA 为 Y 接线，则每相均设电流元件；如果为两相式 TA，则 B 相电流元件接中性线电流。

2）电压元件：三个电压元件接每相相电压。

62．某 35kV 变电站新建投产启动，由系统侧向该站送电。35kV 线路及对侧所有设备均为新建设备。线路配置为光纤差动保护，由系统侧给对侧主变压器第一次充电正常，第二次充电时线路光纤差动保护动作，线路检查未发现明显故障点，主变压器气体继电器内无气体。调取本侧和对侧的光纤差动保护录波图后发现电压波形无明显的变化，电流波形如图 3-125 和图 3-126 所示，请根据两侧的故障录波波形，分析线路光纤差动保护动作是否正确，进一步推断动作原因及列出下一步的检查方案。

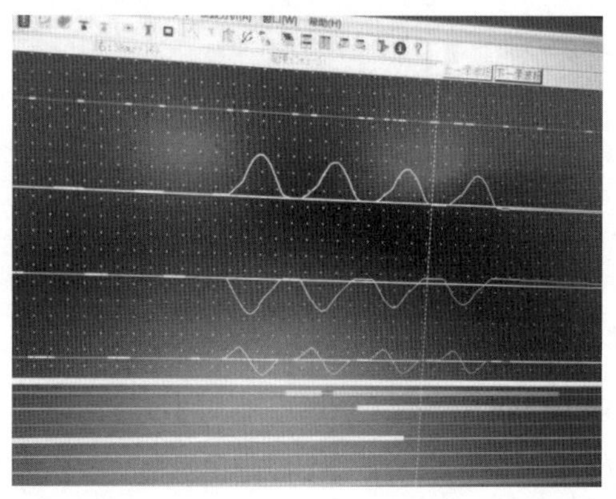

图 3-125　对侧光纤差动保护录波图

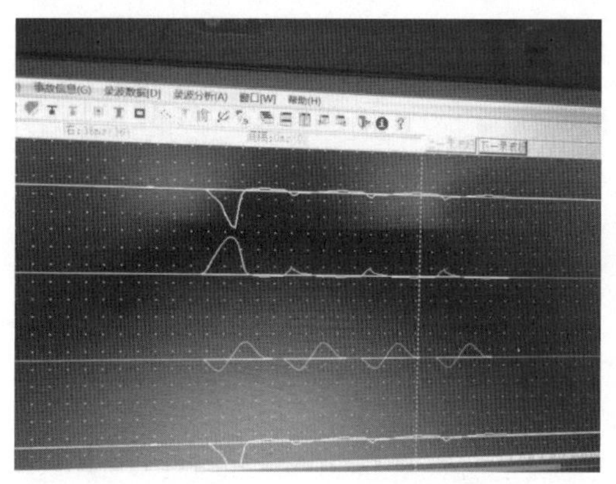

图 3-126　系统侧线路光纤差动保护录波图

答：

（1）不正确。

（2）推断原因：

第一次冲击正常，查线结果均说明线路无故障；电压波形正常，说明线路无故障；波形为励磁涌流波形。

对侧 A、B 相第二周波以后波形缺失是差动保护动作的原因；

对侧 TA 暂态饱和原因导致；或者 TA 准确级使用错误造成。

（3）检查方案。

下一步检查对侧电流互感器的准确级、参数、伏安特性与系统侧是否相同。

63．某日，某 110kV 变电站 2 号主变压器比率差动保护动作，主变压器本体保护无动作信号。主变压器外观检查无异常，调取该保护装置动作时刻的录波图见图 3-127，请分析故障录波图回答以下问题：

（1）请推断故障点的位置，并说明理由。

（2）请通过电压相量图解释主变压器低压侧电压形成原因。

（3）判断主变压器保护动作行为是否正确，并提出下一步的工作方案。

说明：该站安装有两台三绕组变压器，接线型式均为 Y/Y/△-12/12/11，变比为 110/35/10，三侧母线均为单母分段接线方式，正常方式下 35kV 系统并列运行，10kV 分列运行。2 号主变压器保护型号为 CSC326F，采用主后一体化装置，相关二次接线正确。

CSC326F2故障

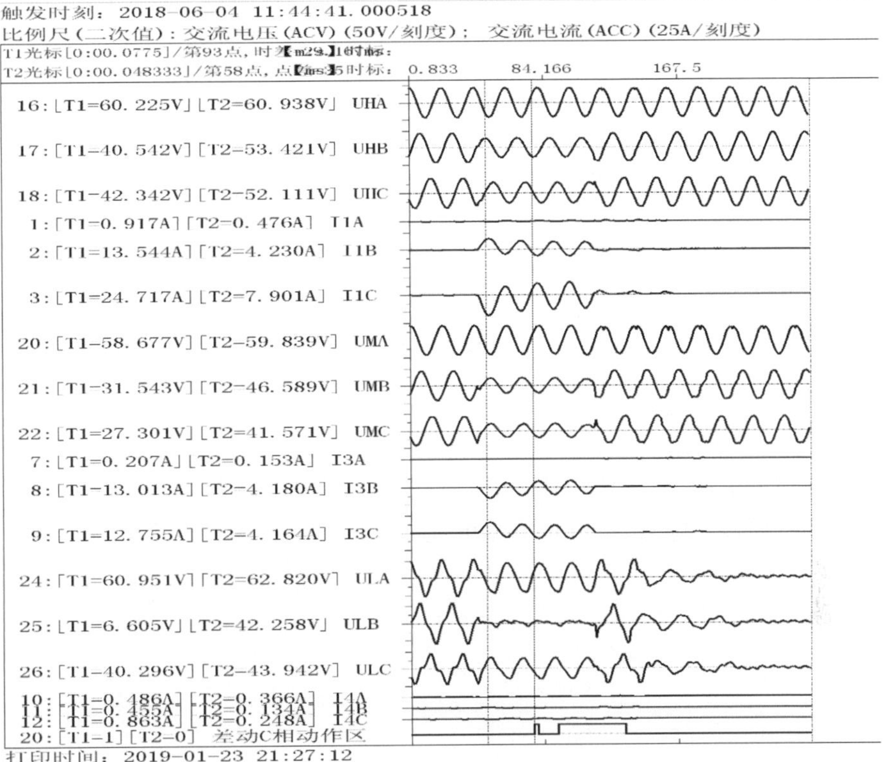

图 3-127 故障录波图

故障录波器说明：U_{HA}、U_{HB}、U_{HC}为 110kV 侧电压，I_{1A}、I_{1B}、I_{1C}为 110kV 侧的 A、B、C 相电流，U_{MA}、U_{MB}、U_{MC}为 35kV 侧电压，I_{3A}、I_{3B}、I_{3C}为 35kV 侧的 A、B、C 相电流，U_{LA}、U_{LB}、U_{LC}为 10kV 侧电压，I_{4A}、I_{4B}、I_{4C}为 10kV 侧的 A、B、C 相电流。

答：

（1）请推断故障点的位置，并说明理由：

位置：高、中压侧的电流极性相反说明发生了穿越性故障；故障点在主变压器 35kV 电流互感器外部至 35kV 系统。

理由：

1）高、中压侧电压 B、C 相降低，B、C 相电流增大说明系统发生 BC 相间短路故障；

2）本体保护及外观检查确认主变压器本体无故障；

中压侧的 B、C 相电压降低，幅值、相位一致，B、C 相电流增大，幅值相近，相位相反符合 B、C 相短路特征；

高压侧 B、C 相电流与中压侧 B、C 相电流极性相反，说明发生了穿越性故障；高压侧 B 相电流幅值与中压侧 B 相相近符合穿越性故障特征；高压侧 C 相电流大于中压侧 C 相电流，明显异常，是导致差动保护动作的原因；

（2）低压侧电压原因分析。

10kV 电压 B 相降低是由于中压侧发生了 BC 相间故障所致，相量图见图 3-128。

（3）主变压器保护动作不正确。

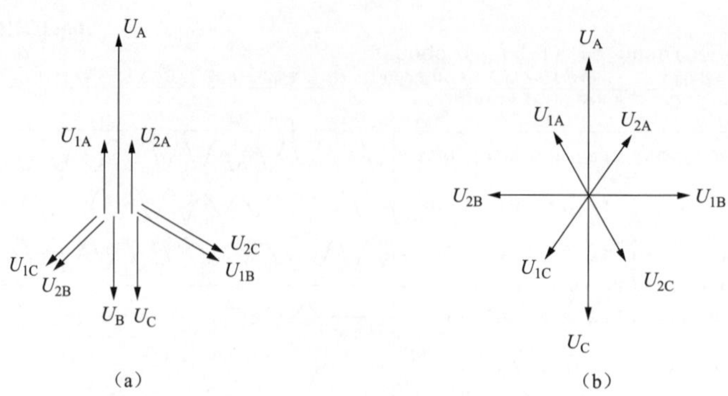

图 3-128 电压相量图

(a) 中压侧电压相量图；(b) 低压侧电压相量图

(4) 下一步开展的工作。

检查高压侧 C 相 TA 的变比、伏安特性：验证 TA 传变特性；验证保护装置的采样回路：检查保护装置的采样回路；检查电流电缆回路的绝缘：检查是否有寄生回路或绝缘薄弱点。

第四部分　二　次　回　路

一、单选题

1．如果运行中的电流互感器二次开路，互感器就成为一个带铁芯的电抗器。一次绕组中的电压降等于铁芯磁通在该绕组中引起的电动势，铁芯磁通由一次电流所决定，因而一次压降会增大。根据铁芯上绕组各匝感应电动势相等的原理，二次绕组（ B ）。

A．产生很高的工频高压　　B．产生很高的尖顶波高压

C．产生很高的方波电压　　D．不会产生高压

2．在三相对称故障时，计算电流互感器的二次负载，三角形接线是星形接线的（ C ）。

A．2 倍　　B．$\sqrt{3}$ 倍　　C．3 倍　　D．$1/\sqrt{3}$ 倍

3．关于电压互感器和电流互感器二次接地，对的说法是（ C ）。

A．电压互感器二次接地属工作接地，电流互感器属保护接地

B．电压互感器二次接地属保护接地，电流互感器属工作接地

C．均属保护接地

D．均属工作接地

4．两只装于同一相，且变比相同、容量相等的套管型电流互感器，在二次绕组串联使用时（ C ）。

A．容量和变比都增加一倍　　B．变比增加一倍，容量不变

C．变比不变，容量增加一倍　　D．容量和变比都不变

5．某电流互感器的变比为 1500/1，二次接入负载阻抗 4.6Ω（包括电流互感器二次漏抗及电缆电阻），电流互感器伏安特性试验得到的一组数据为电压 90V 时，电流为 2A。试问当其一次侧通过的最大短路电流为 30000A 时，其变比误差（ A ）规程要求。

A．满足　　B．不满足

C．无法判断　　D．视具体情况而定

6．就 P 型电流互感器、TPY 型电流互感器来说，下列说法正确的是（ B ）。

A．TPY 电流互感器因铁芯有小气隙，故铁芯不会发生饱和

B．P 型电流互感器铁芯剩磁大、TPY 型电流互感器铁芯剩磁小

C．当一次电流因开关跳闸强迫为零后，P 型 TA 二次电流衰减要比 TPY 型二次电流衰减慢得多，因为 P 型 TA 二次回路时间常数比 TPY 型二次回路时间常数大得多

D．二者无区别

7．电流互感器二次回路接地点的正确设置方式是（ D ）。

A．每只电流互感器二次回路必须有一个单独的接地点

B．所有电流互感器二次回路接地点均设置在电流互感器端子箱内

C．电流互感器二次回路应分别在端子箱和保护屏接地

D．电流互感器的二次侧只允许有一个接地点，对于多组电流互感器相互有联系的二次回路接地点应设在保护屏上

8．应严防电压互感器的反充电，这是因为反充电将使电压互感器严重过载，如变比为220/0.1 的电压互感器，它所接母线的对地绝缘电阻虽有 1MΩ，但换算至二侧的电阻只有（ A ）Ω，相当于短路。

A．0.21　　B．0.45　　C．0.12　　D．0.36

9．用于 500kV 线路保护的电流互感器一般选用（ C ）。

A．D 级　　B．TPS 级　　C．TPY 级　　D．P 级

10．为防止电压互感器高压侧击穿，高电压进入低压侧，损坏仪表、危及人身安全，应将二次侧（ B ）。

A．屏蔽　　B．接地　　C．设围栏　　D．加防护罩

11．220kV 电压等级终端变侧的一台中性点不接地变压器，当该变压器高压侧断路器单相偷跳时，采用母线 TV 时其开口三角电压为（ A ）。

A．0V　　B．150V　　C．200V　　D．300V

12．电压互感器二次引出回路发生单相断线时，假设二次负载对称，即 $Z_A = Z_B = Z_C$（相负载），$Z_{AB} = Z_{BC} = Z_{CD}$（相间负载），若仅有相间负载而没有相负载，则 U_0 为（ D ）。

A．19.25V　　B．50V　　C．25V　　D．28.87V

13．以下二次回路中抗干扰措施不正确的是（ A ）。

A．采用双屏蔽电缆，外屏蔽层在两端接地，内屏蔽层在高压场地侧接地

B．弱电和强电回路不得合用同一根电缆

C．保护用电缆与电力电缆可以同电缆沟敷设

D．保护用电缆敷设路径应尽可能避开避雷器、避雷针的接地点

14．变电站接地网接地电阻过大对继电保护的影响是（ A ）。

A．可能会引起零序方向保护不正确动作

B．可能会引起过流保护不正确动作

C．可能会引起纵差保护不正确动作

D．以上均不正确

15．继电保护要求所用的电流互感器的（ A ）变比误差不应大于 10%。

A．稳态　　B．暂态　　C．正常负荷下　　D．最大负荷下

16．由三只电流互感器组成的零序电流接线，在负荷电流对称的情况下有一组互感器二次侧断线，流过零序电流继电器的电流是（ C ）倍负荷电流。

A．3　　B．$\sqrt{3}$　　C．1　　D．$1/\sqrt{3}$

17．某变电站电压互感器的开口三角形侧 B 相接反，则正常运行时，如一次侧运行电压为 110kV，开口三角形的输出为（ C ）。

A．0V　　B．100V　　C．200V　　D．220V

18．二次电缆相阻抗为 Z_L，继电器阻抗忽略，为减小电流互感器二次负担，它的二次绕组应接成星形。因为在发生相间故障时，TA 二次绕组接成三角形是接成星形负担的（ C ）倍。

A．2　　B．1/2　　C．3　　D．$\sqrt{3}$。

19．YN，yn，d 接线的三相五柱式电压互感器用于中性点非直接接地电网中，其变比为（ A ）。

A．$\frac{U_N}{\sqrt{3}}/\frac{100}{\sqrt{3}}/\frac{100}{3}$V　　B．$\frac{U_N}{\sqrt{3}}/\frac{100}{\sqrt{3}}/100$V

C．$\frac{U_N}{\sqrt{3}}/100/\frac{100}{3}$V　　D．$\frac{U_N}{\sqrt{3}}/100/100$V

20．电流互感器本身造成的测量误差是由于有励磁电流存在，其角度误差是励磁支路呈现为（ C ），使电流有不同相位，造成角度误差。

A．电阻性　　B．电容性　　C．电感性　　D．以上都可能

21．电压互感器接于线路上，当 A 相断开时（ A ）。

A．B 相和 C 相的全电压与断相前差别不大

B．B 相和 C 相的全电压与断相前差别较大

C．B 相和 C 相的全电压与断相前幅值相等

D．以上都可能

22．以下说法正确的是（ B ）。

A．电流互感器和电压互感器二次均可以开路

B．电流互感器二次可以短路但不得开路，电压互感器二次可以开路但不得短路

C．电流互感器和电压互感器二次均不可以短路

D．电流互感器和电压互感器二次均可以短路

23．电抗变压器是（ C ）。

A．把输入电流转换成输出电流的中间转换装置

B．把输入电压转换成输出电压的中间转换装置

C．把输入电流转换成输出电压的中间转换装置

D．把输入电压转换成输出电流的中间转换装置

24．如果将 TV 的 $3U_0$ 回路短接，则在系统发生单相接地故障时（ A ）。

A．会对 TV 二次的三个相电压都产生影响，其中故障相电压将高于实际的故障相电压

B．不会对 TV 二次的相电压产生影响

C．只会对 TV 二次的故障相电压都产生影响，使其高于实际的故障相电压

D．以上均不对

25．当电流互感器二次绕组采用同相两只同型号电流互感器并联接线时，所允许的二次负载与采用一只电流互感器相比（ B ）。

A．增大一倍　　B．减小一半　　C．无变化　　D．以上均不对。

26．在中性点不接地系统中，电压互感器的变比为 $\frac{10.5\text{kV}}{\sqrt{3}}\Big/\frac{100\text{V}}{\sqrt{3}}\Big/\frac{100\text{V}}{3}$，互感器一次端子发生单相金属性接地故障时，开口三角的电压为（ A ）。

A．100V　　B．$100V/\sqrt{3}$　　C．300V　　D．$100\sqrt{3}$ V

27．为相量分析简便，电流互感器一、二次电流相量的正向定义应取（ B ）标注。

A．加极性　　B．减极性　　C．均可　　D．均不可

28．在继电保护中，通常用电抗变压器或中间小 TA 将电流转换成与之成正比的电压信号。两者的特点是（ A ）。

A．电抗变压器具有隔直（即滤去直流）作用，对高次谐波有放大作用，小 TA 则不然

B．小 TA 具有隔直作用，对高次谐波有放大作用，电抗变压器则不然

C．小 TA 没有隔直作用，对高次谐波有放大作用，电抗变压器则不然

D．以上均不对

29．电流互感器是（ A ）。

A．电流源，内阻视为无穷大　　B．电压源，内阻视为零

C．电流源，内阻视为零　　D．电压源，内阻视为无穷大

30．二次回路绝缘电阻测定，一般情况下用（ B ）V 表进行。

A．500　　B．1000　　C．2000　　D．2500

31．双母线系统的两组电压互感器二次回路采用自动切换的接线，切换继电器的接点（ C ）。

A．应采用同步接通与断开的接点　　B．应采用先断开，后接通的接点

C．应采用先接通，后断开的接点　　D．对接点的断开顺序不作要求

32．在保护和测量仪表中，电流回路的导线截面积不应小于（ C ）mm^2。

A．1.0　　B．1.5　　C．2.5　　D．4.0

33．断路器在跳合闸时，跳合闸线圈要有足够的电压才能够保证可靠跳合闸，因此，跳合闸线圈的电压降均不小于电源电压的（ C ）才为合格。

A．70%　　B．80%　　C．90%　　D．95%

34．监视 220V 直流回路绝缘状态所用直流电压表计的内阻不小于（ C ）kΩ。

A．10　　B．15　　C．20　　D．30

35．在操作箱中，关于断路器位置继电器线圈的正确接法是（ B ）。

A．TWJ 在跳闸回路中，HWJ 在合闸回路中

B．TWJ 在合闸回路中，HWJ 在跳闸回路中

C．TWJ、HWJ 均在跳闸回路中

D．TWJ、HWJ 均在合闸回路中

36．二次回路铜芯控制电缆按机械强度要求，连接强电端子的芯线最小截面积为（ A ）mm^2。

A．1.5　　B．2.5　　C．0.5　　D．4

37．发电厂和变电站应采用铜芯控制电缆和导线，弱电控制回路的截面积不应小于（ C ）mm^2。

A．1.5　　B．2.5　　C．0.5　　D．4

38．为防止外部回路短路造成电压互感器的损坏，（ B ）中应装有熔断器或自动开关。

A．开口三角的 L 端　　B．开口三角的试验线引出端

C．开口三角的 N 端　　D．以上均不对

39. 芯线截面积为 4mm^2 的控制电缆，其电缆芯数不宜超过（ A ）芯。

A. 10　　B. 14　　C. 6　　D. 4

40. 在运行的 TA 二次回路工作时，为了人身安全，应（ C ）。

A. 使用绝缘工具，绝缘手套

B. 使用绝缘工具，并站在绝缘垫上

C. 使用绝缘工具，站在绝缘垫上，必须有专人监护

D. 随意站立

41. 某 110kV 系统最大短路电流为 20kA，线路最大负荷为 800A，为保证保护正确动作的最佳 TA 选择为（ B ）。

A. 600/5 10P20　　B. 1000/5 10P20

C. 500/1 10P40　　D. 1000/1 10P10

42. 当直流母线电压为 85%额定电压时，加于跳、合闸位置继电器的电压不应小于其额定电压的（ C ）。

A. 0.5　　B. 0.6　　C. 0.7　　D. 0.8

43. 直流电源监视继电器应装设在该回路配线的（ C ）。

A. 前端（靠近熔丝）　B. 中间　　C. 尾端　　D. 任意

44. 二次回路的工作电压不应超过（ C ）V。

A. 220　　B. 380　　C. 500　　D. 1000

45. 为了减小两点间的地电位差，二次回路的接地点应当离一次接地点有不小于（ C ）m 的距离。

A. 1～3　　B. 2～4　　C. 3～5　　D. 4～6

46. 一般规定在电容式电压互感器安装处发生短路故障一次电压降为零时，二次电压要求（ B ）ms 内下降到 10%以下。

A. 10　　B. 20　　C. 30　　D. 50

47. TA 及 TV 的一、二次绕组都设置了屏蔽以降低绕组间的（ C ）。

A. 杂散耦合　　B. 传导耦合　　C. 电容耦合　　D. 间接耦合

48. 电流互感器在铁芯中引入大气隙后，可以（ C ）电流互感器到达饱和的时间。

A. 瞬时到达　　B. 缩短　　C. 延长　　D. 没有影响

49. 在电流互感器二次回路进行短路接线时，应用短路片或导线连接，运行中的电流互感器短路后，应仍有可靠的接地点，对短路后失去接地点的接线应有临时接地线，（ A ）。

A. 但在一个回路中禁止有两个接地点　　B. 且可以有两个接地点

C. 可以没有接地点　　D. 以上均不对

50. 继电保护设备、控制屏端子排上所接导线的截面积不宜超过（ C ）mm^2。

A. 4　　B. 8　　C. 6　　D. 1.5

51. 来自电压互感器二次侧的四根开关场引入线（U_A、U_B、U_C、U_N）和电压互感器三次侧的两根开关场引入线（开口三角侧的U_L、U_N）中的两个零相电缆线U_N应按方式（ B ）接至保护屏。

A. 在开关场并接在一起后，合成一根后引至控制室，并在控制室接地后

B. 必须分别引至控制室，并在控制室一点接地后

C．三次侧的U_N在开关场就地接地，仅将二次侧的U_N引至控制室，并在控制室接地后

D．以上均不对

52．经控制室N600连通的几组TV二次回路，应在控制室将N600接地，其中用于取得同期电压的线路电压抽取装置的二次（ C ）在开关场另行接地。

A．应　B．宜　C．不得　D．可以

53．在直流回路中，为了降低中间继电器在线圈断电时，对直流回路产生过电压的影响，可采取在中间继电器线圈两端（ B ）。

A．并联“一反向二极管”的方式

B．并联“一反向二极管串电阻”的方式

C．并联“一只容量适当的电容器”的方式

D．以上均不对

54．保护动作至发出跳闸脉冲40ms，断路器跳开时间60ms，重合闸时间继电器整定0.8s，断路器合闸时间100ms，从事故发生至故障相恢复电压的时间为（ B ）s。

A．0.94　B．1.0　C．0.96　D．1.06

55．电压互感器二次侧一相电压为零，另两相不变，线电压两个降低，另一个不变，说明（ B ）。

A．二次侧两相熔断器断　B．二次侧一相熔断器断

C．一次侧一相熔断器断　D．一次侧两相熔断器断

56．电力系统的中性点直接接到接地装置上，这种接地叫作（ D ）。

A．保护接地　B．安全接地　C．防雷接地　D．工作接地

57．电力系统运行时的电流互感器，同样大小电阻负载采用（ B ）接线方式时TA的负载较大。

A．三角形　B．星形　C．一样　D．不确定

58．电力系统运行时的电压互感器，同样大小电阻采用（ A ）接线方式时TV的负载较大。

A．三角形　B．星形　C．一样　D．不确定

59．电容式和电磁式电压互感器比较，其暂态特性是（ C ）。

A．两者差不多　B．电容式好　C．电磁式好　D．不确定

60．电压互感器的负载电阻越大，则电压互感器的负载（ B ）。

A．越大　B．越小　C．不变　D．不定

61．容量为30VA的10P20电流互感器，二次额定电流为5A，当二次负载小于1.2Ω时，允许的最大短路电流倍数为（ D ）。

A．小于10倍　B．小于20倍

C．等于20倍　D．大于20倍

62．一台二次额定电流为5A的电流互感器，其额定容量是30VA，二次负载阻抗不超过（ A ）Ω才能保证准确等级。

A．1.2　B．1.5　C．2　D．6

63．加入三相对称正序电流检查某一负序电流保护的动作电流时，分别用断开一相电流、两相电流、交换两相电流的输入端子方法进行校验，得到的动作值之比是（ A ）。

A．1:1:1/3　B．1:1/2:1/3　C．1/3:1/2:1　D．1:1:3

64．保护屏上的专用接地铜排的截面不得小于（ A ）mm^2。

A．100　　B．70　　C．25　　D．50

65．双母线接线系统中，采用隔离开关辅助接点启动继电器实现电压自动切换的作用是（ D ）。

A．避免两组母线 TV 二次侧误并列

B．防止 TV 二次侧向一次系统反充电

C．避免电压二次回路短时停电

D．减少运行人员手动切换电压的工作量，并使保护装置的二次电压回路随主接线一起进行切换，避免电压回路一、二次不对应造成保护误动或拒动

66．在超高压电网中的电压互感器，可视为一个变压器，就零序电压来说，下列正确的是（ A ）。

A．超高压电网中发生单相接地时，一次电网中有零序电压，所以电压互感器二次星形侧出现零序电压

B．超高压电网中发生单相接地时，一次电网中无零序电压，所以电压互感器二次星形侧无零序电压

C．电压互感器二次星形侧发生单相接地时，该侧出现零序电压，因电压互感器相当于一个变压器，所以一次电网中也有零序电压

D．电压互感器二次星形侧发生单相接地时，该侧无零序电压，所以一次电网中也无零序电压

67．电流互感器的完全星形接线，在运行中（ D ）。

A．不能反应所有的接地　　B．对相间故障反应不灵敏

C．对反应单相接地故障灵敏　　D．能够反应所有的故障

68．对于反应电流值动作的串联信号继电器，其压降不得超过工作电压的（ B ）。

A．5%　　B．10%　　C．15%　　D．20%

69．在电流互感器二次回路的接地线上（ A ）安装有开断可能的设备。

A．不应　　B．应　　C．必要时可以　　D．以上均不对

70．在正常负荷电流下，流入保护的电流，以下描述正确的是（ B ）。

A．电流互感器接成星形时为 $\sqrt{3}I_\varphi$　　B．电流互感器接成三角形接线时为 $\sqrt{3}I_\varphi$

C．电流互感器接成两相差接时为 0　　D．电流互感器接成星形时为 0

71．在保护检验工作完毕后、投入出口压板之前，通常用万用表测量跳闸压板电位，当开关在合闸位置时，正确的状态应该是（ C ）。（直流系统为 220V）

A．压板下口对地为+110V 左右，上口对地为−110V 左右

B．压板下口对地为+110V 左右，上口对地为 0V 左右

C．压板下口对地为 0V，上口对地为−110V 左右

D．压板下口对地为+220V 左右，上口对地为 0V

72．对二次回路保安接地的要求是（ C ）。

A．TV 二次只能有一个接地点，接地点位置宜在 TV 安装处

B．主设备差动保护各侧 TA 二次只能有一个公共接地点，接地点宜在 TA 端子箱

C．发电机中性点 TV 二次只能有一个接地点，接地点应在保护盘上

D．以上均不对

73．暂态型电流互感器分为（ C ）。

A．A、B、C、D　　B．0.5、1.0、1.5、2.0

C．TPS、TPX、TPY、TPZ　　D．以上均不对

74．下列对DKB（电抗变换器）和TA（电流互感器）的表述，哪项是正确的（ B ）。

A．DKB励磁电流大，二次负载大，为开路状态；TA励磁电流大，二次负载大，为开路状态

B．DKB励磁电流大，二次负载大，为开路状态；TA励磁电流小，二次负载小，为短路状态

C．DKB励磁电流小，二次负载小，为短路状态；TA励磁电流大，二次负载大，为开路状态

D．DKB励磁电流小，二次负载小，为短路状态；TA励磁电流大，二次负载大，为短路状态

75．大接地电流系统中双母线上两组电压互感器二次绕组应（ C ）。

A．在各自的中性点接地

B．选择其中一组接地，另一组经放电间隙接地

C．只允许有一个公共接地点，其接地点宜选在控制室

D．以上均不正确

76．两个以上中间继电器线圈或回路并联使用时（ A ）。

A．应先并联，然后经公共连线引出　　B．先引出后在端子排上并联

C．可以任意接线　　D．不能并联使用

77．在带电的TV二次回路上工作时，应严格防止（ A ）。

A．短路　　B．接地　　C．开路　　D．反充电

78．在进行直流接地的处理时，根据运行方式、操作情况、气候影响判断可能接地的处所，采取拉路寻找、分段处理的方法，（ B ）。

A．以先信号和照明部分后操作部分，先室外部分后室内部分，先高压部分后低压部分为原则

B．以先信号和照明部分后操作部分，先室外部分后室内部分，先低压部分后高压部分为原则

C．以先信号和照明部分后操作部分，先室内部分后室外部分，先低压部分后高压部分为原则

D．以先操作部分后信号和照明部分，先室外部分后室内部分，先低压部分后高压部分为原则

79．断路器的跳合闸位置监视灯串联一个电阻的目的是（ C ）。

A．使信号继电器可靠动作　　B．补偿灯泡的额定电压

C．防止因灯座短路造成断路器误合或误分　　D．使位置继电器可靠动作

80．当电缆屏蔽线压接于接地铜排时，如通过螺栓压接，压接的导线不宜超过（　　）根，当压接（　　）根导线时，中间应加平垫片。（ B ）

A．1，2　　B．2，2　　C．2，3　　D．1，3

81．若两个（多个）电流互感器二次回路并联接入保护装置，两个（多个）电流互感器二次应在（ B ）。

A．开关场一点接地　　B．并接处一点接地

C．开关场和并接处均接地　　D．开关场分别接地

82．电流互感器二次备用绕组（ B ）。

A．应将其引至开关端子箱（或汇控柜），在端子排短接后不接地

B．应将其引至开关端子箱（或汇控柜），在端子排进行短接后接地

C．应就近在 TA 内部短接，不接地

D．应就近在 TA 内部短接，接地

83．电流互感器铭牌上 5P15 中，15 代表的是（ D ）。

A．绕组的容量　　B．绕组的带载能力　　C．绕组的直阻　　D．准确限值系数

84．电流互感器 10%误差不满足要求时，采取（ C ）措施不正确。

A．增加二次电缆截面　　B．串接电流互感器备用二次绕组

C．并接电流互感器备用二次绕组　　D．提高电流互感器变比

85．电流互感器的二次开路运行时，铁芯磁场（ A ），此时铁芯会剧烈发热并伴有嗡嗡声，二次电压峰值达到数百伏甚至上千伏。

A．很强并饱和　　B．很强不易饱和

C．很弱并饱和　　D．很弱不易饱和

二、多选题

1．以下说法不正确的是（ ACD ）。

A．TA 和 TV 二次均可以开路

B．TA 二次可以短路但不得开路，TV 二次可以开路但不得短路

C．TA 和 TV 二次均不可以短路

D．TA 二次可以开路但不得短路，TV 二次可以短路但不得开路

2．发生直流两点接地时，以下可能的后果是（ ABCD ）。

A．可能造成断路器误跳闸　　B．可能造成熔丝熔断

C．可能造成断路器拒动　　D．可能造成保护装置拒动

3．以下属于直流系统接地危害的是（ ABCD ）。

A．两点接地有可能造成保护装置及二次回路误动

B．两点接地有可能使得保护装置及二次回路在系统发生故障时拒动

C．直流系统正、负极间短路有可能使得直流熔丝熔断

D．直流系统一点接地时，如交流系统也发生接地故障，则可能对保护装置形成干扰，严重时会导致保护装置误动作

4．某双母线接线形式的变电站，每一母线上配有一组电压互感器，母联断路器在合入状态，该站某出线出口发生接地故障后，查阅录波图发现：无故障时两组 TV 对应相的二次电压相等，故障时两组 TV 对应相的二次电压有很大不同，以下可能的原因是（ AB ）。

A．TV 二次存在两个接地点　　B．TV 三次回路被短接

B．TV 损坏　　D．TV 二、三次中性线未分开接地

5．某变电站有两套相互独立的直流系统，同时出现了直流接地告警信号，其中第一组直流电源为正极接地，第二组直流电源为负极接地。现场利用拉、合直流保险的方法检查直流接地情况时发现：在当断开某断路器（该断路器具有两组跳闸线圈）的任一控制电源时，两套直流电源系统的直流接地信号又同时消失，以下说法正确的是（ ABCD ）。

A．因为任意断开一组直流电源接地现象消失，所以直流系统可能没有接地

B．第一组直流系统的正极与第二组直流系统的负极短接或相反

C．两组直流短接后形成一个端电压为 440V 的电池组，中点对地电压为零

D．每一组直流系统的绝缘监察装置均有一个接地点，短接后直流系统中存在两个接地点；故一组直流系统的绝缘监察装置判断为正极接地；另一组直流系统的绝缘监察装置判断为负极接地

6．保护装置应承受工频试验电压 2000V 的回路有（ AD ）。

A．装置的交流电压、电流互感器对地回路　B．110V 或 220V 直流回路对地

C．各对触点相互之间　D．装置背板线对地回路

7．电流互感器不能满足 10%误差要求时可采取的措施有（ ABCD ）。

A．增大二次电缆截面积　B．增大电流互感器一次额定电流

C．改用容量大的互感器　D．串接备用电流互感器

8．电流互感器的二次负载包括（ ABD ）。

A．二次设备（保护、表计、辅助设备等）的电流线圈的电阻

B．二次电流电缆回路电阻

C．电流互感器的二次线圈的电阻

D．连接点的接触电阻

9．母差保护在二次回路测量电阻偏大时可采取（ BC ）措施。

A．减小变比　B．增大变比

C．增大导线截面积　D．减小导线截面积

10．多绕组电流互感器及其二次线圈接入保护回路的接线原则，正确说法是（ ABC ）。

A．装小瓷套的一次端子应放在母线侧

B．保护接入的二次线圈分配，应特别注意避免当一套线路保护停用而线路继续运行时出现电流互感器内部故障时的保护死区

C．一个绕组三相只允许有一个接地点

D．保护与测量可以合用一个绕组

11．关于电压切换回路的要求，下列哪些描述正确（ ABC ）。

A．当保护采用双重化配置时，其电压切换箱（回路）隔离开关辅助触点应采用单位置输入方式

B．单套配置保护的电压切换箱（回路）隔离开关辅助触点应采用双位置输入方式

C．切换继电器同时动作信号应使用与切换回路相同输入方式的继电器

D．切换继电器同时动作信号应使用单位置继电器接点

12．关于断路器的防跳回路，以下要求正确的是（ AB ）

A．每个断路器应使用一套防跳回路

B．宜采用断路器本体防跳

C．宜采用操作箱防跳回路

D．对于在断路器本体与操作箱同时设计了防跳回路的，应确保两套防跳回路均投入

13．用分路试停的方法查找直流接地有时查找不到，可能是由于（ CD ）。

A．分路正极接地

B．分路负极接地

C．环路供电方式合环运行

D．充电设备或蓄电池发生直流接地

三、判断题

1．跳闸压板的开口端应装在下方，接到断路器的跳闸线圈回路。（×）

2．继电保护装置的跳闸出口接点，必须在断路器确实跳开后才能返回，否则，该接点会由于断弧而烧坏。（×）

3．操作箱面板的跳闸信号灯应在保护动作跳闸时点亮、在手动跳闸时不亮。（√）

4．保护屏柜上交流电压回路的空气开关应与电压回路总路断路器在跳闸时限上有明确的配合关系。（√）

5．跳、合闸线圈的电压降均不小于电源电压的 90%。（√）

6．微机型继电保护装置所有直接相连二次回路的电缆原则上均应使用屏蔽电缆，且屏蔽层应两端接地，TA 本体至开关端子箱（汇控柜）单端接地。（√）

7．对于双屏蔽层电缆，为增强屏蔽效果，内、外屏蔽层应可靠连接在一起，并在电缆两端接地。（×）

8．操作箱跳闸出口继电器的动作电压应为 50%～70%的额定电压之间。（×）

9．断路器或隔离开关闭锁回路不能使用重动继电器，应直接用断路器或隔离开关的辅助触点。（√）

10．防跳继电器动作时间应小于辅助开关的切换时间，并保证在模拟手合于故障时不发生跳跃现象。（√）

11．新安装的 220kV 及以上断路器，每相应安装独立的密度继电器，并且应该双重化配置。（√）

12．保护远方切换定值区属于遥调操作，保护远方投退软压板属于遥控操作。（√）

13．某 220kV 线路开关端子箱内 B 相合闸电缆芯（7B）在正常运行中锈断，但此缺陷不能自动监视到。（√）

14．对反映一次设备位置和状态的辅助接点及其二次回路进行验收时，不宜采用短接接点的方法进行。（√）

15．保护装置整组传动验收时，应在最大（动态）负荷下，测量电源引出端（含自保持线圈和接点）到断路器分、合闸线圈的电压降，不应超过额定电压的 5%。（×）

16．开关液压机构在压力下降的过程中，依次发压力低闭锁重合闸、压力低闭锁合闸、压力低闭锁跳闸信号。（√）

17．可使用钳形电流表检查流过保护二次电缆屏蔽层的电流，以确定 100mm^2 铜排是否有效起到抗干扰的作用。（√）

18．保护装置的二次接线变动时或改动时，应严防寄生回路的存在，没用的线必须拆除。

变动直流二次回路后，应进行相应传动试验，还必须模拟各种故障进行整组试验。（√）

19．交流电流和交流电压回路、不同交流电压回路、交流和直流回路、强电和弱电回路，以及来自开关场电压互感器二次的四根引入线和电压互感器开口三角绕组的两根引入线宜使用各自独立的电缆。（×）

20．新投入或经变更的电流、电压回路，应直接利用工作电压检查电压二次回路，利用负荷电流检查电流二次回路接线的正确性。为了测试准确性，负荷电流应至少为 15%的额定电流。（×）

21．二次回路中电缆芯线和导线截面的选择原则是：只需满足电气性能的要求；在电压和操作回路中，应按允许的压降选择电缆芯线或电缆芯线的截面积。（×）

22．电压互感器的二次中性线回路如果存在多点接地，则不论系统运行正常与否，继电器所感受的电压均会与实际电压有偏差。（×）

23．所有电压互感器（包括保护、测量、自动励磁调整等）二次侧出口均应装设熔断器或快速小开关。（×）

24．断路器的“跳跃”现象一般是在跳闸、合闸回路同时接通时才发生，“防跳”回路设置是将断路器闭锁到跳闸位置。（√）

25．二次回路标号一般采用数字或数字和文字的组合，表明了回路的性质和用途。（√）

26．断路器防跳回路如果出现问题，有可能会引起系统稳定破坏事故。（√）

27．断路器的防跳回路的作用是：防止断路器在无故障的情况下误跳闸。（×）

28．当保护装置出现异常，经调度允许将该保护装置退出运行时，必须将该保护装置的跳闸压板和启动失灵压板同时退出。（√）

29．在电压互感器二次回路通电试验时，为防止由二次侧向一次侧反充电，将二次回路断开即可。（×）

30．双母线系统中电压切换的作用是保证二次电压与一次电压的对应。（√）

31．防跳继电器的保持接点应串在正电源与电流线圈之间。（√）

32．断路器位置不对应时应发出事故报警信号。（√）

33．10kV 保护做传动试验时，有时出现烧毁继电器触点的现象，这是由于继电器触点断弧容量小造成的。（×）

34．微机保护电压互感器二次、三次回路开关场至保护小室的接地相电缆芯应分开。（√）

35．在保护和测量仪表中，电流回路的导线截面积不应小于 $4mm^2$。（×）

36．继电保护专业的所谓三误是指误碰、误整定、误接线。（√）

37．需将保护的电流输入回路从电流互感器二次侧断开时，必须有专人监护，使用绝缘工具，并站在绝缘垫上，断开电流互感器二次侧后，便用短路线妥善可靠地短接电流互感器二次绕组。（×）

38．在现场接取继电保护装置试验所需的直流电源，可以从保护屏上的端子上取得。（×）

39．两组电压互感器的并联，必须先是一次侧并联，然后才允许二次侧并联。（√）

40．任何电力设备和线路在运行中，必须在任何时候由两套完全独立的继电保护装置分别控制两台完全独立的断路器实现保护。（√）

41．运行中的电流互感器二次短接后，也不得去掉接地点。（√）

42．电流互感器的二次侧只允许有一个接地点，对于多组电流互感器相互有联系的二次回路接地点应设在开关场。（×）

43．允许用卡继电器触点、短路触点或类似的人为手段做保护装置的整组试验。（×）

44．断路器操作箱内的防跳回路是合闸启动，机构箱内的防跳回路是跳闸启动。（×）

45．经控制室零相小母线（N600）连通的几组电压互感器二次回路，应在开关场将 TV 二次中性点直接接地。（×）

46．查找直流接地应根据运行方式、操作情况、气候影响判断可能接地的处所，采取拉路寻找、分段处理的方法，以先信号和照明部分后操作部分、先室外部分后室内部分为原则。在切断各专用直流回路时，切断时间不得超过 3s，不论直流接地消失与否均应合上。（√）

47．直流回路两点接地或一点接地可能造成断路器误跳闸。（√）

48．220、110V 直流系统对地绝缘电阻报警值应设置为 25、15kΩ。（√）

49．对保护装置或继电器的直流和交流回路必须用 1000V 绝缘电阻表进行绝缘电阻测量。（×）

50．变电站内设置直流保护空开的级数不宜超过 3 级。（×）

51．继电保护和安全自动装置的背面接线应由继电保护人员清查。（√）

52．一次设备停电时，继电保护系统投入运行，宜按以下顺序进行操作：①退出该间隔合并单元、保护装置、智能终端检修压板；②投入该间隔智能终端出口硬压板；③投入相关运行保护装置中该间隔的 GOOSE 接收软压板（如失灵启动、间隔投入等）；④投入该间隔保护装置跳闸、重合闸、启失灵等 GOOSE 发送软压板；⑤投入相关运行保护装置中该间隔 SV 软压板。（×）

53．不管是大接地电流系统还是小接地电流系统，供同期用的电压都可以从电压互感器的二次绕组相间取得，也可以从三次绕组的一个绕组上取得。（×）

54．传导型电磁干扰是指干扰信号沿导体和电源进入保护设备。（√）

55．防跳继电器的动作时间，不应大于跳闸脉冲发出至断路器辅助触点切断跳闸回路的时间。（√）

56．由 $3U_0$ 构成的保护，不能以检查 $3U_0$ 回路是否有不平衡电压的方法来确认 $3U_0$ 回路良好，但可以单独依靠六角图测试方法来确证 $3U_0$ 构成方向保护的极性关系正确。（×）

57．在一次干扰源方面降低干扰水平可能采取的措施中，最重要的是一次设备的接地问题。（√）

58．电流互感器及电压互感器二次回路必须一点接地，其原因是为了人身和二次设备的安全。如果互感器的二次回路有了接地点，则二次回路对地电容将为零，从而达到了保证安全的目的。（√）

59．采用逆变稳压电源可以使保护装置和外部电源隔离起来，大大提高保护装置的抗干扰能力。（√）

60．按规定的变比误差计算方法，电流互感器的变比误差应是正值。（×）

61．双重化配置的直流电源、双套跳闸线圈的控制回路之间，不得有任何电的联系，但可合用一根多芯电缆。（×）

62．对动作功率大于 5W 的出口继电器，其启动电压可以小于直流额定电压的 50%。（×）

63．对分相操作断路器，应逐相传动防止断路器跳跃回路。（√）

64．经长电缆跳闸回路，宜采取增加出口继电器动作电压的措施，防止误动。（×）

65．新投运的220kV及以上断路器的压力闭锁继电器应双重化配置，防止第一组操作电源失去时，第二套保护和操作箱或智能终端无法跳闸出口。（√）

66．控制屏、保护屏上的端子排，正、负电源之间及电源与跳（合）闸引出端子之间应适当隔开。（√）

67．断路器的控制回路主要由三部分组成：控制开关、操动机构、控制电缆。（√）

68．单相变压器连接成三相变压器组时，其接线组别应取决于一、二次侧绕组的绕向和首尾的标记。（√）

69．塑胶无屏蔽层的电缆，允许将备用芯两端接地来减小外界电磁场的干扰。（×）

70．由一次设备（如变压器、断路器、隔离开关和电流、电压互感器等）直接引出的二次电缆的屏蔽层应使用截面积不小于4mm^{2}多股铜质软导线仅在就地端子箱处一点接地，在一次设备的接线盒（箱）处不接地，二次电缆经金属管从一次设备的接线盒（箱）引至电缆沟，并将金属管的上端与一次设备的底座或金属外壳良好连接，金属管另一端应在距一次设备3～5m之外与主接地网连接。（√）

71．内桥接线方式时，主变压器差动保护不应采用“和电流”接线。（√）

72．电流互感器变比越小，其励磁阻抗越大，运行的二次负载越小。（×）

73．TA减极性标注的概念是：一次侧电流从极性端通入，二次侧电流从极性端流出。（√）

74．功率因数角越小，电磁式电压互感器的角误差和幅值误差就越小。（×）

75．电压互感器内阻抗较大，电流互感器内阻抗较小。（×）

76．TV的一次内阻很大，可以认为是一个电压源。TA的一次内阻很小，可以认为是一个电流源。（√）

77．设K为电流互感器的变比，无论电流互感器是否饱和，其一次电流I_1与二次电流I_2始终保持$I_2=I_1/K$的关系。（×）

78．变比相同、型号相同的电流互感器，其二次接成星形的比接成三角形所允许的二次负荷要大。（√）

79．当发生三相故障时，三角形接线的电流互感器二次负载比星形接线的大。（√）

80．电容式电压互感器的稳态工作特性与电磁式电压互感器基本相同，暂态特性比电磁式电压互感器差。（√）

81．运行中的电压互感器二次侧某一相熔断器熔断时，该相电压值为零。（×）

82．电流互感器本身造成的测量误差是由于有励磁电流的存在。（√）

83．P级电流互感器的暂态特性欠佳，在外部短路时会产生较大的差流。为此，特性呈分段式的比率制动式差动继电器抬高了制动系数的取值。同理，继电器的最小动作电流定值也该相应抬高。（×）

84．当电流互感器10%误差超过时，可用两种同变比的互感器并联以减小电流互感器的负担。（×）

85．330～500kV线路一般采用带气隙的TPY型电流互感器。（√）

86．500kV的3/2断路器接线方式的断路器失灵保护应取用TPY级电流互感器。（×）

87. 电压互感器的误差表现在幅值误差和角度误差两个方面。电压互感器二次负载和功率因数的大小，均对误差没有影响。 （×）

88. 当电流互感器饱和时，测量电流比实际电流小，有可能引起差动保护拒动，但不会引起差动保护误动。 （×）

89. 互感器二次负载越小，误差越小。 （×）

90. 电流互感器的角度误差与二次所接负载的大小和功率因数有关。 （×）

91. P 级电流互感器 10%误差是指额定负载情况下的最大允许误差。 （×）

92. 电流互感器容量大表示其二次负载阻抗允许值大。 （√）

93. 保护用电流互感器（不包括中间变流器）的稳态比误差不应大于 10%，必要时还应考虑暂态误差。 （√）

94. TA 饱和后在一次故障电流过零点附近仍存在线性传变区。 （√）

95. TA 为电压源，内阻抗较小，TV 为电流源，其内阻抗较大。因此，TA 二次不得开路，TV 二次不得短路。 （×）

96. 在电流互感器的一次安匝数相同的情况下变比越大，二次开路时的电压也高。 （√）

97. 电流互感器在运行中二次侧严禁开路，空余的次级抽头应当短接起来。 （×）

98. 运行中的电流互感器二次短接后，可以去掉接地点。 （×）

99. 为保证设备及人身安全、减少一次设备故障时 TA 二次回路的环流，所有电流互感器的中性线必须在开关场就地接地。 （×）

100. 运行中某 P 级电流互感器二次开路未被发现，当线路发生短路故障、该电流互感器一侧流过很大的正弦波形短路电流时，该二次绕组上将有很高的正弦波形电压。 （×）

101. 保护装置在 TA 二次回路不正常或者断线时，应发出告警信号并允许跳闸。 （×）

102. 如果电流互感器一、二次都以从星标端流入的电流为正方向，当忽略励磁电流时，一、二次电流相位相反。 （√）

103. 在高压端与地短路情况下，电容式电压互感器二次电压峰值应在额定频率的 2 个周波内衰减到低于短路前电压峰值的 10%，称之为电容式电压互感器的“暂态响应”。 （×）

104. 电磁型电流互感器电气性能主要缺点是大电流时容易饱和、暂态特性差。 （√）

105. 减少电压互感器的负荷电流能减少电压互感器的误差。 （√）

106. 电流互感器二次侧标有 5P10，表示的含义是在 5 倍额定电流下，二次误差在 10%之内。 （×）

107. 电流互感器一次侧串联时变比比一次侧并联时大 1 倍。 （×）

108. 当电流互感器二次负载的阻抗超过其励磁阻抗的 1/9 时，该互感器的综合误差必定超过 10%。 （√）

109. 电流互感器的二次中性线回路如果存在多点接地，则不论系统运行正常与否，继电器所感受的电流均与从电流互感器二次受进的电流不相等。 （×）

110. 电流互感器选型不正确，容易引起故障时的饱和，影响保护动作的正确性，因此依据故障发生 10ms 后，电流互感器发生暂态饱和对保护进行考核是合理的。 （×）

111. 重要变电站的 220kV 及以上电压等级双母线接线方式的母联、分段断路器，应在断路器两侧配置电流互感器。 （×）

112. 500kV 及以上变压器各侧断路器应至少配置 2 组 TPY 类电流互感器二次绕组，

TPY 级互感器 KSSC（额定对称短路电流倍数）的选择应满足电网远期规划条件下的短路电流水平，宜大于 30。（×）

113．安装在电缆上的零序 TA，电缆的屏蔽引线应穿过零序电流互感器接地。（√）

114．电压互感器二次输出回路 A、B、C、N 相均应装设熔断器或自动小开关。（×）

115．电流互感器二次绕组采用不完全星形接线时接线系数为 1。（√）

116．电流互感器的一次电流与二次侧负载无关，而变压器的一次电流随着二次侧的负载变化而变化。（√）

117．在电压互感器开口三角绕组输出端不应装熔断器，而应装设自动开关，以便开关跳开时发信号。（×）

118．电流互感器变比越大，二次开路电压越大。（√）

119．电流互感器内阻很大，为电流源，严禁其二次开路。（√）

120．在电流互感器二次绕组接线方式不同的情况下，假定接入电流互感器二次导线电阻的阻抗均相同，而此计算负载以两相电流差接线最大。（√）

121．两个同型号、同变比的 TA 串联使用时，会使 TA 的励磁电流减小。（√）

122．电流互感器在铁芯中引入大气隙后，可以显著延长到达饱和的时间，但对稳态电流的传变精度影响较大。（√）

123．电流互感器的铁芯中引入小气隙，可基本消除电流互感器中的剩磁。（√）

124．当在 TA 一次线圈和二次线圈的极性端分别通入同相位的电流时，铁芯中产生的磁通相位相反。（×）

125．电流互感器二次额定电流采用 5A 时，接入同样阻抗的电缆及二次设备，二次负载将是 1A 额定电流时的 5 倍。（×）

126．电压互感器中性点引出线上，一般不装设熔断器或自动开关。（√）

127．在变压器差动保护范围以外改变一次电路的相序时，变压器差动保护用的电流互感器的二次接线，也应随着作相应的变动。（×）

四、填空题

1．双母双分接线方式分段断路器三相跳闸启动失灵开入虚端子不少于两个，一个接收对侧母线保护的启动失灵开入，一个接收分段保护的启动失灵开入。

2．根据 Q/GDW 441—2010《智能变电站继电保护技术规范》，GOOSE 开入软压板除双母线和单母线接线启动失灵、失灵联跳开入软压板设在接收端外，其余皆应设在发送端。

3．国网企标 1914 验收规范规定，保护装置的整组传动试验，应在 80%额定直流电压条件下进行，试验不允许使用运行中的直流电源。应在最大动态负荷下，测量电源引出端含自保持线圈和接点到断路器分、合闸线圈的电压降，不应超过额定电压的 10%。

4．故障录波应接于保护级电流互感器的二次绕组。

5．操作箱中的两组操作电源不应有自动切换回路，公用回路应采用第一组操作电源。

6．进入保护室或控制室的保护用光缆应采用阻燃无金属光缆，当在同一室内使用光缆连接的两套设备不在同一屏柜内时，宜使用尾缆连接。

7．对使用触点输出的信号回路，用 1000V 绝缘电阻表测量电缆每芯对地及对其他各芯间的绝缘电阻，其绝缘电阻应不小于 1MΩ。定期检验只测量芯线对地的绝缘电阻。

8．继电保护直流系统运行中的电压纹波系数不应大于2%，最低电压不应低于额定电压的85%，最高不应高于额定电压的110%。

9．在标准化设计的保护装置中，压板的颜色有红、黄、浅驼色，其各自代表的类型分别是红色：保护跳、合闸出口压板及与失灵回路相关压板；黄色：功能压板；其他压板采用浅驼色。

10．保护装置整组传动验收时，应分别测量主保护和后备保护动作时间、操作箱出口时间以及带断路器传动的整组动作时间。

11．P级电磁式电流互感器的二次为纯电阻负载，互感器铁芯损耗、漏电抗不计，当一次在工频正弦电流作用下，电流互感器变比误差为5%时，综合误差为31.2%。

12．变动交流电压、电流二次回路后，要用负荷电流、工作电压检查变动后回路的正确性。

13．反向二极管并在中间继电器线圈上，作消弧回路时必须串入电阻。反向二极管的反向击穿电压不宜低于1000V；当直流电源电压为110～220V时，选取电阻值为250～300Ω较合适。

14．母线保护应能自动识别母联充电状态：由操作箱提供SHJ触点、母联TWJ及母联TA有无电流的判别，作为母线保护判断母联充电并进入充电逻辑的依据。充电逻辑有效时间为SHJ触点由0变为1后的1s内。

15．为防止保护装置先上电而操作箱后上电情况时断路器位置不对应误启动重合闸，宜由操作箱（插件）对保护装置提供“闭锁重合闸”触点方式。

16．双母线接线的常规站线路保护中，操作箱内的断路器操动机构“压力低闭锁重合触点”的转换继电器应以常闭型触点方式接入重合闸装置的对应回路。

17．PCS-978主变压器保护在失灵联跳开入超过3s后，装置报“失灵联跳开入报警”，并闭锁失灵联跳功能。

18．保护整组试验是检验二次直流回路正确与否的最后一道防线，带负荷向量检查是检验二次交流回路正确与否的最后一道防线。

19．双重化配置的两套保护装置，其直流电源应取自不同蓄电池组连接的直流母线段。每套保护装置与其相关设备电子式互感器、合并单元、智能终端、网络设备、操作箱、跳闸线圈等的直流电源均应取自与同一蓄电池组相连的直流母线。

20．三相不一致保护功能宜由断路器本体机构实现。

21．断路器防跳功能应由断路器本体机构实现。

22．断路器跳、合闸压力异常闭锁功能应由断路器本体机构实现，应能提供两组完全独立的压力闭锁触点。

23．更换继电保护和电网安全自动装置柜（屏）或拆除旧柜（屏）前，应在有关回路对侧柜（屏）做好安全措施。

24．直流总输出回路、直流分路均装设自动开关时，必须确保上、下级自动开关有选择性地配合，自动开关的额定工作电流应按最大动态负荷电流的2.0倍选用。

25．加强继电保护运行维护，正常运行时，严禁220kV及以上电压等级线路、变压器等设备无快速保护运行。

26．变电站内端子箱、机构箱、智能控制柜、汇控柜等屏柜内的交直流接线，不应接在同一段端子排上。

27．两组蓄电池的直流电源系统，其接线方式应满足切换操作时直流母线始终连接蓄电池运行的要求。

28．新安装 220kV 及以上断路器每相应安装独立的密度继电器。

29．断路器分、合闸控制回路的端子间应有端子隔开，或采取其他有效防误动措施。

30．除出口继电器外，装置内的任一元件损坏时，装置不应误动作跳闸，自动检测回路应能发出告警或装置异常信号，并给出有关信息指明损坏元件的所在部位，在最不利情况下应能将故障定位至模块（插件）。

31．容量为 30VA 的 10P20 电流互感器，二次额定电流为 5A，当二次负载小于 1.2Ω 时，允许的最大短路电流倍数至少为 20。

32．当保护采用双重化配置时，其电压切换箱回路隔离开关辅助触点应采用单位置输入方式。单套配置保护的电压切换箱（回路）隔离开关辅助触点应采用双位置输入方式。

33．在保护室屏柜下层的电缆室（或电缆沟道）内，沿屏柜布置的方向逐排敷设截面积不小于 100mm^2 的铜排（缆），将铜排（缆）的首端、末端分别连接，形成保护室内的等电位地网。

34．保护室与通信室之间信号优先采用光缆传输。若使用电缆，应采用双绞双屏蔽电缆，其中内屏蔽在信号接收侧单端接地，外屏蔽在电缆两端接地。

35．未在开关场接地的电压互感器二次回路，宜在电压互感器端子箱处将每组二次回路中性点分别经放电间隙或氧化锌阀片接地，其击穿电压峰值应大于 $30\times I_{max}$ V（I_{max} 为电网接地故障时通过变电站的可能最大接地电流有效值，单位为 kA）

36．保护装置由屏外引入的开入回路应采用±220V/110V 直流电源。光耦开入的动作电压应控制在额定直流电源电压的 55%～70%范围以内。

37．继电保护使用直流系统在运行中的最低电压不低于额定电压的 85%，最高电压不高于额定电压的 110%。

38．智能变电站的保护设计应坚持继电保护“四性”，遵循“直接采样、直接跳闸”“独立分散”“就地化布置”原则，应避免合并单元、智能终端、交换机等任一设备故障时，同时失去多套主保护。

39．断路器最低跳、合闸电压不低于 30%额定电压，但不大于 65%额定电压。

40．变电站就地端子箱的等电位铜排与等电位接地网的连接铜缆的截面积要求为不小于 100mm^2。

41．保护装置机箱应设有专用的接地端子，并使用截面积不小于 4mm^2 的多股铜线连接到柜内的等电位铜排上。

42．基建验收时，必须进行所有保护整组试验，模拟故障检查保护与硬（软）压板的唯一对应关系，避免有寄生回路存在。对于新投设备，做整组试验时，应按规程要求把被保护设备的各套保护装置串接在一起进行。

43．微机型继电保护装置之间、保护装置至开关场就地端子箱之间以及保护屏至监控设备之间所有二次回路的电缆均应使用屏蔽电缆，电缆的屏蔽层应两端接地，严禁使用电缆内的备用芯线替代屏蔽层接地。

44．新投的分相弹簧机构断路器的防跳继电器、非全相继电器不应安装在机构箱内，应装在独立的汇控箱内。

45．按机械强度要求，控制电缆或绝缘导线的芯线最小截面积：强电控制回路不小于 $1.5mm^2$，屏（柜）内导线的芯线截面积不小于 $1.0mm^2$，弱电控制回路不小于 $0.5mm^2$，电流、电压电缆截面积不小于 $2.5mm^2$，并满足有关技术要求。所有专用接地线截面积应不小于 $4mm^2$。

46．直流电源系统馈出网络应采用集中辐射或分层辐射供电方式，分层辐射供电方式应按电压等级设置分电屏，严禁采用环状供电方式。断路器储能电源、隔离开关电机电源、35（10）kV 开关柜顶可采用每段母线辐射供电方式。

47．两套配置的直流电源系统正常运行时，应分列运行。当直流电源系统存在接地故障情况时，禁止两套直流电源系统并列运行。

48．直流电源系统应具备交流与直流故障的测量记录和报警功能，不具备的应逐步进行改造。

49．变电站内端子箱、机构箱、智能控制柜、汇控柜等屏柜内的交直流接线，不应接在同一段端子排上。

50．采用交直流双电源供电的设备，应具备防止交流串入直流回路的措施。

51．继电器线圈直流电阻的测量与制造厂标准数据相差应不大于±10%。

52．使用 1000V 绝缘电阻表（额定电压为 100V 以下时用 500V 绝缘电阻表）测线圈对触点间的绝缘电阻不小于 50MΩ。

53．仪表的绝对误差与仪表测量上限比值的百分数，称为引用误差。

54．为了减小两点间的地电位差，二次回路的接地点应当离一次接地点有不小于 3～5m 的距离。

55．对全部保护回路用 1000V 绝缘电阻表（额定电压为 100V 以下时用 500V 绝缘电阻表）测定绝缘电阻时，阻值不应小于 1MΩ。

56．用分路试停的方法查找直流接地有时查找不到，可能是由于环路供电方式合环运行或充电设备-蓄电池组发生直流接地。

57．继电保护所用的电流互感器稳态变比误差不应大于 10%，而角误差不应超过 7°。

58．在电压回路中，当电压互感器负荷最大时，至保护和自动装置的电压降不得超过其额定电压的 3%。

59．电压二次回路一相、两相或三相同时失压，都应发出警报，闭锁可能误动的保护。

60．保护电压互感器二次回路电压切换时，应检查并保证在切换过程中不会产生反充电，应同时控制可能误动保护的正电源。

61．保护用 10P20 电流互感器，是指互感器通过短路电流为 20 倍额定电流时，稳态变比误差不超过 10%。

62．电流互感器不能满足 10%误差要求时可采取的措施有：①增大二次电缆截面；②串接备用互感器；③改用容量大的互感器；④增大电流互感器一次额定电流。

63．电流互感器本身造成的测量误差是由于有励磁电流存在，其角度误差是由于励磁支路呈现为电感性使电流有不同相位，造成角度误差。

64．铁芯磁通密度 B 值是互感器性能状态的本质标志。电压互感器正常运行时 B 值略低于饱和值，故障时 B 值下降；电流互感器在负荷状态下 B 值很低，故障时 B 值升高。

65．在高压端与地短路的情况下，电容式电压互感器二次电压峰值应在额定频率的 1 个周波内衰减到低于短路前电压峰值的 10%，称之为电容式电压互感器的"暂态响应"。

66．当线圈中电流增加时，自感电动势的方向与电流的方向相反；线圈中电流减少时，自感电动势的方向与电流方向相同。总之，自感电动势的方向总是阻碍线圈中电流的变化。

67．互感器减极性标记是指当从一次侧"*"端流入电流 I_1 时，二次电流 I_2 应从"*"端流出，此时 I_1 与 I_2 同相位。

68．电流互感器不完全星形接线，在三相和两相短路时，中性线中有不平衡电流存在。

69．220kV 及以上变电站如需调试载波通道应配置高频振荡器和选频表，220kV 及以上变电站或集控站应配置一套至少可同时输出三相电流、四相电压的微机成套试验仪及试验线等工具。

70．装置整定的动作时间为自向保护屏柜通入模拟故障分量（电流、电压或电流及电压）至保护动作向断路器发出跳闸脉冲的全部时间。

71．220kV 及以上电压等级的继电保护装置的直流电源和断路器控制回路的直流电源，应分别由专用的直流空气开关（熔断器）供电。

72．当采用带气隙的电流互感器时，继电保护配置和装置，应考虑电流传变过程所带来的影响。

73．失灵保护动作以后应闭锁各连接元件的重合闸回路，以防止对故障元件进行重合。

74．检验规程规定，对母线差动保护、失灵保护及电网安全自动装置的整组试验，可只在新建变电站投产时进行。

75．在保护盘上或附近进行打眼等振动较大的工作时，应采取防止运行中设备跳闸的措施，必要时经值班调度员或值班负责人同意，将保护暂时停用。

76．安装在电缆上的零序电流互感器，电缆的屏蔽引线应穿过零序电流互感器接地。

77．继电保护装置柜屏内的交流供电电源（照明、打印机等）的中性线（零线）不应接入等电位接地网。

78．使用钳形电流表检查流过保护二次电缆屏蔽层的电流，以确定 100mm^2 铜排是否有效起到抗干扰的作用，当检测不到电流时，应检查屏蔽层是否良好接地。

79．智能变电站光缆应采用金属铠装、阻燃、防鼠咬的光缆。

80．要求快速跳闸的安全稳定控制装置应采用点对点直接跳闸方式。

81．操作箱面板的跳闸信号灯应在保护动作跳闸时点亮、在手动跳闸时不亮。

82．保护装置的出口跳闸接点回路应接至压板的下方。

83．信号指示装置宜装设在保护出口至断路器跳闸的回路内。

84．断路器保护跳本断路器采用点对点直接跳闸。

85．开关液压机构在压力下降过程中，依次发压力降低闭锁重合闸、压力降低闭锁合闸、压力降低闭锁跳闸信号。

86．二次回路标号一般采用数字或数字和文字的组合，表明了回路的性质和用途。

87．二次回路标号的基本原则是：凡是各设备间要用控制电缆经端子排进行联系的，都要按回路原则进行标号。

88．断路器防跳回路如果出现问题，有可能会引起系统稳定破坏事故。

五、简答题

1．某 220kV 线路断路器及电流互感器实际安装接线如图 4-1 所示，试分析存在的问题，并加以改正。

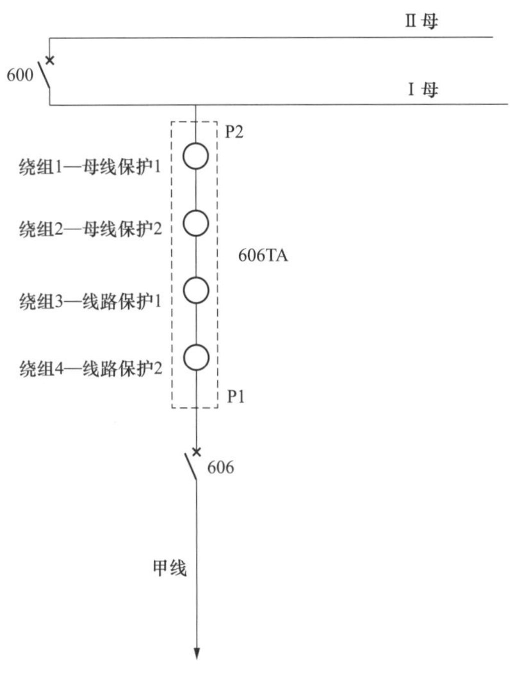

图 4-1　220kV 线路 TA 接线图

答：若 TA 安装在线路侧，此时发生断路器和 TA 之间存在故障，虽然母差保护能将断路器跳开，但是对于线路保护而言属于区外故障，故障点依然存在，此时应通过远方跳闸或其他保护停信将线路对侧断路器跳开切除故障；若 TA 安装在母线侧，此时发生断路器和 TA 之间存在故障，虽然线路保护能将断路器跳开，但是对于母线保护而言属于区外故障，故障点依然存在，此时应通过失灵保护将母线其他断路器和线路对侧断路器跳开切除故障，时间较长。P1 一般朝向母线，反相对测量和计量可能有影响，同时绕组分配存在死区，应第 1、2 组接线路，第 3、4 组接母线保护，防止 TA 内部故障的保护死区（交叉接法）。

2．如图 4-2 所示交直流系统，C1、C2 为直流系统对地分布电容，TJ 为跳闸出口接点，TJR 为跳闸出口继电器，C3 为电缆对地的分布电容。问题：

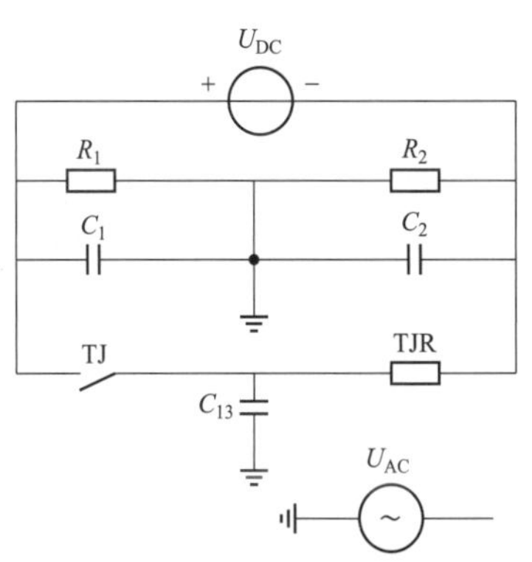

图 4-2　交直流系统示意图

（1）交流电源串入哪个位置会引起 TJR 继电器误动风险。

（2）为防止交流串入直流系统引起开关误动，应采取哪些防护措施（至少 3 种）。

答：（1）①交流串入直流系统负端；②交流串入直流系统正端；③交流串入 TJR 继电器

正端。

（2）防范措施：①采用启动功率较大的跳闸出口中间继电器，不小于 5W；②对于没有快速动作要求的出口继电器可采用延时动作的方法；③尽量减小继电器控制电缆的分布电容，如缩短控制电缆的距离或者选择分布电容更小的电缆代替现有的控制电缆。④减小直流系统的系统电容可降低交流扰动引起保护误动风险。⑤提高各交流源与直流系统之间的绝缘值，对于必须同时使用交流、直流电源的设备，在设计时需要注意交流与直流电源之间需要进行隔离处理，同时两个电源间不能有电容的连接。

3．为什么防跳继电器动作时间应与断路器动作时间配合？应满足什么配合关系？

答：防跳继电器的作用是在断路器同时接收到跳闸与合闸命令时，有效防止断路器反复“合”“跳”，断开合闸回路，将断路器可靠地置于跳闸位置，防跳继电器的接点一般都串接在断路器的控制回路中。若防跳继电器的动作时间与断路器的动作时间不配合，轻则影响断路器的动作时间，重则将会导致断路器拒分或拒合。防跳继电器的动作时间应小于断路器重合闸操作后触头闭合到第二次触头分开所需用的时间。

4．断路器三相不一致保护的动作时间应与其他保护动作时间怎样配合？

答：断路器处于非全相状态时，系统会出现零序、负序分量，并根据系统的结构分配至运行中的相关设备，如果断路器三相不一致保护动作时间过长，零序、负序分量数值及持续时间超过零序保护的定值，零序或负序保护将会动作；配置单相重合闸的线路，在保护动作跳闸至重合闸发出命令合闸期间，故障线路的断路器处于非全相状态，如果断路器三相不一致保护动作时间过短，将可能导致无法完成重合闸功能，扩大事故的影响。

5．电压互感器的开口三角形回路中为什么一般不装熔断器？

答：因为 TV 开口三角两端正常运行时无电压，即使其回路中发生相间短路，也不会使熔断器熔断，而且熔断器的状态无法监视，若熔断器损坏而未发现，如是大接地电流系统致使零序方向保护拒动。如果是小接地电流系统将影响绝缘监察继电器的正确运行，因此一般不装熔断器。

6．某 500kV 变电站可能出现的最大接地短路电流为 40kA，所有出线的电压互感器型号均相同，每只电压互感器二次除计量绕组（$500/\sqrt{3}$：$0.1/\sqrt{3}$kV，0.2 级）外，还有两个变比为 $500/\sqrt{3}$：$0.1/\sqrt{3}$kV 的绕组（0.5 级）以及一个 $500\sqrt{3}$：0.1kV 的绕组（0.5 级）。请问上述绕组的接地应如何考虑？在何种情况下需要在开关场的电压互感器端子箱内安装氧化锌避雷器？氧化锌避雷器的击穿电压应如何选取？

答：接地点设在控制室时需要设置氧化锌避雷器，一个绕组接一个氧化锌避雷器，设在开关场时无须设置。击穿电压的选择：按照 30 倍的最大短路电流，题目中 40kA，击穿电压就是 1200V。参考反措：15.6.4.1 电流互感器或电压互感器的二次回路，均必须且只能有一个接地点。15.6.4.2 未在开关场接地的电压互感器二次回路，宜在电压互感器端子箱处将每组二次回路中性点分别经放电间隙或氧化锌阀片接地，其击穿电压峰值应大于 $30\times I_{max}$ V（I_{max} 为电网接地故障时通过变电站的可能最大接地电流有效值，单位为 kA）。应定期检查放电间隙或氧化锌阀片，防止造成电压二次回路出现多点接地。为保证接地可靠，各电压互感器的中性线不得接有可能断开的开关或熔断器等。

7．继电保护出口跳合闸回路为什么设置自保持回路？

答：①保证断路器可靠跳、合闸；②保证由断路器辅助接点切弧，不能由保护动作接点切弧。

8．失灵启动回路示意图如图 4-3 所示，分析这样接线会有什么后果？应该怎么改正？

答：这种接线会造成在运行时，区外故障，失灵保护误启动；在断路器跳开时，断路器主触点击穿重燃的情况下，失灵保护反而不能启动。应将断路器位置触点改成相应元件保护的动作触点。

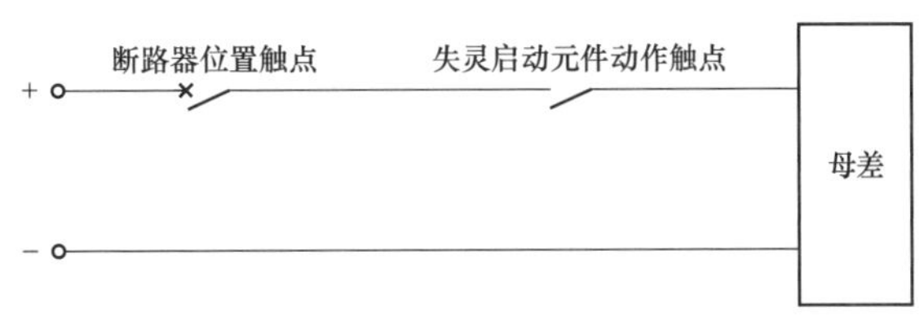

图 4-3 失灵启动回路示意图

9．对于被检验保护装置与其他保护装置共用电流互感器绕组的特殊情况，应采取何种措施防止保护装置误动？

答：①核实电流互感器二次回路的使用情况和连接顺序；②若在被检验装置电流回路后串接有其他运行的保护装置，原则上应停用其他保护装置。如确无法停运，在短接被检验保护装置电流回路前、后，应监测运行的保护装置电流与实际相符。③若在被检验保护电流前串接其他运行保护装置，短接被检验保护装置电流后，监测到被检验保护装置电流接近于零时，方可断开被检验保护装置电流回路。

10．新投入的电压、电流回路应利用工作电压和负荷电流进行哪些检验？

答：电压互感器：①测量每个二次绕组的电压；②测量相间电压；③测量零序电压或开口三角电压；④检验相序，定相。

电流互感器：①测量每相及零序回路的电流值；②测量各相电流的极性；③对接有差动的回路，还应测量不平衡电流；④检验相序的正确性，定相。

11．如何减小差动保护的稳态和暂态不平衡电流？

答：差动保护各侧 TA 同型（短路电流倍数相近，不准 P 级与 TP 级混用）；各侧 TA 的二次负荷与相应侧 TA 的容量成比例（大容量接大的二次负载）； TA 铁芯饱和特性相近；二次回路时间常数应尽量接近；在短路电流倍数、TA 容量、二次负荷的设计选型上留有足够余量（例如计算值/选用值之比大于 1.5～2.0）；必要时采用同变比的两个 TA 串联，或两根二次电缆并联使用；P 级互感器铁芯增开气隙（即 PR 型 TA）。

12．如何理解“应优先通过继电保护装置自身实现相关保护功能，尽可能减少外部输入量，以降低对相关回路和设备的依赖”？

答：微机保护要完成自身的保护功能就必须获取必要的交流电流电压量以及必要的开关量，但开关量要尽量减少。开关量输入存在的主要问题是：信息源本身的错误、二次回路的接线错误、回路的异常（如接线松动、断线或短路等）以及通过二次回路引入的干扰等可能造成保护装置的不正确动作。除此之外，回路接线复杂加大了设备检修期间的安措复杂度，增加了人为责任造成保护装置不正确动作的风险。

13．断路器失灵保护的启动应符合哪些要求？

答：断路器失灵保护的启动必须同时具备以下条件：①故障线路或电气设备能瞬时复归的出口继电器动作后不返回（故障切除后，启动失灵的保护出口返回时间不应大于 30ms）；

②断路器未断开的判别元件动作后不返回。若主设备保护出口继电器返回时间不符合要求时，判别元件应双重化。③失灵保护的判别元件一般应为相电流元件；发电机变压器组或变压器断路器失灵保护的判别元件应采用零序电流元件或负序电流元件。判别元件的动作时间和返回时间均不应大于 20ms。

14．什么情况下，直流一点接地就可能造成保护误动或开关跳闸？交流 220V 串入直流 220V 回路可能会带来什么危害？

答：直流系统所接电缆正、负极对地存在电容，直流系统所供静态保护装置的直流电源的抗干扰电容，两者之和构成了直流系统两极对地的综合电容。对于大型变电站、发电厂直流系统，该电容量是不可忽视的。在直流系统某些部位发生一点接地，保护出口中间继电器线圈、断路器跳闸线圈与上述电容通过大地即可形成回路，如果保护出口中间继电器的动作电压低于“反措”所要求的 65%U_e，或电容放电电流大于断路器跳闸电流就会造成保护误动作或断路器跳闸。

交流 220V 系统是接地系统，直流 220V 是不接地系统。一旦交流系统串入直流系统，一方面将造成直流系统接地，可导致上述的保护误动作或断路器误跳闸。另一方面，交流系统的电源还将通过长电缆的分布电容启动相应的中间继电器，该继电器即使动作电压满足“反措”所规定的不低于 65%U_e的要求，仍会以 50Hz 或 100Hz 的频率舞动，误出口跳闸。其中第二种现象常见于主变压器非电气量保护、发电厂热工系统保护等经长电缆引入、启动中间继电器的情况。如果该中间继电器的动作时间长于 10ms，则可有效地防止在交流串入直流系统时的误动作。

15．某变电站有两套相互独立的直流系统，同时出现了直流接地告警信号，其中，第一组直流电源为正极接地；第二组直流电源为负极接地。现场利用拉、合直流保险的方法检查直流接地情况时发现：在当断开某断路器（该断路器具有两组跳闸线圈）的任一控制电源时，两套直流电源系统的直流接地信号又同时消失，请问，如何判断故障的大致位置，为什么？

答：①因为任意断开一组直流电源接地现象消失，所以直流系统可能没有接地；②故障原因为第一组直流系统的正极与第二组直流系统的负极短接或相反；③两组直流短接后形成一个端电压为 440V 的电池组，中点对地电压为零；④每一组直流系统的绝缘监察装置均有一个接地点，短接后直流系统中存在两个接地点；故一组直流系统的绝缘监察装置判断为正极接地；另一组直流系统的绝缘监察装置判断为负极接地。

16．“反措要点”中规定“电压互感器二次回路只能有一个接地点”。电压抽取装置是否可以设置单独的接地点？不同电压等级 TV 的二次回路是否也必须在一点接地？

答：电压抽取装置可以设置单独的接地点，但其中性线不得与其他电压互感器二次回路共用，也不得连通。不同电压等级 TV 的二次回路不必须在一点接地，原则同电压抽取装置。

17．二次回路电缆敷设应符合哪些要求？

答：①合理规划二次电缆的路径，尽可能离开高压母线、避雷器和避雷针的接地点、并联电容器、电容式电压互感器、结合电容及电容式套管等设备，避免和减少迂回，缩短二次电缆的长度，与运行设备无关的电缆应予拆除。②交流电流和交流电压回路、不同交流电压回路、交流和直流回路、强电和弱电回路，以及来自开关场电压互感器二次的四根引入线和电压互感器开口三角绕组的两根引入线均应使用各自独立的电缆。③双重化配置的保护装置、母差和断路器失灵等重要保护的启动和跳闸回路均应使用各自独立的电缆。

18．某双母线220kV枢纽变电站，你负责对TV端子箱进行更换，应注意哪些反措要求？

答：①接地点的检查，应为一点在控制室（保护室）接地。②TV的N不能有断点，L不能经空气开关或熔断器。③TV的二次和三次分别经不同的电缆接至控制室（保护室）。④TV中性点应经氧化锌阀片接地，击穿电压应大于$30I_{max}$。⑤注意线径，至控制室（保护室）的压降不能大于3%。⑥端子箱的铜排设置，屏蔽线接地。⑦注意TV小空开的选择，与下级的配合，并考虑单母运行方式时负荷的增大。

19．在双母线接线形式的变电站中，通常其TV二次设计有并列回路，试问当一组TV检修时，能否利用该回路维持一次母线的运行方式不变？为什么？

答：不允许，此时应将母线改为单母线方式，而不能维持母线方式不变仅将TV二次并列运行。因为如果一次母线为双母线方式，母联断路器为合入方式，单组TV且TV二次并列运行时，当无TV母线上的线路故障且断路器失灵时，失灵保护首先断开母联断路器，此时，非故障母线的电压恢复，尽管故障元件依然还在母线上，但由于复合电压闭锁的作用，使得失灵保护无法动作出口。

20．在整组试验中应着重检查哪些问题？（至少答5项）

答：在整组试验中应着重检查下列问题：①两套保护间的电压、电流回路的相别及极性是否一致；②在同一类型的故障下，应该同时动作于发出跳闸脉冲的保护，在模拟短路故障中是否均能动作，其信号指示是否正确；③有两个以上线圈的直流继电器的极性连接是否正确，对于用电流启动（或保持）的回路，其动作（或保持）性能是否可靠；④所有相互间存在闭锁关系的回路，其性能是否与设计符合；⑤所有在运行中需要由运行值班员操作的把手及连片的连线、名称、位置标号是否正确，在运行过程中与这些设备有关的名称、使用条件是否一致；⑥监控信号是否正确；⑦各套保护在直流电源正常及异常状态下（自端子排处断开其中一套保护的负电源等）是否存在寄生回路；⑧断路器跳、合闸回路的可靠性，其中装设单相重合闸的线路，验证电压、电流、断路器回路相别的一致性及与断路器跳合闸回路相连的所有信号指示回路的正确性。对于有双跳闸线圈的断路器，应检查两跳闸线圈接线极性是否一致；⑨自动重合闸是否能确实保证按规定的方式动作并保证不发生多次重合情况。

21．电流互感器二次额定电流为1A和5A有何区别？

答：采用1A的电流互感器比5A的匝数大5倍，二次绕组匝数大5倍，开路电压高，内阻大，励磁电流小。但采用1A的电流互感器可大幅度降低电缆中的有功损耗，在相同条件下，可增加电流回路电缆的长度。在相同的电缆长度和截面时，功耗减小25倍，因此电缆截面可以减小。

22．如果在进行试验时将单相调压器的一个输入端接在交流220V电源的相线上，另一端（N端）误接到变电站直流系统的负极上，请问会对哪些类型的保护装置造成影响？请说明如何造成影响。

答：①如果在进行试验时将单相调压器的一个输入端接在交流220V电源的相线上，另一端（N端）误接到变电站直流系统的负极上，因交流220V是一个接地的电源系统，于是便会通过直流系统的对地电容以及电缆与直流负极之间的元件构成回路，相当于交流信号串入了直流系统；②对线圈正端接有较大容量电容（或接入电缆较长，电缆分布电容较大）的继电器，如动作时间较快、动作功率较低，则当交流信号串入时有可能误动。在此情况下容易误动的继电器有变压器、电抗器的气体保护、油温过高保护等继电器至跳闸出口继电器距离较长的保护，以及远方跳闸保护的收信继电器等。继电器的动作频率为 50Hz 或 100Hz。

23．简述互感器二次接地的意义以及电压互感器、电流互感器二次回路如果出现两个及以上接地点的危害。

答：互感器二次回路的接地是保护接地，防止由于互感器及二次电缆对地电容的影响而造成二次系统对地产生过电压；如果电压互感器二次回路出现两个及以上的接地点，则将在一次系统发生接地故障时，由于不同接地点之间的电位不相同，会流过电流，并形成附加电压，造成保护装置感受到的二次电压与故障相实际二次电压不相同，可能造成保护装置不正确动作；如果电流互感器二次回路出现两个及以上的接地点，则将在一次系统发生接地故障时，由于不同接地点之间的电位不相同，会流过电流，使通入保护装置的零序电流出现较大偏差，可能造成保护装置不正确动作。

24．对断路器控制回路有哪些基本要求?

答：①应有对控制电源的监视回路。②应经常监视断路器跳闸、合闸回路的完好性。当跳闸或合闸回路故障时，应发出断路器控制回路断线信号。③应有防止断路器“跳跃”的电气闭锁装置。“防跳”回路的设计应使得断路器出现“跳跃”时，将断路器闭锁到跳闸位置。④跳闸、合闸命令应保持足够长的时间，并且当跳闸或合闸完成后，命令脉冲应能自动解除。通常由断路器的辅助触点自动断开跳、合闸回路。⑤对于断路器的合闸、跳闸状态，应有明显的位置信号，故障自动跳闸、自动合闸时，应有明显的动作信号。⑥断路器的操作动力消失或不足时，例如弹簧机构的弹簧未拉紧，液压或气压机构的压力降低等，应闭锁断路器的动作，并发出信号。⑦在满足上述要求的条件下，力求控制回路接线简单，采用的设备和使用的电缆最少。

25．为什么要求继电保护及自动装置整组试验和断路器传动试验在 80%的直流额定电压下进行？

答：直流母线电压的波动范围为±10%，也即直流母线电压允许下降到 90%。直流电源与各操作回路之间的电压降规定小于 10%。如两种情况同时发生，电源电压有可能下降至 80%，如果继电保护和自动装置与断路器的传动试验在 80%额定电压下能正确进行，则说明上述装置在实际运行中能够承受直流电源降低的工况。

26．请简述《国家电网有限公司十八项电网重大反事故措施（修订版）》（国家电网设备〔2018〕979 号）中对纵联保护光电转换设备至光通信设备光电转换接口装置之间的抗干扰措施要求。

答：①应沿线路纵联保护光电转换设备至光通信设备光电转换接口装置之间的 2M 同轴电缆敷设截面积不小于 $100mm^2$ 铜电缆。②该铜电缆两端分别接至光电转换接口柜和光通信设备（数字配线架）的接地铜排。该接地铜排应与 2M 同轴电缆的屏蔽层可靠相连。③为保证光电转换设备和光通信设备（数字配线架）的接地电位的一致性，光电转换接口柜和光通信设备的接地铜排应同点与主地网相连。

27．根据《国家电网公司继电保护和安全自动装置软件管理规定》［国网（调/4）451—2014］，同一线路两侧纵联保护装置软件版本应保证其对应关系，其具体要求是什么？

答：两侧均为常规变电站时，两侧保护装置软件版本应保持一致；一侧为智能变电站一侧为常规变电站时，两侧保护装置型号与软件版本应满足对应关系要求；两侧均为智能变电站时，两侧保护装置型号、软件版本及其 ICD 文件应尽可能保持一致，不能保持一致时，应满足对应关系要求。

28.《国家电网有限公司十八项电网重大反事故措施（修订版）》（国家电网设备〔2018〕979号）中，在开关场二次电缆沟道内敷设专用铜排（缆）的要求有哪些？在电缆沟敷设专用铜排（缆）的作用是什么？

答：应在开关场二次电缆沟道内沿二次电缆敷设截面积不小于100mm^{2}的专用铜排（缆）；专用铜排（缆）的一端在开关场的每个就地端子箱处与主地网相连，另一端在保护室的电缆沟道入口处与主地网相连，铜排不要求与电缆支架绝缘。防止在变电站站内或附近发生接地故障时，由于站内主地网电位差而在二次电缆屏蔽层流过大电流，并将其烧坏。

29．根据 DL/T 995—2016《继电保护和电网安全自动装置检验规程》，常规站检修种类有哪几种，其周期分别是多少？智能站继电保护相较于常规站在检修种类和周期上有什么区别？基于 DL/T 860 标准的装置在运输至现场安装调试之前应做什么工作？

答：常规检修检验分为三类：①新安装保护装置的验收检验；②运行中保护装置的定期检验（简称定期检验，全检每 6 年，部分检验每 2～4 年）；③运行中保护装置的补充检验（简称补充检验）。智能变电站继电保护、安全自动装置、合并单元、智能终端检验种类和检验周期同常规变电站要求，仅取消部分检验。基于 DL/T 860 标准的装置在运至现场安装调试之前，应进行集成联调。

30．DL/T 584—2017《3kV～110kV 电网继电保护装置运行整定规程》所规定的相间距离Ⅱ段阻抗定值对本线路末端相间金属性故障的灵敏度系数应满足什么要求？

答：①20km 以下的线路，不小于 1.5；②20～50km 的线路，不小于 1.4；③50km 以上的线路，不小于 1.3。

31．《国家电网有限公司十八项电网重大反事故措施（修订版）》（国家电网设备〔2018〕979 号）规定，为了防止新能源大面积脱网事故的发生，新能源应具备什么能力？

答：新能源机端电压应具备高电压和低电压穿越能力、具备一定的频率耐受能力、具备有功/无功功率和无功补偿装置调节能力、具备一次调频能力、应配置安全稳定控制装置。

32．根据继电保护和安全自动装置技术规程，哪些情况下需要传送远跳命令？

答：一般情况下，220～500kV 线路的下列故障应传送远跳命令，使相关线路对侧断路器跳闸切除故障：①3/2 断路器接线的断路器失灵保护动作；②高压侧无断路器的线路并联电抗器保护动作；③线路过电压保护动作；④线路变压器组的变压器保护动作；⑤线路串联补偿电容器的保护动作且电容器旁路断路器拒动或电容器平台故障。

33．Q/GDW 1175—2013《变压器、高压并联电抗器和母线保护及辅助装置标准化设计规范》中规定母线保护应能自动识别母联（分段）的充电状态，合闸于死区故障时，应瞬时跳母联（分段），不应误切除运行母线。按照哪三个原则实施？

答：①由操作箱提供的 SHJ 触点（手合触点）、母联 TWJ、母联（分段）TA“有无电流”的判别，作为母线保护判断母联（分段）充电并进入充电逻辑的依据；②充电逻辑有效时间为 SHJ 触点由“0”变为“1”后的 1s，1s 后恢复为正常运行母线保护逻辑；③母线保护在充电逻辑的有效时间内，如满足动作条件应瞬间跳母联（分段）断路器，如母线保护仍不复归，延时 300ms 跳运行母线，以防止误切除运行母线。

34．DL/T 995—2016《继电保护和电网安全自动装置检验规程》中规定常规变电站现场检验中电流、电压互感器安装竣工后，继电保护检验人员应检查哪些方面？

答：①电流、电压互感器的变比、容量、准确级应符合设计要求。②测试互感器各绕组间的极性关系，核对铭牌上的极性标志是否正确。检查互感器各次绕组的连接方式及其极性关系是否与设计符合，相别标识是否正确。③有条件时，自电流互感器的一次侧分相通入电流，检查工作抽头变比及回路是否正确（发电机—变压器组保护所使用的外附互感器、变压器套管互感器的极性与变比检验可在发电机做短路试验时进行）。④自电流互感器的二次端子箱处向负载端通入交流电流，测定回路的压降，计算电流回路每相与中性线及相间的阻抗（二次回路负担）。按保护的具体工作条件和制造厂家提供的出厂资料来验算是否符合互感器10%误差的要求。

35．调继〔2015〕91号文（《国调中心关于印发继电保护装置标准化设计补充技术要求的通知》）中规定220kV及以上保护电流互感器二次回路断线的处理原则按什么考虑？

答：220kV及以上保护电流互感器二次回路断线的处理原则：主保护不考虑TA、TV断线同时出现，不考虑无流元件TA断线，不考虑三相电流对称情况下中性线断线，不考虑两相、三相断线，不考虑多个元件同时发生TA断线，不考虑TA断线和一次故障同时出现。

36．为保证电力系统安全稳定运行，GB/T 26399—2011《电力系统安全稳定控制技术导则》中规定，二次系统配备的完备防御系统分为哪三道防线？

答：第一道防线：在电力系统正常状态下通过预防性控制保持其充裕性和安全性（足够的稳定裕度），当发生短路故障时由电力系统固有的控制设备及继电保护装置快速、正确地切除电力系统的故障元件。第二道防线：针对预先考虑的故障形式和运行方式，按预定的控制策略，采用安全稳定控制系统（装置）实施切机、切负荷、局部解列等控制措施，防止系统失去稳定。第三道防线：由失步解列、频率及电压紧急控制装置构成，当电力系统发生失步振荡、频率异常、电压异常等事故时采取解列、切负荷、切机等控制措施，防止系统崩溃。

37．智能变电站如何进行电压核相工作？

答：①从合并单元或SV网交换机端口获取交流采样值信号时的核相工作：a）利用专用工具进行数据采样分析，得到电压的相量信息；b）判断所有相关采样值信号同步；c）对单组TV的电压相位、幅值、相序等进行检查与判断；d）对两组TV间的电压相位、幅值进行检查和比较。②利用故障录波器、网络分析仪时的核相工作：a）判断装置所显示的数据有效；b）对单组TV的电压相位、幅值、相序等进行检查与判断；c）对两组TV间的电压相位、幅值进行检查和比较。

38．所有涉及不经闭锁、直接跳闸，或虽经有限的闭锁条件限制，但一旦跳闸影响较大的重要回路，应在启动开入端采用动作电压在额定直流电源电压的55%～70%范围以内的中间继电器，并要求其动作功率不低于5W。试举出5个这样的重要回路。

答：①非电量保护跳闸回路；②断路器本体三相不一致跳闸回路；③失灵联跳回路；④失灵启动回路；⑤不经就地判别的远方跳闸。

39．为什么交直流回路不可以共用一条电缆？

答：①交直流回路都是独立系统。直流回路是绝缘系统而交流回路是接地系统。若共用一条电缆，两者之间一旦发生短路就造成直流接地，同时影响了交、直流两个系统。②平常也容易互相干扰，还有可能降低对直流回路的绝缘电阻。所以交直流回路不能共用一条电缆。

40．请简述《国家电网有限公司十八项电网重大反事故措施（修订版）》（国家电网设备〔2018〕979号）中220kV及以上电压等级的线路保护应满足的要求。

答：①每套保护均应能对全线路内发生的各种类型故障快速动作切除。对于要求实现单相重合闸的线路，在线路发生单相经高阻接地故障时，应能正确选相跳闸。②对于远距离、重负荷线路及事故过负荷等情况，继电保护装置应采取有效措施，防止相间、接地距离保护在系统发生较大的潮流转移时误动作。③引入两组及以上电流互感器构成合电流的保护装置，各组电流互感器应分别引入保护装置，不应通过装置外部回路形成合电流。对已投入运行采用合电流引入保护装置的，应结合设备运行评估情况，逐步技术改造。④应采取措施，防止由于零序功率方向元件的电压死区导致零序功率方向纵联保护拒动，但不应采用过分降低零序动作电压的方法。

41．微机继电保护装置的现场检验应包括哪些内容？

答：微机继电保护装置现场检验应做以下几项内容：①测量绝缘。②检验逆变电源（拉合直流电源，直流电压缓慢上升、缓慢下降时逆变电源和微机继电保护装置应能正常工作）。③检验固化的程序是否正确。④检验数据采集系统的精度和平衡度。⑤检验开关量输入和输出回路。⑥检验定值单。⑦整组试验。⑧用一次电流及工作电压检验。

42．十八项反措对整组试验有什么反措要求？

答：①必须进行所有保护整组检查，模拟故障检查保护与硬（软）压板的唯一对应关系，避免有寄生回路存在。②对于新投设备，做整组试验时，应按规程要求把被保护设备的各套保护装置串接在一起进行；应按相关规程要求，检验同一间隔内所有保护之间的相互配合关系；线路纵联保护还应与对侧线路保护进行一一对应的联动试验。

43．2010 年夏季大负荷期间，某公司 330kV 变电站发生全站停电事故。分析认为断路器二次侧交流系统串入直流系统造成事故。请问，为严防交流串入直流故障出现，应该落实哪些反措条款？

答：①夏季前，加强现场端子箱、机构箱封闭措施的巡视，及时消除封闭不严和封闭设施脱落缺陷。②现场端子箱不应交、直流混装，现场机构箱内应避免交、直流接线出现在同一段或串端子排上。③新建或改造的变电站，直流系统绝缘监测装置，应具备交流串入直流故障的测记和报警功能。原有的直流系统绝缘监测装置，应逐步进行改造，使其具备交流串入直流故障的测记和报警功能。

44．有人说，“沿电缆沟敷设 100mm^2 铜排，其主要原因是变电站主地网各点对地电位不相等，需要用铜排构成全站的等电位地网，以提高保护装置的抗干扰能力。”请问，此说法是否正确？如认为不正确，请阐述你对该铜排作用的理解。

答：此说法不正确。沿电缆沟敷设的 100mm^2 铜排在变电站需多处接地，因此不具备等电位性。其主要目的是对两端接地的二次电缆屏蔽层进行分流，防止站内或变电站附近发生接地故障时，有较大的电流流过屏蔽层而导致二次电缆被烧毁。该铜排带来的另外两个好处，一是能够减小地电位差；二是对与铜排同向敷设的电缆能起到一定的屏蔽作用。

45．十八项反措要求：由一次设备直接引出的二次电缆的屏蔽层应使用截面积不小于 4mm^2 的多股铜质软导线仅在就地端子箱处一点接地，在一次设备的接线盒（箱）处不接地，为什么？

答：防止一次接地故障时，有大电流流过电缆屏蔽层时，烧毁电缆。

46．十八项反措要求：由一次设备直接引出的二次电缆外要穿套两端可靠接地的金属管，为什么？

答：穿套管是为了防止烧电缆。两端接地是因为屏蔽层不能实现两端接地，为了防止外部空间磁场对电缆的影响，所以用两端可靠接地的金属管来替代。

47．十八项反措要求：①内部穿有由一次设备直接引出二次电缆的金属管，一端应在距一次设备3～5m之外与主接地网可靠相连；②载波纵联保护在结合滤波器侧的高频电缆屏蔽层应在距耦合电容器接地点约3～5m处与变电站主地网连通，请问两项要求的目的有何同异？

答：相同点：都是为了抗干扰。不同点：①是为了避开一次设备的接地点，间隔至少一个十字交叉点，使之分流，这样对电缆产生的影响最小；②是为了减小工频电流进入高频电缆中，形成阻抗。

48．系统中发生哪些不正常运行工况会造成变压器的过激磁？十八项反措对变压器的过激磁保护提出了哪些技术要求？

答：过电压、低频率。反措要求：变压器过励磁保护的启动、反时限和定时限元件应根据变压器的过励磁特性曲线分别进行整定，其返回系数不应低于0.96。

49．新版十八项反措2.4.3.6要求，应对两回及以上并联线路两侧系统短路容量进行校核，如果因两侧系统短路容量相差较大，存在重合于永久故障时由于直流分量较大而导致断路器无法灭弧的问题，请从继电保护角度分析可能采取的措施。

答：应对两回及以上并联线路两侧系统短路容量进行校核，如果因两侧系统短路容量相差较大，存在重合于永久故障时由于直流分量较大而导致断路器无法灭弧，需靠失灵保护动作延时切除故障的问题时，线路重合闸应选用一侧先重合，另一侧待对侧重合成功后再重合的方式。新建工程在设计阶段应考虑为实现这种方式所需要的重合闸检线路三相有压的条件。对于已投运厂站未配置线路三相电压互感器的，改造前可利用线路保护闭锁后合侧重合闸的方式作为临时解决方案。

50．某220kV变电站，主变压器采用双重化配置，非电量保护与第一套保护装置共用一套直流电源，第一套保护和非电量保护的出口跳闸回路并联后接于断路器第一组跳闸线圈，某日下雨，主变压器气体防雨罩由于长期使用已老化破损，雨水进入气体继电器内部，造成端子短接，重瓦斯动作，由于主变压器断路器第一组跳闸线圈损坏，造成拒动，启动失灵保护，造成大面积停电。试分析，以上事故由于违反了十八项反措哪些内容?

答：①变压器非电量保护应同时作用于断路器的两个跳闸线圈。②未采用就地跳闸方式的变压器非电量保护应设置独立的电源回路和出口跳闸回路。③非电量保护必须与电气量保护完全分开。④主设备非电量保护应防水、防振、防油渗漏、密封性好。⑤气体继电器至保护柜的电缆应尽量减少中间转接环节。

51．继电保护及安全自动装置检验种类分为哪三种？

答：检验分为三种：新安装装置的验收检验；运行中装置的定期检验（简称定期检验）；运行中装置的补充检验（简称补充检验）。

52．新版十八项反措中，单套配置保护装置的电压切换箱隔离开关辅助触点应采用什么位置输入方式，有何优点，有何弊端，如何解决弊端问题？双重化配置保护的电压切换箱隔离开关辅助触点应采用什么位置输入方式，为什么？

答：①单套配置保护装置的电压切换箱隔离开关辅助触点采用双位置输入方式。优点：双位置继电器是为确保在隔离开关辅助接点回路出现掉电时，因为有磁保持作用，电压切换回路仍能向保护装置提供掉电前的正常母线电压。缺点：但是在隔离开关操作后，隔离开关已分开，但因隔离开关常闭接点或回路异常导致原动作的双位置继电器未返回，这样两段母线电压都接入了保护装置，当两段母线电压存在偏差时（或两段母线分列运行时），会导致电压回路产生电流甚至烧断回路，引起全站（同电压等级）保护失压。解决办法：可设置双位置电压切换继电器同时动作信号，及时告警，禁止分列操作。②双套配置时，采用单位置输入。原因：都用隔离开关常开触点，接通时取电压，断开时不取电压。没有磁保持，容易因隔离开关辅助触点或回路问题而失压，但只会影响本保护，不会导致全站失压。

53．按照“国网十八项反措中继电保护专业重点实施要求”中，强调应重视继电保护二次回路的接地问题，并定期检查这些接地点的可靠性和有效性。继电保护二次回路接地，应满足几点要求？

答：条文 15.6.4 重视继电保护二次回路的接地问题，并定期检查这些接地点的可靠性和有效性。继电保护二次回路接地应满足以下要求：条文 15.6.4.1 电流互感器或电压互感器的二次回路，均必须有且只能有一个接地点。当两个及以上电流（电压）互感器二次回路间有直接电气联系时，其二次回路接地点设置应符合以下要求：①便于运行中的检修维护。②互感器或保护设备的故障、异常、停运、检修、更换等均不得造成运行中的互感器二次回路失去接地。条文 15.6.4.2 未在开关场接地的电压互感器二次回路，宜在电压互感器端子箱处将每组二次回路中性点分别经放电间隙或氧化锌阀片接地，其击穿电压峰值应大于 $30\times I_{max}$V（I_{max}为电网接地故障时通过变电站的可能最大接地电流有效值，单位为 kA）。应定期检查放电间隙或氧化锌阀片，防止造成电压二次回路出现多点接地。为保证接地可靠，各电压互感器的中性线不得接有可能断开的断路器或熔断器等。条文 15.6.4.3 独立的、与其他互感器二次回路没有电气联系的电流互感器二次回路可在开关场一点接地，但应考虑将开关场不同点地电位引至同一保护柜时对二次回路绝缘的影响。

54．在带电的电流互感器二次回路上工作时应采取哪些安全措施?

答：①严禁将电流互感器二次侧开路。②短路电流互感器二次绕组，应使用短路片或短路线，严禁用导线缠绕。③在电流互感器与短路端子之间导线上进行任何工作，应有严格的安全措施，并填用“二次工作安全措施票”。必要时申请停用有关保护装置、安全自动装置或自动化监控系统。④工作必须认真，谨慎，不得将回路的永久接地点断开。⑤工作时，必须有专人监护，使用绝缘工具，并站在绝缘垫上。

55．造成电流互感器测量误差的原因是什么？

答：测量误差就是电流互感器的二次输出与归算到二次侧的一次输入量的大小不相等、幅角不相同所造成的差值。因此测量误差分为数值（变比）误差和相位（角度）误差两种。产生测量误差的原因一是电流互感器本身造成的，二是运行和使用条件造成的。①电流互感器本身造成的测量误差是由于电流互感器有励磁电流的存在，励磁电流是输入电流的一部分，它不传变到二次测，故形成了变比误差。励磁电流除了在铁芯中产生磁通外，还产生铁芯损耗，包括涡流损失和磁滞损失。励磁电流所流经的励磁支路是一个呈电感性的支路，励磁电流和折算到二次侧的一次输入量不同相位，这是造成角度误差的主要原因。②运行和使用中造成的测量误差过大是电流互感器铁芯饱和和二次负载过大所致。

56．试述 500kV 电力系统采用 TPY 型电流互感器的必要性。

答：主要原因如下：500kV 系统短路容量大，时间常数也大。造成了在短路时短路电流中非周期分量很多且衰减时间很长。500kV 系统稳定性要求高，要求主保护动作时间在 20ms 左右，总的切除时间不大于 100ms，保护是在暂态过程中动作的。因此 500kV 保护必须考虑暂态过程的问题，电流互感器必须具有良好的暂态特性。当前暂态特性电流互感器分为TPS、TPX、TPY、TPZ四个等级。其中TPY级控制剩磁不大于饱和磁通的10%，同时满足C-O-C-O双工循环和重合闸的要求。而TPS、TPX级暂态特性不满足要求，且不满足双工循环要求；TPZ级不反映直流分量且励磁阻抗很小，不适于500kV系统。注意在500kV系统失灵保护电流判别回路不宜使用TPY级，因其电流衰减时间较长，可能造成电流判别元件返回时间延长。

57．电压互感器开口三角侧断线和短路，将有什么危害？

答：断线和短路，将会使接入开口三角电压的保护在接地故障中拒动，用于绝缘监视的继电器不能正确反应一次接地问题；开口三角短路，还会使绕组在接地故障中过流而烧坏电压互感器。

58．为什么要进行电流互感器伏安特性试验？

答：电流互感器作伏安特性试验的目的是：①了解电流互感器本身的磁饱和状况，应符合要求；②伏安特性试验是发现线匝、层间短路的有效方法，特别是当二次线圈短路圈数很少时效果更加显著。

六、综合题

1．系统简图和MN1、MN2线M侧距离保护装置内部录波图（1线运行在Ⅰ母，2线运行在Ⅱ母，母联在合位）如图4-4～图4-6所示。220kV线路NP发生C相接地故障，MN2线M侧距离保护接地距离Ⅰ段动作跳闸。现场检查TV回路N600在控制室一点接地，保护装置正常，如果你是事故检查负责人，现场应如何进行检查？试根据图4-5和图4-6的录波图分析距离保护误动的原因。

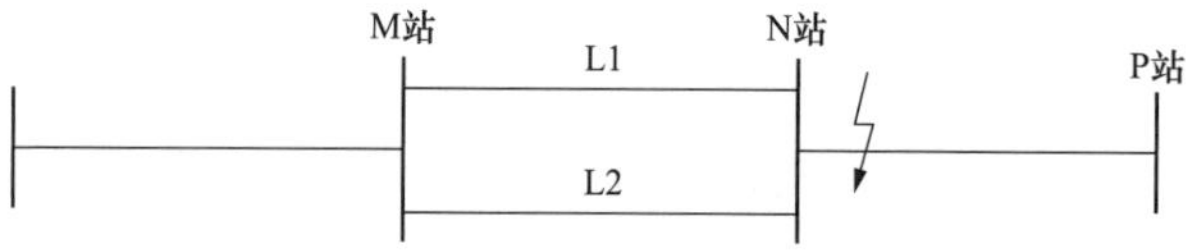

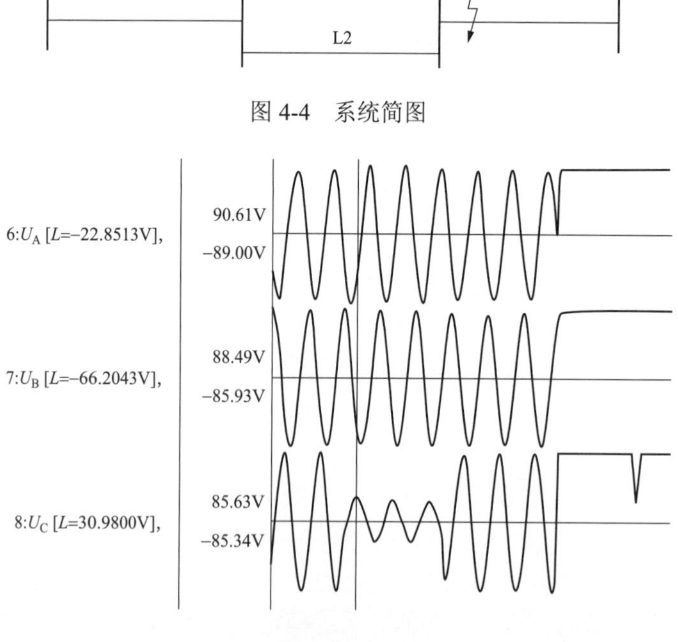

图4-4　系统简图

图4-5　线路L1电压录波图

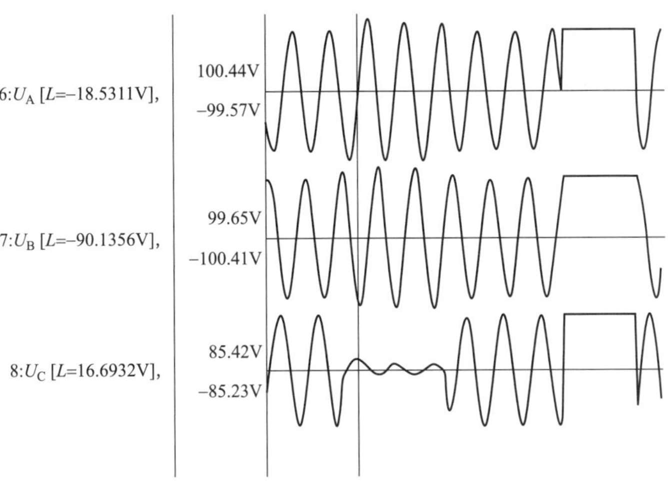

图 4-6　线路 L2 电压录波图

答：

从录波看线路 2 的电压采样有明显异常，故障时非故障相 A、B 相电压有明显升高，而 C 相故障电压则比 1 线明显偏低，现象看电压中性点往 C 相电压方向有偏移，虽然两条线路的电压分别取自各自母线 TV，但两 TV 电气距离都在同一站内，电气距离很近，一次电压不可能有如此大的区别，故问题还是出在 2 线的 TV 二次回路。Ⅱ母 TV 二次回路的问题可能是开口三角电压与 U_{LN} 与 U_L 线接反（在保护屏端子排处开口三角电压的 U_L 接线与母线电压 U_N 短接，开口三角电压的 U_{LN} 接线接至保护端子上 U_L 处）所致。以 A 相为例简单相量分析如图 4-7 所示：

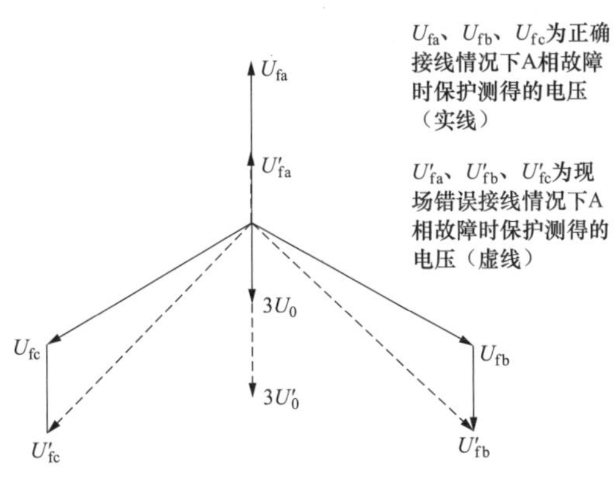

图 4-7　A 相故障时电压相量

2．试画出运行中电流互感器二次侧开路时，其一次电流、铁芯磁通和二次电压的波形。

答：如图 4-8 所示。

3．某电流互感器的变比为 1500/1，二次接入负载阻抗 5Ω（包括电流互感器二次漏抗及电缆电阻），电流互感器伏安特性试验得到的一组数据为电压 120V 时，电流为 1 安。试问当其一次侧通过的最大短路电流为 30000A 时，其变比误差是否满足规程要求？为什么？

答：

最大短路电流为 30000A 时，I_2=30000/1500=20（A）

设此时励磁电流 I_F=1A，则在 TA 二次侧的电压 U_2=(20−1)×5=95（V），由伏安特性可知 U=120V 时 I_F=1A，而此时 U_2=95V＜120V，可知此时接 5Ω 负载时实际的励磁电流 I_F＜1A。误差 δ＜1/20=5%＜10%，满足规程要求。

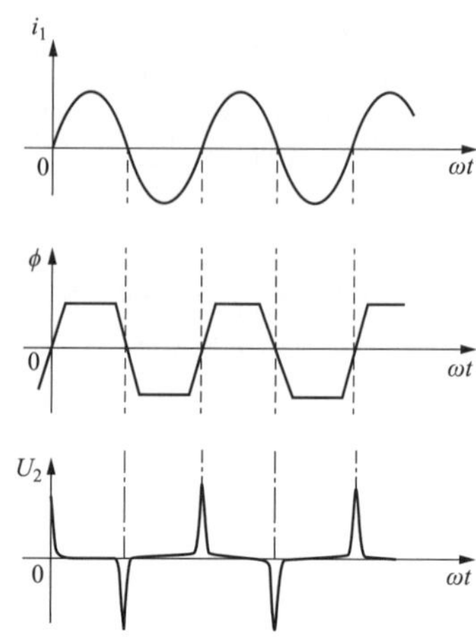

图 4-8 TA 二次开路时一次电流、铁芯磁通和二次电压波形

4．如图 4-9 所示，某电流互感器一次侧通入正弦交流电流 I_1，二次侧在纯电阻负载下测得的电流为 I_2，在不计二次绕组漏抗及铁芯损失的情况下，若电流互感器变比误差为 10%，试求此时的相角误差 δ。

答：

电流互感器相量图如图 4-10 所示：

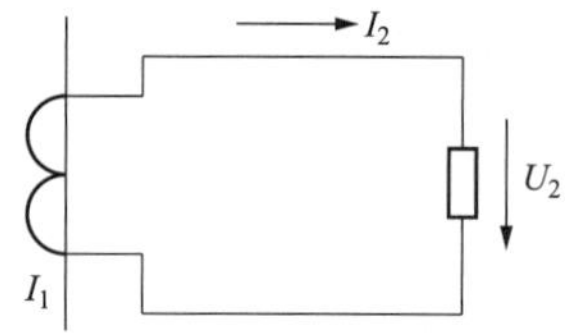

图 4-9 TA 接线示意图

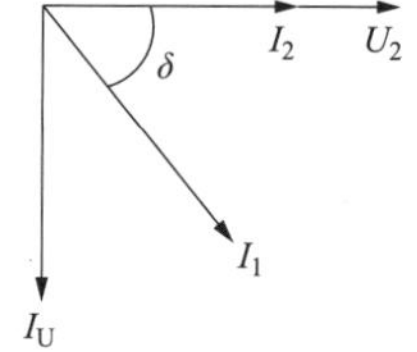

图 4-10 TA 电流电压相量图

因为 $\dfrac{-I_1-I_2'}{I_1}=10\%$ 所以 $I_2'=(1-10\%)I_1=90\%I_1$

从相量图得到 $I_2'=I_1\cos\delta$

故 $\cos\delta=90\%$ 相角误差 $\delta=\arccos 90\%=25.8°$

5．电压互感器开口三角绕组按如图 4-11 所示接线，试计算 U_{Aa+}、U_{Bb+}、U_{Cc+}的大小。电压互感器二次和三次电压分别为 $\dfrac{100}{\sqrt{3}}$V 和 100V。

答：相量图如图 4-12 所示。

由相量图可知：

$U_{Aa+}=\left|\dot{U}_a+\right|-\left|\dot{U}_A\right|=100-57.7=42.3(\text{V})$

$$U_{Bb+}=\left|\dot{U}_B\right|-\left|\dot{U}_{b+}\right|=57.7(V)$$

$$U_{Cc+}=\sqrt{(U_{b+})^2+(U_C)^2-2(U_{b+})\times U_C\cos 60^\circ}$$
$$=\sqrt{100^2+57.7^2-2\times100\times57.7\times0.5}=86.9(V)$$

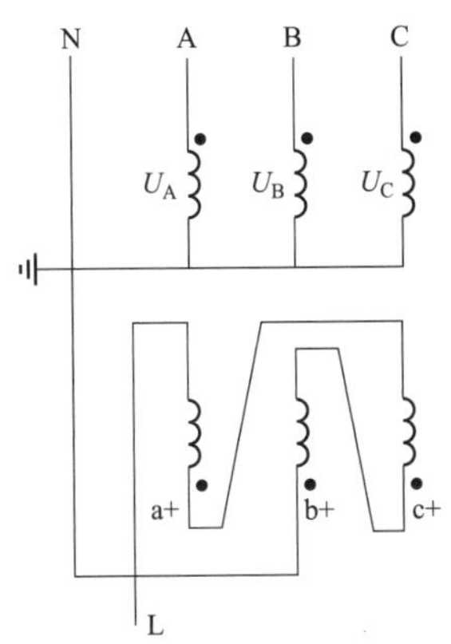

图 4-11 三角绕组接线图

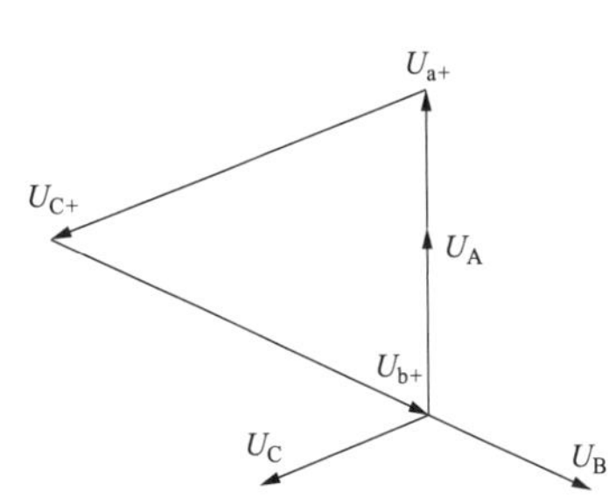

图 4-12 电压相量图

6．某 220kV 变电站有两套直流系统，均为 220V。有一只电压继电器误接入第一组直流负极与第二组直流正极之间，有关参数如图 4-13 所示，请计算两组直流母线正、负母线对地电压。

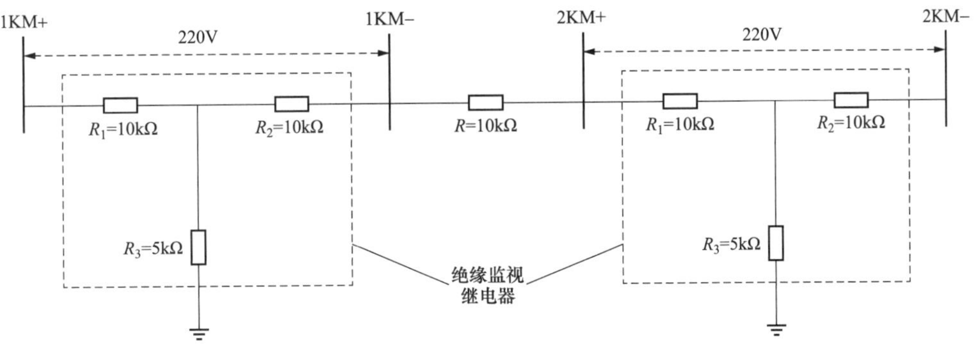

图 4-13 直流系统示意图

答：

等效电路如图 4-14 所示。

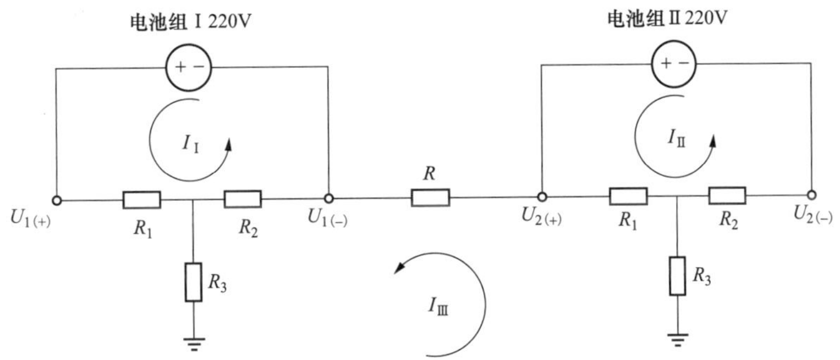

图 4-14 等效电路图

采用回路电流法进行分析：

$I_{\mathrm{I}}(R_1+R_2)-I_{\mathrm{III}}R_2=220$　　回路Ⅰ

$I_{\mathrm{II}}(R_1+R_2)-I_{\mathrm{III}}R_2=220$　　回路Ⅱ

$I_{\mathrm{III}}(R_2+R_3+R_1+R_3)-I_{\mathrm{I}}R_2-I_{\mathrm{II}}R_1=0$　　回路Ⅲ

代入阻抗值：

$20I_{\mathrm{I}}-10I_{\mathrm{III}}=220$　　回路Ⅰ

$20I_{\mathrm{II}}-10I_{\mathrm{III}}=220$　　回路Ⅱ

$40I_{\mathrm{III}}-10I_{\mathrm{I}}-10I_{\mathrm{II}}=0$　　回路Ⅲ

解上述方程组：$I_{\mathrm{I}}=I_{\mathrm{II}}=44/3$（mA）　$I_{\mathrm{III}}=22/3$（mA）

$U_{1(-)}=I_{\mathrm{III}}(R_2+R_3)-I_{\mathrm{I}}R_2=(22/3)\times(5+10)-(44/3)\times10=-36.7(\mathrm{V})$

$U_{1(+)}=U_{1(-)}+220=183.3$

$U_{2(+)}=-I_{\mathrm{III}}(R_1+R_3)+I_{\mathrm{II}}R_1=(-22/3)\times(10+5)+(44/3)\times10=36.7(\mathrm{V})$

$U_{2(-)}=U_{1(+)}-220=-183.3$

第一组直流绝缘监察装置报负极接地，第二组直流绝缘监察装置报正极接地。

7．在图 4-15 所示系统图中，2T 变压器的接线方式为 YN，d11，变压器的变比设为 1。M 侧线路上的电流保护采用两相三继电器接线如图 4-16 所示，两个电流互感器的变比相同。在△侧发生 BC 两相短路，$I_{\mathrm{B}}^{\Delta}=-I_{\mathrm{C}}^{\Delta}=I_{\mathrm{K}}$。设电流互感器 TA 二次电缆的阻抗为 Z_{L}，电流继电器的阻抗为 Z_{K}，请写出 A 相、C 相电流互感器的二次负载阻抗值各是多少？并写出计算过程。

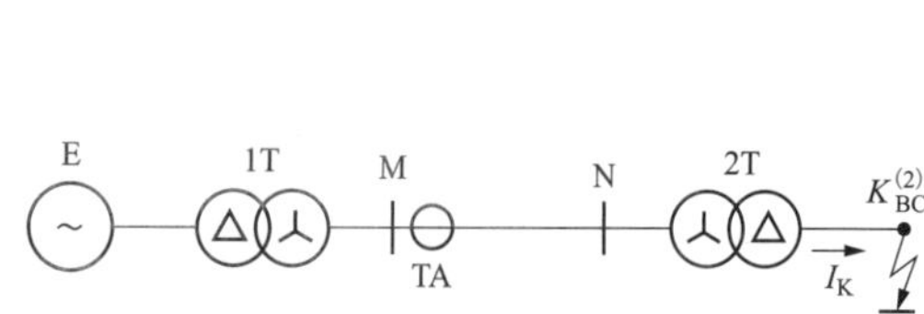

图 4-15　系统示意图

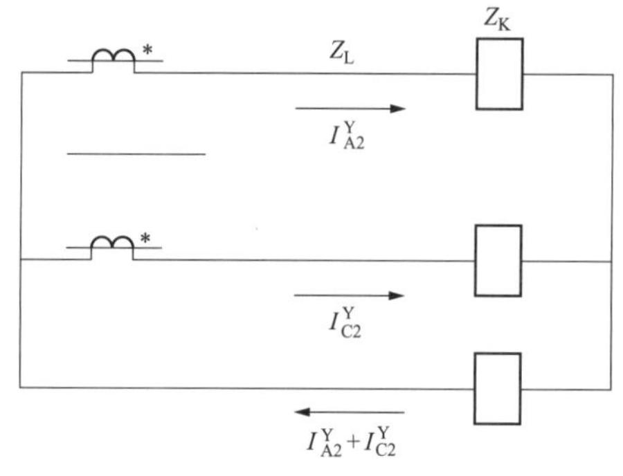

图 4-16　接线示意图

答：

（1）$I_{\mathrm{C}}^{\mathrm{Y}}=-2I_{\mathrm{K}}/\sqrt{3}\ \ I_{\mathrm{A}}^{\mathrm{Y}}=I_{\mathrm{B}}^{\mathrm{Y}}=I_{\mathrm{K}}/\sqrt{3}$

（2）A 相继电器的二次负载

$$Z_{\mathrm{A}}=\frac{I_{\mathrm{A2}}^{\mathrm{Y}}(Z_{\mathrm{L}}+Z_{\mathrm{K}})+(I_{\mathrm{A2}}^{\mathrm{Y}}+I_{\mathrm{C2}}^{\mathrm{Y}})(Z_{\mathrm{L}}+Z_{\mathrm{K}})}{I_{\mathrm{A2}}^{\mathrm{Y}}}=\frac{I_{\mathrm{A2}}^{\mathrm{Y}}(Z_{\mathrm{L}}+Z_{\mathrm{K}})-I_{\mathrm{A2}}^{\mathrm{Y}}(Z_{\mathrm{L}}+Z_{\mathrm{K}})}{I_{\mathrm{A2}}^{\mathrm{Y}}}=0$$

（3）C 相继电器的二次负载

$$Z_{\mathrm{C}}=\frac{I_{\mathrm{C2}}^{\mathrm{Y}}(Z_{\mathrm{L}}+Z_{\mathrm{K}})+(I_{\mathrm{A2}}^{\mathrm{Y}}+I_{\mathrm{C2}}^{\mathrm{Y}})(Z_{\mathrm{L}}+Z_{\mathrm{K}})}{I_{\mathrm{C2}}^{\mathrm{Y}}}=\frac{I_{\mathrm{C2}}^{\mathrm{Y}}(Z_{\mathrm{L}}+Z_{\mathrm{K}})+0.5I_{\mathrm{C2}}^{\mathrm{Y}}(Z_{\mathrm{L}}+Z_{\mathrm{K}})}{I_{\mathrm{C2}}^{\mathrm{Y}}}=1.5(Z_{\mathrm{L}}+Z_{\mathrm{K}})$$

8．如图 4-17 所示，某 110kV 系统的各序阻抗为：$X_{\Sigma1}=X_{\Sigma2}=\mathrm{j}5\Omega$，$X_{\Sigma0}=\mathrm{j}3\Omega$，母线电压为 115kV；P 级电流互感器变比为 1200/5，星形连接，不计电流互感器二次绕组漏阻抗、铁芯有

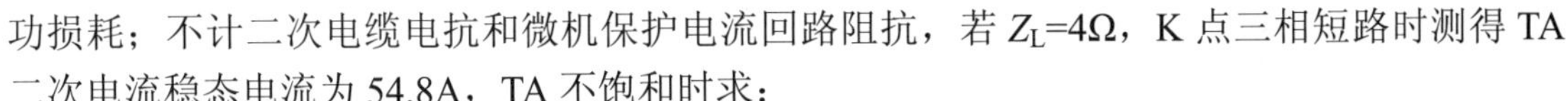

功损耗；不计二次电缆电抗和微机保护电流回路阻抗，若 Z_L=4Ω，K 点三相短路时测得 TA 二次电流稳态电流为 54.8A，TA 不饱和时求：

（1）K 点单相接地时稳态下 TA 的变比误差 ε；

（2）K 点单相接地时稳态下 TA 的相角误差 δ；

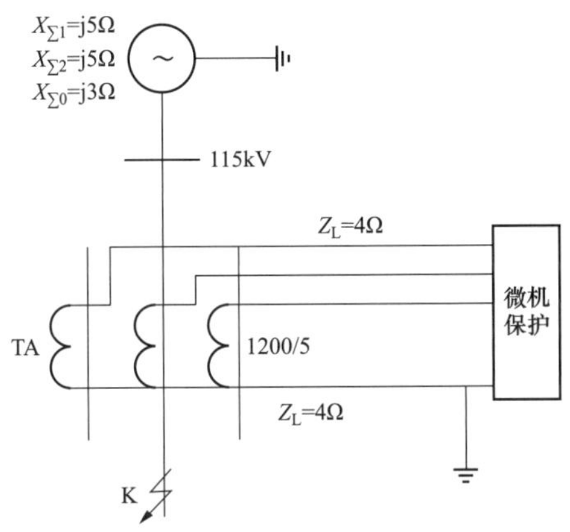

图 4-17　110kV 系统示意图

答：

（1）K 点三相短路电流为 $I_K^{(3)}=\dfrac{115}{\sqrt{3}\times5}\times10^3=13279\,(\text{A})$

折算到二次侧，$I_k^{(3)}(\text{二次})=\dfrac{13279}{1200/5}=55.3\,(\text{A})$

K 点单相短路电流为 $I_k^{(1)}=\dfrac{(115/\sqrt{3})\times10^3}{5+5+3}\times3=15322\,(\text{A})$

折算到二次，$I_k^{(1)}(\text{二次})=\dfrac{15322}{1200/5}=63.8\,(\text{A})$

求 TA 励磁阻抗 X_u

因为 $I_K{}^{(3)}(\text{二次})\left|\dfrac{\text{j}X_u}{Z_L+\text{j}X_u}\right|=54.8$

所以 $55.3\times\left|\dfrac{\text{j}X_u}{4+\text{j}X_u}\right|=54.8$

解得：$X_u=\dfrac{4}{\sqrt{\left(\dfrac{55.3}{54.8}\right)^2-1}}=29.5(\Omega)$

（2）K 点单相接地时 ε：

TA 二次负载阻抗 R=4×2=8（Ω）

所以 $I_2=63.8\times\dfrac{\text{j}29.5}{8+\text{j}29.5}=61.6\angle15.2^\circ\,(\text{A})$

$$\varepsilon=\frac{61.6-63.8}{63.8}=-3.45\%$$

K 点单相接地时的相角误差：δ=15.2

9．微机型线路保护，高频零序方向采用自产 $3\dot{U}_0$，电流回路接线正确，电压回路接线如图 4-18 所示，存在如下问题：①TV 二、三次没有分开，在开关场引入一根 N 线；②在端子排上，$\dot{U}_N$ 错接在 L 线上。试分析该线路高频保护在反方向区外 A 相接地时的动作行为。

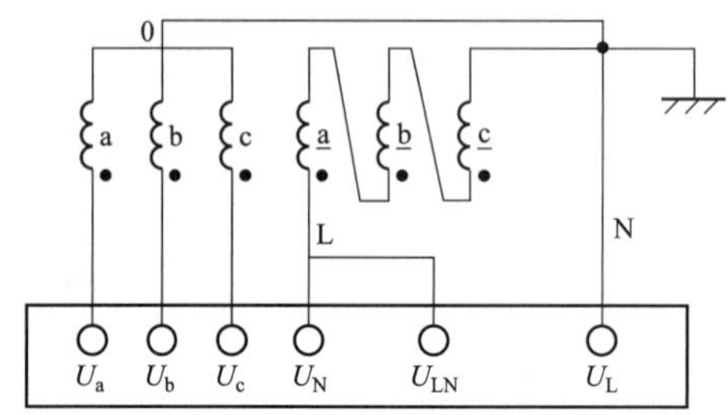

图 4-18　电压回路接线图

答：

接线正确时，区外 A 相故障零序电压为：

$\dot{U}_a=\dot{U}_{a0}$

$\dot{U}_b=\dot{U}_{b0}$

$\dot{U}_c=\dot{U}_{c0}$

$\dot{U}_a+\dot{U}_b+\dot{U}_c=\dot{U}_{a0}+\dot{U}_{b0}+\dot{U}_{c0}=3\dot{U}_0$

接线错误时，区外 A 相故障零序电压为：

$\dot{U}_a=\dot{U}_{a0}-\dot{U}_{LN}$

$\dot{U}_b=\dot{U}_{b0}-\dot{U}_{LN}$

$\dot{U}_c=\dot{U}_{c0}-\dot{U}_{LN}$

$3\dot{U}_0'=\dot{U}_a+\dot{U}_b+\dot{U}_c=\dot{U}_{a0}+\dot{U}_{b0}+\dot{U}_{c0}-3\dot{U}_{LN}=3\dot{U}_0-3\times1.732\times3\dot{U}_0=-4.2\times3\dot{U}_0$

（考虑 TV 三次相电压为二次相电压的 1.732 倍）

该自产 $3\dot{U}_0$ 与接线正确时相反，因此在区外故障时保护将误判为区内故障，进而误动。

10．某运行变比为 600/5 的电流互感器（铭牌参数为[600～1200]/5，精度 10P20，一次侧调整变比），测得该电流互感器的伏安特性如表 4-1 所示。实测二次负载是 5.2Ω，经计算最大三相短路电流为 4800A，请分析该电流互感器是否满足运行要求？若不满足请提出可行措施并计算验证。

表 4-1　电流互感器的伏安特性

电流（A）	1	2	3	4	5
电压（V）	48	96	130	180	210

答：

（1）一次侧最大三相短路电流 4800A 时，二次电流为 4800/120=40A

假设正好 10%误差，励磁电流 40A×10%=4A，

据表查得电流互感器二次压降为 180V，

二次负载允许最大阻抗=180/(40−4)=5（Ω）

实测二次负载 5.2Ω 超过二次负载允许最大阻抗 5Ω，不能满足运行要求。

（2）可采取的措施：

1）根据 TA 铭牌参数，该 TA 变比可调整，考虑一次侧调整为 1200A，则：

最大电流时的二次电流=4800/240=20（A），

假设正好 10%误差，励磁电流=20A×10%=2（A）。

据表查得电流互感器二次压降为 96V，

二次负载允许最大阻抗=96/(20−2)=5.333Ω＞5.2Ω，

故调整 TA 一次侧变比即可满足运行要求。

另外可考虑：

2）减少电流互感器所连保护设备及测量仪表，减少二次负载阻抗。

3）增大电流互感器连接导线的截面积，减少二次负载阻抗。

4）缩短连接电流互感器的导线长度，减少二次负载阻抗。

11．某不接地系统发生单相接地故障，测量母线 TV 二次开口三角电压约为 100V，星形绕组每相对地电压均在 58V 左右。试分析二次回路可能存在的问题，并进行验证。

答：

不接地系统发生单相接地故障，开口三角有 100V 左右电压属正常现象，但是星形绕组故障相电压应为 0V 左右，另两相对地电压应上升 $\sqrt{3}$ 倍，在 100V 左右。现三相对地电压幅值存在异常，可能为 TV 二次星形绕组中性线断线引起，假设系统发生 B 相接地故障，分析如下：

因系统 B 相发生接地故障，B 相 TV 一次侧对地短接，因此忽略 TV 漏抗，其星形绕组 B 相二次侧可等效为短接。假设 N600 回路发生断线，如图 4-19 所示，计算三相负载阻抗上电压 $\dot{U}_A$、$\dot{U}_B$、$\dot{U}_C$，设三相负载 $Z_A = Z_B = Z_C = Z$ 。

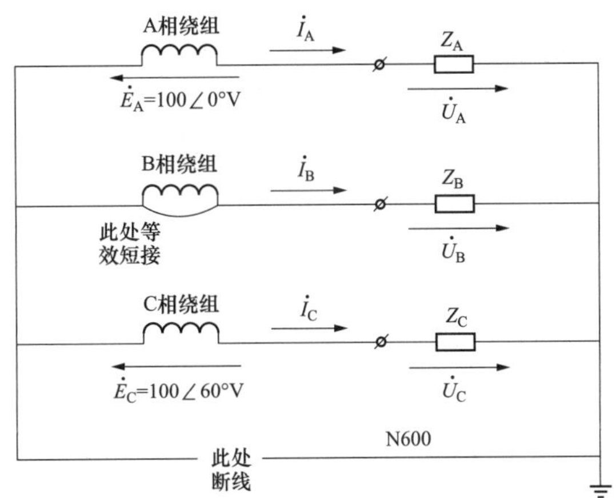

图 4-19　TV 回路示意图

由叠加原理可得三相电流为：

$$\dot{I}_A=\frac{2\dot{E}_A}{3Z}-\frac{\dot{E}_C}{3Z}\qquad \dot{I}_B=-\frac{\dot{E}_A}{3Z}-\frac{\dot{E}_C}{3Z}\qquad \dot{I}_C=\frac{2\dot{E}_C}{3Z}-\frac{\dot{E}_A}{3Z}$$

因此

$$\dot{U}_A=\dot{I}_A\cdot Z=\frac{2\dot{E}_A}{3}-\frac{\dot{E}_C}{3}=\frac{200\angle 0^\circ}{3}-\frac{100\angle 60^\circ}{3}=57.74\text{V}\angle -30^\circ$$

$$\dot{U}_B=\dot{I}_B\cdot Z=-\frac{\dot{E}_A}{3}-\frac{\dot{E}_C}{3}=-\frac{100\angle 0^\circ}{3}-\frac{100\angle 60^\circ}{3}=57.74\text{V}\angle -150^\circ$$

$$\dot{U}_C=\dot{I}_C\cdot Z=\frac{2\dot{E}_C}{3}-\frac{\dot{E}_A}{3}=\frac{200\angle 60^\circ}{3}-\frac{100\angle 0^\circ}{3}=57.74\text{V}\angle 90^\circ$$

可见计算结果与故障现象相符，因此判断为 TV 二次回路发生如图 4-18 所示的中性线 N600 断线故障。

12．如图 4-20 所示，某电流互感器按不完全星形接线，从 A、C 和 A、N 处测得二次回路阻抗 Z=3.46Ω，设变比为 600/5，一次通过最大三相短路电流为 5160A，如测得该电流互感器某点伏安特性 I_0=3A，U_2=150V。试问此时其变比误差是否超过 10%。

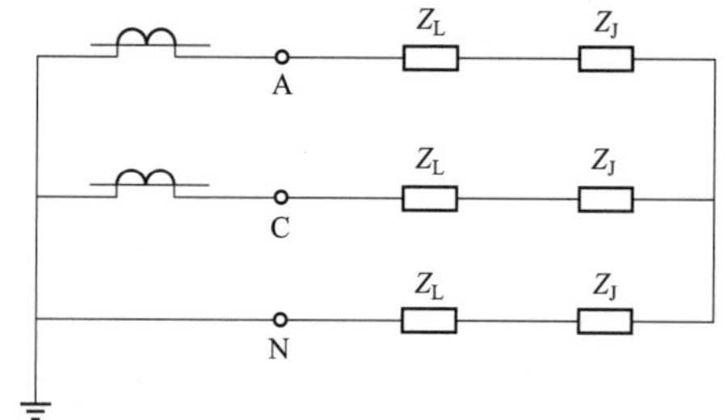

图 4-20　电流互感器接线图

答：

三相短路时 TA 二次负载为

（1）$Z_{FH}=\sqrt{3}\ (Z_L+Z_J)=\sqrt{3}\times 3.46/2=3$（Ω）

（2）某点伏安特性 I_0=3A，U_2=150V。故障电流折算到二次侧为 5160/120=43（A），按 I_0=3A 计算，$U'_2=(43-3)\times 3=120$（V）小于 150V，TA 合格。

13．220kV 甲站与乙站间有Ⅰ、Ⅱ、Ⅲ回线路并列运行。甲站还有 110kV 和 35kV 两个电压等级，与事故有关的一次系统图如图 4-21 所示。

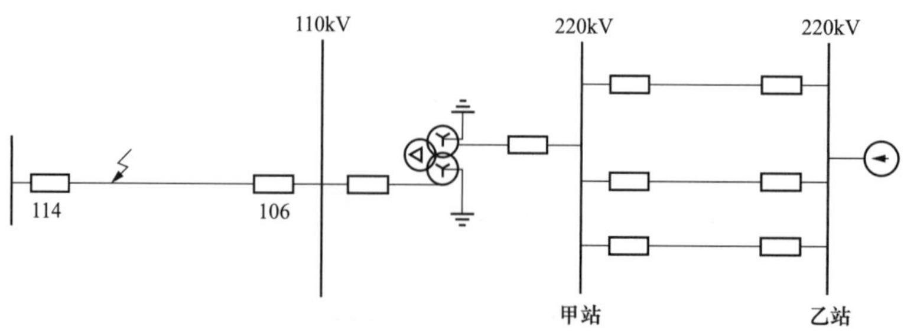

图 4-21　一次系统主接线图

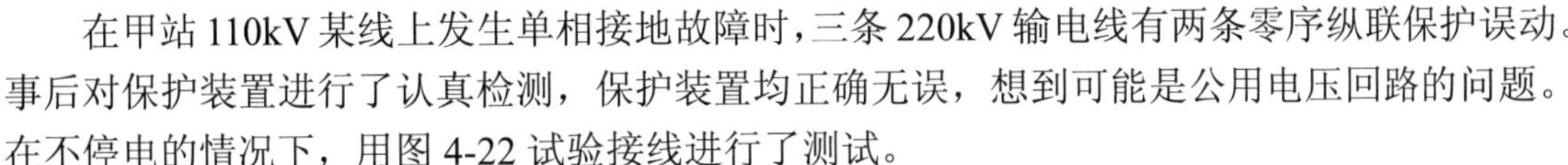

在甲站110kV某线上发生单相接地故障时，三条220kV输电线有两条零序纵联保护误动。事后对保护装置进行了认真检测，保护装置均正确无误，想到可能是公用电压回路的问题。在不停电的情况下，用图4-22试验接线进行了测试。

提示：该接线检测电压互感器是否有两点接地。

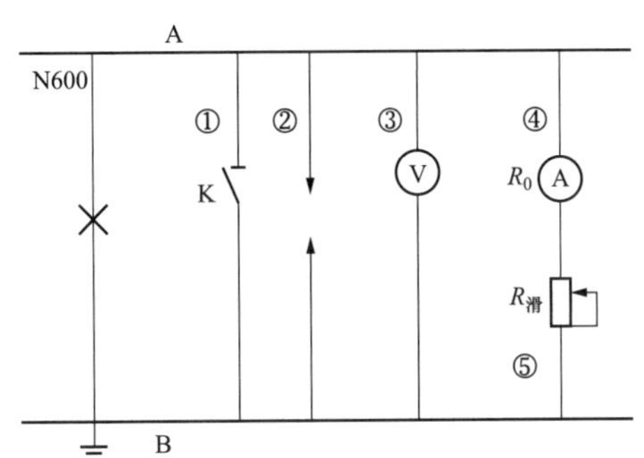

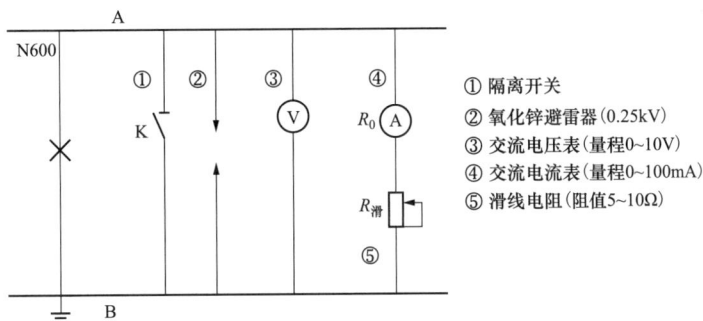

图4-22　试验设备及接线图

实测数据如表4-2所示。

表4-2　　　　实　测　数　据

U（mV）	560	570	570	570
I（mA）	64	58	48	42
$R_总$（Ω）	8.75	9.827	11.875	13.57
$R_滑$（Ω）	0	1	2.9	4.7
计算电流表内阻	8.75	8.827	8.975	8.87

$R_总$（Ω）为电流表内阻与滑线电阻之和。电流表内阻为8.75（Ω）。

$R_滑$（Ω）为滑线电阻。

为慎重作出判别，用同样方法对另一新投入变电站又进行了试验，测得如表4-3中的数据。

表4-3　　　　试验测量数据

U（mV）	330	360	430	498
I（mA）	38	38	38	38
$R_总$（Ω）	8.25	9.47	11.32	13.11
$R_滑$（Ω）	0	0.9	3	4.8
计算电流表内阻	8.25	8.57	8.32	8.31

请说明：

该试验的试验步骤；

比较两站测试数据，说明甲站的电压互感器二次回路接线是什么问题；

用电路图解释为什么甲、乙站的测试结果不同，确认你的结论是正确的；

说明为什么三回 220kV 线路，只有两回跳闸。

答：

（1）试验步骤如下：

在 N600 未打开前，在 N600（A）与地（B）点，按图 4-22 所示可靠接入隔离开关 K，并处于合位。

在 N600 未打开前，将图 4-22 中其他各支路按图示接好，滑线电阻滑至最小位置（0Ω）处，确认接线准确无误后，解开 N600 接地点，打开隔离开关，慢慢增大电阻，观察并记录电压表、电流表读数。操作隔离开关和滑线电阻的人员要戴绝缘手套，站在绝缘垫上。

（2）甲站的电压互感器二次回路接线一定有两点接地问题。

（3）甲站的电压互感器二次回路如果只有一点接地，在滑线电阻变化时，电流表的指示是不变的。在这种情况下，流经电流表的电流只能是二次三相对地不平衡电容电流，二次回路对地容抗与滑线电阻的比值很大，电流表的电流不会受滑线电阻的影响。电路图如图 4-23 所示。

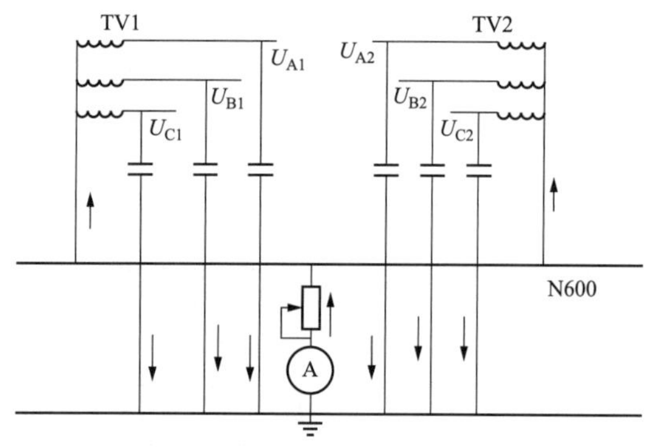

图 4-23　TV 二次一点接地回路图

而从甲站的测试结果来看，电流表受滑线电阻的影响，就说明在电流表的回路中，一定还有一个附加的小电压源存在。当然做试验时系统无故障，这个附加的电压源很小，因而电流虽变化但不会有大变化。电路图如图 4-24 所示。

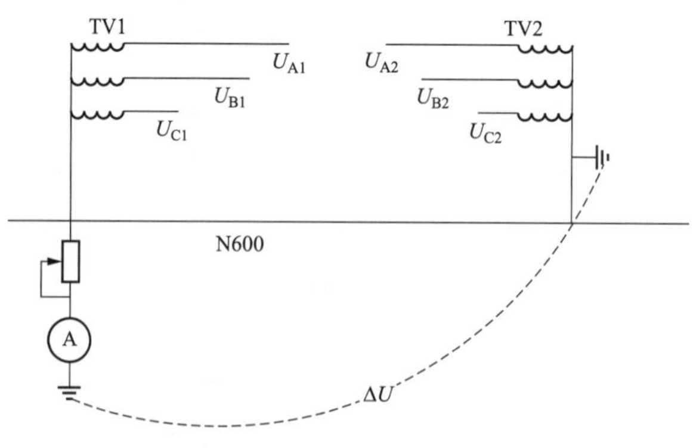

图 4-24　TV 二次两点接地回路图

（4）三回 220kV 线路保护屏位，立于不同地点，所取得的附加地网电位是不同的，若本保护装置的零线接入 N600 的地点距本保护装置所用 TV 的接地点很近，取得的附加电压很小，

就不会误动。

14．有关二次电流回路如图 4-25 所示。

1）如何用负荷电流检查二次电流回路中性线 MQ 之间是否完好？

2）分析该方法理论上的正确性。

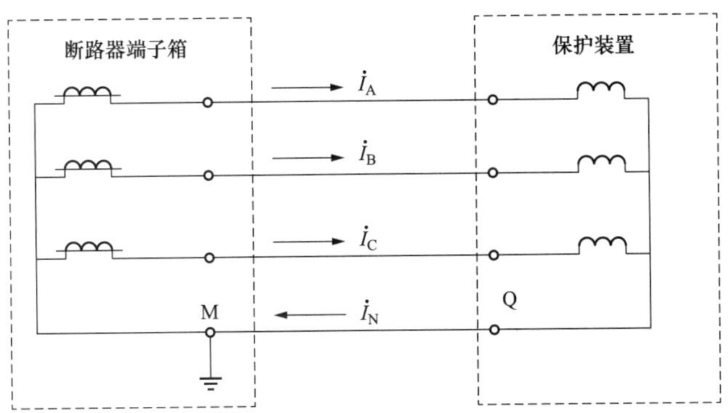

图 4-25　二次电流回路示意图

答：1）在断路器端子箱处将任意一相电流线与中性线短接，测量并记录端子箱至保护装置的中性线上电流的大小，该电流应大于二分之一的相电流。如图 4-26 所示。

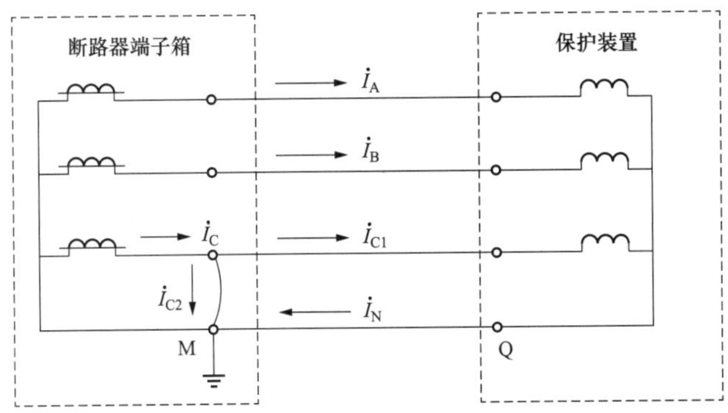

图 4-26　短接示意图

2）分析如下

因为 $\dot{I}_C = \dot{I}_{C1} + \dot{I}_{C2}$

$\dot{I}_{C1}$ 流经保护电流线圈，电阻较大，$\dot{I}_{C2}$ 流经短路线，电阻较小

$\dot{I}_{C1} < \dot{I}_{C2}$，即　$\dot{I}_{C1} < \dfrac{\dot{I}_C}{2}$

因为 $\dot{I}_N = \dot{I}_A + \dot{I}_B + \dot{I}_{C1}$

$\left|\dot{I}_N\right| = \left|\dot{I}_A + \dot{I}_B + \dot{I}_{C1}\right| = \left|-\dot{I}_C + \dot{I}_{C1}\right|$　而　$\dot{I}_{C1} < \dfrac{\dot{I}_C}{2}$

$\left|\dot{I}_N\right| > \left|-\dfrac{\dot{I}_C}{2}\right|$

即端子箱至保护装置的中性线上电流的大小，应大于二分之一的相电流（负荷电流）。

15. 图 4-27 分别说明 A 点与 C 点；B 点与 C 点；A 点与 B 点或 A 点与 D 点同时发生接地时有什么危害。

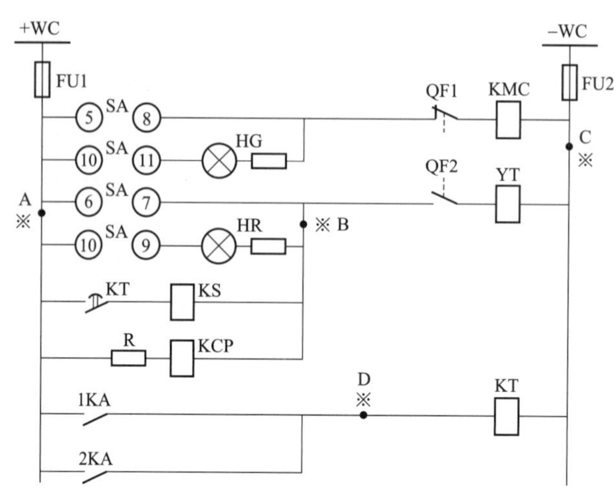

图 4-27　直流接地示意图

答：直流系统在变电站中具有重要的位置。要保证一个变电站长期安全运行，其因素是多方面的，其中直流系统的绝缘问题是不容忽视的。变电站的直流系统比较复杂，通过电缆沟与室外配电装置的端子排、端子箱、操动机构箱等相连接。因电缆破损、绝缘老化、受潮等原因发生接地的可能性较大。发生一极接地时，由于没有短路电流，熔断器不会熔断，仍可继续运行，但也必须及时发现、及时消除。通常，要求直流系统的各种小母线、端子回路、二次电缆对地的绝缘电阻值，用 500V 绝缘电阻表测量应不得小于 0.5MΩ。直流回路绝缘的好坏必须经常地进行监视。否则，会给运行带来许多不安全因素。

以图 4-27 为例说明直流接地的危害。当图中 A 点与 C 点同时有接地出现时，等于+WC、–WC 通过大地形成短路回路，可能会使熔断器 FU1 和 FU2 熔断而失去保护电源；当 B 点与 C 点同时有接地出现时，等于将跳闸线圈短路，即使保护正常动作，YT 跳闸线圈短路，即使保护正常动作，YT 跳闸线圈也不会启动，断路器就不会跳闸。因此在有故障的情况下就要越级跳闸；当 A 点与 B 点或 A 点与 D 点，同时接地时，就会使保护误动作而造成断路器跳闸。直流接地的危害不仅仅是以上所有的几点，还有许多，在此不一一作介绍了。

因为发生直流接地将产生许多害处，所以对直流系统专门设计一套监视其绝缘状况的装置，让它及时地将直流系统的故障提示给值班人员，以便迅速检查处理。

16. 图 4-28 是断路器控制回路图，跳合闸闭锁回路由断路器机构本身实现（断路器操动机构为示意图），跳闸保持（防跳）继电器由独立的直流电流继电器 TBJ_I 和直流电压继电器 TBJ_U 组成，XJ 为保护跳闸信号继电器，HWJ 为合闸位置监视继电器，TWJ 为跳闸位置监视继电器，HBJ 为合闸保持继电器。KKJ 为手合手跳位置继电器。请修改图 4-28 中设计错误或不完善的地方（可在图中直接修改），简要说明原因。

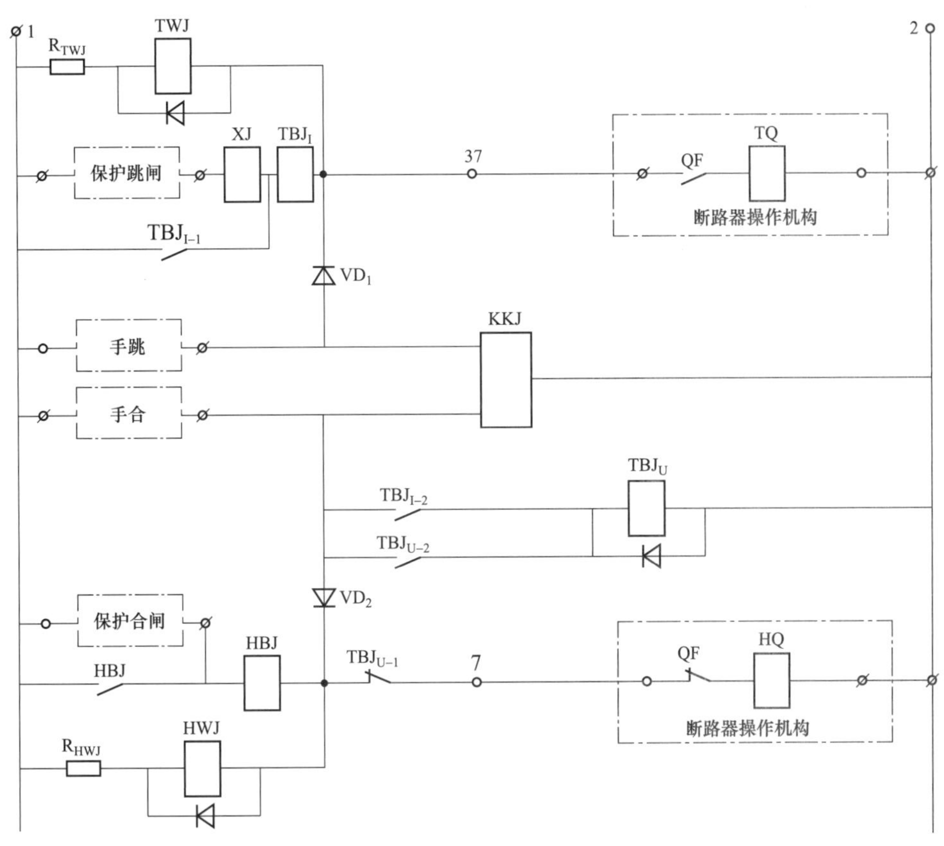

图 4-28 断路器控制回路图

答：主要有 10 处错误或不完善的地方，如图 4-29 所示：

修改 1：继电器线圈反向二极管按反措要求应串 200～300Ω 电阻，防止二极管击穿短路；

修改 2：防跳继电器电流保持接点 TBJ_{I-1} 应串 1Ω 电阻，确保保护动作信号继电器 XJ 在 TBJ_I 动作后仍可分流电流（TBJ_I 动作速度比 XJ 快），防止 TBJ_{I-1} 动作接点动作后直接通过保护跳闸接点短接 XJ 线圈，XJ 在动作未到位时就返回，不能发动作信号；

修改 3：手跳时应启动 TBJ_I 继电器，电流保持回路才能起作用，防止手跳接点过早返回时拉弧损坏；

修改 4：TBJ 电压保持回路 TBJ_U 继电器应按图 4-29 修改，否则保护合闸或 HBJ 接点长期动作或粘连时防跳回路由于二极管截止将不起作用；

修改 5：电压保持回路 TBJ_{I-2} 和 TBJ_{U-2} 接点应是常开接点，而不是常闭接点，防止 TBJ_U 继电器动作不正常；

修改 6：TWJ 线圈负端应接到 TBJ_U 继电器接点之后，否则 TBJ_U 动作后，容易与 TWJ 线圈形成保持回路，在没有合闸信号时 TBJ_U 继电器不能返回，造成跳合闸回路不能正常工作。

其他可改进之处：①若采用就地防跳，TWJ 线圈负端应单独引出至端子排；②KKJ 继电器线圈也可并接反向二极管串电阻。

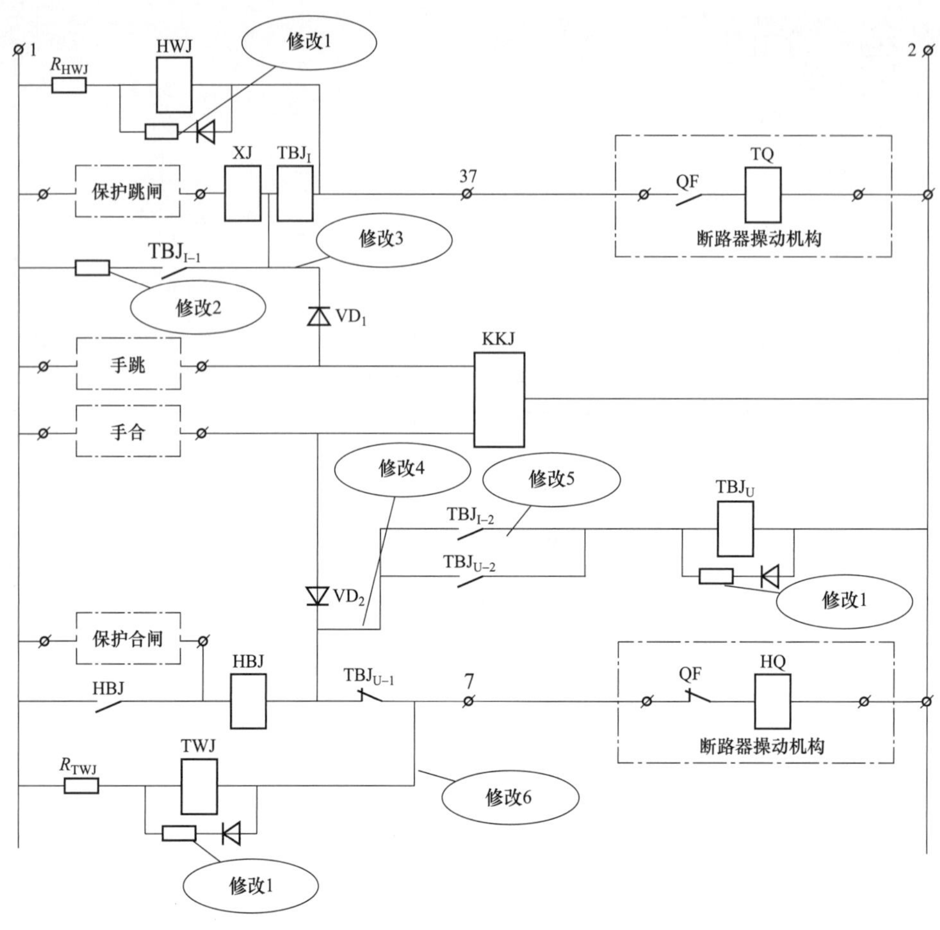

图 4-29　修改后的控制回路图

17．根据多年来的事故统计，交流系统窜入直流系统有可能导致断路器跳闸，但交直流混线不是断路器误动的唯一因素，还需要其他相关因素叠加作用。以下为一次事故案例：

某 220kV 变电站检修二次班有作业，工作期间，某 220kV 线路三相断路器跳闸，不重合。当值值班员对保护装置及录波器调取报告发现，保护装置无动作报告。经调查，线路对侧保护未动作。现场 220kV 故障录波器打印跳闸时刻波形如图 4-30 所示。

（1）试分析线路跳闸原因？（请简述说明跳闸原因的论点）

（2）请根据（1）中的结论，试分析能够导致断路器误动的可能性与哪些因素有关？

（3）对于上述问题，反措都提出来哪些要求？

答：跳闸原因为交直流混线，造成 TJR 或 TJQ 动作。

分析过程：

（1）通过录波报告，电流电压波形无变化，$3I_0$ 无明显突变，结合保护装置未启动，可判断，一次系统无故障。

（2）现场有人作业，通过故障录波波形，跳闸 A、B、C 及其他直流开入量显示，均呈周期性变化，可判断，交流串入直流系统，造成继电器动作。

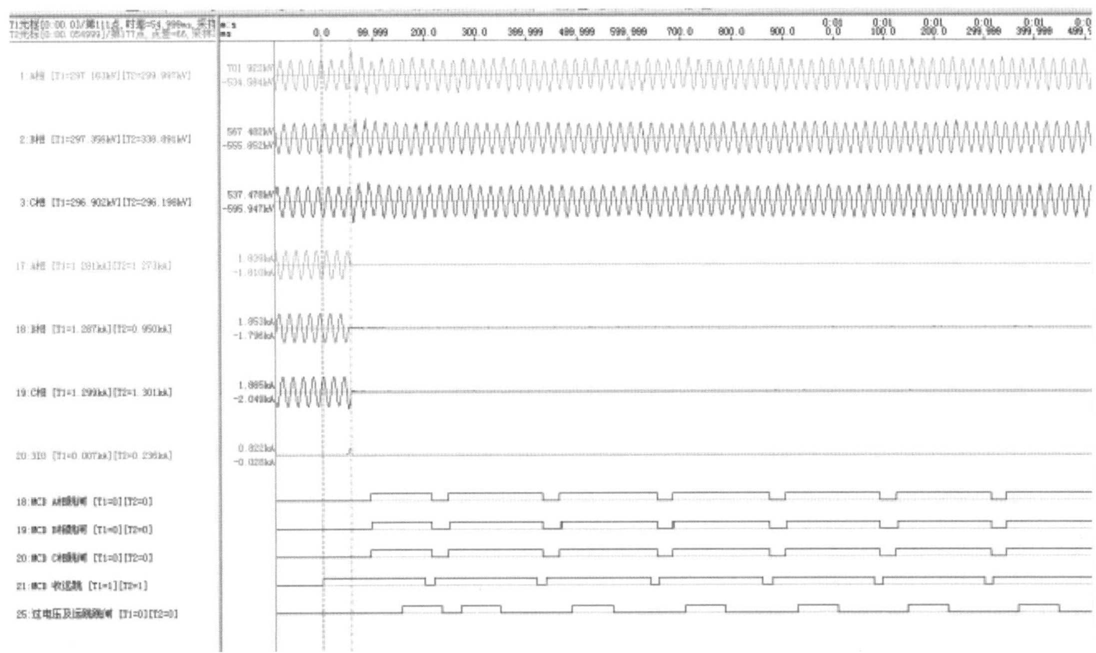

图 4-30　跳闸时刻波形图

多次事故证明，交流串入直流系统导致误动的可能性与下述几个因素相关：

1）开入回路连接电缆的对地电容（交流阻抗）的大小，连接电缆较短的开入回路，即或是发生了交流与直流系统的混接，误动的可能也较小；

2）开入回路的动作电压，动作电压越高，误动的可能越小；

3）开入回路的启动功率，启动功率越大，越不容易发生误动；

4）开入回路的动作速度，动作速度越慢，越不容易发生误动；

5）开入继电器的返回系数，返回系数较低者，受影响的程度略重；

6）开入继电器的返回时间，返回时间较长者，受影响的程度略重。

除上述几个因素外，开入回路若设有展宽回路，受影响更重。

（3）反措要点：

1）所有涉及直接跳闸的重要回路，应采用动作电压在额定直流电源电压的 55%～70%范围以内的中间继电器，并要求其动作功率不低于 5W。

2）对经长电缆跳闸的回路，应采取防止长电缆分布电容影响和防止出口继电器误动的措施。

3）在运行和检修中应加强对直流系统的管理，严格执行有关规程、规定及反措，防止直流系统故障，特别要防止交流电压、电流串入直流回路，造成电网事故。

18．变电站主接线如图 4-31 所示，变压器接线组别 YN，d11，高压侧无电压互感器，低压侧电压互感器二次为$100/\sqrt{3}$ V。某日线路 2 进行了部分杆塔改造工作，送电后在变电站进行低压侧二次核相。已知变电站内原一、二次设备接线正确，核相结果如下：

U_{a1}、U_{b1}、U_{c1}为 10kV 1 号母线电压，U_{a2}、U_{b2}、U_{c2}为 10kV 2 号母线电压，测量相电压、相间电压均正确，测量 $U_{a1}-U_{a2}$=57.7V，$U_{b1}-U_{b2}$=115.4V，$U_{c1}-U_{c2}$=57.7V。请根据核相结果用

相量图分析存在问题和处理措施。

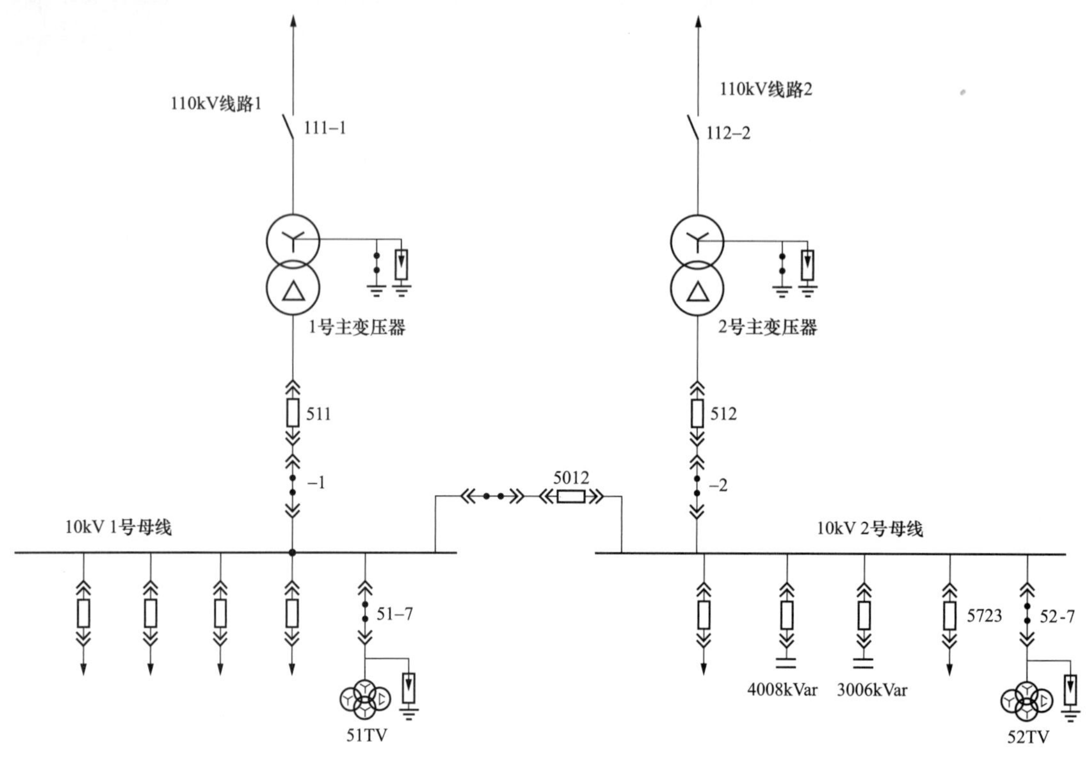

图 4-31　系统接线图

答：（1）电压相量图如图 4-32 所示，U_A、U_B、U_C 为高压侧电压，U_{a1}、U_{b1}、U_{c1} 为正常的 1 号母线电压，U_{a2}、U_{b2}、U_{c2} 为异常的 2 号母线电压。通过相量图分析，2 号主变压器低压侧电压变为负序。系统通入主变压器的电压为负序电压。U_a 方向由 U_A-U_B 变成 U_A-U_C，U_b 方向由 U_B-U_C 变成 U_C-U_B，U_c 方向由 U_C-U_A 变成 U_B-U_A。以上说明线路 2 因施工相序发生 B 相 C 相接反。

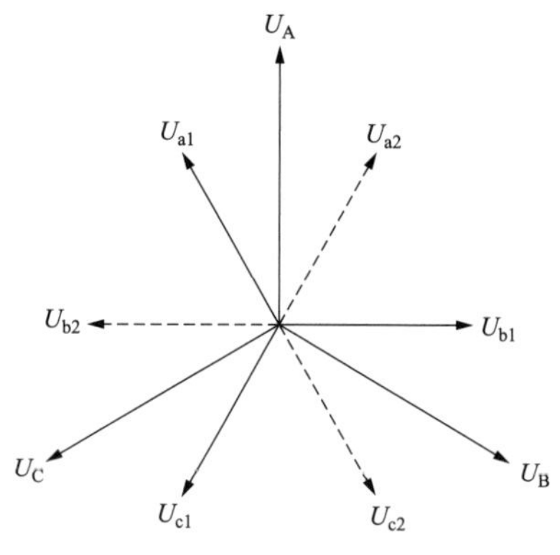

图 4-32　电压相量图

（2）需要将上级电源侧出线或本变电站进线进行换相，重新核相即可。

19．某 220kV 线路一次接线图如图 4-33 所示，某日 9 时 33 分在 NP 线路上发生故障，29ms 后，线路 MN 的 B 相差动保护动作出口。故障录波如图 4-34 所示。

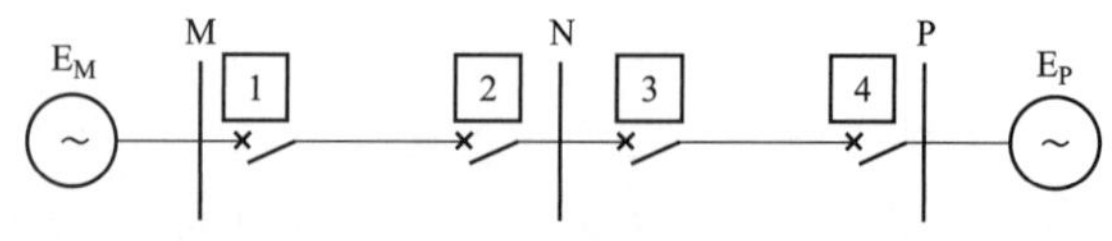

图 4-33　一次系统接线图

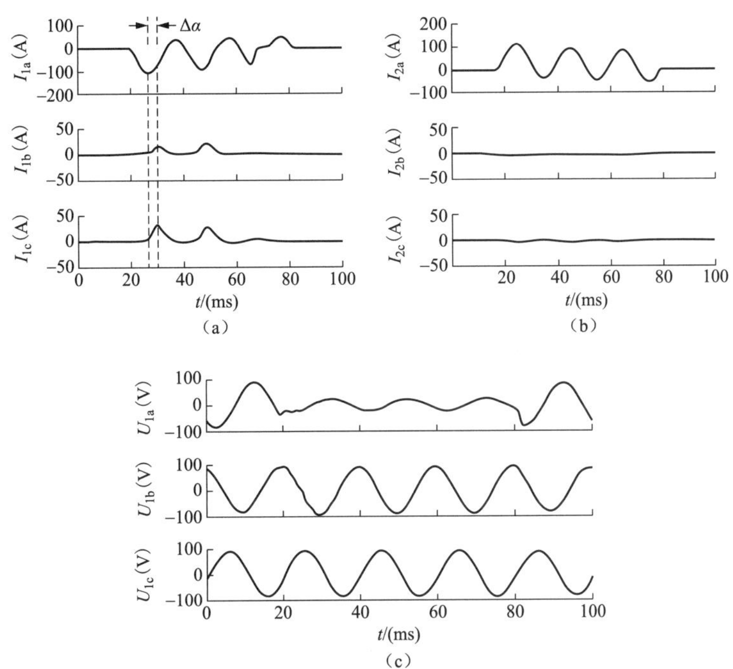

图 4-34 故障录波图

（a）保护 1 三相电流录波图；（b）保护 2 三相电流录波图；（c）保护 1 三相电压录波图

（1）根据录波图，分析波形特征，判断线路 NP 发生了什么故障。

（2）线路 MN 的 B 相差动保护动作是否属于误动，C 相差动保护为何没有动作，分析保护动作原因及此类动作的特点。

（3）故障发生后，对二次回路进行检查，发现 TA 二次回路中性线电阻明显较大，试对上述现象的产生机理进行分析。

（4）哪些因素会对非故障相产生异常电流有影响。

答：

（1）图 4-34（a）与图 4-34（b）是线路 MN 两侧保护电流录波图，对比两侧保护的电流波形可看出，该线路 A 相出现了幅值很大的穿越电流。图 4-34（c）是线路 MN 两侧保护电压录波图，可看出三相电压只有 A 相跌落。结合以上两点，基本可以判定，线路 MN 在区外发生了 A 相接地故障。

（2）发生 A 相区外故障后，线路 MN 的 B 相差动保护动作出口跳闸，显然这属于一起误动事件。

导致误动的原因由图 4-34（a）可清楚看到：在保护 1 的 B、C 相出现了波形偏向坐标轴一侧的异常电流，其幅值小于 A 相，幅值最大时刻比 A 相落后一个角度 $\Delta\alpha$，但在保护 2 的 B、C 两相没有出现明显的电流波形。正是这个仅在保护 1B、C 相出现的异常电流导致线路 MN 差动保护误动作，其中 B、C 相中误发跳闸令的为 B 相差动保护，C 相虽然出现了更大的异常电流，但是由于 C 相负荷电流较大，不足以满足分相差动的动作判据，故没有误动。

误动的特点：故障相出现幅值较大的穿越电流，非故障相单侧保护出现偏向坐标轴一侧的异常电流，此异常电流与故障相电流相位大致相反，持续时间约为两个周波。

（3）产生机理分析。实际系统中保护用 TA 二次回路接线图如图 4-35 所示。图中：R_φ（Φ = a，b，c）为三相二次电阻，主要由 TA 二次绕组电阻、二次电缆电阻、保护负载阻抗与接触电阻构成；L_φ 为 TA 二次漏电感；R_n 和 i_n 分别为中性线电阻和电流；u_φ 为 TA 励磁支路电压；i_φ 为三相二次电流。

发生单相接地故障时，i_a 为故障电流，i_b 和 i_c 为很小的负荷电流。从电路上可以看出，正常情况下，i_a 全部经中性线流通；而当中性线存在电阻时，i_a 不再是全部经过中性线流通，理论上来说，会有一部分经过非故障相构成通路。三相从空间磁路上来看是相互独立的，但是在电路上并不独立，存在中性线电阻分量的耦合。

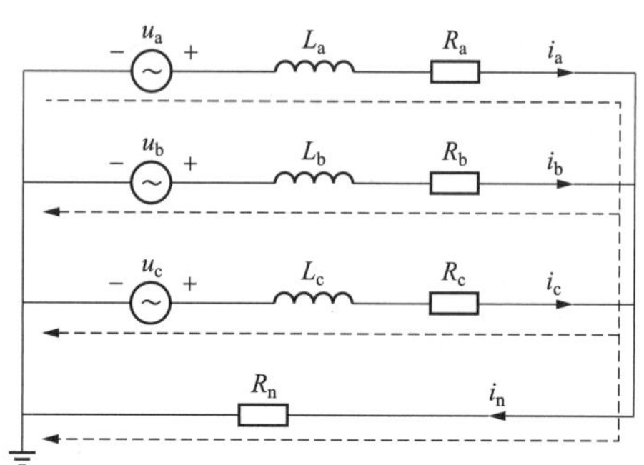

图 4-35　实际系统中保护用 TA 二次回路接线图

此外，异常电流的波形偏向坐标轴一侧，这与励磁涌流有相似之处。励磁涌流的原因是空载合闸在励磁支路两端加上电压后，由于磁链不能突变感应出了非周期分量。本题异常电流也有相似的产生条件，故障电流流过 R_n 后产生电压降，此电压降作用在非故障相互感器二次侧后，可能也会出现类似的现象。

（4）影响因素有：

1）中性线异常电阻大小的影响；

2）故障电流非周期分量的影响；

3）TA 容量的影响；

4）TA 剩磁的影响；

5）二次负载电阻的影响；

6）衰减时间常数；

7）故障相电流工频分量幅值。

20．如图 4-36 所示，电压空气开关的 C 相在保护屏处断开，问：

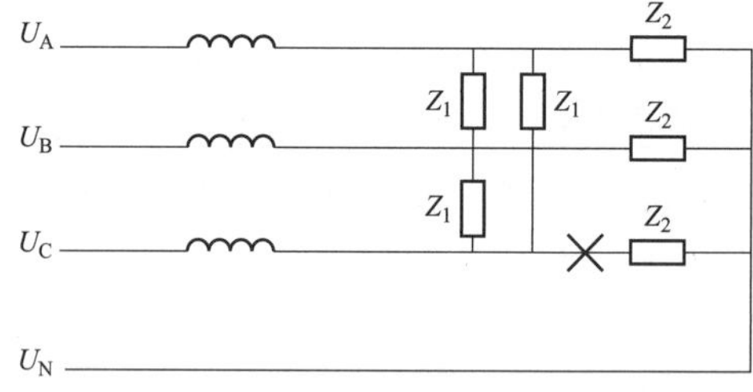

图 4-36　电压回路示意图

（1）保护测得的 C 相电压为多少？

（2）若本线路的负荷特别重（极端考虑 U_A 和 I_A 为 0°左右），C 相断开后对三个相间阻抗继电器以及三个相阻抗继电器的影响。

答：（1）在保护屏电压回路断线后，U_C 测得的电压为 0V。

（2）AB 相间阻抗继电器无影响，BC 相间阻抗继电器：由于 U'_{BC} 落后于 U_{BC} 30°，所以 Z_{BC} 测量阻抗向第Ⅳ象限偏移 30°，所以 BC 相间阻抗继电器不动作。

CA 相间阻抗继电器：由于U'_{CA}超前于U_{CA} 30°，所以Z_{CA}测量阻抗向第 I 象限偏移，同时幅值减小，使Z_{BC}减小，所以 CA 相间阻抗继电器可能误动。

A 相、B 相接地阻抗继电器，由于 A、B 相电压、电流均未变化，所以不会误动。

C 相接地阻抗继电器，$U'_C = 0$，所以$Z_C = 0$，所以可能会误动。

21．某变电站 500kV 线路对应的断路器 5022、5023 电流二次回路如图 4-37 所示，TA 变比均为 4000/1。主二保护采用满足技术规范要求的线路保护，投入差动保护、距离保护、零序定时限保护（带方向）、零序反时限保护（不带方向），突变量启动定值、零序启动定值、差流启动定值均为 0.08A，短引线保护功能退出，全站保护装置正常运行。（以下所有分析均不考虑保护装置软件、硬件、原理异常）

问：

（1）假设断路器 5022 检修，断路器 5023 正常运行，线路负荷电流约 1200A。因运维人员操作不当误将短引线保护屏“11D-11、11D-12”端子短接，请分析主二保护差动保护、距离保护、零序定时限保护、零序反时限保护，以及线路重合闸可能的动作行为并简要分析。

（2）假设断路器 5022 检修，断路器 5023 正常运行，5022 断路器耐压试验，针对图 4-37 应在何处做何措施？

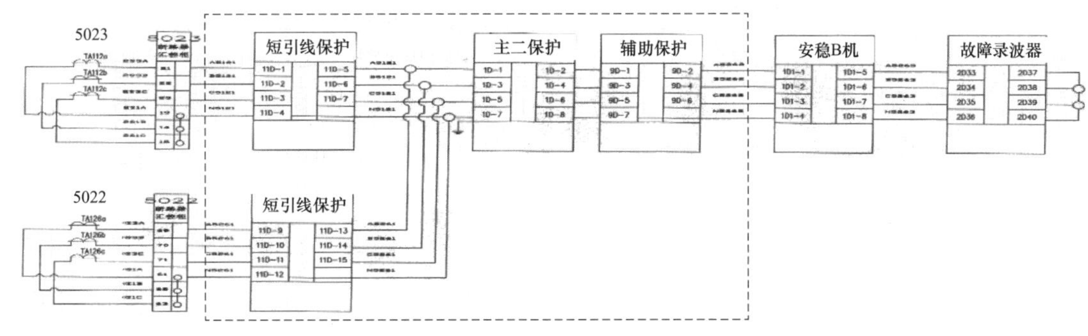

图 4-37　5022、5023 电流二次回路图

答：（1）零序反时限可能误动。短引线保护屏“11D-11、11D-12”端子短接后，断路器 5023 C 相电流将通过短引线保护“11D-7->11D-15->11D11->11D-12”端子分流，导致主二保护产生零序电流，由于当前负荷较大且零序反时限无方向，可能满足启动条件及动作条件，因此零序反时限可能误动。

零序定时限不可能动作，因为保护带方向，C 相电流分流不会产生零序电压，方向元件不可能满足动作条件。

距离保护不可能动作，因为线路正常运行，电压正常且无故障电流。

差动保护不可能动作，TA 电流分流可能导致主二保护 C 相产生差流，但由于对侧线路保护无电流突变，不满足启动条件，不向本侧发送差动动作允许信号，差动保护不满足动作条件。线路重合闸不可能动作。基于以上分析主二保护仅可能零序反时限保护误动，零序定时限和反时限保护应三跳不重合，因此该保护动作会闭锁重合闸。

（2）措施如下：

1）应在 5022 断路器汇控柜（或在 5022 短引线保护屏）处用卡钳表确保 5022 的电流回

路没有电流；

2）在 5022 断路器汇控柜（或在 5022 短引线保护屏）将电流回路连片挑开；

3）在 5022 断路器汇控柜（或在 5022 短引线保护屏）将 TA 侧电流回路的 A、B、C、N 端子用短封线短接；

4）在连片挑开处和端子短接处端子排两侧用胶带或二次安措做好安全隔离措施，防止工作人员误碰。

22．220kV 单侧电源线路如图 4-38 所示，M 侧配置工频变化量距离保护，若线路发生接地故障，M 母线上有相电压突变量 ΔU_{ϕ}；对于工频变化量距离保护，补偿电压 $\Delta U_{OP\phi}=\Delta U_{\phi}-\Delta I_{\phi}Z_{set}$，其中 U_{ϕ} 为 M 母线相电压，I_{ϕ} 为线路保护的相电流，Z_{set} 为工频变化量距离保护阻抗定值。动作方程 $|\Delta U_{OP\phi}|>|U_z|$ 成立时（U_z 是动作门槛，为整定定值点故障前电压幅值），工频变化量距离动作出口。已知系统正序阻抗 Z_s，工频变化量距离保护整定范围 Z_{set}，故障前无任何负荷，试求：

（1）正方向三相故障时，请推导出阻抗动作方程，并画出阻抗动作圆。

（2）装置实际动作方程修改为 $|\Delta U_{OP\phi}|>1.05|U_z|$。求在正方向三相故障时，工频变化量距离保护动作范围。

（3）装置实际动作方程为 $|\Delta U_{OP\phi}|>1.05|U_z|$，当装置发生三相 TV 断线后，装置自动将门槛 U_z 固定为线路额定相电压。请简要分析三相 TV 断线是否会导致工频变化量距离发生误动，为什么？三相 TV 断线后，请定量分析正方向三相故障时工频变化量距离保护动作范围。

图 4-38　系统示意图

答：（1）$(Z+Z_S)<(Z_{set}+Z_S)$

图 4-39 中的最大圆。

（2）$1.05(Z+Z_S)<(Z_{set}+Z_S)$

$Z<(Z_{set}-0.05Z_S)/1.05$

实际动作范围是 $(Z_{set}-0.05Z_S)/1.05$

（3）不会误动，一是因为 TV 断线瞬间无电流变化量，线路保护装置不会启动，且 TV 断线引起的电压变化量最大为额定电压，小于动作门槛。二是 TV 断线后如果发生区外和区内故障，其补偿电压不会大于额定电压（动作门槛）。

图 4-39　阻抗动作圆

动作范围变化推导如下：

$1.05(Z+Z_S)<Z_{set}$

$Z<Z_{set}/1.05-Z_S$

三相 TV 断线后，工频变化量距离保护范围变化程度是 $Z_{set}/1.05-Z_S$。

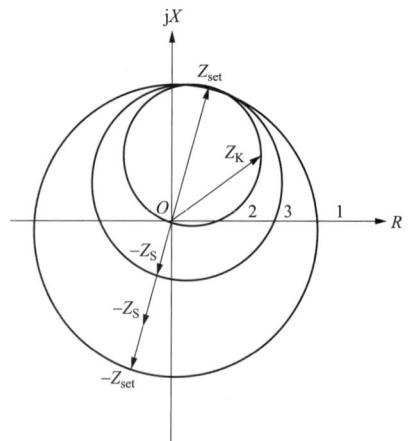

23．某 110kV 线路保护装置零序电流频繁启动，同时伴随有 TA 断线告警信号，查看装置采样，三相电流为 $I_{\mathrm{a}}=1.5\mathrm{A}$ 、 $I_{\mathrm{b}}=1.5\mathrm{A}$ 　$I_{\mathrm{c}}=1.5\mathrm{A}$ ， $3I_0=0.5\mathrm{A}$ ，装置显示各相电流相序正常。请说出你的分析处理思路。

答：

（1）首先要区分是一次系统电流不平衡造成还是二次系统的问题造成，譬如核对测控三相电流、母差保护中该线路的三相电流、线路对侧装置三相电流等。

（2）确定为二次问题后，应主要查的几个方面：TA 特性、二次线、装置采样计算。

1）电流互感器传变特性异常。可通过对互感器伏安特性、变比、绝缘、直流电阻测试，将测试结果与原始记录进行对比来发现问题。

2）电流互感器至保护装置二次电流回路检查。①二次电流回路外观检查，有无放电、灼烧等异常痕迹，检查相与相之间、相与地之间是否有异物搭碰。②全回路绝缘测试，测试芯对地、芯对芯绝缘，绝缘水平应满足检验规程的标准。应尽可能将测试范围从互感器接线盒到保护装置背板的电流二次回路全部包含进去，检查是否存在两点接地。③互感器二次全回路负载测试，与原始记录比较，查回路负载是否有明显增大现象。

3）保护装置检查。①保护装置交流采样系统硬件故障，更换采样板。②保护装置软件计算错误。更换 CPU。

24．电网接线如图 4-40 所示，当线路 L1 线路出口处发生 A 相金属性接地短路时，L1 线路甲乙两站主保护快速动作，QF1 正确跳开，QF2 未跳闸，乙站失灵保护未动作。故障后现场检查发现，QF2 本体无问题，乙站 L1 线路双套线路保护的装置及跳闸回路电源取自同一空气开关，乙站 L1 线路保护 1 出口跳闸回路如图 4-41 所示。①试分析 QF2 未跳闸及失灵保护未动作原因，应采取何措施？②若该系统采用零序电流Ⅲ段和零序电流Ⅳ段保护作为后备保护，其中零序电流Ⅲ段带方向，零序电流Ⅳ段不带方向，各厂站保护定值如表 4-4 所示，各设备阻抗如表 4-5 所示，S1、S2 均视为无穷大系统。试分析 L1 乙站侧 QF2 拒动后 K1 点故障切除过程。

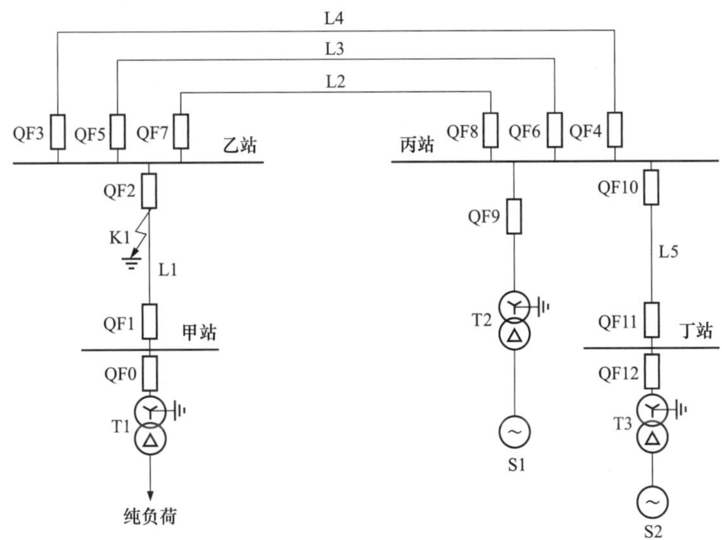

图 4-40　网络结构图

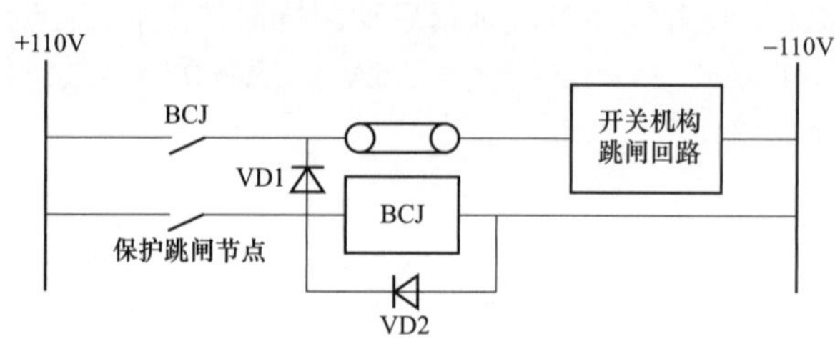

图 4-41　乙站 L1 线路保护 1 跳闸回路示意图（BCJ 为跳闸保持继电器）

表 4-4　　各厂站零序后备保护定值

厂站	设备	保护功能	电流定值（A）	时间定值（s）
各站	各线路	零序Ⅲ段	1800	1.00
		零序Ⅳ段	300	4.00
	各主变压器	零序Ⅲ段	1200	0.70
		零序Ⅳ段	300	3.50

表 4-5　　各设备阻抗标幺值 S_B=100MVA，U_B=230kV

设备名称	正序阻抗	负序阻抗	零序阻抗
L1、L2、L3、L4、L5	j0.03	j0.03	j0.09
T1、T3	j0.09	j0.09	j0.09
T2	j0.06	j0.06	j0.06

答：（1）从乙站 L1 线路保护 1 跳闸回路示意图可知，当保护动作时，若二极管 VD2 短路击穿，存在直流正、负极短路造成直流空开跳闸的问题，同时考虑乙站 L1 双套线路保护跳闸回路电源取自同一空气开关，由此可以推断保护动作时，二极管 VD2 短路击穿直流正、负极短路，空气开关跳闸，QF2 跳闸回路电源消失，导致 QF2 不能跳闸；同时保护装置电源消失，失灵保护不能启动。解决措施：在二极管 VD2 靠负电源端串接电阻，避免二极管击穿时导致的直流正、负极短路；双套线路保护二次回路完全独立，避免双套保护同时失去。

（2）K1 点单相金属性接地短路

QF1 跳开后：

正、负序序网图如图 4-42 所示。

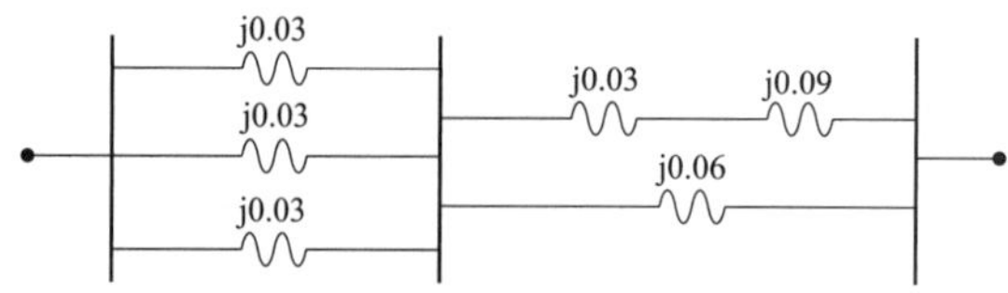

图 4-42　QF1 跳开后正、负序序网图

$$\Sigma X_1 = \Sigma X_2 = \mathrm{j}0.01 + \mathrm{j}0.04 = \mathrm{j}0.05$$

零序序网图如图 4-43 所示。

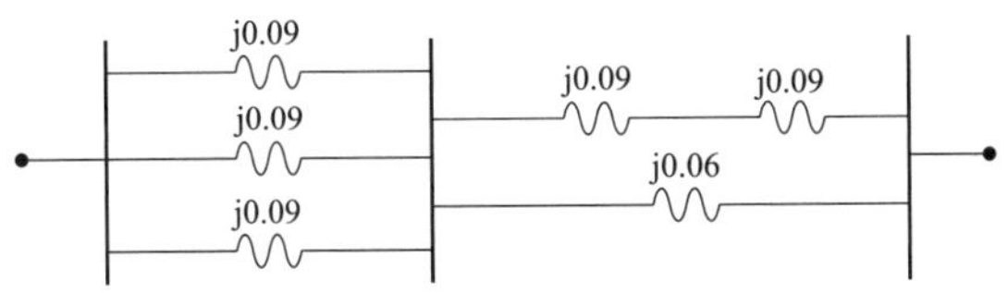

图 4-43 QF1 跳开后零序序网图

$$\Sigma X_0 = \mathrm{j}0.03 + \mathrm{j}0.045 = \mathrm{j}0.075$$

$$I_1 = I_2 = I_0 = 1/(\Sigma X_1 + \Sigma X_2 + \Sigma X_0) = 1/0.175 = 5.714$$

$$3I_0 = 251 \times 3 \times 5.714 = 4302.642\ (\mathrm{A})$$

所以流过线路 L2、L3、L4 的零序电流分别是 4302.642/3=1434.214A，小于线路零序Ⅲ段动作值 1800A，L2、L3、L4 线路零序Ⅲ段保护不动作；

流过主变压器 T2 的零序电流为 4302.642×0.18/(0.18+0.06）=3226.98（A），大于主变压器 T2 零序Ⅲ段动作值 1200A，主变压器 T2 零序Ⅲ段保护延时 0.7s 动作，QF9 跳闸。

流过线路 L5 的零序电流是 4302.642−3226.98=1075.66（A），小于线路零序Ⅲ段动作值 1800A，L5 线路零序Ⅲ段保护不动作；小于主变零序Ⅲ段动作值 1200A，T3 零序Ⅲ段保护不动作。

QF9 跳开后：

正、负序序网图如图 4-44 所示。

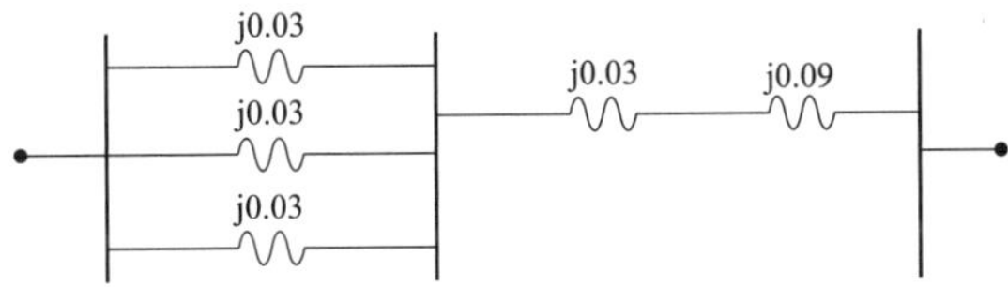

图 4-44 QF9 跳开后正、负序序网图

$$\Sigma X_1 = \Sigma X_2 = \mathrm{j}0.01 + \mathrm{j}0.12 = \mathrm{j}0.13$$

零序序网图如图 4-45 所示。

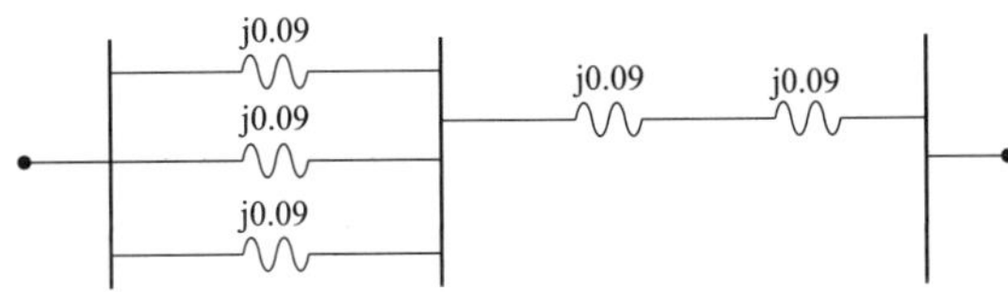

图 4-45 QF9 跳开后零序序网图

$$\Sigma X_0 = \mathrm{j}0.03 + \mathrm{j}0.18 = \mathrm{j}0.21$$

$$I_1 = I_2 = I_0 = 1/(\Sigma X_1 + \Sigma X_2 + \Sigma X_0) = 1/0.47 = 2.13$$

$$3I_0 = 251 \times 3 \times 2.13 = 1603.89\ (\text{A})$$

所以流过线路 L2、L3、L4 的零序电流分别是 1603.89/3=501.26（A），小于线路零序Ⅲ段动作值 1500A，L2、L3、L4 线路零序Ⅲ段保护不动作；

流过线路 L5 的零序电流是 1603.89，小于线路零序Ⅲ段动作值 1800A，L5 线路零序Ⅲ段保护不动作；大于主变压器零序Ⅲ段动作值 1200A，T3 零序Ⅲ段保护在 QF9 跳开后 0.7s 动作，QF12 跳闸，故障最终切除。

25. 某变电站配置的 220kV 线路间隔线路保护符合国网新六统一规范。图 4-46 是该线路间隔操作箱回路相关的原理接线图，该图只画出部分功能。4K1 是第一组操作电源直流开关，4K2 是第二组操作电源直流开关。已知此间隔防跳采用开关机构本体防跳功能，图中手合，手跳，KKJ，TJQ（启动重合闸启动失灵），压力低闭锁重合闸，B、C 相跳合闸等回路省略未画出。

要求：

（1）请写出图中三个指示灯的作用；

（2）找出图中不符合反措规范的问题，并在图上标示出来，简要说明理由。

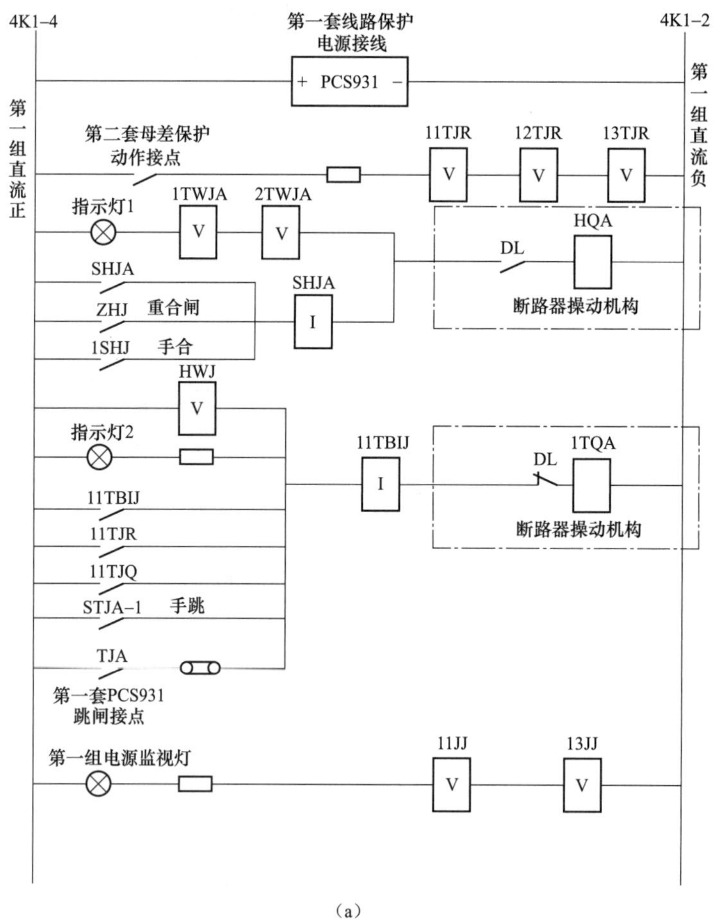

（a）

图 4-46　线路间隔操作箱相关回路图（一）

（a）第一组直流回路

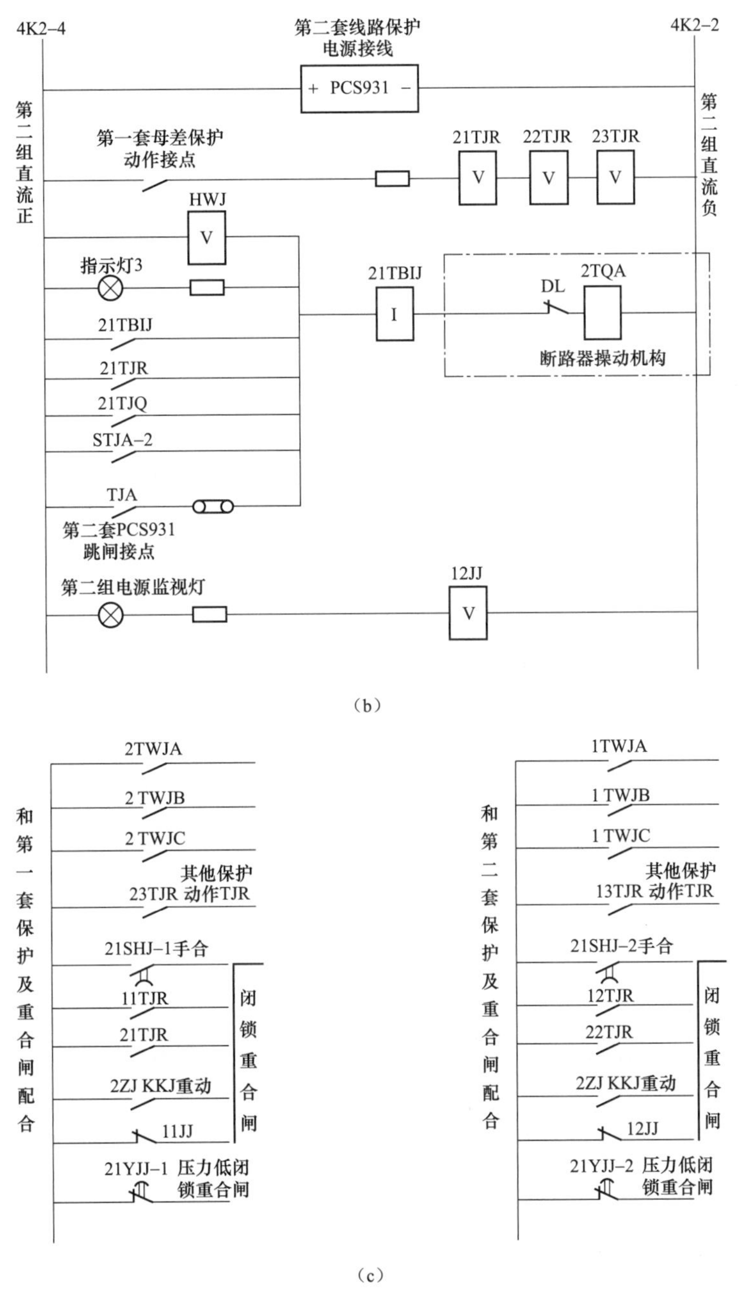

图 4-46　线路间隔操作箱相关回路图（二）

（b）第二组直流回路；（c）操作箱出口回路

答：

（1）指示灯作用如下：

指示灯 1 监视 A 相合闸回路，开关在断开状态下该灯亮说明 A 相合闸回路完好。

指示灯 2 监视 A 相第一组跳闸回路，开关在合闸状态下该灯亮说明 A 相跳闸回路完好。

指示灯 3 监视 A 相第二组跳闸回路，开关在合闸状态下该灯亮说明 A 相跳闸回路完好。

（2）问题及理由如下：

修改 1 双套保护采用同一厂家设备不符合反措；

修改 2 保护装置电源不能与操作箱共用同一直流开关；

修改 3 第一套和第二套母差保护跳闸接反，不符合反措；

修改 4 母差出口接点应有压板，否则没法隔离；

修改 5 开关机构箱的跳合线圈开关辅助接点接反，不能跳合闸；

修改 6 因用机构防跳，合闸回路的 TWJ 继电器应与 SHJA 解开，TWJ 继电器需串接防跳继电器等相关接点；

修改 7 操作回路失电闭锁重合闸，应使用 13JJ 常闭接点，因合闸回路取第一套直流；

修改 8 13TJR 与 23TJR 接点交换，母差启动远跳回路出现交叉。改正后的回路如图 4-47 所示。

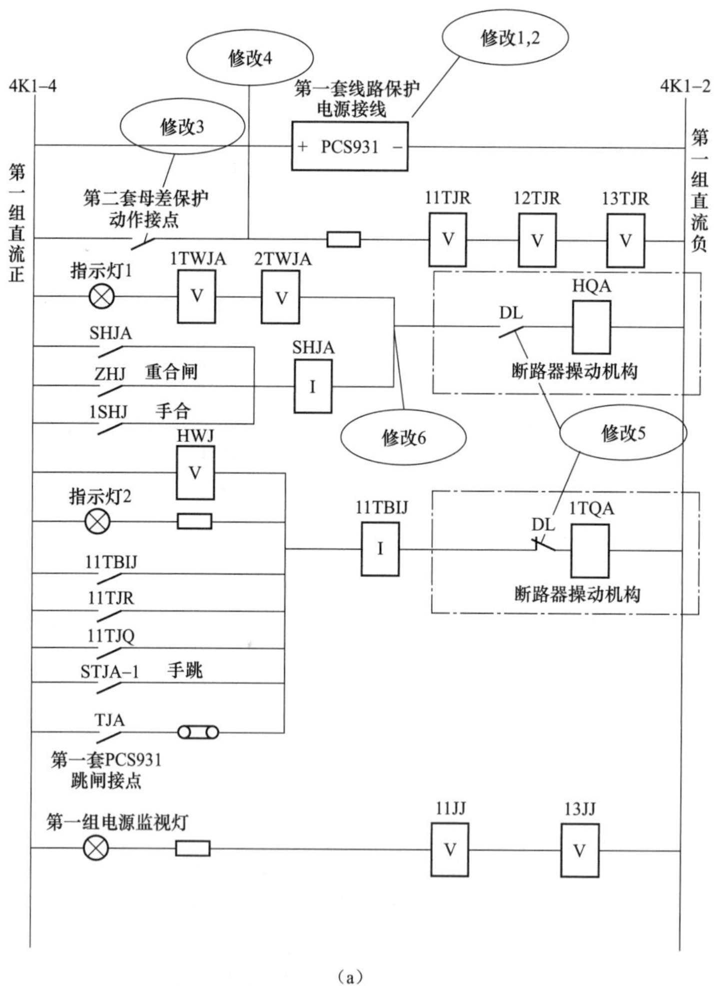

（a）

图 4-47 线路间隔改正后的操作箱相关回路图（一）

（a）第一组直流回路

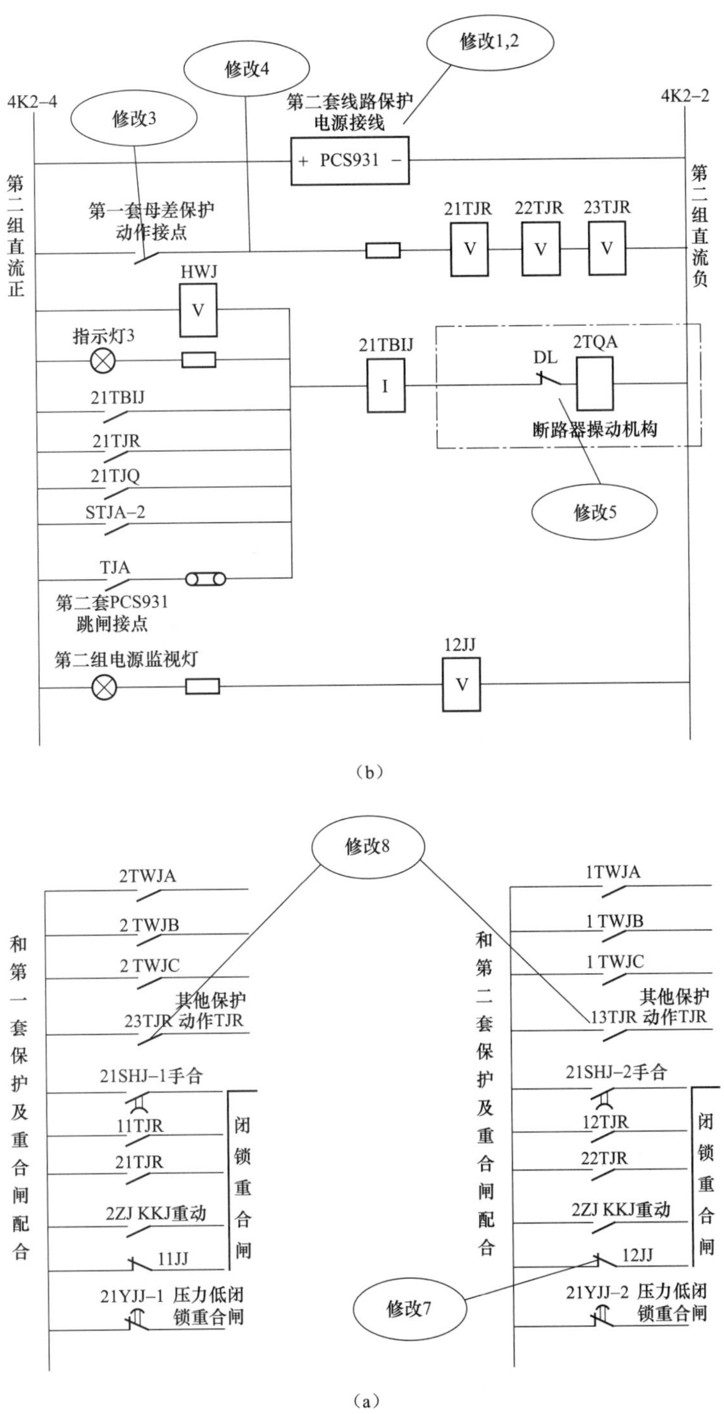

图 4-47 线路间隔改正后的操作箱相关回路图（二）

（b）第二组直流回路；（c）操作箱出口回路

26．图 4-48（a）为一条线路保护的电压切换回路，当本线路由 I 母倒到 II 母运行时，如遇到隔离开关位置异常的极端情况，会导致两母电压非正常并列且不被发现的情况，请问：

（1）是什么样的隔离开关位置异常导致两母电压非正常并列且发现不了？

（2）其后，在母线什么运行方式下，分别说明母线故障时、本线路故障时和没有故障时可能导致什么样恶劣后果？可以采取什么样的解决方案发现这种两母电压非正常并列的问题？

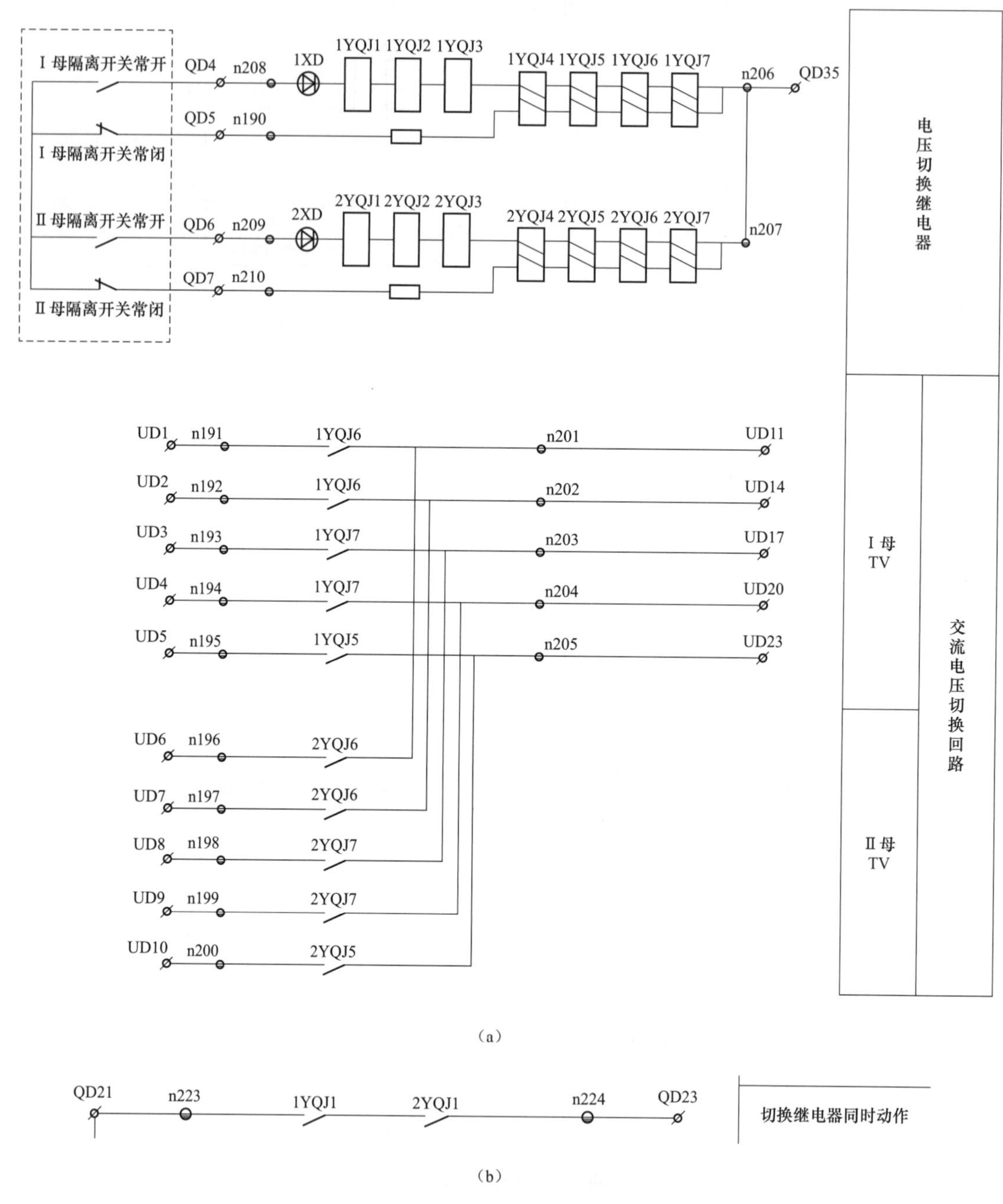

图 4-48　电压切换相关回路图

（a）交流电压切换原理图；（b）切换继电器同时动作原理图

答：

（1）Ⅰ母隔离开关常闭接点没有闭合，导致两母电压非正常并列，且此现象从图 4-48（b）

可知是发现不了的；

（2）其后，当两母线分列运行时（母联断路器在分位），母线故障时，由于电压不能开放，导致母线保护拒动；

本线路故障时，由于电压不能反映故障线路的真实电压，会导致非电流差动原理的主保护和与电压有关的保护拒动；

无论故障与否，由于两母线的相位和幅值都有可能不一样，两个母线电压之间有矢量差，两个电压切换继电器的接点又都闭合，相当于两个不同的电压源之间处于短路状态，导致交流切换回路有很大电流，甚至烧毁电路板；

解决方案：可以用 1YQJ4-1YQJ7 和 2YQJ4-2YQJ7 中富余的两个常开接点分别替换图 4-48（b）中的 1YQJ1 和 2YQJ1 这两个常开接点，如图 4-49 所示。

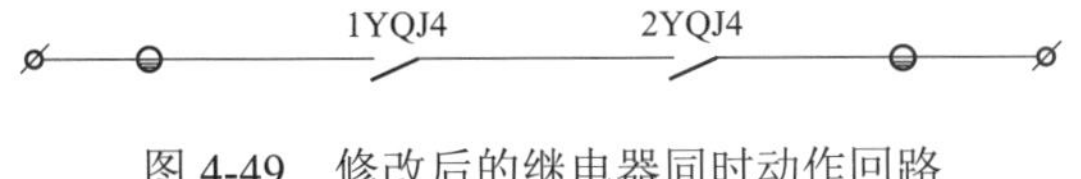

图 4-49 修改后的继电器同时动作回路

27. 分别针对 3/2 断路器接线和双母线接线的线路，试分析下敞开式电流互感器的 P1（绝缘侧）与 P2（等电位侧）在安装时应分别朝向哪端，对继电保护有什么影响？如果一次设备安装时未注意朝向而接反，能否改变二次回路接线来解决？为什么？

答：（1）无论 3/2 断路器接线还是双母线接线，P1 端（绝缘侧）应朝向本断路器。

（2）互感器发生内部故障或外部闪络时，因 P1 侧绝缘件的存在，闪络多向 P2 端发生，保护装置感受到的故障点位于 P2 以外。

对双母线接线而言，故障点在线路侧，线路保护动作切除故障；如果反接，故障点在母线侧，母线保护动作切除故障，将使故障影响范围变大。

对 3/2 断路器接线的边断路器，若 P1 端朝向本断路器，发生边断路器互感器故障时，故障点易在线路侧，线路保护动作切除故障；如果反接，即是电流互感器与本断路器之间的区域发生故障，母线保护虽能够正确动作跳开断路器，但因该区域处于线路保护范围外，线路仍向故障点提供故障电流，也就是俗称的保护死区，需后备保护（断路器失灵保护）动作跳开相邻元件及线路对侧（线路后备、失灵远跳）后方可切除故障。

对 3/2 断路器接线的中断路器，一种情况是单侧 TA 布置，若 P1 端朝向本断路器，与边断路器的分析类似，发生中断路器互感器故障时，故障点易在线路侧，线路保护动作切除故障；如果反接，即是电流互感器与本断路器之间的区域发生故障，线路保护虽能够正确动作跳开断路器，但因该区域处于另一线路保护范围外，另一线路仍向故障点提供故障电流，也是保护死区，需后备保护（断路器失灵保护）动作跳开相邻断路器及线路对侧（线路后备、失灵远跳）后方可切除故障，扩大了故障影响范围。另一种情况是双侧 TA 布置，保护死区问题不再存在，但反接时仍会有两条线路保护同时动作的问题。

（3）如果一次设备安装时未注意朝向而接反，靠改变二次回路接线，对双母线接线，可以解决母线保护和线路保护范围交叉问题，但并未解决外部闪络问题，故障仍被更多引向母线侧；对 U 形 TA 底部易发的故障也会落入母线故障范围。对 3/2 断路器接线的分析也是类似，保护死区故障概率仍是较大。

第五部分 规 程 规 范

一、单选题

1.《继电保护和电网安全自动装置现场工作保安规定》（Q/GDW 267—2009 以下简称《保安规定》）要求，对一些主要设备，特别是复杂保护装置或有联跳回路的保护装置的现场校验工作，应编制和执行《安全措施票》，如（ A ）。

A．母线保护、断路器失灵保护和主变压器零序联跳回路等

B．母线保护、断路器失灵保护、主变压器零序联跳回路和用钳形伏安相位表测量等

C．母线保护、断路器失灵保护、主变压器零序联跳回路和用拉路法寻找直流接地等

D．母线保护、用钳形伏安相位表测量和用拉路法寻找直流接地等

2．为防止由瓦斯保护启动的中间继电器在直流电源正极接地时误动，应（ A ）。

A．采用动作功率较大的中间继电器，而不要求快速动作

B．对中间继电器增加 0.5s 的延时

C．在中间继电器启动线圈上并联电容

D．采用动作电压较大的中间继电器

3．变压器本体的气体、压力释放、压力突变、温度和冷却器全停等非电量保护宜采用就地跳闸方式，即通过安装在开关场的、启动功率不小于（ B ）的中间继电器的两副接点，分别直接接入变压器各侧断路器的跳闸回路，并将动作信号接至控制室。

A．2W　　B．5W　　C．10W　　D．15W

4．新安装或一、二次回路经过变动的变压器差动保护，当第一次充电时，应将差动保护（ A ）。

A．投入　　B．退出　　C．投入退出均可　　D．以上说法均对

5．零序电流保护在常见运行方式下，在 220～500kV 的 205km 线路末段金属性短路时的灵敏度应大于（ C ）。

A．1.5　　B．1.4　　C．1.3　　D．1.2

6．零序电流保护在常见运行方式下，应有对本线路末端金属性接地故障时的灵敏系数满足下列要求的延时段保护，50km 以下的线路，不小于（ A ）。

A．1.5　　B．1.4　　C．1.3　　D．1.6

7．零序电流保护在常见运行方式下，应有对本线路末端金属性接地故障时的灵敏系数满

足下列要求的延时段保护，50～200km 线路，不小于（ B ）。

A．1.5　　B．1.4　　C．1.3　　D．1.2

8．为保证接地后备最后一段保护可靠地有选择性地切除故障，500kV 线路接地电阻最大按（ C ）Ω，220kV 线路接地电阻最大按 100Ω 考虑。

A．150　　B．180　　C．300　　D．400

9．继电保护逐级配合是指（ B ）。

A．时间配合　　B．时间和灵敏度均配合

C．灵敏度配合　　D．可靠系数配合

10．用于超高压电网的保护直接作用于断路器跳闸的中间继电器，其动作时间应小于（ A ）。

A．10ms　　B．15ms　　C．8ms　　D．4ms

11．《继电保护及二次回路安装及验收规范》（GB/T 50976—2014）规定：操作回路的电缆芯线，应满足正常最大负荷时电源引出端至被操作设备端的电压降不超过电源电压的（ C ）。

A．3%　　B．5%　　C．10%　　D．15%

12．《继电保护及二次回路安装及验收规范》（GB/T 50976—2014）规定：交流电压回路，当接入全部负荷时，电压互感器到继电保护和安全自动装置的电压降不应超过额定电压的（ A ）。应按工程最大规模考虑电压互感器的负荷增至最大的情况。

A．3%　　B．5%　　C．10%　　D．15%

13．《继电保护及二次回路安装及验收规范》（GB/T 50976—2014）规定，端子排、压板、切换部件离地面不宜低于（ C ）。

A．400mm　　B．350mm　　C．300mm　　D．200mm

14．《继电保护及二次回路安装及验收规范》（GB/T 50976—2014）规定：传输线路纵联保护信息的数字式通道传输时间不应大于（　　），点对点的数字式通道传输时间不应大于（　　）。（ C ）

A．15ms，8ms　　B．12ms，8ms　　C．12ms，5ms　　D．8ms，3ms

15．《继电保护及二次回路安装及验收规范》（GB/T 50976—2014）规定：防跳回路采用串联自保持时，接入跳合闸回路的自保持线圈自保持电流不应大于额定跳合闸电流的 50%，线圈电压应小于额定电压的（ A ）。

A．5%　　B．10%　　C．30%　　D．50%

16．宜采用断路器本体的防止断路器跳跃功能。防止跳跃继电器的电流线圈应（ A ）。

A．接在跳闸继电器出口触点与断路器控制回路之间

B．与断路器跳闸线圈并联

C．与跳闸继电器出口触点并联

D．与跳闸继电器线圈并联

17．中间继电器的电流保持线圈在实际回路中可能出现的最大压降应小于回路额定电压的（ A ）。

A．5%　　B．10%　　C．15%　　D．20%

18．安装于同一面屏上由不同端子供电的两套保护装置的直流逻辑回路之间（ C ）。

A．允许有电联系

B．一般不允许有电磁联系，如有需要，应加装抗干扰电容措施

C．不允许有任何电的联系，如有需要必须经空触点输出

D．为防止相互干扰，绝对不允许有任何电磁联系

19．各级继电保护部门划分继电保护装置整定范围的原则是（ B ）。

A．按电压等级范围划分，分级整定　　B．整定范围一般与调度操作范围相适应

C．由各级继电保护部门协调决定　　D．按地区划分

20．对中性点经间隙接地的220kV变压器零序保护，从母线电压互感器取电压的$3U_0$定值一般为（ D ）。

A．50V　　B．57.7V　　C．100V　　D．180V

21．某220kV线路甲侧TA变比为1250/1A，乙侧电流互感器变比为1200/5A，两侧保护距离Ⅱ段一次侧定值均为22，则甲、乙两侧距离Ⅱ段二次侧定值分别为（ D ）。

A．38.7，201.7　　B．12.5，12.0Ω　　C．2.5，2.4Ω　　D．12.5，2.4

22．相间距离保护的Ⅰ段保护范围通常选择为被保护线路全长的（ D ）。

A．50%～55%　　B．60%～65%　　C．70%～75%　　D．80%～85%

23．对于距离保护的第Ⅱ段，其动作时限如果与相邻距离保护Ⅰ段或短线路纵联保护配合整定时，仍宜取为（ A ）。

A．0.3～0.5s　　B．0.5～0.7s　　C．0.7～1.0s　　D．1.2～1.5s

24．测量距离保护的动作时间，要求通入电流值是（ C ）。

A．5A　　B．最小精工电流

C．两倍最小精工电流　　D．1.2倍最小精工电流

25．检查微机型保护回路及整定值的正确性（ C ）。

A．可采用打印定值和键盘传动相结合的方法

B．可采用检查VFC模数变换系统和键盘传动相结合的方法

C．只能用从电流电压端子通入与故障情况相符的模拟量，使保护装置处于与投入运行完全相同状态的整组试验方法

D．可采用打印定值和短接出口接点相结合的方法

26．按照最新反措要求，对于有两组跳闸线圈的断路器，（ A ）。

A．其每一组跳闸回路应分别由专用的直流空气开关供电

B．两组跳闸回路可共用一组直流空气开关供电

C．其中一组由专用的直流空气开关供电，另一组可与一套主保护共用一组直流空气开关

D．以上均可

27．继电保护所使用的电流互感器，规程规定其稳态变比误差及角误差的范围是（ B ）。

A．稳态变比误差不大于10%，角误差不大于3%

B．稳态变比误差不大于10%，角误差不大于7%

C．稳态变比误差不大于5%，角误差不大于3%

D．稳态变比误差不大于5%，角误差不大于7%

28．继电保护要求，电流互感器的一次电流等于最大短路电流时，其综合误差不大于

（ A ）。

A. 10%　　B. 5%　　C. 8%　　D. 3%

29. 根据 1175 设计规程，母线保护充电逻辑有效时间为 SHJ 触点由“0”变为“1”后的（　　）s 内，之后恢复为正常运行母线保护逻辑；在充电逻辑的有效时间内，如满足动作条件应瞬时跳母联（分段）断路器，如母线保护仍不复归，延时（　　）ms 跳运行母线，以防止误切除运行母线。（ B ）

A. 1，150　　B. 1，300　　C. 2，150　　D. 2，300

30. 《继电保护及安全自动装置验收规范》（Q/GDW 1914—2013）规定，交流电流、电压回路验收时（　　）采用通入模拟电流、电压的方法验证回路的正确性，电流回路（　　）采用一次升流、电压回路（　　）采用二次加压的方法进行。（ B ）

A. 应，宜，宜　　B. 应，宜，可　　C. 应，可，宜　　D. 宜，宜，宜

31. 《继电保护及安全自动装置验收规范》（Q/GDW 1914—2013）规定，对反映一次设备位置和状态的辅助接点及其二次回路进行验收时，不（ A ）采用短接接点的方法进行。

A. 宜　　B. 应　　C. 得　　D. 可

32. 《国家电网公司安全自动装置运行管理规定》［国网（调/4）526—2014］规定，各级调控部门每年应对全网安自装置进行梳理，对电网运行不再需要的安自装置，应及时将装置退出运行。运维单位按照相关规定履行相应手续，并在（ B ）个月内予以拆除。

A. 3　　B. 6　　C. 9　　D. 12

33. 《国家电网公司继电保护和安全自动装置缺陷管理办法》［国网（调/4）527—2014］规定，常规站主变保护 TV 断线属于（ A ）缺陷。

A. 危急　　B. 严重　　C. 一般　　D. 简单

34. 《电网安全稳定自动装置技术规范》（Q/GDW 421—2010）规定，对于电网安全稳定控制装置，每个动作报告应包含故障前 0.2s 至故障后（　　）的数据；对于低频低压减负荷装置和失步解列装置，每个动作报告应包含故障前 0.2s 至故障后（　　）的数据。（ B ）

A. 5s；25s　　B. 5s；30s　　C. 6s；25s　　D. 6s；30s

35. 各级电网低频减负荷装置切除容量应按不少于本电网最大月平均负荷的（ C ）整定，且应满足本网内最大发电厂机组全停及网间联络线最大受电功率时跳闸要求。省级电网低频减负荷装置除满足上述要求外，还应满足所属区域电网的要求。

A. 25%　　B. 30%　　C. 35%　　D. 40%

36. 《国家电网公司继电保护和安全自动装置缺陷管理办法》［国网（调/4）527—2014］规定，电压切换异常属于（ A ）缺陷。

A. 危急　　B. 严重　　C. 一般　　D. 简单

37. 《继电保护状态检修检验规程》（Q/GDW 11284—2014）要求，开展状态检修的继电保护装置及二次回路，应按照《继电保护状态检修导则》（Q/GDW 1806—2013）要求开展状态信息收集、状态评价和检修决策等工作，状态评价 1 年内至少开展（ A ）次。

A. 1　　B. 2　　C. 3　　D. 4

38. 《继电保护状态检修导则》（Q/GDW 1806—2013）明确，继电保护专业巡检由检修部门负责，220kV 及以上变电站每（　　）个月至少开展一次专业巡检，110（66）kV 变电站每（　　）月至少开展一次专业巡检。必要时可增加专业巡检次数。（ B ）

A．3，6　　B．6，12　　C．12，15　　D．12，24

39．继电保护不停电检修为（ D ）检修。

A．A类　　B．B类　　C．C类　　D．D类

40．被评价为“正常状态”的继电保护设备，执行（ C ）检修。

A．A类　　B．B类　　C．C类　　D．D类

41．现场工作过程中遇到异常情况或断路器跳闸时（ C ）。

A．只要不是本身工作的设备异常或跳闸，就可以继续工作，由运行值班人员处理

B．可继续工作，由运行值班人员处理异常或事故

C．应立即停止工作，保持现状，待找出原因或确定与本工作无关后，方可继续工作

D．可将人员分成两组，一组继续工作，一组协助运行值班人员查找原因

42．新安装保护装置在投入运行一年以内，未打开铅封和变动二次回路以前，保护装置出现由于调试和安装质量不良而引起的不正确动作，其责任归属为（ C ）。

A．设计单位　　B．运行单位　　C．基建单位　　D．管理单位

43．继电保护事故后检验属于（ C ）。

A．部分检验　　B．运行中发现异常的检验

C．补充检验　　D．全部检验

44．新安装保护装置投入运行后的第一次全部校验工作应安排在（ B ）。

A．一年之后进行　　B．一年之内进行

C．运行三年之后进行　　D．运行六年之后进行

45．试验过程中，为了防止电子仪表和保护装置的损坏，应当（ C ）。

A．取消仪表的接地线

B．将仪表的接地线接于试验电源系统的接地线上

C．将仪表的接地线接于工作现场的地网上

D．都可以

46．继电保护装置校验，在使用交流电源的电子仪器时，仪器外壳与保护屏（ A ）。

A．同一点接地　　B．分别接地　　C．不相联且不接地　　D．都可以

47．发电厂、变电站蓄电池直流母线电压允许波动范围为额定电压的（ C ）。

A．±3%　　B．±5%　　C．±10%　　D．±15%

48．微机保护的整组试验是指（ B ）。

A．用专用的模拟试验装置进行试验

B．由端子排通入与故障情况相符的电流、电压模拟量进行试验

C．用卡接点和通入电流、电压模拟量的方法进行试验

D．都可以

49．整组试验允许用（ C ）的方法进行。

A．保护试验按钮、试验插件或启动微机保护

B．短接接点、手按继电器等

C．从端子排上通入电流、电压模拟各种故障，保护处于投入运行完全相同的状态

D．都可以

50．配置单相重合闸的线路发生瞬时单相接地故障时，由于重合闸原因误跳三相，但又

三相重合成功，重合闸应如何评价（ D ）。

A．不评价　　B．正确动作 1 次，误动 1 次

C．不正确动作 1 次　　D．不正确动作 2 次

51．断路器最低跳闸电压及最低合闸电压不应低于 30%的额定电压，且不应大于（ C ）额定电压。

A．30%　　B．50%　　C．65%　　D．75%

52．保护装置整组试验实测动作时间与整定时间误差最大值不得超过整定时间级差的（ B ）。

A．5%　　B．10%　　C．15%　　D．25%

53．微机保护投运前不需要带负荷的试验项目是（ A ）。

A．联动试验　　B．相序　　C．功率角度　　D．$3I_0$ 极性

54．新安装装置的第一次定期检验应由（ B ）完成。

A．基建部门　　B．运行部门　　C．基建与运行部门联合　　D．都可以

55．在没有实际测量值情况下，除大区间的弱联系联络线外，系统最长振荡周期一般可按（ C ）考虑。

A．1.0s　　B．1.3s　　C．1.5s　　D．2s

56．微机保护应承受工频试验电压 1000V 的回路有（ C ）。

A．110V 或 220V 直流回路对地　　B．直流逻辑回路对高压回路

C．触点的动静两端之间　　D．以上都是

57．某线路两侧的纵联保护属同一供电局管理，区外故障时发生了不正确动作，经多次检查、分析未找到原因，经本单位总工同意且报主管调度部门认可后，事故原因定为原因不明，此时应评价（ C ）。

A．该单位两次不正确动作

B．暂不评价保护动作正确与否，等以后找出原因再评价

C．仅按该单位不正确动作一次评价

D．不予评价

58．利用保护装置进行断路器跳、合闸试验，一般（ C ）。

A．每年不少于两次　　B．每两年进行一次

C．每年不宜少于一次　　D．每三年进行一次

59．继电保护装置检验分为三种，是（ C ）。

A．验收检验、全部检验、传动检验　　B．部分检验、补充检验、定期检验

C．验收检验、定期检验、补充检验　　D．验收检验、全部检验、补充检验

60．继电保护装置的定期检验分为：全部检验，部分检验，（ C ）。

A．验收检验　　B．事故后检验

C．用装置进行断路器跳、合闸试验　　D．首次检验

61．继电保护事故后检验属于（ C ）。

A、部分检验　　B．运行中发现异常的检验

C．补充检验　　D．定期检验

62．继电保护装置在进行整组试验时，其直流电源电压应为（ C ）。

A．额定直流电源电压的 85%　　B．额定直流电源电压

C．额定直流电源电压的 80%　　D．额定直流电源电压的 70%

63．220kV 系统故障录波器应按以下原则统计动作次数（ C ）。

A．计入 220kV 系统保护动作的总次数中　　B．计入全部保护动作的总次数中

C．应单独对录波器进行统计　　D．无须统计

64．微机型保护装置未按规定使用正确的软件版本，造成保护装置不正确动作，按照评价规程其责任应统计为（ C ）。

A．原理缺陷　　B．运行维护不良　　C．调试质量不良　　D．制造质量不良

65．继电保护试验用仪器的精度及测量二次回路绝缘表计的电压等级应分别为（ B ）。

A．1 级及 1000V　　B．0.5 级及 1000V　　C．3 级及 500V　　D．0.5 级及 500V

66．新安装装置的验收试验时，从保护屏柜的端子排处将所有外部引入的回路及电缆全部断开，分别将电流、电压、直流控制、信号回路的所有端子各自连接在一起，用 1000V 绝缘电阻表测量下列绝缘电阻，其阻值均应大于（ A ）。

A．大于 10MΩ　　B．大于 5MΩ　　C．大于 0.5MΩ　　D．大于 50MΩ

67．定期检验时，在保护屏柜的端子排处将所有电流、电压、直流控制回路的端子的外部接线拆开，并将电压、电流回路的接地点拆开，用 1000V 绝缘电阻表测量回路对地的绝缘电阻，其绝缘电阻应大于（ C ）。

A．大于 10MΩ　　B．大于 5MΩ　　C．大于 1MΩ　　D．大于 50MΩ

68．微机继电保护装置的使用年限一般为（ A ）。

A．10～12 年　　B．8～10 年　　C．6～8 年　　D．4～6 年

69．继电保护和电网安全自动装置现场工作应遵守（ C ）的相关要求。

A．状态检修　　B．风险辨识

C．标准化作业和风险辨识　　D．标准化作业

70．更换继电保护和电网安全自动装置屏或拆除旧屏前，应在相关回路（ A ）做好安全措施。

A．对侧屏　　B．本屏上　　C．两侧都可以　　D．以上都对

71．被检验保护装置与运行保护装置共用工作电流互感器绕组时，应核实电流互感器二次回路的（ C ）。

A．变比和极性　　B．有无开路

C．使用情况和连接顺序　　D．接地点

72．运行中的继电保护和电网安全自动装置需要检验时，应先断开相关（ B ），再断开装置的工作电源。

A．保护压板　　B．跳闸和合闸压板

C．交流电压　　D．以上都对

73．整组传动试验前，应告知运行值班人员和相关人员本次试验的内容，以及可能涉及的一、二次设备。试验时，继电保护人员和运行值班人员应共同监视（ C ）动作行为。

A．保护装置　　B．监控信号　　C．断路器　　D．以上都对

74．计算非全相运行最大零序电流时，应选择与被保护线路相并联的联络线为最（ A ）的运行方式。

A．少，系统联系最薄弱　　B．多，系统联系最强

C．多，系统联系较薄弱　　D．少，系统联系最强

75．电流启动的防跳继电器，其电流线圈额定电流的选择应与断路器跳闸线圈的额定电流相配合，并保证动作的灵敏系数不小于（ A ）。

A．1.5　　B．1.8　　C．2.0　　D．2.5

76．下列哪一项不是自动投入装置应符合的要求（ C ）。

A．在工作电源或设备断开后，才投入备用电源或设备

B．自动投入装置必须采用母线残压闭锁的切换方式

C．工作电源或设备上的电压，不论因什么原因消失，自投装置均应动作

D．自动投入装置应保证只动作一次

77．保护装置双重化配置应充分考虑（ B ）的安全性。

A．检修和设备　　B．运行和检修　　C．人员和设备　　D．系统稳定

78．禁止将电流互感器二次侧开路，（ C ）除外。

A、计量用电流互感器　　B．测量用电流互感器

C．光电流互感器　　D．二次电流为1A的电流互感器

79．远方更改微机继电保护装置定值或操作继电保护装置时，应遵守现场有关运行管理规定，并有保密和监控手段，以防止（ A ）。

A．误整定和误操作　　B．误整定和误校验

C．误碰和误校验　　D．误整定和误碰

80．传送数字信号的保护与通信设备间的距离大于（ B ）时，应采用光缆。

A．20m　　B．50m　　C．100m　　D．150m

81．微机型保护装置的电流、电压引入线应采用屏蔽电缆，同时（ C ）。

A．电缆的屏蔽层应在开关场可靠接地

B．电缆的屏蔽层应在控制室可靠接地

C．电缆的屏蔽层应在开关场和控制室两端可靠接地

D．以上都可以

82．直流电压为220V的直流继电器，线圈的线径不宜小于（ A ）。

A．$0.09mm^2$　　B．$0.10mm^2$　　C．$0.11mm^2$　　D．$0.15mm^2$

83．如果直流电源为220V，而中间继电器的额定电压为110V，则回路的连接可以采用中间继电器串联电阻的方式，串联电阻的一端应接于（ B ）。

A、正电源　　B．负电源

C．远离正、负电源（不能直接接于电源端）　D．都可以

84．在控制室经零相公共小母线N600连接的220～500kV的母线电压互感器二次回路，其接地点应（ B ）。

A．各自在220～500kV保护室外一点接地　　B．只在室内接地

C．各电压互感器分别接地　　D．都可以

85．对于能否在正常运行时确认$3U_0$回路是否完好，有下述四种意见，其中（ C ）是正确的。

A．可以用电压表检测$3U_0$回路是否有不平衡电压的方法判断$3U_0$回路是否完好

B．可以用电压表检测 $3U_0$ 回路是否有不平衡电压的方法判断 $3U_0$ 回路是否完好，但必须使用高内阻的数字万用表，使用指针式万用表不能进行正确地判断

C．不能以检测 $3U_0$ 回路是否有不平衡电压的方法判断 $3U_0$ 回路是否完好

D．可以用电压表检测 $3U_0$ 回路是否有不平衡电压的方法判断 $3U_0$ 回路是否完好，但必须使用指针式万用表，使用高内阻的数字万用表不能进行正确地判断

86．对于微机型保护，为增强其抗干扰能力应采取的方法是（ C ）。

A．交流电源来线必须经抗干扰处理，直流电源来线可不经抗干扰处理

B．直流电源来线必须经抗干扰处理，交流电源来线可不经抗干扰处理

C．交流及直流电源来线均必须经抗干扰处理

D．交流及直流电源来线均不必经抗干扰处理

87．与微机保护装置出口继电器触点连接的中间继电器线圈两端应（ A ）以消除过压回路。

A．并联电容且还需串联一个电阻　　B．串联电容且还需串联一个电阻

C．串联电容且还需并联一个电阻　　D．都可以

88．为防止启动中间继电器的触点返回（断开）时中间继电器线圈产生反电势，中间继电器线圈两端并联“二极管串电阻”。当直流电源电压为 110～220V 时，其中电阻值应选取为（ C ）。

A．10～30Ω　　B．1000～2000Ω　　C．250～300Ω　　D．150～200Ω

89．按照反措要求，防止跳跃继电器的电流线圈与电压线圈间耐压水平应（ B ）。

A．不低于 2500V、2min 的试验标准　　B．不低于 1000V，1min 的试验标准

C．不低于 2500V，1min 的试验标准　　D．不低于 1000V，2min 的试验标准

90．在以下四种关于微机保护二次回路抗干扰措施的定义中，（ B ）是错误的。

A．强电和弱电回路不得合用同一根电缆

B．尽量要求使用屏蔽电缆，如使用普通铠装电缆，则应使用电缆备用芯，在开关场及主控室同时接地的方法，作为抗干扰措施

C．保护用电缆与电力电缆不应同层敷设

D．电缆备用芯不允许接地

91．在直流总输出回路及各直流分路输出回路装设直流断路器或小空气开关时，上下级配合（ B ）。

A．无选择性要求　　B．有选择性要求

C．视具体情况而定　　D．都可以

92．对于微机型保护而言，（ A ）。

A．弱信号线不得和强干扰（如中间继电器线圈回路）的导线相邻近

B．因保护中已采取了抗干扰措施，弱信号线可以和强干扰（如中间继电器线圈回路）的导线相邻近

C．在弱信号线回路并接抗干扰电容后，弱信号线可以和强干扰（如中间继电器线圈回路）的导线相邻近

D．都可以

93．《继电保护和电网安全自动装置现场工作保安规定》（Q/GDW 267—2009）要求，

（ B ）的绝缘胶布只能作为执行继电保护安全措施票的标识。

A．黄色　　B．红色　　C．黄绿红都可以　　D．黑色

94．装置校验前应做好安全措施，在工作屏正面和后面设置（ B ）标志。

A．红布幔　　B．在此工作

C．检修设备　　D．止步，高压危险

95．电力系统继电保护的选择性，除了决定于继电保护装置本身的性能外，还要求满足：由电源算起，愈靠近故障点的继电保护的故障启动值（ A ）。

A．相对愈小，动作时间愈短　　B．相对愈大，动作时间愈短

C．相对愈大，动作时间愈长　　D．相对愈小，动作时间愈长

96．继电保护整定技术规程中提出了保护不完全配合的概念，不完全配合指的是（ A ）。

A．动作时间配合，保护范围不配合　　B．保护范围配合，动作时间不配合

C．动作时间配合，保护范围不配合　　D．保护范围不配合或动作时间不配合

97．何种情况下保护装置与断路器操作回路可仅由一组直流断路器或自动开关供电。（ B ）。

A．保护装置与断路器跳闸线圈均双重化配置时

B．采用远后备原则配置保护时

C．任何情况下都不允许

D．任何情况下都可以

98．发电厂（站）、变电站的直流母线电压最高不应超过额定电压的 115%，在最大负荷情况下保护动作时不应低于额定电压的（ B ）。

A．85%　　B．80%　　C．90%　　D．100%

99．“独立的保护装置或控制回路必须且只能由一对专用的直流空气开关或端子对取得直流电源”，主要目的是（ B ）。

A．保证直流回路短路时直流回路上下保护的选择性

B．防止直流回路产生寄生回路

C．减少直流系统接地的发生

D．防止压双芯

100．评价继电保护正确动作率时，若在事件过程中主保护应动而未动，由后备保护动作切除故障，则评价（ A ）。

A．主保护不正确动作 1 次，后备保护正确动作 1 次

B．主保护不正确动作 1 次

C．保护正确动作 1 次

D．均不评价

101．关于继电保护动作评价，下述哪项说法是不正确的（ D ）。

A．双母线接线母线故障，母差保护动作，利用线路纵联保护促使其对侧断路器跳闸，消除故障，母差保护和线路两侧纵联保护应分别评价为“正确动作”

B．双母线接线母线故障，母差保护动作，由于母联断路器拒跳，由母联失灵保护消除母线故障，母差保护和母联失灵保护应分别评价为“正确动作”

C．双母线接线母线故障，母差保护动作，断路器拒跳，利用变压器保护跳各侧，消除故障，母差保护和变压器保护应分别评价为“正确动作”

D．继电保护正确动作，断路器拒跳，继电保护应评价为“不正确动作”

102．国网标准化设计中，（ A ）跳母联（分段）时不应启动失灵保护。

A．变压器后备保护　　B．变压器差动保护

C．母线差动保护　　D．变压器非电量保护

103．国网标准化设计的双母线接线断路器失灵保护，宜采用（ C ）中的失灵电流判别功能。

A．变压器保护　　B．线路保护　　C．母线保护　　D．断路器保护

104．用于串补线路及其相邻线路的距离保护应有防止（ A ）拒动和误动的措施。

A．距离保护Ⅰ段　　B．距离保护Ⅱ段　　C．距离保护各段　　D．距离保护Ⅲ段

105．国网标准化设计中，220kV 及以上保护装置的采样回路应使用（ B ）(共用一个电压或电流源)。

A．双 A/D 结构　　B．A/D 冗余结构　　C．VFC 结构　　D．都可以

106．国网标准化设计中，运行中基本不变的保护分项功能，如“距离Ⅰ段”采用（ C ）投/退。

A．软压板　　B．硬压板　　C．控制字　　D．固定投入

107．国网标准化设计的双母线接线的母线保护，通过隔离刀闸辅助接点自动识别母线运行方式时，应对刀闸辅助接点进行自检。当与实际位置不符时，发“刀闸位置异常”告警信号，应能通过保护模拟盘校正刀闸位置。当仅有一个支路隔离刀闸辅助接点异常，且该支路有电流时，保护装置仍应具有（ A ）的功能。

A．选择故障母线　　B．选择区内、区外故障

C．正常运行不误动　　D．闭锁保护

108．国网标准化设计的双母双分段接线母差保护应提供启动（ A ）失灵保护的出口接点。

A．分段　　B．母联　　C．分段和母联　　D．分段或母联

109．国网标准化设计的母线保护应能自动识别母联（分段）的充电状态，合闸于死区故障时，为不误切除运行母线。应（ C ）。

A．瞬时跳母联（分段）和运行母线

B．只瞬时跳母联（分段）

C．瞬时跳母联（分段）和延时 300ms 跳运行母线

D．延时 100ms 跳母联，延时 300ms 跳运行母线

110．国网标准化设计的双母线接线的母线保护，在母线并列运行，发生死区故障时，会（ B ）。

A．先跳母联，再跳故障母线　　B．不能保证选择性，两段母线都跳闸

C．有选择性地切除故障母线　　D．同时跳母联和故障母线

111．国网标准化设计的母线保护设置了母联、分段分列运行压板，在母联、分段分列运行时，投入了分列运行压板，在进行母联或分段断路器由断开到合上的操作时，应在（ A ）退出分列运行压板。

A．操作前　　　　B．操作后

C．操作前或操作后　　　　D．无需操作该压板

112．电抗器配置过电流保护作为后备保护，应采用（ A ）电流，反映电抗器内部相间故障。

A．首端　　　　B．尾端

C．首端或尾端　　　　D．首端和尾端合电流

113．国网标准化设计的3/2断路器接线的断路器保护中设有分相和三相瞬时跟跳逻辑，可以通过控制字“跟跳本断路器”来控制，如控制字“跟跳本断路器”置“0”，则（ B ）。

A．断路器的“失灵重跳本断路器时间”段退出

B．分相和三相瞬时跟跳逻辑退出

C．断路器的“失灵重跳本断路器时间”段和瞬时跟跳逻辑均退出

D．退出分相或三相瞬时跟跳逻辑

114．母线故障，母差保护动作已跳开故障母线上的主变压器间隔和母联，但线路间隔由于断路器本身原因拒跳，则母差保护按（ B ）进行评价。

A．正确动作一次　　　　B．不予评价

C．不正确动作一次　　　　D．母差保护动作正确，对侧纵联不正确

115．《电力系统动态记录装置通用技术条件》（DL/T 553—2013）中规定电力故障动态过程记录设备的最低要求的采样速率为每个工频周波采样点不小于（ A ）。

A．20点　　　　B．18点　　　　C．16点　　　　D．20点

116．负序电流分量启动元件在本线路末端发生金属性两相短路时，灵敏系数大于（ C ）。

A．2　　　　B．3　　　　C．4　　　　D．5

117．微机保护装置正常工作时的直流电源功耗为（ A ）。

A．不大于50W　　　　B．不大于60W　　　　C．不大于70W　　　　D．不小于100W

118．保护装置绝缘测试过程中，任一被试回路施加试验电压时，（ C ）等电位接地。

A．被试回路　　　　B．直流回路　　　　C．其余回路　　　　D．交流回路

119．微机保护装置直流电源纹波系数应不大于（ B ）。

A．±1%　　　　B．±5%　　　　C．±3%　　　　D．±2%

120．保护装置应承受工频试验电压1500V的回路有（ A ）。

A．110V或220V直流回路对地

B．110V或220V交流回路对地

C．110V或220V直流回路的各触点对地回路

D．上述所有回路

121．继电器电压回路连续承受电压允许的倍数：交流电压回路为（　　）额定电压，直流电压回路为（　　）额定电压。（ A ）

A．1.2倍，1.1倍　　　　B．1.1倍，1.2倍

C．1.1倍，1.15倍　　　　D．1.05倍，1.2倍

122．记录设备的内存容量，应满足在（ C ）时能不中断地存入全部故障数据的要求。

A．规定时间内的故障　　　　B．规定时间内连续发生的故障

C．规定时间内连续发生规定次数的故障　　D．任何情况下

123．继电保护装置误动跳闸，且经远方跳闸装置使对侧断路器跳闸，则对（ B ）进行评价。

A．远方跳闸装置　　B．误动保护装置　　C．两者均　　D．不予评价

124．试运行的保护装置，在投入跳闸试运行期间［不超过（ B ）］，因设计原理、制造质量等非运行部门责任原因而发生的误动，事前经过主管部门的同意，可不予评价。

A．三个月　　B．六个月　　C．一年　　D．二年

125．直流继电器的动作电压不应超过额定电压的（ C ）。

A．65%　　B．50%　　C．70%　　D．90%。

126．在统计周期中保护装置新投产不足（ C ）个月的按照 0.5 台计算。

A．一个月　　B．三个月　　C．六个月　　D．十二个月

127．63kV 及以下并联电抗器，一般只装设电流速断保护，其动作电流灵敏度按电抗器引出端两相内部短路最小电流校验，要求其灵敏系数不小于（ C ）。

A．1.5　　B．1.8　　C．2.0　　D．2.5

128．根据 330～550kV 并联电抗器的技术规范，1.2 倍额定电压下，电抗器允许运行时间为（ B ）。

A．1min　　B．3min　　C．5min　　D．10min

129．按照反措的要求，保护跳闸压板（ A ）。

A．开口端应装在上方，接到断路器的跳闸线圈回路

B．开口端应装在下方，接到断路器的跳闸线圈回路

C．开口端应装在上方，接到保护的跳闸出口回路

D．开口端应装在下方，接到保护的跳闸出口回路

130．按照双重化原则配置的两套线路保护均有重合闸，当其中一套重合闸停用时（ A ）。

A．对应保护装置的勾通三相跳闸功能不应投入

B．对应保护装置的勾通三相跳闸功能需投入

C．上述两种状态均可

D．上述两种状态均不可

131．独立的继电保护信息管理系统应工作在第（ B ）安全区。

A．Ⅰ　　B．Ⅱ　　C．Ⅲ　　D．Ⅳ

132．按照整定规程的要求，解列点上的距离保护（ A ）。

A．不应经振荡闭锁控制　　B．不宜经振荡闭锁控制

C．须经振荡闭锁控制　　D．可经振荡闭锁控制

133．新的“六统一”原则为（ A ）。

A．功能配置统一的原则、端子排布置统一的原则、屏柜压板统一的原则、回路设计统一的原则、接口标准统一的原则、保护定值和报告格式统一的原则

B．功能配置统一的原则、端子排布置统一的原则、屏柜压板统一的原则、回路设计统一的原则、开关量逻辑统一的原则、保护定值和报告格式统一的原则

C．技术标准统一的原则、功能配置统一的原则、端子排布置统一的原则、屏柜压板统

一的原则、回路设计统一的原则、接口标准统一的原则

D．原理统一的原则、技术标准统一的原则、功能配置统一的原则、端子排布置统一的原则、屏柜压板统一的原则、回路设计统一的原则

134．在主控室、保护室柜屏下层的电缆室内，按柜屏布置的方向敷设（ A ）mm^2的专用铜排（缆），将该专用铜排（缆）首末端连接，形成保护室内的等电位接地网。保护室内的等电位接地网必须用至少（ B ）根以上、截面积不小于（ C ）mm^2的铜排（缆）与厂、站的主接地网在电缆竖井处可靠连接。屏柜上装置的接地端子应用截面积不小于（ B ）mm^2的多股铜线和接地铜排相连。

A．100　　B．4　　C．50　　D．10

135．110kV 及以上电压等级线路的保护装置，应具有测量故障点距离的功能，对金属性短路故障测距误差不大于线路全长的（ A ）。

A．±3%　　B．±5%　　C．±10%　　D．±15%

136．断路器失灵保护判别元件的动作时间和返回时间均不应大于（ A ）。

A．20ms　　B．25ms　　C．30ms　　D．40ms

137．对于操作箱中的出口继电器，应进行动作电压范围的检验，其值应在（ C ）额定电压之间。

A．30%～65%　　B．50%～70%　　C．55%～70%　　D．60%～70%

138．在确定继电保护和安全自动装置的配置方案时，应优先选用具有（ B ）的数字式装置。

A．智能　　B．成熟运行经验　　C．通信功能　　D．完善

139．保护室与通信室之间信号优先采用光缆传输。若使用电缆，应采用双绞双屏蔽电缆，其中（ A ）。

A．内屏蔽在信号接收侧单端接地，外屏蔽在电缆两端接地

B．内屏蔽在信号发送侧单端接地，外屏蔽在电缆两端接地

C．内屏蔽在电缆两端接地，外屏蔽在信号接收侧单端接地

D．内、外屏蔽在电缆两端接地

140．在进行线路保护试验时，除试验仪器容量外，试验电流及电压的谐波分量不宜超过基波分量的（ C ）。

A．2.5%　　B．10%　　C．5%　　D．2%

141．保护屏必须有接地端子，并用截面积不低于（ B ）mm^2的多股铜线和接地网直接连通。

A．2.5　　B．4　　C．5　　D．6

142．非电量保护接入跳闸回路的继电器，其动作电压不应小于（　　）的额定电压，动作速度不宜小于（　　），并有较大的启动功率。（ A ）。

A．50%，10ms　　B．60%，15ms　　C．60%，20ms　　D．50%，15ms

143．在同一网格状地网系统的变电站内，每 1000A 故障电流在完全位于同一地网范围内的最大期望纵向电压为（ B ）V。

A．5　　B．10　　C．15　　D．20

144．下列不属于补充检验内容的是（ C ）。

A．检修或更换一次设备后的检验

B．事故后检验

C．利用装置进行断路器跳、合闸试验

D．运行中发现异常情况后的检验

145．在微机装置的检验过程中，如必须使用电烙铁，应使用专用电烙铁，并将电烙铁与保护屏（柜）（ A ）。

A．在同一点接地　　B．分别接地

C．只需保护屏（柜）接地　　D．都可以

146．设备停电时，应先停一次设备，后停保护；送电时，应在（ A ）投入保护。

A．合隔离开关前　　B．合断路器前　　C．合断路器后　　D．无所谓

147．继电保护的“三误”是（ C ）。

A．误整定，误试验，误碰　　B．误整定，误接线，误试验

C．误接线，误碰，误整定　　D．误整定，误接线，误动作

148．查找220V直流系统接地使用表计的内阻应（ A ）。

A、不小于2000Ω/V　　B．不小于5000Ω

C．不小于2000Ω　　D．不小于1000Ω

149．在保证可靠动作的前提下，对于联系不强的220kV电网，重点应防止保护无选择性动作；对于联系紧密的220kV电网，重点应保证保护动作的（ B ）。

A．选择性　　B．可靠性　　C．灵敏性　　D．速动性

150．110V直流回路绝缘监测表计内阻应大于（ B ）。

A．20kΩ　　B．10kΩ　　C．5kΩ　　D．1kΩ

151．50km以下的220～500kV线路，相间距离保护应有对本线路末端故障灵敏度不小于（ A ）的延时段。

A．1.5；　　B．1.4　　C．1.3　　D．1.2

152．在用拉路法查找直流接地时，要求断开各专用直流回路的时间（ B ）。

A．不得超过3min　　B．不得超过3s

C．根据被查回路中是否有接地点而定　　D．不得超过1min

153．220～500kV线路分相操作断路器使用单相重合闸，要求断路器三相合闸不同期时间不大于（ B ）。

A．1ms　　B．5ms　　C．10ms　　D．15ms

154．每台新建变压器设备在投产前，应提供正序和零序阻抗，各侧故障的动、热稳定时限曲线和变压器（ B ）作为继电保护整定计算的依据。

A．过负荷能力　　B．过励磁曲线　　C．过负荷曲线　　D．励磁涌流曲线

155．电力系统继电保护和安全自动装置的功能是在合理的（ B ）前提下，保证电力系统和电力设备的安全运行。

A．配置　　B．电网结构　　C．设计　　D．运行环境

156．线路断路器失灵保护相电流判别元件的定值整定原则是（ B ）。

A．躲开线路最大负荷电流

B．保证本线路末端故障有灵敏度

C．躲开本线路末端最大短路电流

D．躲开线路最小负荷电流

157．继电保护是以常见运行方式为主来进行整定计算和灵敏度校核的。所谓常见运行方式是指（ B ）。

A．正常运行方式下，任意一回线路检修

B．正常运行方式下，与被保护设备相邻近的一回线路或一个元件检修

C．正常运行方式下，与被保护设备相邻近的一回线路检修并有另一回线路故障被切除

D．正常运行方式

158．220kV 变压器的中性点经间隙接地的间隙过流保护定值一般可整定（ A ）。

A．100A　　B．180A　　C．70A　　D．120A

159．运行中的变压器保护，当现场进行（ A ）工作时，重瓦斯保护应由“跳闸”位置改为“信号”位置运行。

A．进行注油和滤油　　B．变压器中性点不接地运行

C．变压器轻瓦斯保护动作后　　D．变压器重瓦斯保护动作后

160．高压断路器控制回路中防跳继电器的动作电流应不大于断路器跳闸电流的（ A ），线圈压降应小于 10%额定电压。

A．1/2　　B．1/3　　C．2/3　　D．1/4

161．新安装或二次回路经过变动后的零序方向电流保护应该（ C ）。

A．用电流互感器、电压互感器极性的方法来判定方向元件接线的正确性

B．用模拟接地故障电流的方法来判定方向元件接线的正确性

C．用负荷电流、电压互感器开口三角形侧的电压模拟单相故障，检查方向元件动作情况，来判定方向元件接线的正确

D．直接投运即可

162．微机继电保护装置的定检周期为新安装的保护装置（　　）年内进行 1 次全部检验。以后每（　　）年进行 1 次全部检验。（ A ）

A．1，6　　B．1.5，7　　C．1，7　　D．2，6

163．出口中间继电器的最低动作电压，要求不低于额定电压的 50%，是为了（ A ）。

A．防止中间继电器线圈正电源端子出现接地时与直流电源绝缘监视回路构成通路而引起误动作

B．防止中间继电器线圈正电源端子与直流系统正电源同时接地时误动作

C．防止中间继电器线圈负电源端子接地与直流电源绝缘监视回路构成通路而误动作

D．防止中间继电器线圈负电源端子与直流系统负电源同时接地时误动作

164．110kV 及以上电压等级的变电站，要求其接地网对大地的电阻值应（ B ）。

A．不大于 2Ω　　B．不大于 0.5Ω　　C．不大于 3Ω　　D．不大于 10Ω

165．保护装置使用的尾纤应自然弯曲，无折痕，弯曲半径不得小于（ B ）尾纤直径。

A．5 倍　　B．10 倍　　C．15 倍　　D．20 倍

166．微机保护装置对运行环境的要求为室内最大相对湿度不应超过 75%，环境温度应在（ C ），若超过此范围应装设空调。

A．−5～45℃　　B．0～30℃　　C．5～30℃　　D．−10～55℃

167．下面关于控制电缆的备用芯，说法不正确的是（ C ）。

A．可剪成统一的长度，每根电缆单独垂直布置

B．应保证备用芯可接至本单元最远的端子

C．应标识并保证露出铜芯

D．可每一根均同时弯圈布置

168．压板应接触良好，相邻压板间应有足够安全距离，投切时不应碰及相邻的压板；对于一端带电的压板，应使在压板断开情况下，（ B ）端不带电。

A．固定　　B．活动　　C．任意端　　D．其他

169．相量检查时，必须根据所带（　　）、电流互感器（　　）对电流回路的相量关系进行分析。（ D ）。

A．开关，变比及极性　　B．负荷性质，极性

C．开关，变比　　D．负荷性质，变比及极性

170．在一次设备运行而停用部分保护进行工作时，应特别注意断开不经压板的（ A ）及与运行设备安全有关的连线。

A．跳、合闸线　　B．直流电源正极　　C．直流电源负极　　D．所有连接线

二、多选题

1．微机保护全部检验的项目有（ ABCD ）。

A．绝缘检验　　B．告警回路检验　　C．整组试验　　D．打印机检验

2．关于线路重合成功次数评价计算方法，下述哪项说法是不正确的（ BC ）。

A．单侧投重合闸的线路，若单侧重合成功，则线路重合成功次数为 1 次

B．两侧投重合闸线路，若两侧均重合成功，则线路重合成功次数为 2 次

C．两侧投重合闸线路，若一侧拒合（或重合不成功），则线路重合成功次数为 1 次

D．重合闸停用以及因为系统要求或继电保护设计要求不允许重合的均不列入线路重合成功率统计

3．保护动作评价时，属于维护检修部门责任的不正确动作原因包括（ AC ）。

A．调试质量不良　　B．回路接线设计不合理

C．整定值设置错误　　D．没有实测参数或实测参数不准

4．在什么情况下需要将运行中的变压器差动保护停用？（ ABCD ）。

A．差动二次回路及电流互感器回路有变动或进行校验时

B．继保人员测定差动保护相量图及差压时

C．差动电流互感器一相断线或回路开路时

D．差动误动跳闸后或回路出现明显异常时

5．由开关场至控制室的二次电缆采用屏蔽电缆而且要求屏蔽层两端接地是为了降低（ ABC ）。

A．开关场的空间电磁场在电缆芯上产生感应，对静态型保护装置造成干扰

B．相邻电缆中信号产生的电磁场在电缆芯线上产生感应，对静态型保护装置产生干扰

C．本电缆中信号产生的电磁场在相邻电缆芯线上产生感应，对静态型保护装置产生干扰

D．由于开关场与控制室的地点位不同，在电缆中产生干扰

6．220kV 标准化设计中保护软、硬压板一般采用“与门”关系，但以下却为“或门”关系（ AC ）。

A．线路“停用重合闸”压板　　B．线路“主保护”压板

C．母线“互联”压板　　D．主变“高后备保护”压板

7．定期检验分为（ ABC ）。

A．全部检验　　B．部分检验

C．用装置进行断路器跳合闸检验　　D．带负荷试验

8．保护用电流互感器安装位置的选择，主要需考虑哪些因素（ AC ）。

A．消除保护死区　　B．靠近保护装置

C．尽量缩小电流互感器本身故障造成的影响　　D．尽量靠近母线

9．按照继电保护全过程技术监督管理要求，属于监督范围的阶段是（ ABCD ）。

A．工程设计　　B．运行维护　　C．安装调试　　D．设备选型

10．以下属于继电保护装置补充检验的内容是（ BCD ）。

A．用装置进行断路器跳、合闸试验　　B．运行中发现异常情况后的检验

C．装置改造后的检验　　D．事故后检验

11．保护设备正式投运前需要做带负荷试验的项目有（ BCD ）。

A．联动试验　　B．电流、电压相序

C．电流、电压相位　　D．中性线电流大小

12．关于电缆及导线的布线要求描述正确的是（ ABDEF ）。

A．交流和直流回路不应合用同一根电缆

B．强电和弱电回路不应合用一根电缆

C．保护用电缆与电力电缆可以同层敷设

D．交流电流和交流电压不应合用同一根电缆。双重化配置的保护设备不应合用同一根电缆

E．保护用电缆敷设路径，尽可能避开高压母线及高频暂态电流的入地点，如避雷器和避雷针的接地点、并联电容器、电容式电压互感器等设备

F．与保护连接的同一回路应在同一根电缆中走线

13．反措要求长电缆驱动的重瓦斯出口中间继电器的特性应满足（ BDE ）。

A．动作电压在 50%～70%U_e之间　　B．动作电压在 55%～70%U_e之间

C．动作时间在 10～25ms　　D．动作时间在 10～35ms

E．启动功率不小于 5W　　F．启动功率不小于 2.5W

14．电力系统继电保护的基本性能要求是（ ABCD ）。

A．可靠性　　B．选择性　　C．快速性　　D．灵敏性

15．电力系统继电保护运行统计评价范围里有（ ABC ）。

A．发电机、变压器的保护装置　　B．安全自动装置

C．故障录波器　　D．站内直流电源系统

16．用于整定计算的哪些一次设备参数必须采用实测值（ ABCD ）。

A．三相三柱式变压器的零序阻抗

B．架空线路和电缆线路的正序和零序阻抗、正序和零序电容

C．平行线之间的零序互感阻抗

D．其他对继电保护影响较大的有关参数

17．现场工作结束后，现场继电保护工作记录本上应记录（ ABCDE ）等项内容。

A．整定值变更情况　　B．二次回路更改情况

C．解决及未解决的问题及缺陷　　D．运行注意事项

E．能否投入

18．在一次设备运行而停用部分保护进行工作时，应特别注意（ ABC ）。

A．注意断开不经压板的跳闸线

B．注意断开不经压板的合闸线

C．注意断开不经压板的、与运行设备有关的连线

D．注意断开电流回路

E．注意短接电压回路

19．为增强继电保护的可靠性，重要变电站宜配置两套直流系统，同时要求（ BD ）。

A．任何时候两套直流系统均不得有电的联系

B．两套直流系统同时运行互为备用

C．两套直流系统正常时并列运行

D．两套直流系统正常时分列运行

20．《继电保护及二次回路安装及验收规范》（GB/T 50976—2014）规定：继电保护直流系统运行中（ ABC ）。

A．最低电压不应低于额定电压的 85%　　B．最高电压不应高于额定电压的 110%

C．电压纹波系数不应大于 2%　　D．额定容量大于 50W

21．电压互感器的基本误差有（ AB ）。

A．电压误差　　B．角度误差　　C．测量误差　　D．变比误差

22．下面对 220kV 及以上线路、变压器、母线保护在 TA 断线时，保护处理方式叙述正确的是（ ABCD ）。

A．线路保护将闭锁零序Ⅱ、Ⅲ段

B．如果是某支路 TA 断线，母线保护将闭锁断线相大差及所在母线小差

C．如果是母联 TA 断线后发生断线相故障，母线保护将先跳开母联，延时 100ms 后选择故障母线

D．变压器保护分相差动保护元件仍然开放

23．应根据系统短路容量合理选择电流互感器的（ CD ）和特性，满足保护装置整定配合和可靠性的要求。

A．额定电流　　B．接线方式　　C．变比　　D．容量

24．保护装置的定值要求包括（ ABCD ）。

A．保护装置软压板与保护定值相对独立，软压板的投退不应影响定值

B．线路保护装置至少设 16 个定值区，其余保护装置至少设 5 个定值区

C．保护装置具有可以实时上送定值区号的功能

D．装置上送后台定值及软压板应符合《继电保护信息规范》（Q/GDW 11010—2015）要求

25．220kV 及以上主保护 TA 二次回路断线的处理原则包括（ ABCDEF ）。

A．不考虑TA、TV 断线同时出现
B．不考虑无流元件TA断线
C．不考虑三相电流对称情况下中性线断线
D．不考虑两相、三相断线
E．不考虑多个元件同时发生TA断线
F．不考虑TA断线和一次故障同时出现

26．《国家电网公司继电保护和安全自动装置缺陷管理办法》［国网（调/4）527—2014］规定，应采取措施有效缩短继电保护和安全自动装置缺陷消除时间，各级缺陷消除时间要求为：危急缺陷消缺时间不超过（　　）小时；严重缺陷消缺时间不超过（　　）小时；一般缺陷消缺时间不宜超过（　　）个月。（ ACD ）。

A．24
B．48
C．72
D．1
E．2

27．《继电保护状态检修导则》（Q/GDW 1806—2013）明确，根据评价结果，继电保护设备可划分为（ ABCD ）四种状态，作为检修决策的依据。

A．正常
B．注意
C．异常
D．严重
E．危急

28．继电保护停电检修包括：（　　）检修、（　　）检修、（　　）检修。（ ABC ）

A．A类
B．B类
C．C类
D．D类

29．继电保护输出信息在《线路保护及辅助装置标准化设计规范》（Q/GDW 1161—2014）和《变压器、高压并联电抗器和母线保护及辅助装置标准化设计规范》（Q/GDW 1175—2013）基础上，按照（ ABCDE ）几种类型进行描述。

A．保护动作信息
B．告警信息
C．状态变位信息
D．在线监测信息
E．中间节点信息

30．《继电保护信息规范》（Q/GDW 11010—2015）要求，继电保护动作应生成的文件类型包括（ ABCDE ）。

A．hdr（头文件）
B．dat（数据文件）
C．cfg（配置文件）
D．mid（中间文件）
E．des（自描述文件）

三、判断题

1．按照十八项反措的要求，双母线接线变电站的母差保护，断路器失灵保护可不经复合电压闭锁。（×）

2．新十八项反措要求，新建工程故障录波器必须选用独立于被监测保护生产厂家设备的产品，应能对站用直流系统各母线段（控制、保护）对地电压进行录波。（√）

3．新十八项反措要求，新建工程，采用3/2、4/3、角形接线等多断路器接线形式时，可以在断路器单侧配置电流互感器，对经计算影响电网安全稳定运行重要变电站的220kV及以上电压等级双母线接线方式的母联、分段断路器，应在断路器两侧配置电流互感器。（×）

4．新的十八项反措要求，两套保护装置的交流电流和交流电压均应分别取自电流互感器和电压互感器互相独立的绕组。（√）

5．按照部颁反措要点的要求，防止跳跃继电器的电流线圈与电压线圈间耐压水平应不低于1000V、1min的试验标准。（√）

6．保护屏必须有接地端子，并用截面积不小于5mm^{2}的多股铜线和接地网直接连通，装

设静态保护的保护屏间应用截面积不小于 $90mm^2$ 的专用接地铜排直接连通。（×）

7．按照“反措”要求，保护跳闸压板的安装方法是：压板的开口端应该装在上方，保护装置的出口跳闸接点回路应接至压板的下方。（√）

8．在开关场至控制室的电缆主沟内敷设一至两根 $100mm^2$ 的铜电缆，除了可以降低在开关场至控制室之间的地电位差，减少电缆屏蔽层所流过的电流之外，还可以对开关场内空间电磁场产生的干扰起到一定的屏蔽作用。（√）

9．在电压互感器开口三角绕组输出端不应装熔断器，而应装设自动开关，以便开关跳开时发信号。（×）

10．220kV 微机母差保护当 TV 断线时，按照标准化设计规范，装置应发出告警信号但不闭锁保护。（√）

11．母线保护装置内部的失灵电流判别功能；各线路支路共用电流定值，各变压器支路共用电流定值；线路支路采用相电流、零序电流（或负序电流）“或门”逻辑；变压器支路采用相电流、零序电流、负序电流“与门”逻辑。（×）

12．根据 Q/GDW 441—2010《智能变电站继电保护技术规范》，每个合并单元应能满足最多 12 个输入通道和至少 8 个输出端口的要求。（√）

13．按照设计规范要求，母线故障变压器断路器失灵时，除应跳开失灵断路器相邻的全部断路器外，还应跳开本变压器连接其他电源侧的断路器，失灵电流再判别元件应由母线保护实现。（×）

14．按照设计规范要求，跳母联或分段断路器的回路不串复合电压元件的输出接点。（√）

15．按照设计规范要求，220kV 及以上电压等级的变压器主保护动作，每套保护只跳一组跳闸线圈。（×）

16．按照设计规范要求，双母线接线的母线故障，变压器断路器失灵时，除应跳开失灵断路器相邻的全部断路器外，还应跳开本变压器连接其他电源侧的断路器，失灵电流再判别元件应由母线保护实现。（√）

17．接线系数是继电保护整定计算中的重要参数，对各种电流保护测量元件动作值的计算都要考虑接线系数，它是通过继电器的电流与电流互感器的二次电流之比。（√）

18．为保证选择性，对相邻设备和线路有配合要求的保护和同一保护内有配合要求的两个元件，其灵敏系数及动作时间，在一般情况下应相互配合。（√）

19．500kV 系统由于系统时间常数较大，短路过程中非周期分量大且衰减时间长，因此 500kV 系统中各类保护装置均应优先选用 TPY 级电流互感器。（×）

20．线路单相重合闸过程中，由于零序Ⅳ段的整定值较小，将会导致保护误动，应在重合闸期间闭锁该继电器。（×）

21．保护整定计算以常见的运行方式为依据。所谓常见的运行方式一般是指正常运行方式加上被保护设备相邻的一回线（同杆双回线仍作为两回线）或一个元件检修的正常检修方式。（×）

22．继电保护短路电流计算可以忽略发电机、变压器、架空线路、电缆等阻抗参数的电阻部分。（√）

23．计算表明：大接地电流系统中，当发生经电阻的单相接地短路时，一般超前相电压

升高不超过 1.3～1.4 倍。（√）

24．接地距离保护的零序电流补偿系数 K 应按线路实测的正序、零序阻抗 Z_1、Z_0，用式 $K=(Z_0-Z_1)/3Z_1$ 计算获得。装置整定值应大于或接近计算值。（×）

25．零序电流Ⅰ段定值计算的故障点一般在本侧母线上。（×）

26．对只有两回线和一台变压器的变电站，当该变压器退出运行时，可以不更改两侧线路保护定值，此时，不要求两回线相互之间的整定配合有选择性。（√）

27．相间距离保护的Ⅲ段定值，按可靠躲过本线路的最大事故过负荷电流对应的最大阻抗整定。（×）

28．接入供电变压器的终端线路，无论是一台或多台变压器并列运行，都允许线路侧的速动段保护按躲开变压器其他侧母线故障整定。（√）

29．由于变压器在 1.3 倍额定电流时还能运行 10s，因此变压器过电流保护的过电流定值按不大于 1.3 倍额定电流值整定，时间按不大于 9s 整定。（×）

30．对于距离保护后备段，为了防止距离保护超越，应取常见运行方式下最小的助增系数进行计算。（√）

31．对于零序电流保护后备段，为了防止零序电流保护越级，应取常见运行方式下最大的分支系数进行计算。（√）

32．计算最大短路电流时应考虑以下两个因素：最大运行方式和短路类型。（√）

33．整定计算完成定值计算后需校验灵敏度，灵敏度一般根据可能出现的最小运行方式和最不利的单一故障情形进行校验。（√）

34．整定计算完成定值计算后需校验灵敏度，灵敏度一般根据可能出现的最小运行方式进行校验。（×）

35．根据《220～750kV 电网继电保护装置运行整定规程》（DL/T 559—2018）的规定，对 50km 以下的线路，相间距离保护中应有对本线末端故障的灵敏度不小于 1.5 倍的延时段保护。（√）

36．零序末段过流保护，对 220kV 线路应以适应故障点经 100Ω 接地电阻短路为整定条件，电流动作值不应大于 300A。（√）

37．某断路器距离保护Ⅰ段二次定值整定为 1Ω，由于断路器电流互感器由原来的 600/5 改为 750/5，其距离保护Ⅰ段二次定值应整定为 1.25Ω。（√）

38．对 220kV 及以上电网不宜选用全星形普通变压器，以免恶化接地故障后备保护的运行整定。（×）

39．有时零序电流保护要设置两个Ⅰ段，即灵敏Ⅰ段和不灵敏Ⅰ段。灵敏Ⅰ段按躲过非全相运行情况整定，不灵敏Ⅰ段按躲过线路末端故障整定。（×）

40．断路器失灵保护相电流判别元件的整定值，为了满足线路末端单相接地故障时有足够灵敏度，但必须躲过正常运行负荷电流。（×）

41．某系统中的Ⅱ段阻抗继电器，因汲出与助增同时存在，且助增与汲出相等，所以整定时没有考虑它们的影响。若运行中因故助增消失，则Ⅱ段阻抗继电器的保护区要缩短。（×）

42．超范围允许式距离保护，正向阻抗定值为 8Ω，因不慎错设为 2Ω，则其后果可能是区内故障拒动。（√）

43．采用远后备保护方式时，上一级线路或变压器的后备保护整定值，应保证当下一级线路末端故障或下一级变压器本侧母线故障时有足够灵敏度。（×）

44．为了提高继电保护动作的灵敏性，对零序电流保护各段，应经方向元件控制。（×）

45．高压电抗器保护的差动速断保护定值应躲过电抗器投入时产生的励磁涌流，一般可取 4～8 倍电抗器额定电流。（×）

46．电网继电保护的整定应满足速动性、选择性和灵敏性要求。（√）

47．对于配置了两套全线速动保护的 220kV 密集型电网的线路，带延时的线路后备保护第Ⅱ段，如果需要，可与相邻线路全线速动保护相配合，按可靠躲过相邻线路出口短路故障整定。（×）

48．所谓选择性是指应该由故障设备的保护动作切除故障。（×）

49．继电保护专业的所谓三误是指误碰、误整定、误接线。（√）

50．电力系统对继电保护的基本性能要求为可信赖性、安全性、选择性和快速性。（×）

51．对于传送大功率的输电线路保护，一般宜于强调可信赖性；而对于其他线路保护，则往往宜于强调安全性。（×）

52．重瓦斯继电器的流速一般整定在 1.1～1.4m/s。（×）

53．单相重合闸时间的整定，主要是以保证第Ⅱ段保护能可靠动作来考虑的。（×）

54．中性点经放电间隙接地的半绝缘 110kV 变压器的间隙零序电压保护，$3U_0$ 定值一般整定为 150～180V。（√）

55．零序电流分支系数的选择，要通过各种运行方式和线路对侧断路器跳闸前或跳闸后等各种情况进行比较，选取最小值。（×）

56．零序电流保护在常见运行方式下，应有对本线路末端金属性接地故障时的灵敏系数满足下列要求的延时段保护：50km 以下的线路，不小于 1.5；50～200km 线路，不小于 1.4；200km 以上线路，不小于 1.3。（√）

57．根据最大运行方式计算的短路电流来检验继电保护的灵敏度。（×）

58．零序电流速断保护按照躲开下一条线路出口处单相或两相接地短路时可能出现的最大零序电流的整定原则整定。（√）

59．三相不一致保护零序电流按照一次值不小于 300A 整定，二次值不小于 $0.1I_n$。（×）

60．若在整定计算时，需要对重合闸后加速整定加速某段保护时，一般应加速保护线路全长的保护段。（√）

61．判断振荡用的相电流或正序电流元件应可靠躲过正常负荷电流。（√）

62．电抗器差动保护动作值应躲过励磁涌流。（×）

63．大接地电流系统，由于线路零序阻抗远小于正序阻抗，故线路始端与末端短路时，零序电流变化显著，曲线较陡，因此零序Ⅰ段的保护范围较大，也较稳定，零序Ⅰ段的灵敏系数也易于满足要求。（×）

64．测定保护装置整定的动作时间为自向保护屏通入模拟故障分量起至保护动作向断路器发出跳闸脉冲为止的全部时间。（√）

65．断路器的跳闸时间、合闸时间大于规定值而又无法调整时，应及时通知继电保护整定计算部门。（√）

66．校验保护灵敏度应选择可能出现的最不利运行方式，增量型保护取最小运行方式，

欠量型保护取最大运行方式。（√）

67．整定计算中，在一些特殊点的保护配合上，为了能可靠切除故障，同时动作时间又要求较短（否则导致保护系统整体性能下降甚至无法配合），此时允许失去选择性。（√）

68．按频率降低自动减负荷装置的具体整定时，其最高一轮的低频整定值，一般选为49.1～49.2Hz。（√）

69．按频率降低自动减负荷装置的具体整定时，其最高一轮的低频整定值，一般选为49.5Hz。（×）

70．按频率降低自动减负荷装置的具体整定时，考虑因上一轮未跳开负荷前，系统频率仍在下降中，故下一轮除频率启动值应较低外，还必须带0.5s延时，以保证选择性。（×）

71．在220kV电力系统中，校验变压器零序差动保护灵敏系数所采用系统运行方式应为正常运行方式。（√）

72．双母线接线母线故障，母差保护动作，利用线路纵联保护促使其对侧断路器跳闸，消除故障，母差保护和线路两侧纵联保护应分别评价为“正确动作”1次。（√）

73．母线故障，母差保护动作，由于断路器拒跳，最后由母差保护启动断路器失灵保护消除母线故障。此时，断路器失灵保护装置按正确动作1次统计，母差保护不予评价。（×）

74．对不能明确提供保护动作情况的微机保护装置，不论动作多少次都只按动作1次统计。（√）

75．在电力系统故障时，保护装置本身定值正确、装置完好、回路正确，但由于装置原理缺陷造成越级动作，但未造成负荷损失，该保护装置可不予评价。（×）

76．断路器跳闸，但无任何信号，经过检验证实保护装置良好，应予评价。（×）

77．按时限分段的保护装置应以段为单位进行统计动作次数。（√）

78．当线路一侧的纵联保护无故障跳闸时，则评价该侧保护误动一次。（×）

79．一台直接连接于容量为300MW发电机变压器组的高压厂用变压器差动保护动作跳开发电机变压器组220kV侧断路器，该差动保护应统计在220kV及以上系统保护装置内。（×）

80．当由于保护端子排至开关端子箱间电缆接地而造成开关无故障跳闸时，无论该电缆由谁维护，均评价保护装置误动。（√）

81．保护装置的动作评价分为“正确”“不正确”和“不确定”。（×）

82．母线差动保护动作使纵联保护停信造成对侧跳闸，则按母线所属“对侧纵联”评为正确动作一次。（√）

83．配置单相重合闸的线路发生瞬时性单相接地故障时，由于重合闸原因误跳三相，但又三相重合成功，重合闸应评价为不正确动作2次。（√）

84．220kV系统故障录波器应单独对录波器进行统计。（√）

85．装设有重合闸的线路发生永久性故障，断路器动作2次，保护装置应按2次统计，重合闸按1次统计。（√）

86．新启动变电站一年内保护装置误动，查明原因是保护装置插件接触不良，此次误动的责任部门应评价为基建部门，误动原因为调试质量不良。（√）

87．母线发生故障，母差保护装置正确动作，但应跳开的断路器中有一个因压板接触不良未跳，此时应评价母差保护正确动作一次，未跳断路器的出口不正确一次。（×）

88．华北电网规定，1000kV变压器的调压补偿变应单独配置双重化的电气量差动保护和

一套非电量保护。调压补偿变第一套电气量保护和非电量保护可组一面屏，第二套电气量保护单独组屏。（√）

89．根据间隔数量合理配置过程层交换机，3/2 断路器接线形式，交换机宜按串设置。每台交换机的光纤接入数量不宜超过 20 对，并配备适量的备用端口。（×）

90．应采取措施，有效缩短继电保护和安全自动装置缺陷消除时间，各级缺陷消除时间要求为：危急缺陷消缺时间不超过 24h；严重缺陷消缺时间不超过 72h；一般缺陷消缺时间不宜超过一个月。（√）

91．新安装的继电保护装置经过运行单位第一次定检后，发生由于安装调试质量不良造成的不正确动作，但是在投入运行尚在一年以内，根据规程规定，责任属基建单位。（×）

92．任何电力设备和线路在运行中，必须在任何时候由两套完全独立的继电保护装置分别控制两台完全独立的断路器实现保护。（√）

93．从保护原理上就依赖相继动作的保护，允许其对不利故障类型和不利故障点的灵敏系数在对侧断路器跳开后才满足规定的要求。（√）

94．出口继电器电流保持线圈的自保持电流不应大于断路器跳闸线圈的额定电流，该线圈上的压降应小于 5%的额定电压。（×）

95．监视 220V 直流回路绝缘状态所用直流电压表计的内阻不小于 10kΩ。（×）

96．所有电流互感器和电压互感器的二次绕组应有永久性的、可靠的保护接地。（√）

97．电流互感器的二次侧只允许有一个接地点，对于多组电流互感器相互有联系的二次回路接地点应设在开关场。（×）

98．保证 220kV 及以上电网微机保护不因干扰引起不正确动作，主要是选用抗干扰能力强的微机保护装置，现场不必采取相应的抗干扰措施。（×）

99．为保证弱电源端能可靠快速切除故障，线路两侧微机保护均投入“弱馈”功能。（×）

100．远方直接跳闸必须有相应的就地判据控制。（√）

101．不能以检查 $3U_0$ 回路是否有不平衡电压的方法来确认 $3U_0$ 回路良好。（√）

102．控制屏、保护屏上的端子排，正、负电源之间及电源与跳（合）闸引出端子之间应适当隔开。（√）

103．按照反措规定，用于集成电路型、微机型保护的电流、电压和信号接点的引入线应采用屏蔽电缆，同时电缆的屏蔽层应在控制室可靠接地。（×）

104．采用近后备原则，只有一套纵联保护和一套后备保护的线路，纵联保护和后备保护的直流回路应分别由专用的直流熔断器供电。（√）

105．按照 220～500kV 电力系统故障动态记录准则的规定，故障录波器每次启动后的记录时间至少应大于 3s。（√）

106．录波器的完好标准：故障录波记录时间与故障时间吻合，数据准确，波形清晰完整，标记正确，开关量清楚，与故障过程相符，上报及时，可作为故障分析的依据。（√）

107．对新安装或设备回路经较大变动的装置，在投入运行前，必须用负荷电流和工作电压加以检验。（√）

108．保护装置抗干扰试验项目分为抗高频干扰试验和抗辐射电磁干扰试验。（√）

109．零序电流保护逐级配合是指时间必须首先配合，不出现交叉点。（×）

110．在进行冲击电流试验时，冲击电流值应为线路的最大负荷电流。（×）

111．芯线截面积为 4mm^2 的控制电缆，其电缆芯数不宜超过 10 芯。（√）

112．在变动直流二次回路后，应进行相应的传动试验。必要时还应模拟各种故障进行整组试验。（√）

113．自动低频减负荷装置的数量需随系统电源投产容量的增加而相应地增加。（√）

114．断路器最低跳、合闸电压，其值分别为不低于 30%U_e 和不大于 70%U_e。（×）

115．在微机保护装置使用的交流电压、交流电流、开关量输入、开关量输出回路作业时，应停用整套微机继电保护装置。（√）

116．新安装的微机保护装置 1 年内进行一次全部检验，以后每 6 年进行 1 次全部检验，每 2～4 年进行 1 次部分检验。（√）

117．微机保护装置应设有硬件闭锁回路，只有在电力系统发生故障，保护装置启动时，才允许开放跳闸回路。（√）

118．微机保护装置应具有在线自动检测功能。装置出口元件损坏时，不应造成保护误动作，且能发出装置异常信号。（×）

119．微机保护装置的实时时钟信号及其他主要动作信号在失去直流电源的情况下不能丢失，在电源恢复正常后应能重新正确显示并输出。（√）

120．保护装置与外部联系的出口跳闸回路、信号回路必须经过中间继电器或光电耦合器转换。（√）

121．保护装置的零点漂移检验，应在保护装置上电后立即进行，不允许通电时间过长后才进行。（×）

122．检验方向继电器电流及电压的潜动，不允许出现动作方向的潜动，但允许存在不大的非动作方向的潜动。（√）

123．当有多个出口继电器可能同时跳闸时，宜由防止跳跃继电器实现断路器跳（合）闸自保持任务。（√）

124．当两种不同动作原理保护配合整定或有互感影响时，应选取较大的可靠系数。（√）

125．220kV 线路或变压器保护按双重化配置后，保护可逐套停用进行定值更改工作；对微机保护无特殊要求时可不做交流通流试验、定值校核，但必须打印出装置定值清单进行核对确认。（√）

126．母联失灵出口延时定值应大于开关最大跳闸灭弧时间，一般整定为 0.2s。（√）

127．110kV 及以下电力设备的保护一般采用远后备保护。（√）

128．3/2 断路器主接线方式的变电站中的重合闸应按线路配置。（×）

129．查找直流接地时，所用仪表内阻不应低于 2000Ω/V。（√）

130．为保护高阻接地故障，220kV 线路零序Ⅳ段或反时限零序启动电流任何情况下均不应大于 300A。（×）

131．对使用接点输出的信号回路，用 1000V 绝缘电阻表测量电缆每芯对地及对其他各芯间的绝缘电阻，其绝缘电阻不应小于 1MΩ。定期检验只测量芯线对地的绝缘电阻。（√）

132．检验中尽量不使用烙铁，如元件损坏等必须在现场进行焊接时，必须要用内热式带接地线烙铁焊接。所替换的元件必须使用制造厂确认的合格产品。（×）

133．断路器操作回路检验时，可三相同时传动防跳回路。（×）

134．对设有可靠稳压装置的厂站直流系统，经确认稳压性能可靠后，进行整组试验时，应按额定电压进行。（√）

135．为提高远方跳闸的安全性，防止误动作，对采用非数字通道的，执行端应设置故障判别元件。对采用数字通道的，执行端可不设置故障判别元件。（√）

136．红色绝缘胶布只作为执行继电保护安全措施票安全措施的标识，未征得工作负责人同意前不得拆除。（√）

137．在带电的电流互感器二次回路上工作时应使用带绝缘把手的工具，并站在绝缘垫上，以保证人身安全。（√）

138．用继电保护和电网安全自动装置传动断路器前，应告知运行值班人员和相关人员本次试验的内容，以及可能涉及的一、二次设备。派专人到相应地点确认一、二次设备正常后，方可开始试验。试验时，由继电保护试验人员监视断路器动作行为。（×）

139．一般操作回路按正常最大负荷下至各设备的电压降不得超过 20%的条件校验控制电缆截面。（×）

140．根据反措要求，防止直接远方跳闸回路因通道干扰引起误动作，本侧在收到对侧远方直接跳闸信号时，经就地判别是否动作确认后再去进行跳闸，以提高安全性。（√）

141．在确定继电保护和安全自动装置的配置方案时，应优先选用具有成熟运行经验的数字式装置。（√）

142．技术上无特殊要求及无特殊情况时，保护装置中的零序电流方向元件应采用电压互感器的开口三角电压。（×）

143．保护装置在电流互感器二次回路不正常或断线时，应发告警信号，除主变保护外，允许跳闸。（×）

144．数字式保护装置应具有在线自动检测功能，包括保护硬件损坏、功能失效和异常运行状态的自动检测，但不包括二次回路的自动检测。（×）

145．数字式保护装置内的任一元件损坏时，装置不应误动作跳闸，自动检测回路应能发出告警或装置异常信号。（×）

146．数字式保护装置用于旁路保护或其他定值经常需要改变时，宜设置多套（一般不少于 5 套）可切换的定值。（×）

147．保护装置必须具有故障记录功能，以记录保护的动作过程，为分析保护动作行为提供详细、全面的数据信息，可以代替专用的故障录波器。（×）

148．保护装置应设硬件时钟电路，装置失去直流电源时，硬件时钟应能正常工作。（√）

149．保护装置的软件应设有安全防护措施，防止程序出现不符合要求的更改。（√）

150．保护装置不应要求其交、直流输入回路外接抗干扰元件来满足有关电磁兼容标准的要求。（√）

151．继电器和保护装置的直流工作电压，应保证在外部电源为 80%～110%额定电压条件下可靠工作。（×）

152．对于 300MW 级及以上发电机组应装设双重化的电气量保护。（×）

153．电压为 220kV 及以上的变压器装设数字式保护时，除非电量保护外，应采用双重

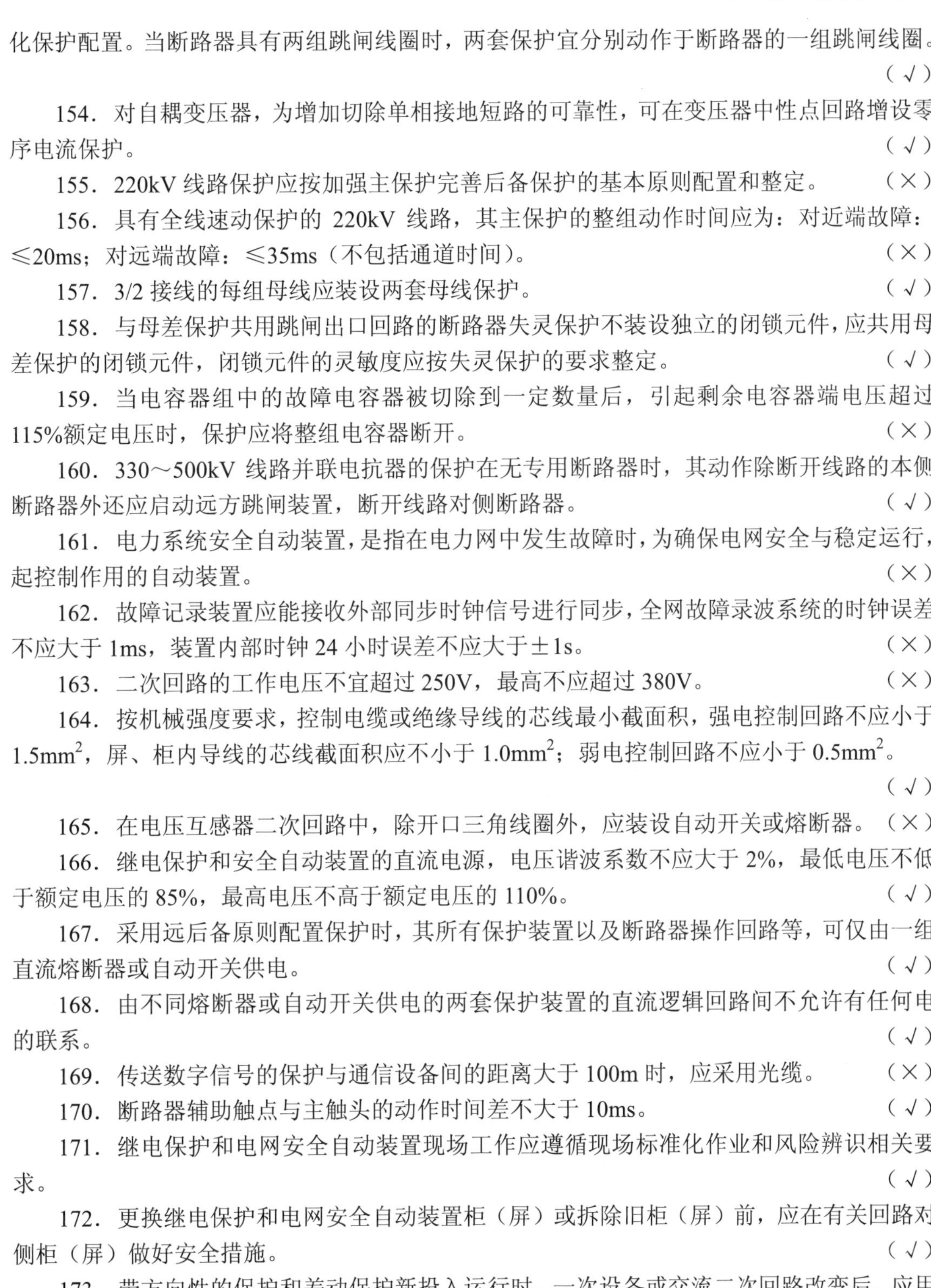

化保护配置。当断路器具有两组跳闸线圈时，两套保护宜分别动作于断路器的一组跳闸线圈。（√）

154．对自耦变压器，为增加切除单相接地短路的可靠性，可在变压器中性点回路增设零序电流保护。（√）

155．220kV 线路保护应按加强主保护完善后备保护的基本原则配置和整定。（×）

156．具有全线速动保护的 220kV 线路，其主保护的整组动作时间应为：对近端故障：≤20ms；对远端故障：≤35ms（不包括通道时间）。（×）

157．3/2 接线的每组母线应装设两套母线保护。（√）

158．与母差保护共用跳闸出口回路的断路器失灵保护不装设独立的闭锁元件，应共用母差保护的闭锁元件，闭锁元件的灵敏度应按失灵保护的要求整定。（√）

159．当电容器组中的故障电容器被切除到一定数量后，引起剩余电容器端电压超过115%额定电压时，保护应将整组电容器断开。（×）

160．330～500kV 线路并联电抗器的保护在无专用断路器时，其动作除断开线路的本侧断路器外还应启动远方跳闸装置，断开线路对侧断路器。（√）

161．电力系统安全自动装置，是指在电力网中发生故障时，为确保电网安全与稳定运行，起控制作用的自动装置。（×）

162．故障记录装置应能接收外部同步时钟信号进行同步，全网故障录波系统的时钟误差不应大于 1ms，装置内部时钟 24 小时误差不应大于±1s。（×）

163．二次回路的工作电压不宜超过 250V，最高不应超过 380V。（×）

164．按机械强度要求，控制电缆或绝缘导线的芯线最小截面积，强电控制回路不应小于 1.5mm^2，屏、柜内导线的芯线截面积应不小于 1.0mm^2；弱电控制回路不应小于 0.5mm^2。（√）

165．在电压互感器二次回路中，除开口三角线圈外，应装设自动开关或熔断器。（×）

166．继电保护和安全自动装置的直流电源，电压谐波系数不应大于 2%，最低电压不低于额定电压的 85%，最高电压不高于额定电压的 110%。（√）

167．采用远后备原则配置保护时，其所有保护装置以及断路器操作回路等，可仅由一组直流熔断器或自动开关供电。（√）

168．由不同熔断器或自动开关供电的两套保护装置的直流逻辑回路间不允许有任何电的联系。（√）

169．传送数字信号的保护与通信设备间的距离大于 100m 时，应采用光缆。（×）

170．断路器辅助触点与主触头的动作时间差不大于 10ms。（√）

171．继电保护和电网安全自动装置现场工作应遵循现场标准化作业和风险辨识相关要求。（√）

172．更换继电保护和电网安全自动装置柜（屏）或拆除旧柜（屏）前，应在有关回路对侧柜（屏）做好安全措施。（√）

173．带方向性的保护和差动保护新投入运行时，一次设备或交流二次回路改变后，应用负荷电流和工作电压检验其电流、电压回路接线的正确性。（√）

174．110kV 电压等级的微机型保护装置宜每 2～4 年进行一次部分检验，每 5 年进行一次全部检验。（×）

175．继电保护检验现场可以从运行设备上接取试验电源。（×）

176．测量电压回路自互感器引出端子到保护屏电压母线在额定容量下的压降，其值不应超过额定电压的 3%。（√）

177．定期检查时可用绝缘电阻表检验金属氧化物避雷器的工作状态是否正常。一般当用 1000V 绝缘电阻表时，金属氧化物避雷器不应击穿；而用 2000V 绝缘电阻表时，则应可靠击穿。（×）

178．采用允许式信号的纵联保护，除了测试通道传输时间，还应测试“允许跳闸”信号的返回时间。（√）

179．对设有可靠稳压装置的厂站直流系统，经确认稳压性能可靠后，进行整组试验时，应按额定电压的 80%进行。（×）

180．对变压器差动保护，需要用在全电压下投入变压器的方法检验保护能否躲开励磁涌流的影响。（√）

181．不允许用电缆备用芯两端接地的方法作为微机型和集成电路型保护抗干扰措。（√）

182．一套微机保护分装于两面保护屏上，其出口继电器部分必须与保护主机部分分别由同一专用端子对取得正、负直流电源。（√）

183．继电保护定值检验所使用的仪器、仪表的准确级应不低于 0.5 级。（√）

184．可用短路继电器触点的方法做保护装置的整组试验。（×）

185．跳闸压板的开口端应装在下方，接到断路器的跳闸线圈回路。（×）

186．为提高保护动作的可靠性，不允许交、直流回路共用同一根电缆。（√）

187．允许用电缆备用芯两端接地的方法作为微机型保护抗干扰措施。（×）

188．不允许用保护试验按钮、短路接点、启动微机保护的方法来进行整组试验。（√）

四、填空题

1．继电保护专业和通信专业应密切配合。注意校核继电保护通信设备（光纤、微波、载波）传输信号的可靠性和冗余度及通道传输时间，检查是否设定了不必要的收、发信环节的延时或展宽时间，防止因通信问题引起保护不正确动作。

2．变动交流电压、电流二次回路后，要用负荷电流、工作电压检查变动后回路的正确性。

3．状态评价是继电保护实行状态检修的前提和基础，应综合应用自检信息、巡检信息、试验信息，结合环境信息和家族性信息，对设备状态进行科学评价。

4．A 类检修是指按照 DL/T 995—2016 全部检验要求进行的继电保护装置及二次回路检验，继电保护整屏更换、二次电缆全部更换等情况进行 A 类检修。

5．专业巡检主要适用于检修人员在一、二次设备运行条件下，对继电保护装置及二次回路运行状态进行的检查及检验。

6．电力设备由一种运行方式转为另一种运行方式的操作过程中，被操作的有关设备均应在保护的范围内，部分保护装置可短时失去选择性。

7．按照《继电保护状态检修导则》（Q/GDW 1806—2013）的规定，保护设备状态检修的基准周期为 5 年。

8．标准号 1175 标准中，220kV 变压器以高压侧双母线接线（兼容双断路器）、中压侧双

母线接线、低压侧双分支单母分段接线的三绕组变压器为基础型号。

9. 国网企标标准号1914验收规范规定，验收时应验证一次设备位置或状态与辅助接点的一致性，对于有时间要求的回路，还应保证其时序配合满足保护运行的技术要求。

10. 对于电网安全稳定控制系统，应采用动态模拟或数字仿真试验方式验证其控制策略。

11. 二次工作安全措施票的“安全措施内容”应按实施的先后顺序逐项填写。

12. 保护交流额定电流数字量为：采样值通信规约为GB/T 20840.8（IEC 60044-8）时，额定值为01CFH或00E7H；采样值规约为DL/T 860.92（IEC 61850-9-2）时，0x01表示1mA；交流额定电压数字量为：采样值通信规约为GB/T 20840.8时，额定值为2D41H；采样值规约为DL/T 860.92时0x01表示10mV。

13. 继电保护实行状态检修应遵循“应修必修、修必修好”的原则，要避免盲目检修、过度检修和设备失修，提高检修质量和效率，确保继电保护设备的安全运行。

14. 继电保护实行状态检修应加强运行巡视和专业巡检，充分利用微机保护的自检性能，实时掌握设备的运行工况。

15. 实行状态检修的继电保护设备必须进行状态评价，准确地掌握设备的运行状况以及发展趋势，有针对性地制定检修策略。

16. 继电保护状态检修工作分停电检修和不停电检修，停电检修分为A类检修、B类检修、C类检修，不停电检修为D类检修。

17. 用于传输继电保护和安全自动装置业务的通信通道在投运前应进行测试验收，其传输时延、误码率、倒换时间等技术指标应满足《继电保护和安全自动装置技术规程》（GB/T 14285—2006）和《光纤通道传输保护信息通用技术条件》（DL/T 364—2010）的要求。传输线路电流差动保护的通信通道应满足收、发路径和时延相同的要求。

18. 反措要求，500kV（330kV）及以上厂站、220kV枢纽变电站、大电源、电网薄弱点、通过35kV及以上电压等级线路并网且装机容量40MW及以上的风电场、光伏电站均应部署相量测量装置PMU。

19. 依照设计规范的要求，变压器保护装置功能由基础型号功能、选配功能组成，功能配置由设备制造厂出厂前完成。

20. 保护就地化是保护装置采用小型化、高防护、低功耗设计，实现就地安装，缩短信号传输距离，保障主保护的独立性和速动性。

21. 就地化线路保护独立完成保护功能；就地化变压器保护采用分布式模式，按侧配置保护子机；就地化母线保护采用积木式可扩展设计，每个子机支持多个间隔，根据变电站实际规模灵活配置子机数量。元件保护每个子机均完成保护逻辑运算并负责对应间隔分相跳闸出口，提高元件保护动作速度。

22. 加强继电保护试验仪器、仪表的管理工作，每1～2年应对微机型继电保护试验装置进行一次全面检测，确保试验装置的准确度及各项功能满足继电保护试验的要求，防止因试验仪器、仪表存在问题而造成继电保护误整定、误试验。

23. 变电站直流系统的馈出网络应采用 集中辐射或分层辐射 供电方式，严禁采用环状供电方式。

24. 应根据系统短路容量合理选择电流互感器的容量、变比和特性，满足保护装置整定配合和可靠性的要求。

25．必须进行所有保护整组检查，模拟故障检查保护与硬（软）压板的唯一对应关系，避免有任何寄生回路存在。

26．受端系统枢纽厂站继电保护定值整定困难时，应侧重防止保护拒动。

27．应充分考虑电流互感器二次绕组合理分配，消除主保护的死区。对确实无法快速切除故障的保护动作死区，在满足系统稳定要求的前提下，可采取启动失灵和远方跳闸等后备措施加以解决。

28．200MW 及以上容量发电机定子接地保护宜将基波零序保护与三次谐波电压保护的出口分开，基波零序保护投跳闸。

29．严格执行继电保护现场标准化作业指导书，规范现场安全措施，防止继电保护“三误”事故。

30．在没有实际测量值情况下，除大区间的弱联系联络线外，系统最长振荡周期一般可按 1.5 秒考虑。

31．1000kV 变电站内的 110kV 母线保护宜按双套配置。

32．远方投退功能软压板、重合闸、备自投以及远方切换定值区应具备“双确认”指示。

33．涉及多个厂站的安全稳定控制系统检验工作，应编制安全稳定控制系统联合调试方案，各厂站装置宜同步进行。

34．电磁环网是指不同电压等级运行的线路，通过变压器电磁回路的连接而构成的环路。

35．规定有接地端的测试仪表，在现场进行检验时，不允许直接接到直流电源回路中，以防止发生直流电源接地的现象。

36．为防止电力监控系统网络安全事故，应认真贯彻落实《中华人民共和国网络安全法》、《电力监控系统安全防护规定》（国家发改委 2014 年第 14 号令）、《电力监控系统安全防护总体方案》（国能安全〔2015〕36 号）、《电力行业信息安全等级保护管理办法》（国能安全〔2014〕318 号）等有关要求，坚持“安全分区、网络专用、横向隔离、纵向认证”基本原则。

37．同一条 220kV 及以上线路的两套继电保护通道、同一系统的有主/备关系的两套安全自动装置通道应采用两条完全独立的路由，两套均采用复用通道的应由两套独立的通信传输设备分别承载，且两套传输设备均应由两套独立的电源供电，满足“双路由、双设备、双电源”的要求。

38．双重化配置的两套保护装置，其直流电源应取自不同蓄电池组连接的直流母线段。每套保护装置与其相关设备电子式互感器、合并单元、智能终端、网络设备、操作箱、跳闸线圈等的直流电源均应取自与同一蓄电池组相连的直流母线。

39．依照设计规范的要求，500kV 变压器保护的主接线型式以高压侧 3/2 断路器接线、中压侧双母双分段接线、低压侧单母线接线的分相自耦变压器高 2-中 1-低 1 为基础型号，无选配功能。

40．依照 Q/GDW 1175—2013 的要求，智能站保护装置只设“远方操作”和“保护检修状态”硬压板，保护功能投退不设硬压板。

41．依照 Q/GDW 1175—2013 的要求，退保护 SV 接收压板时，装置应给出明确的提示确认信息，经确认后可退出压板；保护 SV 接收压板退出后，电流/电压显示为 0，不参与逻辑运算。

42．继电保护双重化的原则是指：保护装置的双重化以及与保护配合回路（包括通道）的双重化，它们之间应完全独立，无直接的电气联系。

43．常规站母线保护的“母线互联”软、硬压板采用或逻辑。

44．保护装置功能配置由设备制造厂出厂前完成。功能配置完成后定值清单及软压板、装置虚端子等应与所选功能一一对应。

45．判别振荡用的相电流元件定值，按可靠躲过正常负荷电流整定。

46．继电保护装置补充检验可分为：装置改造后的检验、检修或更换一次设备后的检验、运行中发现异常情况后的检验、事故后检验。

47．为了保持电力系统正常运行的稳定性和频率、电压的正常水平，系统应有足够的静态稳定储备和有功，无功备用容量，并有必要的调节手段。

48．《电力系统安全稳定计算技术规范》（DL/T 1234—2013）明确规定：220kV 系统故障切除时间不大于 120ms。

49．防误装置使用的直流电源应与继电保护、控制回路的电源分开；防误主机的交流电源应是不间断供电电源。

50．110（66）kV 及以上电压等级变电站应至少配置两路站用电源。装有两台及以上主变压器的 330kV 及以上变电站和地下 220kV 变电站，应配置三路站用电源。站外电源应独立可靠，不应取自本站作为唯一供电电源的变电站。

51．站用交流母线分段的，每套站用交流不间断电源装置的交流主输入、交流旁路输入电源应取自不同段的站用交流母线。

52．隔离断路器的断路器与接地开关间应具备足够强度的机械联锁和可靠的电气联锁。

53．在工程设计、建设、调试和启动阶段，国家电网公司的计划、工程、调度等相关管理机构和独立的发电、设计、调试等相关企业应相互协调配合，分别制定有效的组织、管理和技术措施，以保证一次设备投入运行时，相关配套设施等能同时投入运行。

54．加强设计、设备订货、监造、出厂验收、施工、调试和投运全过程的质量管理。鼓励科技创新，改进施工工艺和方法，提高质量工艺水平和基建管理水平。

55．电网应进行合理分区，分区电网应尽可能简化，有效限制短路电流；兼顾供电可靠性和经济性，分区之间要有备用联络线以满足一定程度的负荷互带能力。

56．根据电网发展适时编制或调整“黑启动”方案及调度实施方案，并落实到电网、电厂各单位。

57．加大规划阶段系统分析深度，在系统规划设计有关稳定计算中，发电机组均应采用详细模型，以正确反映系统动态特性。

58．严格执行相关规定，进行必要的计算分析，制定详细的基建投产启动方案。必要时应开展电网相关适应性专题分析。

59．应认真做好电网运行控制极限管理，根据系统发展变化情况，及时计算和调整电网运行控制极限。电网调度部门确定的电网运行控制极限值，应按照相关规定在计算极限值的基础上留有一定的稳定储备。

60．严格执行电网各项运行控制要求，严禁超运行控制极限值运行。电网一次设备故障后，应按照故障后方式电网运行控制的要求，尽快将相关设备的潮流（或发电机出力、电压等）控制在规定值以内。

61．稳定控制措施设计应与系统设计同时完成。合理设计稳定控制措施和失步、低频、低压等解列措施，合理、足量地设计和实施高频切机、低频减负荷及低压减负荷方案。

62．加强 110kV 及以上电压等级母线、220kV 及以上电压等级主设备快速保护建设。

63．一次设备投入运行时，相关继电保护、安全自动装置、稳定措施、自动化系统、故障信息系统和电力专用通信配套设施等应同时投入运行。

64．调度机构应根据电网的变化情况及时地分析、调整各种保护装置、安全自动装置的配置或整定值，并按照有关规程规定每年下达低频低压减载方案，及时跟踪负荷变化，细致分析低频减载实测容量，定期核查、统计、分析各种安全自动装置的运行情况。

65．加强继电保护运行维护，正常运行时，严禁 220kV 及以上电压等级线路、变压器等设备无快速保护运行。

66．部分检验时，只需用保护带实际断路器进行整组试验。

67．应对两回及以上并联线路两侧系统短路容量进行校核，如果因两侧系统短路容量相差较大，存在重合于永久故障时由于直流分量较大而导致断路器无法灭弧，需靠失灵保护动作延时切除故障的问题时，线路重合闸应选用一侧先重合，另一侧待对侧重合成功后再重合的方式。新建工程在设计阶段应考虑为实现这种方式所需要的重合闸检线路三相有压的条件。对于已投运厂站未配置线路三相电压互感器的，改造前可利用线路保护闭锁后合侧重合闸的方式作为临时解决方案。

68．对继电保护、安全自动装置等二次设备操作，应制订正确操作方法和防误操作措施。智能变电站保护装置投退应严格遵循规定的投退顺序。

69．断路器、隔离开关和接地开关电气闭锁回路应直接使用断路器、隔离开关、接地开关的辅助触点，严禁使用重动继电器；操作断路器、隔离开关等设备时，应确保待操作设备及其状态正确，并以现场状态为准。

70．在电网运行时，当系统电压持续降低并有进一恶化的趋势时，必须及时采取拉路限电等果断措施，防止发生系统电压崩溃事故。

71．双重化配置的继电保护光电转换接口装置的直流电源应取自不同的电源。单电源供电的继电保护接口装置和为其提供通道的单电源供电通信设备，如外置光放大器、脉冲编码调制设备（PCM）、载波设备等，应由同一套电源供电。

72．加强合并单元额定延时参数的测试和验收，防止参数错误导致的保护不正确动作。

73．同一屏内的不同保护装置不应共用光缆、尾缆，其所用光缆不应接入同一组光纤配线架，防止一台装置检修时造成另一台装置陪停。为保证设备散热良好、运维便利，同一屏内的设备纵向布置要留有充足距离。

74．智能变电站的保护设计应坚持继电保护“四性”，遵循“直接采样、直接跳闸”、“独立分散”、“就地化布置”原则，应避免合并单元、智能终端、交换机等任一设备故障时，同时失去多套主保护。

75．独立的、与其他互感器二次回路没有电气联系的电流互感器二次回路可在开关场一点接地，但应考虑将开关场不同点地电位引至同一保护柜时对二次回路绝缘的影响。

76．所有保护用电流回路在投入运行前，除应在负荷电流满足电流互感器精度和测量表计精度的条件下测定变比、极性以及电流和电压回路相位关系正确外，还必须测量各中性线

的不平衡电流（或电压），以保证保护装置和二次回路接线的正确性。

77．对于新投设备，做整组试验时，应按规程要求把被保护设备的各套保护装置串接在一起进行；应按相关规程要求，检验同一间隔内所有保护之间的相互配合关系；线路纵联保护还应与对侧线路保护进行一一对应的联动试验。

78．每套保护均应能对全线路内发生的各种类型故障快速动作切除。对于要求实现单相重合闸的线路，在线路发生单相经高阻接地故障时，应能正确选相跳闸。

79．为保证继电保护相关辅助设备（如交换机、光电转换器等）的供电可靠性，宜采用直流电源供电。因硬件条件限制只能交流供电的，电源应取自站用不间断电源。

80．直流母线采用单母线供电时，应采用不同位置的直流开关，分别带控制用负荷和保护用负荷。

81．在测试直流回路的谐波分量时须使用电子管电压表。

82．断路器失灵保护的相电流判别元件的整定值，其灵敏系数应大于1.3。

83．500kV 主变压器，为防止由于电压升高或频率降低引起其铁芯磁密过高而损坏，应装设过励磁保护。

84．220kV 零序电流Ⅳ段保护的一次零序电流定值要求不超过 300A。

85．对中性点经间隙接地的 220kV 变压器零序过电压保护，从母线电压互感器取电压的 $3U_0$ 定值一般为 180V。

86．一次主接线方式为 3/2 断路器接线时，母线电流差动保护无须电压闭锁元件。

87．在操作回路中，应按正常最大负荷下至各设备的电压降不得超过其额定电压的 10% 进行校核。

88．变压器的间隙保护有 0.3、0.5s 的动作延时，其目的是躲过系统的暂态过电压。

89．双重化的线路保护应配备两套独立的通信设备，两套通信设备应使用分别独立的电源。

90．继电保护是以常见运行方式为主来进行整定计算和灵敏度校核的。所谓常见运行方式是指正常运行方式下，与被保护设备相邻近的一回线路或一个元件检修。

91．根据规程要求，用于保护中的零序功率方向元件，在下一线路末端接地短路时，灵敏度 $K_{sen} \geq 1.5$；用于近后备保护时 $K_{sen} \geq 2$。

92．变压器空载合闸时，可能会出现相当于变压器额定电流 2.8 倍的励磁涌流，如此大的合闸冲击电流对变压器而言是允许的。

93．母线故障，母线差动保护动作，已跳开故障母线上六个断路器（包括母联），还有一个断路器因其本身原因而拒跳，则母差保护按不予评价统计。

五、简答题

某 500kV 智能变电站，采用常规电缆采样、GOOSE 跳闸模式，以 3/2 断路器完整串接线中的 500kV 第一套主变压器保护为例。按照《国调中心关于印发智能变电站继电保护和安全自动装置现场检修安全措施指导意见（试行）》要求，一次设备停电情况下，500kV 主变压器间隔与相关保护失灵回路传动试验时，需要采取哪些安全措施？

答：

（1）退出对应 500kV 第一套母线保护内运行间隔 GOOSE 发送压板，投入该母线保护检修压板；

（2）退出 220kV 第一套母线保护内运行间隔 GOOSE 发送软压板、失灵联跳软压板，投入该母线保护检修压板；

（3）退出该 500kV 第一套主变压器保护至运行设备（如 220kV 母联/母分）GOOSE 出口软压板；

（4）退出该中断路器保护内至运行设备 GOOSE 启失灵、GOOSE 出口软压板；

（5）投入 500kV 第一套主变压器保护，边、中断路器保护及各侧智能终端检修压板；

（6）将该主变压器间隔保护各侧 TA 短接并断开、TV 回路断开；并根据一次设备状态，确认是否需短接对应 500kV、220kV 第一套母线保护及 500kV 同串运行间隔第一套保护等相关设备内该间隔 TA 回路。

六、综合题

1．如图 5-1 所示，110kV 变电站甲由 220kV 变电站通过线路 1 单线供电，变电站内无故障录波装置，主变压器接线组别为 YN，d11，1、2 号主变压器运行，主变压器两侧 TA 均为 Y 接线，10kV 母分开关热备用，投入 10kV 母分开关备用电源自投装置、线路 2 备用电源自投装置、线路 3 备用电源自投装置，变电站甲 10kV 母分开关热备用，线路 2、线路 3 开关热备用，其余开关在运行状态。有关保护定值如下：

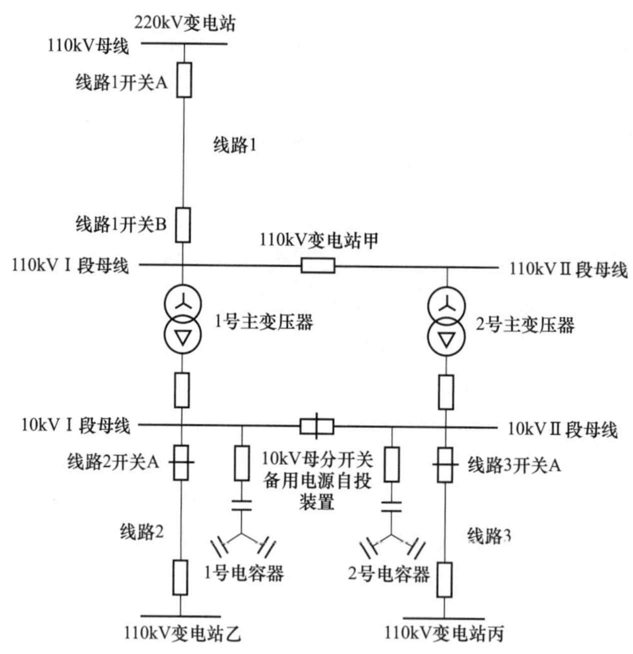

图 5-1　系统接线图

1 号主变压器 10kV 后备保护时间定值 1.7s，2 号主变压器 10kV 后备保护时间定值 1.7s；

电容器保护速断时间定值 0.2s，过流时间定值 0.8s，失压保护时间定值 0.5s；

线路 2 备用电源自投装置、线路 3 备用电源自投装置跳闸时间定值 8s，合闸时间定值 1s；

10kV 母分开关备用电源自投装置跳闸时间定值 6s，合闸时间定值 1s；

2011 年 5 月 6 日 10:00:00:000，110kV 变电站甲内 10kV Ⅰ段母线发生永久性故障，随即引起母分开关真空包爆炸，当地后台信息如下：

5 月 6 日 10:00:01:700，1 号主变压器 10kV 后备保护动作

5 月 6 日 10:00:02:000，2 号主变压器 10kV 后备保护动作

经检查确认保护装置动作正确。

220kV 变电站内的 110kV 故障录波器录波图如图 5-2 所示。

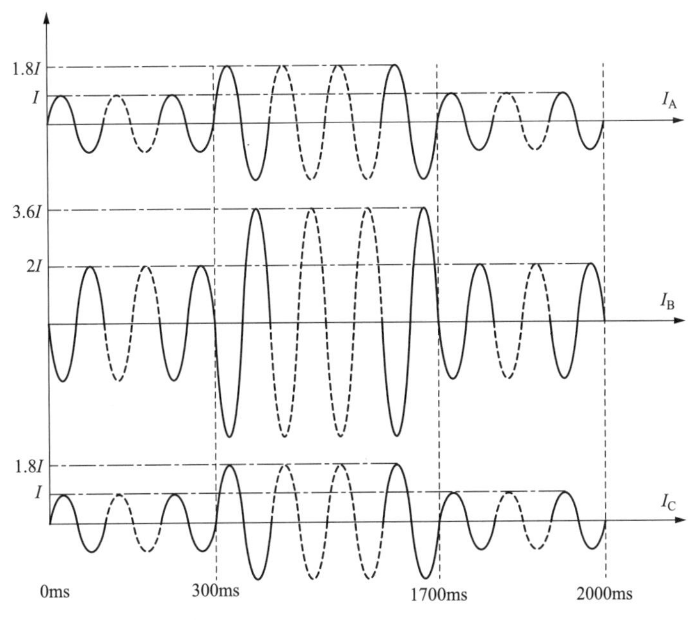

图 5-2 220kV 变电站内的 110kV 故障录波器录波图

请回答：

（1）根据图 5-2 故障电流波形和主变压器接线方式，请判断变电站甲内 10kV 侧发生的故障类型，详细写出推导分析过程；

（2）请按时间顺序描述变电站甲内包括主变压器 10kV 后备保护、电容器保护、备用电源自投装置等动作过程（忽略开关机构、保护装置固有动作时间；电流、电压保护定值均满足定值要求），并解释图中 300～1700ms 故障电流增大的原因。

答：

（1）从 220kV 变电站内的 110kV 故障录波器录波图 5-2 可知，110kV 侧电流在任何时刻三相电流存在如下关系

$$-\dot{I}_{\mathrm{B}}=2\dot{I}_{\mathrm{A}}=2\dot{I}_{\mathrm{C}}$$

YN，d11 接线主变压器两侧电流示意图如图 5-3 所示。

因此 $\dot{I}'_{\mathrm{a}}=n\dot{I}_{\mathrm{A}}$

$\dot{I}'_{\mathrm{b}}=n\dot{I}_{\mathrm{B}}$

$\dot{I}'_{c}=n\dot{I}_{C}$

由于 $\dot{I}_{a}=(\dot{I}'_{a}-\dot{I}'_{b})=n\dot{I}_{A}+2n\dot{I}_{A}=3n\dot{I}_{A}$

$\dot{I}_{b}=(\dot{I}'_{b}-\dot{I}'_{c})=n(-2)\dot{I}_{A}+(-n\dot{I}_{A})=-3n\dot{I}_{A}$

$\dot{I}_{c}=(\dot{I}'_{c}-\dot{I}'_{a})=n\dot{I}_{A}-n\dot{I}_{A}=0$

故变电站甲内 10kV 侧发生的故障为 AB 相故障。

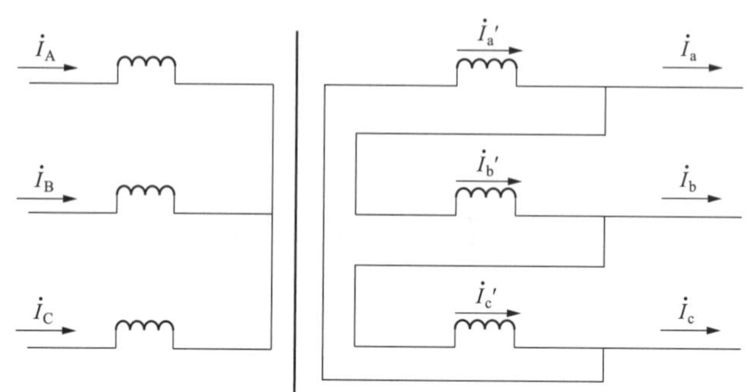

图 5-3　YN，d11 接线主变压器两侧电流示意图

（2）2011 年 5 月 6 日

10:00: 00:000，110kV 变电站甲 10kV Ⅰ段母线发生 AB 相故障

10:00: 00:300，110kV 变电站甲 10kV 母分开关真空包爆炸，10kV Ⅱ段母线发生故障

10:00:01:700，1 号主变压器 10kV 后备保护动作跳开本变压器 10kV 开关

10:00: 02:200，110kV 变电站甲 1 号电容器失压保护动作跳开电容器开关

10:00:02:000，2 号主变压器 10kV 后备保护动作跳开本变压器 10kV 断路器

10:00: 02:500，110kV 变电站甲 2 号电容器失压保护动作跳开电容器开关

10:00:09:700，线路 2 备用电源自投装置动作跳 1 号主变压器 10kV 断路器

10:00:10:700，线路 2 备用电源自投装置动作合上线路 2 断路器

10:00:10:000，线路 3 备用电源自投装置动作跳 2 号主变压器 10kV 断路器

10:00:11:000，线路 3 备用电源自投装置动作合上线路 3 断路器

母分备用电源自动投入装置不动作

10:00: 00:000～10:00: 00:300（10kV 母分开关热备用），10kV Ⅰ段母线 AB 相故障，通过 1 号主变压器本体提供短路电流，图中注释为 I;

10:00: 00:300～10:00: 01:700，10kV Ⅱ段母线 AB 相故障，同时通过 1 号主变压器、2 号主变压器本体提供短路电流，图中注释为 I（相当于主变压器高、低压侧并列运行，系统总阻抗减少，短路电流增大，但是由于系统阻抗的存在，系统总阻抗增加不到 1 倍，因此在此期间短路电流未达到增加 1 倍，图中注释为 3.6I）。

10:00: 01:700～10:00: 02:000，1 号主变压器 10kV 断路器跳开，通过 2 号主变压器本体提供短路电流，图中注释为 I;

（3）第一问的第二种解答方法：变压器两侧电流回路示意图如图 5-4 所示。

$$-\dot{I}_{B}=2\dot{I}_{A}=2\dot{I}_{C}$$

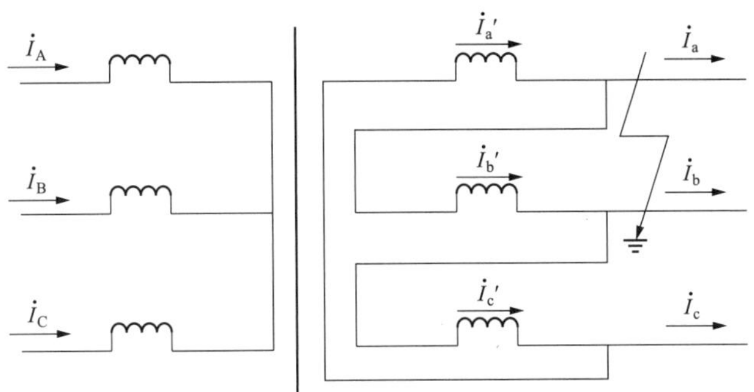

图 5-4 YN，d11 接线主变压器两侧电流示意图

$\dot{I}_a = -\dot{I}_b$，$\dot{I}_c$为负荷电流，忽略。

$$\dot{I}_a = (\dot{I}_a' - \dot{I}_b')$$

$$\dot{I}_b = (\dot{I}_b' - \dot{I}_c')$$

$$\dot{I}_c = (\dot{I}_c' - \dot{I}_a')$$

$$\dot{I}_a' = \frac{1}{3}(\dot{I}_a - \dot{I}_c) = \frac{1}{3}\dot{I}_a$$

$$\dot{I}_b' = \frac{1}{3}(\dot{I}_b - \dot{I}_a) = -\frac{2}{3}\dot{I}_a$$

$$\dot{I}_c' = \frac{1}{3}(\dot{I}_c - \dot{I}_b) = \frac{1}{3}\dot{I}_a$$

$$\dot{I}_A = n\dot{I}_a' = \frac{n}{3}\dot{I}_a$$

$$\dot{I}_B = n\dot{I}_b' = -\frac{2n}{3}\dot{I}_b$$

$$\dot{I}_C = n\dot{I}_c' = \frac{n}{3}\dot{I}_c$$

与 220kV 变电站内的 110kV 故障录波器录波图符合，因此变电站甲内 10kV 侧发生的故障为 AB 相故障。

2．系统结构如图 5-5 所示，线路 K 点发生金属性故障，不考虑双回线之间的互感。写出保护 1 距离Ⅱ段的测量阻抗表达式，写出保护 1 的距离Ⅱ段与保护 2 的距离Ⅰ段配合的公式，并分析距离Ⅱ段在整定计算时应当如何考虑配合条件？

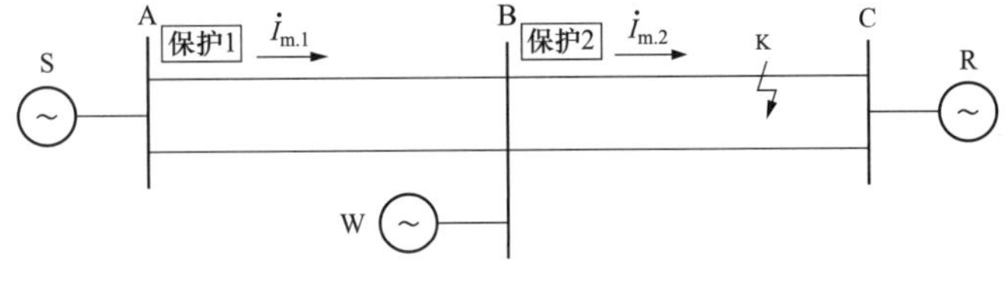

图 5-5 系统结构图

答：

在 K 点发生金属性短路时，保护 1 的测量电压为：

$$\dot{U}_m = Z_{AB}\dot{I}_{m.1} + Z_k\dot{I}_{m.2}$$

其中，Z_{AB} 为 AB 线路单回线的正序阻抗；Z_k 为短路点 K 到保护 2 处的正序阻抗；$\dot{U}_m$、$\dot{I}_{m.1}$、$\dot{I}_{m.2}$ 均为与继电器接线方式相对应的测量电压、测量电流。

于是，保护 1 的测量阻抗为：

$$Z_{m.1}=\frac{\dot{U}_m}{\dot{I}_{m.1}}=Z_{AB}+Z_k\frac{\dot{I}_{m.2}}{\dot{I}_{m.1}}$$

在进行保护 1 的距离Ⅱ段整定时，需要与保护 2 的距离Ⅰ段进行配合。为此，取 $Z_k=Z_{set.2}^{I}$。于是，有：

$$Z_{set.1}^{\mathrm{II}}=K_{rel}^{\mathrm{II}}Z_{m.1.min}=K_{rel}^{\mathrm{II}}\left(Z_{AB}+Z_{set.2}^{\mathrm{I}}\frac{\dot{I}_{m.2.min}}{\dot{I}_{m.1.max}}\right)$$

上式中，取得$\left|\dot{I}_{m.1.max}\right|$的对应条件为：

1）S 系统为最大运行方式；

2）AB 线路为单回线运行。

取得$\left|\dot{I}_{m.2.min}\right|$的对应条件为：

1）W 系统为最小运行方式；

2）BC 线路为双回线运行；

3）R 系统为最小运行方式。

上述条件就是保护 1 在距离Ⅱ段整定时应当考虑的条件。

3．接线组别为 YN，d1 的变压器，其纵差保护用 TA 的接线为星形接线，软件在星形侧相位补偿，三角侧为基准侧，两者之间的等效平衡系数等于 1.5。保护的二次启动电流 I_{dz0}=3A，拐点电流 I_{zd0}=4A，斜率 k=0.5，采用最大值制动。在差动保护保护柜端子排上高、低压侧 A 相同时通入 25A 电流，相位相反，请分析：该差动保护动作情况。

答：

A 相差流 I_{dA}=|1−1.5|×25=12.5（A）

A 相制动电流为 25×1.5=37.5（A），该制动电流对应的动作电流为(37.5−4)×0.5+3=19.8（A）

12.5A＜19.8A，故 A 相不动作。

B 相差流 I_{dB}=1.5×25=37.5（A）；

B 相制动电流为 25×1.5=37.5A，该制动电流对应的动作电流为(37.5−4) ×0.5+3=19.8（A）；

37.5A＞19.8A，故 B 相动作。

第六部分　智能变电站

一、单选题

1．根据《智能变电站继电保护技术规范》（Q/GDW 441—2010），智能变电站任意两台智能电子设备之间的数据传输路由不应超过（ B ）个交换机。

A．3　　B．4　　C．5　　D．8

2．一个 VLAN 可以看作是一个（ B ）。

A．冲突域　　B．广播域　　C．管理域　　D．阻塞域

3．交换机存储转发交换工作通过（ A ）进行数据帧的差错控制。

A．循环冗余校验　　B．奇偶校验码　　C．交叉校验码　　D．横向校验码

4．根据《智能变电站继电保护通用技术条件》（Q/GDW 1808—2012），交换机传输各种帧长数据时交换机固有时延应小于（　　），帧丢失率应为（　　）。（ C ）

A．10μs，1%　　B．15μs，1%　　C．10μs，0　　D．15μs，0

5．IEC 61850-9-2 基于（ C ）通信机制。

A．C/S（客户/服务器）　　B．B/S（浏览器/服务器）

C．发布/订阅　　D．主/从

6．根据《智能变电站继电保护技术规范》（Q/GDW 441—2010），当交换机用于传输 SV 或 GOOSE 等可靠性要求较高的信息时应采用（　　）接口；当交换机用于传输 MMS 等信息时宜采用（　　）接口。（ B ）

A．光，光　　B．光，电　　C．电，电　　D．电，光

7．根据《智能变电站继电保护技术规范》（Q/GDW 441—2010），对于 220kV 及以上变电站，宜按（ A ）和网络配置故障录波装置和网络报文记录分析装置。

A．电压等级　　B．功能　　C．间隔　　D．其他

8．变电站内的组网方式宜采用的形式为（ B ）。

A．总线结构　　B．星形结构　　C．环形结构　　D．树形结构

9．智能变电站中故障录波器产生的告警信息上送报文是（ A ）。

A．MMS　　B．GSGE　　C．GOOSE　　D．SV

10．智能变电站全站通信网络采用（ A ）。

A．以太网　　B．lonworks 网　　C．FT3　　D．232 串口

11．智能变电站应用交换机报文采用（ A ）模式。

A．存储转发　B．直通　C．碎片隔离　D．FIFO

12．GOOSE 报文的帧结构包含（ C ）。

A．源 MAC 地址、源端口地址　B．目标 MAC 地址、目标端口地址

C．源 MAC 地址、目标 MAC 地址　D．源端口地址、目标端口地址

13．GOOSE 报文的目的地址是（ B ）。

A．单播 MAC 地址　B．多播 MAC 地址

C．广播 MAC 地址　D．以上均可

14．GOOSE 服务采用（ A ）来获得数据传输的可靠性。

A．重传方案　B．问答方案　C．握手方案　D．以上均不是

15．GOOSE 报文判断中断的依据为：在接收报文的允许生存时间的（ B ）倍时间内没有收到下一帧报文。

A．1　B．2　C．3　D．4

16．装置上电时，发送的第一帧 GOOSE 报文中的 StNum=（ B ）。

A．0　B．1　C．2　D．3

17．GOOSE 报文变位后立即补发的时间间隔由 GOOSE 网络通信参数中的 MinTime（ B ）设置。

A．T_0　B．T_1　C．T_2　D．T_3

18．GOOSE 报文心跳间隔由 GOOSE 网络通信参数中的 MaxTime（ A ）设置。

A．T_0　B．T_1　C．T_2　D．T_3

19．每个 GSEControl 控制块最多关联（ A ）个 MAC 地址。

A．1　B．2　C．3　D．4

20．GOOSE 是一种面向（ B ）对象的变电站事件。

A．特定　B．通用　C．智能　D．单一

21．GOOSE 对检修 TEST 位的处理机制应为（ A ）。

A．相同处理，相异丢弃　B．相异处理，相同丢弃

C．相同、相异都处理　D．相同、相异都丢弃

22．DA 指的是（ D ）。

A．逻辑设备　B．逻辑节点　C．数据对象　D．数据属性

23．GOOSE 报文的重发传输采用方式（ B ）。

A．连续传输 GOOSE 报文，StNum+1

B．连续传输 GOOSE 报文，StNum 保持不变，SqNum+1

C．连续传输 GOOSE 报文，StNum+1 和 SqNum+1

D．连续传输 GOOSE 报文，StNum 和 SqNum 保持不变

24．根据《IEC 61850 工程继电保护应用模型》（Q/GDW 1396—2012）规定，GOOSE 输入定义采用虚端子的概念，在以（ C ）为前缀的 GGIO 逻辑节点实例中定义 DO 信号。

A．SVIN　B．MMSIN　C．GOIN　D．GSIN

25．IEC 61850 标准中，不同的功能约束代表不同的类型，ST 代表（ A ）。

A．状态信息　B．测量值　C．控制　D．定值组

26．IEC 61850 标准中，不同的功能约束代表不同的类型，MX 代表（ B ）。

A．状态信息　B．测量值　C．控制　D．定值组

27．IEC 61850 标准中，不同的功能约束代表不同的类型，SG 代表（ D ）。

A．状态信息　B．测量值　C．控制　D．定值组

28．IEC 61850 标准中，不同的功能约束代表不同的类型，CO 代表（ C ）。

A．状态信息　B．测量值　C．控制　D．定值组

29．智能变电站工程 GOOSE 心跳时间（T_0）一般默认为（ A ）。

A．5000ms　B．2ms　C．1000ms　D．20s

30．智能变电站工程 GOOSE 变位时最短传输时间（T_1）一般默认为（ B ）。

A．5000ms　B．2ms　C．1000ms　D．20s

31．智能变电站工程 GOOSE 报文的允许生存时间为（ C ）。

A．5000ms　B．2ms　C．10000ms　D．20s

32．装置重启 StNum，SqNum 应当从（ A ）开始。

A．StNum=1，SqNum=1　B．StNum=1，SqNum=0

C．StNum=0，SqNum=0　D．StNum=0，SqNum=I

33．当 GOOSE 发生变位时，StNum 和 SqNum 应（ C ）。

A．StNum 变为 1，SqNum 变为+1　B．StNum+l，SqNum 变为 1

C．StNum+l，SqNum 变为 0　D．StNum 变为 0，SqNum 变为+1

34．当 GOOSE 有且仅发生一次变位时，（ A ）。

A．装置连发 5 帧，间隔为 2，2，4，8ms

B．装置连发 5 帧，间隔为 2，2，4，4ms

C．装置连发 5 帧，间隔为 2，2，2，2ms

D．装置连发 5 帧，间隔为 2，4，6，8ms

35．下列哪组 MAC 地址（ A ）为 DL/T 860.92 推荐 SV 使用的 MAC 地址。

A．01-0C-CD-04-00-00～0l-0C-CD-04-01-FF

B．01-0C-CD-04-00-00～0l-0C-CD-04-02-FF

C．01-0C-CD-01-00-00～0l-0C-CD-01-01-FF

D．01-0C-CD-01-00-00～0l-0C-CD-01-02-FF

36．下列 MAC 地址（ C ）为 DL/T 860.92 推荐 GOOSE 使用的 MAC 地址。

A．01-0C-CD-04-00-00～0L-0C-CD-04-01-FF

B．01-0C-CD-04-00-00～0L-0C-CD-04-02-FF

C．01-0C-CD-01-00-00～0L-0C-CD-01-01-FF

D．01-0C-CD-01-00-00～0L-0C-CD-01-02-FF

37．GOOSE 分配的以太网类型值是（ A ）。

A．0x88B8　B．0x88B9　C．0x88BA　D．0x88BB

38．SV 分配的以太网类型值是（ C ）。

A．0x88B8　B．0x88B9　C．0x88BA　D．0x88BB

39．常用（ D ）节点表示 MMS 服务访问点。

A．M1　B．G1　C．P1　D．S1

40．GOOSE 访问点类型是（ B ）。

A．S1　　B．G1　　C．M1　　D．P1

41．SV 访问点类型是（ C ）。

A．S1　　B．G1　　C．M1　　D．P1

42．IEC 61850 模型是基于（ D ）格式的 SCL 语言进行描述的。

A．HTML　　B．SHTML

C．无格式，随意编写　　D．XML

43．以下是模型文件包含的四部分主元素：SCD 文件可包含多个（ C ）元素。

A．<Header>　　B．<Communication>

C．<IED>　　D．<DataTypeTemplate>

44．下列 IEC 61850 标准中定义的逻辑节点名称含义错误的是（ A ）。

A．PDIF：距离保护逻辑节点　　B．PTOC：过流保护逻辑节点

C．TTAR：电流互感器逻辑节点　　D．ATCC：自动分接开关控制

45．IEC 61850 模型中，GOOSE 虚端子连线关系在哪个参数字段中描述（ C ）。

A．GSEConTrol　　B．ReportControl　　C．Inputs　　D．DOI

46．装置 GOOSE 输入虚端子逻辑节点采用前缀为（ A ）。

A．GOIN　　B．SVIN　　C．GO　　D．Inputs

47．装置 SV 输入虚端子逻辑节点采用前缀为（ B ）。

A．GOIN　　B．SVIN　　C．GO　　D．Inputs

48．保护跳闸逻辑节点为（ A ）。

A．PTRC　　B．PDIS　　C．PVOC　　D．GGIO

49．在常用的逻辑节点中，测量的逻辑节点是（ A ）。

A．MMXU　　B．GGIO　　C．PTOC　　D．CSWI

50．在智能变电站 ICD 模型中，哪个是保护事件的数据集（ B ）。

A．dsAlarm　　B．dsTripInfo　　C．dsRelayEna　　D．dsSetting

51．在智能变电站 ICD 模型中，哪个是保护日志的数据集（ C ）。

A．dsAlarm　　B．dsTripInfo　　C．dsLog　　D．dsSetting

52．保护当前定值区不能是下列哪个区？（ A ）

A．0　　B．1　　C．2　　D．31

53．某智能变电站里有两台完全相同的保护装置，下面描述中正确的选项为（ B ）。

A．两台保护装置提供一个 ICD 文件，并使用相同的 CID 文件

B．两台保护装置提供一个 ICD 文件，但使用不同的 CID 文件

C．两台保护装置提供两个不同的 ICD 文件，但使用相同的 CID 文件

D．两台保护装置提供两个不同的 ICD 文件，并使用不同的 CID 文件

54．智能终端使用的逻辑设备名是（ C ）。

A．SVLD　　B．PI　　C．RPIT　　D．MU

55．SSD、SCD、ICD 和 CID 文件是智能变电站中用于配置的重要文件，在具体工程实际配置过程中的关系为（ A ）。

A．SSD+ICD 生成 SCD 然后导出 CID，最后下载到装置

B．SCD+ICD 生成 SSD 然后导出 CID，最后下载到装置

C．SSD+CID 生成 SCD 然后导出 ICD，最后下载到装置

D．SSD+ICD 生成 CID 然后导出 SCD，最后下载到装置

56．断路器使用什么实例（ A ）。

A．XCBR　　B．XSWI　　C．CSWI　　D．RBRF

57．断路器和隔离开关的控制使用什么实例（ C ）。

A．XCBR　　B．XSWI　　C．CSWI　　D．RBRF

58．下列数据类型中，属于单点遥信类型的是（ A ）。

A．CN_SPS　　B．SN_SPC　　C．CN_DPS　　D．CN_DPC

59．下列数据类型中，属于双点遥信类型的是（ C ）。

A．CN_SPS　　B．SN_SPC　　C．CN_DPS　　D．CN_DPC

60．GOOSE 报文和 SV 报文的默认 VLAN 优先级为（ B ）。

A．1　　B．4　　C．5　　D．7

61．下列设备能够完成 TV 并列逻辑的是（ D ）。

A．ML2201　　B．PL2201　　C．CL2201　　D．MM2201

62．下列设备能够完成 TV 切换逻辑的是（ A ）。

A．ML2201　　B．PL2201　　C．CL2201　　D．MM2201

63．合并单元在外部同步时钟信号消失后，至少能在（ C ）内继续满足 4μs 的同步精度要求。

A．2min　　B．5min　　C．10min　　D．20min

64．GOOSE 和 SV 使用的组播地址前三位为（ C ）。

A．01-0A-CD　　B．01-0B-CD　　C．01-0C-CD　　D．01-0D-CD

65．当 SV 报文的 VLAN 的优先级标记为（ D ）时，表示优先级最高。

A．0　　B．1　　C．6　　D．7

66．（ B ）不是 SV 的 APPID。

A．46D0　　B．11D0　　C．41D0　　D．41C0

67．保护采用点对点直采方式，同步是在（ A ）环节完成。

A．保护　　B．合并单元　　C．智能终端　　D．远端模块

68．某 500kV 智能变电站，5031、5032 断路器（5902 出线）间隔停役检修时，必须将（ B ）退出。

A．500kV Ⅰ母母差检修压板

B．500 kV Ⅰ母 5031 支路“SV 接收”压板

C．5031 断路器保护跳本断路器出口压板

D．5902 线线路保护 5031 支路“SV 接收”压板

69．合并单元常用的采样频率是（ C ）Hz。

A．1200　　B．2400　　C．4000　　D．5000

70．各间隔合并单元所需母线电压量通过（ B ）转发。

A．交换机　　B．母线电压合并单元

C．智能终端　　D．保护装置

71．合并单元数据品质位（无效、检修等）异常时，保护装置应（ B ）。

A．延时闭锁可能误动的保护

B．瞬时闭锁可能误动的保护，并且在数据恢复正常后尽快恢复被闭锁的保护

C．瞬时闭锁可能误动的保护，并且一直闭锁

D．不闭锁保护

72．母线电压合并单元输出的数据无效或失步，（ D ）。

A．差动保护闭锁　　B．失灵保护闭锁

C．母联失灵保护闭锁　　D．都不闭锁

73．主变压器或线路支路间隔合并单元检修状态与母差保护装置检修状态不一致时，母线保护装置（ A ）。

A．闭锁

B．检修状态不一致的支路不参与母线保护差流计算

C．母线保护直接跳闸

D．保护不做任何处理

74．220kV 以上变压器各侧的中性点电流、间隙电流应（ B ）。

A．各侧配置单独的合并单元进行采集　　B．由相应侧的合并单元进行采集

C．统一配置独立的合并单元进行采集　　D．其他方式

75．电子式电压互感器宜利用合并单元同步时钟实现同步采样，采样的同步误差应不大于（ A ）。

A．±1μs　　B．±2μs　　C．±3μs　　D．±4μs

76．合并单元在时钟信号从无到有的变化过程中，其采样周期调整步长应不大于（ A ）。

A．1μs　　B．2μs　　C．4μs　　D．10μs

77．在某 IEC 61850-9-2 的 SV 报文看到电压量数值为 0x000c71fb，已知其为峰值，那么其有效值为（ B ）。

A．0.5768kV　　B．5.768kV　　C．8.15611kV　　D．0.815611kV

78．在某 IEC 61850-9-2 的 SV 报文看到电压量数值为 0xFFF38ECB，那么该电压的实际瞬时值为（ A ）。

A．–8.15413kV　　B．8.15413kV　　C．–0.815413kV　　D．0.815413kV

79．每台合并单元装置应能满足最多（ C ）个输入通道的要求。

A．8　　B．10　　C．12　　D．24

80．合并单元户外就地安装时，同步方式应采用（ B ）。

A．双绞线 B 码方式　　B．光 B 码方式

C．SNTP　　D．1pps

81．双母线接线，两段母线按双重化配置（ B ）台电压合并单元。

A．1　　B．2　　C．3　　D．4

82．双母双分段接线，按双重化配置（ D ）台母线电压合并单元，不考虑横向并列。

A．1　　B．2　　C．3　　D．4

83．220kV 及以上电压等级变压器各侧及公共绕组的合并单元按（ C ）配置。

A．变压器各侧双套，公共绕组单套

B．变压器各侧与公共绕组共用 2 套合并单元

C．双重化

D．单套

84．SMV 虚端子连线的合并单元数据集 DO 应该对应保护装置的（ A ）。

A．DO　　B．DA

C．DO 和 DA 都可以　　D．DO 和 DA 都不可以

85．智能变电站的 A/D 回路设计在（ D ）。

A．保护　　B．测控

C．智能终端　　D．合并单元或 ECVT

86．采用 IEC 61850-9-2 点对点采样模式的智能变电站，若合并单元任意保护电流通道无效将对线路差动保护产生的影响有（ B ）（假定保护线路差动保护只与间隔合并单元通信）。

A．差动保护闭锁，后备保护开放　　B．所有保护闭锁

C．所有保护开放　　D．差动保护开放，后备保护闭锁

87．采用 IEC 61850-9-2 点对点采样模式的智能变电站，任意合并单元（包括母线电压，母联，间隔等）失步对母线保护的影响有（ C ）。

A．差动保护闭锁，失灵保护开放　　B．所有保护闭锁

C．所有保护开放　　D．差动保护开放，失灵保护闭锁

88．采用 IEC 61850-9-2 点对点模式的智能变电站，母线合并单元无效将对母线保护产生一定的影响，下列说法不正确的是（ A ）。

A．闭锁所有保护　　B．不闭锁保护

C．开放该段母线电压　　D．显示无效采样值

89．采用 IEC 61850-9-2 点对点采样模式的智能变电站，支路合并单元无效将对母线保护产生一定的影响，下列说法不正确的是（ B ）。

A．闭锁差动保护　　B．闭锁所有支路失灵保护

C．闭锁该支路失灵保护　　D．显示无效采样值

90．采用 IEC 61850-9-2 点对点采样模式的智能变电站，仅母线合并单元投入检修将会对母线保护产生一定的影响，下列说法不正确的是（ A ）。

A．闭锁所有保护　　B．不闭锁保护

C．开放该段母线电压　　D．显示无效采样值

91．若合并单元失步，置 SV 报文中（ B ）属性为 FALSE。

A．SmpCnt　　B．SmpSynch　　C．confRev　　D．svID

92．线路保护直接采样，直接跳断路器，可经（ B ）启动断路器失灵保护重合闸。

A．SV 网络　　B．GOOSE 网络　　C．智能终端　　D．站控层网络

93．采用 IEC 61850-9-2 点对点模式的智能变电站，若合并单元时钟失步将对线路差动保护产生的影响有（ C ）（假定保护的线路差动保护只与间隔合并单元通信）。

A．差动保护闭锁，后备保护开放　　B．所有保护闭锁

C．所有保护开放　　D．差动保护开放，后备保护闭锁

94．采用 IEC 61850-9-2 点对点模式的智能变电站，若仅合并单元投检修将对线路差动保

护产生的影响有（ B ）（假定保护的线路差动保护只与间隔合并单元通信）。

A．差动保护闭锁，后备保护开放　　B．所有保护闭锁

C．所有保护开放　　D．差动保护开放，后备保护闭锁

95．采用 IEC 61850-9-2 点对点模式的智能变电站，若合并单元任意启动电压通道无效将对线路差动保护产生的影响有（ D ）（假定保护线路差动保护只与间隔合并单元通信）。

A．差动保护闭锁，后备保护开放　　B．所有保护闭锁

C．所有保护开放　　D．切换到由保护电流开放 24V 正电源

96．当与接收母线保护 GOOSE 断链时，线路保护采集母差远跳开入应（ A ）。

A．清 0　　B．保持前值　　C．置 1　　D．取反

97．国家电网公司典型设计中智能变电站 110kV 及以上的线路主保护采用（ A ）。

A．直采直跳　　B．直采网跳　　C．网采直跳　　D．网采网跳

98．智能变电站 500kV 线路保护装置建议集成（ B ）保护。

A．失灵　　B．过电压及故障接地判别

C．不一致　　D．死区

99．当线路保护装置不投检修压板，智能终端投检修压板时，线路保护装置的断路器位置开入量（ C ）。

A．认合位　　B．认分位

C．保持检修不一致前的状态　　D．不确定

100．线路保护的纵联通道采用（ C ）逻辑节点建立模型。

A．PDIF　　B．PDIS　　C．PSCH　　D．PTOC

101．保护模型中对应要跳闸的每个断路器各使用一个 PTRC 实例，则线路保护对于 3/2 断路器接线应建立（ B ）PTRC 实例。

A．1 个　　B．2 个　　C．3 个　　D．4 个

102．线路保护装置下载完配置之后，发现测试仪加量与保护采样不一样，可能的原因是（ B ）。

A．控制块不对应　　B．TA、TV 变比没有设置

C．控制块品质异常　　D．光纤光口位置接反

103．在现场调试线路保护时，不报 GOOSE 断链的情况下，测试仪模拟断路器变位，保护却收不到，原因可能是（ C ）。

A．下载错误的 GOOSE 控制块

B．GOOSE 控制块的光口输出设置与实际接线不对应

C．映射的控制块的通道没有连接到该保护中

D．测试仪没有正常下载配置该控制块

104．线路保护重合闸采用（ A ）建模。

A．RREC　　B．RBRF　　C．PSCH　　D．XCBR

105．（ D ）采用 RFLO 建模。

A．振荡闭锁　　B．单跳失败跳三相

C．非全相运行再故障动作　　D．故障定位信息

106．智能变电站现场常用时钟的同步方式不包括（ D ）。

A．PPS　　B．IRIG-B　　C．IEEE 1588　　D．PPM

107．主时钟应双重化配置，应优先采用（ C ）系统。

A．GPS 导航　　B．地面临时信号

C．北斗导航　　D．判断哪个信号好就用哪个

108．应用 DL/T 860 系列标准的变电站，站控层设备宜采用（ A ）对时方式。

A．SNTP　　B．IRIG-B　　C．PPS　　D．PPM

109．下列（ A ）同步方式精度不能满足组网方式下的光纤差动保护同步要求。

A．SNTP　　B．秒脉冲　　C．光纤 B 码　　D．IEC 61588

110．组网方式下，当 500kV 断路器失灵保护的本地同步时钟丢失时，（ D ）保护需要闭锁。

A．失灵　　B．死区　　C．重合闸　　D．没有

111．组网方式下，当纵联差动保护装置的本地同步时钟丢失时，（ B ）保护需要闭锁。

A．距离　　B．纵联差动　　C．零序　　D．没有

112．点对点方式下，当纵联差动保护装置的本地同步时钟丢失时，（ D ）保护需要闭锁。

A．距离　　B．纵联差动　　C．零序　　D．没有

113．220kV 及以上电压等级变压器保护应配置（ A ）台本体智能终端。

A．1　　B．2　　C．3　　D．4

114．智能终端的动作时间不应大于（ B ）。

A．2ms　　B．7ms　　C．8ms　　D．10ms

115．智能终端跳、合闸出口应采用（ B ）。

A．软压板　　B．硬压板　　C．软、硬压板与门　　D．不设压板

116．智能终端装置在正常工作时，装置功率消耗不大于（　　）W，当装置动作时，功率消耗不大于（　　）W。（ B ）

A．30，50　　B．30，60　　C．40，60　　D．40，70

117．智能终端需要对时。采用光纤 IRIG-B 码对时方式时，宜采用（　　）接口；采用电 IRIG-B 码对时方式时，宜采用（　　），通信介质为屏蔽双绞线。（ D ）

A．LC，交流 B 码　　B．LC，直流 B 码

C．ST，交流 B 码　　D．ST，直流 B 码

118．智能终端装置的 SOE 分辨率应小于（ C ）。

A．10μs　　B．20μs　　C．1ms　　D．2ms

119．220kV 及以上变压器各侧的智能终端（　　）；110kV 变压器各侧终端（　　）。（ A ）

A．均按双重化配置，宜按双套配置　　B．均按双重化配置，按单套配置

C．宜按双重化配置，按单套配置　　D．宜按双重化配置，均按双套配置

120．智能终端应具备接收 IEC 61588 或 B 码时钟同步信号功能，装置的对时精度误差不应大于（ C ）。

A．±1μs　　B．±10μs　　C．±1ms　　D．±10ms

121．下面（ A ）时间最短。

A．保护装置收到故障起始数据的时刻到保护发出跳闸命令的时刻

B．保护装置收到故障起始数据的时刻到智能终端出口动作时刻

C．一次模拟量数据产生时刻到保护发出跳闸命令的时刻

D．一次模拟量数据产生时刻到智能终端出口动作时刻

122．下面（ D ）时间最长。

A．保护装置收到故障起始数据的时刻到保护发出跳闸命令的时刻

B．保护装置收到故障起始数据的时刻到智能终端出口动作时刻

C．一次模拟量数据产生时刻到保护发出跳闸命令的时刻

D．一次模拟量数据产生时刻到智能终端出口动作时刻

123．根据《IEC 61850 工程继电保护应用模型》（Q/GDW 1396—2012），建模时智能终端 LD 的 inst 名为（ D ）。

A．PROT　　B．TARL　　C．LD0　　D．RPIT

124．智能终端输出的信号宜带（ B ）时标信息，数据集中每个时标应紧跟相应的信号排放。

A．格林尼治标准时间（GMT）　　B．协调世界时（UTC）

C．国际原子时（TAI）　　D．北京时间

125．GOOSE 报文帧中应用标识符（APPID）的标准范围是（ A ）。

A．0000～3FFF　　B．4000～7FFF　　C．8000～BFFF　　D．C000～FFFF

126．DL/T 860 系列标准中（ C ）是功能的基本单元。

A．逻辑设备　　B．数据对象　　C．逻辑节点　　D．数据属性

127．每套全光纤电流互感器内宜配置（　　）个保护用传感元件，由（　　）路独立的采样系统进行采集。（ C ）

A．2、2　　B．2、4　　C．4、2　　D．4、4

128．《智能变电站继电保护技术规范》（Q/GDW 441—2010）规定，在输入输出端口方面，标准规定每个 MU 应能满足最多（　　）个输入通道和至少（　　）个输出端口的要求。（ A ）

A．12、8　　B．12、12　　C．16、8　　D．16、12

129．MU 采样值发送间隔离散值应小于（　　）μs，对应角差（　　）度。（ D ）

A．8、0.144　　B．8、0.18　　C．10、0.144　　D．10、0.18

130．《IEC 61850 工程继电保护应用模型》（Q/GDW 1396—2012）规定，保护遥信预定义的保护压板的数据集名为（ A ）。

A．dsRelayDin　　B．dsRelayEna　　C．dsRelayAin　　D．dsSetting

131．按照《IEC 61850 工程继电保护应用模型》（Q/GDW 1396—2012），保护遥测预定义的保护压板的数据集名为（ C ）。

A．dsRelayDin　　B．dsRelayEna　　C．dsRelayAin　　D．dsSetting

132．当 GOOSE 报文中“Time Allowed to Live”参数为 10s 时，断链判断时间应为（ B ）s。

A．10　　B．20　　C．40　　D．80

133．电压采样值为 32 位整型，1LSB=（　　）mV，电流采样值为 32 位整型，1LSB=（　　）mA。（ A ）

A．10、1　　B．10、10　　C．1、10　　D．1、1

134．合并单元正常情况下守时精度范围为±（　　）μs，对时精度应为±（　　）μs。（ C ）

A．1、1　　B．1、4　　C．4、1　　D．4、4

135．按照智能变电站标准化设计规定，GOOSE 虚端子信息应配置到（　　）层次，SV 虚端子信息应配置到（　　）层次。（ C ）

A．DA、DA　　B．DO、DO　　C．DA、DO　　D．DO、DA

136．智能变电站建设遵循“（ B ）”的逻辑网络架构。

A．三层三网　　B．三层两网　　C．三层四网　　D．两层两网

137．若电子式互感器采集器的采样频率为 4000Hz，其额定延时不大于多少？（ B ）。

A．250μs　　B．500μs　　C．750μs　　D．1000μs

138．《智能变电站继电保护技术规范》（Q/GDW 441—2010）要求智能变电站使用的电子式互感器的唤醒时间为（ A ）。

A．0ms　　B．1ms　　C．2ms　　D．5ms

139．5P 级电子式电流互感器在额定准确限值一次电流下的复合误差限值为（ A ）。

A．0.05　　B．0.1　　C．0.002　　D．0.005

140．一台保护用电子式电流互感器，额定一次电流 4000A（有效值），额定输出为 SCP=01CF H（有效值，RangFlag=0）。对应于样本 2DF0 H 的瞬时模拟量电流值为（ D ）。

A．4000A　　B．463A　　C．11760A　　D．101598A

141．有源电子式电流互感器对准确级的要求通常为（ A ）。

A．0.2S/5TPE　　B．0.5S/5P20　　C．0.5S/5P20　　D．0.2/3P

142．有源电子式电压互感器对准确级的要求通常为（ D ）。

A．0.2S/5TPE　　B．0.5S/5P20　　C．0.5S/5P20　　D．0.2/3P

143．电子式互感器的输出符合 IEC 60044-8 规约数字量时，测量电流额定值为（ A ）。

A．2D41H　　B．01CFH　　C．2D00H　　D．01DFH

144．电子式互感器的输出符合 IEC 60044-8 规约数字量时，保护电流额定值为（ B ）。

A．2D41H　　B．01CFH　　C．2D00H　　D．01DFH

145．电子式互感器的输出符合 IEC 60044-8 规约数字量时，电压额定值为（ A ）。

A．2D41H　　B．01CFH　　C．2D00H　　D．01DFH

146．作用于跳闸的非电量保护，动作电压应在额定直流电源电压的（ C ）范围内。

A．50%～70%　　B．50%～75%　　C．55%～70%　　D．55%～75%

147．母差保护插值同步算法在（ A ）采样方式下适用。

A．直接采样　　B．网络采样

C．直接采样，网络采样均适用　　D．直接采样，网络采样均不适用

148．某 220kV 间隔智能终端故障断电时，相应母差保护（ D ）。

A．母差强制互联　　B．母差强制解列

C．闭锁差动保护　　D．保持原来的运行状态

149．变压器非电量保护信息通过（ D ）上送过程层 GOOSE 网。

A．高压侧智能终端　　B．中压侧智能终端

C．低压侧智能终端　　D．本体智能终端

150．断路器保护跳本断路器（　　）跳闸；本断路器失灵时，经（　　）通过相邻断路器保护或母线保护跳相邻断路器。（ C ）

A．GOOSE 网络，GOOSE 网络　　B．直接电缆，GOOSE 网络

C．GOOSE 点对点，GOOSE 网络　　D．直接电缆，GOOSE 点对点

151．当与接收线路保护 GOOSE 断开时，母差保护采集线路保护失灵开入应（ B ）。

A．置 1　　B．清 0　　C．取反　　D．保持前值

152．220kV 母联保护，只接收母联合并单元的电流，组网方式下，当母联合并单元失步时，（ D ）母联保护受影响。

A．仅充电相　　B．仅充电零序　　C．所有　　D．没有

153．当母联合并单元 SV 采样报文品质异常时，母线保护（ A ）。

A．置母线互联状态　　B．置母线解列状态

C．闭锁差动保护　　D．保持原来的运行状态

154．高压并联电抗器非电量保护采用（ A ）跳闸，并通过相应断路器的两套智能终端发送 GOOSE 报文，实现远跳。

A．就地直接电缆　　B．GOOSE 网络

C．GOOSE 点对点　　D．MMS、GOOSE 合一网络

155．除检修压板外，下面哪个装置可以设置硬压板（ B ）。

A．保护装置　　B．智能终端　　C．合并单元　　D．测控装置

156．下列开入类型应在接收端设置开入压板的是（ B ）。

A．闭重开入　　B．启失灵开入　　C．断路器位置　　D．隔离开关位置

157．当 SMV 采用组网或与 GOOSE 共网的方式传输时，用于母线差动保护或主变压器差动保护的过程层交换机宜支持在任意 100M 网口出现持续（　　）突发流量时不丢包，在任（　　）网口出现持续 0.25ms 的 2000M 突发流量时不丢包。（ C ）

A．1ms，100M　　B．0.5ms，100M

C．0.25ms，1000M　　D．2ms，100M

158．（ D ）压板不属于 GOOSE 出口软压板。

A．跳高压侧压板　　B．闭锁中压备自投压板

C．跳闸备用压板　　D．高压侧后备投入压板

159．对于主变压器保护，（ A ）GOOSE 输入量在 GOOSE 断开的时候必须置 0。

A．失灵联跳开入　　B．高压侧断路器位置

C．中压侧断路器位置　　D．跳高压侧

160．主变压器高压侧电流数据无效时，以下（ D ）保护可以保留。

A．高压侧过流　　B．纵差保护

C．高压侧自产零流　　D．过励磁

161．主变压器中压侧电流数据无效时，以下（ D ）保护可以保留。

A．中压侧自产零流　　B．中压侧阻抗

C．中压侧过流　　D．中压侧间隙过流

162．500kV 主变压器低压侧开关电流数据无效时，以下（ B ）保护可以保留。

A．纵差保护　　B．分侧差动保护

C．小区差保护　　D．低压侧过流

163．500kV 主变压器低压侧套管电流数据无效时，以下（ C ）保护可以保留。

A．分相差动保护　　B．分侧差动保护

C．纵差保护　　D．低压侧套管过流

164．500kV 主变压器低压侧套管电流数据无效时，以下（ A ）保护必须闭锁。

A．分相差动保护　　B．分侧差动保护

C．低压侧断路器过流　　D．纵差保护

165．组网条件下，高压侧边断路器电流失步，以下（ D ）保护可以保留。

A．纵差保护　　B．分相差动保护　　C．高压侧过流　　D．公共绕组零流

166．以下（ D ）保护出口一般使用组网实现。

A．跳高压侧断路器　　B．跳中压侧断路器

C．跳低压侧断路器　　D．闭锁低压备用电源自动投入装置

167．过程层交换机故障是（ C ）。

A．一般缺陷　　B．严重缺陷　　C．危急缺陷　　D．以上均可。

168．以下（ D ）不属于主变保护传输内容。

A．GOOSE 输入　　B．GOOSE 输出　　C．SMV 输入　　D．SMV 输出

169．主变电流保护以下（ C ）信号必须使用硬接点输出。

A．启动风冷　　B．跳开断路器　　C．装置闭锁　　D．启动失灵

170．线路间隔采样数据失步情况下，应该闭锁哪些保护功能？（ B ）

A．该间隔失灵保护　　B．差动保护

C．母联失灵保护　　D．所有间隔失灵保护

171．220kV 母联保护，只接收母联 MU 的电流，组网方式下，当母联 MU 失步时，哪些母联保护受影响？（ D ）

A．仅充电相保护　　B．仅充电零序过流保护

C．所有保护　　D．没有保护

172．对于双母线差动保护，母线电压无效后，下列说法正确的是（ C ）。

A．闭锁差动保护　　B．复压闭锁不开放

C．复压闭锁始终开放　　D．闭锁失灵保护

173．对于智能终端、合并单元等没有液晶的装置，如何修改参数（ C ）。

A．通过 GOOSE　　B．通过 MMS

C．通过串口或网口　　D．通过跳线

174．“通道延时变化”对母线保护有什么影响？（ B ）

A．闭锁所有保护　　B．闭锁差动保护

C．闭锁差动和该支路的失灵保护　　D．没有影响

175．线路保护采集母差远跳开入，当与接收母线保护 GOOSE 检修不一致时，那么远跳开入应该（ A ）。

A．清 0　　B．保持前值　　C．置 1　　D．取反

176．母线保护报警“退出异常报警”是什么意思（ D ）。

A．误退出装置 GOOSE 软压板　　B．无流误退出间隔投入软压板

C．误退出保护功能压板　　D．有流退出间隔投入软压板

177．保护装置在合并单元上送的数据品质位异常状态下，应（　　）闭锁可能误动的保护，（　　）告警。（ A ）

A．瞬时，延时　　B．瞬时，瞬时　　C．延时，延时　　D．延时，瞬时

178．智能变电站主变压器保护的电压切换在（ A ）完成。

A．主变压器各侧 MU　　B．各侧母线 MU

C．主变压器各侧测控　　D．主变压器保护

179．“远方修改定值软压板”（ B ）修改。

A．可远方在线　　B．只能在本地

C．既可在远方在线修改，也可在本地　　D．不可

180．智能控制柜应具备温度、湿度的采集、调节功能，柜内温度控制在（ B ）。

A．–20～40℃　　B．–10～50℃　　C．–10～40℃　　D．–0～50℃

181．装置复归采用（　　）控制方式。

A．sbo-with-enhanced-security　　B．direct-with-enhanced-seurity

C．sbo-with-normal-seurity　　D．direct-with-normal-seurity

182．防跳功能宜由（ D ）实现。

A．智能终端　　B．合并单元　　C．保护装置　　D．断路器本体

183．智能变电站自动化系统可以划分为（ A ）三层。

A．站控层、间隔层、过程层　　B．控制层、隔离层、保护层

C．控制层、间隔层、过程层　　D．站控层、隔离层、保护层

184．智能变电站的过程层网络中传输的是（ C ）报文。

A．GOOSE　　B．MMS、SV　　C．GOOSE、SV　　D．MMS、GOOSE

185．站控层网络可传输（ A ）报文。

A．MMS、GOOSE　　B．MMS、SV

C．GOOSE、SV　　D．MMS、GOOSE、SV

186．智能变电站中测控装置之间的联闭锁信息采用（ A ）报文。

A．GOOSE　　B．MMS　　C．SV　　D．SNTP

187．隔离开关、接地开关的控制类型通常选择为（ D ）。

A．常规安全的直接控制　　B．常规安全的操作前选择控制

C．增强安全的直接控制　　D．增强安全的操作前选择控制

188．合并单元是针对与数字化输出的电子式互感器连接而在（ B ）中首次定义的。

A．IEC 61850-9-2　　B．IEC 60044-8　　C．IEC 61850-9-1　　D．IEC 60044-9

189．国家电网公司在新一代智能变电站建设中对继电保护和安全自动控制技术提出了（ B ）。

A．结构化保护控制体系架构　　B．层次化保护控制体系架构

C．三层两网体系架构　　D．集中化保护控制体系架构

190．装置就地化安装，装置内部通信应尽量降低速率，如果需要提高速率时，可以考虑通过将信号变成（ C ）信号来提高抗干扰能力。

A．微分　　B．积分　　C．差分　　D．高频

191．智能变电站采用统一的 IEC 61850 标准，装置之间的通信、互操作的规范性需要通过 IEC 61850 标准的（ C ）测试来验证。

A．过程层　　B．站控层　　C．一致性　　D．规范性

192．智能变电站系统中，对于一帧 MMS 报告，报文内容结构是可变的，这种变化取决于（ D ）的设置。

A．报告实例号　　B．IP 地址　　C．Trigger　　D．Optflds

193．当装置检修压板投入时，装置发送的 GOOSE 报文中的（ A ）应置 1。

A．TEST　　B．LINK　　C．OK　　D．SYNC

194．GOOSE 事件时标的具体含义为（ C ）。

A．GOOSE 报文发送时刻　　B．GOOSE 报文接收时刻

C．GOOSE 事件发生时刻　　D．GOOSE 报文生存时间

195．关于 IEC 60044-8 规范，下述说法不正确的是（ D ）。

A．采用 Manchester 编码　　B．传输速度为 2.5Mbit/s 或 10Mbit/s

C．只能实现点对点通信　　D．可实现网络方式传输

196．关于国网对于 IEC 61850-9-2 点对点方式的技术指标说法不正确的是（ A ）。

A．MU 采样值发送间隔离散值应小于 7μs

B．电子式互感器（含 MU）额定延时时间不大于 2ms

C．MU 及保护测控装置宜采用采样频率为 4000Hz

D．MU 的额定延时应放置于 dsSV 采样发送数据集中

197．下述对于 GOOSE 机制中的状态号和序列号的描述不正确的有（ D ）。

A．StNum 范围（1～4294967295），状态改变一次+1，溢出后从 1 开始

B．SqNum 范围（0～4294967295），状态不变时，每发送一次+1，溢出后从 1 开始

C．装置重启 StNum，SqNum 都从 1 开始

D．装置重启 StNum，SqNum 都从 0 开始

198．采样值报文中的样本计数器 SmpCnt 应在（ B ）范围内翻转。

A．0，采样率　　B．0，采样率−1　　C．1，采样率　　D．1，采样率−1

199．下列规约中采用绝对瞬时值传输的是（ A ）。

A．IEC 61850-9-2　　B．IEC 61850-9-1　　C．IEC 60044-8　　D．IEC 61850-8-1

200．下列规约中采用标幺瞬时值传输的是（ C ）。

A．IEC 61850-9-2　　B．MMS　　C．IEC 60044-8　　D．IEC 61850-8-1

201．SV 的报文类型属于（ A ）。

A．原始数据报文　　B．低速报文　　C．中速报文　　D．低数报文

202．若合并单元发送一个新的采样报文，SV 报文中（ A ）属性在累加和翻转。

A．SmpCnt　　B．SmpSynch　　C．confRev　　D．svID

203．故障录波器数字式交流量宜采用（ C ）路。

A．24　　B．48　　C．96　　D．128

204．故障录波器数字式开关量宜采用（ C ）路。

A．96　　B．128　　C．256　　D．512

205．根据 DL/T 553—2013《电力系统动态记录装置通用技术条件》，网络报文监测终端记录 SV 原始报文至少可以连续记录（ B ）h。

A．12　　B．24　　C．48　　D．72

206．根据 DL/T 553—2013《电力系统动态记录装置通用技术条件》，网络报文监测终端记录 GOOSE 和 MMS 报文，至少可以连续记录（ C ）天。

A．7　　B．10　　C．14　　D．30

207．关于网络报文记录仪的描述正确的是（ A ）。

A．可以记录分析存储和统计过程层报文

B．不能记录分析存储和统计 MMS 报文

C．具备一次设备状态监测功能

D．具备站内状态评估功能

208．合并单元测试仪对采样值报文可绘制成实时波形，不可以用于分析（ A ）。

A．功率　　B．电流幅值　　C．电流相位　　D．电压幅值

209．智能站网络报文记录分析装置配置原则中单个装置的接入流量不应超过（ B ）Mbit/s。

A．300　　B．400　　C．500　　D．600

210．智能变电站网络报文记录分析装置配置原则中单个百兆采集接口接入流量宜不超过（ C ）Mbit/s。

A．50　　B．55　　C．60　　D．65

211．智能变电站故障录波器的数字量输入动态记录装置，当点对点方式下 SV 失步时，（　）次及以下谐波分量测量误差不应超过（　）%。（ D ）

A．10，10　　B．10，5　　C．12，10　　D．12，5

212．智能变电站的故障录波器配置中，每台装置接入的 SV 控制块格式不应少于（ C ）个。

A．22　　B．23　　C．24　　D．25

213．智能变电站故障录波器不需接入（ D ）。

A．过程层 MU　　B．智能终端

C．保护装置状态量　　D．保护装置模拟量

214．采用点对点 9-2 的智能站，若合并单元失去对时对主变保护产生何种影响（假定主变为两圈变，主变保护仅与高、低压侧合并单元通信）（ C ）。

A．差动保护闭锁，后备保护开放　　B．所有保护闭锁

C．不闭锁保护　　D．差动保护开放，后备保护闭锁

215．智能变电站中应用的数据服务可按 3 个层次建模，其中第 1 层采用（ B ）。

A．兼容逻辑节点和数据类　　B．抽象通信服务接口

C．公用数据类　　D．以上都不正确

216．采用 IEC 61850-9-2 点对点模式的智能变电站，若合并单元失步将对主变压器保护产生的影响有（ C ）（假定主变压器为双绕组变压器，保护主变压器保护仅与高、低压侧合并单元通信）。

A．差动保护闭锁，后备保护开放　　B．所有保护闭锁

C．所有保护开放　　D．差动保护开放，后备保护闭锁

217．500kV 智能变电站中，若母线电压刚好为额定值，则此时 SV（DL/T 860.92）中最小峰值为（ B ）。

A．0xFE478447　　B．0xFD911003　　C．0xFD050F80　　D．0x2FAF080

218．线路保护中，必须具备的逻辑节点是（ C ）。

A．PTOC　　B．RREC　　C．LPHD　　D．TTAR

219．智能站继电保护装置在监控后台的保护出口软压板与常规变电站保护出口硬压板（ D ）。

A．都接于出口继电器之后

B．可以作为装置故障时断开保护出口功能的操作手段

C．功能与使用完全一致

D．不都是装置故障时断开保护出口功能的操作手段

220．IEC 61850 标准中 MMS 报文属于（ B ）。

A．UDP　　B．TCP　　C．ARP　　D．STAP

221．下面对于智能变电站中模型的举例，错误的是（ D ）。

A．保护模型 PDIF、PTOC 等　　B．测量功能模型 MMXU、MMXN 等

C．控制功能模型 CSWI、CILO 等　　D．计量功能模型 MMXU、MMTR 等

222．当 GOOSE 发生且仅发生一次变位时，（ A ）。

A．装置连发 5 帧，SqNum 序号由 0 变 4　　B．装置连发 5 帧，StNum 序号由 0 变 4

C．装置连发 5 帧，SqNum 序号由 1 变 5　　D．装置连发 5 帧，StNum 序号由 1 变 5

223．以下说法不正确的是（ D ）。

A．MMXU 逻辑节点用于建立和相别相关的遥测量，MMXN 逻辑节点是建立和相别无关的遥测量

B．PTRC 逻辑节点一般用于 GOOSE 开出配置，配置跳闸信号，保护启动信号等

C．XCBR 用于配置断路器位置等信息的逻辑节点

D．RRTC 用于配置自动重合闸相关信息的逻辑节点

224．下列选项不属于 SCD 管控比对模块功能的是（ D ）。

A．比对 IED 设备的 CRC 校验码　　B．图形化比对 IED 的虚端子联系

C．比对 IED 的 SCL 文件　　D．比对 SCD 版本信息

225．下列数据类型中，属于双点遥信类型的是（ C ）。

A．CN_SPS　　B．SN_SPC　　C．CN_DPS　　D．CN_DPC

226．采用 IEC 61850-9-2 点对点模式的智能变电站，若母联合并单无效将对母线保护产生一定的影响，下列说法不正确的是（ A ）。

A．闭锁差动保护　　B．闭锁母联保护

C．母线保护自动置互联　　D．显示无效采样值

227．IEEE 1588 对时中，交换机主要作为（ B ）时钟类型工作。

A．OC（普通时钟）　　B．TC（透明时钟）

C．SC（从时钟）　　D．GC（主时钟）

228．智能变电站主变压器故障时，非电量保护通过电缆接线直接作用于主变压器各侧智

能终端的（ B ）输入端口。

A．主变压器保护动作跳闸　　B．其他保护动作三相跳闸

C．TJR　　D．TJQ

229．光数字继电保护测试仪 SV 能加上，但是装置显示变比不对应，原因可能为（ B ）。

A．SV 虚端子的映射问题，检查 SV 虚端子的映射，重新配置

B．测试仪变比设置不一致，检查变比设置，重新设置

C．SCD 文件配置错误，需抓包分析

D．测试仪 SV 配置光口映射错误，检查配置 SV 配置光口映射，重新配置

二、多选题

1．智能变电站中的关于 ICD 文件、SSD 文件、SCD 文件、CID 文件描述正确的（ BC ）。

A．CID 文件为 IED（智能电子设备）的能力描述文件，CID 文件由装置厂商提供给系统集成厂商，该文件描述 IED 提供的基本数据模型及服务，但不包含 IED 实例名称和通信参数

B．SSD 文件为系统规格文件，SSD 文件应全站唯一，该文件描述变电站一次系统结构以及相关联的逻辑节点，最终包含在 SCD 文件中

C．SCD 文件为全站系统配置文件，SCD 文件应全站唯一，该文件描述所有 IED 的实例配置和通信参数、IED 之间的通信配置以及变电站一次系统结构，由系统集成厂商完成。SCD 文件应包含版本修改信息，明确描述修改时间、修改版本号等内容

D．ICD 文件为 IED 实例配置文件，每个装置有一个，由装置厂商根据 SCD 文件中本 IED 相关配置生成

2．下列站控层交换机端口镜像配置的优缺点，说法正确的有（ AB ）。

A．端口流进报文监视　　B．端口流出报文监视

C．端口数据隔离　　D．端口流量控制

3．报文传输延时主要包括（ ABD ）几个方面。

A．报文发送延时　　B．网络传输延时　　C．报文处理延时　　D．报文传输延时

4．智能变电站使用的交换机（ ABCD ）。

A．支持 VLAN 标准和流量优先级控制标准

B．传输各种帧长的数据时交换机固有延时应小于 10μs

C．全线速转发条件下，丢包（帧）率为零

D．提供动态组播过滤服务

5．在 SCD 文件中，以下（ ABC ）参数应该唯一。

A．APPID　　B．IP 地址　　C．SVID　　D．MaxTime

6．GOOSE 接收机制中应检查哪些参数的匹配性？（ ADE ）

A．APPID　　B．Val　　C．Q　　D．GOID

E．GOCBRef

7．逻辑节点 LLN0 里包含的内容有（ ABCDE ）。

A．数据集（Data Set）　　B．报告控制块（Report Control）

C．GOOSE 控制块（GSE Control）　　D．定值控制块（Setting Control）

E．SMV 控制块（SMV Control）

8．逻辑节点 LLN0 里包含的内容有（ ABCDE ）。

A．数据集（Data set）　　B．报告控制块（Report Control）

C．GOOSE 控制块（GSE Control）　　D．定值控制块（Setting Control）

E．SMV 控制块（SMV Control）

9．智能终端的自检项目主要包括（ ABCDE ）。

A．出口继电器线圈自检　　B．绝缘自检

C．控制回路断线自检　　D．断路器位置不对应自检

E．参数自检

10．“直采直跳”指的是（ AD ）信息通过点对点光纤进行传输。

A．跳、合闸信号　　B．启动失灵保护信号

C．保护远跳信号　　D．电流、电压数据

11．网络传输延时主要包括（ ABCD ）几个方面。

A．交换机存储转发延时　　B．交换机交换延时

C．光缆传输延时　　D．交换机排队延时

12．SNTP 具有的工作模式有（ AD ）。

A．服务器/客户端模式　　B．发布/订阅模式

C．组播模式　　D．广播模式

13．智能变电站交换机 VLAN 配置的必要性为（ ABCD ）。

A．减轻交换机和装置的负载

B．采用 VLAN 技术，有效隔离网络流量

C．安全隔离，限制每个端口只收所需报文，避免无关信号干扰

D．控制数据流向，提高网络可靠性、实时性

14．关于过程层组网原则，下述说法正确的有（ ACD ）。

A．过程层网络、站控层网络应完全独立配置

B．过程层网络和站控层网络可合并组网

C．继电保护装置采用双重化配置时，对应的过程层网络亦应双重化配置

D．数据流量不大时，过程层 GOOSE 和 SV 网络可考虑合并组网

15．下列哪些是常用的光纤接口？（ ACD ）

A．LC　　B．PC　　C．SC　　D．ST

16．VLAN 可以基于哪几种方式划分？（ ABCD ）

A．根据交换机端口划分　　B．根据 MAC 地址划分

C．根据网络层地址划分　　D．根据 IP 组播划分

17．直通式交换方式的缺点有哪些？（ ACD ）

A．因为数据包内容并没有被交换机保存下来，所以无法检查所传送的数据包是否有误，不能提供错误检测能力

B．在数据处理时延迟大，这是它的不足，但是它可以对进入交换机的数据包进行错误检测

C．由于没有缓存，不能将具有不同速率的输入/输出端口直接接通

D．当以太网交换机的端口增加时，交换矩阵变得越来越复杂，实现起来越来越困难

18．提高站控层网络可靠性的措施有（ ABCD ）。

A．站控层采用独立双网，增加冗余链路，提高可靠性

B．定期检查 ARP 表，发现 MAC 和 IP 发生变化时，发告警信息

C．加强网络记录仪的分析和告警功能，网络流量出现异常时及时告警

D．间隔层装置的网络接口增加流量控制功能

19．IEC 61850 的遥控方式有（ ABCD ）。

A．常规安全的直接控制　　B．常规安全的操作前选择控制

C．增强安全的直接控制　　D．增强安全的操作前选择控制

20．对于 MMS 服务说法正确的是（ BCD ）。

A．MMS 中对事件一般采用 URCB（无缓冲报告控制块）服务上送

B．MMS 中对开入一般采用 BRCB（带缓冲报告控制块）服务上送

C．MMS 中对告警一般采用 BRCB（带缓冲报告控制块）服务上送

D．MMS 中对测量信号一般采用 URCB（无缓冲报告控制块）服务上送

21．在制作全站系统配置文件 SCD 时，主要配置的部分是（ AC ）。

A．Communication　　B．LLNO　　C．Inputs　　D．DataSets

22．以下选项属于报告服务触发条件的有（ ABCD ）。

A．dchg（数据变化）　　B．qchg（品质变化）

C．dupd（数据刷新）　　D．integrity（周期）

23．MMS 协议可以完成下述哪些功能（ BCD ）。

A．保护跳闸　　B．定值管理　　C．控制　　D．故障报告上送

24．SCD 文件必须包含以下（ BCD ）部分。

A．Substation　　B．Communication

C．IED　　D．DataTypeTemplates

25．属于过程层访问节点的是（ BC ）。

A．S1　　B．G1　　C．M1　　D．P1

26．数据对象 DO 描述在哪些字段内体现？（ AB ）

A．dU　　B．desc　　C．stVal　　D．Mod

27．“远方修改定值”软压板只能在装置本地修改。“远方修改定值”软压板投入时，（ BC ）可远方修改。

A．软压板　　B．装置参数　　C．装置定值　　D．定值区

28．按照 SCD 文件 IED 设备命名规则，下列选项中属于过程层设备的是（ CD ）。

A．PL2201　　B．PT2201　　C．IL2201　　D．ML2201

29．下列设备存在虚端子关联关系的有哪些？（ ACD ）

A．TV2201　　B．PL2201　　C．IT2201　　D．MT2201

30．合并单元的主要功能包括（ ABC ）。

A．对采样值进行合并　　B．对采样值进行同步

C．采样值数据的分发　　D．开关遥控

31．关于合并单元时钟同步的要求，下述说法正确的有（ ABC ）。

A．现阶段合并单元的同步方式主要为 IRIG-B 对时

B．合并单元守时要求失去同步时钟信号 10min 内守时误差小于 4μs

C．失去同步时钟信号且超出守时范围的情况下，应产生数据同步无效标志

D．失去同步时钟信号且超出守时范围的情况下，立即停止数据输出

32．合并单元的 3 个主要作用是（ ABC ）。

A．数据合并　　B．数据同步　　C．数据发送　　D．数据滤波

33．下列说法正确的是（ AB ）。

A．IEC 60044-8 数据传输采用点对点方式，传输延时固定

B．IEC 61850-9-2 即可点对点传输数据，又可组网传输数据

C．IEC 60044-8 即可点对点传输数据，又可组网传输数据

D．IEC 61850-9-2 只能组网传输数据

34．关于合并单元的数据接口，下述说法正确的有（ ABCD ）。

A．合并单元输出 DL/T 860.92 的光纤以太网模块为多模

B．合并单元输出 DL/T 860.92 的光纤光波长为 1300nm，宜采用 ST 或 LC 接口

C．合并单元输出级联口、B 码对时的光纤模块为多模

D．合并单元输出级联口、B 码对时的光纤光波长范围为 820～860nm（850nm），采用 ST 接口

35．关于合并单元的数据输出，下述说法正确的有（ ABD ）。

A．点对点模式下，合并单元采样值发送间隔离散值不应大于 10μs

B．采样值报文在合并单元输入结束到输出结束的总传输时间应小于 1ms

C．采样值报文传输至保护装置仅可通过点对点实现

D．采样值报文的规约满足 IEC 6044-8 或者 IEC 61850-9-2 规范

36．以下（ AC ）属于过程层设备。

A．合并单元　　B．保护设备　　C．智能终端　　D．测控设备

37．智能组件一般包括（ ABC ）。

A．智能终端　　B．合并单元　　C．状态监测 IED

38．合并单元的运行异常信息需通过（ ABCD ）途径反映。

A．装置存储历史事件记录　　B．GOOSE 告警状态

C．装置闭锁接点输出　　D．LED 指示灯

39．以下关于某间隔合并单元检修压板与母线保护检修压板，以及母线保护间隔投入压板的说法正确的是（ ABCD ）。

A．间隔压板投入，检修状态不一致，告警闭锁保护

B．间隔压板投入，检修压板一致，不告警不闭锁保护

C．间隔压板退出，检修不一致，不告警，不闭锁保护

D．间隔压板退出，检修一致，不告警，不闭锁保护

40．合并单元数据发送采样逻辑节点包括（ CD ）。

A．PTRC　　B．RREC　　C．TTAR　　D．TVTR

41．合并单元发送数据给间隔层设备的同步原则是（ AC ）。

A．点对点—光纤直连—谁使用谁同步　　B．点对点—光纤直连—谁发送谁同步

C．组网—经过交换机—谁发送谁同步　　D．组网—经过交换机—谁使用谁同步

42．某合并单元的采样频率为 4kHz，则（ AC ）。

A．采样值报文的样本计数范围为 0～3999

B．采样值报文的样本计数范围为 1～4000

C．同步秒脉冲时刻，采样点的样本计数应翻转置 0

D．同步秒脉冲时刻，采样点的样本计数应翻转置 1

43．下面哪些地址是组播地址？（ ABD ）

A．01-2A-32-34-5C-54　　B．87-33-45-f5-00-00

C．5C-66-7e-72-00-06　　D．6B-12-34-3D-23-8a

44．以下（ BC ）是 SV 报文的 MAC 地址。

A．01-0c-cd-01-04-04　　B．01-0c-cd-04-01-01

C．01-0c-cd-04-01-04　　D．01-0c-cd-01-04-01

45．IEC 61850 系列标准中服务的实现主要分为（ ABC ）三种。

A．MMS 服务　　B．GOOSE 服务　　C．SMV 服务　　D．对时服务

46．GOOSE 报文传输的可靠性主要由以下（ ABCD ）方面保证。

A．快速重发机制　　B．报文中应携带“报文存活时间 TAL”

C．报文中应携带数据品质等参数　　D．具备较高的优先级

47．关于 GOOSE 报文发送机制，下述说法正确的有（ ABCD ）。

A．在 GOOSE 数据集中的数据没有变化的情况下，StNum 不变，SqNum 递增

B．数据变位后的报文态号（StNum）增加，顺序号（SqNum）从零开始

C．根据 GOOSE 报文中的允许生存时间来检测链路是否中断

D．两倍的报文允许生存时间内没有收到正确的 GOOSE 报文，就认为链路中断

48．GOOSE 可以传输以下（ ABCD ）信息。

A．智能终端的常规开入

B．跳闸、遥控、启动失灵、连锁

C．自检信息

D．实时性要求不高的模拟量，如环境温湿度、直流量

49．下述关于 GOOSE 机制中的状态号和序列号的描述，正确的有（ ABC ）。

A．StNum 范围（1-4 294 967 295），状态改变一次+1，溢出后从 1 开始

B．SqNum 范围（0-4 294 967 295），状态不变时，每发送一次+1，溢出后从 1 开始

C．装置重启，StNum、SqNum 都从 1 开始

D．装置重启，StNum、SqNum 都从 0 开始

50．GOOSE 订阅时应该匹配的参数是（ ABCD ）。

A．目的 MAC　　B．GOID　　C．GOCBRef　　D．DataSet

51．下面逻辑节点（ AB ）是系统逻辑节点。

A．LLN0　　B．LPHD　　C．PTOC　　D．PDIS

52．某 220kV 线路第一套合并单元故障不停电消缺时，可做的安全措施有（ CD ）。

A．退出该线路第一套线路保护 SV 接受压板

B．退出第一套母差保护该支路 SV 接受压板

C. 投入该合并单元检修压板

D. 断开该合并单元 SV 光缆

53. 220kV 线路保护中，下列（ CD ）压板属于 GOOSE 软压板。

A. 差动保护投入　　B. 停用重合闸

C. 跳闸出口　　D. 失灵启动第一套母差

54. 采用基于 IEC 61850-9-2 点对点传输模式的智能变电站，若合并单元同期电压通道无效将对线路差动保护产生（BCD）影响（假定线路差动保护只与间隔合并单元通信）。

A. 没有任何影响　　B. 不检重合时，没有影响

C. 检同期时，闭锁检同期　　D. 检无压时，闭锁检无压

55. 多间隔保护采样数据失步的情况下，以下（ AB ）保护会被闭锁。

A. 光纤纵差　　B. 母线差动　　C. 主变压器后备　　D. 失灵

56. 智能变电站线路保护接收合并器的两路 AD 采样数据，以下（ ABC ）方式下保护需要闭锁出口。

A. 第一路 AD 采样数据达到启动值，第二路 AD 采样数据未达到启动值

B. 第一路 AD 采样数据未达到启动值，第二路 AD 采样数据达到启动值

C. 两路 AD 采样数据均达到启动值，两者数值差异很大

D. 两路 AD 采样数据均达到启动值，两者数值差异很小

57. 采样值组网情况下，合并器的同步输入中断后，220kV 光纤差动线路保护的（ ACD ）保护元件可以继续正常运行。

A. 距离　　B. 差动　　C. 重合闸　　D. 零序

58. 可以用 GOOSE 组网实现的是（ ABCD ）。

A. 过负荷减载　　B. 主变压器闭锁备用电源自动投入装置

C. 主变压器保护跳分段　　D. 连锁信号

59. GPS 装置的时钟由（ ABC ）组成。

A. 时间信号接收单元　　B. 时间保持单元

C. 时间信号输出单元　　D. 以上均不正确

60. GOOSE 事件时标采用（ BC ）作为标准时间。

A. 北京时间　　B. 格林尼治时间　　C. UTC 时间　　D. 本地时间

61. IEEE 1588 对时系列包括（ ABC ）时钟类型。

A. OC（普通时钟）　　B. BC（边界时钟）

C. TC（透明时钟）　　D. GPS 时钟

62. 智能变电站的网络对时方式包括（ BD ）。

A. GPS 对时　　B. SNTP 对时　　C. IRIG-B 对时　　D. IEC 61588 对时

63. 智能变电站应配置一套时间同步子系统，主时钟支持（ AC ）和地面授时信号。

A. 北斗导航系统　　B. 伽利略系统

C. GPS 全球定位系统　　D. 格洛纳斯系统

64. 关于 B 码对时的描述正确的是（ ABC ）。

A. B 码对时精度能达到 1μs，并满足合并单元要求

B. 智能变电站过程层一般采用光 B 码对时

C．电 B 码有直流 B 码和交流 B 码

D．B 码不需要独立的对时网

65．智能变电站纯智能终端单元的 IED 模型文件 ICD 文件中不应包含（ ABCD ）。

A．报告控制块　　B．GOOSE 发送控制块

C．SMV 发送控制块　　D．GOOSE 连线

66．以下（ ABCD ）属于变压器智能终端的跳闸方式。

A．遥控跳闸　　B．非电量重动跳闸

C．非电量延时跳闸　　D．手控跳闸

67．变压器智能终端的通信中（ CD ）传送内容为空。

A．GOOSE 输入　　B．GOOSE 输出　　C．SMV 输入　　D．SMV 输出

68．关于合并单元与电子式互感器的接口，下述说法正确的有（ ABCD ）。

A．合并单元与电子式互感器之间的数字量采用串行数据传输

B．可采用异步方式（UART）传输，也可采用同步方式（曼彻斯特编码）传输

C．合并单元输入电子式互感器的光纤以太网模块为多模，多采用 ST 接口

D．有源式电子式互感器配套的合并单元需具备激光供能接口

69．电子式互感器一般包括（ ABCD ）。

A．一次传感器　　B．一次转换器　　C．传输系统　　D．二次转换器

70．电子式电流互感器保护通道的额定二次输出值为（ CD ）。

A．2D41H　　B．11585　　C．463　　D．01CFH

71．电子式电压互感器的额定二次输出值为（ AB ）。

A．2D41H　　B．11585　　C．463　　D．01CFH

72．智能变电站中，220kV 母差保护宜设置（ ABCD ）GOOSE 压板。

A．启动失灵接收软压板

B．SV 接收压板

C．失灵联跳发送软压板

D．跳闸（兼远跳、闭锁重合闸）GOOSE 发送压板

73．在高压侧合并单元加三相正序 5A 电流，变压器保护装置却显示 2.5A，可能的原因是（ ABCD ）。

A．合并单元中变比参数设置错误　　B．变压器保护装置中参数设置错误

C．合并单元故障　　D．变压器保护装置故障

74．对于直采直跳 500kV 智能站的 500kV 第一套变压器保护进行缺陷处理时，二次安全措施包括（ ABC ）。

A．退出该 500kV 第一套变压器保护 GOOSE 启失灵，出口软压板，投入装置检修压板

B．退出 220kV 第一套母线保护该间隔 GOOSE 失灵接收软压板

C．如有需要可断开该 500kV 第一套变压器保护背板光纤

D．退出该 500kV 第一套变压器保护各侧 SV 接收软压板

75．采用基于 IEC 61850-9-2 点对点采样传输模式的智能变电站，仅高压侧合并单元投检修将对变压器保护产生（ ABCD ）影响（假定变压器为双绕组变压器，变压器保护仅与高、

低压侧合并单元通信）。

A．闭锁差动保护　　B．闭锁高压侧复压过流保护

C．闭锁高压侧零序过流保护　　D．闭锁高压侧阻抗保护

76．对于母线保护，GOOSE 输入量（ AC ）在 GOOSE 断链的时候必须置 0。

A．失灵开入　　B．隔离开关位置开入

C．解除复压闭锁　　D．断路器位置开入

77．母联合并单元输出数据无效，母线保护应（ BCD ）。

A．闭锁差动保护　　B．闭锁母联失灵保护

C．自动置互联　　D．闭锁母联过流保护

78．对于内桥接线的桥开关备自投，需要接入下列（ BCD ）GOOSE 信号作为放电条件。

A．变压器低压侧后备保护　　B．变压器高压侧后备保护

C．变压器差动保护　　D．变压器非电量保护

79．智能变电站跨间隔信息有（ AB ）。

A．启动母差失灵　　B．母差远跳

C．线路保护动作　　D．线路保护重合闸

80．保护装置与智能终端采用 GOOSE 双网通信，保护装置采集智能终端的开关位置，智能终端发给保护的 A 网报文中 StNum=2、SqNum=100，开关位置为三相跳位，B 网报文中 StNum=2、SqNum=100，开关位置为三相合位，那么保护装置的开关位置为（ AB ）。

A．若 A 网先到，B 网后到，则保护装置显示为三相跳位

B．若 B 网先到，A 网后到，则保护装置显示为三相合位

C．若 A 网先到，B 网后到，则保护装置显示三相跳位，然后显示三相合位

D．若 B 网先到，A 网后到，则保护装置显示三相合位，然后显示三相跳位

81．智能化变电站线路保护装置故障检修时，更换哪些插件需要重新从 SCD 文件导出对应配置文件下装？（ CD ）

A．电源插件　　B．开入开出插件　　C．CPU 插件　　D．MMI 插件

82．下列开入类型在 GOOSE 开入检修不一致时应做无效处理的是（ ABC ）。

A．远跳开入　　B．闭重开入

C．启失灵开入　　D．断路器位置和隔离开关位置

83．变压器本体智能终端接收主变压器档位信息可以采用（ AB ）。

A．档位直接开入方式　　B．档位 BCD 编码开入方式

C．报文方式　　D．图像识别方式

84．采用点对点 9-2 的智能站，任意侧相电流数据无效对变压器保护产生何种影响（ ABC ）（假定变压器为两圈变压器，保护主变压器保护仅与高、低压侧合并单元通信）。

A．闭锁差动保护　　B．闭锁本侧过流保护

C．闭锁本侧自产零序过流保护　　D．闭锁本侧外接零序保护

85．下列哪种情况下，PCS-931 会报采样通道延时异常？（ ABCD ）

A．前后两次连接的合并单元采样通道延时不一致

B．延时为 0

C．延时超过 6000

D．两组电流接入时，采样通道延时不相等

86．智能变电站保护电流采样无效对线路保护的影响包括（ ABCD ）。

A．闭锁距离保护
B．闭锁差动保护
C．闭锁零序过流保护
D．闭锁 TV 断线过流

87．下列哪种情况下，智能终端会发闭锁重合闸命令？（ ACD ）

A．收到测控的 GOOSE 遥分命令
B．收到保护的 TJQ 命令
C．收到保护的 TJR 命令
D．闭锁重合闸硬开入动作

88．检修压板投入时，保护应该如何处理（ ABC ）。

A．点亮报警灯
B．上送带检修品质的数据
C．显示报警信息
D．闭锁所有保护功能

89．线路采样数据失步的情况下，以下哪些保护会被闭锁？（ AB ）

A．光纤纵差保护
B．母线差动保护
C．变压器后备保护
D．失灵保护

90．线路保护动作后，对应的智能终端没有出口，可能的原因是（ ABC ）。

A．线路保护和智能终端 GOOSE 断链了
B．线路保护和智能终端检修压板不一致
C．线路保护的 GOOSE 出口压板没有投
D．线路保护和合并单元检修压板不一致

91．某 220kV 变压器间隔停役检修时，在不断开光缆连接的情况下，可做的安全措施有（ ABCD ）。

A．投入该间隔两套变压器保护、变压器三侧合并单元和智能终端检修压板

B．退出该间隔两套变压器保护启动失灵和解除复合电压闭锁软压板

C．退出两套变压器保护跳分段和母联软压板

D．退出两套母差保护该支路启动失灵、SV 接收和解除复合电压闭锁接收软压板

92．某 220kV 线路第一套保护装置故障不停电消缺时，可做的安全措施有（ ACD ）。

A．退出第一套母差保护该支路启动失灵接收软压板

B．退出第一套线路保护 SV 接收软压板

C．投入该装置检修压板

D．断开该装置 GOOSE 光缆

93．某 220kV 母差一个支路 SV 接收压板退出时，母差应（ AB ）。

A．不计算该支路电流
B．该支路不发出 SV 中断告警
C．闭锁差动保护
D．发出装置告警

94．某保护单体调试时继电保护测试仪收不到保护发出的 GOOSE 信号，可能是因为（ BCD ）。

A．继电保护测试仪与保护装置的检修状态不一致

B．保护装置的相关 GOOSE 输出压板没有投入

C．继电保护测试仪的模拟输入关联错误

D．保护装置 GOOSE 光口接线错误

95．智能变电站系统中，如果需要截取监控系统与 IED 间的通信报文，可通过以下（ AB ）方式获得。

A．监控端口的镜像端口抓包　　　　B．监控系统主机直接抓包

C．通过交换机任意端口抓包　　　　D．以上都不是

96．在使用 GOOSE 跳闸的智能变电站中，（ ABCD ）可能导致保护动作但开关未跳闸。

A．智能终端检修压板投入，保护装置检修压板未投入

B．保护装置 GOOSE 出口压板未投入

C．智能终端出口压板未投入

D．保护到智能终端的直跳光纤损坏

97．母线保护配置的间隔投入压板以下（ AB ）情况可退出。

A．备用间隔　　B．间隔停电检修　　C．间隔保护检修　　D．间隔热备用

98．关于检修 GOOSE 和 SV 的逻辑，下述说法正确的有（ AB ）。

A．检修压板一致时，对 SV 来说，保护认为合并单元的采样是可用的

B．检修压板一致时，对 GOOSE 来说，保护跳闸后，智能终端能出口跳闸

C．检修压板不一致时，对 SV 来说，保护认为合并单元的采样可用

D．检修压板不一致时，对 GOOSE 来说，保护跳闸后，智能终端出口

99．以下哪几个是 GOOSE 报文的 MAC 地址？（ AD ）

A．01-0C-CD-01-04-04　　　　B．01-0C-CD-04-01-01

C．01-0C-CD-04-01-04　　　　D．01-0C-CD-01-04-01

100．智能站 SV 告警描述正确的有（ ABC ）。

A．保护装置的接收采样值异常应送出告警信号，设置对应合并单元的采样值无效和采样值报文丢帧告警

B．SV 通信时对接收报文的配置不一致信息应送出告警信号，判断条件为配置版本号、ASDU 数目及采样值数目不匹配

C．ICD 文件中，应配置有逻辑接点 SVAlmGGIO，其中配置足够的 Alm 用于告警

D．SV 通信时对接收报文的配置不一致信息应送出告警信号，判断条件为配置版本号、ASDU 数目、采样值数目及通道延时不匹配

101．判断 SV 接收不一致的条件为（ BCD ）不匹配。

A．APPID　　B．配置版本号　　C．ASDU 数目　　D．采样值数目

102．智能变电站装置应提供（ ABC ）反映本身健康状态。

A．该装置订阅的所有 GOOSE 报文通信情况，包括链路是否正常（如果是多个接口接收 GOOSE 报文的是否存在网络风暴），接收到的 GOOSE 报文配置及内容是否有误等

B．该装置订阅的所有 SV 报文通信情况，包括链路是否正常，接收到的 SV 报文配置及内容是否有误等

C．该装置自身软、硬件运行情况是否正常

D．该装置的保护动作报告

103．需编制智能变电站二次工作安全措施票的现场工作包括（ ABC ）。

A．在与运行设备有联系的二次回路上进行涉及继电保护和电网安全自动装置的拆、接线工作

B．在与运行设备有联系的 SV、GOOSE 网络中进行涉及继电保护和电网安全自动装置的拔、插光纤工作（若遇到紧急情况或工作确实需要）

C．开展修改、下装配置文件且涉及运行设备或运行回路的工作

D．修改定值的工作

104．《继电保护信息规范》（Q/GDW 11010—2013）规定的继电保护输出五大类信息与《IEC 61850 工程继电保护应用模型》（Q/GDW 1396—2012）规定的保护装置 ICD 文件数据集对应关系，正确的是（ ABCDE ）。

A．保护动作信息含：保护事件（dsTripInfo）、保护录波（dsRelayRec）

B．告警信息含：故障信号（dsAlarm）、告警信号（dsWarning）、通信工况（dsCommState）

C．在线监测信息含：保护遥测（dsRelayAin）、装置参数（dsParameter）、保护定值（dsSetting）、遥测（dsAin）

D．状态变位信息含：GOOSE 输出信号（dsGOOSE）、保护遥信（dsRelayDin）、保护压板（dsRelayEna）

E．中间接点信息：通过中间文件上送，不设置数据集

三、判断题

1．支持过程层的间隔层设备，对上与站控层设备通信，对下与过程层设备通信，可采用 1 个访问点分别与站控层、过程层 GOOSE、过程层 SV 进行通信。（×）

2．引起服务器触发一个发送 MMS 报文服务的事件在被发送时，该事件所在的数据集其他事件信息将不会被发送。（√）

3．GOOSE 报文允许存活时间为 $5T_0$，接收方若超过 $5T_0$ 没有收到 GOOSE 报文即判断为中断，发 GOOSE 断链报警信号。（×）

4．GOOSE 报文接收时应考虑通信中断或者发布者装置故障的情况，当 GOOSE 通信中断或配置版本不一致时，GOOSE 接收信息宜保持中断前状态。（√）

5．“**链路 GOOSE 断链”，与某支路 GOOSE 链路异常，不闭锁母差保护，仅失去相关支路 GOOSE 传输功能。（√）

6．失灵启动母差、失灵联跳主变压器三侧断路器的 GOOSE 软压板分别配置在发送侧、接收侧，两侧软压板应同投同停。（√）

7．GOOSE 虚端子信息应配置到 DA 层次，SV 虚端子信息应配置到 DO 层次。（√）

8．智能变电站中当“GOOSE 出口软压板”退出后，保护装置动作后，不再发送 GOOSE 变位报文。（√）

9．保护装置、智能终端等智能电子设备间的相互启动、相互闭锁、位置状态等交换信息可通过 GOOSE 网络传输。（√）

10．模拟开入量变位，从开入变位时刻开始计时，到被试设备发送正确的 GOOSE 变位信号为止，作为 GOOSE 开出响应时间。（√）

11．当 SV 采用组网或与 GOOSE 共同组网的方式传输时，用于母线差动保护或主变压器差动保护的过程层交换机宜支持任意 100M 网口出现持续 0.25ms 的 2000M 突发流量时不丢包。（×）

12．交换机的一个端口不可以同时属于多个 VLAN。（×）

13．任两台智能电子设备之间的数据传输路由不应超过 4 个交换机。当采用级联方式时，允许短时数据丢失。（×）

14．智能变电站变压器一侧断路器转检修时，先拉开该断路器，当确认一次已无电流后，应先投入该间隔合并单元“检修状态压板”，后退出主变压器保护该间隔“SV 接收软压板”。（×）

15．为保证 MU 与时钟信号快速同步，允许在 PPS 边沿时刻采样序号跳变一次，但必须保证采样值发送间隔离散值小于 1μs。（×）

16．当过程层采用 IEC 61588 网络对时方式时，交换机应支持精密同步对时传输协议，并可以支持边界时钟、透明时钟、普通时钟等角色，边界时钟传输精度小于 200ns。（√）

17．电子式互感器（含 MU）应能真实反映一次电流或电压，额定延时时间不大于 2ms。（√）

18．智能变电站中的电子式互感器的二次转换器（A/D 采样回路）、合并单元（MU）、光纤连接、智能终端、过程层网络交换机等设备内任一个元件损坏，除出口继电器外，不应引起保护误动作跳闸。（√）

19．Rogowski 线圈式电子式电流互感器为有源式电子式电流互感器。（√）

20．智能终端开入和开出均采用双位置，且外部采集开关量分辨率不应大于 1ms。（×）

21．智能站中，由于变压器各侧的合并单元通道延时可能不一致，所以保护装置中需要实现数据同步。（√）

22．合并单元发送数据给间隔层设备，其同步原则是点对点和组网方式下，谁使用谁同步。（×）

23．用于检同期的母线电压由母线合并单元点对点转接给各间隔保护装置。（×）

24．智能变电站 110kV 合并单元智能终端集成装置中，合并单元和智能终端的功能可共用一块 CPU 实现。（×）

25．合并单元的输入输出应采用光纤传输系统，兼容接口是合并单元的光纤接口插件。宜采用单模光纤，ST 接口。（×）

26．智能变电站变压器故障时，非电量保护通过电缆接线直接作用于变压器各侧智能终端的“其他保护动作三相跳闸”输入端口。（√）

27．智能变电站 220kV 母差保护的变压器支路需单独设置“解除复压闭锁”开入。（×）

28．保护装置除远方操作压板和检修压板采用硬压板外，其他压板应采用软压板。（√）

29．智能变电站变压器非电量保护不再引入控制室，而是通过本体终端就地跳闸。（√）

30．双重化配置二次设备中，单一装置异常情况时，现场应急处置方式可参照以下执行：间隔合并单元异常时，相关保护不退出，投入合并单元检修压板，重启装置一次。（×）

31．录波及网络报文记录分析装置的采样值传输可采用网络方式或点对点方式，开关量采用 DL/T 860.81（IEC 61850-8-1）通过过程层 GOOSE 网络传输，采样值通过 SV 网络传输时采用 DL/T 860.92（IEC 61850-9-2）协议。（√）

32．系统配置工具在合并单元的采样值输出虚端子（采样值发送数据集的 FCDA）和保护装置的采样值输入虚端子（一个 Amp 或 Vol 信号）间作逻辑连线，逻辑连线关系保存在保护装置的 Inputs 部分。（√）

33．根据 Q/GDW 11486—2022《继电保护和安全自动装置验收规范》，在现场实施存在困难时，保护装置可跨接双重化配置的两个过程层网络。（×）

34．智能变电站要求光波长 1310nm 光纤的光纤发送功率为−20dBm～−14dBm，光接收灵敏度为−28dBm～−14dBm。（×）

35．智能站保护装置对应一台 IED 设备应只接收一个 GOOSE 发送数据集，该数据集应包含保护所需的所有信息。（√）

36．智能站保护装置应在发送端设置 GOOSE 输出软压板，按 MU 设置 SV 接收软压板。（√）

37．顺序控制需具备操作合理性的自动判断功能，且每步操作步骤需有一定的时间间隔，不具备人工干涉的功能。（×）

38．Q/GDW 441—2010《智能变电站继电保护技术规范》明确了智能变电站继电保护应遵循直接采样、直接跳闸的原则、双重化配置的原则以及对网络的总体要求。继电保护双重化配置的两个过程层网络应遵循完全独立的原则，不允许双重化的 SV 或 GOOSE 网络通过以太网交换机进行连接。（√）

39．涉及多个时限，动作定值相同，且有独立的保护动作信号的保护功能应按照面向对象的概念划分成多个相同类型的逻辑节点，动作定值只在第一个时限的实例中映射。（√）

40．智能站变压器高压侧电流数据无效时，过励磁保护可以保留。（√）

41．在智能化母差采用点对点连接时，由于单元数过多，主机无法全部接入，需要配置子机实现。主机将本身采集的采样值和通过子机发送的采样值综合插值后送给保护 CPU 处理，在点对点情况下和子机之间需设置特殊的同步机制。（×）

42．智能终端通过回采跳合闸继电器的接点来判断出口的正确。（√）

43．智能变电站的断路器保护失灵逻辑实现与传统变电站原理相同，本断路器失灵时，经 GOOSE 网络通过相邻断路器保护或母线保护跳相邻断路器。（√）

44．根据 IEC 61850 工程继电保护应用模型规范中规定，GOOSE 双网冗余机制中两个网络发送的 GOOSE 报文的多播地址、APPID 不应一致。（×）

45．电子式互感器采样数据的品质标志应实时反映自检状态，不应附加任何延时或展宽。（√）

46．智能终端应具有信息转换和通信功能，支持以 GOOSE 方式上传一次设备的状态信息，同时接收来自二次设备的 GOOSE 下行控制命令，实现对一次设备的实时控制功能。（√）

47．TCP/IP 通过“三次握手”机制建立连接，通过第四次握手断开连接。（√）

48．断路器、隔离开关采用单位置接入时，由智能终端完成单位置到双位置的转换，形成双位置信号给继电保护和测控。（√）

49．智能变电站的二次电压并列功能在母线合并单元中实现。（√）

50．智能变电站内智能终端按双重化配置时，分别对应于两个跳闸线圈，具有分相跳闸功能；其合闸命令输出则并接至合闸线圈。（√）

51．智能站内双重化配置的两套保护电压、电流采样值应分别取自相互独立的 MU。（√）

52．双重化配置保护使用的 GOOSE（SV）网络应遵循相互独立的原则，当一个网络异

常或退出时不应影响另一个网络的运行。（√）

53．有些电子式电流互感器是由线路电流提供电源。这种互感器电源的建立需要在一次电流接通后迟延一定时间。此延时称为“唤醒时间”。在此延时期间，电子式电流互感器的输出为零。（√）

54．唤醒电流是指唤醒电子式电流互感器所需的最小一次电流方均根值。（√）

55．温度变化将不会影响光电效应原理互感器准确度。（×）

56．长期大功率激光供能影响光器件的寿命，从而影响罗氏线圈原理的电子式互感器准确度。（√）

57．合并单元的时钟输入只能是光信号。（×）

58．用于双重化保护的电子式互感器，其两个采样系统应由不同的电源供电并与相应保护装置使用同一直流电源。（√）

59．现场检修工作时，SV 采样值网络与 GOOSE 网络可以联通。（×）

60．GOOSE 跳闸必须采用点对点直接跳闸方式。（×）

61．智能变电站采用分布式母线保护方案时，各间隔合并单元、智能终端以点对点方式接入对应母线保护子单元。（√）

62．传统电磁感应式互感器比电子式互感器抗电磁干扰性能好。（×）

63．有源式 ETA 主要利用电磁感应原理，可分为罗氏（Rogowski）线圈式和“罗氏线圈+小功率线圈”组合两种形式。（√）

64．有源式 ETA 主要是利用法拉第（Faraday）磁光感应原理，可分为全光纤式和磁光玻璃式。（×）

65．有源式 EVT 主要利用泡克耳斯（Pockels）效应无源和逆压电效应两种原理。（×）

66．无源式 EVT 则主要利用电阻、电容分压和阻容分压等原理。（×）

67．电子式电流互感器和电压互感器在技术上无法实现一体化。（×）

68．电子式互感器是一种装置，由连接到传输系统和二次转换器的一个或多个电流（或电压）传感器组成，用于传输正比于被测量的量，以供给测量仪器、仪表和继电保护或控制装置。（√）

69．智能变电站和常规变电站相比，可以节省大量电缆。（√）

70．IEC 61850 标准的推出，很好地解决了原来各厂家产品通信规约不一致，互操作性差的问题。（√）

71．MMS 报文用于过程层状态信息的交换。（×）

72．GOOSE 报文用于过程层采样信息的交换。（×）

73．GOOSE 变位时为实现可靠传输，采用连续多次传送的方式。（√）

74．跳合闸信息、断路器位置信息都可以通过 GOOSE 传递。（√）

75．SV 传输基于广播机制。（×）

76．《智能变电站继电保护技术规范》（Q/GDW 441—2010）规定，SV 采样值应遵循 GB/T 20840.8（IEC 60044-8）或 DL/T 860.92（IEC 61850-9-2）标准。（√）

77．IEC 60044-7/8 又称为 FT3，一般用于互感器和采集器的数据接口标准。（√）

78．SV 传输标准 IEC 61850-9-2 自由定义通道数目，最多可配置 22 个通道。（√）

79．对于采样值网络，每个交换机端口与装置之间的流量不宜大于 40Mbis/t。（√）

80．合并单元采样值发送间隔离散值应小于 20μs，从而满足继电保护的要求。（×）

81．110kV 及以下电压等级宜采用保护测控一体化设备。（√）

82．IEC 61850 系列标准是一个开放的标准，应用已公开的 IEC/IEEE/ISO/OSI 的通信标准。（√）

83．IEC 61850 采用 MMS 作为应用层协议，支持自我描述，在线读取/修改参数和配置，不可采用其他应用层协议。（×）

84．若保护双重化配置，保护配置的接收采样值控制块的所有合并单元也应双重化。（√）

85．IEC 61850 标准中规定了站内网络拓扑结构采用星形方式。（×）

86．智能站调试流程中只有现场调试和投产试验是在现场完成，而系统测试则需在实验室完成。（×）

87．9-2 采样值中都是以一次值传输的，因此合并单元和保护中并不需要设置互感器变比。（×）

88．数字化线路保护中，线路一侧是常规互感器，线路对侧是电子式互感器，如果不进行任何处理，正常运行时不会有差动电流。（×）

89．在交换机上为了避免广播风暴而采取的技术是快速生成树协议。（√）

90．交换机的存储转发比直通转发有更快的数据帧转发速度。（×）

91．当合并单元的检修压板投入时，其发出的 SV 报文中的“TEST”位应置“0”；当检修退出时，SV 报文中的“TEST”应置“1”。（×）

92．合并单元通信中断或采样数据异常时，相关设备应可靠闭锁。（√）

93．数字化变电站中保护测控投上检修压板后，仍然向主站上送变位报文。（√）

94．每个过程层装置都有唯一的 MAC 地址和 APPID 地址。（×）

95．端口 1 作为镜像端口用来镜像端口 2、3 的数据，端口 1 就不能作为普通端口和其他装置通信了。（√）

96．“远方修改定值”、“远方切换定值区”、“远方控制软压板”只能在装置就地修改，当某个远方软压板投入时，装置相应操作只能在远方进行，不能在就地进行。（×）

97．用于标识 GOOSE 控制块的 APPID 必须全站唯一。（√）

98．当外部同步信号失去时，合并单元输出的采样值报文中的同步标识位“SmpSynch”应立即变为 0。（√）

99．本体智能终端的信息交互功能应包含非电量动作报文、调档及测温等。（√）

100．直接采样是指智能电子设备（IED）间不经过以太网交换机而以点对点连接方式直接进行采样值传输。（√）

101．SV 报文 MAC 地址推荐范围为 01-0C-CD-04-00-00 至 01-0C-CD-04-FF-FF。（√）

102．在某 9-2 的 SV 报文看到电压量数值为 0x000c71fb，已知其为峰值，那么其有效值是 0.5768kV。（×）

103．MMS 报文采用的是发布/订阅的传输机制。（×）

104．SendMSVmessage 服务应用了 ISO/OSI 中的物理层、数据链路层、网络层、表示层及应用层。（×）

105．当外部同步信号失去时，合并单元应该利用内部时钟进行守时。（√）

106．合并单元应能够接收 IEC 61588 或 B 码同步对时信号。合并单元应能够实现采集器间的采样同步功能，采样的同步误差不应大于±1ms。在外部同步信号消失后，至少能在 10 min 内继续满足 4ms 同步精度要求。（×）

107．已知合并单元每秒钟发 4000 帧报文，则合并单元中计数器的数值将在 1～4000 之间正常翻转。（×）

108．间隔层设备宜采用 IRIG-B、SNTP 对时方式。（×）

109．高压并联电抗器非电量保护采用就地 GOOSE 点对点跳闸。（×）

110．MU 装置启动完毕后即可对外发送采样数据。（×）

111．远方调度通过遥调的方式对定值区进行修改，定值区号放入遥信数据集。（×）

112．点对点采样方式，MU 失步后，保护装置应能发采样失步告警信号。（×）

113．当断路器为分相操作机构时，断路器总位置由智能终端合成，逻辑关系为三相“与”。（√）

114．保护定值单采用装置 ICD 文件中固定名称的定值数据集的方式，装置参数数据集名称为 dsParameter，装置定值数据集名称为 dsSetting，均通过 SGCB 控制。（×）

115．正常运行时，如果运行人员误投入装置检修压板，可能造成保护误动。（×）

116．某智能变电站里有两台同厂家同型号同配置的线路保护装置，这两台装置的 ICD 文件可能相同，CID 文件也有可能相同。（×）

117．智能变电站标准中定义的发送 GOOSE 报文服务不允许客户以未经请求和未确认方式发送变量信息。（×）

118．GOOSE 报文心跳间隔由 GOOSE 网络通信参数中的 MaxTime（即 T_0）设置。（√）

119．GOOSE 报文只能用于传输开关跳闸、开关位置等单位置遥信或双位置遥信。

（×）

120．保护装置 GOOSE 中断后，保护装置将闭锁。（×）

121．根据 IEC 61850 标准，定值激活定值区从 0 开始。（×）

122．合并单元失去同步时，采样值报文中的样本计数可超过采样率范围。（×）

123．SV 全称是采样值，基于客户/服务模式。（×）

124．根据 Q/GDW 441，智能控制柜应具备温度、湿度的采集、调节功能，柜内温度控制在−10～+50℃，湿度保持在 90%以下。（√）

125．根据 Q/GDW 441，智能变电站光缆应采用金属铠装、阻燃、防鼠咬的光缆。（×）

126．智能变电站中合并单元失去同步时，母线保护、主变压器保护将闭锁。（×）

127．智能变电站 3/2 断路器接线断路器保护按断路器单套配置，包含失灵保护及重合闸等功能。（×）

128．同一个 LD 的相过流和零序过流其 LN 名都为 PTOC，可以通过 lnInst 号或前缀来区分。（√）

129．告警信号数据集（dsWarning）中包含所有影响装置部分功能，装置仍然继续运行的告警信号和导致装置闭锁无法正常工作的报警信号。（×）

130．保护当前定值区号按标准从 1 开始，保护编辑定值区号按标准从 0 开始，0 区表示当前允许修改定值。（×）

131．保护装置可通过在 ICD 文件中支持多个 AccessPoint 的方式支持多个独立的

GOOSE 网络。（√）

132．IED 配置工具应支持从 SCD 文件自动导出相关 CID 文件和 IED 过程层虚端子配置文件，这两种文件不可分开下装。（×）

133．故障录波应使用逻辑节点 RDRE 进行建模。保护装置只包含一个 RDRE 实例。（√）

134．MU 输出数据极性应与互感器一次极性一致。间隔层装置如需要反极性输入采样值时，应建立负极性 SV 输入虚端子模型。（√）

135．新安装保护、合并单元、智能终端装置验收时应检验其检修状态及组合行为。（√）

136．对于有多路（MU）SV 输入的保护和安全自动装置检验，应模拟被检装置的两路及以上 SV 输入，检查装置的采样同步性能。（√）

137．应用数字化继电保护测试仪进行保护装置调试时，可以读取保护装置输出的 GOOSE 报文关联测试仪的开入开展测试。（×）

138．合并单元故障不停电消缺时，应退出与该合并单元相关的所有 SV 接收压板。（×）

139．只有支路停役、断路器分开时，母差相关支路的 SV 接收压板才可以退出。（√）

140．装置之间的 GOOSE 通信需要先握手建立连接。（×）

141．装置之间的 SV 传输通信不需要先握手建立连接。（√）

142．母线合并单元通过 GOOSE 接收母联断路器位置实现电压并列功能，双母线接线的间隔合并单元通过 GOOSE 接收间隔隔离开关位置实现电压切换功能。（√）

143．根据《智能变电站继电保护技术规范》（Q/GDW 441—2010），每个 MU 应能满足最多 12 个输入通道和至少 8 个输出端口的要求。（√）

144．MU 时钟同步信号从无到有变化过程中，其采样周期调整步长不应大于 1μs。（√）

145．根据《智能变电站继电保护技术规范》（Q/GDW 441—2010），对于接入了两段及以上母线电压的母线电压合并单元，母线电压并列功能宜由合并单元完成。（√）

146．SV 信号发送端采用的数据集名称为 deSMV。（×）

147．将合并单元的直流电源正、负极性颠倒，要求合并单元无损坏，并能正常工作。（√）

148．SV 报文中可以同时传输单位置遥信、双位置遥信及测量值等信息。（×）

149．保护装置采样值采用点对点接入方式，采样同步应由合并单元实现。（×）

150．智能终端装置应是模块化、标准化、插件式结构；大部分板卡应容易维护和更换，且允许带电插拔；任何一个模块故障或检修时，不应影响其他模块的正常工作。（√）

151．智能终端 DSP 插件一方面负责 MMS 通信，另一方面完成动作逻辑，开放出口继电器的正电源。（×）

152．智能终端在电源电压缓慢上升或缓慢下降时，装置均不应误动作或误发信号；当电源恢复正常后，装置应自动恢复正常运行。（√）

153．智能终端可以通过调整信号输入的滤波时间常数，保证在接点抖动（反跳或振动）以及外部存在干扰下不误发信。（√）

154．断路器的防跳功能宜在断路器本体机构中实现。（√）

155．智能终端收到 GOOSE 跳闸报文后，以遥信的方式转发跳闸报文来进行跳闸报文的返校。（√）

156．智能终端不设置软压板是因为智能终端长期处于开关场就地，液晶面板容易损坏。同时也是为了符合运行人员的操作习惯，所以智能终端不设软压板，而设置硬压板。（√）

157．智能终端在网络风暴发生时，智能终端不应误响应和误动作。（√）

158．智能终端可以实现模拟量的采集。（√）

159．智能终端可通过 GOOSE 单帧实现跳闸功能。（√）

160．智能终端 GOOSE 订阅支持的数据集不应少于 15 个。（√）

161．智能终端跳闸回路动作时间不大于 7ms（包含出口继电器的时间）。（√）

162．智能终端发送的外部采集开关量应带时标。（√）

163．智能终端外部采集开关量分辨率不应大于 1ms，消抖时间不小于 5ms，动作时间不大于 10ms。（√）

164．智能终端应能记录输入、输出的相关信息。（√）

165．智能终端应以虚遥信点方式转发收到的跳合闸命令。（√）

166．智能终端遥信上送序号应与外部遥信开入序号一致。（√）

167．智能终端动作时间是指智能终端从接收到 GOOSE 控制命令（如保护的跳、合闸）到相应硬接点动作所经历的时间。通常包括智能终端订阅 GOOSE 信息后的处理响应时间和智能终端开出硬接点的所用时间。（√）

168．过程层包括变压器、断路器、隔离开关、电流/电压互感器等一次设备及其所属的智能组件以及独立的智能电子设备。（√）

169．智能化高压设备是一次设备和智能组件的有机结合体。（√）

170．智能终端具有断路器控制功能，根据工程需要只能选择三相控制模式。（×）

171．智能终端装置电源模块应为满足现场运行环境的工业级或军工级产品，电源端口必须设置过电压保护或浪涌保护器件抑制浪涌干扰。（√）

172．智能终端装置内 CPU 芯片和电源功率芯片应采用自然散热。（√）

173．智能终端装置应采用全密封、高阻抗、小功耗的继电器，尽可能减少装置的功耗和发热，以提高可靠性；装置的所有插件应接触可靠，并且有良好的互换性，以便检修时能迅速更换。（√）

174．智能终端开关量外部输入信号宜选用 DC220/110V，进入装置内部时应进行光电隔离，隔离电压不小于 2000V，软硬件滤波。信号输入的滤波时间常数应保证在接点抖动（反跳或振动）以及存在外部干扰情况下不误发信，时间常数可调整。（√）

175．智能终端宜具备断路器操作箱功能，包含分/合闸回路、合后监视、重合闸、操作电源监视和控制回路断线监视等功能。断路器防跳、断路器三相不一致保护功能以及各种压力闭锁功能宜在断路器本体操作机构中实现。（√）

176．智能终端在任何网络运行工况流量冲击下，装置均不应死机或重启，不发出错误报文，响应正确报文的延时不应大于 1ms。（√）

177．智能终端装置的 SOE 分辨率应小于 2ms。（√）

178．智能终端装置控制操作输出正确率应为 100%。（√）

179．智能控制柜内宜设置截面不小于 $100mm^2$ 的接地铜排，并使用截面不小于 $100mm^2$ 的铜缆和电缆沟道内的接地网连接。控制柜内装置的接地端子应用截面积不小于 $4mm^2$ 的多股铜线和接地铜排连接。（√）

180．220kV 及以上变压器各侧的智能终端均按双重化配置；110kV 变压器各侧智能终端宜按双套配置。（√）

181．智能终端应具备三跳硬接点输入接口，可灵活配置的保护点对点接口（最大考虑10个）和 GOOSE 网络接口。（√）

182．智能终端至少提供两组分相跳闸接点和一组合闸接点。（√）

183．智能终端具备跳/合闸命令输出的监测功能。当智能终端接收到跳闸命令后，应通过 GOOSE 网发出收到跳令的报文。（√）

184．智能终端的告警信息通过 GOOSE 上送。（√）

185．智能终端配置单工作电源。（√）

186．智能终端不配置液晶显示屏，但应具备断路器位置指示灯位置显示和告警。（√）

187．智能终端柜内应配置足够端子排。端子排、电缆夹头、电缆走线槽均应由阻燃型材料制造。端子排的安装位置应便于接线，距柜底不小于 300mm，距柜顶不小于 150mm。每组端子排应留有不少于端子总量 15%的备用端子。端子排上的操作回路引出线与操作电源不能接在相邻的端子上，直流电源正、负极也不能接在相邻端子上。（√）

188．智能终端具有开关量（DI）和模拟量（AI）采集功能，输入量点数可根据工程需要灵活配置；开关量输入宜采用强电方式采集；模拟量输入应能接收 4～20mA 电流量和 0～5V 电压量。（√）

189．智能终端应具备 GOOSE 命令记录功能，记录收到 GOOSE 命令时刻、GOOSE 命令来源及出口动作时刻等内容，并能提供便捷的查看方法。（√）

190．智能终端应至少带有 1 个本地通信接口（调试口）、2 个独立的 GOOSE 接口（并可根据工程需要扩展）；必要时还可设置 1 个独立的 MMS 接口（用于上传状态监测信息）。通信规约遵循 DL/T 860（IEC 61850）标准。（√）

191．智能终端 GOOSE 的单双网模式可灵活设置，宜统一采用 ST 型接口。（√）

192．智能终端安装处应保留总出口压板和检修压板。（√）

193．智能终端应具有完善的自诊断功能，并能输出装置本身的自检信息，自检项目可包括：出口继电器线圈自检、开入光耦自检、控制回路断线自检、断路器位置不对应自检、定值自检、程序 CRC 自检等。（√）

194．智能终端可具备状态监测信息采集功能，能够接收安装于一次设备和就地智能控制柜传感元件的输出信号，比如温度、湿度、压力、密度、绝缘、机械特性以及工作状态等，支持以 MMS 方式上传一次设备的状态信息。（√）

195．变压器本体智能终端包含完整的本体信息交互功能（非电量动作报文、调档及测温等），并可提供用于闭锁调压、启动风冷、启动充氮灭火等出口接点，同时还宜具备就地非电量保护功能；所有非电量保护启动信号均应经大功率继电器重动，非电量保护跳闸通过控制电缆以直跳方式实现。（√）

196．在没有专用工具的情况下，可以通过观察光纤接口是否有光来判断该光纤是否断线，但不应长时间注视。（×）

197．智能变电站中不破坏网络结构的二次回路隔离措施是拔下相关回路光纤。（×）

198．变压器一侧断路器转检修时，先拉开该断路器，由于一次已无电流，对主变保护该间隔“SV 接收软压板”及该间隔合并单元“检修状态压板”的操作可由运行人员根据操作方便自行决定操作顺序。（×）

199．为保证母差保护正常运行，某运行间隔转检修时，应先投入该间隔合并单元“检修状态压板”，再退出母差保护内该间隔的“间隔投入软压板”。（×）

200．母差保护的某间隔“间隔投入软压板”必须在该间隔无流情况下才能退出。（√）

201．母差保护，当任一运行间隔合并单元投入检修状态，则母差保护退出运行。（√）

202．时间同步装置主要由接收单元、时钟单元和输出单元三部分组成。（√）

203．时间同步系统有独立运行和组网运行两种运行方式。（√）

204．时间同步系统组网运行方式，在无线时间基准信号和有线时间基准信号输入都有效的情况下，采用有线时间基准信号作为系统的优先授时源。（×）

205．IRIG-B 码采用单向传输方式，自动对误差进行时差延时补偿，对时精度 1μs。（×）

206．保护装置、MU 和智能终端均应能接收 IRIG-B 码同步对时信号，保护装置、智能终端的对时精度误差不应大于±1ms，MU 的对时精度不应大于±1μs。（√）

207．采用光纤 IRIG-B 码对时方式时，宜采用 ST 接口；采用电 IRIG-B 码对时方式时，采用交流 B 码，通信介质为屏蔽双绞线。（×）

208．当存在外部时钟同步信号时，在同步秒脉冲时刻，采样点的样本计数应翻转置 0。（√）

209．在智能变电站中，时钟同步是提高综合自动化水平的必要技术手段，是保证网络采样同步的基础，为系统故障分析和处理提供准确的时间依据。（√）

210．NTP/SNTP 使用软件，或硬件和软件配合方式，进行同步计算，以获得更精确的定时同步。（×）

211．在 SNTP 的服务器/客户端模式中，用户向 1 个或多个服务器提出服务请求，并根据获得的信息选择任意时钟源对本地时钟进行调整。（×）

212．根据 IEC 61850 的分层模型与 MMS 对象之间的映射关系，逻辑设备映射到 MMS 中的域，逻辑节点实例映射到 MMS 中的有名变量。（√）

213．BER 基本编码规则采用 8 位位组作为基本传送单位，因此 TLV 结构的三个部分都由一个或多个 8 位位组组成。（√）

214．VLAN 表示虚拟局域网，用来构造装置与交换机之间的虚拟网络，实现报文在特定 VLAN 里边传输。（√）

215．GMRP 是通用组播注册协议，此协议为装置对交换机所发送的请求，交换机收到请求后做出响应，将相关的信息转发给装置，需要手动进行配置。（×）

216．智能变电站过程层组网使用 VLAN 划分可以降低交换机负荷，限制组播报文。（√）

217．采用双重化 MMS 通信网络时，双重化网络的 IP 地址可以属于同一个网段。（×）

218．采用双重化 MMS 通信网络的情况下，冗余连接组中只有一个网的 TCP 连接处于工作状态，可以进行应用数据和命令的传输；另一个网的 TCP 连接应保持在关联状态，只可

进行非应用类型数据的传输。（√）

219．采用双重化 MMS 通信网络的情况下，客户端只能通过冗余连接组中处于工作状态的网络对属于本连接组的报告实例进行控制。（×）

220．交换机端口全线速转发是指交换机所有端口均以“端口线速度”转发数据且交换机不丢包。（√）

221．智能变电站站控层系统宜统一组网，IP 地址统一分配，网络冗余方式宜符合 IEC 61499 及 IEC 62439 的要求。（√）

222．客户端检测到处于工作状态的连接断开时，通过定时召唤恢复客户端与服务器的数据传输。（√）

223．MMS 双网热备用模式时，在单网络发生故障时，判断网络的故障需要一定周期，此时如果发生电力系统故障，不能及时上送报告给监控系统，不能做到无缝切换。（√）

224．网络记录装置收到 SV 的报文 SmpSynch 值为 false，说明合并单元处于失步状态。（√）

225．网络报文记录装置通过对站控层网络交换机的端口镜像实现 MMS 报文的监测。（√）

226．网络报文记录分析系统因站控制层发生故障而停运时，不能影响间隔层以及过程层信号的正常记录。（√）

227．GOOSE 报文帧结构的 TCI 域中，当 CFI（标准格式指示位）值为 1 时，说明是规范格式，当 CFI 值为 0 时，说明为非规范格式。（×）

228．在 GOOSE 报文帧结构中，VID 表示虚拟 LAN 标识，长度为 12bit，0 表示不属于任何 VLAN。（√）

229．MMS 报文的传输要经过 OSI 中的全部 7 层。（√）

230．当接收方新接收到报文的 StNum 小于上一帧报文的 StNum，将判断报文异常，丢弃该报文。（×）

231．在智能变电站中，MMS 报文主要为低速报文，GOOSE 报文主要为快速报文和中速报文。（×）

232．智能终端的跳位监视功能利用跳位监视继电器并在合闸回路中实现。（√）

233．智能变电站跨间隔的母线保护、主变压器保护、光纤差动保护的模拟量采集，需依赖外部时钟。（×）

234．TV 合并单元故障或失电，线路保护装置收电压采样无效，闭锁所有保护。（×）

235．线路合并单元故障或失电，线路保护装置收线路电流采样无效，闭锁所有保护。（√）

236．智能站双重化配置的线路间隔一套智能终端检修或故障，不影响另一套。（√）

237．软压板的功能压板，如保护功能投退，保护出口压板，是通过逻辑置位参与内部逻辑运算。（√）

238．合并单元电压数据异常后，变压器保护闭锁使用该电压的后备保护。（×）

239．智能变电站母线保护在采样通信中断时不应该闭锁母差保护。（×）

240．500kV 线路过电压及远跳就地判别功能应集成在线路保护装置中，站内其他装置启动远跳经 GOOSE 网络启动。（√）

241．线路保护经 GOOSE 网络启动断路器失灵、重合闸。（×）

242．变压器保护跳母联、分段断路器及闭锁备用电源自动投入装置、启动失灵等可采用GOOSE 网络传输。（√）

243．变压器保护可通过 GOOSE 网络接收失灵保护跳闸命令，并实现失灵跳变压器各侧断路器。（√）

244．智能变电站变压器非电量保护信息通过本体智能终端上送过程层 GOOSE 网。（√）

245．断路器保护跳本断路器采用点对点直接跳闸。（√）

246．母联（分段）保护跳母联（分段）断路器采用 GOOSE 网络跳闸方式。（×）

247．母联（分段）保护启动母联失灵可采用 GOOSE 网络传输。（√）

248．DL/T 860《变电站通信网络和系统》是新一代的变电站网络通信体系，适用于智能变电站自动化系统的分层结构。（√）

249．与传统电磁感应式互感器相比，电子式互感器不含铁芯，消除了磁饱和及铁磁谐振等问题。（√）

250．IEC 61850-7-3 中将数据对象按功能分为信号类、控制类、测量类、定值类和参数类一共五类。（×）

251．IEEE 为 IEC 61850 报文分配的组播地址前三位为 01-CD-0C。（×）

252．一个物理设备应有一个域代表 MMS 虚拟制造设备（MMS VMD）的物理资源。这个域应至少包含二个 LLN0 和 LPHD 逻辑节点。（×）

253．ICD 文件分为四个部分：Header、Communication、IED 和 DataTypeTemplates。（√）

254．IEC 61850 工程继电保护应用模型规范中规定，保护装置报告服务应支持客户端在线设置 OptFlds 和 Trgopt。（√）

255．虚端子解决了智能站保护装置 GOOSE 信息无触点、无端子、无接线等问题。（√）

256．智能终端与一次设备采用电缆连接，与保护、测控等二次设备采用光纤连接，实现对一次设备（如：断路器、隔离开关、主变压器等）的测量、控制等功能。（√）

257．一个完整的 LN 路径描述不包含 desc。（√）

258．GOOSE 报文中的“TEST”位的改变会触发新的报文。（×）

259．智能变电站出口硬压板设置在智能终端柜，当开展某条 500kV 线路保护消缺或检修工作时，直接退出相关断路器的出口硬压板即可。（×）

260．CCD 是 IED 二次回路实例配置文件，用于描述 IED 的 GOOSE 和 SV 发布/订阅信息的配置文件，包括完整的发布/订阅的控制块配置、内部变量映射、物理端口描述和虚端子连接关系等信息，装置其他配置文件的改变不应影响本装置发布/订阅的配置。（√）

261．单个保护装置的 IED 可以有多个 LD 和 SGCB，每个 LD 只能有一个 SGCB 实例，不包含分区定值的 LD 不应包含 SGCB 实例，保护用的 SGCB 应在 PROT 中逻辑设备中建模。（√）

262．在 IEC 61850 中互操作性被表述为：“一个制造厂或不同制造厂提供的两个或多个 IED 交换信息和使用这些信息正确执行特定功能的能力”。（√）

263．SV 接收压板退出时需经电流判别。（×）

264．保护装置的采样输入接口数据的采样频率应为 4000Hz。（×）

265．采用分层分布式布置的变电站综合自动化系统包括过程层、站控层及间隔层。调度中心和厂站之间交换的是实时信息，通常用远动装置传送。（√）

266．配置描述语言 SCL 基于可扩展标记语言 XML 定义。（√）

267．MMS 报文在以太网中通过 TCP/IP 协议进行传输。（√）

268．智能变电站的自动化设备可物理地安装在不同功能层（变电站、间隔、过程）。（√）

269．站控层包含自动化站级监视控制系统、站域控制、远动系统等子系统。（√）

270．间隔层设备一般指继电保护装置、系统测控装置、监测功能组主 IED 等二次设备。（√）

271．过程层设备包含自动化站级监视控制系统、站域控制、通信系统、对时系统等子系统。（×）

272．与传统电磁感应式互感器相比，电子式互感器动态范围大，频率范围宽，体积小，重量轻。（√）

273．当交换机用于传输 SV 或 GOOSE 等可靠性要求较高的信息时应采用光接口。（√）

274．故障录波在 IEC 61850 里对应的逻辑节点首字母为 R。（√）

275．首字母为 L 的逻辑节点为系统逻辑节点，它包括 LLN0 公用逻辑结点和 LPHD 装置物理信息两种。（√）

276．首字母为 P 的逻辑节点用来描述保护相关功能。（√）

277．逻辑节点 CSWI 可用以描述开关控制功能。（√）

278．数据对象类型为 DPS 的数据功能是双位置遥信。（√）

279．功能约束（FC）为 ST 的数据属性（DA）表示该数据属性为状态值描述。（√）

280．功能约束（FC）为 CO 的数据属性（DA）表示该数据属性为控制功能描述。（√）

281．GOCB 表示 GOOSE 控制块。（√）

282．智能变电站中，每一个 IED 可同时作为服务器或是客户端。（√）

283．报告服务主要用于传输遥信和遥测量。（√）

284．为提升多播信息接收的总体性能，较好的办法是由媒体访问控制器（MAC）硬件实现过滤。（√）

285．MMS 报文需在 SCD 中定义其组播 MAC 地址。（×）

286．GOOSE 报文需在 SCD 中定义其组播 MAC 地址。（√）

287．SV 报文需在 SCD 中定义其组播 MAC 地址。（√）

288．IEC 61850 规范中采样值传输只规定了通过串行单方向多点共线点对点链路传输模式。（×）

289．智能变电站中，一个服务器可以拥有一个或者多个逻辑设备。（√）

290．智能变电站中，一个逻辑设备可以拥有一个或者多个数据对象。（√）

291．在 IEC 61850 中使用的抽象服务接口 ACSI 被表述为：“一种虚拟接口，它为智能电子设备提供了抽象通信服务，例如连接、变量访问、非请求数据传输报告、设备控制以及文件传输服务，和所采用的实际通信栈和协议集独立”。（√）

292．当 GOOSE 服务器产生一个发送 GOOSE 报文请求时，当前的数据集所有值会被编

码进 GOOSE 报文中并被发送。（√）

293．引起服务器触发一个发送 MMS 报文服务的事件在被发送时，该事件所在的数据集其他事件信息将不会被发送。（√）

294．在 IEC 61850 中使用数据自描述被表述为："设备包含它的配置方面的信息。这些信息的表述必须标准化，并且（在这个标准系列范围内）通过信息可以访问"。（√）

295．在 IEC 61850-9-2 规范中定义了 SV 采样值的网络传输方式。（√）

296．GOOSE 通信属于 DL/T 860 规定的类型 1（快速报文）、类型 1A（跳闸）。（√）

297．保护动作等信号通过 GOOSE 报文上传给故障录波器。（√）

298．同一 Data 或 DataAttribute 可以被多个 DataSet 引用。（√）

299．多路广播应用关联类是单向无确认服务，用于 GOOSE 报文和传输采样值。（√）

300．双边应用关联类传送服务用于客户和服务器之间的请求和响应（确认和无确认）服务。（√）

301．变电站内配置一套全站公用的时间同步系统，高精度时钟源按双重化配置，优先采用 GPS 系统标准授时信号进行时钟校正。（×）

302．站控层设备宜采用 SNTP 对时方式。间隔层、过程层设备采用 IRIG-B、1PPS 对时方式，条件具备时也可以采用 IEC 61588 网络对时。（√）

303．在智能变电站的设计中，还应对网络内的信息流量进行计算和控制，设立最大节点数和最大信息流量，并必须保持系统冗余。（√）

304．IEC 61850-9-2 采样值传输采用映射到 MMS 的特殊通信服务映射。（×）

305．在与 MMS 的映射中，一个 VMD 代表了网络上一个 IEC 61850-7-2 定义的服务器所提供的能力。（√）

306．IEC 61850-7-2 逻辑设备类的实例映射到 MMS 域对象，在向 MMS 的映射中，域代表构成一个逻辑设备对象和服务的集合。除了域名（即逻辑设备名）在服务器范围内要求唯一外，域的命名是任意的。（√）

307．开入量虚端子建模一般采用的 LN 类型为 GGIO。（√）

308．任何不可控制的信号点其 TAlModel 值都为 0。（√）

309．在 GOOSE 报文正在正常发送的过程中又有新事件产生，则上一个内容的 GOOSE 传输终止。（√）

310．智能变电站中，保护与监控系统通过 MMS 报文进行通信。（√）

四、填空题

1．GOOSE 通信时对接收报文的配置不一致信息必须送出告警信号，判断条件为<u>配置版本号</u>和<u>DA 类型</u>不匹配。

2．间隔层装置虚端子关联时标时采用<u>GOOSE 报文关联的时标</u>，不关联时标时采用<u>本装置时标</u>。

3．保护功能软压板宜在 LLN0 中统一加<u>Ena</u>后缀扩充，GOOSE、SV 接收软压板采用<u>GGIO.SPCSO</u>建模。

4．智能变电站当保护采用双重化配置时，其电压切换箱（回路）隔离开关辅助触点采用<u>单位置</u>输入方式。

5．检验 SV 报文中序号的连续性，SV 报文的序号应从 0 连续增加到 50*N*–1（*N* 为每周波采样点数），再恢复到 0，任意相邻两帧 SV 报文的序号应连续。

6．智能站主变保护跳闸触发录波信号应采用保护 GOOSE 跳闸信号。

7．点对点采样方式，MU 失步后，保护装置不发失步告警信号。

8．智能站装置过程层 GOOSE 信号应直接连接，不应由其他装置转发。当设备之间无网络连接，但又需要配合时，宜通过智能终端输出触点建立配合关系。

9．保护装置应支持不小于 16 个客户端的 TCP/IP 访问连接，应支持不小于 12 个报告实例。

10．ICD 文件应包含模型自描述信息。如 LD 和 LN 实例应包含中文“desc”属性，实例化的 DOI 应包含中文“desc”和 dU 赋值。

11．标准已定义的报警使用模型中的信号，其他的统一在 GGIO 中扩充，告警信号用 Alm 上送，普通遥信信号用 Ind 上送。

12．智能终端开关量外部输入信号宜选用 DC220/110V，进入装置内部时应进行光电隔离，隔离电压不小于 2000V，软硬件滤波。信号输入的滤波时间常数应保证在接点抖动以及存在外部干扰情况下不误发信，时间常数可调整。

13．智能变电站验收过程中，配置文件的修改应遵循“源端修改，过程受控”的原则。

14．对于 220kV 及以上变电站，宜按电压等级设置网络配置故障录波装置和网络报文记录分析装置。

15．某间隔电流互感器 A 相 SV 无效时发生 A 相接地故障，对于双母线的母差保护，当 SV 无效发生在线路间隔时，保护（闭锁无效相大差及所在母线的小差），当发生在母联间隔时先跳开母联、延时 100ms 选择故障母线。

16．继电保护设备应能够支持不小于 16 个客户端的 TCP/IP 访问连接，应能够支持 10 个报告实例。

17．智能变电站二次工作安全措施执行过程中，确需拔出光纤时，应在检修设备或屏柜侧执行。

18．删除 DataSet 成员，DataSet 成员重新排序，DataSet 属性值改变，会引起 GOCB 中配置版本（ConfRev）的改变。

19．智能变电站时间同步系统对交流电源的要求是，额定电压为 220V，允许偏差为 –20%～+15%；频率为 50Hz，允许偏差±5%；交流电源波形为正弦波，谐波含量小于 5%。

20．MU 以同步时钟为基准进行插值运算，插值时刻必须由 MU 的秒脉冲信号锁定，每秒第一次插值的时刻应和秒脉冲的上升沿同步，且对应的时标在每秒内应均匀分布。

21．智能变电站的保护设计应遵循“直接采样，直接跳闸”、“独立分散”、“就地化布置”原则。应特别注意防止智能变电站同时失去多套保护的风险。

22．一台保护用 MU，额定一次电流 4000A（有效值），额定输出为 SCP=01CF H（有效值，RangFlag=0）。对应于样本 2DF0 H 的瞬时模拟量电流值为 101598A。

23．GOOSE 报文中 SqNum 和 StNum 的初始值在装置重启后分别为 1 和 1。

24．在某 9-2 的 SV 报文看到电压量数值为 0xFFF38ECB，那么该电压的实际瞬时值为 –8.15413kV。

25．智能站 GOOSE 断链报警时间延时一般为 4 倍 GOOSE 心跳报文间隔时间。

26. 根据 Q/GDW 441—2010《智能变电站继电保护技术规范》，智能变电站中交换机配置原则上任意设备间数据传输不能超过 4 个交换机，每台过程层交换机的光纤接入数量不宜超过 16 对。

27.《智能变电站通用技术条件》（Q/GDW 1808—2012）中对光纤发送功率和接收灵敏度要求是光波长 1310nm 光纤：光纤发送功率：–20～–14dBm；光纤接收灵敏度：–31～–14dBm。

28. 根据《智能变电站继电保护通用技术条件》（Q/GDW 1808—2012），GOOSE 开入软压板除双母线和单母线接线启动失灵、失灵联跳开入软压板设在接收端外，皆应设在发送端。

29. 智能终端具有开关量 DI 和模拟量 AI 采集功能，输入量点数可根据工程需要灵活配置，开关量输入宜采用强电方式采集，模拟量输入应能接收 4～20mA 电流量和 0～5V 电压量。

30. 智能化保护电压量定义，采样值通信规约为 GB/T 20840.8 时，额定值为 2D41H，采样值规约为 DL/T 860.92 时，0x01 表示 10mV。

31. 远方投退智能保护重合闸功能是否成功，可以根据重合闸压板状态和保护装置充电状态这两个不同源的信号进行对照判断。

32. 逻辑接点 PDIF 中的 Op 的中文语义是动作，其属性类型是 ACT。

33. OSI 参考模型分为七层，从底向上分别为物理层、数据链路层、网络层、传输层、会话层、表示层和应用层。

34. 应加强 SCD 文件在设计、基建、改造、验收、运行、检修等阶段的全过程管控，验收时要确保 SCD 文件的正确性及其与设备配置文件的一致性，防止因 SCD 文件错误导致保护失效或误动。

35. 如果在 IEC 61850-9-2 的 SV 报文看到电压量数值峰值为 0x000c71fb，那么该电压的有效值为 5.768kV。（十进制表示，保留三位小数，单位 kV）

36. 智能变电站 SV 网采用 100M 交换机组网方式，站内 9-2 SV 报文帧长为 300 字节，网络分析仪单端口理论上最大能接入 10 路 SV 报文。

37. 智能站网络通信中 TCP/IP 协议栈的传输层负责建立、维护和终止虚连接，多路复用上层应用程序。

38. GOOSE 报文具有 IEEE 802.3Q 优先级的以太网帧，报文结构主要由前导码、目标地址、源地址、优先级标记、数据 PDU、校验码构成。

39. 通过数字化继电保护试验装置输入 SV 信号给继电保护装置，退出 SV 接收软压板，装置显示 SV 数值应为 0，无零漂。

40. 保护、测控装置发送的 GOOSE 数据集不宜带时标。

41. 两种同步机制包括时标同步和插值再采样同步。

42. IEC 61850 标准中，不同的功能约束代表不同的类型，请写出下列功能约束的含义，ST 状态信息、MX 测量值，CO 控制，SG 定值组。

43. IEC 61850 包含客户端/服务器、发布/订阅两种。

44. 保护装置在合并单元上送的数据品质位异常状态下，应瞬时闭锁可能误动的保护，延时告警。

45. 根据 Q/GDW 1426—2016《智能变电站合并单元技术规范》，合并单元的输入输出应采用光纤传输系统，并宜采用多模 1310nm 型光纤。

46．智能变电站，若装置处于检修，数据品质 Quality 的 test 位被置为 TRUE。

47．220kV 电压等级变压器保护优先采用 TPY 型 CT；若采用 P 级 CT，为减轻可能发生的暂态饱和影响，其暂态系数不应小于 2 。

48．根据 Q/GDW 441—2010《智能变电站继电保护技术规范》，IEC 61850-9-2SV 报文中，电压采样值为 32 位整型，1LSB=10mV；电流采样值为 32 位整型，1LSB=1mA。

49．当与接收线路保护 GOOSE 断链时，母差保护中线路保护失灵开入怎么变化置 0。

50．根据 Q/GDW 1810—2015《智能变电站继电保护装置检验测试规范》，智能终端接收硬接点信息并转发相应的 GOOSE 报文延时宜小于 10ms。

51．保护装置应能正确显示 GOOSE 开入信息；GOOSE 接收软压板退出后，装置应显示接收的 GOOSE 信号，若 GOOSE 信号带检修标识时，应显示检修标识。

52．智能站保护装置除母线保护的启动失灵开入、母线保护和变压器保护的失灵联跳开入外，接收端不设 GOOSE 接收软压板。

53．有些电子式电流互感器是由线路电流提供电源，这种互感器电源的建立需要在一次电流接通后延迟一定时间，此延时称为唤醒时间，在此延时期间，电子式电流互感器的输出为零。

54．在某 IEC 61850-9-2 的 SV 报文看到电压量数值为 0x000d71fb，已知其为峰值，那么其有效值是 6.231kV。

55．GOOSE、SV 输入虚端子采用 GGIO 逻辑节点，GOOSE 输入 GGIO 应加“GOIN”前缀；SV 输入 GGIO 应加“SVIN”前缀。

56．交换机端口 1 设置进口多播抑制为 5Mbit/s。端口 2 设置进口未知，单播抑制为 6Mbit/s。3 台 MU 分别在交换机端口 1、端口 2、端口 3 上注入长度相同的 SV 报文，流量均为 8Mbit/s。若交换机为全通，则端口 3 向外发送数据的流量为 13Mbit/s。

57．IEC 61850-9-2 基于发布/订阅的数据模型，接收方应严格检查 MAC、APPID、SVID 和通道个数是否匹配。

58．某电子式电流互感器采用 IEC 61850-9-2LE 4k 采样率输出。在一次通入 50Hz 标准正弦交流电流，当外部同步时钟脉冲输入时，对应的一次瞬时值大小为 1000A（假定幅值没有误差），而其输出报文中电流瞬时值为 1000A 的采样序号为 3998，请计算该电子式互感器在同步方式下的相位误差 9°。

59．一帧长为 256 字节的国网 9-2 SV 报文，一秒流量大概是 8.2M bit/s。

60．智能化保护装置通信模型一般设置“保护动作”“装置故障”“装置告警”三个总信号。

61．SCD 文件结构分为五个部分：Header 部分、Substation 部分、IED 部分、Communication 部分和 DataTypeTemplate 部分。

62．IEC 61850 标准中，不同的功能约束代表不同的类型，请写出下列功能约束的含义，ST：状态信息；MX：测量值。

63．合并单元一般按间隔配置，分线路合并单元和母线合并单元，具有电压切换和电压并列功能。

64．SV 报文的以太网类型为 0x88BA，APPID 的范围为 0x4001～0x7FFF。

65．IEC 61850 标准中，不同的功能约束代表不同的类型，请写出下列功能约束的含义，

CO：控制；SG：定值组

66．智能终端应以虚遥信点方式转发收到的跳合闸命令，外部采集开关量分辨率不应大于 1ms，消抖时间不小于 5ms。

67．用于高质量传输 GPS 装置中 TTL 电平信号的同轴电缆，传输距离最大为 10m。

68．TCP/IP 体系结构中的 TCP 和 IP 所提供的服务分别为传输层服务和网络层服务。

69．考虑合并单元双重化配置的情况下，3/2 断路器接线方式下的一个完整串中，应当配置 6 台 TA 合并单元。

70．电子式互感器采样数据的品质标志应实时反映自检状态，并且不应附加任何延时或展宽。

71．220kV 及以上电压等级的继电保护及与之相关的设备、网络等应按照双重化原则进行配置，双重化配置的继电保护的跳闸回路应与两个智能终端分别一一对应。

72．合并单元采样值发送间隔离散值应小于 10μs。

73．双母线接线两段母线按双重化配置 2 台电压合并单元。

74．GOOSE 报文判断中断的依据为在接收报文的允许生存时间的 2 倍时间内没有收到下一帧报文。

75．SSD、SCD、ICD 和 CID 文件是智能变电站中用于配置的重要文件，在具体工程实际配置过程中的关系为 SSD+ICD 生成 SCD 然后导出 CID，最后下载到装置。

76．GOOSE 对检修 TEST 位的处理机制应为相同处理，相异丢弃。

77．合并单元的守时精度要求 10min 小于±4μs。

78．220kV 出线若配置组合式互感器，母线合并单元除组网外，点对点接至线路合并单元主要用于线路保护重合闸检同期。

79．双母双分段接线，按双重化配置 4 台母线电压合并单元，不考虑横向并列。

80．TV 并列、双母线电压切换功能由合并单元实现。

81．继电保护设备与本间隔智能终端之间的通信应采用 GOOSE 点对点连接通信方式。

82．智能变电站的站控层网络中用于“四遥”量传输的是 MMS 报文。

83．每个合并单元应能满足最多 12 个输入通道和至少 8 个输出端口的要求。

84．合并单元的 22 个采样通道的含义和次序由合并单元的 ICD 模型文件中的采样发送数据集决定。

85．GOOSE 报文保证其通信可靠性的方式是报文重发与超时机制。

86．装置重启 StNum，SqNum 应当从 StNum=1，SqNum=1 开始。

87．对于主变压器保护，失灵联跳开入 GOOSE 输入量在 GOOSE 断链的时候必须置 0。

88．电子式互感器应由两路独立的采样系统进行采集，每路采样系统应采用双 A/D 系统接入合并单元，每个合并单元输出两路数字采样值由同一路通道进入一套保护装置，以满足双重化保护相互完全独立的要求。

89．智能变电站系统中，远动装置采用 MMS 规约与装置进行通信。

90．智能变电站内智能终端按双重化配置时，分别对应于两个跳闸线圈，具有分相跳闸功能；其合闸命令输出则并接至合闸线圈。

91．智能终端需要对时。对时可采用光纤 IRIG-B 码对时方式时，宜采用 ST 接口；采用电 IRIG-B 码对时方式时，采用<u>直流 B 码</u>，通信介质为屏蔽双绞线。

92．智能控制柜应具备温度、<u>湿度</u>的采集、调节功能，柜内温度控制在<u>-10～50℃</u>，湿度保持在 90%以下。

五、简答题

1．如何测智能终端动作时间？

答：测试系统如图 6-1 所示。①测试仪器选择数字化继电保护测试仪或精确时间测试仪；②将 GPS/北斗卫星时钟系统作为测试仪的标准时钟源；③将精确时间测试仪的时间输出通道（IRIG-B 码/PTP 等）对智能终端进行时间同步；④利用精确时间测试仪输出 IEC 61850 GOOSE 信息至智能终端（测试仪 GOOSE OUT 需进行参数配置）；⑤利用测试仪的精确时间特性输出与被测 ICU 订阅虚端子连接相对应且带有跳合闸命令的 GOOSE 报文，同时将 ICU 相对应的跳合闸开出接点反馈至测试仪；⑥测试仪接收到跳合闸接点时刻与测试仪发出 GOOSE 命令时刻的时间差，即为智能终端接收 GOOSE 跳合闸命令后的动作时间。

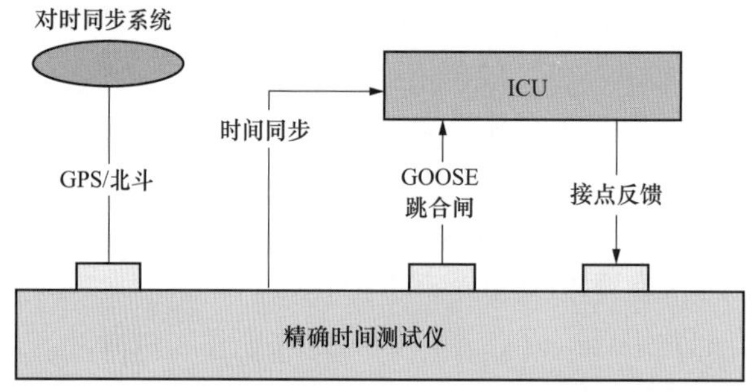

图 6-1　智能终端动作时间测试示意图

2．某智能变电站线路保护配置过流保护，过流Ⅰ段定值 12A，时限 0s，过流Ⅱ段定值 7.5A，时限 1s，TA 变比为 300/5。图 6-2 为网络分析仪截取该线路保护在运行中的采样报文，试根据该报文回答下列问题：

```
⊞ Frame 3: 247 bytes on wire (1976 bits), 247 bytes captured (1976 bits)
⊟ Ethernet II (VLAN tagged), Src: 00:79:77:74:30:08 (00:79:77:74:30:08), Dst: Iec-Tc57_04:04:08 (01:0c:cd:04:04:08)
  ⊞ Destination: Iec-Tc57_04:04:08 (01:0c:cd:04:04:08)
  ⊞ Source: 00:79:77:74:30:08 (00:79:77:74:30:08)
  ⊞ VLAN tag: VLAN=8, Priority=Best Effort (default)
    Type: IEC 61850/SV (Sampled Value Transmission (0x88ba)
⊟ IEC61850 Sampled Values
    APPID: 0x4408
    Length: 229
    Reserved 1: 0x0000 (0)
    Reserved 2: 0x0000 (0)
  ⊟ savPdu
      noASDU: 1
    ⊟ seqASDU: 1 item
      ⊟ ASDU
          svID: MM2201A
          smpCnt: 3997
          confRef: 1
          smpSynch: local (1)
        ⊟ PhsMeas1
            value: 1010
          ⊞ quality: 0x00000001, validity: invalid, source: process
            value: 17479572
          ⊞ quality: 0x00000001, validity: invalid, source: process
            value: 17476366
          ⊞ quality: 0x00000000, validity: good, source: process
            value: -2343255
          ⊞ quality: 0x00000000, validity: good, source: process
            value: -2339892
          ⊞ quality: 0x00000000, validity: good, source: process
```

图 6-2　线路保护采样报文

①该 SV 报文的 APPID 与 SVID 是什么？②该线路合并单元 SV 发送的 MAC 地址是多少？③已知该报文中第 2 路通道与第 3 路通道为 A 相电流，试分析此时该线路保护是否动作跳闸，依据是什么？

答：①APPID 是 0x4408，SVID 是 MM2201。②源地址是：00:79:77:74:30:08，目的地址是：01:0C:CD:04:04:08。③该保护不会动作，原因是 A 相电流的品质位为不可靠，保护将闭锁。

3．以某典型 220kV 智能变电站 220kV 电压等级 A 网设备为例，见图 6-3 所示（仅列出本题相关设备），试回答以下问题：

（1）简述线路保护与智能终端之间的信息流。

（2）简述线路保护与母线保护之间的信息流。

（3）若线路保护装置检修，请简述该变电站如何隔离 220kV 线路保护装置与站内其余装置的 GOOSE 报文的有效通信。

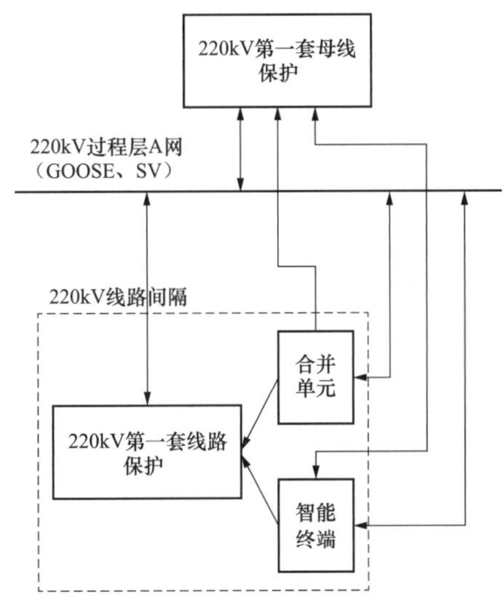

图 6-3 智能站 220kVA 网设备联系图

答：（1）线路保护与智能终端之间的信息流：①线路保护至智能终端：分相跳断路器、重合闸出口、闭锁重合闸（或永跳）。②智能终端至线路保护：断路器 A 相位置、断路器 B 相位置、断路器 C 相位置、压力低闭锁重合闸、其他保护动作闭锁重合闸、外部开入闭锁重合闸。

（2）线路保护与母线保护之间的信息流：①线路保护至母线：线路保护 A 相启动失灵、线路保护 B 相启动失灵、线路保护 C 相启动失灵。②母线至线路保护：母线保护动作远跳信号（或停信）。

（3）线路保护装置检修时，线路保护与其他装置 GOOSE 报文通信隔离措施：①退出线路保护装置所有的“GOOSE 出口”软压板；②退出相应母线保护的“启动失灵 GOOSE 接收”软压板；③必要时可退出线路保护装置背后的 GOOSE 光纤（可写可不写）；④投入线路保护“检修”硬压板。

4．智能站IED检修压板作用与常规站有何变化？

答：装置的检修状态均由检修硬压板开入实现。在常规站中检修压板投入后，保护装置只会将其上送的103事件报文屏蔽。而在智能站中当此压板投入时，有以下作用：站控层—发送的MMS报文置检修状态标志，监控、远动、子站做相应的处理。过程层—发送的GOOSE、SV报文置检修状态标志。应用时—仅当继电保护装置接收到的GOOSE、SV报文与自身检修状态为同一状态时才进行处理。

5．某220kV智能变电站，采用常规互感器经合并单元采样、GOOSE跳闸模式，在一次设备不停电方式下，某220kV线路间隔的智能终端B进行缺陷处理后，需进行相关传动试验。问：按照《国调中心关于印发智能变电站继电保护和安全自动装置现场检修安全措施指导意见（试行）》（调继〔2015〕92号）要求，需要采取哪些安全措施？

答：按照（调继〔2015〕92号）要求，缺陷处理后传动试验时：①退出该间隔第二套智能终端B出口硬压板，投入装置检修压板；②退出该间隔第二套智能终端B出口硬压板，投入装置检修压板；③退出220kV第二套母线保护内运行间隔 GOOSE出口软压板、失灵联跳出口软压板，投入该母线保护检修压板；④投入该间隔第二套线路保护检修压板；⑤如有需要可退出该线路保护至线路对侧纵联光纤、解开至第一套智能终端A闭锁重合闸回路；⑥本安全措施方案可传动至该间隔智能终端出口硬压板，如有必要可停役一次设备做完整的整组传动试验。

6．智能变电站中双母线配置两台母线电压合并单元，电压并列功能由母线电压合并单元完成，现场正常运行时，监控后台发现其中Ⅰ段母线的TV隔离开关位置异常，频繁发生位置变位，试分析TV隔离开关变位的可能原因及影响。

答：TV变位原因可能为：①TV隔离开关的位置继电器异常，触点发生频繁变位；②接入母线智能终端的TV隔离开关位置回路发生异常，可能有交流串入此回路；③智能终端开入板件异常，TV隔离开关位置开入信号频繁变位；④智能终端处理程序出错，导致误发TV隔离开关位置变位GOOSE信号；⑤母线测控装置处理程序异常，导致接收TV隔离开关位置GOOSE信号出错。

TV隔离开关位置异常影响：①若母线合并单元输出母线电压需要判断TV隔离开关位置，则Ⅰ段母线TV隔离开关位置频繁变位异常时，将导致Ⅰ段母线电压频繁无效，并频繁恢复，Ⅱ段母线电压无影响；②若母线合并单元输出母线电压不需要判断TV隔离开关位置，则TV隔离开关位置频繁变位异常时，对Ⅰ段和Ⅱ段母线电压均无影响。

7．某500kV智能变电站，采用常规电缆采样、GOOSE跳闸模式，以3/2断路器完整串接线中的500kV第一套主变压器保护为例。按照（调继〔2015〕92号）要求，一次设备停电情况下，500kV主变压器间隔与相关保护失灵回路传动试验时，需要采取哪些安全措施？

答：①退出对应500kV第一套母线保护内运行间隔GOOSE发送压板，投入该母线保护检修压板；②退出220kV第一套母线保护内运行间GOOSE发送软压板、失灵联跳软压板，投入该母线保护检修压板；③退出该500kV第一套主变压器保护至运行设备（如220kV母联/母分）GOOSE出口软压板；④退出该中断路器保护至运行设备 GOOSE启失灵、GOOSE出口软压板；⑤投入500kV第一套主变压器保护，边、中断路器保护及各侧智能终端检修压板；⑥将该主变压器间隔保护各侧TA短接并断开、TV回路断开；并根据一次设备状态，确认是

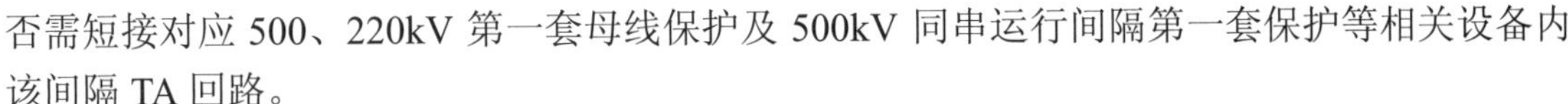

否需短接对应 500、220kV 第一套母线保护及 500kV 同串运行间隔第一套保护等相关设备内该间隔 TA 回路。

8．IEC 61850 9-2 对电压采样值和电流采样值有什么规定？

答：根据 IEC 61850-9-2LE 标准规定，电压采样值为 32 位整型，1LSB=10mV，电流采样值为 32 位整型，1LSB=1mA，数据代表一次电流、电压的大小。32 位的最低位第 0 位代表 1mA 或 10mV，最高位第 31 位为符号位：0 为正，1 为负。

9．SV 接收机制是什么?

答：①接收方应严格检查 AppID、SMVID 、ConfRev 等参数是否匹配。②SV 采样值报文接收方应根据收到的报文和采样值接收控制块的配置信息，判断报文配置不一致，丢帧，编码错误等异常出错情况，并给出相应报警信号。③SV 采样值报文接收方应根据采样值数据对应的品质中的 validity、test 位，来判断采样数据是否有效，以及是否为检修状态下的采样数据。④SV 中断后，该通道采样数据清零。

10．智能变电站中，继电保护基于 DL/T 860.92 的插值重采样实现数据同步，必须具备哪几个基本条件?

答：电子式互感器或合并单元从采集电气量到采样值报文开始发送的时间稳定并可知；合并单元发送采样值报文的时间等间隔，发送报文时间间隔抖动不应大于 10μs；合并单元与继电保护装置之间采用点对点连接，保证采样值报文传输延时固定且可忽略；继电保护装置能精确记录采样值报文的接收时间；采样值报文中包含采样额定延时数据值，且额定延时固定不变；继电保护装置具有精确的插值算法，插值重采样的误差在可控范围内。

11．智能变电站中如何处理无效的开关量输入信号？母线保护采集线路保护失灵开入，当与线路保护 GOOSE 断链时或者与线路保护检修不一致，该失灵开入如何处理？

答：①以保护不误动为原则来处理无效的开关量输入信号：对于双点开入信号，如断路器位置以及隔离开关位置，建议按照保持无效之前状态处理；对于单点开入信号，建议按照“0”状态处理，如远跳信号、失灵信号等；②母线保护采集线路保护失灵开入，当母差保护与线路保护 GOOSE 断链时或者与线路保护检修不一致时，应对接收到的失灵开入清零处理。

12．列举出智能保护中对 GOOSE 异常的几种检测，并简述其检测判断方法。

答：①GOOSE 链路监视：连续接收不到 GOOSE 信息的心跳报文，判断为 GOOSE 链路中断，告警。②GOOSE 接收不匹配：接收到的 GOOSE 数据标识和保护装置配置不一致，则发 GOOSE 接收不匹配报文，告警。③检修状态不一致：装置检修状态和 GOOSE 接收数据品质中的“test”位不相同，则发 GOOSE 检修不一致报文，告警。

13．根据《线路保护及辅助装置标准化设计规范》(Q/GDW 1161—2013)，请说明智能站 GOOSE、SV 软压板的设置原则。

答：①宜简化保护装置之间、保护装置和智能终端之间的 GOOSE 软压板；②保护装置应在发送端设置 GOOSE 输出软压板；③线路保护及辅助装置不设 GOOSE 接收软压板；④保护装置应按 MU 设置“SV 接收”软压板。

14．变压器保护哪些信息应通过点对点方式传输，哪些可以通过交换机网络传输。

答：智能站变压器保护与各侧（分支）合并单元之间应采用点对点方式通信，与各侧（分支）智能终端之间应采用点对点方式通信。变压器保护跳母联、分段断路器及闭锁备自投、启动失灵等可采用GOOSE网络传输；变压器保护可通过GOOSE网络接收失灵保护跳闸命令，并实现失灵跳变压器各侧断路器。

15．双母线接线方式下，母线电压合并单元级联线路间隔合并单元，分别叙述母线电压合并单元和线路间隔合并单元故障导致采样无效，对线路保护装置的影响。

答：如果是 TV 合并单元故障或失电，线路保护装置收电压采样无效，闭锁部分保护（如：纵联和距离），如果是电流合并单元故障或失电，线路保护装置收线路电流采样无效，闭锁所有保护。

16．某 220kV 智能变电站 TV 方式为母线 TV，第一套线路保护、第一套主变压器保护、第一套母联保护、第一套母线保护之间的 GOOSE-A 网信息流示意图如图 6-4 所示，试回答以下问题：①简述母差保护用的电流、电压由哪些合并单元分别提供?②母差保护与母联智能终端之间信息流有哪些？③母差保护与 GOOSE-A 网之间信息流有哪些?

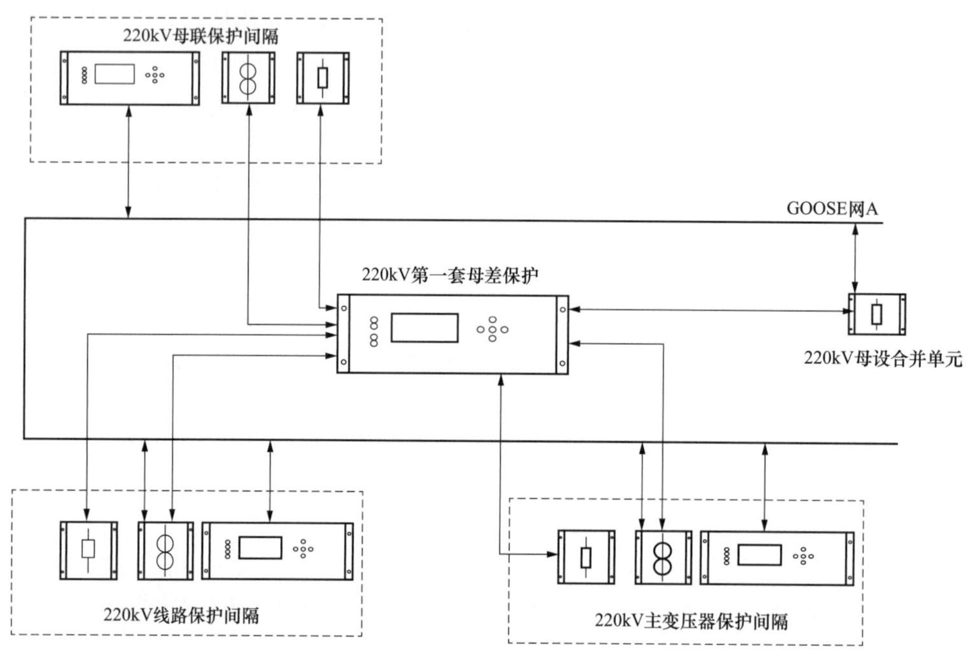

图 6-4　220kV A 套保护信息流

答：（1）母差保护的保护计算用电流由各间隔合并单元提供；双母母线电压经过母线合并单元并列后送至母差保护。

（2）①母差保护至母联智能终端：母差保护三相跳闸；②母联智能终端至母差保护：母联总断路器位置，母联手合闭锁母差保护。

（3）①母差保护至 GOOSE-A 网：母差保护至线路保护远跳闭重信号，母差保护至主变压器保护高压侧失灵联跳信号。②GOOSE-A 网至母差保护：线路保护至母差保护 A 相开关失灵、B 相开关失灵、C 相开关失灵信号；线路智能终端至母差保护隔离开关位置信号；主变压器保护启动母差保护失灵、解除复压闭锁信号；变压器高压侧智能终端至母差保护隔离开关位置信号。

17．智能变电站 220kV 母线保护中，某线路间隔的间隔投入压板退出时对保护的影响有哪些？

答：①退出该元件 TA 异常判别；②该元件电流退出差流计算；③退出该元件失灵保护；

④退出跟该元件有关的SV、GOOSE通道异常和检修不一致判别；⑤退出跟该元件有关的SV品质为异常判别；⑥退出跟该元件有关的GOOSE开入异常判别。

18．分析合并单元数据异常后，对220kV三绕组变压器保护的影响。

答：①变压器差动相关的电流通道异常，闭锁相应的差动保护和该侧的后备保护。②变压器中性点零序电流、间隙电流异常时，闭锁该侧后备保护中使用该电流通道的零序保护、间隙保护。③相电压异常时，保护逻辑按照该侧TV断线处理。④零序电压异常时，闭锁该侧的间隙保护和零序过压保护。

19．以下是某智能变电站保护的一帧GOOSE报文，请针对报文回答下述问题：①该装置GOOSE报文的组播MAC地址和GOOSE数据集路径是什么？②说出正常情况下稳定重传周期T_0是多少？③下一帧GOOSE心跳报文的StNum和SqNum值分别是多少？④GOOSE报文中哪项参数不符合Q/GDW 1396—2012《IEC 61850工程继电保护应用模型》和Q/GDW 1810—2015《智能变电站继电保护装置检验测试规范》的要求？

Ethernet
Destinatio MAC: 01-0C-CD-01-00-18
Source MAC: 79-67-27-22-02-78
Ethernet Type: 0x88B8 (IEC-GOOSE)
IEC- GOOSE
APPID: 0x0018
App Length: 153
Reserved: 0x0000
Reserved: 0x0000
PDU
PDU Length: 142
GOOSE Control Reference: P220MALD2/LLNOGOgocb0
Time Allowed To Live (TTL): 12000(ms)
Dataset P220MALD2/LLNO$dsGOOSE0
GCID P220MATrip
Event Timestamp 1970-01-01 08:00:00.0000000 Tq:D0
State Change Number (stNum): 1
Sequence Number (sqNum): 946
Test Mode: FLASE
Config Rev: 1
Needs Commissioning: FLASE
Entries Number: 15
Sequence of Data: 45
Datas
001
BOOL: FALSE
002

BOOL: FALSE

003

BOOL: FALSE

答：①MAC 地址：01-0C-CD-01-00-18 ；数据集路径：P220MALD2/LLN0$dsGOOSE0 ②$T_0$=6s；③下一帧心跳报文 StNum=1，SqNum=947；④根据企标规定，T_0的长度不应过长，应为 5s（或生存时间应为 10000ms 也正确）。

20．如何检验智能终端输出 GOOSE 数据通道与保护装置开关量输入关联的正确性？若不正确，应如何查找原因？

答：实际模拟智能终端相关 GOOSE 数据变位，若装置是能收到相应的变位，则证明两者之间关联正确。若不能，可尝试检查：①光纤连接是否正确；②相关的压板是否投入；③通过软件截取 GOOSE 报文，对其内容进行分析，查看是否 CID 文件配置错误；④使用继电保护测试仪模拟开入开出分别对智能终端和保护装置进行测试验证其行为是否正确。

21．为防止智能变电站母差保护单一通道数据异常导致装置被闭锁，母差保护按照光纤数据通道的异常状态有选择性地闭锁相应的保护元件，简述电流、电压数据异常后的具体处理原则？

答：①采样数据无效时采样值不清零，仍显示无效的采样值；②某段母线电压通道数据异常不闭锁保护，但开放该段母线电压闭锁；③支路电流通道数据异常，闭锁差动保护及相应支路的失灵保护，其他支路的失灵保护不受影响；④母联支路电流通道数据异常，闭锁母联保护，母联所连接的两条母线自动置互联。

22．图 6-5 为 500kV 自耦变压器保护信息流图，其中虚线部分表示经过网络的信息流，请指出错误的信息流。

答：错误：主变压器高压侧与母线保护无“启动母差失灵”的信息流；高压侧本体智能终端的“非电量信号”不接入主变压器保护；中压侧缺少与中压侧母线保护的“启动中压侧失灵”和“中压侧失灵联跳”信息流；主变压器保护跳中压侧母联通过网络方式跳闸，而不是点对点方式；主变压器保护缺少“低压套管/公共绕组 SV”的信息流。

23．合并单元的同步机制是什么？

答：①合并单元时钟同步信号从无到有变化过程中，其采样周期调整步长不应大于 1μs。②为保证与时钟信号快速同步，允许在 PPS 边沿时刻采样序号跳变一次，但必须保证采样值发送间隔离散值小于 10μs（采样率为 4kHz），同时合并单元输出的数据帧同步位由不同步转为同步状态。

24．智能变电站中，网络传输方式下 GOOSE 报文网络传输时延包括哪几个环节？

答：①交换机存储转发时间；②交换机帧排队时间；③交换机固有延时；④光缆传输时间。

25．在使用GOOSE跳闸的智能变电站中，哪些情况可能导致保护动作但开关未跳闸。（请答出至少 4 点）

答：①智能终端检修压板投入，保护装置检修压板未投入（或保护检修压板投入，智能终端检修压板未投，检修不一致，答出一条即可）；②保护装置 GOOSE 出口压板未投入；③智能终端出口压板未投入；④保护到智能终端的直跳光纤损坏；⑤智能终端控制电源失电。

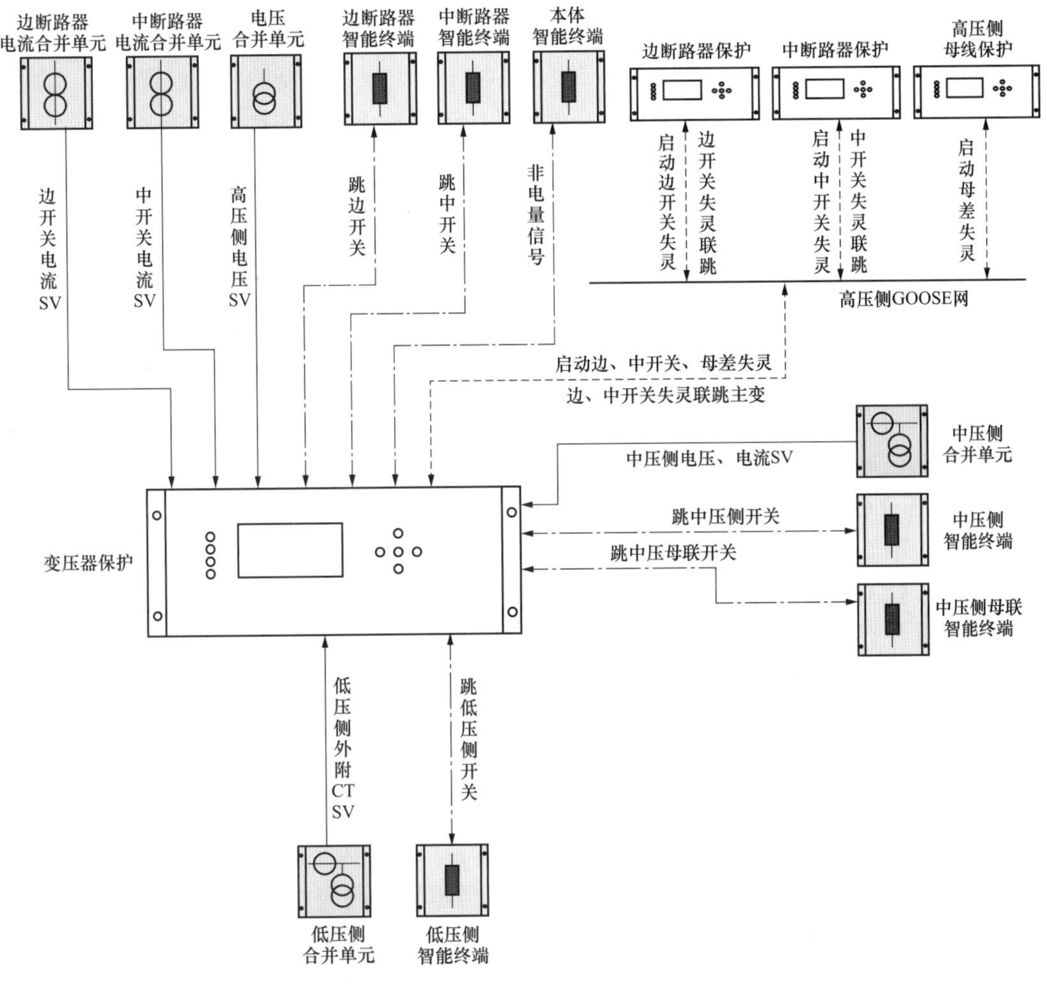

图 6-5 500kV 自耦变保护信息流

26．常规站母线保护的变压器支路应具备独立于失灵启动的解除电压闭锁的开入回路，智能站母线保护变压器支路收到变压器保护“启动失灵”GOOSE 命令的同时启动失灵和解除电压闭锁，为什么？

答：常规站的开入回路为电缆接线，存在人员误碰、回路短路或接地造成误开入的风险，独立设置解除电压闭锁的开入回路，每个变压器支路同时收到失灵启动和解除电压闭锁两个开入，才确认本变压器的失灵启动和解除电压闭锁有效，从而提高了失灵启动回路的可靠性。智能站母线保护变压器支路采用 GOOSE 启动失灵和解除电压闭锁，不存在误碰问题，故不再设置独立的解除复压闭锁虚端子，母线保护收到变压器支路“启动失灵”GOOSE 命令的同时启动失灵和解除电压闭锁。

27．当某一运行的 220kV 线路开关 A 套合并单元需投检修压板时，应提前做好哪些安全措施？

答：合并单元投检修压板前，应：①退出本侧 A 套线路保护及对侧保护；②退出 A 套母差保护；③与省调（监控中心）联系，遥测信号应做措施；④与计量中心联系，可能会影响正确计量。

28．请简述智能变电站预制舱式二次组合设备的接地及抗干扰要求。

答：预制舱应采取屏蔽措施，满足二次设备抗干扰要求；预制舱内应设置一、二次接地网；预制舱墙体内，离活动地板 250mm 高处暗敷舱内接地干线，在接地干线上设置若干临时接地端子。

29．智能站保护装置整组延时包括哪些？

答：MU 传输延时；MU 到保护的传输延时；保护到智能终端传输时间；智能终端动作时间；保护装置动作时间。

30．对智能变电站网络交换机的要求有哪些？

答：智能变电站网络交换机有如下几个要求：①应采用工业级或以上等级产品；②应使用无扇型，采用直流工作电源；③支持端口速率限制和广播风暴限制；④提供完善的异常告警功能，包括失电告警、端口异常等。

31．根据 Q/GDW 1396—2012《IEC 61850 工程继电保护应用模型》，GOOSE 通信机制如何判断链路中断？

答：每一帧 GOOSE 报文中都携带了允许生存时间（Time Allow to Live），GOOSE 接收方在 2 倍允许生存时间内没有收到下一帧 GOOSE 报文则判断链路中断。

32．如何判断 SV 数据是否有效?

答：SV 采样值报文接收方应根据对应采样值报文中的 validity、test 品质位，来判断采样数据是否有效，以及是否为检修状态下的采样数据。

33．简述新安装模拟量输入式合并单元的单体调试要求。

答：①检验合并单元输出 SV 数据通道与装置模拟量输入关联的正确性，检查相关通信参数是否符合 SCD 文件配置。如用直采方式，SV 数据输出还应检验是否满足 Q/GDW 441—2010《智能变电站继电保护技术规范》要求的等间隔输出及带延时参数的要求。②应分别检验合并单元网络采样模式（同步脉冲）和点对点（插值）直接采样模式的准确度，还应检验合并单元的模拟量采样线性度、零漂、极性等。③如合并单元具备电压并列功能，应模拟并列条件检验合并单元电压并列功能；如合并单元具备电压切换功能，应模拟切换条件检验合并单元电压切换功能。

34．智能变电站变压器保护 GOOSE 出口软压板退出时，是否发送 GOOSE 跳闸命令？

答：智能变电站中“GOOSE 出口软压板”代替的是常规变电站保护屏柜上的跳合闸出口硬压板，当“GOOSE 出口软压板”退出后，保护装置不能发送 GOOSE 跳闸命令。

35．简述 SV 报文品质对母线差动保护的影响。

答：母差保护运行时需要对母线所连的所有间隔的电流信息进行采样计算，所以当任一间隔的电流 SV 报文品质位为无效时，将会影响母差保护的计算，母线保护将闭锁差动保护。当母线电压 SV 报文品质位与母差保护现状态不一致时，母差保护报母线电压无效，母差保护复合电压闭锁开放。

36．请简述 GOOSE 发送机制。

答：①装置上电时 GOCB 自动使能，待本装置所有状态确定后，按数据集变位方式发送一次，将自身的 GOOSE 信息初始状态迅速告知接收方；②GOOSE 报文变位后立即补发的时间间隔应为 GOOSE 网络通信参数中的 MinTime 参数（即 T_1）；③GOOSE 报文中

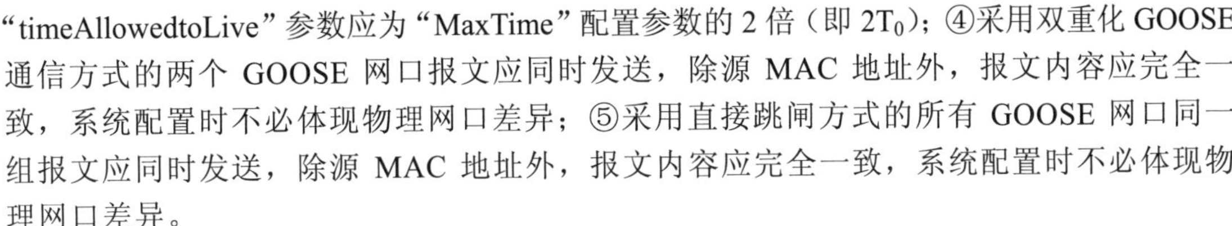

“timeAllowedtoLive”参数应为“MaxTime”配置参数的 2 倍（即 $2T_0$）；④采用双重化 GOOSE 通信方式的两个 GOOSE 网口报文应同时发送，除源 MAC 地址外，报文内容应完全一致，系统配置时不必体现物理网口差异；⑤采用直接跳闸方式的所有 GOOSE 网口同一组报文应同时发送，除源 MAC 地址外，报文内容应完全一致，系统配置时不必体现物理网口差异。

37．智能化变电站如何进行电压核相工作？

答：（1）从合并单元或 SV 网交换机端口获取交流采样值信号时的核相工作：

①利用专用工具进行数据采样分析，得到电压的相量信息；

②判断所有相关采样值信号同步；

③对单组 TV 的电压相位、幅值、相序等进行检查与判断；

④对两组 TV 间的电压相位、幅值进行检查和比较。

（2）利用故障录波器、网络分析仪时的核相工作：

①判断装置所显示的数据有效；

②对单组 PT 的电压相位、幅值、相序等进行检查与判断；

③对两组 PT 间的电压相位、幅值进行检查和比较。

六、综合题

1．图 6-6 和图 6-7 是用 MMS Ethereal 抓包工具现场抓取的一台保护装置发出的 GOOSE 报文和报文中相应数据集的信息列表。请根据报文内容写出：①保护装置的动作情况；②保护装置的检修压板状态；③GOOSE 传输的 T_0 时间参数；④在下一帧报文有保护动作返回时的 StateNumber 和 SequenceNumber 的值。

```
36170 8.984211   00:10:00:00:01:03   01:0c:cd:01:01:03   IECGOOSE GOOSE Request
⊟ PDU
    IEC GOOSE
    {
      Control Block Reference*:   PL2203PI1/LLN0$GO$gocb0
      Time Allowed to Live (msec):  10000
      DataSetReference*:   PL2203PI1/LLN0$dsGOOSE0
      GOOSEID*:   PL2203PI1/LLN0.gocb0
      Event Timestamp:  2013-11-27 05:00.37.315996  Timequality: 0a
      StateNumber*:    13
      SequenceNumber*:   Sequence Number:  2
      Test*:    FALSE
      Config Revision*:    1
      Needs Commissioning*:    FALSE
      Number Dataset Entries:  19
      Data
      {
        BOOLEAN:  TRUE
        BOOLEAN:  FALSE
        BOOLEAN:  FALSE
        BOOLEAN:  TRUE
        BOOLEAN:  FALSE
        BOOLEAN:  FALSE
        BOOLEAN:  FALSE
        BOOLEAN:  TRUE
        BOOLEAN:  FALSE
        BOOLEAN:  FALSE
        BOOLEAN:  TRUE
        BOOLEAN:  FALSE
        BOOLEAN:  FALSE
        BOOLEAN:  FALSE
```

图 6-6 GOOSE 报文

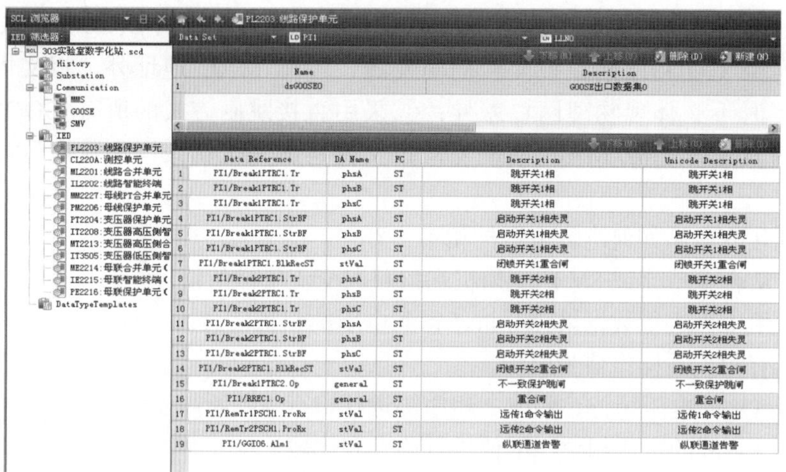

	Name	Description
1	dsGOOSE0	GOOSE出口数据集0

	Data Reference	DA Name	FC	Description	Unicode Description
1	PI1/Break1PTRC1.Tr	phsA	ST	跳开关1相	跳开关1相
2	PI1/Break1PTRC1.Tr	phsB	ST	跳开关1相	跳开关1相
3	PI1/Break1PTRC1.Tr	phsC	ST	跳开关1相	跳开关1相
4	PI1/Break1PTRC1.StrBF	phsA	ST	启动开关1相失灵	启动开关1相失灵
5	PI1/Break1PTRC1.StrBF	phsB	ST	启动开关1相失灵	启动开关1相失灵
6	PI1/Break1PTRC1.StrBF	phsC	ST	启动开关1相失灵	启动开关1相失灵
7	PI1/Break1PTRC1.BlkRecST	stVal	ST	闭锁开关1重合闸	闭锁开关1重合闸
8	PI1/Break2PTRC1.Tr	phsA	ST	跳开关2相	跳开关2相
9	PI1/Break2PTRC1.Tr	phsB	ST	跳开关2相	跳开关2相
10	PI1/Break2PTRC1.Tr	phsC	ST	跳开关2相	跳开关2相
11	PI1/Break2PTRC1.StrBF	phsA	ST	启动开关2相失灵	启动开关2相失灵
12	PI1/Break2PTRC1.StrBF	phsB	ST	启动开关2相失灵	启动开关2相失灵
13	PI1/Break2PTRC1.StrBF	phsC	ST	启动开关2相失灵	启动开关2相失灵
14	PI1/Break2PTRC1.BlkRecST	stVal	ST	闭锁开关2重合闸	闭锁开关2重合闸
15	PI1/Break1PTRC2.Op	general	ST	不一致保护跳闸	不一致保护跳闸
16	PI1/RREC1.Op	general	ST	重合闸	重合闸
17	PI1/RemTr1PSCH1.ProRx	stVal	ST	远传1命令输出	远传1命令输出
18	PI1/RemTr2PSCH1.ProRx	stVal	ST	远传2命令输出	远传2命令输出
19	PI1/GGIO6.Alm1	stVal	ST	纵联通道告警	纵联通道告警

图 6-7　GOOSE 报文数据集信息列表

答：

①开关 1 跳 A 相，开关 1 启失灵 A 相动作，开关 2 跳 A 相；②保护装置的检修压板退出；③T_0=5s；④StateNumber=14 和 SequenceNumber=0。

2. 以下是某网络报文记录分析仪监测的一帧完整 SV 采样报文（9-2，采样通道顺序为双 AD 保护电流、测量电流、双 AD 母线电压，具体为：I_{A1}、I_{A2}、I_{B1}、I_{B2}、I_{C1}、I_{C2}、I_A、I_B、I_C、U_{I1}、U_{I2}、U_{II1}、U_{II2}）。请问：

（1）此 SV 报文的优先级和 VID 为多少（十进制）？

（2）SV 采样报文是否同步？

（3）APPID（十六进制）和采样计数值（SampleCount）为多少（十进制）？

（4）采样报文的额定延迟时间和 I_{A2} 为多少（十进制，单位：A）？

（5）是否有通道数据无效，若有是哪些通道？

01 0C CD 04 00 21 08 AD 04 01 99 BE 81 00 D0 22 88 BA 40 21
00 AE 00 00 00 00 60 81 A3 80 01 01 A2 81 9D 30 81 9A 80 19
4D 46 32 32 30 31 41 4D 55 2F 4C 4C 4E 30 24 4D 53 24 4D 53
56 43 42 30 31 82 02 05 44 83 04 00 00 00 01 85 01 00 87 70
00 00 02 F9 00 00 00 00 FF FF 02 E6 00 00 00 00 FF FE AE 88
00 00 00 00 00 00 BD D3 00 00 00 00 00 00 A8 BC 00 00 00 00
00 00 69 75 00 00 00 00 00 00 69 75 00 00 00 00 FF FF 04 CD
00 00 00 00 00 00 B5 3C 00 00 00 00 00 00 6D 95 00 00 00 00
00 00 00 00 00 00 00 01 00 00 00 00 00 00 00 01 00 00 00 00
00 00 00 01 00 00 00 00 00 00 00 01

答：

（1）优先级为 6，VID 为 4130；

（2）SV 采样值失步；

（3）APPID=0x4021，SampleCount=1348；

（4）额定延时=761，I_{A2}= –86.4A；

（5）有，最后 4 个通道电压值无效，为 U_{I1}、U_{I2}、U_{II1}、U_{II2}。

3．图 6-8 和图 6-9 分别为某 220kV 线路保护 A 的虚端子输入，图 6-10 为同一间隔智能终端 A 的虚端子输入，当线路正常运行时发生 C 相接地瞬时性故障时，请叙述本间隔 A 套保护系统的动作行为，并说明原因。

```
<Inputs>
  <ExtRef daName="stVal" doName="Pos" iedName="IL2212A" intAddr="7-B:PIGO/GOINGGIO1.DPCSO1.stVal" ldInst="RPIT" lnClass="XCBR" lnInst="1" prefix="Q0A"/>
  <ExtRef daName="stVal" doName="Pos" iedName="IL2212A" intAddr="7-B:PIGO/GOINGGIO1.DPCSO2.stVal" ldInst="RPIT" lnClass="XCBR" lnInst="1" prefix="Q0B"/>
  <ExtRef daName="stVal" doName="Pos" iedName="IL2212A" intAddr="7-B:PIGO/GOINGGIO1.DPCSO3.stVal" ldInst="RPIT" lnClass="XCBR" lnInst="1" prefix="Q0C"/>
  <ExtRef daName="stVal" doName="Ind1" iedName="IL2212A" intAddr="7-B:PIGO/GOINGGIO4.SPCSO1.stVal" ldInst="RPIT" lnClass="GGIO" lnInst="1" prefix="ProtIn"/>
  <ExtRef daName="stVal" doName="Ind2" iedName="IL2212A" intAddr="7-B:PIGO/GOINGGIO4.SPCSO6.stVal" ldInst="RPIT" lnClass="GGIO" lnInst="1" prefix="ProtIn"/>
  <ExtRef daName="general" doName="Tr" iedName="PM2212A" intAddr="7-A:PIGO/GOINGGIO5.SPCSO1.stVal" ldInst="PIGO" lnClass="PTRC" lnInst="16" prefix=""/>
  <ExtRef daName="general" doName="Tr" iedName="PM2212A" intAddr="7-A:PIGO/GOINGGIO4.SPCSO2.stVal" ldInst="PIGO" lnClass="PTRC" lnInst="16" prefix=""/>
</Inputs>
```

图 6-8 线路保护 GOOSE 输入虚端子

```
<Inputs>
  <ExtRef daName="" doName="DelayTRtg" iedName="ML2212A" intAddr="7-C:PISV/SVINGGIO5.DelayTRtg" ldInst="MU" lnClass="LLN0" lnInst="" prefix=""/>
  <ExtRef daName="" doName="Amp" iedName="ML2212A" intAddr="7-C:PISV/SVINGGIO1.AnIn1" ldInst="MU" lnClass="TCTR" lnInst="3" prefix=""/>
  <ExtRef daName="" doName="AmpChB" iedName="ML2212A" intAddr="7-C:PISV/SVINGGIO1.AnIn2" ldInst="MU" lnClass="TCTR" lnInst="3" prefix=""/>
  <ExtRef daName="" doName="AmpChB" iedName="ML2212A" intAddr="7-C:PISV/SVINGGIO1.AnIn3" ldInst="MU" lnClass="TCTR" lnInst="2" prefix=""/>
  <ExtRef daName="" doName="AmpChB" iedName="ML2212A" intAddr="7-C:PISV/SVINGGIO1.AnIn4" ldInst="MU" lnClass="TCTR" lnInst="2" prefix=""/>
  <ExtRef daName="" doName="Amp" iedName="ML2212A" intAddr="7-C:PISV/SVINGGIO1.AnIn5" ldInst="MU" lnClass="TCTR" lnInst="1" prefix=""/>
  <ExtRef daName="" doName="AmpChB" iedName="ML2212A" intAddr="7-C:PISV/SVINGGIO1.AnIn6" ldInst="MU" lnClass="TCTR" lnInst="1" prefix=""/>
  <ExtRef daName="" doName="Vol" iedName="ML2212A" intAddr="7-C:PISV/SVINGGIO3.AnIn1" ldInst="MU" lnClass="TVTR" lnInst="2" prefix=""/>
  <ExtRef daName="" doName="VolChB" iedName="ML2212A" intAddr="7-C:PISV/SVINGGIO3.AnIn2" ldInst="MU" lnClass="TVTR" lnInst="2" prefix=""/>
  <ExtRef daName="" doName="Vol" iedName="ML2212A" intAddr="7-C:PISV/SVINGGIO3.AnIn3" ldInst="MU" lnClass="TVTR" lnInst="3" prefix=""/>
  <ExtRef daName="" doName="VolChB" iedName="ML2212A" intAddr="7-C:PISV/SVINGGIO3.AnIn4" ldInst="MU" lnClass="TVTR" lnInst="3" prefix=""/>
  <ExtRef daName="" doName="Vol" iedName="ML2212A" intAddr="7-C:PISV/SVINGGIO3.AnIn5" ldInst="MU" lnClass="TVTR" lnInst="4" prefix=""/>
  <ExtRef daName="" doName="VolChB" iedName="ML2212A" intAddr="7-C:PISV/SVINGGIO3.AnIn6" ldInst="MU" lnClass="TVTR" lnInst="4" prefix=""/>
  <ExtRef daName="" doName="Vol" iedName="ML2212A" intAddr="7-C:PISV/SVINGGIO4.AnIn1" ldInst="MU" lnClass="TVTR" lnInst="8" prefix=""/>
</Inputs>
```

图 6-9 线路保护 SV 输入虚端子

```
<Inputs>
  <ExtRef daName="phsA" doName="Tr" iedName="PL2212A" intAddr="1-B:RPIT/GOINGGIO1.SPCSO1.stVal" ldInst="PIGO" lnClass="PTRC" lnInst="1" prefix="Break1"/>
  <ExtRef daName="phsB" doName="Tr" iedName="PL2212A" intAddr="1-B:RPIT/GOINGGIO1.SPCSO6.stVal" ldInst="PIGO" lnClass="PTRC" lnInst="1" prefix="Break1"/>
  <ExtRef daName="phsC" doName="Tr" iedName="PL2212A" intAddr="1-B:RPIT/GOINGGIO1.SPCSO11.stVal" ldInst="PIGO" lnClass="PTRC" lnInst="1" prefix="Break1"/>
  <ExtRef daName="general" doName="Op" iedName="PL2212A" intAddr="1-B:RPIT/GOINGGIO1.SPCSO31.stVal" ldInst="PIGO" lnClass="RREC" lnInst="1" prefix=""/>
  <ExtRef daName="stVal" doName="BlkRecST" iedName="PL2212A" intAddr="1-B:RPIT/GOINGGIO1.SPCSO16.stVal" ldInst="PIGO" lnClass="PTRC" lnInst="1" prefix="Break1"/>
  <ExtRef daName="general" doName="Tr" iedName="PM2212A" intAddr="1-C:RPIT/GOINGGIO1.SPCSO21.stVal" ldInst="PIGO" lnClass="PTRC" lnInst="16" prefix=""/>
</Inputs>
```

图 6-10 智能终端输入虚端子

答：

（1）线路保护动作 A 相跳闸；

（2）智能终端跳开断路器 A 相；

（3）（约 100～130ms 后）线路保护单跳失败转三相跳闸；

（4）智能终端跳开断路器 A、B 相，故障切除。

原因分析：由图 6-9 保护的 SV 输入虚端子可知，合并单元的 C 相电流和 A 相电流虚端子接反，合并单元 C 相电流接入到保护的 A 相电流输入，合并单元 A 相电流接入到保护的 C 相电流输入，因此一次系统 C 相瞬时性故障时，线路保护装置内部却是 A 相有故障电流，保护装置判断为 A 相故障，单跳 A 相，而智能终端的虚端子是对的，因此跳开实际 A 相断路器，此时 C 相故障未切除，故障电流仍存在，约 100～130ms 后线路保护判断为单跳失败转三跳，同时发出跳 A、跳 B、跳 C，跳开断路器三相，此时故障切除。图 6-9 中还可看出，线路保护的 B 相电流双 AD 配置错误，合并单元的 B 相电流 AD2 同时接入了线路保护 B 相电流的 AD1 和 AD2，但此错误不影响此次故障的判断。

4．某智能变电站采用国网 9-2 报文传输采样值。合并单元均采用同一型号，每台合并单元仅输出一个采样值控制块报文，包含 25 个通道（假定报文中除采样数据外还有 90 个字节）。故障录波器采用 100M 网络方式接收采样值，请估算故障录波器单一网口最大可能接收合并单元数量。

答：

采样值单通道含品质共 8 字节，报文总长度：25×8+90=290B

单一合并单元占用带宽：290×8×4000=9.28Mb/s

单一网口最大可能接收合并单元数为：100/9.28=10.77

因此，单一网口最大可能接收合并单元数为10个。

5．某智能站的500kV短引线保护，两个开关的TA变比都是3000/1，两个TA都通过合并单元采样后通过点对点采样方式将采样值分别送至短引线保护，假设此时两套合并单元设置的采样延时都为750μs，而实际上一套合并单元的采样延时为1310μs另一套560μs，某一时刻两个开关为穿越性的平衡电流，幅值为1000A，请问此时保护装置采集到的二次差流多大？

答：

此时保护装置采样到的两个采样至幅值至都是1000A，角度由于采用采样延时设置错误，导致采样值延时误差1310−560=750μs=0.75ms。

则会产生(0.75ms/20ms)×360°=13.5°的角度差。

所以此时会产生1000×2×sin(13.5/2)=235（A）的一次差流。

换算到二次的差流为235/3000=0.078A。

6．某500kV电子式电压互感器额定二次输出为2D41H，问：保护装置测得输出数字量（峰值）3E97H，问一次电压值（有效值）为多少？

答：

3E97H=16023D，2D41H=11585D，

测得数字量（有效值）为：16023/1.414＝11331.68

故一次电压值为：(500/1.732)×(11331.68/11585)＝282.37（kV）

7．请补充3/2断路器接线形式单套线路保护技术实施方案（见图6-11），绘制GOOSE及SV接线图。

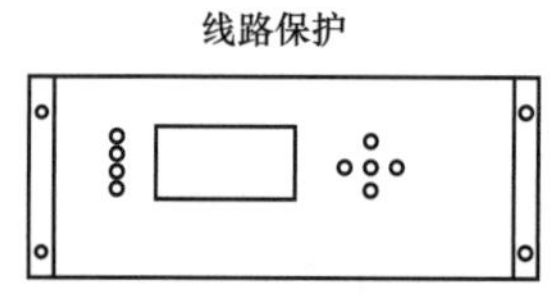

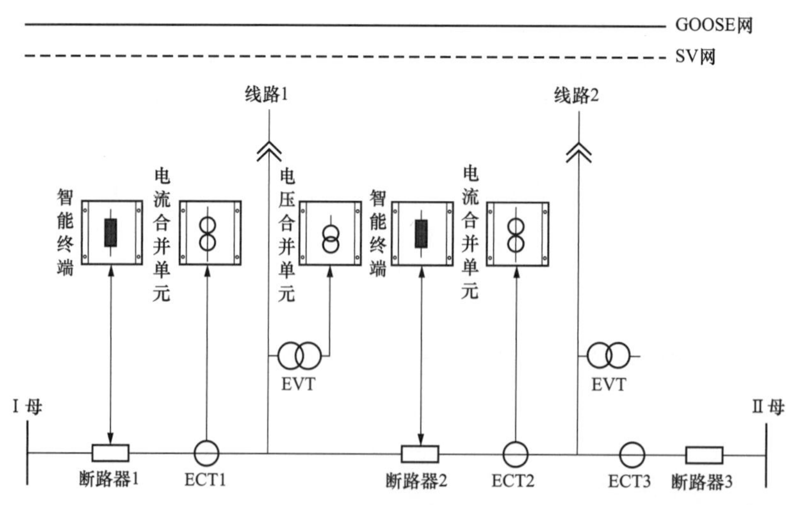

图6-11　3/2断路器接线单套线路保护实现技术方案

答：如图 6-12 所示。

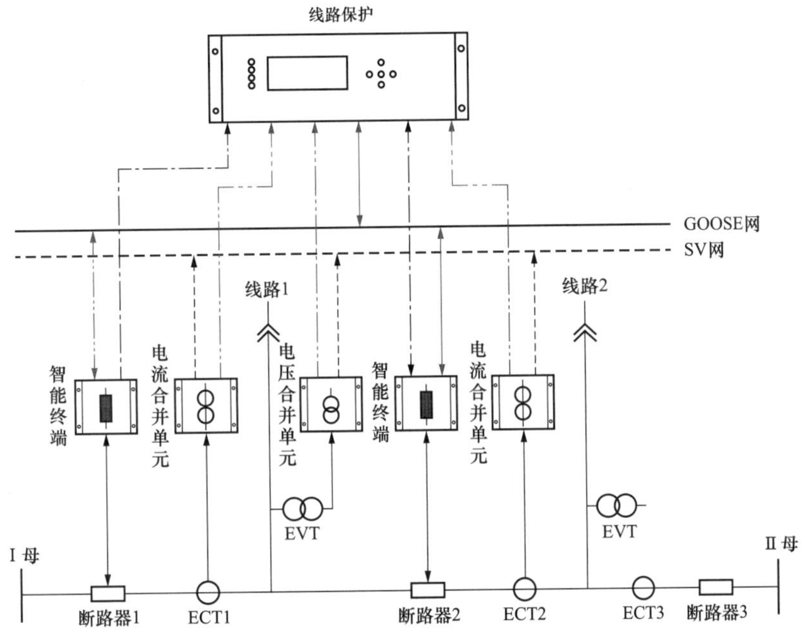

图 6-12 3/2 断路器接线单套线路保护实现技术方案

8．试画出 3/2 断路器接线断路器保护技术实施方案示意图。

答：如图 6-13、图 6-14 所示。

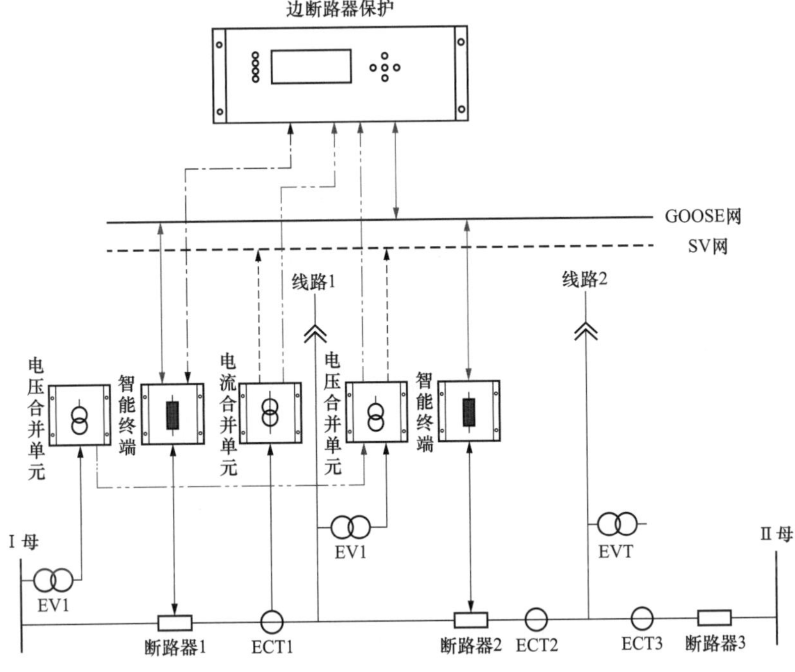

图 6-13 3/2 断路器接线边断路器保护技术实施方案示意图

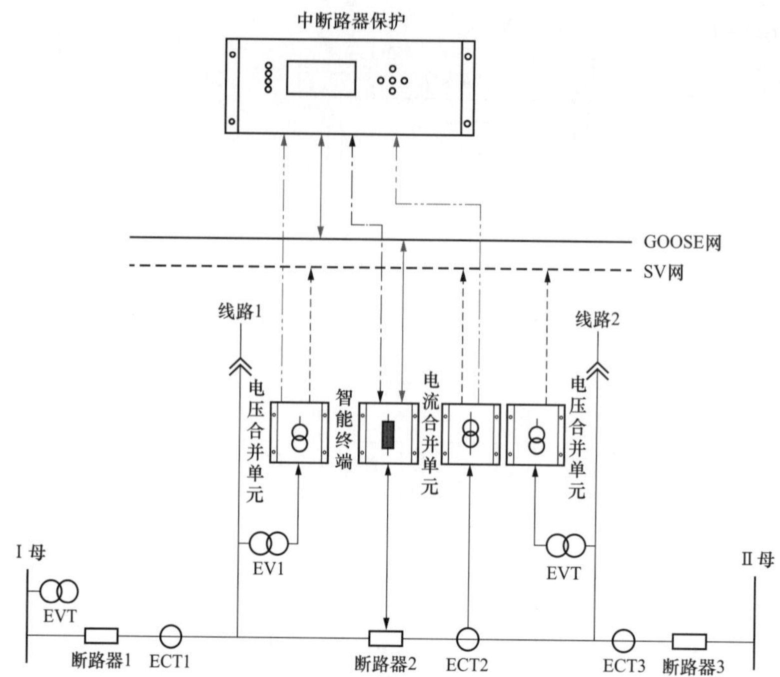

图 6-14　3/2 断路器接线中断路器保护技术实施方案示意图

9．阅读图 6-15 所示的 SV 报文，回答相关问题。

（1）SV 报文头中有两处错误，请改正并说明错误原因。

（2）该 SV 报文是何种类型报文？

（3）SV PDU 参数中 SmpSync 参数是什么含义？当同步脉冲丢失后 SmpSync 如何变位？

（4）解释品质值中状态有效标志位 validity 和检修标志位 test 的含义。

```
Frame 1: 317bytes on wire (2536 bits),317 bytes captured (2536 bits)
Ethernet II (VLAN tagged), Src: Iec-Tc57_01:00:16 (00:0c:cd:01:00:16), Dst:Iec-
Tc57_04:00:30(01:0c:cd:01:00:30)
Destination: Iec-Tc57_04:00:30(01:0c:cd:01:00:30)
Source: Iec-Tc57_01:00:16 (00:0c:cd:01:00:16)
VLAN tag: VLAN=518,Priority=controlled  Load
Identifier: 802.1Q virtual  LAN(0x8100)
100. . . . .  . . . . .  . . . . .  =priority: controlled  Load  (4)
. . . .  . . . . .  . . . . .  . . . . .  =CFI: Canonical (0)
. . . .  0010  0000  0110 =VLAN: 518
Type: IEC 61850/sv (sampled Value Transmission  (0x88ba)
IEC61850 Sampled Values
APPID:0x2030
Length:299
Reserved 1:0x0000  (0)
Reserved 2:0x0000  (0)

savPdu
noASDU: 1
```

图 6-15　SV 报文

答：

（1）①Dst:Iec-Tc57_04:00:30(01:0c:cd:01:00:30）第四个字节 01 改为 04。因为根据 IEC 61850 的规定 04 代表 SV 报文。

②APPID:2030 错误，因为 SV 采样值报文 APPID 应在 4000～7FFF 范围内配置。可以在

其中随意改正。

（2）Tag 标签头后是以太网类型值“88ba”，代表该数据帧是一个采样值报文。

（3）SmpSync 是同步标志位，用于反映合并单元的同步状态。当同步脉冲丢失后，合并单元先利用内部晶振进行守时。当守时精度满足同步要求时，应为 TRUE，当不能满足同步要求时，应变为 FALSE.

（4）状态有效标志 validity：如果有一个电子式互感器内部发生故障（例如传感元件损坏），那么相应通道的状态有效标志位应置为无效。此时保护装置需要有针对性地增加相应的处理内容，例如线路保护装置，当保护电压通道无效时，应闭锁与电压相关的保护（如距离保护），退出方向元件等。

检修位用于表示发出该采样值报文的合并单元是否处于检修状态。当检修压板投入时，合并单元发出的采样值报文中的检修位应为 TRUE。接收端装置应将接收的采样值报文的 test 位与自身的检修压板状态进行比对，只有当两者一致时才将信号作为有效处理或动作。

10．某 500kV 智能变电站保护采用 SV 采样、GOOSE 跳闸模式，1 号主变压器为 YN，yn，d11 接线方式，其主变压器低压侧套管 TA 的二次绕组角接后接入合并单元，某时刻合并单元输出的 SV 报文显示 A、B、C 三相电流瞬时值分别为 0x9FFD6、0xFFF60910、0xFFFFF71A，请问此时低压侧套管电流瞬时值为多少？

答：

三角形接线后的低压侧套管电流

$I'_{a}=0x9FFD6=655318mA=655.318A$

$I'_{b}=0xFFF60910=-653040mA=-653.04A$

$I'_{c}=0xFFFFF71A=-2278mA=-2.278A$

主变压器为 YN，yn，d11 接线，低压侧套管 TA 角接过程中产生超前 30°的相位差，且幅值扩大 $\sqrt{3}$ 倍，因此计算套管电流需要进行滞后 30°的转角，转角过程中幅值再次扩大 $\sqrt{3}$ 倍，所有套管电流瞬时值为：

$I_{a}=(I_{a}-I'_{c})/3=(655.318+2.278)/3=219.198$（A）

$I_{b}=(I_{b}-I'_{a})/3=(-653.04-655.318)/3=-436.119$ (A)

$I_{c}=(I_{c}-I'_{b})/3=(-2.278+653.04)/3=216.927$ (A)

11．如图 6-16 为某 220kV 线路保护装置的一帧 GOOSE 报文，其 GOOSE 数据集发送的数据内容如图所示。在下一帧心跳报文到来之前，将装置的检修压板投入后做 C 相永久性故障试验，请写出保护动作后的第六帧报文的内容（从 StateNumber 行开始）。

答：

StateNumber*:　　49

SequenceNumber*:　　Sequence Number:　0

Test*:　　TRUE

Config Revision*:　　1

　　Needs Commissioning*:　　FALSE

　　Number Dataset Entries:　8

　　Data

　　{

BOOLEAN:　FALSE

BOOLEAN:　FALSE

BOOLEAN:　FALSE

BOOLEAN:　FALSE

BOOLEAN:　FALSE

BOOLEAN:　FALSE

BOOLEAN:　FALSE

BOOLEAN:　FALSE

}

```
⊟ PDU
    IEC GOOSE
    {
      Control Block Reference*:    PL2204BGOLD/LLN0$GO$gocb0
      Time Allowed to Live (msec):  10000
      DataSetReference*:    PL2204BGOLD/LLN0$dsGOOSE0
      GOOSEID*:    PL2204BGOLD/LLN0$GO$gocb0
      Event Timestamp:  2009-10-30 14:13.16.027000   Timequality: 0a
      StateNumber*:     47
      SequenceNumber*:    Sequence Number:   60
      Test*:     FALSE
      Config Revision*:     1
      Needs Commissioning*:     FALSE
      Number Dataset Entries:   8
      Data
      {
        BOOLEAN:   FALSE
        BOOLEAN:   FALSE
        BOOLEAN:   FALSE
        BOOLEAN:   FALSE
        BOOLEAN:   FALSE
        BOOLEAN:   FALSE
        BOOLEAN:   FALSE
        BOOLEAN:   FALSE
      }
    }
```

No.	Data Reference	DA Name	FC	DOI Description	dU Attribute
1	GOLD/GOPTRC1.Tr	phsA	ST	跳闸输出_GOOSE	跳闸输出_GOOSE
2	GOLD/GOPTRC1.Tr	phsB	ST	跳闸输出_GOOSE	跳闸输出_GOOSE
3	GOLD/GOPTRC1.Tr	phsC	ST	跳闸输出_GOOSE	跳闸输出_GOOSE
4	GOLD/GOPTRC1.StrBF	phsA	ST	启动失灵_GOOSE	启动失灵_GOOSE
5	GOLD/GOPTRC1.StrBF	phsB	ST	启动失灵_GOOSE	启动失灵_GOOSE
6	GOLD/GOPTRC1.StrBF	phsC	ST	启动失灵_GOOSE	启动失灵_GOOSE
7	GOLD/GOPTRC1.BlkRecST	stVal	ST	闭锁重合闸_GOOSE	闭锁重合闸_GOOSE
8	GOLD/GORREC1.Op	general	ST	重合闸_GOOSE	重合闸_GOOSE

图 6-16　220kV 线路保护 GOOSE 报文

12. 某线路发生瞬时性故障，保护正确动作，1.5s 后重合闸动作成功，动作前一帧 GOOSE 报文 StNum 为 1，SqNum 为 10，试列出保护动作后 7 秒内的该装置发出 GOOSE 报文的 StNum 和 SqNum 及其对应的时间，并说明该报文内容为保护动作、重合闸动作还是整组复归。（时间以保护动作为零点，该保护 T_0=5s，动作后突发报文五帧后进入“心跳报文”时间，整组复归时间为 20ms）

答：

T=0ms	StNum=2	SqNum=0	保护跳闸动作
T=2ms	StNum=2	SqNum=1	保护跳闸动作
T=4ms	StNum=2	SqNum=2	保护跳闸动作
T=8ms	StNum=2	SqNum=3	保护跳闸动作
T=16ms	StNum=2	SqNum=4	保护跳闸动作
T=20ms	StNum=3	SqNum=0	保护跳闸复归
T=22ms	StNum=3	SqNum=1	保护跳闸复归

T=24ms StNum=3 SqNum=2 保护跳闸复归
T=28ms StNum=3 SqNum=3 保护跳闸复归
T=36ms StNum=3 SqNum=4 保护跳闸复归
T=1500ms StNum=4 SqNum=0 保护重合闸动作
T=1502ms StNum=4 SqNum=1 保护重合闸动作
T=1504ms StNum=4 SqNum=2 保护重合闸动作
T=1508ms StNum=4 SqNum=3 保护重合闸动作
T=1516ms StNum=4 SqNum=4 保护重合闸动作
T=1520ms StNum=5 SqNum=0 保护重合闸复归
T=1522ms StNum=5 SqNum=1 保护重合闸复归
T=1524ms StNum=5 SqNum=2 保护重合闸复归
T=1528ms StNum=5 SqNum=3 保护重合闸复归
T=1536ms StNum=5 SqNum=4 保护重合闸复归
T=5536ms StNum=5 SqNum=5 保护重合闸复归

13．某500kV智能变电站，全站采用SV采样、GOOSE跳闸，其中35kV部分合智一体装置。现2号主变压器三侧停电，进行2号主变压器保护、5011断路器保护、5012断路器保护、35kV 2号母线以及3623、3624电容器保护的保护检验。所涉及主接线如图6-17所示，请写出所有需要在软压板上做的二次安全措施，标明措施位置、措施内容。（双套保护以A、B区分）

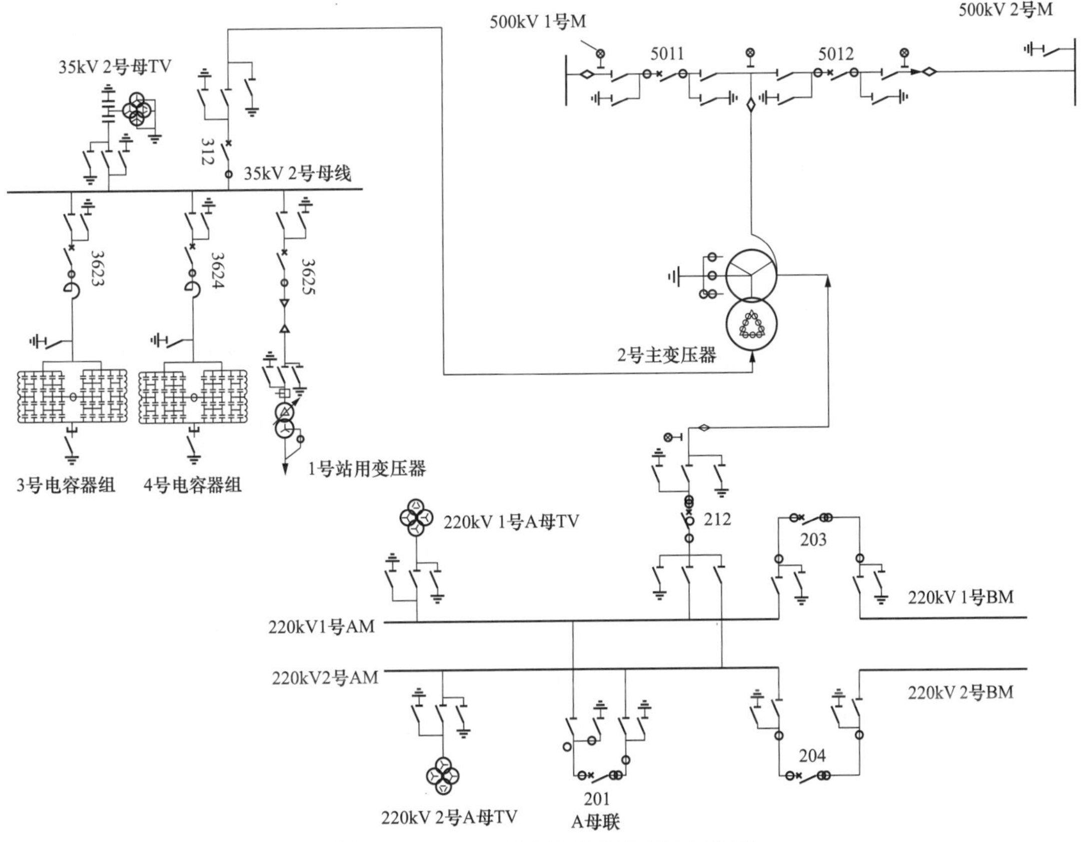

图6-17 500kV变电站系统主接线示意图

答：

二次安全措施如表 6-1 所示。

表 6-1　　所需的二次安全措施

序号	措施位置	措施内容
1	2 号主变压器保护 A 屏	退出主变压器保护 A 启动 212 断路器失灵 GOOSE 发送软压板
		退出主变压器保护 A 跳 201 断路器 GOOSE 发送软压板
		退出主变压器保护 A 跳 203 断路器 GOOSE 发送软压板
		退出主变压器保护 A 跳 204 断路器 GOOSE 发送软压板
2	2 号主变压器保护 B 屏	退出主变压器保护 B 启动 212 断路器失灵 GOOSE 发送软压板
		退出主变压器保护 B1 跳 201 断路器 GOOSE 发送软压板
		退出主变压器保护 B 跳 203 断路器 GOOSE 发送软压板
		退出主变压器保护 B 跳 204 断路器 GOOSE 发送软压板
3	500kV 2 号主变压器 5011 断路器保护屏	退出 5011 断路器保护 A 启动 I 母母差失灵 GOOSE 发送软压板
		退出 5011 断路器保护 B 启动 I 母母差失灵 GOOSE 发送软压板
4	500kV 2 号主变压器 5012 断路器保护屏	退出 5012 断路器保护 A 启动 II 母母差失灵 GOOSE 发送软压板
		退出 5011 断路器保护 B 启动 II 母母差失灵 GOOSE 发送软压板
5	500kV 1 号母线母线保护屏 A	退出 5011 断路器合并单元 A SV 接收软压板
		退出 5011 断路器失灵 GOOSE 接收软压板
6	500kV 1 号母线母线保护屏 B	退出 5011 断路器合并单元 B SV 接收软压板
		退出 5011 断路器失灵 GOOSE 接收软压板
7	500kV 2 号母线保护屏 A	退出 5012 断路器合并单元 A SV 接收软压板
		退出 5012 断路器失灵 GOOSE 接收软压板
8	500kV 2 号母线保护屏 B	退出 5012 断路器合并单元 B SV 接收软压板
		退出 5012 断路器失灵 GOOSE 接收软压板
9	220kV 母线保护屏 A	退出 212 断路器合并单元 A SV 接收软压板
		退出 212 启动失灵开入 GOOSE 接收软压板
10	220kV 母线保护屏 B	退出 212 断路器合并单元 B SV 接收软压板
		退出 212 启动失灵开入 GOOSE 接收软压板

14. 某智能站 220kV 为双母线接线，母差保护采用 BP-2B，定值：差动动作值为 2A，比率高值 K_H=0.5，比率低值 K_L=0.3。某日两段母线并列运行时，支路 266 线路侧 K 点发生 A 相接地故障，故障电流（二次值）、TA 变比如图 6-18 所示。各支路 TA 都通过同型号合并单元采样后通过点对点采样方式将采样值分别送至母线保护，已知合并单元的采样延时都为

560μs，而支路 266 采样延时设置错误，试计算 266 合并单元采样延时为多少会引起母线保护误动？

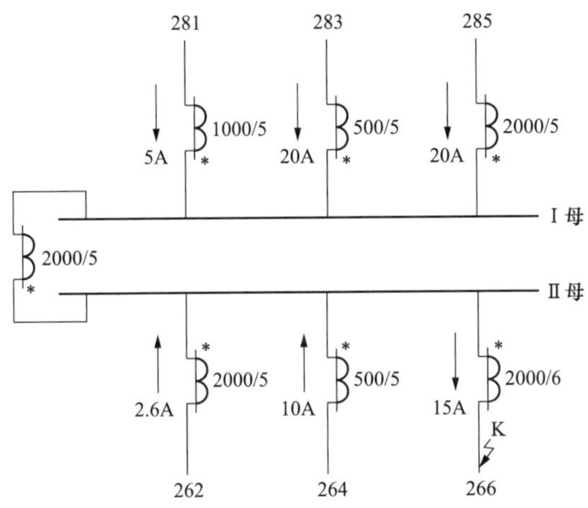

图 6-18　智能站母线故障电流示意图

答：

依题目可求得：母联一次流过 4000A 电流，方向由Ⅰ母流向Ⅱ母。

因区外故障，正常时Ⅰ母、Ⅱ母差流及大差均应为 0。

假设 266 合并单元采样延时错误会使电流产生 α 的角度差。

则此时会产生大小为 $6000\times2\times\sin(\alpha/2)$ 的一次差流

则：Ⅱ母小差差动电流：

$$I_{d2}=6000\times2\times\sin(\alpha/2)$$

Ⅱ母小差制动电流：

$$I_{r2}=1000+2000+1000+4000=12000\ \text{A}$$

如Ⅰ母小差动作应有：

$$I_{d2}=6000\times2\times\sin(\alpha/2)>2\times2000/5\,\text{A}$$

$$I_{d2}>\text{KH}\times(I_{r2}-I_{d2})$$

$$6000\times2\times\sin(\alpha/2)>0.5\times[12000-6000\times2\times\sin(\alpha/2)]$$

综合

$$\sin(\alpha/2)>0.5/1.5$$

$$\alpha<38.9^\circ$$

大差差动电流：

$$I_d=6000\times2\times\sin(\alpha/2)$$

大差制动电流：

$$I_r=1000+2000+1000+1000+1000+6000=12000\text{（A）}$$

动作条件与Ⅱ母小差相同

产生角度差 α 的延时误差

$$(t/20\text{ms})\times360=38.9^\circ$$

$$t=2.16\text{ms}$$

$$2160\mu\text{s}+560\mu\text{s}=2720\mu\text{s}$$

266 合并单元采样延时超过 2710μs 会引起母线保护误动。

15．某变电站 220kV 侧接线方式采用双母线接线，如图 6-19 所示，其中 L1 为母联间隔，L2 为电源间隔，L3、L4 及 L5 为负荷间隔。220kV 母线保护基准变比 2000/1，各间隔 MU 采样频率均为 4000Hz，具体参数如下:

L1：变比 2000/1，MU 实际延时 750μs；

L2：变比 2000/1，MU 实际延时 1500μs；

L3：变比 3000/1，MU 实际延时 1500μs；

L4：变比 2000/1，MU 实际延时 1500μs；

L5：变比 2500/1，MU 实际延时 1500μs；

运行中 L5 支路 MU 延时误配置为 750μs。

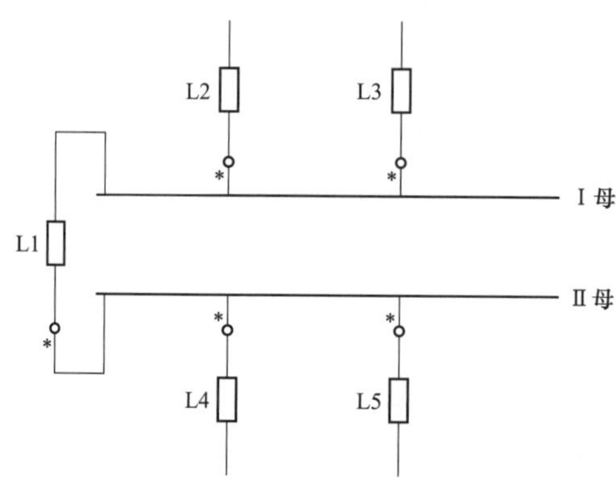

图 6-19　主接线示意图

请分析：

（1）正常运行中母线保护是否存在差流，并说明原因。

（2）某日运行时，L2 支路同时向 L3、L4 及 L5 供电，测得 L2 支路三相二次电流 0.75A，L3 和 L4 支路三相二次电流 0.2A，试计算母差保护此时的大差、Ⅰ母和Ⅱ母小差。

答：

（1）正常运行中是会存在差流，由于 L5 支路延时设置错误，导致 L5 支路与其他间隔采样不同步，采样值存在角差从而产生差流。

（2）各支路一次电流：

$$L2 = 0.75 \times 2000 = 1500\text{（A）}$$

$$L3 = 0.2 \times 3000 = 600\text{（A）}$$

$$L4 = 0.2 \times 2000 = 400\text{（A）}$$

由于一次电流平衡，得出：

$$L5 = L2 - L3 - L4 = 1500 - 600 - 400 = 500\text{（A）}$$

差流计算：

①大差：基准变比下 L5 支路及其他三个支路相量差的二次值

$$L2 - L3 - L4 = L5 = 500 / 2000 = 0.4\text{（A）}$$

相量角差：

$$\delta_0 = \frac{360°}{4000/50} = 4.5°$$

$$\delta = \frac{1500-750}{250} \times 4.5° = 13.5°$$

$$I_{\rm d} = 2 \times 0.4 \times \sin\frac{13.5°}{2} = 0.094\text{(A)}$$

②Ⅰ母小差：Ⅰ母各间隔延时设置正确，不存在角差，Ⅰ母小差 I_{1X}=L2–L1–L3=0A

③Ⅱ母小差：延时误配置支路 L5 在Ⅱ母，Ⅱ母小差与和大差相同为 0.094A。

16．图 6-20 是用 Wireshark 抓包工具现场抓取的一台线路合并单元发出的 SV 报文和报文中相应数据集的信息列表。请根据报文信息写出①样本计数器的值；②该合并单元数据额定延时（要标注时间单位）；③A 相保护电流一次采样值（要标注电流单位）；④合并单元的组播 MAC 地址。

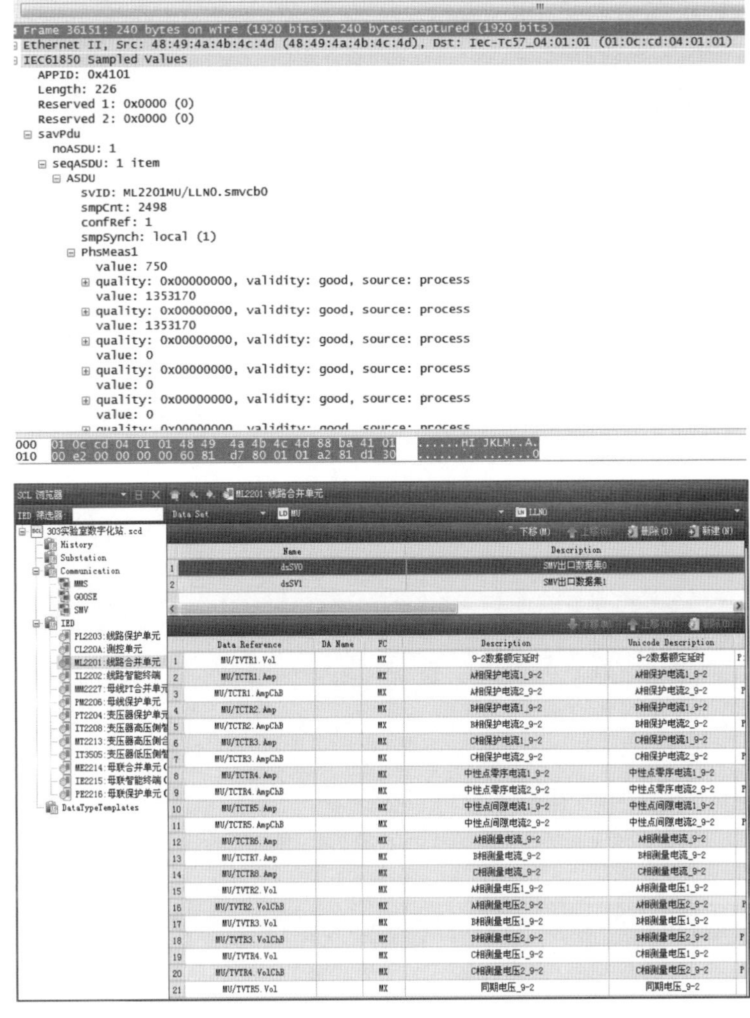

图 6-20 线路合并单元 SV 报文及对应数据集信息

答：

①样本计数器的值为 2498；②该合并单元数据额定延时为 750μs；③A 相保护电流一次采样值为 1353.17A；④合并单元的组播 MAC 地址为 01:0C:CD:04:01:01。

17．网络记录分析仪采用组网模式接入，假设记录仪所接入的各合并单元发出的数据帧大小一致，报文截图见图 6-20，报文时间间隔为 250μs。网络记录仪端口和交换机端口为 100Mbit/s，要求单端口流量不超过带宽的 40%，请估算单端口最多能接收多少个合并单元？（报文长度考虑帧首界定符和 CRC 校验码，要求列出具体计算过程，数值计算四舍五入）

答：

（1）单端口允许的最大流量为 100Mbit/s×40%=40 Mbit/s

（2）每秒数据帧数为 1s/250μs=4000

（3）单个合并单元所发出的报文流量是(8+4+240)×8×4000=8.06 Mbit/s

（4）所能接收的最大合并单元数量为 40/8.06=4.96

单端口最多接收 5 个 MU。

18．假设图 6-20 中报文经过两级 100 Mbit/s 交换机级联传输，每台交换机接入 16 台合并单元，交换机固定交换延时为 7μs，请计算最不利情况下的网络传输延时（报文长度考虑帧首界定符和 CRC 校验码，假设所有合并单元发出的数据帧大小一致，交换机按平均排队时延计算，忽略光缆传输延时，忽略帧间隔时间）

答：

（1）交换机存储转发延时：(8+4+240)×8/100=20.16（μs）

（2）交换机帧平均排队延时：(16−1)×20.16/2=154.5（μs），T=2×（154.5+7+20.16）=363.32（μs）